农机智能技术研究与实践

苑严伟　赵　博　周利明　编著

電子工業出版社
Publishing House of Electronics Industry
北京·BEIJING

图书在版编目（CIP）数据

农机智能技术研究与实践 / 苑严伟，赵博，周利明编著. —北京：电子工业出版社，2024.2
ISBN 978-7-121-46986-2

Ⅰ. ①农… Ⅱ. ①苑… ②赵… ③周… Ⅲ. ①智能技术－应用－农业机械 Ⅳ. ①S22-39

中国国家版本馆 CIP 数据核字（2024）第 009983 号

责任编辑：缪晓红
印　　刷：北京天宇星印刷厂
装　　订：北京天宇星印刷厂
出版发行：电子工业出版社
　　　　　北京市海淀区万寿路 173 信箱　邮编：100036
开　　本：787×1092　1/16　印张：23.5　字数：617 千字
版　　次：2024 年 2 月第 1 版
印　　次：2024 年 2 月第 1 次印刷
定　　价：138.00 元

凡所购买电子工业出版社图书有缺损问题，请向购买书店调换。若书店售缺，请与本社发行部联系，联系及邮购电话：（010）88254888，88258888。

质量投诉请发邮件至 zlts@phei.com.cn，盗版侵权举报请发邮件至 dbqq@phei.com.cn。

本书咨询联系方式：（010）88254760，mxh@phei.com.cn。

目　录

第 1 章　农机智能技术概论

农机作业环境复杂多变、作业类型多、负载变化大，应用智能控制技术可以保证农机装备适应多变的作业环境和作业类型。国外农业生产的机械化和农业机械的智能化研究开始较早，目前，欧、美、日等发达国家基本实现了全面机械化，所生产的智能化农机装备也达到了较高的水平，对于提升生产效率、降低作业成本起到了较大的作用。近年来，国内对智能农机装备的研究越来越重视，但总体上处于研发阶段，高端产品种类偏少，智能化程度不高，且尚未实现规模化推广应用，与发达国家差距较大。

智能控制技术根据不同发展阶段可划分为基于专家系统的智能控制、分层递阶控制、模糊逻辑控制、神经网络控制四大类，研究领域主要包括变工况系统作业参数自适应优化控制、关键部件（如发动机、动力换挡装置）的智能控制与健康管理、无人驾驶与自主作业及多机协调非线性智能控制等。随着计算机和微电子技术的快速发展，以及农业生产精准化的迫切需求，信息技术、智能控制与传感技术及网络通信技术等智能化技术逐步与农业机械相融合，并在农业生产中发挥着越来越重要的作用。应用物联网、云计算、大数据等技术的智能云服务平台是智能农机装备的一个重要研究方向，基于云平台的智能农机装备能够充分利用各种实时和历史农业信息，实现作业高效精准、降本增产、安全可靠等，智能农机装备已经成为农业机械升级发展的必然方向。

1.1　拖拉机自动导航技术发展现状

拖拉机是大田作业的典型农机，国内外研究学者对其导航控制技术的研究成果相对较多。农机自动导航技术在欧洲、北美洲、东南亚等一些发达国家研究与应用较早，取得了一些技术突破和有价值的研究成果（刘兆祥，2011），并将研究成果应用于实际农业生产中，图 1-1 所示为美国天宝农机导航系统。我国在农机导航控制方面的技术与应用相对发达国家起步较晚，在经历了早期在田地里铺设感应电缆、沿犁沟、田垄、农作物行的机械触杆式导航技术的发展阶段后，随着机器视觉、全球定位系统、微机电系统技术的发展与成熟，现在主要集中在视觉导航、GNSS 导航和多传感器组合导航研究上，并取得了大量的研究成果。

图 1-1　美国天宝农机导航系统

1.1.1　国外研究现状

美国伊利诺伊大学的 Noquchi 课题组研究人员基于 RTK-GPS 技术、GDS 传感器、机器视觉技术等，研发了车辆自动导航控制系统。该系统采用扩展卡尔曼滤波方法和二维概率密度函数方法，将多传感器获取的信息进行数据融合处理。同时将 3 种传感器技术进行不同组合导航，设计了 4 种导航路径规划控制策略，试验结果表明，基于 GDS 传感器和 RTK-GPS 技术组合导航获得了满意的控制效果，导航横向偏差不大于 7.4cm（Qiu H C，2002）。

美国斯坦福大学的 Thomas Bell 等以 John Deere 7800 拖拉机为研究对象，在驾驶室顶部安装了 4 个卫星接收天线，采用 CP-DGPS 技术开展农业车辆自动导航技术的应用研究，根据导航卫星相对于每个 GPS 接收天线的方向角和高程的不同，通过测量各 GPS 天线相对卫星的角度和 GPS 信号相位差，来推算车辆的姿态信息。试验结果表明，该方法可以比较精确地得到车辆位置，以 CP-DGPS 获得的路径与理想路径间的误差均值小于 5cm，方差在 10cm 以内（Thomas Bell，2009）。

美国东伦敦综合技术学院采用激光导航装置，成功研制了一种激光导航拖拉机，该激光导航系统能够准确测定拖拉机所在位置及航向信息，横向位置测量偏差不大于 25cm，并且可以根据输入的农场计算机中心作业处方数据，得到该位置土壤的水分含量、养分信息、地理信息等，并能准确推算出所需播种数量、肥料、农药量等，从而实施最佳种植作业策略。

美国卡内基梅隆大学的 Carl Wellington 课题组人员以 John Deere 6410 拖拉机为试验平台，在该平台上装有三轴陀螺仪、差分 GPS 接收机、多普勒雷达测速传感器、车轮转速传感器、前轮转角传感器、两个测距雷达传感器和一个高清摄像头，采取多传感器感知作业环境信息、农机位置及姿态信息，从而实现拖拉机自动导航与避障功能。

日本是研究拖拉机自动导航技术起步较早，也是研究比较深入的国家之一，有些导航技术已经应用到了实际农业生产中。日本北海道大学基于机器视觉技术，进行了无人驾驶拖拉机的研究，在拖拉机上安装线性图像传感器和图像处理装置，并进行了田间无人驾驶试验研究，试验结果表明当拖拉机以 0.26m/s 的速度行走时，横向偏差为 4cm。东京大学研究人员将 CCD 摄像机安装在拖拉机上，设计了彩色 HIS 变换算法进行导航路径规划，试验结果表明，当拖拉机以 0.25m/s 的速度行走时，横向偏差为 2cm。日本北海道农业研究中心将 GPS、陀螺仪等传感器组合使用，实现了拖拉机的自动导航，并开发了一套拖拉机自动驾驶系统，开展了田间旋耕作业的自动驾驶试验研究。该系统将 GPS 接收机位置信息作为基本导航信息，同时利用陀螺仪获取偏移信息，采用卡尔曼（Kalman）滤波方法进行估计，进一步提高了拖拉机的航向和横向位置精度，试验结果表明该系统可以达到拖拉机按设定路径自动行驶的目的。

韩国科研人员采用机器视觉与图像处理技术，开发了视觉导航拖拉机，利用超声波非接触探测方法进行避障研究，设计了模糊算法及导航控制器，使拖拉机沿预定路径行走，并应用于果园农药的喷洒作业导航任务中。

荷兰农业和环境工程研究所（IMAG-DLO）的 R.P.Van Zuydam 将 RTK-GPS 技术与农田电子地图相结合，实现了拖拉机自动导航控制。试验结果表明该系统田间试验最大横向偏差为 12cm，水泥路面试验最大偏差为 2cm。

丹麦奥尔堡大学的 K.M.Nielse 等基于机器视觉技术开发了作物中杂草自动识别的自动导航农机，该农机利用 GPS 与陀螺仪组合进行导航控制，主要用于精准农业中定点除草、施肥、喷药等作业。

丹麦皇家兽医和农业学院的 Simon Blackmore 等以轮式拖拉机为研究对象，建立了拖拉机自动驾驶试验平台，开展了路径规划、跟踪控制、自动避障、农机具控制系统等方面的研究工作。

国外高端农机配备有自动导航系统、故障监测与报警系统、悬挂力位自动调节系统、动力换挡系统，豪华驾驶室内触摸屏控制计算机和多功能操作手柄，标准的接口可以与不同的农具组合使用。上述技术提高了机器的操控性和机动性，驾驶员可以舒适地操作农具，实现了精准高效作业。约翰迪尔开发的 AutoTrac 驾驶系统和 JDLink 故障诊断系统可实现实时导航和故障诊断，导航精度为±2.5cm。克拉斯 XERION 系列拖拉机配备自动导航转向系统、多功能手柄和 CEBIS 电子信息显示系统，操控自如，安装有 ISOBUS 数据总线。爱科全球系列 F1004-C 拖拉机，采用电控四驱，豪华驾驶室配备多功能仪表盘，具有多个报警功能；可以接入爱科开发的“爱・农”农机车辆网系统。图 1-2 所示的凯斯的 Magnum 系列拖拉机安装了全程控制 AFS AccuGuideTM 自动导航系统的 AFS Pro 600 型彩色监视器，可实现自动耕深调节，能够连接 AFS 远程信息管理系统。

1.1.2 国内研究现状

国内院校在拖拉机导航技术研究中做了大量的研究工作。中国农业大学的纪朝凤、刘刚等开发了 CAN 总线的农用车辆自动导航控制系统。该系统由 GPS 接收模块、显示控制终端模块、前轮转角传感器、航向传感器及自动转向控制器等组成，采用自适应 PID 控制算法设计的转向控制器，通过调节比例参数，达到农机转向自动控制的目的。试验结果表明，该系统在农机行驶速度为 0.7m/s 时，进行直线跟踪导航，横向偏差不大于 23cm，平均导航控制偏差小于 9cm；在进行曲线路径跟踪时，横向偏差不大于 32cm，平均导航控制偏差小于13cm（纪朝凤等，2009）。宋正河、吕安涛、毛恩荣等将 DGPS 技术应用于拖拉机自动驾驶系统研究中，对自动导航控制关键技术进行了研究，重点设计了拖拉机自动导航控制算法及导航软件系统。通过 GPS 接收机、陀螺仪、电子罗盘等传感器获取车辆位置、姿态信息，采用卡尔曼滤波方法进行多传感器数据融合，并提出了一种融合动力学与运动学模型特点的自适应控制参数的整定方法，对拖拉机自动导航控制器参数的确定具有重要指导价值（吕安涛，2006）。浙江大学的冯雷利用低成本 GPS 和固态惯性传感器技术，开展了农用车辆自动导航系统的研究，通过 GPS 和惯性传感器组合，为农业机械提供亚米级定位信息，并建立了农机运动学和动力学模型，实现了对农机运动轨迹的推算与导航控制，其中农机运动学模型在自动导航控制领域具有一定的实用性（冯雷，2004）。华南农业大学的罗锡文、张智刚、赵祚喜等研发了基于 RTK-GPS 的拖拉机自动导航控制系统。该系统以东方红 X-804 拖拉机为研究对象，在农机运动学模型与转向操纵控制模型相融合的基础上，推导出直线跟踪导航控制系统状态方程，并设计了 PID 导航控制器，提出了跨行地头转向控制方法，开展了农机导航田间试验研究。试验结果表明，当拖拉机行驶速度为 0.8m/s 时，直线跟踪横向偏差不大于 15cm，平均跟踪偏差小于 3cm（罗锡文等，2009）。西北农林科技大学机电学院的陈军等对拖拉机进行了电控改造，拖拉机位置监测采用 Leica TCA 1105 自动跟踪测位仪，通过 FOG 传感器获取车辆航向角，前轮转角采用位移传感器测得，拖拉机方向盘采用驱动伺服电动机驱动控制方式实现自动转向控制。将最优控制理论与车辆运动学模型相结合，开展拖拉机自动导航控制的研究（陈军等，2006）。图 1-3 所示为中国农业机械化科学研究院（以下简称中国农机院）研制的基于北斗的 BDLeader-301 型农机自动导航系统。

图 1-2 凯斯的 Magnum 系列拖拉机

在过去的几十年里，国内外研究人员在拖拉机自动导航技术的研究上已经取得了不少成果，但由于拖拉机作业精度要求高，轮胎与地面接触情况复杂，作业负载具有时变性和不确定性，给拖拉机自动导航技术的应用带来很大的困难。在实际应用过程还存在自动导航控制系统控制效果不稳定，负载影响较大和较大的行走作业误差；作业行走速度低，效率还有待提高；自动导航系统制造成本还相对较高，限制了自动导航产品的广泛应用等问题。所以，拖拉机自动导航技术还值得国内学者进行深入研究。

图 1-3　基于北斗的 BDLeader-301 型农机自动导航系统

目前，农机自动导航系统主要依赖于 GNSS 及机器视觉技术，其在作业过程阶段可以减轻驾驶员的劳动强度，但在转运、地头转弯等条件下仍需借助于人工干涉。无人驾驶系统则是通过机器视觉、激光雷达、GNSS 等感知复杂环境，进行动态路径规划、跟踪、避障，可以完全解放驾驶员。无人驾驶技术已经在汽车领域进入实际行驶测试阶段；在农机领域，国外一些大型企业也开始进行相关的技术探索，凯斯公司提出了 Magnum 无人驾驶概念拖拉机，随着技术的不断进步，真正意义上的无人驾驶农机也会很快出现。

多机联合作业的集群作业模式是未来农业集约化、规模化发展的必然选择，多机协同导航技术是下一代农机导航系统的关键技术，也是适应农业生产集约化、规模化、产业化的发展趋势，如收割机—运粮机的主从协同作业。要充分借助于各类农业传感器和控制器，实现多个农机的智能互联，将协同作业的各类农机的工作状态进行实时采集和分析，并进行自动控制和调节，优化农机的作业性能，达到最优的作业效果。

1.2　播种机智能化发展现状

智能化播种机要求能根据土壤条件、行驶速度等精确控制播种量、播深、播种均匀度等，且在复杂地形中也能实现精量播种（丁友强等，2019）。目前，国外施肥播种机的智能化技术主要体现在电动机直驱技术、播种监测技术、播种深度测控技术和变量施肥技术方面。

1. 在电动机直驱技术方面

传统的排种器采用地轮传动形式，随着作业速度的不断提高，车辆打滑成为影响播种质量的重要因素之一（张春玲等，2017）。电动机直驱技术能够有效消除机械传动的不利影响。

目前，国外高速精密播种机排种器驱动专用直流电动机及减速机产品已经相当成熟。欧洲主要的播种机生产厂家均推出了电动机驱动型播种机，如 Horsch 公司、Monosem 公司等，图 1-4 和图 1-5 所示分别为两个公司的排种驱动装置。Pricision Planting 公司也推出了电驱式排种系统。电驱式排种器主要采用直流电动机替代机械传动结构，直接驱动排种盘，采用测速雷达或 GNSS 等装置获得播种机的作业速度，根据速度结合所设置的播种量信息，实时调节排种盘的转速，进而实现播种量与作业速度的合理匹配。采用电驱式排种结构不仅能很好地适应高速播种作业，而且能够进一步实现对每一路播种单元的单独启停控制。

图 1-4　Horsch 公司的排种驱动装置

图 1-5　Monosem 公司的排种驱动装置

2. 在播种监测技术方面

欧美国家的播种机普遍采用宽幅结构，且作业速度快，对播种质量的监测显得尤为重要，一旦出现严重漏播，势必造成大面积减产，因此，播种质量监控装置是欧洲播种机的标准配置。

播种监控技术主要利用传感器实时获取每一路的落种信息，据此统计播种量、漏播量和重播量，并实现对漏播阻塞故障的在线监测。其中以光电传感器应用最为广泛（苑严伟等，2018），如 Dickey John 公司的 HyRate 系列传感器、AgLeader 公司的 Seedcomand 传感器均为此类型。为了解决光电传感器的抗尘问题，Precision Planting 公司研发了一种基于高频电磁波的排种量传感器（Wavevision），如图 1-6 所示，该传感器可直接安装在排种管末端，能够对排种质量进行精准监测。德国 LEMKEN 的 Solitair 9K 气力式精量播种机能进行全谷物类、油菜种子、草籽、豆类作物的精量播种，采用电动驱动排种器，先进的电子控制终端 LEMKEN Solitronic 操作简便，可实现播种堵塞报警，对各排种口单独开关控制。

除此之外，在排种装置的发展过程中，还出现了图 1-7 所示的气流输送播种机排种传感器。

3. 在播种深度测控技术方面

播种深度对种子的出苗及后期生长具有重要影响。播种深度一致性也是衡量播种机性能的重要指标之一，如果播种深度不一致，就会造成大小苗现象，并影响产量（HÅKANSSON 等，2011）。目前，通常通过仿行机构带动播种单体随地面起伏运动而实现播种，但是受地表附着物及土壤特性等条件影响，单纯的机械仿行无法达到理想效果。

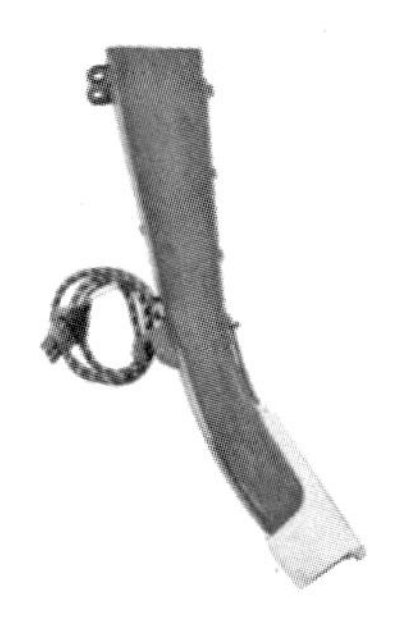

图 1-6　基于高频率电磁波的排种量传感器

图 1-7　气流输送播种机排种传感器

针对这一情况，一些播种机厂商（如德国 Horsch 公司）开始在播种机上加装图 1-8 所示的播种深度测控装置，其基本原理是通过在播种单体上安装压力传感器，实时获取播种单体对地的压力，并采用液压驱动形式改变播种单体的下压力，进而达到调节播种深度的目的，最终实现播种深度的一致性（杨丽等，2016）。

Agleader 公司专门推出了图 1-9 所示的下压力测控系统以实现播种深度控制，其针对单体受地面障碍物影响出现弹跳情况，还设计了独有的蓄能装置，保证播种单体运动的稳定性，系统响应时间仅为 1s，借助该系统能够快速准确地保证播种深度的一致。美国 JohnDeere1860 型免耕气吸式条播机，开沟压力可通过液压系统调节；仿形轮配置在开沟器侧面，开沟深度可调；橡胶压种轮压力可以根据土壤条件从 22N 到 118N 进行调节。

图 1-8　Horsch 公司的播种深度测控装置

图 1-9　Agleader 公司的下压力测控系统

4. 在变量施肥技术方面

变量施肥技术作为精准农业的关键组成部分，其能够按照不同地块的养分水平进行不同肥料量的合理施用，可以提高肥料利用率并减少环境污染。目前，主要的变量施肥技术有基于处方图的（宿宁，2016）和基于传感器的（刘洪利，2019）两种。基于处方图的变量施肥技术是通过 GNSS 获取当前机具位置信息，查询对应施肥处方图，得到期望施肥量，控制器根据期望施肥量控制排肥轴的转速，达到变量施肥的目的。

近年来，随着实时传感技术的进步，基于传感器的变量施肥技术已经逐渐发展起来。这种方法是利用光学传感器获取田间作物的生长情况或土壤特性情况，同时，根据所预测的作业潜在产量，依据相应的决策算法判断机具实时行走区域所需肥料量并形成氮肥施用处方信息，控制变量施肥机构进行动作执行，达到变量施肥的目的。实时传感器是该项技术的关键设备，目前CLAAS公司推出的图1-10所示的Crop传感器，以及Trimble公司研发的图1-11所示的Greenseeker传感器，均采用近红外光谱分析技术（NIR），根据植物叶子对近红外和红光吸收、反射特性的区别，通过测量反射光线的类型和强度对作物生长情况进行评测，间接实现土壤中可供有效利用的氮肥量的采集。

图1-10　CLAAS公司的Crop传感器

图1-11　Trimble公司研发的Greenseeker传感器

国内精密播种机的智能化技术正在逐步由实验室走向应用推广。德邦大为研制的1405型高性能免耕施肥播种机集成多路信息采集单元，采用电动机驱动，实现作业过程的全程自动化控制。雷沃马特马克MS8000系列精量播种机的EASY-SET系统可实现行距快速调节，电控播种监测器能避免漏播和重播，当发生堵塞时进行报警。

1.3　植保机智能化发展现状

植保作业劳动强度大、费时费力，传统的喷洒方式喷洒不均匀，浪费农药和资源，同时造成环境污染和农药残留，对人类社会的持续健康发展构成极大的威胁。智能化植保机能根据作业速度或病虫草害情况自动实现变量喷药和精准对靶喷药。目前在喷药机上已经广泛应用了喷杆高度自调整技术，通过安装在喷杆上的超声波测距传感器，获取喷杆与作物的实时距离，根据设定的高度自动调整液压机构，使喷杆高度达到期望值。作业参数在线监测系统也已成为各主流喷雾机的标准配置，该系统可通过传感技术获取系统压力、剩余药量、行驶速度、喷杆状态等参数，并在驾驶室终端实时显示，便于驾驶员及时掌握作业情况。

美国爱科ROGATOR 1300自走式喷雾机，通过安装NORAC生产的UC5™喷杆高度控制系统或者Raven生产的AutoBoom自动保持喷杆高度，通过安装Raven生产的AccuBoom自动喷杆区段控制器，可自动开启和关闭喷杆区段；通过安装SmarTrax实现精确转向控制，跟踪直线和固定曲线；通过Viper Pro终端能进行便捷控制和数据管理。凯斯Patriot 3330喷药机配备的AFS AccuGuide™自动导引装置可以减少漏施和重复施药；AIM Command PRO™新一代喷药技术包括独立的喷嘴控制装置和转向补偿装置；同样配备AutoBoom和AccuBoom。约翰迪尔4630自走式喷雾剂配备AutoTrac自动驾驶系统、

BoomTrac Pro 喷杆高度传感器、Automatic Boom Leveling 喷杆自动保持水平系统、Swath Control Pro 喷嘴独立自动控制系统，通过 GS3 2630 液晶触控显示器进行智能化控制。

美国 NTech 公司开发的 WeedSeeker 喷雾系统，由叶色素光学传感器、控制电路和阀体组成，传感器发射 770nm 近红外光和 656nm 红光，监测土壤背景中的杂草，实现实时对靶喷药。Blue River Technology 的 See & Spray 设备使用两个图像传感器、计算机视觉和深度学习算法来识别杂草和作物，在 100ms 以内完成。Trimble 公司的 Field-IQ™作物输入控制系统和 Ag Leader 公司的 DirectCommand 变量控制系统，能根据人工设定和处方图实现变量喷药作业。

丹麦 Hardi 公司推出的风幕式大型喷雾机除了具有喷杆高度自调节及作业参数在线监测，还采用喷杆姿态自调整技术，能够根据地面坡度自动调整喷杆的倾斜角度，同时，借助于直线电动机驱动技术，自动改变风幕出风角度，保证达到最佳的喷施效果，图 1-12 和图 1-13 所示分别为 Hardi 公司的 HC9500 型喷药机控制终端及喷杆高度检测传感器。

图 1-12　Hardi 公司的 HC9500 型喷药机控制终端

图 1-13　喷杆高度检测传感器

国产植保机已有部分成果达到实际应用水平，投入了小批量生产。中国农机院研制的 Intelligent Recognition System 能实现智能对靶除草喷药，研制的大型变量喷药机能根据车速和处方图实现变量喷药。雷沃阿波斯 ZP81200 型悬挂式喷杆喷雾机的车载控制计算机能根据车速变量控制喷药，进口 5 路电控阀控制喷杆区段的开闭。

1.4　收割机智能化发展现状

联合收割机的发展迅速跟踪了电子信息科技的进步，其监控系统迅速趋向智能化，由单元控制发展到分布式控制，由单机作业系统向与管理决策系统集成的方向发展。近年来，国外联合收割机已向完全自动化、智能化的方向发展，大部分联合收割机均已采用电子传感器对所收获的粮食质量进行在线监控，并结合卫星辅助系统进行收获作业综合管理。联合收割机成功采用了大量的智能调节和操纵系统，如辅助转向系统、自动驾驶系统、脱粒滚筒恒速控制系统、作业速度自动控制系统，其中有些系统已经成为商用联合收割机的标准配置。

国外著名的联合收割机制造企业主要有美国约翰迪尔（John Deere）、美国凯斯·纽荷兰（Case New Holland）、德国克拉斯公司（CLASS HHG）、英国麦塞·福克森公司、德国道依兹–法尔公司、意大利奇科里亚公司、奥地利温特斯泰格公司等。这些著名跨国农机制造商生产的小麦联合收割机和日本久保田、洋马公司生产的半喂入水稻联合收割机代表了当今世界农机制造的先进技术水平。

这些收割机的主要工作部件的主要工作参数，如转速、茎秆切割高度、籽粒损失量、粮箱填充量、排草堵塞、发动机负荷大小及工况等，普遍配有信息监测显示功能；自动控制装置包括自动对行、割茬高度自动调节、喂入深度自动调节、自动控制作业速度、自动停车等；具备卫星导航与定位及谷物产量自动测量等信息化精准仪器控制技术装置。图 1-14 所示为国外先进的联合收割机的代表机型。

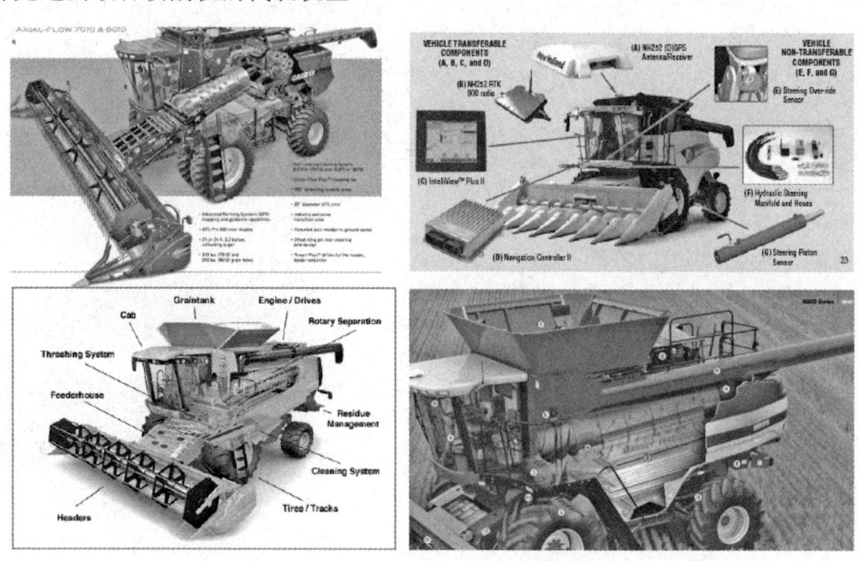

图 1-14　国外先进的联合收割机的代表机型

约翰迪尔公司的最新代表机型为 70 系列 STS（Single Tine Separation），其最大功率可达 358kW，携带智能动力优化管理系统，其柔性仿形割台最大收割宽度为 11m，具有自动控制割茬高度、五速动力换挡、收割速度自动控制等功能；能根据作物属性，自动调整脱粒滚筒的转速、清选风扇的转速和清选筛的开度；可以按照最大收割效率或最小收割损失两种模式智能收获，监测系统可以在线检测、保存收获谷物的产量和湿度信息，方便生成产量分布图。同时，该联合收割机还可以通过引导系统自由选择手动驾驶、辅助驾驶或者完全自动导航模式，其导航精度为 0.33m。

凯斯公司的代表机型为 Case IH 8010，其发动机功率为 303kW。浮式切割器和柔性仿行割台，加强了低矮作物的切割效果，提高了喂入能力，其最大收割宽度为 10.7m。自动割台和喂入量可以根据联合收割机的行驶速度进行自动调节，达到最佳喂入效果。自动调平清选系统采用开放式横流风机，保证了清选筛上的气流均匀，同时产生的涡流作用可以有效降低清选功率和噪声。Case IH 驾驶室具有先进的控制系统，可以在驾驶室内完成对联合收割机收获过程中各个部件的调整，可以对收割参数进行有效的管理，具有可靠和精确的全自动转向系统，有效降低了操作者的工作强度（张猛等，2018）。

德国克拉斯 TUCANO 系列联合收割机适用于多种作物，可实时测量作物含水量；绘制产量图；安装在收割台上的 LASER PILOT 激光领航系统识别作物边缘和短茬之间的直线，GPS PILOT 导航系统误差不超过 2cm；CEBIS 信息显示屏进行作业管理；四轮驱动且无级变速。

爱科 Massey Ferguson 的 IDEAL（理想）系列收割机配备 IDEAL harvest 传感系统，包括：籽粒品质相机和 52 个质量声学检测传感器（MADS），自动调节机器的转子、风扇转速和筛分装置，始终保持最佳的机器性能和效率；能实现完全流程化管理、全面自动化调整和实时谷物流向可视化等；安装了 Ideal Balance™斜坡自动平衡装置。

意大利道依茨法尔 C7000 联合收割机的控制杆有割台的位置和倾角控制、裁切角控制、捡拾轮的位置和驱动控制 3 个功能；在作业过程中，7 英寸的触摸屏可以展示所有重要的功能，容易进行所有的控制和参数设置；根据特定地块和不同作物，用户可以事先安装配置文件，减少作业前准备时间；可以存储和回放作业参数；安装了 3 个相机用以监测机器周围的环境，包括一个红外相机。

国内，联合收割机的智能化取得了一定的进展，但程度不高，能够监测部分作业参数并进行报警，在操控性和参数实时调整性方面与国外差距较大，现有产品的精度低、损失率偏高。福田雷沃 GF80（4LZ-8F）收割机优化了驾驶室舒适性，实现了工件堵塞和粮满警报。中联谷王 TE100 收割机可以收割小麦、玉米、大豆、谷子、高粱、油菜等作物，一机多用；多功能单手柄操纵，便捷舒适；智能集成显示器，使作业工况、故障情况一目了然；可搭载物联网终端。

1.5　智能农机服务平台发展现状

智能农机服务平台一般能够监测并获取农业装备及其作业信息，包括装备运行性能、耗油量、位置与数量、作业面积、产量分布等。通过这些信息可以对农机进行调度、维护和作业指导，从而提高其使用率，充分发挥其性能。

爱科的“爱·农”农机车联网系统通过 CAN 总线采集发动机工作参数及车辆运行参数，实现了故障实时报警、保养提醒，监测实时位置、最新轨迹和历史轨迹，自动生成作业日志，能在手机、平板 App 端实时显示。

图 1-15 所示的凯斯 AFS 远程信息管理系统能实时监视机器的作业情况，允许远程诊断和即时沟通，通过数据分析，有助于改善物流、降低油耗、充分发挥性能。其测产系统能指导田间的变量控制，如肥量、单位面积株数等，使用户从播种开始就能预测产量。

Claas、John Deere 和 365FarmNet 联合推出的“DataConnect”云解决方案将各家的远程数据存储和分析中心连接起来，拖拉机、联合收割机、青饲收获机、喷药机等混合车队的所有者既可以从这 3 家公司之一选择他们喜欢的云数据平台，也可以从其他机器传输数据。

图 1-15 凯斯 AFS 远程信息管理系统

近几年，国内也开发了很多智能化管理平台，目前的产品监测信息种类少，只能实现作业监测、统计分析、农机调度及面向政府政策的功能。

中国农机院开发的吉林省农业机械化精准作业远程电子监测系统，能够实现记录农业作业人员和设备信息，农机定位，作业轨迹监测、回放和面积统计，深松作业质量、重复作业监测等功能；机手可通过“希望田野”App 查看作业信息。

托普云农的智慧农机管理系统能够实现作业监测、统计和管理，对农机生产企业、合作社、维修服务站、培训机构等进行数据采集、存储、管理和查询等；“滴滴农机”App 可以实现作业订单申请和接单，为维修加油等日常服务提供资讯。

华测的农机生产信息化管理平台可以实现农具信息管理、农业人员信息管理、农机实时监测、作业统计分析、历史轨迹查询、信息发布等功能。

合众思壮的农场信息化解决方案中包含农机监控调度系统，具有准确定位、实时监控功能，可快速提供维修服务，还具有面积计算、GIS 数据采集功能，可容纳超过 1 万辆的入网车辆。

数字农业品牌 XARVIO 推出的 xarvio™ SCOUTCHING App 可帮助种植者和农学家即时、准确地识别田间杂草和病虫害威胁。该 App 可以判定杂草的存在，识别病害，并量化叶子的损伤程度。该 App 采用先进的人工智能算法，通过机器学习和数据共享不断提升精确度，并强化功能。

1.6 农机智能技术典型应用

农机智能技术能够提升农业生产的效率，降低生产成本。为了实现农业生产的智能监测、远程管理、故障诊断等功能，利用现代通信和计算机技术、传感器、网络通信、软件技术等，通过布控传感器，实时获取农业生产中的必要参数，通过网络传输到主控制器。监控中心与控制器连接，基于组态软件提供生产参数的可视化、生产设备远程调度等功能，并在后台进行故障诊断。工作人员可以通过组态界面监测到生产设备和环境数据，了解农业生产进程，借助故障诊断功能发现生产过程中的故障，适时调度农机设备，实现对农业生产的智能化控制。我国在智能化农业技术方面虽然起步较晚，农业机械化和信息化综合程度不及发达国家，导致信息化技术在农业生产领域的应用还较少，但近些年我国在一些便于规模化和机械化生产的区域，如新疆、黑龙江等的一些大型农场，已经开展了智能化农业技术的应用，实现了农业生产过程标准化管理。

近几年，国内一些大型农机企业开始将研究目光投向智能农机产品，也取得了一定的成果，主要有智能化播种机、智能化施肥机、智能化灌溉机、智能化收割机等。智能化主要体现在作业状态监控、故障报警和行走导航等方面。其典型应用体现在以下几个方面。

1. 耕整精准作业智能传感与控制系统

深松远程电子监测系统具有深度实时显示、机具识别校正、作业影像采集、北斗定位、远程数据传输、声光报警等功能，耕深监测误差≤1cm，面积统计误差≤2%。该系统主要解决了作业补助自动监测统计，实现“多干多补、少干少补、不干不补”。

2. 播施精准作业智能传感与控制系统

播种质量监测报警系统具有漏播、堵塞监测与报警，漏播个数报警调节，播种粒数计数及作业面积统计等功能。漏播、堵塞报警准确率≥98%；播种粒数计数误差≤2%；可根据用户的不同应用要求进行定制。肥料堵塞传感器，在线监测肥料堵塞，精度≥98%。播施精准作业智能控制器构建了流量反馈式自适应的闭环控制系统，控制误差≤5%。播施精准作业智能传感与控制系统实现了按照处方图精准变量施肥播种。

3. 植保精准作业智能传感与控制系统

变量喷药控制系统基于病虫草害处方图调整药液流量、喷雾量，实现农药变量喷洒，控制误差≤5%。自动对行辅助驾驶系统基于北斗/GNSS 定位系统，实现机具自动调头对行行驶，对行误差≤50cm。可前装或后装于喷雾机上，实现病虫草害变量防除，减少作物农药残留，节约资源，降低环境污染。

4. 收获精准作业智能传感与控制系统

粮位传感器测量粮仓料位高度，提示驾驶员平仓、卸粮。谷物损失传感器能获取籽粒的空间分布信息，实时监测谷物损失。产量传感器监测提升蛟龙实时流过的谷物质量，产量动态计量精度≥95%。另外，在收割作业过程中，遮蔽人畜探测器利用热红外成像技术探测机具前方的人畜，探测距离为 10m 以内，探测精度≥95%。人畜探测器可前装或后装于青饲收获机上，监测作业机械前方是否存在人畜，如果存在，则及时报警，提醒机手刹车，以有效避免事故的发生。打捆定位计数系统实现非接触打捆计数监测，计数误差≤3%，草捆定位精度为 2.5m。

5. 农业全程机械化云服务平台

中国农机院运用现代传感器技术、物联网、信息化技术打造的农业全程机械化云服务平台，可通过无线网络接收农机作业智能传感与监测系统感知的信息与数据，进行数据处理与分析。该平台提供农机作业全程电子监管云服务，以精准农业技术及智能装备为支撑，以“互联网+”技术为载体，构建了农业全程机械化远程监管服务体系，实现了集农机定位跟踪、作业监管、远程调度、运维管理、大数据分析、合作社管理等功能于一体的现代农业全程信息化云服务。整个平台功能模块涵盖耕整地、播种、施肥、植保、灌溉、收获等农业生产全作业环节，可以提供信息化引领的现代农业全程解决方案，实现我国农业全程机械化、智能化、信息化方面的重要变革，进入“互联网+智慧农业”的时代。

参考文献

[1] 刘兆祥. 农业车辆自动导航控制方法及导航路径识别算法研究[D]. 北京：中国农业大学, 2011.

[2] QIU H C. Navigation control for autonomous tractor guidance[D]. Illinois, USA: University of Illinois at Urbana-Champaign, 2002.

[3] THOMAS BELL. 2000. Automatic tractor guidance using carrier-phase differential GPS[J]. Computers and Electronies in Agriculture, 2000, (25): 53-66.

[4] 纪朝凤, 刘刚, 周建军, 等. 基于 CAN 总线的农业车辆自动导航控制系统[J]. 农业机械学报, 2009, 40(9): 28-32.

[5] 吕安涛, 宋正河, 毛恩荣. 拖拉机自动转向最优控制方法的研究[J]. 农业工程学报, 2006, 22(8): 116-119.

[6] 冯雷. 基于 GPS 和传感技术的农用车辆自动导航系统的研究[D]. 浙江：浙江大学, 2004.

[7] 罗锡文, 张智刚, 赵祚喜, 等. 东方红 X804 拖拉机的 DGPS 自动导航控制系统[J]. 农业工程学报, 2009, 25(11): 139-145.

[8] 陈军, 鸟巢谅, 朱忠祥, 等. 拖拉机沿曲线路径的跟踪控制[J]. 农业工程学报, 2006, 22(11): 108-111.

[9] 丁友强, 刘彦伟, 杨丽, 等. 基于 Android 和 CAN 总线的玉米播种机监控系统研究[J]. 农业机械学报, 2019, 50(12): 33-41+62.

[10] 苑严伟, 白慧娟, 方宪法, 等. 玉米播种与测控技术研究进展[J]. 农业机械学报, 2018, 49(9): 1-18.

[11] 张春岭, 吴荣, 陈黎卿. 电控玉米排种系统设计与试验[J]. 农业机械学报, 2017, 48(2): 51-59.

[12] HÅKANSSON I, ARVIDSSON J, KELLER T, et al. Effects of seedbed properties on crop emergence: 1. temporal effects of temperature and sowing depth in seedbeds with favourable properties[J]. Acta Agriculturae Scandinavica, Section B - Plant Soil Science, 2011, 61(5): 458-468.

[13] 杨丽, 颜丙新, 张东兴, 等. 玉米精密播种技术研究进展[J]. 农业机械学报, 2016, 47(11): 38-48.

[14] 宿宁. 精准农业变量施肥控制技术研究[D]. 安徽：中国科学技术大学, 2016.

[15] 刘洪利. 玉米冠层 NDVI 实时检测及智能施肥分区方法的研究[D]. 黑龙江：黑龙江八一农垦大学, 2019.

[16] 张猛, 耿爱军, 张智龙, 等. 谷物收获机智能监测系统研究现状与发展趋势[J]. 中国农机化学报, 2018, 39(9): 85-90.

第 2 章　拖拉机自动导航技术

随着工业技术的进步，农用拖拉机也向着大型化和智能化的方向发展，这种趋势在欧洲和北美洲尤其明显。近几年，在我国新疆和东北地区，拖拉机智能化发展势头也日益迅猛，主要体现在打滑传感、姿态检测、转向控制、自动导航等方面。

2.1　拖拉机打滑传感技术

车轮打滑是地面行走机械普遍面临的问题，打滑状况会导致车轮磨损加剧、车身失控，甚至车身翻转。驱动防滑控制技术最开始是应用在汽车上的，将四轮驱动技术应用于增强车辆牵引性能一段时间后，人们发现，四轮驱动虽然能增强车辆的牵引性能，但是系统复杂、车身整车质量大、振动噪声明显，特别是在低附着系数路面上，车辆的行驶稳定性大大降低，甚至低于两轮驱动的方式，驱动轮过度滑转的情况经常出现。人们认识到单纯的四轮驱动并不是保证车辆在低附着系数路面的通过能力及稳定性的最好方案。以水田为例，由于水田土壤具有较深的软泥层、承载能力低，且内聚力系数和内摩擦角都比较小的特点，拖拉机陷车、打滑现象时有发生。打滑状况发生不仅会造成功效降低、油耗增高，增大机器和轮胎的磨损，还会造成拖拉机失控，增大压苗的风险。目前，防滑处理的措施主要是安装水田轮胎或差速锁这类结构类防滑装置，但是实际作业环境复杂多变，打滑状况是车身状态、地面因素综合作用的结果，单纯的防滑结构不能满足工作需要，因此，开展拖拉机打滑传感技术研究对于提高拖拉机作业效率与质量具有重要意义。

2.1.1　四轮驱动拖拉机模型

1. 13 自由度动力学模型

7 自由度车辆模型包含车辆质心的纵向、侧向、横摆及 4 个车轮的回正运动 7 个自由度，这种模型有一个假设前提，即车辆运动始终在水平面进行。拖拉机打滑的产生往往伴随着车轮下陷和车身倾斜，由于车辆自身重力的存在，车身姿态的变化会给拖拉机运动造成影响。为了能够更准确地研究拖拉机的运动，本书在综合考虑行驶时的前轮转角、驱动力矩及车身姿态等多条件输入的基础上，建立自走式四轮驱动 13 自由度动力学模型。如图 2-1 所示，13 自由度是在传统 7 自由度车辆模型的基础上，加入了俯仰、横滚两个对喷雾机动力学产生影响的车身转动自由度，以及 4 个驱动轮绕轮轴转动自由度。

本书定义了 3 种参考坐标系，第一种是固结在拖拉机质心上，随动的车身坐标系 $O_cX_cY_cZ_c$（见图 2-1）；第二种是以各车轮中心为原点，随动的车轮坐标系 $OXYZ$（见图 2-2）；第三种是地面惯性坐标系 $O_{In}X_{In}Y_{In}Z_{In}$（见图 2-3）。地面惯性坐标系用于描述车辆的绝对运动，原点 O_{In} 固结于地面，$X_{In}O_{In}Y_{In}$ 平面与地面重合，Z_{In} 轴垂直于地面向上。车身坐标系的 X_c 轴指向车身正前方，Y_c 轴指向车身正左侧方，Z_c 轴与车身 $X_cO_cY_c$ 面垂直向上。

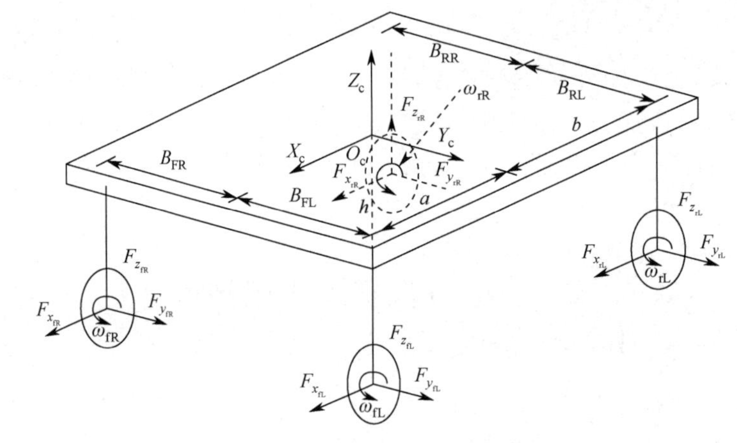

图 2-1　13 自由度整车模型

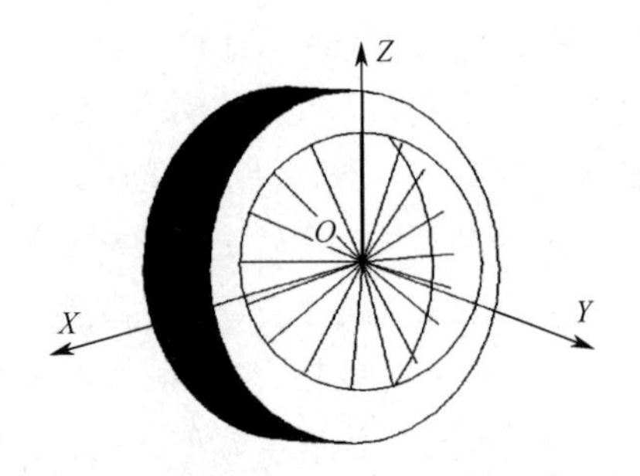

图 2-2　车轮坐标系中的状态信息

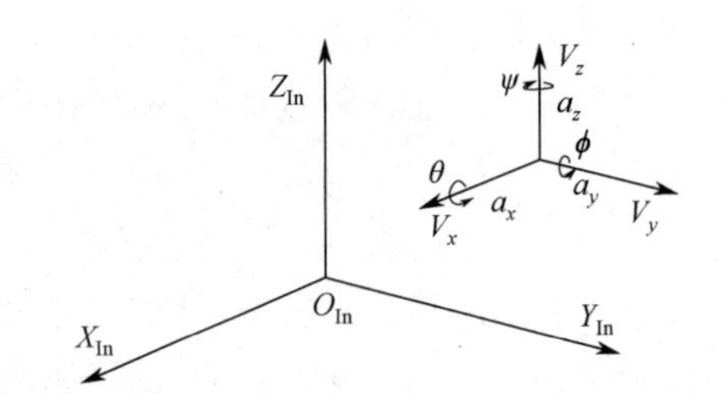

图 2-3　地面惯性坐标系

拖拉机始终行驶在地面上，因此，要使拖拉机在水田作业时避免打滑，对其受力分析最终要体现在车身纵向侧向受力所处的平面中，即车身坐标系的 $X_cO_cY_c$ 平面，图 2-4 标注出了整车模型在 $X_cO_cY_c$ 平面上的受力和转向状态。

拖拉机整车模型中的各参数说明如表 2-1 所示。

在车轮模型中，纵向受力以车轮纵向为正；侧向受力以车轮左侧为正；垂向受力以向上为正；车轮侧偏角以车轮纵轴在实际轮心速度方向左侧为正。反之，为负。

在车身模型中，纵向受力以车身正前方为正；侧向受力以车身正左方为正；垂向受力以向上为正；车身侧偏角以车身纵轴线在质心实际速度方向左侧为正。反之，为负。

2. 拖拉机数学模型

分析车辆行走过程，针对拖拉机结构特征和功能及防滑控制的要求，拖拉机数学模型需进行分类细化，共包括转向分析、整机动力学方程、车轮模型、轮胎模型 4 部分。

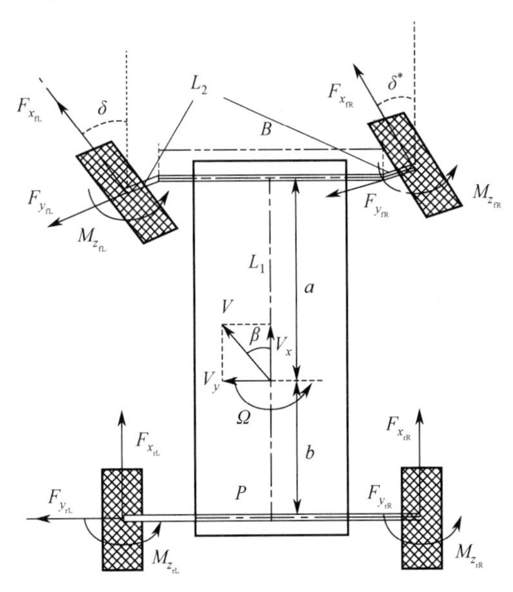

图 2-4　整车模型在 $X_cO_cY_c$ 平面状态

表 2-1　拖拉机整车模型中的各参数说明

变量名称	内容说明
X_c,Y_c,Z_c,O_c	车身坐标系各坐标轴及固结在车辆质心的原点
$X_{In},Y_{In},Z_{In},O_{In}$	地面惯性坐标系各坐标轴及固结于地面的原点
$F_{x_{ij}},F_{y_{ij}},F_{z_{ij}}$	分别表示地面作用于轮胎的轮胎纵向力、侧向力和垂直载荷，i 取 f、r 表示前轮、后轮，j 取 L、R 表示左轮、右轮
V_x,V_y,V	分别表示车身坐标系在地面惯性坐标系中车身纵向速度、左侧向速度、车身纵向与横向的合速度
a_x,a_y,a_z	分别表示车身坐标系在地面惯性坐标系中车身纵向加速度、左侧向加速度、垂向加速度
L_1,L_2,a,b	L_1 表示前轴与后轴轴距，$L_1=a+b$；L_2 表示各车轮活动轴长度；a,b 分别表示前后轴到车辆质心的距离
$B_{FL},B_{FR},B_{RR},B_{RL},B$	分别表示前左、右轮中心到前轴中心的距离；后左、右轮中心到后轴中心的距离；车轴固定长度
θ,φ,Ψ	依次表示横滚角（绕 X_c 轴旋转）、俯仰角（绕 Y_c 轴旋转）、横摆角（绕 Z_c 轴旋转）
$M_{z_{ij}}$	表示各车轮上的回正力矩
δ,δ^*	分别表示左前轮转向角、右前轮转向角
Ω,Γ	分别表示整车横摆角速度和绕 z 轴的横摆力矩
h	拖拉机质心高度

阿克曼理论转向模型如图 2-5 所示。

阿克曼理论转向模型的特点如下。

（1）车辆在直线行驶时，4 个车轮的轮轴线相互平行，且与车辆的纵向中心面垂直。

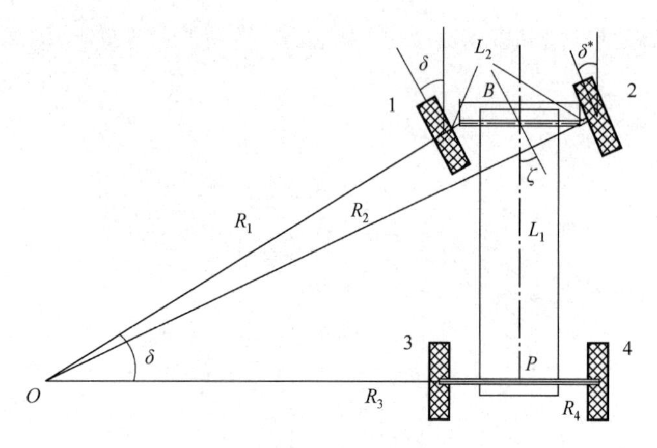

图 2-5　阿克曼理论转向模型

（2）车辆转向时转向中心 O 位于后轮轴的延长线上，前轮偏转左右前轮轮轴的延长线与后轮轮轴的延长线相交于转向中心。

设系统输入转向角 ζ 代表前轴中心点速度与车辆纵向的夹角，则根据图 2-5 中的几何关系，ζ,δ,δ^* 有如下表达式：

$$\begin{cases}\zeta=\arctan(L_1/(R_3+L_2+0.5B))\\ \delta=\arctan(L_1/(R_3+L_2))\\ \delta^*=\arctan(L_1/(R_3+L_2+B))\end{cases} \tag{2-1}$$

在式（2-1）中，L_1、L_2、B 是车辆的固定参数，ζ 是输入设定值，前轮转角的计算公式为

$$\begin{cases}\delta=\arctan(L_1\cdot\tan\zeta/(L_1-0.5\cdot B\cdot\tan\zeta))\\ \delta^*=\arctan(L_1\cdot\tan\zeta/(L_1+0.5\cdot B\cdot\tan\zeta))\end{cases} \tag{2-2}$$

拖拉机平动分析主要在纵向和侧向运动，由于农田作业车速较低，所以，可忽略空气阻力，M 为拖拉机质量，拖拉机运动的动力学方程如下。

（1）纵向运动。

$$\dot{V}_x=a_x+V_y\Omega$$

$$a_x=(F_{p_{\text{fL}}}+F_{p_{\text{fR}}}+F_{p_{\text{rL}}}+F_{p_{\text{rR}}})/M-g\sin\varphi \tag{2-3}$$

（2）侧向运动。

$$\dot{V}_y=a_y-V_x\Omega \tag{2-4}$$

$$a_y=(F_{c_{\text{fL}}}+F_{c_{\text{fR}}}+F_{c_{\text{rL}}}+F_{c_{\text{rR}}})/M-g\sin\theta$$

（3）横摆运动。在车身坐标系内拖拉机的横摆运动方程如下。

$$\begin{aligned}\Gamma=&F_{p_{\text{fR}}}\cdot B_{\text{FR}}-F_{p_{\text{fL}}}\cdot B_{\text{FL}}+a\cdot(F_{c_{\text{fR}}}+F_{c_{\text{fL}}})-b\cdot(F_{c_{\text{rL}}}+F_{c_{\text{rR}}})+\\&F_{p_{\text{rR}}}\cdot B_{\text{RR}}-F_{p_{\text{rL}}}\cdot B_{\text{RL}}+M_{z_{\text{fL}}}+M_{z_{\text{fR}}}+M_{z_{\text{rL}}}+M_{z_{\text{rR}}}\end{aligned} \tag{2-5}$$

$$\dot{\Omega}=\frac{\Gamma}{I_z} \tag{2-6}$$

式中，

$$\begin{cases} Fp_{\text{fR}} = Fx_{\text{fR}} \cdot \cos\delta^* - Fy_{\text{fR}} \cdot \sin\delta^*, & Fp_{\text{rR}} = Fx_{\text{rR}} \\ Fp_{\text{fL}} = Fx_{\text{fL}} \cdot \cos\delta - Fy_{\text{fL}} \cdot \sin\delta, & Fp_{\text{rL}} = Fx_{\text{rL}} \\ Fc_{\text{fR}} = Fx_{\text{fR}} \cdot \sin\delta^* + Fy_{\text{fR}} \cdot \cos\delta^*, & Fc_{\text{rR}} = Fy_{\text{rR}} \\ Fc_{\text{fL}} = Fx_{\text{fL}} \cdot \sin\delta + Fy_{\text{fL}} \cdot \cos\delta, & Fc_{\text{rL}} = Fy_{\text{rL}} \end{cases} \tag{2-7}$$

大多数农田作业拖拉机采用前轮转向方式，前部车轮中心与前车轴中心的距离公式为

$$B_{\text{FL}} = \frac{B}{2} + L_2 \cos\delta \tag{2-8}$$

$$B_{\text{FR}} = \frac{B}{2} + L_2 \cos\delta^* \tag{2-9}$$

后部车轮中心与后车轴中心的距离公式为

$$B_{\text{RL}} = B_{\text{RR}} = \frac{B}{2} + L_2 \tag{2-10}$$

车轮是拖拉机与地面的接触机构，车轮的受力状况直接关系到车辆的稳定性，因此，建立车轮模型对于整车动力学模型的研究是十分重要的。

1）车轮轮心速度计算

各车轮轮心实际速度可通过车辆质心处的速度计算得出，在车身坐标系下，车轮轮心速度的计算公式为

$$\begin{cases} u_{\text{fL}} = V - \Omega(B/2 + L_2\cos\delta - a\beta) \\ u_{\text{fR}} = V + \Omega(B/2 + L_2\cos\delta^* + a\beta) \\ u_{\text{rL}} = V - \Omega(B/2 + L_2 + b\beta) \\ u_{\text{rR}} = V + \Omega(B/2 + L_2 - b\beta) \end{cases} \tag{2-11}$$

式中，u_{ij}——各车轮轮心速度。其中，$i = \text{f,r}$——前轮、后轮；$j = \text{L,R}$——左轮、右轮。

2）车轮滑动率计算

车轮转速大于车轮轮心速度称为车轮滑转，车轮转速小于车轮轮心实际速度称为车轮滑移，文献中将车轮滑转率与滑移率统称为滑动率。在不同文献中，对车轮滑动率的定义方式存在差别，目前使用较多的定义方式如下：

$$S = \begin{cases} \dfrac{v-u}{u}, & \text{制动时} \\ \dfrac{v-u}{v}, & \text{驱动时} \end{cases} \tag{2-12}$$

$S>0$，代表车轮滑转；$S<0$，代表车轮滑移。

式中，S——车轮滑动率。

u——车轮中心速度，m/s。

v——车轮转速，m/s。

考虑到轮胎转向过程中存在侧向运动，需要分别定义纵向滑动率和侧向滑动率。

驱动时的纵向滑动率为

$$S_{x_{ij}}=\frac{\omega_{ij}r_{ij}-u_{ij}\cos\alpha_{ij}}{\omega_{ij}r_{ij}} \tag{2-13}$$

驱动时的侧向滑动率为

$$S_{y_{ij}}=\frac{v_{y_{ij}}}{\omega_{ij}r_{ij}}=(1-S_{x_{ij}})\frac{u_{ij}\sin\alpha_{ij}}{u_{ij}\cos\alpha_{ij}}=(1-S_{x_{ij}})\tan\alpha_{ij} \tag{2-14}$$

制动时的纵向滑动率为

$$S_{x_{ij}}=\frac{\omega_{ij}r_{ij}-u_{ij}\cos\alpha_{ij}}{u_{ij}\cos\alpha_{ij}} \tag{2-15}$$

制动时的侧向滑动率为

$$S_{y_{ij}}=\frac{u_{ij}\sin\alpha_{ij}}{u_{ij}\cos\alpha_{ij}}=\tan\alpha_{ij} \tag{2-16}$$

总滑动率为

$$S_{ij}=\sqrt{S_{x_{ij}}^2+S_{y_{ij}}^2} \tag{2-17}$$

式中，ω_{ij}——各车轮转动角速度，rad/s。

r_{ij}——各车轮静力半径，m。

α_{ij}——各车轮侧偏角，rad。

u_{ij}——各车轮中心速度，m/s。

车轮静力半径是指车辆静止时车轮中心到地面的距离。由于作业速度较低，可以用车轮静力半径代替滚动半径进行计算。车轮静力半径如图 2-6 所示。

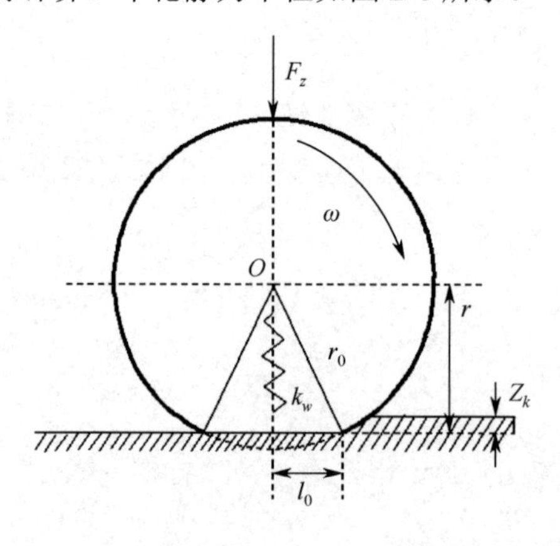

注：l_0 为半轮胎地面接触长度，m；r_0 为车轮几何半径，m；Z_k 为轮胎在土壤中的陷入深度，m。

图 2-6 车轮静力半径

车轮静力半径计算公式为

$$r = r_0 - F_z / k_w = \sqrt{r_0^2 - l_0^2} \tag{2-18}$$

式中，r_0——车轮悬空时的几何半径，即自由半径，m。

k_w——轮胎弹簧刚度系数，N/m。

F_z——车轮承受的垂向载荷，N。

3）车轮侧偏角与整车质心侧偏角计算

结合 13 自由度动力学模型，拖拉机各个轮胎的侧偏角可由以下公式获得：

$$\begin{cases} \alpha_{\mathrm{fL}} = \delta - \arctan\dfrac{V_y + a\Omega}{V_x - (B/2 + L_2\cos\delta)\Omega/2} \\ \alpha_{\mathrm{fR}} = \delta^* - \arctan\dfrac{V_y + a\Omega}{V_x + (B/2 + L_2\cos\delta^*)\Omega/2} \\ \alpha_{\mathrm{rL}} = -\arctan\dfrac{V_y - b\Omega}{V_x - (B + 2L_2)\Omega/2} \\ \alpha_{\mathrm{rR}} = -\arctan\dfrac{V_y - b\Omega}{V_x + (B + 2L_2)\Omega/2} \end{cases} \tag{2-19}$$

式中，α_{fL}、α_{fR}、α_{rL}、α_{rR} 分别是左前轮、右前轮、左后轮、右后轮的轮胎侧偏角。

质心位置的侧偏角为

$$\beta = -\arctan\frac{V_y}{V_x} \tag{2-20}$$

4）车轮垂向载荷计算

车轮垂向载荷是计算轮胎与地面摩擦力的关键参数，不考虑惯性阻力矩和空气阻力的情况下，拖拉机左转弯时各个轮胎的垂直载荷为

$$\begin{cases} F_{z_{\mathrm{fL}}} = \left(\dfrac{Mg}{2}\sqrt{1-\sin^2\theta-\sin^2\varphi} - Ma_y\cdot\dfrac{h}{B+L_2(\cos\delta+\cos\delta^*)}\right)\dfrac{b}{L_1} - \dfrac{1}{2}\cdot Ma_x\dfrac{h}{L_1} \\ F_{z_{\mathrm{fR}}} = \left(\dfrac{Mg}{2}\sqrt{1-\sin^2\theta-\sin^2\varphi} + Ma_y\cdot\dfrac{h}{B+L_2(\cos\delta+\cos\delta^*)}\right)\dfrac{b}{L_1} - \dfrac{1}{2}\cdot Ma_x\dfrac{h}{L_1} \\ F_{z_{\mathrm{rL}}} = \left(\dfrac{Mg}{2}\sqrt{1-\sin^2\theta-\sin^2\varphi} - Ma_y\cdot\dfrac{h}{B+2L_2}\right)\dfrac{a}{L_1} + \dfrac{1}{2}\cdot Ma_x\dfrac{h}{L_1} \\ F_{z_{\mathrm{rR}}} = \left(\dfrac{Mg}{2}\sqrt{1-\sin^2\theta-\sin^2\varphi} + Ma_y\cdot\dfrac{h}{B+2L_2}\right)\dfrac{a}{L_1} + \dfrac{1}{2}\cdot Ma_x\dfrac{h}{L_1} \end{cases} \tag{2-21}$$

5）车轮的转动动力学方程

车轮在土壤上滚动时，在力的作用下，轮胎和土壤都会产生变形，单个车轮的受力简图如图 2-7 所示。

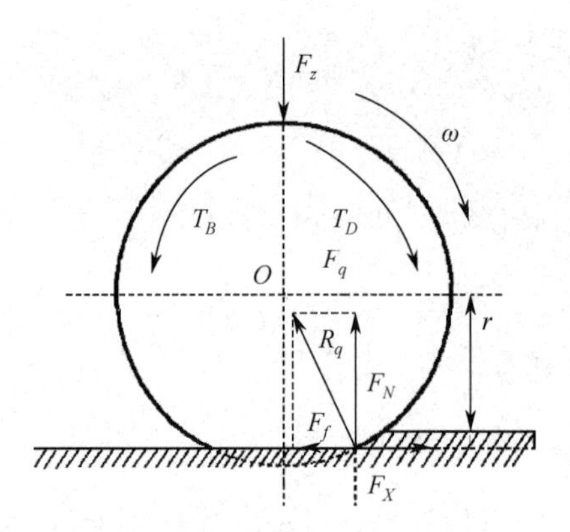

注：O 为车轮几何中心；F_f为车轮滚动阻力，N；F_N为地面对轮胎的垂直支持力，N；R_q为轮胎支撑面上土壤对轮胎的反作用力的合力，N；F_q为车架对驱动轴的水平反作用力，N；F_z为车轮重力与所受垂向载荷之和，N；F_X为车轮的水平驱动力，N；T_D为车轮驱动力矩，N·m；T_B为车轮制动力矩，N·m；ω 为车轮转速，rad/s；r 为车轮静力半径，m。

图 2-7 单个车轮的受力简图

拖拉机单个车轮的驱动动力学方程为

$$J_w\dot{\omega}_{ij} = T_{D_{ij}} - T_{B_{ij}} - r\cdot F_{X_{ij}} \tag{2-22}$$

式中，J_w——车轮转动惯量，$\text{kg}\cdot\text{m}^2$。

$\dot{\omega}_{ij}$——车轮转动加速度，rad/s^2。

地面对车辆的直接作用对象是轮胎，建立能够准确表现轮胎运动状态的轮胎模型是车辆控制技术研究的关键问题之一。为了简化分析和研究的过程，轮胎在稳态运动状况下的运动一般用轮胎稳态模型来描述。目前，轮胎稳态模型主要分为 3 类：半经验模型、经验模型和理论模型。半经验模型是通过试验测试数据和理论分析的结果之间存在的关系而建立的近似经验模型，主要包括魔术公式模型（Magic Fomula）和 UniTire 模型，是目前轮胎模型研究的重点；经验模型是利用一定的经验公式拟合试验测试数据结果建立的模型，主要包括 Burckhardt 模型、LC 模型、K-D 模型等；理论模型是根据轮胎变形的物理过程建立的轮胎力学模型，主要包括刷子模型、LuGre 模型、UA 模型、线性模型和 Dugoff 模型。其中，魔术公式模型在目前的轮胎特性分析和仿真中最为准确，但是该公式模型的非线性函数参数太多，参数拟合估计困难，难以用于控制系统设计中。

本书为准确描述不同路面上车轮滑转率 S 与车轮—地面附着系数 μ 之间的关系，在易于参数拟合的原则下，选择使用 Burckhardt 模型。在该模型下附着系数的表达式为

$$\begin{cases} \mu_{ij}(S_{ij}) = c_1[1-\exp(-c_2 S_{ij})] - c_3 S_{ij} \\ \mu_{x_{ij}} = \mu_{ij}\cdot S_{x_{ij}} / S_{ij} \\ \mu_{y_{ij}} = K_s\cdot \mu_{ij}\cdot S_{y_{ij}} / S_{ij} \end{cases} \tag{2-23}$$

式中，K_s——Kamm 修正系数。

μ_{ij}、$\mu_{x_{ij}}$、$\mu_{y_{ij}}$——轮胎与地面之间的综合、纵向、侧向附着系数。

c_1、c_2、c_3——Burckhardt 模型各拟合参数，由大量试验获得。

Burckhardt 等通过大量的试验拟合了 6 种典型路面的 $\mu-S$ 曲线，如图 2-8 所示，并通过求极值的方法得到了 6 种典型路面的最佳滑转率和峰值附着系数，如表 2-2 所示。

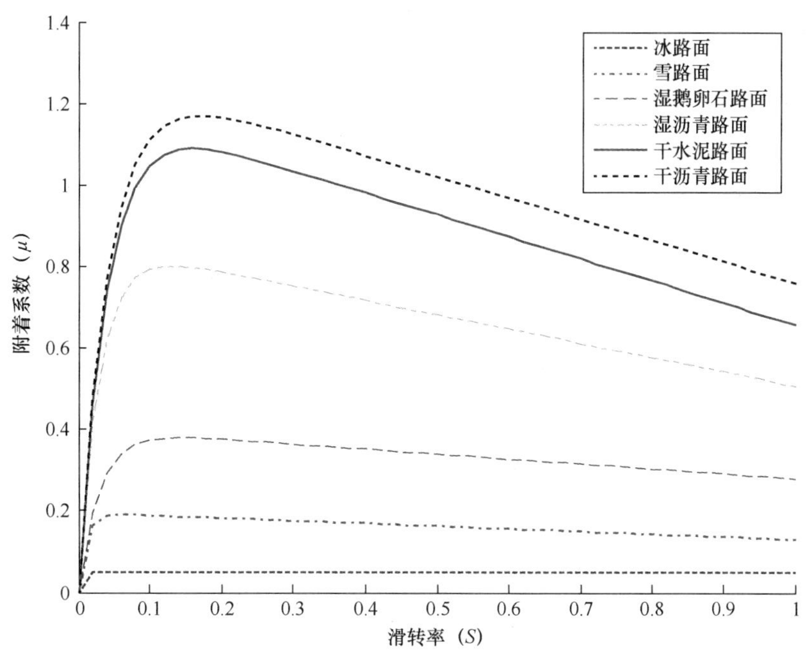

图 2-8　Burckhardt 模型中 6 种典型路面的 $\mu-S$ 曲线

表 2-2　轮胎模型中 6 种典型路面参数的拟合值及最佳滑转率和峰值附着系数

路面类型	c_1	c_2	c_3	S_{opt}	μ_{max}
冰（Ice）	0.05	306.39	0.001	0.0315	0.0500
雪（Snow）	0.195	94.13	0.0646	0.0600	0.1904
湿鹅卵石（WP）	0.400	33.71	0.12	0.1401	0.3796
湿沥青（WB）	0.857	33.82	0.35	0.1306	0.8009
干水泥（DC）	1.197	25.17	0.54	0.1598	1.0893
干沥青（DB）	1.280	23.99	0.52	0.1700	1.1699

最佳滑转率的计算公式为

$$S_{opt}=\frac{1}{c_2}\ln\frac{c_1c_2}{c_3} \tag{2-24}$$

峰值附着系数的计算公式为

$$\mu_{max}=c_1-\frac{c_3}{c_2}\left(1+\ln\frac{c_1c_2}{c_3}\right) \tag{2-25}$$

路面对轮胎的作用力在路面平面内分为沿车轮平移方向的纵向力和与此垂直的侧向力。在轮胎侧偏角的存在下，轮胎受到的纵向力和侧向力的表达公式为

$$\begin{cases} F_x = \mu_x \cdot F_z \cdot \cos\alpha - \mu_y \cdot F_z \cdot \sin\alpha \\ F_y = \mu_y \cdot F_z \cdot \cos\alpha + \mu_x \cdot F_z \cdot \sin\alpha \end{cases} \tag{2-26}$$

式中，F_z——地面给车轮的垂向作用力，N。

F_x、F_y——轮胎受到的纵向力、侧向力，N。

将式（2-19）、式（2-21）、式（2-23）中各个车轮的数据分别代入式（2-26）中，计算即可得到各个车轮在车身坐标系中受到的纵向力和侧向力。

单纯在 Burckhardt 轮胎模型下，各个车轮的回正力矩无法求解，然而，回正力矩在本书模型下的动力学分析中是不可或缺的，因此，还需要在 Burckhardt 轮胎模型的基础上找到一种获得各车轮回正力矩的方法。目前有几种典型的回正力矩模型，分别为德国汽车专家 Manfred Mitschke 提出的轮胎侧向力与回正力矩模型；郭孔辉院士提出的基于轮胎侧偏特性的回正力矩半经验模型；Prof J. Reimpell 教授提出的垂向力、侧向力和纵向力综合作用下的回正力矩模型。其中，回正力矩半经验模型是将回正力矩简化为轮胎所受纵向力和侧向力共同作用的结果，本书采用这种模型计算各个车轮的回正力矩。该模型通过拟合回正力臂的变化来简化求解，轮胎变型受力简图如图 2-9 所示。

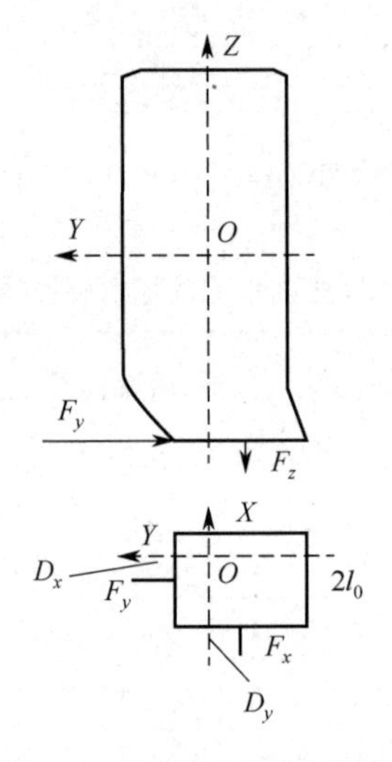

图 2-9 轮胎变形受力简图

在 XOY 平面中，轮胎在纵向受力及侧向受力的作用下，分别产生了轮胎纵向偏距 D_x 和轮胎侧向偏距 D_y，该车轮的回正力矩的简化计算公式为

$$M_z = F_x \cdot D_y + F_y \cdot D_x \tag{2-27}$$

式中，F_x——轮胎纵向力，N。

F_y——轮胎侧向力，N。

D_x——轮胎纵向偏距，m。

D_y——轮胎侧向偏距，m。

M_z——车轮回正力矩，N · m。

Manfred Mitschke 在文献中给出了轮胎纵向偏距的计算方法，计算公式为

$$D_x \approx \frac{l_0}{3} \tag{2-28}$$

假定轮胎的纵向刚度与侧向刚度相同，则在侧偏角 α 下，轮胎侧向偏距 D_y 与轮胎纵向偏距 D_x 满足：

$$D_y = D_x \cdot \tan\alpha \tag{2-29}$$

2.1.2　拖拉机驱动防滑控制理论及控制器设计方法

1. 拖拉机防滑理论

造成拖拉机车轮打滑（包括车轮的滑转、滑移和侧滑）的根本原因是地面所能提供给车轮的最大附着力小于车轮稳定运动所需的作用力，因此，解决车轮打滑问题的关键在于提高附着系数。直观来看，加装高花轮胎、水田铁轮等物理结构改装，是提高附着系数的有效方式，这种应对办法已经在水田作业机械中广泛应用，如图 2-10 和图 2-11 所示。

图 2-10　高花轮胎

图 2-11　水田铁轮

此外，在汽车工程领域的研究中，研究人员发现滑动率与附着系数之间存在关系，车轮附着系数与滑动率的关系曲线如图 2-12 所示。

将车轮在驱动行驶过程中的滑转情况以正滑动率表示，也称为滑转率；将车轮在制动过程中的滑移情况以负滑动率表示，也称为滑移率。可以看到，存在一个滑动率的范围 $[-x,+x]$ 使得车辆处于稳定可控的状态，当 $S<-x$ 时，车辆状态为不稳定的车轮滑移状态；当 $S>+x$ 时，车辆状态为不可控的车轮滑转状态。车辆的制动防滑（ABS）和驱动防滑（ASR）都是控制滑转率为各自的最佳滑转率范围，以使车辆获得良好的制动力或驱动力。

拖拉机面临的打滑状况可以分为车轮纵向滑转、车轮纵向滑移、车身侧向滑移 3 类情况，从发生原因和出现程度上分析如表 2-3 所示。

农田作业拖拉机作业速度低、载荷大、重心偏高，因此，与汽车等道路交通车辆相比，拖拉机在驱动行驶中的车轮滑转问题及造成禾苗损伤的车身侧滑问题更为重要。

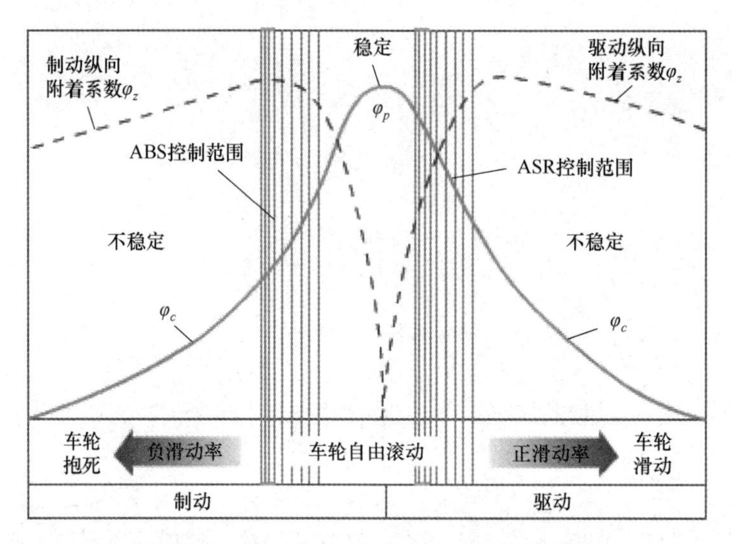

图 2-12 车轮附着系数与滑动率的关系曲线

表 2-3 拖拉机面临的打滑状况分析

打滑状况	发生原因	出现程度
车轮纵向滑转	纵向附着力不满足当前状态下车辆纵向行驶所需驱动力，车轮会出现一定程度的空转	常见
车轮纵向滑移	一般车轮纵向滑移的产生是由于行驶中进行了制动操作；对于液压马达驱动的拖拉机作业过程中出现的车轮纵向滑移，也有可能是液压部分的机械故障	不常见
车身侧向滑移	车辆的侧滑问题多是在高速行驶状态车辆转向、车身侧偏角过大时引起的；结合农田作业工况及作业环境分析，主要是农田尤其是水田不同行垄的泥脚深度不同，导致车身倾斜，再加上水田附着系数偏低，导致拖拉机侧滑	常见

驱动防滑控制的基本原理，就是在车轮发生滑转时，控制车轮转速，使滑转率在最佳滑转率的范围内，从而获得较大的利用附着系数，车轮的驱动力可以得到充分利用，提高车辆的通过性。

对于车轮纵向滑转和车身侧向滑移的处理基于如下两种不同的思路。

（1）车轮纵向滑转。出现滑转工况后，采用控制出现滑转状况车轮的转速，调节滑转率的方法，使得滑转率 $S=S_{\text{opt}}$。

（2）车身侧向滑移。检测车身姿态、车速、横摆角速度等参数，估算车辆当前保持侧向稳定所需的侧向附着系数和车辆目前的侧向附着系数，判断车辆是否有侧滑的可能。根据式（2-14）和式（2-19），车轮转角可调节车轮侧偏角，进而调节车轮侧向附着系数。当判断有侧滑可能时，首先使车轮滑转率 $S=S_{\text{opt}}$，继而控制前轮转向角向使车轮侧向附着系数增大的方向调节。这样，一方面，能够提高车辆在该路段的通过能力，减少滞留时间；另一方面，能够提高侧向附着系数，减小侧滑风险。

根据式（2-4）、式（2-21）可分别计算地面对整车的侧向力和各车轮的垂向载荷。

地面对整车的侧向力为

$$F_c = \sum F_{c_{ij}} = M(a_y + g\sin\theta) \tag{2-30}$$

整体车身的侧向附着系数为

$$\mu_y = \frac{\sum F_{c_{ij}}}{\sum F_{z_{ij}}} = \frac{a_y + g\sin\theta}{g\sqrt{1-(\sin\theta)^2-(\sin\varphi)^2}} \tag{2-31}$$

车辆当前运动保持稳定的基本前提是，地面提供的驱动力不小于在地形影响下重力沿坡度向下的分量与滚动阻力之差，用公式表示为

$$\mu_y \geqslant \sin\theta - \eta \tag{2-32}$$

式中，η——滚动阻力系数。

θ——车身横滚角，rad。

当检测到车身侧向附着系数 $\mu_y < \sin\theta - \eta$ 时，表明此时车辆有侧滑风险，需对车辆进行侧滑的防滑控制操作。

车辆行驶的滚动阻力系数的测定普遍依据 GB/T 12536—2017《汽车滑行试验方法》，用滑行法来测定，这种方法可以较精确地测定滚动阻力系数，但缺点也很明显——不具备实时检测的能力；依靠检测输出扭矩在线测定滚动阻力系数的方法是一种很好的参考。检测扭矩有两种方法，一种方法是无须断轴处理的应变片式，测量精度不佳；另一种方法是断传动轴加装扭矩传感器的方式，虽然精度满足要求，但是改变了车辆的结构特性，降低了安全性。

2. 路面识别

Burckhardt 轮胎模型给出了在冰、雪、湿鹅卵石、湿沥青、干水泥、干沥青 6 种不同路面上地面附着系数随车轮滑转率变化的关系曲线，由式（2-24）可求出最佳滑转率的计算数据。要最大限度地利用路面附着系数，就要对车辆行驶的路面进行识别。以采用 T-S 模型设计路面识别器为例，将上述 6 种路面的 $\mu - S$ 曲线作为数据库，以当前的实时路面利用附着系数和实时滑转率作为输入，比较在该滑转率下，利用附着系数与数据库中各典型路面附着系数的相近程度，进而计算出当前路面的最佳滑转率和峰值附着系数。

将 $S \in [0,1]$ 的区域分为大（B）、中（M）、小（L）三部分，由 $\mu - S$ 曲线可知，滑转率 S 在 0.2 以内时，附着系数随滑转率的变化较大。当滑转率较小时（小于 3%），数据库中不同路面的 $\mu - S$ 曲线区分不明显，无法单凭车轮滑转率和利用附着系数确定此时的（S,μ）点与 6 条曲线的相似程度，因此，当滑转率较小时不进行路面识别，默认车辆行驶在附着系数良好的路面上。附着系数 μ 模糊化，以数据库中的路面名称表示，选择三角函数和梯形函数作为隶属度函数，函数峰值对应的利用附着系数即为各数据库路面的峰值附着系数。车轮滑转率、纵向利用附着系数的隶属度函数划分情况如图 2-13 所示。

控制器的输出为当前路面与数据库中 6 种标准路面的相似程度，分别以 TD（完全不相似）、D（不相似）、GD（一般偏不相似）、GR（一般偏相似）、R（相似）、ER（非常相似）对相似程度进行描述。依据输入输出情况，制定 18 条模糊逻辑规则，如表 2-4 所示。

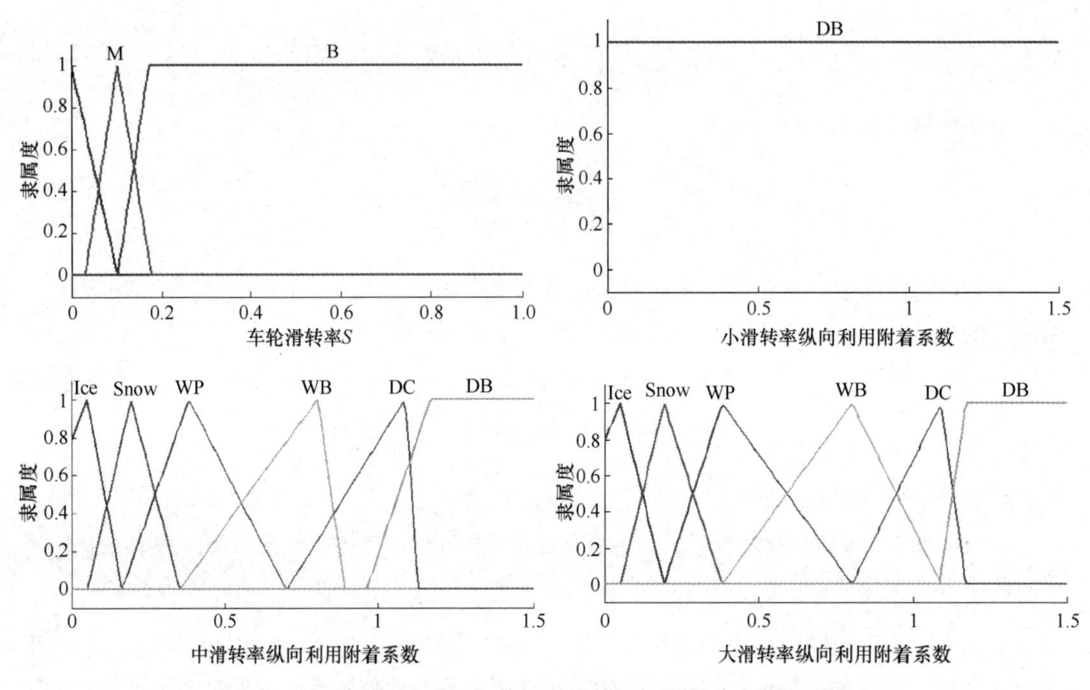

图 2-13　车轮滑转率、纵向利用附着系数的隶属度函数划分情况

表 2-4　18 条模糊逻辑规则

规则	输入	相似程度						
	S	μ	Ice	Snow	WP	WB	DC	DB
1～6	L	Ice～DB	TD	TD	TD	TD	TD	ER
7	M	Ice	ER	D	TD	TD	TD	TD
8	M	Snow	GD	ER	D	TD	TD	TD
9	M	WP	TD	D	ER	TD	TD	TD
10	M	WB	TD	TD	D	ER	GD	TD
11	M	DC	TD	TD	TD	D	ER	GR
12	M	DB	TD	TD	TD	TD	GR	ER
13	B	Ice	ER	GD	TD	TD	TD	TD
14	B	Snow	GR	ER	D	TD	TD	TD
15	B	WP	TD	D	ER	D	TD	TD
16	B	WB	TD	D	GD	ER	R	TD
17	B	DC	TD	TD	TD	GD	ER	R
18	B	DB	TD	TD	TD	TD	R	ER

对相似程度描述词汇赋予数值，利用数据库中的标准路面进行多次仿真，TD、D、GD、GR、R、ER 的值分别定为 0、0.1、0.2、0.3、0.6、1。采用加权平均法，计算车辆在当前路面的最佳滑转率 S_{opt} 和峰值附着系数 $\mu_{\max}$。

$$S_{\text{opt}} = \frac{x_1 S_{\text{opt1}} + x_2 S_{\text{opt2}} + x_3 S_{\text{opt3}} + x_4 S_{\text{opt4}} + x_5 S_{\text{opt5}} + x_6 S_{\text{opt6}}}{x_1 + x_2 + x_3 + x_4 + x_5 + x_6} \tag{2-33}$$

$$\mu_{\max} = \frac{x_1\mu_{\max 1} + x_2\mu_{\max 2} + x_3\mu_{\max 3} + x_4\mu_{\max 4} + x_5\mu_{\max 5} + x_6\mu_{\max 6}}{x_1 + x_2 + x_3 + x_4 + x_5 + x_6} \tag{2-34}$$

式中，$(S_{\text{opt}i}, \mu_{\max i})$——路面数据库中 6 条标准路面的最佳滑转率点；

x_i——当前路面与数据库中各标准路面的相似程度，i 取 1、2、3、4、5、6，分别代表数据库中 Ice、Snow、WP、WB、DC、DB 路面。

依据式（2-33）和式（2-34），计算出的$(S_{\text{opt}}, \mu_{\max})$即为路面识别器输出的当前路面最佳滑转率和峰值附着系数。由于在小滑转率情况下不进行路面识别，这里只进行中等滑转率、大滑转率的路面识别验证。下面以 $S = 0.1$ 代表中等滑转率情况；以 $S = 0.2$ 代表大滑转率情况，利用该路面识别器对数据库中的 6 种标准路面的识别结果如表 2-5 所示。

表 2-5　6 种标准路面的识别结果

标准路面		取样点（S,μ）	识别结果		标准值		识别误差	
			S_{opt}	$\mu_{\max}$	S_{opt}	$\mu_{\max}$	S_{opt}	$\mu_{\max}$
中等滑转率（M）	Ice	（0.1,0.049）	0.03409	0.06270	0.0315	0.05	8.22%	25.4%
	Snow	（0.1,0.1885）	0.06178	0.18335	0.06	0.1904	2.97%	−3.70%
	WP	（0.1,0.3743）	0.13282	0.3624	0.1401	0.3796	−5.20%	−4.53%
	WB	（0.1,0.7929）	0.13582	0.81286	0.1306	0.8009	4.00%	1.49%
	DC	（0.1，1.0464）	0.1599	1.08597	0.1598	1.0893	0.06%	−0.31%
	DB	（0.1,1.1118）	0.16765	1.1513	0.1700	1.1699	−1.38%	−1.59%
大滑转率（B）	Ice	（0.2,0.0498）	0.03625	0.0734	0.0315	0.05	15.08%	46.8%
	Snow	（0.2,0.1821）	0.05961	0.17383	0.06	0.1904	0.65%	−8.70%
	WP	（0.2,0.3755）	0.13263	0.39894	0.1401	0.3796	−5.33%	5.09%
	WB	（0.2,0.7860）	0.13711	0.81549	0.1306	0.8009	4.98%	1.82%
	DC	（0.2,1.0812）	0.15996	1.08412	0.1598	1.0893	0.10%	−0.48%
	DB	（0.2,1.1654）	0.16617	1.13967	0.1700	1.1699	−2.25%	−2.58%

最佳滑转率的数值偏差在(−0.00235,0.00747)范围内，峰值附着系数的数值偏差在(−0.03023,0.0234)范围内。说明该路面识别器对当前路面的最佳滑转率和峰值附着系数能够做到很好的估计，偏差不大。但是从表 2-5 中的识别误差来看，对 Ice 路面区域附近的点识别精度很差，主要有如下两点原因：一是 Ice 路面的最佳滑转率和峰值附着系数很小，识别器的偏差占的比重就会放大；二是数据库中最佳滑转率和峰值附着系数偏小的这类 $\mu - S$ 曲线太少。

以特殊环境水田为例，在不同水田土壤深度下，峰值附着系数计算公式为

$$\mu_{\max} = \frac{c + q\tan\sigma}{q} \tag{2-35}$$

式中，q——轮胎对地面的压强，Pa。

c——土壤内聚力。

σ——土壤内摩擦角。

结合模型参数，计算得到不同水田土壤深度下峰值附着系数的值，如表 2-6 所示。

表 2-6　不同水田土壤深度下峰值附着系数的值

水田土壤深度/cm	峰值附着系数 μ_{max}
0～2	0.4394
2～4	0.3889
4～6	0.3528
6～8	0.3691
8～10	0.3778
10～12	0.4367
12～14	0.4758
14～16	0.5612
16～18	0.5546
18～20	0.5526

在 0～10cm 的土壤深度范围内，水田路面能够提供的峰值附着系数与湿鹅卵石路面的峰值附着系数近似；在 10～20cm 的土壤深度范围，水田路面能够提供的峰值附着系数介于湿鹅卵石路面与湿沥青路面的峰值附着系数之间。可以认为，水田路面的 $\mu\text{-}S$ 曲线在湿鹅卵石路面与湿沥青路面的 $\mu\text{-}S$ 曲线之间，偏湿鹅卵石路面一侧，处在该路面识别器可以有效识别的范围内。

3. 打滑判断

在拖拉机直线行走的工况下，前轮转角 δ 为零，侧偏角 α 为零，4 个车轮的轮心速度与车身速度 V 相同，车辆滑转判断为

$$S > S_{\text{opt}} \tag{2-36}$$

车轮出现纵向滑转，拖拉机行驶的地面条件有可能是带有一定横向坡度的地形，也有可能遇到一边车轮行走进了深泥脚中，导致车身出现侧滑风险，在直线行走工况下，车身侧滑判断式为

$$\begin{cases} Y = \int V_y \mathrm{d}t > A,\ \text{左侧滑} \\ Y = \int V_y \mathrm{d}t < -A,\ \text{右侧滑} \end{cases} \tag{2-37}$$

式中，A——需要经过大量实车试验后确定。

Y——车辆侧移量，m。

V_y——车辆侧向速度，m/s。

拖拉机转向行驶过程中，各车轮轮心速度与车身速度各不相同，并且在转向过程中，车身侧移量有一部分合理的存在，因此，直线行驶工况下车轮纵向滑转与侧向滑移的判断标准或部分条件在转向行走工况下并不适合。对于这种本身有合理的车身侧移量的行驶工况，这里采用另一种判断方式。找到一个条件，车辆转向过程中只有在不发生车轮打滑与车身侧滑时，该条件才成立。

在阿克曼转向原理的框架下，各车轮轮心速度与车身速度的比值为

$$\begin{cases} n_{\mathrm{fL}} = (L_1 / \sin\delta - L_2) / \sqrt{b^2 + (L_1 / \tan\delta + 0.5B)^2} \\ n_{\mathrm{fR}} = (\sqrt{(L_1 / \tan\delta + B)^2 + L_1^2} + L_2) / \sqrt{b^2 + (L_1 / \tan\delta + 0.5B)^2} \\ n_{\mathrm{rL}} = (L_1 / \tan\delta - L_2) / \sqrt{b^2 + (L_1 / \tan\delta + 0.5B)^2} \\ n_{\mathrm{rR}} = (L_1 / \tan\delta + L_2 + B) / \sqrt{b^2 + (L_1 / \tan\delta + 0.5B)^2} \end{cases} \tag{2-38}$$

式中，n_{ij}——各车轮轮心速度相对车身质心速度之比。

依据式（2-38），各车轮滑转率可分别计算，参照式（2-36）判断各个车轮的打滑情况。转向工况下，车身合理的侧移量对检测车身侧滑造成了干扰，因此，需尽量使转向过程各车轮转速情况满足阿克曼转向原理，判断阈值要小于直行工况时的阈值，当 S 超过这个阈值时，判断出现打滑。

4. 驱动防滑方式选择

驱动防滑控制的实现方法主要有发动机输出扭矩调节、电子控制防滑差速器、驱动轮制动控制、控制发动机与驱动轮间的连接等方式。

（1）发动机输出扭矩调节。通过对发动机点火提前角、供油量、进气量等的单量控制和组合控制，实现输出扭矩的增减，以调节发动机的输出扭矩。汽车电子技术的提高使得发动机动态参数通过电控单元的自适应控制，可以更加迅速而准确，缺点是无法对各个驱动轮独立控制。

（2）电子控制防滑差速器。这种方式克服了传统差速器只能平均分配扭矩的弊端，能够使大部分甚至全部扭矩传给其他的不滑转的驱动轮，以充分利用不滑转的驱动轮的附着力而产生足够的牵引力，改善车辆在附着系数显著不同路面上的动力性能和通过性能。电子控制防滑差速器在越野汽车、工程机械等中型重型车辆上广泛应用。

（3）驱动轮制动控制。通过在发生滑转的驱动轮上施加制动力矩，使车轮转速下降，从而将滑转率控制在理想范围内。但是这种方式在车轮高速运转的情况下会造成车辆的顿挫抖振，影响车辆的稳定性。因此，这种控制方式通常作为发动机扭矩调节的辅助手段。

（4）控制发动机与驱动轮间的连接。这种方式的控制对象是传动系统的传动比，在汽车上，可以通过液压系统和电控系统来控制传动比，进而控制输出扭矩。但是在机械传动方式和液压传动系统本身的限制下，效率低，靠控制离合器来控制发动机与驱动轮间连接的控制范围较小。

2.2　拖拉机姿态传感技术

拖拉机转向前轮的状态测量结果是影响导航控制效果的直接因素。针对轮式拖拉机的前轮状态测量，目前主要有绝对角度测量法和角速率测量法。绝对角度测量法检测精度较高，

但机械连接件多，标定工作复杂；角速率测量法一般选用惯性器件，安装简便，工作寿命长，但受振动影响较大，影响测量精度。在实际应用中，无论上述何种测量方法，其角度测量装置都是整个系统中最易被损坏的部件，例如，裸露在外的线缆很容易被农作物割坏，导致无法输出信号；机械连接机构在与农作物碰撞中易产生变形甚至损坏，导致角度测量值出现较大的误差。这些故障将直接影响转向系统的控制效果，严重时甚至影响自动导航系统的可靠性和安全性，因此，有必要针对前轮转角的容错预估方法开展研究。

2.2.1 拖拉机转向特征分析

下面以线性二自由度车辆模型为基础，研究拖拉机的转向特征，分析拖拉机运动过程中横摆角速度和侧偏加速度与前轮转角的关系。分析时，令拖拉机车体坐标系的原点与拖拉机的质心重合，并做如下假设：

（1）忽略空气动力作用；

（2）忽略地面切向作用力对拖拉机轮胎侧偏特性的影响；

（3）忽略拖拉机载荷变化导致的轮胎特性变化；

（4）忽略轮胎回正力矩的作用；

（5）拖拉机在二维平面内运动，忽略俯仰和横滚的影响；

（6）拖拉机的前进速度不变，只有横向运动与横摆两个自由度。

在上述假设条件下，拖拉机可简化为线性二自由度模型，如图 2-14 所示。

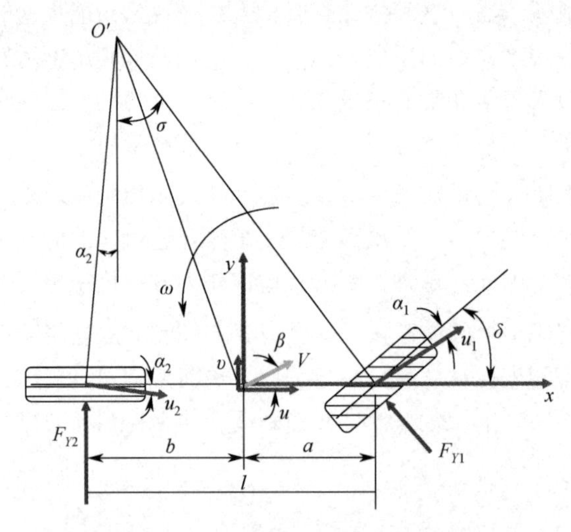

图 2-14　线性二自由度拖拉机模型

图 2-14 中 l 为拖拉机轴距（m），a 为质心到前轴的距离（m），b 为质心到后轴的距离（m），V 为拖拉机的速度（$\mathrm{m \cdot s^{-1}}$），u 为车辆质心处的纵向速度（$\mathrm{m \cdot s^{-1}}$），v 为车辆质心处的横向速度（$\mathrm{m \cdot s^{-1}}$），β 为车辆质心处侧偏角（rad），ω 为拖拉机的横摆角速度（$\mathrm{rad \cdot s^{-1}}$），$\delta$ 为前轮转角（rad），F_{Y1} 和 F_{Y2} 分别对应地面对前、后轮的侧偏力（N），α_1 和 α_2 分别对应

前后轮的侧偏角（rad），u_1 和 u_2 是拖拉机前后轴中点的速度（$\mathrm{m \cdot s^{-1}}$），σ 是 u_1 与 x 轴的夹角（rad）。

从图 2-14 中可以看出，二自由度拖拉机沿 y 轴的外力与围绕质心的力矩的合力为

$$\begin{aligned}\sum F_Y &= F_{Y1}\cos\delta + F_{Y2} \\ \sum M_Z &= aF_{Y1}\cos\delta - bF_{Y2}\end{aligned} \tag{2-39}$$

侧偏角与侧偏力的关系为

$$\begin{aligned}F_{Y1} &= k_1\alpha_1 \\ F_{Y2} &= k_2\alpha_2\end{aligned} \tag{2-40}$$

式中，k_1 和 k_2 分别为前、后轮的侧偏刚度。因为 δ 角较小，所以 $\cos\delta \approx 1$，此时式（2-39）可以进一步写为

$$\begin{aligned}\sum F_Y &= k_1\alpha_1 + k_2\alpha_2 \\ \sum M_Z &= ak_1\alpha_1 - bk_2\alpha_2\end{aligned} \tag{2-41}$$

质心侧偏角与速度分量的关系为

$$\beta = \frac{v}{u} \tag{2-42}$$

σ 的计算式为

$$\sigma = \frac{v + a\omega}{u} = \beta + \frac{a\omega}{u} \tag{2-43}$$

前后轮的侧偏角 α_1 和 α_2 的计算式为

$$\alpha_1 = -(\delta - \sigma) = \beta + \frac{a\omega}{u} - \delta \tag{2-44}$$

$$\alpha_2 = \frac{v - b\omega}{u} = \beta - \frac{b\omega}{u} \tag{2-45}$$

由此，外力、外力矩和拖拉机运动参数之间的关系可以表示为

$$\begin{aligned}\sum F_Y &= k_1\left(\beta + \frac{a\omega}{u} - \delta\right) + k_2\left(\beta - \frac{b\omega}{u}\right) \\ \sum M_Z &= ak_1\left(\beta + \frac{a\omega}{u} - \delta\right) - bk_2\left(\beta - \frac{b\omega}{u}\right)\end{aligned} \tag{2-46}$$

所以，二自由度拖拉机的运动微分方程式为

$$\begin{aligned}k_1\left(\beta + \frac{a\omega}{u} - \delta\right) + k_2\left(\beta - \frac{b\omega}{u}\right) &= m(\dot{v} + u\omega) \\ ak_1\left(\beta + \frac{a\omega}{u} - \delta\right) - bk_2\left(\beta - \frac{b\omega_{\mathrm{r}}}{u}\right) &= I_Z\dot{\omega}\end{aligned} \tag{2-47}$$

式中，I_Z 为拖拉机绕 z 轴的惯性矩（$\mathrm{kg \cdot m^2}$），进一步整理得

$$
\begin{aligned}
&(k_1+k_2)\beta+\frac{1}{u}(ak_1-bk_2)\omega-k_1\delta=m(\dot{v}+u\omega)\\
&(ak_1-bk_2)\beta+\frac{1}{u}(a^2k_1+b^2k_2)\omega-ak_1\delta=I_Z\dot{\omega}
\end{aligned}
\tag{2-48}
$$

当拖拉机以恒定速度作业时，在前轮转角阶跃输入作用下的稳态响应为匀速圆周运动。此时，$\dot{v}=0$，$\dot{\omega}=0$，代入运动微分方程（2-48）可以求得

$$
\begin{aligned}
&(k_1+k_2)\frac{v}{u}+\frac{1}{u}(ak_1-bk_2)\omega-k_1\delta=mu\omega\\
&(ak_1-bk_2)\frac{v}{u}+\frac{1}{u}(a^2k_1+b^2k_2)\omega-ak_1\delta=0
\end{aligned}
\tag{2-49}
$$

由式（2-49）可求得稳态时横摆角速度的增益表达式为

$$\frac{\omega}{\delta}=\frac{u/l}{1+Ku^2} \tag{2-50}$$

其中

$$K=\frac{m}{l^2}\left(\frac{a}{k_2}-\frac{b}{k_1}\right) \tag{2-51}$$

于是，可求得拖拉机前轮转角与横摆角速度的关系为

$$\omega=\frac{1}{1+Ku^2}\frac{u}{l}\delta \tag{2-52}$$

由拖拉机前轮转角与侧向加速度 a_y 在稳态时的关系可求得

$$a_y=\omega u=\frac{1}{1+Ku^2}\frac{u^2}{l}\delta \tag{2-53}$$

2.2.2 多传感器信息融合方法

1. 基于卡尔曼（Kalman）滤波器的前轮转角传感器性能评估

轮式拖拉机自动转向控制系统的离散状态方程为

$$\boldsymbol{x}(k+1)=\boldsymbol{A}\boldsymbol{x}(k)+\boldsymbol{B}\boldsymbol{i}(k)+\boldsymbol{W}(k) \tag{2-54}$$

式中，k 为离散时间；$\boldsymbol{i}(k)$ 为系统在时刻 k 的控制量；状态变量 $\boldsymbol{x}=(x_1,x_2)^{\mathrm{T}}$，其中 $x_1=\delta$，$x_2=\dot{\delta}$；$\boldsymbol{W}(k)$为过程噪声。

基于横摆角速度 ω 和侧向加速度 a_y 可以建立两个卡尔曼滤波器观测方程。由式（2-52）得横摆角速度的观测方程为

$$\omega(k)=\frac{1}{1+Kv^2(k)}\frac{v(k)}{l}\delta(k)+V_1(k) \tag{2-55}$$

式中，$V_1(k)$为横摆角速度观测噪声，此时观测变量为$\omega(k)$。

由式（2-53）可以求得侧向加速度的观测方程为

$$a_y(k)=\frac{1}{1+Kv^2(k)}\frac{v^2(k)}{l}\delta(k)+V_2(k) \tag{2-56}$$

式中，$V_2(k)$为侧向加速度观测噪声，此时观测变量为 $a_y(k)$。

在工程实践中，传感器测量得到的原始数据中往往夹杂着干扰信号，常用的滤波器为卡尔曼滤波器，它可以有效降低噪声对真实信号的影响，提高系统对实际状态的估计精度，在国防、军事、跟踪等领域得到了广泛应用。

将拖拉机自动转向系统进一步用如下状态空间模型描述：

$$\boldsymbol{x}(k+1)=\boldsymbol{A}\boldsymbol{x}(k)+\boldsymbol{B}\boldsymbol{i}(k)+\boldsymbol{\varGamma}\boldsymbol{W}(k) \tag{2-57}$$

$$\boldsymbol{y}(k)=\boldsymbol{H}\boldsymbol{x}(k)+\boldsymbol{V}(k) \tag{2-58}$$

式中，

$$\boldsymbol{y}(k)=\begin{pmatrix}\omega(k)\\ a_y(k)\end{pmatrix} \tag{2-59}$$

观测矩阵 $\boldsymbol{H}$ 的表达式为

$$\boldsymbol{H}=\begin{pmatrix}\dfrac{1}{1+Kv^2(k)}\dfrac{v(k)}{l} & 0\\ \dfrac{1}{1+Kv^2(k)}\dfrac{v^2(k)}{l} & 0\end{pmatrix} \tag{2-60}$$

$$\boldsymbol{V}(k)=\begin{pmatrix}V_1(k)\\ V_2(k)\end{pmatrix} \tag{2-61}$$

称 $\boldsymbol{A}$ 为状态转移矩阵，$\boldsymbol{B}$ 为控制矩阵，$\boldsymbol{\varGamma}$ 为噪声驱动矩阵。

假设状态空间中的参数满足如下条件：

（1）$\boldsymbol{W}(k)$ 和 $\boldsymbol{V}(k)$ 是均值为 0 的不相关白噪声，$\boldsymbol{W}(k)$ 的方差阵为 $\boldsymbol{Q}$，$\boldsymbol{V}(k)$ 的方差阵为 $\boldsymbol{R}$；$E[\boldsymbol{W}(k)]=0$，$E[\boldsymbol{V}(k)]=0$，$E[\boldsymbol{W}(k)\boldsymbol{W}^{\mathrm{T}}(j)]=\boldsymbol{Q}\eta_{kj}$，$E[\boldsymbol{V}(k)\boldsymbol{V}^{\mathrm{T}}(j)]=\boldsymbol{R}\eta_{kj}$；$\boldsymbol{W}(k)$ 和 $\boldsymbol{V}(k)$ 互不相关，因此，有 $E[\boldsymbol{W}(k)\boldsymbol{V}^{\mathrm{T}}(j)]=0$，$\forall k,j$，其中 $\eta_{kk}=1$，$\eta_{kj}=0$，$\forall$ 表示“任意”。

（2）初始状态 $\boldsymbol{x}(0)$ 不相关于 $\boldsymbol{W}(k)$ 和 $\boldsymbol{V}(k)$，且有

$$E[\boldsymbol{x}(0)]=\mu_0,\quad E[(\boldsymbol{x}(0)-\mu_0)(\boldsymbol{x}(0)-\mu_0)^{\mathrm{T}}]=P_0$$

在以上假设均满足的条件下，式（2-57）和式（2-58）的卡尔曼滤波器可描述如下。

状态预测方程：

$$\hat{\boldsymbol{x}}(k+1|k)=\boldsymbol{A}\hat{\boldsymbol{x}}(k|k)+\boldsymbol{B}\boldsymbol{i}(k) \tag{2-62}$$

状态更新方程：

$$\begin{cases}\hat{\boldsymbol{x}}(k+1|k+1)=\hat{\boldsymbol{x}}(k+1|k)+\boldsymbol{K}(k+1)\boldsymbol{\varepsilon}(k+1)\\ \boldsymbol{\varepsilon}(k+1)=\boldsymbol{Y}(k+1)-\boldsymbol{H}\hat{\boldsymbol{x}}(k+1|k)\end{cases} \tag{2-63}$$

增益矩阵更新：

$$\boldsymbol{K}(k+1)=\boldsymbol{P}(k+1|k)\boldsymbol{H}^{\mathrm{T}}[\boldsymbol{HP}(k+1|k)\boldsymbol{H}^{\mathrm{T}}+\boldsymbol{R}]^{-1} \tag{2-64}$$

一步预测协方差阵：

$$\boldsymbol{P}(k+1|k)=\boldsymbol{AP}(k|k)\boldsymbol{A}^{\mathrm{T}}+\boldsymbol{\Gamma Q \Gamma}^{\mathrm{T}} \tag{2-65}$$

协方差阵更新：

$$\begin{cases}\boldsymbol{P}(k+1|k+1)=[\boldsymbol{I}_n-\boldsymbol{K}(k+1)\boldsymbol{H}]\boldsymbol{P}(k+1|k)\\ x(0|0)=\mu_0，P(0|0)=P_0\end{cases} \tag{2-66}$$

通过递推卡尔曼滤波器方程可以得到拖拉机前轮转角在 k 时刻基于横摆角速度的估计值 $\hat{\delta}_1$ 和基于侧向加速度的估计值 $\hat{\delta}_2$。设基于角度编码器的测量值为 δ，通过提取残差特征参数，设定诊断规则可以判断前轮转角传感器的故障情况，进而建立前轮角度容错输出规则。

由 $\hat{\delta}_1$、$\hat{\delta}_2$ 和 δ 可以得到三组残差特征方程为

$$\begin{cases}r_1=\left|\hat{\delta}_1-\delta\right|\\ r_2=\left|\hat{\delta}_2-\delta\right|\\ r_3=\left|\hat{\delta}_1-\hat{\delta}_2\right|\end{cases} \tag{2-67}$$

式中，r_i（i=1,2,3）为转角残差，设其对应的阈值为 z_i（i=1,2,3），实际应用时该阈值依据 $\hat{\delta}_1$ 和 $\hat{\delta}_2$ 的预估精度确定。取故障特征矢量为 $\boldsymbol{S}_i$（i=1,2,3），$\boldsymbol{S}_i$ 与转角残差及对应阈值的关系为

$$\begin{cases}\boldsymbol{S}_i=0，\quad r_i\leqslant z_i\\ \boldsymbol{S}_i=1，\quad r_i>z_i\end{cases} \tag{2-68}$$

式（2-68）中的矢量 $\boldsymbol{S}_i$ 反映了传感器的故障信息：当 $\boldsymbol{S}_i$=0 时，表示相应的两个传感器均正常，反之，表示其中有一个出现了故障。考虑到两类传感器同时发生故障的概率很小，所以，要么两个惯性器件之一发生故障，要么测量前轮转角的角度编码器发生故障。角度编码器工作状态 F_{s} 的判断逻辑为

$$\begin{cases}F_{\mathrm{s}}=1，\quad \boldsymbol{S}_1=1，\boldsymbol{S}_2=1，\boldsymbol{S}_3=0\\ F_{\mathrm{s}}=0，\quad 其他\end{cases} \tag{2-69}$$

式中，1 表示角度编码器出现故障；0 表示正常。

综上，基于卡尔曼滤波器的前轮转角传感器故障诊断算法流程如图 2-15 所示。

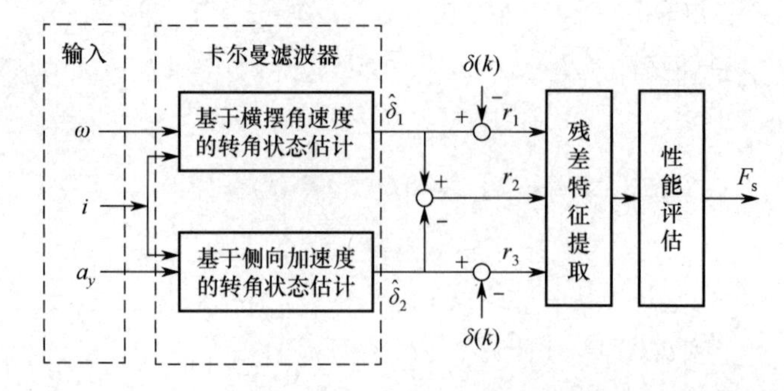

图 2-15　基于卡尔曼滤波器的前轮转角传感器故障诊断算法流程

图 2-15 中，ω 为横摆角速度，i 为控制输出，a_y 为侧向加速度，$\hat{\delta}_1$ 为基于横摆角速度的估计值，$\hat{\delta}_2$ 为基于侧向加速度的估计值，δ 为前轮角度传感器的测量值，r_i（i=1,2,3）为转角残差，F_s 为前轮角度传感器工作状态。

2. 基于混合卡尔曼滤波器的前轮转角数据融合算法

基于卡尔曼滤波器的前轮角度性能评估方法执行效率较高，用来判断前轮转角传感器是否发生故障是合适的。但是，转向控制模型的不确定性和传感器干扰信号统计特性不完全已知，对卡尔曼滤波算法有较大的影响。当故障发生时，直接利用 $\hat{\delta}_1$ 或 $\hat{\delta}_2$ 代替 δ 可以起到一定的作用，但是估计精度较低，会对导航控制精度产生较大的影响，因此，有必要针对控制模型不准确和不确定噪声情况进一步深入研究，以提高前轮转角的预估精度。

结合稳健加权观测融合卡尔曼滤波器，研究一种适用于农机导航领域使用的混合卡尔曼滤波器结构，对侧偏加速度传感器、横摆角速度传感器及前轮转角传感器的数据进行信息融合，在保证执行效率的同时进一步提高转角估计精度。

考虑带有不确定模型参数和噪声统计特性不完全已知的线性离散系统

$$\boldsymbol{x}(k+1)=(\boldsymbol{A}_e+\Delta\boldsymbol{A})\boldsymbol{x}(k)+\boldsymbol{\Gamma}\boldsymbol{W}(k) \tag{2-70}$$

$$\boldsymbol{Z}_i(k)=\boldsymbol{H}_i\boldsymbol{x}(k)+\boldsymbol{V}_i(k),i=1,\cdots,r \tag{2-71}$$

式中，$k\geqslant0$ 表示离散时刻，$\boldsymbol{x}(k)\in R^n$ 为被控对象在时刻 k 的状态，$\boldsymbol{Z}_i(k)\in R^{m_i}$ 表示第 i 个子系统的观测，$\boldsymbol{W}(k)\in R^r$ 为输入噪声，$\boldsymbol{V}_i(k)\in R^{m_i}$ 为第 i 个子测量系统的观测噪声。$\Delta\boldsymbol{A}$ 为不确定模型参数，$\boldsymbol{A}_e$、$\boldsymbol{\Gamma}$ 和 $\boldsymbol{H}_i$ 是已知适当维数常阵，$\boldsymbol{A}=\boldsymbol{A}_e+\Delta\boldsymbol{A}$ 为真实状态转移矩阵，r 为测量传感器的个数。

做如下假设：

（1）$\boldsymbol{W}(k)\in R^r$ 和 $\boldsymbol{V}(k)$ 是互不相关的白噪声，它们的均值都为 0；$\boldsymbol{W}(k)$ 的真实方差为 $\bar{Q}$，$\boldsymbol{V}(k)$ 的真实方差为 $\bar{R}$，两者均是不确定的，并且满足

$$\bar{Q}\leqslant Q,\quad \bar{R}_i\leqslant R_i \qquad i=1,\cdots,r \tag{2-72}$$

式中，Q 和 R_i 分别为 $\bar{Q}$ 和 $\bar{R}_i$ 的保守上界。

（2）真实状态转移矩阵 $\boldsymbol{A}$ 是稳定的。

（3）融合系统和子系统是完全可控、可观的。

第二个假设条件可以保障状态 $\boldsymbol{x}(k)$ 是一个方差有界、均值为零的平稳随机过程，不确定模型参数 $\Delta\boldsymbol{A}\boldsymbol{x}(k)$ 可以近似看作白噪声，可以被虚拟噪声补偿，该虚拟噪声带有保守上界方差，且均值为 0。

将带保守上界方差 Δ_ξ 的虚拟噪声 $\boldsymbol{\xi}(k)$ 引入，用来补偿式（2-70）中的不确定模型参数 $\Delta\boldsymbol{A}\boldsymbol{x}(k)$，则式（2-70）可以转换为带已知模型参数和保守噪声方差上界 Q、R_i 和 Δ_ξ 的保守系统

$$\boldsymbol{x}(k+1)=\boldsymbol{A}_e\boldsymbol{x}(k)+\boldsymbol{\Gamma}\boldsymbol{W}(k)+\boldsymbol{\xi}(k) \tag{2-73}$$

考虑集中型融合观测方程

$$\boldsymbol{Z}_c(k)=\boldsymbol{H}_c\boldsymbol{x}(k)+\boldsymbol{V}_c(k) \tag{2-74}$$

其中，

$$\boldsymbol{Z}_c(k)=[\boldsymbol{Z}_1^{\mathrm{T}}(k),\cdots,\boldsymbol{Z}_r^{\mathrm{T}}(k)] \tag{2-75}$$

$$\boldsymbol{H}_c(k)=[\boldsymbol{H}_1^{\mathrm{T}}(k),\cdots,\boldsymbol{H}_r^{\mathrm{T}}(k)]^{\mathrm{T}} \tag{2-76}$$

$$\boldsymbol{V}_c(k)=[\boldsymbol{V}_1^{\mathrm{T}}(k),\cdots,\boldsymbol{V}_r^{\mathrm{T}}(k)]^{\mathrm{T}} \tag{2-77}$$

且$\boldsymbol{V}_c(k)$具有保守的观测方差阵

$$\boldsymbol{R}_c=\mathrm{diag}\{R_1,\cdots,R_r\} \tag{2-78}$$

假设$\boldsymbol{H}_c(k)$列满秩，使用加权最小二乘法可将式（2-74）转化为

$$\boldsymbol{Z}_M(k)=\boldsymbol{x}(k)+\boldsymbol{V}_M(k) \tag{2-79}$$

其中，$\boldsymbol{Z}_M(k)$为保守的加权融合观测，$\boldsymbol{V}_M(k)$为融合的观测白噪声，且有

$$\boldsymbol{Z}_M(k)=[\boldsymbol{H}_c^{\mathrm{T}}\boldsymbol{R}_c^{-1}\boldsymbol{H}_c]^{-1}\boldsymbol{H}_c^{\mathrm{T}}\boldsymbol{R}_c^{-1}\boldsymbol{Z}_c(k) \tag{2-80}$$

$$\boldsymbol{V}_M(k)=[\boldsymbol{H}_c^{\mathrm{T}}\boldsymbol{R}_c^{-1}\boldsymbol{H}_c]^{-1}\boldsymbol{H}_c^{\mathrm{T}}\boldsymbol{R}_c^{-1}\boldsymbol{V}_c(k) \tag{2-81}$$

根据式（2-81），可知$\boldsymbol{V}_M(k)$具有保守的观测方差阵

$$\boldsymbol{R}_M=[\boldsymbol{H}_c^{\mathrm{T}}\boldsymbol{R}_c^{-1}\boldsymbol{H}_c]^{-1} \tag{2-82}$$

对带保守上界Q、R_i和$\varDelta_\xi$的最坏情形系统式（2-73）和式（2-79），由极大极小稳健估值理论可知，有保守的最优加权观测融合稳态卡尔曼滤波器

$$\hat{\boldsymbol{x}}_M(k|k)=\boldsymbol{\psi}_M\hat{\boldsymbol{x}}_M(k-1|k-1)+\boldsymbol{K}_M\boldsymbol{Z}_M(k) \tag{2-83}$$

其中，$\boldsymbol{\psi}_M$为稳定阵，表达式为

$$\boldsymbol{\psi}_M=[\boldsymbol{I}_n-\boldsymbol{K}_M]\boldsymbol{A}_e \tag{2-84}$$

$\boldsymbol{K}_M$的表达式为

$$\boldsymbol{K}_M=\boldsymbol{\Sigma}_M[\boldsymbol{\Sigma}_M+\boldsymbol{R}_M]^{-1} \tag{2-85}$$

式中，$\boldsymbol{\Sigma}_M$满足稳态 Riccati 方程

$$\boldsymbol{\Sigma}_M=\boldsymbol{A}_e[\boldsymbol{\Sigma}_M-\boldsymbol{\Sigma}_M(\boldsymbol{\Sigma}_M+\boldsymbol{R}_M)^{-1}]\boldsymbol{A}_e^{\mathrm{T}}+\boldsymbol{\Gamma}Q\boldsymbol{\Gamma}^{\mathrm{T}}+\varDelta_\xi \tag{2-86}$$

根据式（2-73）、式（2-80）和式（2-81），能够求出保守的滤波误差

$$\begin{aligned}\tilde{\boldsymbol{x}}_M(k|k)=&\boldsymbol{\psi}_M\tilde{\boldsymbol{x}}_M(k-1|k-1)+[\boldsymbol{I}_n-\boldsymbol{K}_M]\times\\&[\boldsymbol{\Gamma}\boldsymbol{W}(k-1)+\boldsymbol{\xi}(k-1)]-\boldsymbol{K}_M\boldsymbol{V}_M(k)\end{aligned} \tag{2-87}$$

可以看出保守的滤波误差方差符合李雅普诺夫方程

$$P_M=\boldsymbol{\psi}_M P_M\boldsymbol{\psi}_M^{\mathrm{T}}+[\boldsymbol{I}_n-\boldsymbol{K}_M]\times[\boldsymbol{\Gamma}Q\boldsymbol{\Gamma}^{\mathrm{T}}+\varDelta_\xi][\boldsymbol{I}_n-\boldsymbol{K}_M]^{\mathrm{T}}+\boldsymbol{K}_M\boldsymbol{R}_M\boldsymbol{K}_M^{\mathrm{T}} \tag{2-88}$$

将Q和R_i替换为$\bar{Q}$和$\bar{R}_i$，则式（2-83）就称作加权观测融合卡尔曼滤波器。

为了求取实际的滤波误差，将其描述为

$$\tilde{\boldsymbol{x}}_M(k|k)=\boldsymbol{x}(k)-\hat{\boldsymbol{x}}_M(k|k) \tag{2-89}$$

式中，$\boldsymbol{x}(k)$为式（2-70）的真实状态，$\hat{\boldsymbol{x}}_M(k|k)$为式（2-83）给出的滤波输出值，则由式（2-70）减去式（2-83）可得实际滤波误差为

$$\begin{aligned}\tilde{\boldsymbol{x}}_M(k|k)=&[\boldsymbol{I}_n-\boldsymbol{K}_M]\boldsymbol{A}_e\tilde{\boldsymbol{x}}_M(k-1|k-1)+\\&[\boldsymbol{I}_n-\boldsymbol{K}_M]\Delta\boldsymbol{A}\boldsymbol{X}_M(k-1)+\\&[\boldsymbol{I}_n-\boldsymbol{K}_M]\boldsymbol{\Gamma}\boldsymbol{W}(k-1)-\\&\boldsymbol{K}_M\boldsymbol{V}_M(k)\end{aligned} \tag{2-90}$$

结合自动转向控制系统的状态方程和观测方程，以及稳健加权观测融合卡尔曼滤波器，可以很容易求得对不确定干扰稳健的预估角度值。此时，在上述理论研究基础上可将图 2-15 所示的故障诊断算法进一步改进为一种混合卡尔曼滤波器结构，如图 2-16 所示。图 2-16 中δ_{out}为混合卡尔曼滤波器输出。

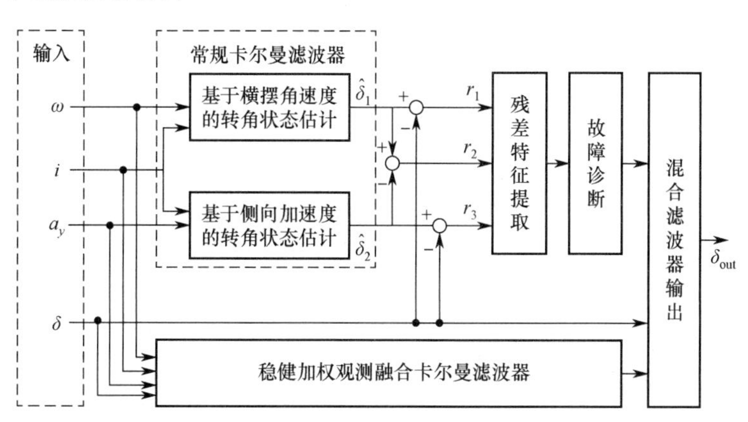

图 2-16　基于混合卡尔曼滤波器的前轮转角传感器容错预估算法结构

图 2-16 采用分布式融合结构处理侧向加速度、横摆角速度和前轮转角编码器 3 个传感器的数据，采用常规卡尔曼滤波器对前轮转角传感器进行故障诊断。无故障发生时，主要采用前轮角度编码器测量值进行转向控制；当故障发生时，立即切换到多传感器信息融合输出，兼顾了传感器数据融合测量系统的实时性和测量精度。

2.2.3　应用实例

拖拉机前轮转角多传感器信息融合测量试验在中国农机院北京农机试验站进行。由于试验场地限制，将车速控制在 6km/h 左右，试验现场如图 2-17 所示。

1. 基于常规卡尔曼滤波器的前轮转角预估试验

在车辆行驶过程中，首先控制转向前轮从 0° 转动至 20°，保持一段时间后控制前轮转动至−20°，通过测试过程中记录的试验数据验证基于常规卡尔曼滤波器的前轮转角预估算法的准确性。试验结果如图 2-18 和图 2-19 所示。

图 2-17　拖拉机前轮转角多传感器容错预估试验现场

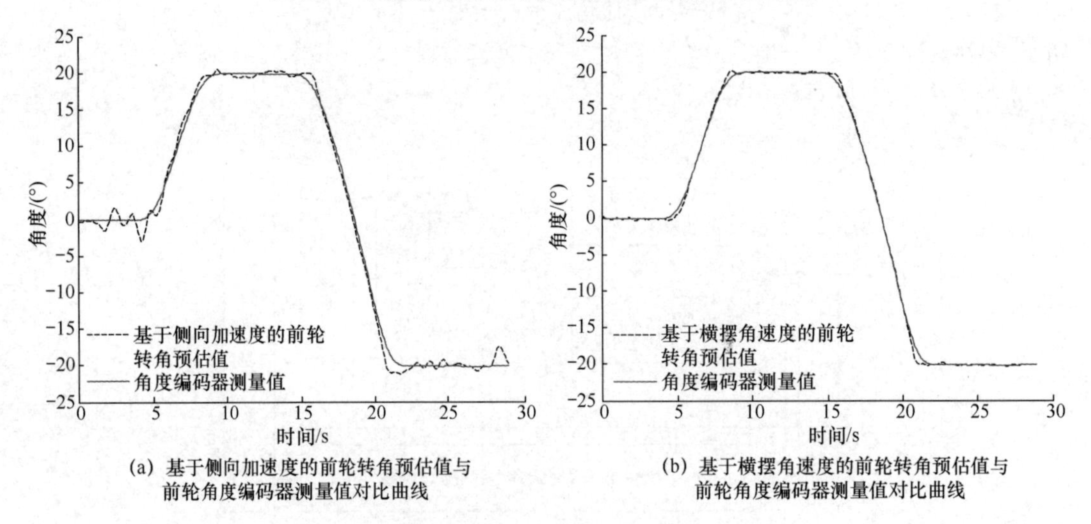

(a) 基于侧向加速度的前轮转角预估值与前轮角度编码器测量值对比曲线

(b) 基于横摆角速度的前轮转角预估值与前轮角度编码器测量值对比曲线

图 2-18　基于侧向加速度和横摆角速度的前轮转角预估值

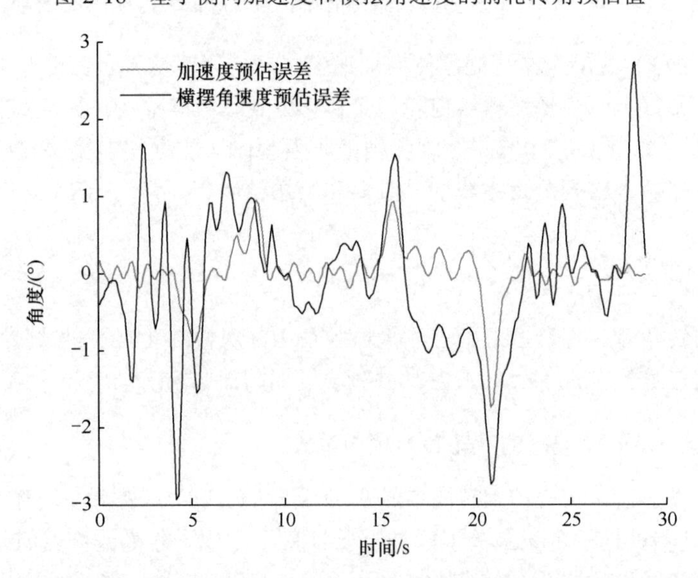

图 2-19　基于侧向加速度和横摆角速度的前轮转角预估误差对比曲线

图 2-18（a）所示为基于侧向加速度的前轮转角预估值 $\hat{\delta}_1$ 与前轮角度编码器测量值 δ 的对比曲线，图 2-18（b）所示为基于横摆角速度的前轮转角预估值 $\hat{\delta}_2$ 与前轮角度编码器测量值 δ 的对比曲线，从图中可以看到 $\hat{\delta}_1$ 和 $\hat{\delta}_2$ 均可以较好地估计前轮转角数值，且无明显的滞后性。

图 2-19 所示为基于侧向加速度和横摆角速度的前轮转角预估误差对比曲线。由数据统计结果可知：与编码器测量的角度值相比，基于侧向加速度的转角估计值最大误差为 2.94°，均方根误差为 0.81°；基于横摆角速度的转角估计值最大误差为 1.73°，均方根误差为 0.14°。前者数值波动相对较大，这是由于试验过程中加速度计受振动影响较大导致的。

误差分析：$\hat{\delta}_1$ 和 $\hat{\delta}_2$ 的预估误差较大，主要原因有两方面，一方面，测量过程中使用的 RTK-GNSS、姿态传感器和前轮角度传感器均存在一定的偏差，这会给卡尔曼滤波算法带来预估误差；另一方面，车辆转向模型建立得不够准确，而且加速度计和角速度计的干扰信号统计特性不完全已知对常规卡尔曼滤波算法有较大的影响，导致了较大的预估误差。由统计数据可以看出，$\hat{\delta}_1$ 和 $\hat{\delta}_2$ 在高精度作业需求条件下仅可用于故障预警，无法完全代替编码器工作。

2. 基于混合卡尔曼滤波器的前轮转角信息融合试验

控制拖拉机转向前轮从−10° 向 10° 连续转动，保持一段时间后控制前轮转动至 0°。当角度编码器测量值第一次到达 0° 附近时，人工对角度编码器施加−5° 干扰，通过记录的试验数据验证基于混合卡尔曼滤波器的前轮转角信息融合方法的可行性和准确性。

试验结果如图 2-20 所示。由图 2-20（a）可知，当编码器未施加错误信号时，算法输出的角度为编码器测量值，当编码器测量值施加干扰信号后，算法立刻检测到故障信息并切换为基于混合卡尔曼滤波器的容错输出。图 2-20（b）所示为基于混合卡尔曼滤波器的前轮转角预估误差曲线。由数据统计结果可知，与编码器测量值相比，基于混合卡尔曼滤波器的前轮转角预估值最大误差为 0.23°，均方根误差为 0.12°。

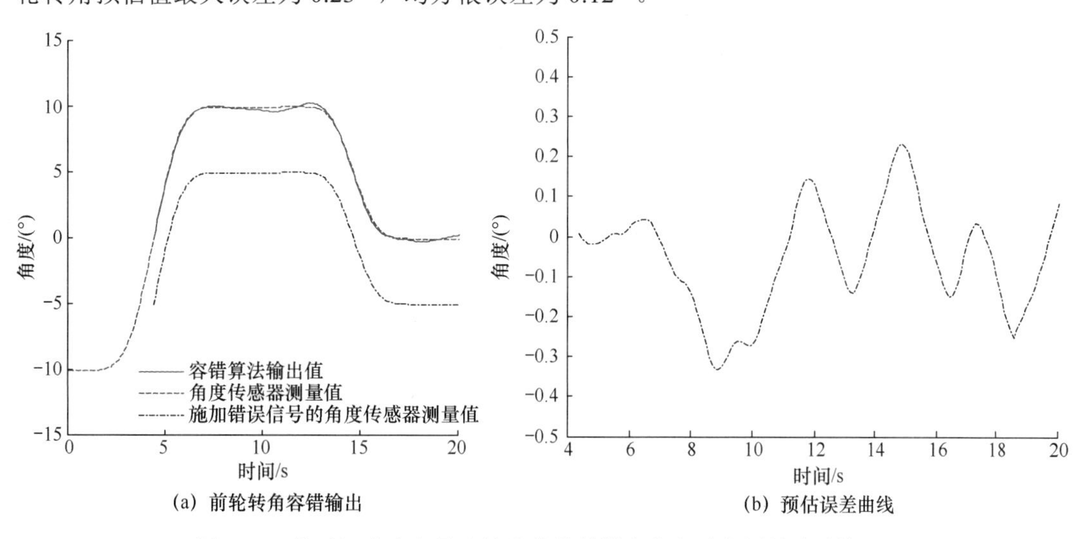

图 2-20　基于混合卡尔曼滤波器的前轮转角信息融合测量试验结果

试验结果表明，混合卡尔曼滤波器数据融合方法具有一定的可行性，当前轮角度传感器发生故障时，融合测量方法的输出值可以代替前轮角度编码器工作，有助于提高拖拉机自动转向控制系统的自适应能力。

2.3 轮式拖拉机转向控制技术

智能农业机械（IAM）是开展精准农业研究和实践的重要装备，自动导航是其关键技术之一，实现农业机械具备沿作业路线自动行走的功能，对提高农业机械作业效率和质量、减轻驾驶员工作负担、保护人身安全、解决熟练驾驶人员日益短缺等问题具有重要作用。对于轮式拖拉机和履带拖拉机，前者在自动导航过程中速度不可调，只能通过调整前轮转角实现拖拉机的横向位置控制；后者为差速转向车辆，自动导航过程中可以同时调整车速和横摆角速度。

2.3.1 轮式拖拉机运动学模型

考虑到拖拉机属于低速作业车辆，作业工况相对平坦，大部分情况不用考虑拖拉机的稳定性控制等动力学问题，因此，基于运动学模型设计路径跟踪控制器是可行的。

图 2-21 所示为拖拉机转向运动学模型。在平面坐标系 X^g-O^g-Y^g 下，(x_r, y_r) 和 (x_f, y_f) 分别表示拖拉机后轴和前轴的轴心坐标，θ 为拖拉机的航向角（横摆角），δ_f 为拖拉机前轮转角，v_r 为拖拉机后轴中心的速度，v_f 为拖拉机前轴中心的速度，l 为拖拉机轴距，R 为后轮转向半径，P 为拖拉机的瞬时转动中心。

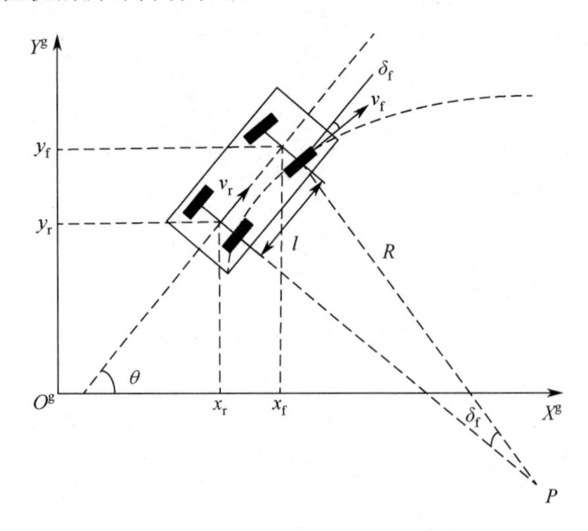

图 2-21　拖拉机转向运动学模型

在后轴行驶中心 (x_r, y_r) 处，速度为

$$v_r = \dot{x}_r \cos\theta + \dot{y}_r \sin\theta \tag{2-91}$$

拖拉机前、后轴的运动学约束为

$$\begin{cases}\dot{x}_{\mathrm{f}}\sin(\theta+\delta_{\mathrm{f}})-\dot{y}_{\mathrm{f}}\cos(\theta+\delta_{\mathrm{f}})=0\\ \dot{x}_{\mathrm{r}}\sin\theta-\dot{y}_{\mathrm{r}}\cos\theta=0\end{cases} \tag{2-92}$$

联立式（2-91）和式（2-92）可得

$$\begin{cases}\dot{x}_{\mathrm{r}}=v_{\mathrm{r}}\cos\theta\\ \dot{y}_{\mathrm{r}}=v_{\mathrm{r}}\sin\theta\end{cases} \tag{2-93}$$

根据前后轮的几何关系可得

$$\begin{cases}x_{\mathrm{f}}=x_{\mathrm{r}}+l\cos\theta\\ y_{\mathrm{f}}=y_{\mathrm{r}}+l\sin\theta\end{cases} \tag{2-94}$$

将式（2-93）和式（2-94）代入式（2-92），可得到横摆角速度为

$$\omega=\frac{v_{\mathrm{r}}}{l}\tan\delta_{\mathrm{f}} \tag{2-95}$$

由横摆角速度 ω 和车速 v_{r} 可得到转向半径 R 和前轮转角 δ_{f}

$$\begin{cases}R=v_{\mathrm{r}}/\omega\\ \delta_{\mathrm{f}}=\arctan(l/R)\end{cases} \tag{2-96}$$

由式（2-93）和式（2-95）可得到拖拉机的运动学模型为

$$\begin{bmatrix}\dot{x}_{\mathrm{r}}\\ \dot{y}_{\mathrm{r}}\\ \dot{\theta}\end{bmatrix}=\begin{bmatrix}\cos\theta\\ \sin\theta\\ \tan\delta_{\mathrm{f}}/l\end{bmatrix}v_{\mathrm{r}} \tag{2-97}$$

2.3.2　轮式拖拉机转向系统控制模型

轮式拖拉机前轮转向系统控制框图如图 2-22 所示。导航控制器收到期望的角度信号后，通过调整导航控制器的输出电流以调节比例阀流量大小，进而改变转向油缸中活塞的移动速度，带动连杆机构变化，最终引起转向前轮角度变化。

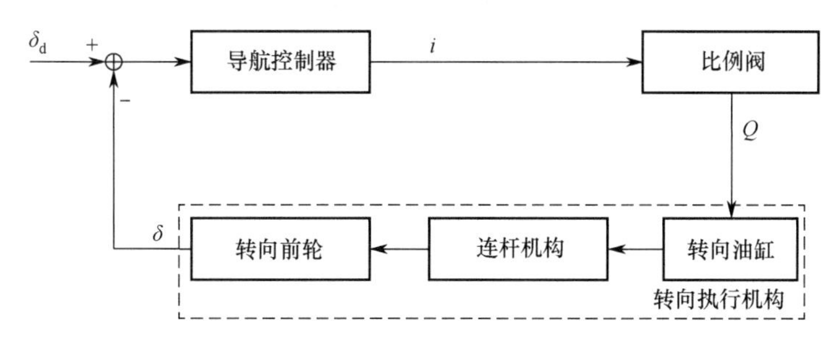

图 2-22　轮式拖拉机前轮转向系统控制框图

在图 2-22 中，δ_{d} 为期望前轮角度，i 为阀组控制器输出的控制电流，Q 为由比例阀调节的转向油缸内的液压流量，δ 为前轮实际角度。考虑到通过电流控制引起转向角速率变化，

经过转向系统的积分作用实现角度变化，因此，可以把控制电流到转向角速率这个环节建模为一阶惯性模型，将转向角速率到轮胎转角环节建模成纯积分环节，进而得到转向系统的传递函数模型：

$$G_{\delta}(s)=\frac{\delta(s)}{i(s)}=\frac{k_{\mathrm{g}}}{s(\tau s+1)} \tag{2-98}$$

式中，k_{g}为比例增益；τ为惯性时间常数，可以通过系统辨识实验求出。

由上述分析可知，无论是履带式拖拉机的差速转向系统、调速系统，还是轮式拖拉机的液压转向系统，均可采用相似结构的传递函数来描述，在理论上保证了基于数学模型设计的导航控制器在结构上具有一致性。这样，针对一种末端执行机构设计的控制方法，只要进行相应的参数调整，同样也适用于另外两种。

2.4 履带拖拉机转向控制技术

2.4.1 履带拖拉机运动学模型

图 2-23 所示为履带拖拉机的运动学模型。拖拉机的状态用车身旋转中心在坐标系的位置及航向表示，令状态变量 $\boldsymbol{p}=(x\ y\ \theta)^{\mathrm{T}}$，其中 x 和 y 为履带拖拉机的位置，θ 为拖拉机前进方向与 X^{g} 轴（北向）的夹角；对于速度可以自动调节的差速转向车辆，自动导航系统往往希望以 $\boldsymbol{q}=(v\quad \omega)^{\mathrm{T}}$ 作为控制量，其中 v 和 ω 分别表示拖拉机的线速度和横摆角速度，在运动学模型中作为控制输入。

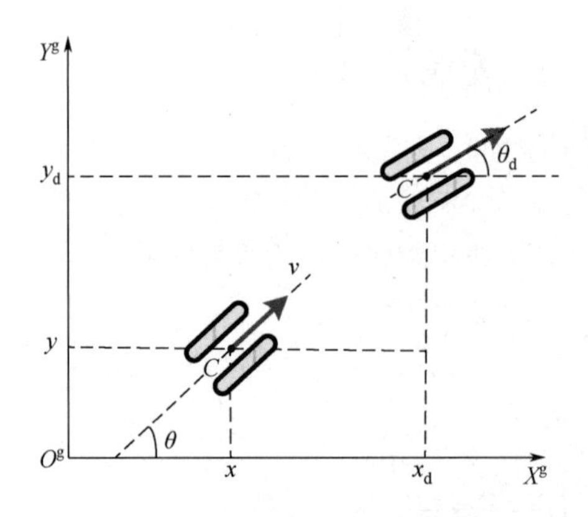

图 2-23　履带拖拉机的运动学模型

履带型农用车辆的运动学方程为

$$\dot{\boldsymbol{p}}=\begin{pmatrix}\dot{x}\\ \dot{y}\\ \dot{\theta}\end{pmatrix}=\begin{pmatrix}\cos\theta & 0\\ \sin\theta & 0\\ 0 & 1\end{pmatrix}\boldsymbol{q} \tag{2-99}$$

从该运动学方程可知，履带拖拉机有 3 个自由度，而控制变量个数为 2 个，是典型的欠驱动系统，只能实现 2 个变量的主动跟踪，剩余的变量为随动或镇定状态。需要通过设计控制率 $\boldsymbol{q}=(v \quad \omega)^{\mathrm{T}}$ 实现期望位置 $(x_{\mathrm{d}} \quad y_{\mathrm{d}})$ 的跟踪，并实现夹角 θ 的随动。

式（2-99）也可写为

$$\begin{cases} \dot{x}=v\cos\theta \\ \dot{y}=v\sin\theta \\ \dot{\theta}=\omega \end{cases} \tag{2-100}$$

由上述分析可知，该运动学模型适用于所有以 $\boldsymbol{q}=(v \quad \omega)^{\mathrm{T}}$ 作为控制量的农用车辆。

2.4.2　履带拖拉机差速转向系统数学模型

履带拖拉机速度与转向执行机构均采用液压泵控制，可以通过大扭矩舵机直接改造为电信号控制。改造后，履带拖拉机的差速转向系统控制框图如图 2-24 所示。

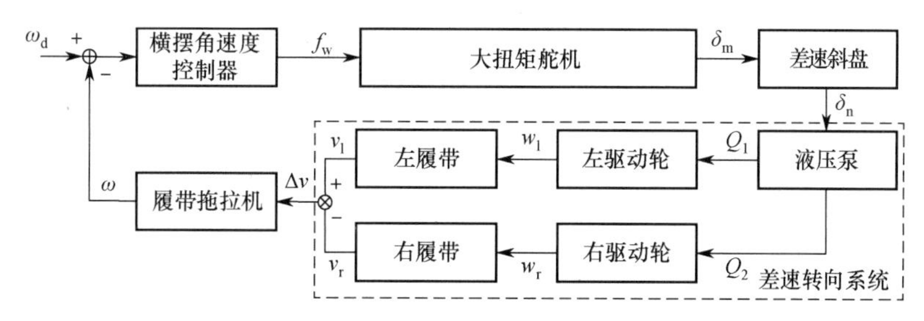

图 2-24　履带拖拉机的差速转向系统控制框图

图 2-24 中 ω_{d} 为期望横摆角速度，f_{w} 为横摆角速度控制器输出的控制信号，δ_{m} 为舵机角度，δ_{n} 为连杆机构带动差速斜盘转过的角度，Q_1 和 Q_2 分别为差速液压泵供应给左、右履带驱动机构的流量值，w_{l} 为左驱动轮转速，w_{r} 为右驱动轮转速，v_{l} 为左履带速度，v_{r} 为右履带速度，Δv 为两侧履带的速度差，ω 为履带拖拉机的横摆角速度。分析该系统各环节的数学模型如下：

（1）大扭矩舵机是转向系统的驱动装置，在理想情况下，δ_{m} 与 f_{w} 之间呈积分关系，其传递函数为

$$\frac{\delta_{\mathrm{m}}(s)}{f_{\mathrm{w}}(s)}=\frac{K_{\mathrm{m}}}{s} \tag{2-101}$$

若考虑系统惯性，可将该传递函数表示为

$$\frac{\delta_{\mathrm{m}}(s)}{f_{\mathrm{w}}(s)}=\frac{K_{\mathrm{m}}}{s(\tau_{\mathrm{m}}s+1)} \tag{2-102}$$

式中，τ_{m} 为时间常数，K_{m} 为比例增益。

（2）大扭矩舵机和差速斜盘之间的连杆结构相当于一个比例环节，其比例系数为 K_{n}。

（3）设驱动轮半径为 r，履带速度与驱动轮转速的关系为

$$v_l = rw_l$$
$$v_r = rw_r \tag{2-103}$$

设两侧履带的速度差为 $\Delta v = v_l - v_r$，液压差速泵分配给两侧驱动轮的流量差为 $\Delta Q = Q_1 - Q_2$，由差速转向系统的结构可知，δ_n 与 ΔQ 成比例关系，ΔQ 与 Δv 成比例关系，因此，可将图 2-24 中的差速转向系统整体看作一个比例环节，其比例系数为 K_v。

（4）履带拖拉机的横摆角速度 ω 主要由两侧履带的速度差和履带间距决定，履带间距为 l，横摆角速度 ω 可表示为

$$\omega = \frac{\Delta v}{l} \tag{2-104}$$

由上述分析可知

$$\frac{\omega(s)}{f_w(s)} = \frac{K_m K_n K_v}{ls(\tau_m s + 1)} \tag{2-105}$$

令

$$K_a = \frac{K_m K_n K_v}{l} \tag{2-106}$$

可得最终传递函数为

$$G_\omega(s) = \frac{\omega(s)}{f_\omega(s)} = \frac{K_a}{s(\tau_m s + 1)} \tag{2-107}$$

式中的 K_a 和 τ_m 可以通过系统辨识实验求出。

2.4.3 履带拖拉机调速系统数学模型

履带拖拉机的调速系统控制框图如图 2-25 所示。其中，v_d 为期望车速，f_v 为车辆线速度控制器输出的控制信号，δ_m 为舵机角度，δ_v 为调速斜盘转动的角度，Q_n 为行走液压泵的输出流量，w_n 为驱动轮转速，v 为履带拖拉机的实际行驶速度。

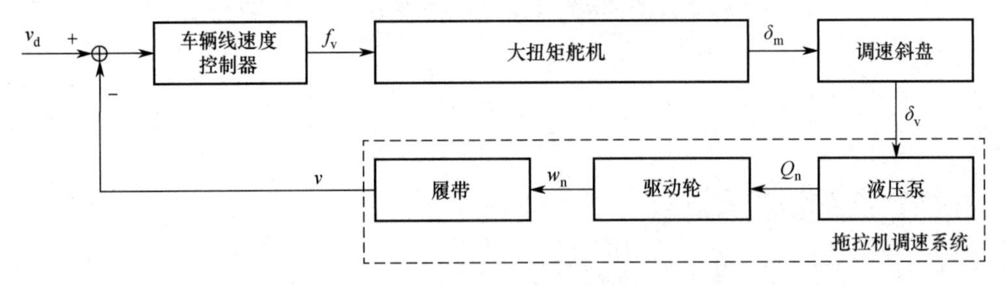

图 2-25 履带拖拉机的调速系统控制框图

比较图 2-24 和图 2-25 可知，履带拖拉机的差速转向系统和调速系统改造后具有一定的相似性。图 2-25 中的拖拉机原调速系统可以看作比例环节，参考上文分析可得履带拖拉机调速系统的数学模型为

$$G_{\mathrm{v}}(s)=\frac{v(s)}{f_{\mathrm{v}}(s)}=\frac{K_{\mathrm{b}}}{s(\tau_{\mathrm{n}}s+1)} \tag{2-108}$$

式中的 K_{b} 和 τ_{n} 可以通过系统辨识实验求出。

2.4.4　路径跟踪控制性能评价

路径跟踪控制问题描述如图 2-26 所示。预设路径和农机状态在平面坐标系 X^{g}-O^{g}-Y^{g} 下定义。$(x_{\mathrm{c}},y_{\mathrm{c}})$ 表示农机当前的位置，θ_{c} 表示农机当前的航向，$(x_{\mathrm{d}},y_{\mathrm{d}})$ 表示期望的农机位置，θ_{d} 表示期望的农机航向，$d(t)$ 表示农机当前位置与期望位置的距离偏差，v 表示车辆当前速度，v_{d} 表示期望的参考速度。农机的路径跟踪控制就是通过自动调节车辆的方向或速度，使其实际位姿与期望位姿趋向一致的过程。

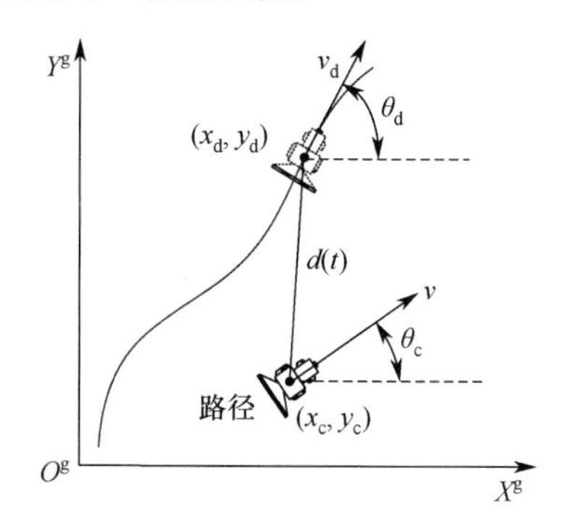

图 2-26　路径跟踪控制问题描述

将农机当前的航向偏差定义为 θ_{e}，由图 2-26 可知

$$|d(t)|=\sqrt{(x_{\mathrm{d}}-x_{\mathrm{c}})^2+(y_{\mathrm{d}}-y_{\mathrm{c}})^2} \tag{2-109}$$

$$\theta_{\mathrm{e}}=\theta_{\mathrm{d}}-\theta_{\mathrm{c}} \tag{2-110}$$

将农机的路径跟踪偏差定义为 $e(t)$，有

$$e(t)=\begin{pmatrix} d(t) \\ \theta_{\mathrm{e}} \end{pmatrix} \tag{2-111}$$

本书将农机路径跟踪控制问题描述如下。

Q_1：前向动态路径搜索，即期望参考速度 $v_{\mathrm{d}}>0$。

Q_2：路径跟踪偏差衰减，即跟踪偏差 $e(t)\to 0$。

Q_1 表示本书所述的农机自动导航系统只考虑前向行驶工况，不考虑倒车。考虑到农机导航作业过程中位置跟踪误差是需要被重点考虑的指标，因此，本书将 $d(t)$作为路径跟踪精度的主要评价参数，Q_2 可放松为 $d(t)\to 0$。综上，将 $d(t)$ 离散化后的统计量作为路径跟踪性能评价参数：

$$E_{\mathrm{v}}=\left|\frac{1}{N}\sum_{k=1}^{N}d(k)\right|+\sqrt{\frac{1}{N-1}\sum_{k=1}^{N}\left(d(k)-\frac{1}{N}\sum_{k=1}^{N}d(k)\right)^2} \tag{2-112}$$

式中，E_v 为路径跟踪性能评价参数，$k=1,2,\cdots,N$ 表示采样时刻，N 表示测试时长，$d(k)$ 表示第 k 个时刻的农机位置偏差。式（2-112）由两部分组成，前半部分为偏差均值的绝对值，可以从整体上反映路径跟踪的误差趋势；后半部分为偏差标准差，可以反映农机路径跟踪控制的稳态效果。

2.4.5 位姿双闭环串级滑模路径跟踪控制方法

对于导航过程中无法调速的农用车辆，实时动态寻优规划器有助于减小上线距离，提高上线点处的路径跟踪精度。但是，随着无级变速系统在农业机械上的广泛应用，通过设计合适的控制律对农机的线速度和横摆角速度进行联合控制，有助于进一步提高路径跟踪精度，减小上线距离，改善导航作业品质。

对于既可以调速也可以控制横摆角速度的农业车辆，本书依据其导航末端执行机构特征，构建由位置控制器和航向控制器组成的内外环串级路径跟踪控制系统，位置—航向双闭环路径跟踪控制系统结构如图 2-27 所示。其中，位置子系统滑模控制器为外环，输入量为当前车辆位置 (x,y) 和期望位置 (x_d,y_d)，输出量为期望速度 v_d，外环同时产生中间指令信号 θ_d 并传递给内环系统；航向子系统滑模控制器为内环，输入量为当前航向 θ 和期望航向 $\dot{\theta}_d$，输出为期望横摆角速度 ω_d。采用基于干扰补偿控制器的离散滑模控制方法跟踪期望线速度和期望横摆角速度。

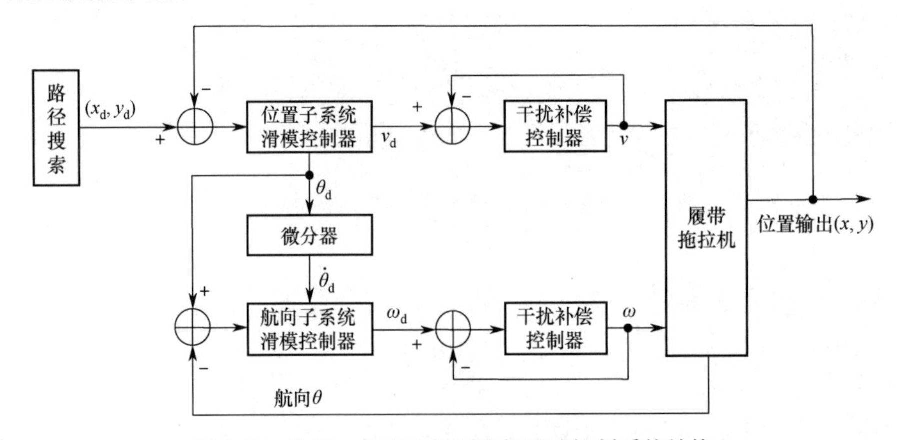

图 2-27　位置—航向双闭环路径跟踪控制系统结构

为了实现稳定的内外环控制，工程上一般采用内环收敛速度大于外环收敛速度的方法，通过 θ 快速跟踪 θ_d 来保证闭环系统的稳定性，但是该方法只是经验性方法，无法从理论上保证闭环系统稳定，为此，提出一种基于双曲正切函数的双闭环全局稳定串级滑模控制方法。

对于

$$\dot{x}=-a\tanh(kx) \tag{2-113}$$

其中，$a,k>0$。

当 $x\to\infty$ 时，$\dot{x}\to 0$。

证明如下：

考虑函数 $\cosh(x)=\dfrac{e^{-x}+e^{x}}{2}\geqslant 1$，$\ln(\cosh(x))\geqslant 0$，且 $x=0$ 时，$\ln(\cosh(x))=0$。为了证明当 $t\to\infty$ 时，有 $x\to 0$，定义李雅普诺夫函数为

$$V=\frac{1}{2}x^2 \tag{2-114}$$

则

$$\dot{V}=x\dot{x}=-ax\tanh(kx) \tag{2-115}$$

由于 $x\tanh(x)=x\dfrac{e^{-x}-e^{x}}{e^{-x}+e^{x}}\geqslant 0$，则 $kx\tanh(kx)\geqslant 0$，从而 $\dot{V}\leqslant 0$；当且仅当 $x=0$ 时，$V=0$。系统的收敛速度取决于 a,k。

由于 $\tanh(x)=\dfrac{e^{-x}-e^{x}}{e^{-x}+e^{x}}\in[-1,\ 1]$，则

$$|\dot{x}|=|-a\tanh(kx)|\leqslant a \tag{2-116}$$

如果针对模型式（2-113）的结构，并按式（2-25）设计控制率，便可实现控制输入的有界。

1. 位置控制率设计

首先设计位置外环控制器。本书研究的履带拖拉机属于典型的可调速农业车辆，令 $x_e=x-x_d$，$y_e=y-y_d$，则由履带拖拉机的运动学模型式（2-99）可知误差跟踪模型为

$$\begin{cases}\dot{x}_e=v\cos\theta-\dot{x}_d\\ \dot{y}_e=v\sin\theta-\dot{y}_d\end{cases} \tag{2-117}$$

初步取控制指令 u_1 和 u_2 为

$$\begin{cases}u_1=v\cos\theta\\ u_2=v\sin\theta\end{cases} \tag{2-118}$$

由式（2-117）和式（2-118）可知

$$\begin{cases}\dot{x}_e=u_1-\dot{x}_d\\ \dot{y}_e=u_2-\dot{y}_d\end{cases} \tag{2-119}$$

令

$$\begin{cases}\dot{x}_e=u_1-\dot{x}_d=-a\tanh(p_1x_e)\\ \dot{y}_e=u_2-\dot{y}_d=-b\tanh(p_2y_e)\end{cases} \tag{2-120}$$

则由全局渐进稳定定理式（2-113）可知，当 $t\to\infty$ 时，$x_e\to 0$，$y_e\to 0$。

此时，由式（2-120）可得位置控制律为

$$\begin{aligned}u_1&=\dot{x}_d-a\tanh(p_1x_e)\\ u_2&=\dot{y}_d-b\tanh(p_2y_e)\end{aligned} \tag{2-121}$$

其中，$a>0$，$p_1>0$，$b>0$，$p_2>0$。

由式（2-118）和式（2-121），可得位置外环输出的期望速度指令为

$$v_{\mathrm{d}}=\frac{u_1}{\cos\theta_{\mathrm{d}}} \tag{2-122}$$

由式（2-118）可得 $\frac{u_2}{u_1}=\tan\theta$。由于本书所述的农机自动导航系统只考虑前向行驶工况，因此，θ 的值域为 $(-\pi/2, \pi/2)$，则可得到满足理想轨迹跟踪的 θ 为

$$\theta=\arctan\frac{u_2}{u_1} \tag{2-123}$$

式（2-123）所求得的 θ 为位置控制律所要求的航向角，如果 θ 与 θ_{d} 相等，则理想的轨迹控制律可实现，但实际 θ 与 θ_{d} 不可能完全一致，尤其是控制的初始阶段，这会造成闭环跟踪系统的不稳定，为此，路径跟踪控制器需要跟踪的中间期望航向指令 θ_{d} 为

$$\theta_{\mathrm{d}}=\arctan\frac{u_2}{u_1} \tag{2-124}$$

2. 航向控制率设计

通过设计航向内环控制器，实现 θ 跟踪位置控制率产生的 θ_{d}。

令 $\theta_{\mathrm{e}}=\theta-\theta_{\mathrm{d}}$，取滑模函数为 $\varsigma=\theta_{\mathrm{e}}$，则

$$\dot{\varsigma}=\dot{\theta}_{\mathrm{e}}=\omega-\dot{\theta}_{\mathrm{d}} \tag{2-125}$$

基于指数趋近律设计航向内环控制律为

$$\omega_{\mathrm{d}}=\dot{\theta}_{\mathrm{d}}-k_1\varsigma-\eta_1\operatorname{sgn}\varsigma \tag{2-126}$$

式中，$k_1>0$，$\eta_1>0$。

于是 $\dot{\varsigma}=-k_1\varsigma-\eta_1\operatorname{sgn}\varsigma$，取 $V_\theta=\frac{1}{2}\varsigma^2$，则 $\dot{V}_\theta=\varsigma\dot{\varsigma}=-k_1\varsigma^2-\eta_1|\varsigma|\leqslant -k\varsigma^2$，即 $\dot{V}_\theta\leqslant -2k_1V_\theta$，从而实现 θ 跟踪 θ_{d}。

在控制律式（2-126）中需要对位置外环产生的 θ_{d} 求导，为了工程实现方便，采用线性二阶微分器实现 $\dot{\theta}_{\mathrm{d}}$。

3. 算法稳定性分析

假设存在理想的角度 θ_{d} 满足轨迹跟踪控制，则模型可写为

$$\begin{cases}\dot{x}=v\cos\theta_{\mathrm{d}}+v(\cos\theta-\cos\theta_{\mathrm{d}})\\ \dot{y}=v\sin\theta_{\mathrm{d}}+v(\sin\theta-\sin\theta_{\mathrm{d}})\\ \dot{\theta}=w\end{cases} \tag{2-127}$$

可见，如果 θ 与 θ_{d} 不一致，必然会对位置闭环系统稳定性造成影响。如果考虑航向角度跟踪误差的影响，则按控制律式（2-126）进行设计，式（2-127）变为

$$\begin{cases}\dot{x}_{\mathrm{e}}=-a\tanh(p_1x_{\mathrm{e}})+v(\cos\theta-\cos\theta_{\mathrm{d}})\\\dot{y}_{\mathrm{e}}=-b\tanh(p_2y_{\mathrm{e}})+v(\sin\theta-\sin\theta_{\mathrm{d}})\end{cases}\tag{2-128}$$

由于 u_1 和 u_2 有界，从而 v 有界，则闭环系统式（2-121）满足全局 Lipschitz 条件，对于任何初始状态，x_{e} 和 y_{e} 在任何有限时间内有界。

首先，针对闭环系统式（2-128）分析 x_{e} 的收敛性。考虑函数 $\cosh(x)=\dfrac{\mathrm{e}^{-x}+\mathrm{e}^{x}}{2}\geqslant 1$，$\ln(\cosh(x))\geqslant 0$，且 $x=0$ 时，$\ln(\cosh(x))=0$。为了证明当 $t\to\infty$ 时，有 $x_{\mathrm{e}}\to 0$，定义李雅普诺夫函数为

$$V=a\ln(\cosh p_1x_{\mathrm{e}})+\frac{1}{2}p_1{x_{\mathrm{e}}}^2\tag{2-129}$$

式中，$a>0$，$p_1>0$。

于是

$$\dot{V}=a\frac{\sinh p_1x_{\mathrm{e}}}{\cosh p_1x_{\mathrm{e}}}p_1\dot{x}_{\mathrm{e}}+p_1x_{\mathrm{e}}\dot{x}_{\mathrm{e}}=ap_1\dot{x}_{\mathrm{e}}\tanh p_1x_{\mathrm{e}}+p_1x_{\mathrm{e}}\dot{x}_{\mathrm{e}}\tag{2-130}$$

考虑 $\dot{x}_{\mathrm{e}}=-a\tanh(p_1x_{\mathrm{e}})+v(\cos\theta-\cos\theta_{\mathrm{d}})$，令 $t_1=a\tanh(p_1x_{\mathrm{e}})$，$t_2=v(\cos\theta-\cos\theta_{\mathrm{d}})$，则 $\dot{x}_{\mathrm{e}}=-t_1+t_2$，式（2-130）可写为

$$\begin{aligned}\dot{V}&=p_1(-t_1+t_2)t_1+p_1(-t_1+t_2)\\&=-p_1\left(t_1^2-t_1+\frac{1}{4}t_2^2\right)-ap_1x_{\mathrm{e}}\tanh p_1x_{\mathrm{e}}+\frac{1}{4}p_1t_2^2+p_1x_{\mathrm{e}}t_2\\&=-p_1\left(t_1-\frac{1}{2}t_2\right)^2-ap_1x_{\mathrm{e}}\tanh p_1x_{\mathrm{e}}+\frac{1}{4}p_1t_2(t_2+4x_{\mathrm{e}})\end{aligned}\tag{2-131}$$

根据正弦函数的性质 $\cos(A+B)-\cos(A-B)=-2\sin A\sin B$，取 $A=\dfrac{\theta_{\mathrm{d}}+\theta}{2}$，$B=\dfrac{\theta_{\mathrm{d}}-\theta}{2}$，有 $\cos\theta_{\mathrm{d}}-\cos\theta=2\sin\dfrac{\theta_{\mathrm{d}}+\theta}{2}\sin\dfrac{\theta_{\mathrm{d}}-\theta}{2}$，则

$$|\cos\theta_{\mathrm{d}}-\cos\theta|=\left|2\sin\frac{\theta_{\mathrm{d}}+\theta}{2}\sin\frac{\theta_{\mathrm{d}}-\theta}{2}\right|\leqslant 2\left|\sin\frac{\theta_{\mathrm{d}}-\theta}{2}\right|\tag{2-132}$$

根据正弦函数的性质 $|\sin x|\leqslant|x|$，有 $\left|\sin\dfrac{\theta_{\mathrm{d}}-\theta}{2}\right|\leqslant\left|\dfrac{\theta_{\mathrm{d}}-\theta}{2}\right|$，则可得

$$|\cos\theta_{\mathrm{d}}-\cos\theta|\leqslant|\theta_{\mathrm{d}}-\theta|\tag{2-133}$$

由于 $\theta_{\mathrm{d}}-\theta$ 指数收敛，则 $|\cos\theta-\cos\theta_{\mathrm{d}}|$ 指数收敛，从而 $t_2=v(\cos\theta-\cos\theta_{\mathrm{d}})$ 指数收敛。由于 $ap_1x_{\mathrm{e}}\tanh p_1x_{\mathrm{e}}>0$，所以

$$\dot{V}\leqslant-p_1\left(t_1-\frac{1}{2}t_2\right)^2+\frac{1}{4}p_1t_2(t_2+4x_{\mathrm{e}})\tag{2-134}$$

由于 t_2 指数收敛，对于任意 $\kappa_1>0$，存在一个有限时间 t_{κ_1}，使得 $|x_{\mathrm{e}}|\leqslant\kappa_1$ 成立。对于任

意$\kappa_2>0$，存在一个有限时间t_{κ_2}，使得$|x_e|\geqslant\kappa_2$成立，$\dot{V}<0$成立。因此，x_e在有限时间内收敛到半径为κ_2的紧集内。又由于当$t\to\infty$时，$t_1\to 0$，$\theta-\theta_d\to 0$，$t_2\to 0$且指数收敛，从而当$t\to\infty$时，$x_e\to 0$。由于$|\sin\theta_d-\sin\theta|\leqslant|\theta_d-\theta|$，则$|\sin\theta_d-\sin\theta|$指数收敛，有当$t\to\infty$时，$y_e\to 0$。

由以上分析可知，由于本算法考虑了内环航向跟踪误差对位置跟踪闭环系统稳定性的影响，因此，整个闭环系统是渐近稳定的。

2.5 导航路径跟踪控制算法

常见的导航路径跟踪控制算法有线性模型、PID 控制、最优控制、模糊控制、神经网络及纯追踪模型等。线性模型具有算法简单、控制参数易于优化的特点，但是它无法取消稳态误差，稳健性差；PID 控制作为常见控制方法，具有算法简单的特点，它稳健性较强，可以消除稳态误差，但是控制参数优化比较困难；最优控制方法可直接解算获得较优的控制参数，但是需要精确的运动学和动力学模型参数，对曲线跟踪的适应性差；模糊控制无须被控对象的模型参数，稳健性较强，但是其跟踪误差一般比较大，难以快速修正；神经网络对非线性运动特性具有较好的适应性，但是它需要获得大量高质量的训练和验证样本对，泛化能力较弱；纯追踪模型可以从几何的角度直观理解和推导，仅需调节前视距离参数，同时前视距离的选择也直接影响控制精度。农机作业环境不确定因素的存在，以及农机本身的复杂性，对农机导航控制都是不小的挑战，具有较大的影响，单一模式的导航控制器很难达到理想的控制效果。

2.5.1 模糊控制导航算法

美国教授查德（L.A. Zandeh）于 1965 年首先提出了模糊集合的概念，由此开创了模糊数学及其应用的新纪元。模糊控制是模糊集合理论应用的一个重要方面。模糊控制在一定程度上模仿了人的控制，它不需要有准确的控制对象模型，是一种智能控制方法。近年来，模糊控制和遗传算法、神经网络控制及混沌理论等学科相融合显示出了巨大的应用潜力。

模糊控制器的基本结构如图 2-28 所示，主要具备以下功能。

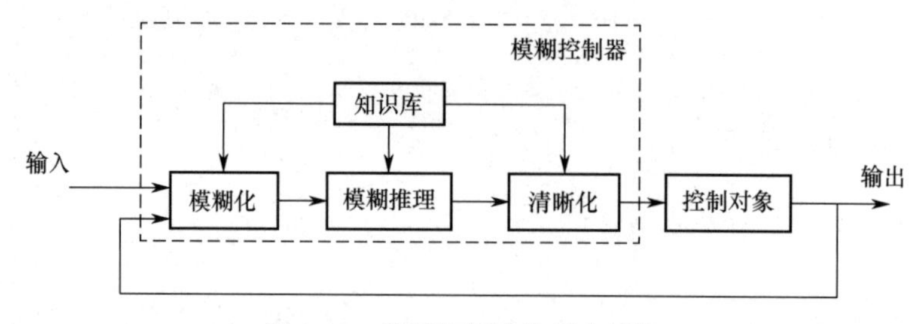

图 2-28　模糊控制器的基本结构

（1）模糊化。这部分的作用是将输入的精确量转换成模糊化量。其中输入量包括外界的参考输入、系统的输出或状态等。模糊化的具体过程如下：首先，对输入量进行处理，以变换成模糊控制器要求的输入量；其次，将处理过的输入量进行尺度变换，使其变换到各自的论域范围；最后，将已经变换到论域范围的输入量进行模糊处理，使原先精确的输入量变换成模糊量，并用相应的模糊集合来表示。

（2）知识库。知识库包含具体应用领域的知识和要求的控制目标。它通常由数据库和模糊控制规则库两部分组成。数据库主要包括各语言变量的隶属度函数、尺度变换因子及模糊空间的分级数等。模糊控制规则库包括用模糊语言变量表示的一系列控制规则，它们反映了控制专家的经验和知识。

（3）模糊推理。模糊推理是模糊控制器的核心，具有模拟人的基于模糊概念的推理能力。该推理过程是基于模糊逻辑中的蕴含关系及推理规则来进行的。

（4）清晰化。清晰化的作用是将模糊推理得到的控制量（模糊量）变换成实际用于控制的清晰量。它包含两部分内容，一是将模糊的控制量经清晰化变换成在论域范围的清晰量，二是将在论域范围内的清晰量经尺度变换变成实际的控制量。

模糊控制器的设计流程如下。

1. 确定模糊控制器的输入变量和输出变量（即控制量）

通常，将模糊控制器输入变量的个数称为模糊控制器的维数。从理论上讲，模糊控制器的维数越高，控制越精细。但如果维数过高，模糊控制规则就变得过于复杂，控制算法实现相对困难。本书选用广泛流行的二维模糊控制器，取横向偏差 P_e 和航向偏差 Ψ_e 作为输入量，输出为期望前轮转角 δ_d。根据先验知识，将 P_e 的实际论域（m）设置为[−0.6,0.6]；Ψ_e 的实际论域（度）取[−90,90]；δ_d 的实际论域（度）取[−30,30]。

2. 设计模糊控制器的控制规则

控制规则的设计是设计模糊控制器的关键，一般包括三个部分的设计内容。

1）选择输入输出变量的词集

一般选用“大、中、小”3 个词汇来描述模糊控制器的输入输出变量的状态。由于人的行为在正、负两个方向的判断基本上是对称的，所以，将大、中、小加上正、负两个方向并考虑变量的零状态，共有 7 个词汇，即{负大,负中,负小,零,正小,正中,正大}，用英文表示为{NB,NM,NS,O, PS,PM,PB}。为方便分析，做如下规定：当拖拉机定位点位于期望路径左侧时，横向偏差为负，反之为正；当拖拉机航向在期望路径的右侧时，航向角为负，反之为正。

2）定义各模糊变量的模糊子集

定义一个模糊子集，实际上就是要确定模糊子集隶属函数曲线的形状。将确定的隶属函数曲线离散化，即可得到有限个点上的隶属度，从而构成一个相应的模糊变量的子集。本书选用三角形隶属度函数。

3）建立模糊控制器的控制规则

模糊控制器的控制规则是基于手动控制策略，利用模糊集合理论和语言变量的概念，可以把利用语言归纳的手动控制策略上升为数值运算，于是可以利用计算机代替人的手动控制，实现模糊自动控制。利用语言归纳手动控制策略的过程，实际上就是建立模糊控制器的控制规则的过程。手动控制策略一般都可以用条件语句加以描述。建立模糊控制规则表的基本原则如下：当误差大或较大时，选择控制量以尽快消除误差为主；当误差较小时，选择控制量要注意防止超调，以系统的稳定性为主要出发点。综合考虑以上因素，以及实际驾驶经验设计模糊控制规则，应用 MATLAB 实现的模糊控制曲面如图 2-29 所示。

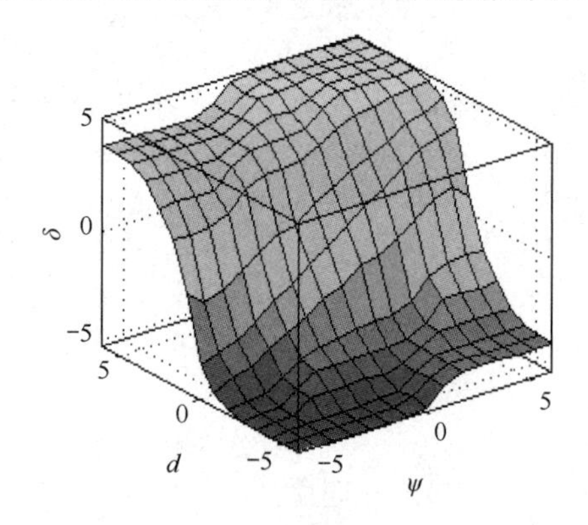

图 2-29　模糊控制曲面

3. 确定模糊化和清晰化的方法

将精确量转换为模糊量的过程称为模糊化，模糊化一般采用以下两种方法：

（1）将精确量离散化，把在某个区间范围内变化的连续量分成若干个档次，每个档次对应一个模糊集，这样处理使模糊过程简单。

（2）将在某区间的精确量模糊化转换成这样的一个模糊子集，在该精确量处隶属度为 1，除该点外，其余各点的隶属度均取 0。

对建立的模糊规则要经过模糊推理才能决策出控制变量的一个模糊子集，还需要采取合理的方法将模糊量转换为精确量，以便最好地发挥出模糊推理结果的决策效果。该模糊量转换为精确量的过程称为清晰化。清晰化的方法主要有最大隶属度法、中位数法及加权平均法等。本书选用最大隶属度法。

4. 编制模糊控制算法的应用程序

考虑到导航控制实时性的要求，首先需要对连续的论域进行离散化，也称为量化。经过量化的输入量个数是有限的，因此，可以针对输入情况的不同组合离线计算出相应的控制量，从而组成一张控制表，实际控制时只需直接查这张控制表即可，论域为离散时的模糊控制系统结构如图 2-30 所示。这样就减少了在线的计算量，从而满足实时控制的要求。按照均匀量化的方法，将各实际论域离散化为{−6，−5，−4，−3，−2，−1，0，1，2，3，4，5，6}。图 2-30 中量化的功能是将比例变换后的连续值经四舍五入变换为整数量。K_1、K_2 和 K_3

是尺度变换的比例因子，各参数的值如下：

$$K_1 = \frac{6}{0.6} = 10, \quad K_2 = \frac{6}{90} = 0.067, \quad K_3 = \frac{30}{6} = 5$$

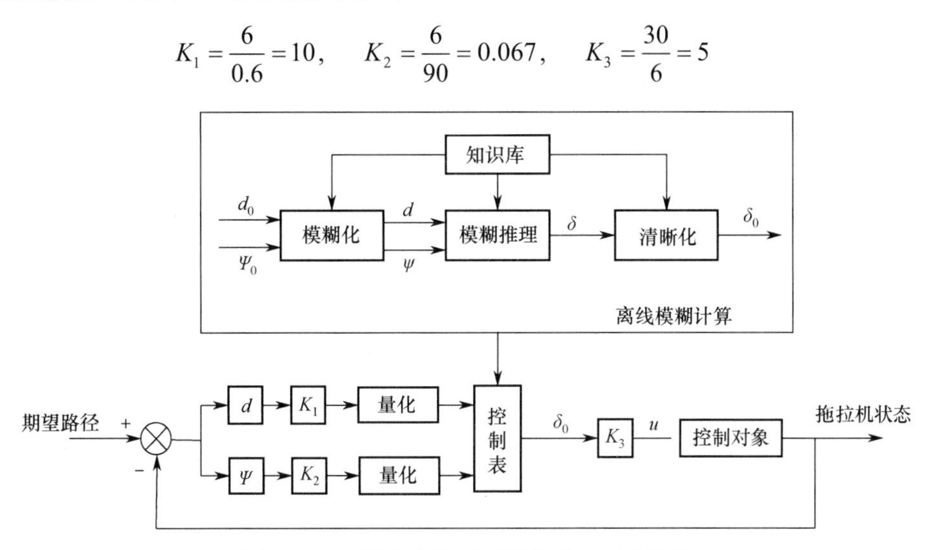

图 2-30　论域为离散时的模糊控制系统结构

模糊控制器的控制算法是由计算机的程序实现的。这个程序一般包括两部分：一是计算机离线计算查询表的程序，属于模糊矩阵运算；二是计算机在模糊控制过程中在线计算输入变量，并将它们模糊化处理，查表后再做输出处理的程序。

2.5.2　自适应模糊控制导航算法

上一节基于模糊逻辑设计了导航控制系统，模糊推理系统的设计不依靠对象的模型，比较适合表达那些模糊或定性的知识，其推理方式类似于人的思维模式。但是它缺乏自学习和自适应能力，依靠专家或操作人员的经验和知识，如果缺乏这样的经验，则很难获得满意的控制效果。另外，模糊控制在零位附近跟踪误差一般比较大，难以快速修正。因此，有必要研究自适应模糊控制方法，在控制过程中的不同阶段，对模糊控制器进行自动调整。

本节拟以模糊控制算法为基础，采用神经网络对模糊控制的规则修正因子及输出比例因子进行在线整定，以达到自适应控制的目的。自适应模糊导航控制原理结构图如图 2-31 所示，采用拖拉机的横向偏差 P_e 和航向偏差 ψ_e 作为模糊控制器的输入，输出为期望前轮转角，在线整定的参数 ω_{ij}、c_{ij}、σ_{ij} 分别指模糊神经网络最后一层的连接权，以及第二层的隶属度函数的中心值和宽度。

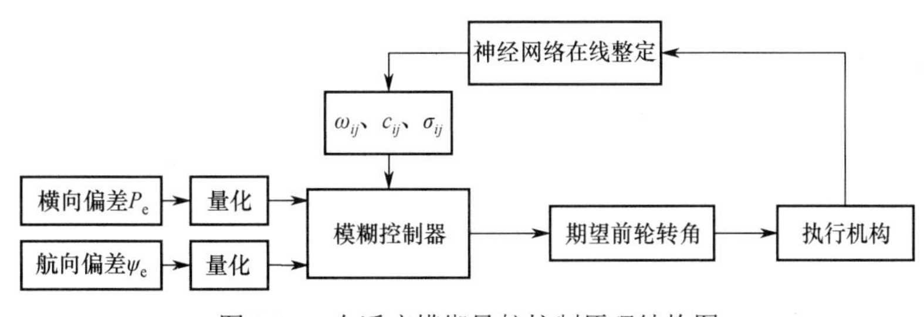

图 2-31　自适应模糊导航控制原理结构图

神经网络系统具有并行计算、分布式信息存储、容错能力强、具备自适应学习功能等一系列的优点，将模糊逻辑和神经网络适当结合起来，整合两者优势，可以组成比单独模糊逻辑控制系统性能更加优良的自适应模糊神经导航控制系统。

1. 模糊系统的标准模型

图 2-32 所示为基于标准模型的 MISO 模糊系统的原理结构图，其中，$x \in R^n$，$y \in R$。如果该模糊系统的输出作用于一个控制对象，那么它的作用便是一个模糊控制器；否则，它可用于模糊逻辑决策系统、模糊逻辑诊断系统等方面。

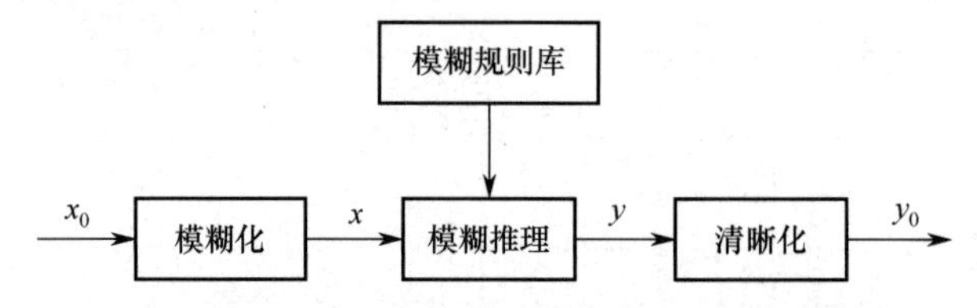

图 2-32　基于标准模型的 MISO 模糊系统原理结构图

设输入量 $\boldsymbol{x}=[x_1, x_2, \cdots, x_n]^{\mathrm{T}}$ 时，每个分量 x_i 均为模糊语言变量，并设

$$T(x_i)=\{A_i^1, A_i^2, \cdots, A_i^{m_i}\},\ i=1,2,\cdots,n \tag{2-135}$$

式中，$A_i^j=(j=1,2,\cdots,m_i)$ 是 x_i 的第 j 个语言变量值，它是定义在论域 U_i 上的一个模糊集合，相应的隶属度函数为 $\mu_{A_i^j}(x_i)(i=1,2,\cdots,n; j=1,2,\cdots,m_i)$。

输出量 y 也为模糊语言变量，且 $T(y)=\{B^1, B^2, \cdots, B^{m_i}\}$，其中 B^j（j=1,2,$\cdots$,m_i）是 y 的第 j 个语言变量值，它是定义在论域 U_y 上的模糊集合，相应的隶属度函数为 $\mu_{B^j}(y)$。

设描述输入输出量关系的模糊规则为

R_i：如果 x_1 是 A_1^j，x_2 是 $A_2^j, \cdots, x_n$ 是 A_n^j，则 y 是 B^i，其中 i=1,2,$\cdots$,m，m 表示规则总数。

若输入量采用单点模糊集合的模糊化方法，则对于给定的输入 x，可以求得对于每条规则的适用度为

$$\alpha_i=\mu_{A_1^i}(x_1) \wedge \mu_{A_2^i}(x_2) \wedge \cdots \wedge \mu_{A_n^i}(x_n) \tag{2-136}$$

通过模糊推理可得，对于每条模糊规则的输出量模糊集合 B_i 的隶属度函数为

$$\mu_{B_i}(y)=\alpha_i \wedge \mu_{B^i}(y) \tag{2-137}$$

从而输出量总的模糊集合为

$$\begin{gathered} B=\bigcup_{i=1}^{m} B_i \\ \mu_B(y)=\bigvee_{i=1}^{m} \mu_{B_i}(y) \end{gathered} \tag{2-138}$$

若采用加权平均的清晰化方法，则可求得输出的清晰化量为

$$y=\frac{\int_{U_y} y\mu_B(y)\mathrm{d}y}{\int_{U_y} \mu_B(y)\mathrm{d}y} \tag{2-139}$$

由于计算式（2-139）的积分很麻烦，所以，实际计算时通常用下面的近似公式：

$$y=\frac{\sum_{i=1}^{m} y_{c_i}\mu_{B_i}(y_{c_i})}{\sum_{i=1}^{m} \mu_{B_i}(y_{c_i})} \tag{2-140}$$

其中，y_{c_i} 是指 $\mu_{B_i}(y)$ 取最大值的点，它一般就是隶属度函数的中心点。显然

$$\mu_{B_i}(y_{c_i})=\max_y \mu_{B_i}(y)=\alpha_i \tag{2-141}$$

从而输出量的表达式可变为

$$y=\sum_{i=1}^{m} y_{c_i}\overline{\alpha_i} \tag{2-142}$$

其中

$$\overline{\alpha_i}=\frac{\alpha_i}{\sum_{i=1}^{m}\alpha_i} \tag{2-143}$$

2. 模糊神经网络的结构

根据上面给出的模糊系统的模糊模型，结合拖拉机自动导航控制的实际情况，可以设计出图 2-33 所示的基于标准模型的模糊神经网络结构。

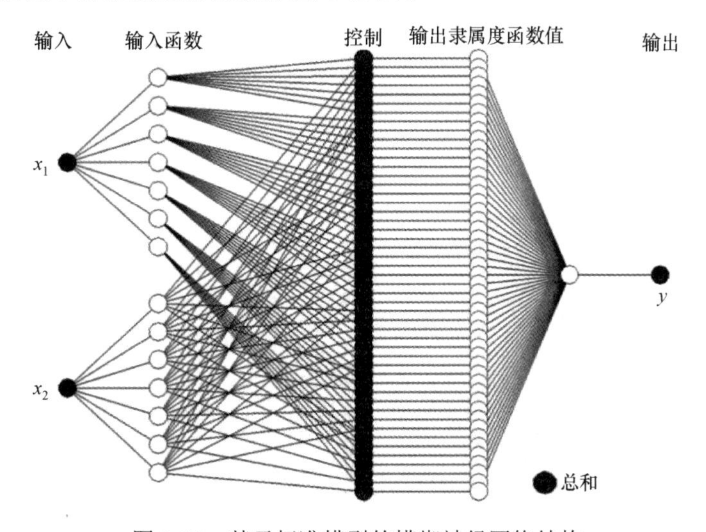

图 2-33　基于标准模型的模糊神经网络结构

图 2-33 中第一层为输入层。该层的各个节点直接与输入向量的各分量 x_i 连接，它起着将输入值 $\boldsymbol{x}=[x_1 \quad x_2 \quad \cdots \quad x_n]^{\mathrm{T}}$ 传送到下一层的作用。选用航向偏差和横向偏差作为控制器

输入，该层节点数 N_1=2。

第二层的每个节点代表一个语言变量值，如 NB、PS 等。它的作用是计算各输入分量属于各语言变量值模糊集合的隶属度函数 μ_i^j，其中

$$\mu_i^j = \mu_{A_i^j}(x_i) \tag{2-144}$$

i=1,2,⋯,n，j=1,2,⋯,m_i。n 是输入量的维数，m_i 是 x_i 的模糊分割数。此处隶属度函数采用钟形函数，则

$$\mu_i^j = \mathrm{e}^{-\frac{(x_i - c_{ij})^2}{\sigma_{ij}^2}} \tag{2-145}$$

式中，c_{ij} 和 σ_{ij} 分别表示隶属度函数的中心和宽度。该层的节点总数 $N_2 = \sum_{i=1}^{n} m_i$ =14。

第三层的每个节点代表一条模糊规则，其作用是用来匹配模糊规则的前件，计算出每条规则的适应度，即

$$\alpha_j = \min\{\mu_1^{i_1}, \mu_2^{i_2}, \cdots, \mu_n^{i_n}\} \tag{2-146}$$

其中

$$i_1 \in \{1,2,\cdots,m_1\},\ i_2 \in \{1,2,\cdots,m_2\},\cdots,i_n \in \{1,2,\cdots,m_n\}$$

$$j = 1,2,\cdots,m\ ,\quad m = \prod_{i=1}^{n} m_i$$

该层的总数 N_3=m=49。对于给定输入，只有在输入点附近的那些语言变量值才有较大的隶属度，远离输入点的语言变量值的隶属度或者很小（高斯隶属度函数）或者为 0（三角形隶属度函数）。当隶属度函数很小（如小于 0.05）时，近似取为 0。因此，在 α_j 中只有少量节点输出非 0，而多数节点的输出为 0。

第四层的节点数与第三层相同，即 N_4=N_3=m=49，它实现的是归一化计算，即

$$\overline{\alpha_j} = \alpha_j \Big/ \sum_{i=1}^{m} \alpha_i,\ \ j = 1,2,\cdots,m \tag{2-147}$$

第五层是输出层，它实现的是清晰化计算，输出期望转角，即

$$y_i = \sum_{j=1}^{m} \omega_{ij} \overline{\alpha_j},\ \ i = 1,2,\cdots,r \tag{2-148}$$

与前面所给出的标准模糊模型的清晰化计算相比较，这里的 ω_{ij} 相当于 y_i 的第 j 个语言值隶属度函数的中心值，式（2-148）写成向量形式则为

$$\boldsymbol{y} = \boldsymbol{W}\overline{\boldsymbol{\alpha}} \tag{2-149}$$

其中

$$\boldsymbol{y}=\begin{bmatrix} y_1 \\ y_2 \\ \vdots \\ y_r \end{bmatrix} \qquad \boldsymbol{W}=\begin{bmatrix} \omega_{11} & \omega_{12} & \cdots & \omega_{1m} \\ \omega_{21} & \omega_{22} & \cdots & \omega_{2m} \\ \vdots & \vdots & \ddots & \vdots \\ \omega_{r1} & \omega_{r2} & \cdots & \omega_{rm} \end{bmatrix} \qquad \overline{\boldsymbol{\alpha}}=\begin{bmatrix} \overline{\alpha_1} \\ \overline{\alpha_2} \\ \vdots \\ \overline{\alpha_m} \end{bmatrix}$$

3. 学习算法

假设各输入分量的模糊分割数是预先确定的，那么需要学习的参数主要是最后一层的连接权 $\omega_{ij}=$（$i=1,2,\cdots,r$；$j=1,2,\cdots,m$），以及第二层的隶属度函数的中心值 c_{ij} 和隶属度函数的宽度 σ_{ij}（$i=1,2,\cdots,n$；$j=1,2,\cdots,m$）。

上面给出的模糊神经网络本质上也是一种多层前馈网络，所以，可以仿照 BP 网络用误差反传的方法来设计调整参数的学习算法。为了导出误差反传的迭代算法，需要对每个神经元的输入输出关系加以形式化的描述。

设图 2-34 表示模糊神经网络中第 q 层第 j 个节点，其中，节点的纯输入= $f^{(q)}(x_1^{(q-1)}, x_2^{(q-1)},\cdots,x_{n_{q-1}}^{(q-1)};\omega_{j1}^{(q)},\omega_{j2}^{(q)},\cdots,\omega_{jn_{q-1}}^{(q)})$，节点的输出= $x_j^{(q)}=g^{(q)}(f^{(q)})$，对于一般的神经元节点，通常有

$$\begin{aligned} f^{(q)} &= \sum_{i=1}^{n_{q-1}} \omega_{ji}^{(q)} x_i^{(q-1)} \\ x_j^{(q)} &= g^{(q)}(f^{(q)}) = \frac{1}{1+\mathrm{e}^{-\mu f^{(q)}}} \end{aligned} \tag{2-150}$$

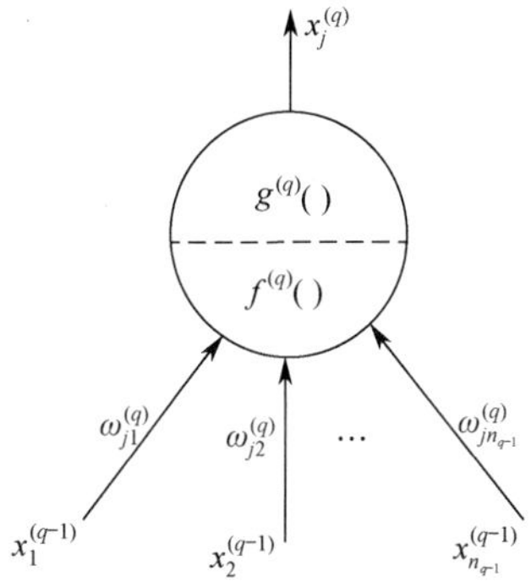

图 2-34　单个神经元节点的基本结构图

对于图 2-34 所示的模糊神经网络，其神经元节点的输入输出函数具有较为特殊的形式。下面具体给出它的每一层的节点函数。

第一层：

$$f_i^{(1)}=x_i^{(0)}=x_i \qquad x_i^{(1)}=g_i^{(1)}=f_i^{(1)},\quad i=1,2,\cdots,n$$

第二层：

$$f_{ij}^{(2)}=-\frac{(x_i^{(1)}-c_{ij})^2}{\sigma_{ij}^2}$$

第三层：

$$x_{ij}^2 = \mu_i^j = g_{ij}^2 = \mathrm{e}^{f_{ij}^{(2)}} = \mathrm{e}^{-\frac{(x_i-c_{ij})^2}{\sigma_{ij}^2}}, \quad i=1,2,\cdots,n; j=1,2,\cdots,m_i$$

$$f_j^{(3)} = \min\{x_{1i_1}^{(2)}, x_{2i_2}^{(2)}, \cdots, x_{ni_n}^{(2)}\} = \min\{\mu_1^{i_1}, \mu_2^{i_2}, \cdots, \mu_n^{i_n}\}$$

$$x_j^{(3)} = \alpha_j = g_j^{(3)} = f_j^{(3)}, \quad j=1,2,\cdots,m \qquad m = \prod_{i=1}^{n} m_i$$

第四层：

$$f_j^{(4)} = x_j^{(3)} \Big/ \sum_{i=1}^{m} x_i^{(3)} = \alpha_j / \sum_{i=1}^{m} \alpha_i \qquad x_j^{(4)} = \overline{\alpha_j} = g_j^{(4)} = f_j^{(4)},$$

$$j=1,2,\cdots,m$$

第五层：

$$f_j^{(5)} = y_i = \sum_{j=1}^{m} \omega_{ij} x_j^{(4)} = \sum_{j=1}^{m} \omega_{ij} \overline{\alpha_j} \qquad x_i^{(5)} = y_i = g_i^{(5)} = f_i^{(5)}, \quad i=1,2,\cdots,r$$

取误差代价函数为

$$E = \frac{1}{2} \sum_{i=1}^{r} (y_{di} - y_i)^2 \tag{2-151}$$

式中，y_{di} 和 y_i 分别表示期望输出和实际输出。下面给出误差反向传播算法来计算 $\frac{\partial E}{\partial \omega_{ij}}$、$\frac{\partial E}{\partial c_{ij}}$、$\frac{\partial E}{\partial \sigma_{ij}}$，然后利用一阶梯度寻优算法来调节 ω_{ij}、c_{ij} 和 σ_{ij}。

首先计算

$$\delta_i^{(5)} - \frac{\partial E}{\partial f_i^5} = -\frac{\partial E}{\partial y_i} = y_{di} - y_i \tag{2-152}$$

其次求得

$$\frac{\partial E}{\partial \omega_{ij}} = \frac{\partial E}{\partial f_i^5} \frac{\partial f_i^5}{\partial \omega_{ij}} = -\delta_i^{(5)} x_j^{(4)} = -(y_{di} - y_i)\overline{\alpha}_j \tag{2-153}$$

再次计算

$$\delta_j^{(4)} - \frac{\partial E}{\partial f_j^{(4)}} = -\sum_{i=1}^{r} \frac{\partial E}{\partial f_i^{(5)}} \frac{\partial f_i^{(5)}}{\partial g_j^{(4)}} \frac{\partial g_j^{(4)}}{\partial f_j^{(4)}} = \sum_{i=1}^{r} \delta_i^{(5)} \omega_{ij}$$

$$\delta_j^{(3)} - \frac{\partial E}{\partial f_j^{(3)}} = -\sum_{k-1}^{m} \frac{\partial E}{\partial f_k^{(4)}} \frac{\partial f_k^{(4)}}{\partial g_j^{(3)}} \frac{\partial g_j^{(3)}}{\partial f_j^{(3)}} = \frac{1}{\left(\sum_{i=1}^{m} \alpha_i\right)^2} \left(\delta_j^{(4)} \sum_{\substack{i=1 \\ i \neq j}}^{m} \alpha_i - \sum_{\substack{k=1 \\ k \neq j}}^{m} \delta_k^{(4)} \alpha_k \right) \tag{2-154}$$

$$\delta_{ij}^{(2)} - \frac{\partial E}{\partial f_{ij}^{(2)}} = -\sum_{k=1}^{m} \frac{\partial E}{\partial f_k^{(3)}} \frac{\partial f_k^{(3)}}{\partial g_{ij}^{(2)}} \frac{\partial g_{ij}^{(2)}}{\partial f_{ij}^{(2)}} = \sum_{k=1}^{m} \delta_k^{(3)} s_{ij} \mathrm{e}^{f_{ij}^2} = \sum_{k=1}^{m} \delta_k^{(3)} s_{ij} \mathrm{e}^{-\frac{(x_i-c_{ij})^2}{\sigma_{ij}^2}}$$

如果 $f^{(3)}$ 采用最小值运算，则当 $g_{ij}^{(2)}=\mu_i^j$ 是第 k 个规则节点输入的最小值时，有

$$S_{ij}=\frac{\partial f_k^{(3)}}{\partial g_{ij}^{(2)}}=\frac{\partial f_k^{(3)}}{\partial \mu_i^j}=1 \tag{2-155}$$

否则

$$S_{ij}=\frac{\partial f_k^{(3)}}{\partial g_{ij}^{(2)}}=\frac{\partial f_k^{(3)}}{\partial \mu_i^j}=0 \tag{2-156}$$

如果 $f^{(3)}$ 采用相乘运算，则当 $g_{ij}^{(2)}=\mu_i^j$ 是第 k 个规则节点的一个输入时，有

$$S_{ij}=\frac{\partial f_k^{(3)}}{\partial g_{ij}^{(2)}}=\frac{\partial f_k^{(3)}}{\partial \mu_i^j}=\prod_{\substack{j=1\\ j\neq i}}^{n}\mu_j^{i_j} \tag{2-157}$$

否则

$$S_{ij}=\frac{\partial f_k^{(3)}}{\partial g_{ij}^{(2)}}=\frac{\partial f_k^{(3)}}{\partial \mu_i^j}=0 \tag{2-158}$$

从而可得所求一阶梯度为

$$\begin{aligned}\frac{\partial E}{\partial c_{ij}}&=\frac{\partial E}{\partial f_{ij}^{(2)}}\frac{\partial f_{ij}^{(2)}}{\partial c_{ij}}=-\delta_{ij}^{(2)}\frac{2(x_i-c_{ij})}{\sigma_{ij}^2}\\ \frac{\partial E}{\partial \sigma_{ij}}&=\frac{\partial E}{\partial f_{ij}^{(2)}}\frac{\partial f_{ij}^{(2)}}{\partial \sigma_{ij}}=-\delta_{ij}^{(2)}\frac{2(x_i-c_{ij})}{\sigma_{ij}^3}\end{aligned} \tag{2-159}$$

最后在求得所需的一阶梯度后，可给出参数调整的学习算法为

$$\begin{aligned}\omega_{ij}(k+1)&=\omega_{ij}(k)-\beta\frac{\partial E}{\partial \omega_{ij}},\quad i=1,2,\cdots,r,\quad j=1,2,\cdots,m\\ c_{ij}(k+1)&=c_{ij}(k)-\beta\frac{\partial E}{\partial c_{ij}},\quad i=1,2,\cdots,n,\quad j=1,2,\cdots,m_i\\ \sigma_{ij}(k+1)&=\sigma_{ij}(k)-\beta\frac{\partial E}{\partial \sigma_{ij}},\quad i=1,2,\cdots,n,\quad j=1,2,\cdots,m_i\end{aligned} \tag{2-160}$$

式中，β 为学习率。

2.5.3　基于纯追踪模型的路径跟踪控制算法

模糊神经网络消除了单一模糊控制过于依靠专家或操作人员的经验和知识，缺乏自学习和自适应能力的缺点，而且它需要大量的样本，泛化能力较差，算法相对复杂，所以，编程实现困难。基于此，本节对纯追踪算法展开研究。

1. 拖拉机运动学模型

拖拉机模型是仿真分析控制方法的基础，为验证控制算法的正确性，建立拖拉机的运动

模型是很有必要的。本书的研究对象是福田 M1004 拖拉机，前轮负责转向。利用 Ellis 提出的二轮车简化模型建立基于后轴中心的拖拉机运动学模型。假设地面平坦、前进速度不变、忽略车辆离心力和侧滑，将转向机构看作一阶惯性环节，以预定义路径作为横轴 X 建立跟踪坐标系，前进方向为横轴 X 的正方向，跟踪起点的横坐标为零，则可以得到图 2-35 所示的拖拉机运动学模型。

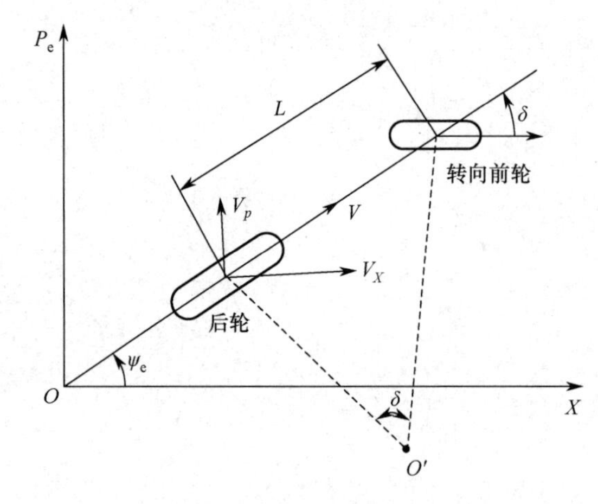

图 2-35　拖拉机运动学模型

由图 2-35 可知

$$\begin{cases} \dot{P}_e = V\sin\psi_e \\ \dot{\psi}_e = V\tan\dfrac{\delta}{L} \\ \dot{\delta} = -\delta/\tau + \delta_d/\tau \end{cases} \tag{2-161}$$

式中，P_e——横向偏差，m。

ψ_e——航向偏差，rad。

δ——前轮转角，rad。

L——轴距，m。

V——速度，m/s。

τ——惯性时间常数，s。

δ_d——期望前轮转角，rad。

在 δ 和 ψ_e 都比较小的情况下，用一阶泰勒展开式进行线性化，可近似得到拖拉机的运动学模型为

$$\begin{bmatrix} \dot{\psi}_e \\ \dot{P}_e \\ \dot{\delta} \end{bmatrix} = \begin{bmatrix} 0 & 0 & \dfrac{V}{L} \\ V & 0 & 0 \\ 0 & 0 & -\dfrac{1}{\tau} \end{bmatrix} \begin{bmatrix} \psi_e \\ P_e \\ \delta \end{bmatrix} + \begin{bmatrix} 0 \\ 0 \\ \dfrac{1}{\tau} \end{bmatrix} \delta_d \tag{2-162}$$

该模型中，轴距 L 为 2.2m，速度 V 可以测得，而参数 τ 是未知的。在导航系统中，负责拖拉机转向操作的系统可以视作一阶惯性环节，参数 τ 是惯性时间常数，要获得此参数大小，需要对操纵转向系统的特性进行分析。很明显有以下传递函数：

$$H(s)=\frac{Y(s)}{F(s)}=\frac{1}{\tau s+1} \tag{2-163}$$

式中，$Y(s)$为转向机构输入的拉氏变换，即期望前轮偏角的拉氏变换；$F(s)$为转向机构输出的拉氏变换，即实际前轮偏角的拉氏变换。通过试验方式记录期望前轮转角和实际转角，利用 MATLAB 的系统辨识工具箱解算，求得 τ 为 0.2。

2. 大地坐标系与车体坐标系转化

由于纯追踪模型的参数是基于车体坐标系下定义的，而农业机械的实时位置是基于大地坐标系下定义的，因此，有必要建立两个坐标系下的转换公式。

在应用纯追踪模型前，将农业机械的目标点位置转换成车体坐标系下的目标点坐标。设 $x_{\rm d}$、$y_{\rm d}$、θ 分别为农业机械在大地坐标系下的横轴坐标、纵轴坐标和当前航向角。用 $x_{\rm goal}$ 和 $y_{\rm goal}$ 表示纯追踪算法的目标点在大地坐标系下的横轴坐标和纵轴坐标。通过简单的数学运算可得如下转换公式：

$$\begin{aligned} x_{\rm change}&=(x_{\rm goal}-x_{\rm d})\sin\left(\pi+\theta\frac{\pi}{180}\right)-\left(y_{\rm goal}-y_{\rm d}\right)\cos\left(\pi+\theta\frac{\pi}{180}\right)\\ y_{\rm change}&=(x_{\rm goal}-x_{\rm d})\cos\left(\pi+\theta\frac{\pi}{180}\right)-\left(y_{\rm goal}-y_{\rm d}\right)\sin\left(\pi+\theta\frac{\pi}{180}\right)\end{aligned} \tag{2-164}$$

$(x_{\rm change},y_{\rm change})$为转换后机体坐标系下的目标点坐标。

3. 纯追踪跟踪模型

纯追踪（Pure Pursuit）算法是一种几何计算方法，该方法具有简单、直观和容易实现的特点，其核心是确定一个合适的前视距离。该算法模拟车内驾驶员的视觉，具有仿生学的特点。

图 2-36 所示为拖拉机的车体坐标系 $O'x'y'$，其中点 $P(x',y')$为路径上的目标点，E 为连接车体坐标系原点和点 P 的弧段弦长，即前视距离，R 是该弧段的半径。按照几何关系，有以下关系式：

$$\begin{cases} D+x'=R\\ D^2+y'^2=R^2\\ x'^2+y'^2=E^2\end{cases} \tag{2-165}$$

由式（2-165）可得

$$R=\frac{E^2}{2x'} \tag{2-166}$$

式（2-166）中，x'为跟踪路径上目标点在车体坐标系下的横坐标。x'的计算公式为

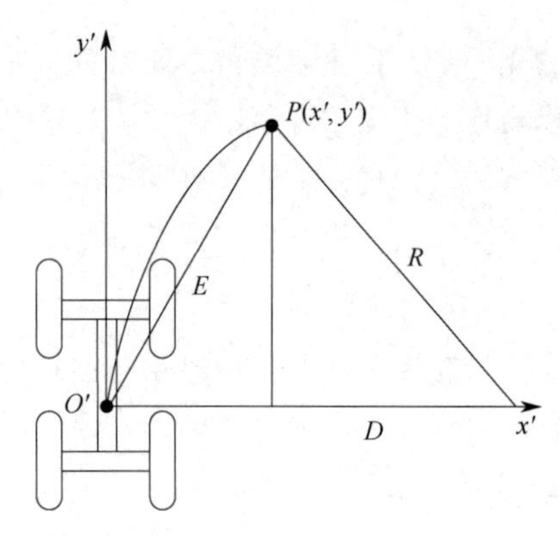

图 2-36　拖拉机的车体坐标系

$$x' = P_e \cos\psi_e - \sqrt{E^2 - P_e^2} \sin\psi_e \tag{2-167}$$

式中，P_e——车体质心相对于跟踪路径的横向误差，在车体前进方向偏右为正，偏左为负。

ψ_e——车体当前航向角度与跟踪直线目标航向角度之差。

依据简化的二轮车模型，可知车体转向轮偏角和转弯半径之间的关系为

$$\alpha = \arctan(L / R) \tag{2-168}$$

式中，α——转向轮偏角。

L——车体轴距。

由以上各式可求得在直线跟踪条件下，纯追踪模型计算的转向轮偏角控制量为

$$\delta_d = \arctan[2L(p_e \cos\psi_e - \sqrt{E^2 - P_e^2} \sin\psi_e) / E^2] \tag{2-169}$$

式中，L 为已知，p_e 和 ψ_e 可以解算获得，只有前视距离 E 有待确定。

在农业车辆的自动导航中，横向跟踪偏差是衡量控制效果的首要指标，故选用横向跟踪偏差的 ITAE 作为优化指标。ITAE 是指时间乘绝对值误差的积分，根据 ITAE 指标设计的系统超调量小，阻尼适中，具有良好的动态特性，故常用于自动控制系统的优化设计。其中

$$\text{ITAE} = \int_0^\infty t|e(t)|\mathrm{d}t \tag{2-170}$$

考虑到仿真过程中，仿真时间有限、仿真步长具有可变性，对式（2-170）修正如下：

$$\text{EITAE} = \frac{1}{N}\sum_{K=1}^{N} t_k |e_k| \tag{2-171}$$

利用该式即可对不同前视距离条件下得到的横向跟踪误差数据进行对比分析，使该值减至最小的前视距离即为最优值。

2.5.4　多模变结构智能控制算法

模型参考自适应控制是将模型控制算法与自适应控制算法相结合，对解决系统自适应控制问题具有较好的适用性。在农机导航控制过程中，模型参考自适应控制既可发挥模型控制

算法在导航控制的独特优势，又可降低导航过程中不确定干扰的不良影响，从而提高导航控制精度。自适应导航控制系统原理图如图 2-37 所示，其主要由参考模型、模糊自适应调整单元、模型控制规则等组成。在模型参考自适应控制器中引入多模变结构控制思想，采用模糊控制算法自适应在线调节模型控制规则参数。

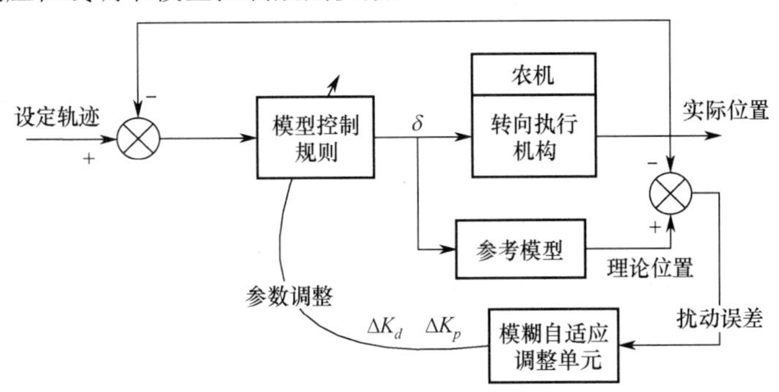

图 2-37　自适应导航控制系统原理图

参考模型为

$$\begin{cases} \dot{s} = v\dfrac{\cos\tilde{\theta}}{1+yc(s)} \\ \dot{y} = v\sin\tilde{\theta} \\ \dot{\tilde{\theta}} = v\left(\dfrac{\tan\delta}{l} - \dfrac{c(s)\cos\tilde{\theta}}{1+yc(s)}\right) \end{cases} \tag{2-172}$$

模型控制规则为

$$\delta(y,\tilde{\theta}) = \arctan\left(l\left[\frac{\cos^3\tilde{\theta}}{(1+yc(s))^2}\left(\frac{\mathrm{d}c(s)}{\mathrm{d}s}y\tan\tilde{\theta} - K_d(1+yc(s))\tan\tilde{\theta} - K_p y + c(s)(1+yc(s))\tan^2\tilde{\theta}\right) + \frac{c(s)\cos\tilde{\theta}}{1+yc(s)}\right]\right) \tag{2-173}$$

当设定路径为直线导航时，模型控制规则简化为

$$\delta(y,\tilde{\theta}) = \arctan(l\cos^3\tilde{\theta}(-K_d\tan\tilde{\theta} - K_p y)) \tag{2-174}$$

模型控制规则基于当前的位姿信息计算控制量转向轮期望转角 δ，并将它输出给转向执行机构，控制农机按照预定轨迹行走。根据检测出的扰动误差，模糊自适应调节机构采用模糊控制方法，基于驾驶员的专业知识设计模糊控制规则，通过不断修正模型控制规则中的参数 K_d 或 K_p 的值，从而调节控制输出量 δ，增强控制系统跟踪的稳健性。

1. 确定输入输出量

模糊自适应调节器有两个输入变量：实际位置相对理论位置的横向偏差变量 E、偏差变化量 EC。输出变量为模型控制规则中参数 K_p 的调整量 ΔK_p。

定义 E 的模糊集为 $\{\mathrm{NB,NM,NS,NO,PO,PS,PM,PB}\}$；论域为 $\{-6,-5,-4,-3,-2,-1,0,1,$

2,3,4,5,6}；基本论域为[−60,60]；量化因子 K_e 为 0.1。

定义 E_C 的模糊集为 {NB,NM,NS,O,PS,PM,PB}；论域为 {−6,−5,−4,−3,−2,−1,0,1,2,3,4,5,6}；基本论域为[−6,6]；量化因子 K_{ec} 为 1。

定义 ΔK_p 的模糊集为 {NB,NM,NS,O,PS,PM,PB}；论域为 {−7,−6,−5,−4,−3,−2,−1,0,1,2,3,4,5,6,7}；基本论域为[−0.07,0.07]；量化因子为 100。

3 个隶属度函数均采用高斯函数，横向偏差变化量 E_C 的隶属度如图 2-38 所示。

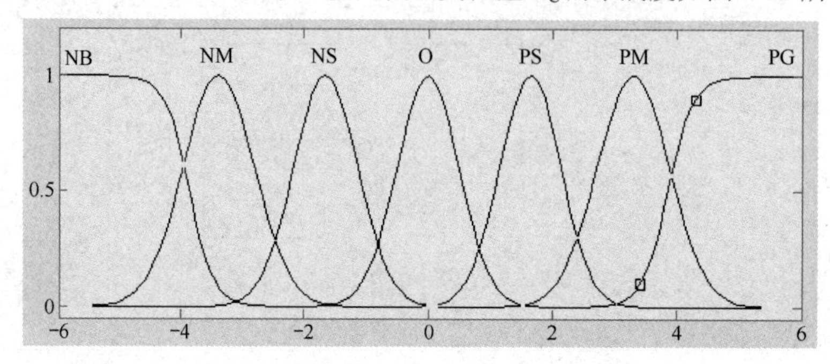

图 2-38　横向偏差变化量 E_C 的隶属度

2. 控制规则设计

根据驾驶员实际驾驶的专家知识，得到控制规则设计原则如下：当偏差绝对值较大时，控制量将尽量减小偏差；当偏差绝对值较小时，控制量除了要考虑减小偏差，还要考虑系统稳定性问题。如果偏差绝对值的变化趋势增大，则修正模型控制器参数，从而输出期望转角来校正转向轮，使得农机向偏差减小的方向运动；如果偏差绝对值的变化趋势减小，则表明此刻的控制效果与期望模型控制效果基本吻合，模型控制器参数修正量应该减小或者不进行参数修正。

由于被控对象参数变化或外界干扰等情况，使得参考模型输出结果 y_m 和对象瞬时响应 y 之间的关系会出现图 2-39 所示的 9 种情况。由此可获得模糊自适应控制规则描述如表 2-7 所示。

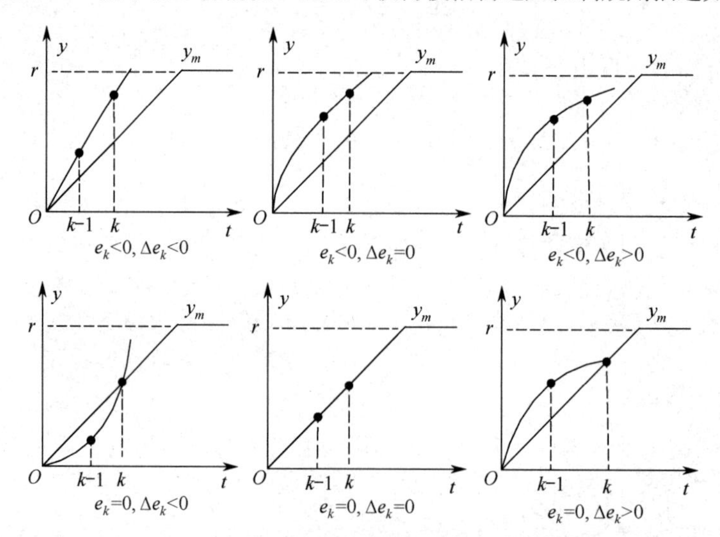

图 2-39　被控对象与参考模型响应之间的关系

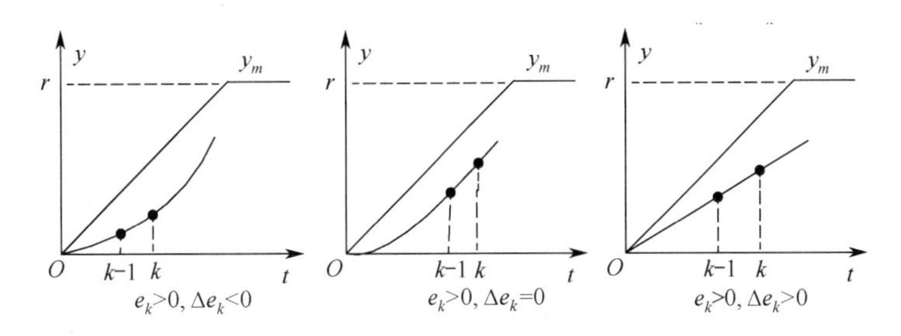

图 2-39　被控对象与参考模型响应之间的关系（续）

表 2-7　模糊自适应控制规则描述

EC	E							
	PB	PM	PS	PO	NO	NS	NM	NB
PB	PB	PB	PB	PB	PM	PS	O	NS
PM	PB	PB	PM	PM	PS	PS	NS	NM
PS	PB	PM	PS	PS	O	O	NM	NM
O	PB	PM	PS	O	O	NS	NM	NB
NS	PM	PM	O	O	NS	NS	NM	NB
NM	PM	PS	NS	NS	NM	NM	NB	NB
NB	PS	O	NS	NM	NB	NB	NB	NB

2.5.5　基于 SOA 理论的改进纯追踪算法

1. 纯追踪算法

基于纯追踪模型的路径跟踪控制方法是一种几何方法，具有模拟人类驾驶的特征，可以依据目标点距离和当前跟踪误差动态调整期望前轮转角，实现路径跟踪。图 2-40 所示为拖拉机自动导航系统的纯追踪模型，其中，导航坐标系选用高斯坐标系 $X^g-O^g-Y^g$，拖拉机车体坐标系为 $X^b-O^b-Y^b$。

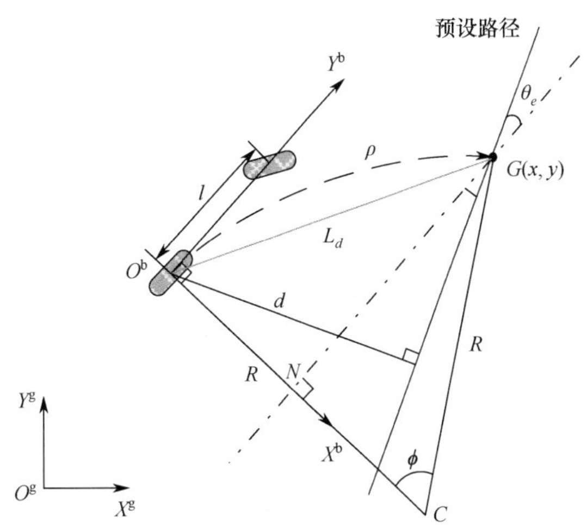

图 2-40　拖拉机自动导航系统的纯追踪模型

在图 2-40 中，$G(x,y)$为预设路径上的跟踪目标点，其中x为目标点G在车体坐标系中的横坐标，y为目标点G在车体坐标系中的纵坐标；θ_e为拖拉机当前航向和目标点航向的偏差；ρ为拖拉机的即时转弯曲率，这里规定拖拉机逆时针转动时曲率为正（$\rho>0$），顺时针转动时的曲率为负（$\rho<0$）；L_d为前视距离；ϕ为拖拉机沿着预期弧线到达目标点所转过的航向角度；d为拖拉机相对于预期目标点的横向偏差，以拖拉机前进方向为基准，本书规定农机在预设路径左侧时$d<0$，在预设路径右侧时$d>0$；l为拖拉机轴距。

根据图 2-40 中的几何关系，可以求得目标点G在车体坐标系$X^{\mathrm{b}}-O^{\mathrm{b}}-Y^{\mathrm{b}}$中的横、纵坐标表达式为

$$\begin{cases} x = R - R\cos\phi \\ y = R\sin\phi \end{cases} \tag{2-175}$$

在直角三角形$O^{\mathrm{b}}RG$中，依据勾股定理可知

$$x^2 + y^2 = {L_d}^2 \tag{2-176}$$

由式（2-175）和式（2-176）可得

$$R = {L_d}^2 / 2x^2 \tag{2-177}$$

转弯半径和拖拉机的即时转弯曲率ρ的关系为

$$\rho = -1/R \tag{2-178}$$

根据图 2-40 中的几何关系可以推导出

$$x = d\cos\theta_e - \sqrt{{L_d}^2 - d^2}\sin\theta_e \tag{2-179}$$

结合式（2-177）、式（2-178）和式（2-179）可得纯追踪模型表达式为

$$\begin{aligned} \rho &= -2x / {L_d}^2 \\ &= 2(d\cos\theta_e - \sqrt{{L_d}^2 - d^2}\sin\theta_e) / {L_d}^2 \end{aligned} \tag{2-180}$$

结合轮式拖拉机运动学模型式（2-175）、式（2-177）和式（2-179）可得基于纯追踪模型的跟踪控制律为

$$\begin{aligned} \delta_f &= \arctan(l/R) \\ &= \arctan(2xl/{L_d}^2) \\ &= \arctan[2l(d\cos\theta_e - \sqrt{{L_d}^2 - d^2}\sin\theta_e)/{L_d}^2] \end{aligned} \tag{2-181}$$

拖拉机的横向偏差d和航向偏差θ_e可以通过传感器的测量值和预设路径计算得到，由式（2-181）可知，控制器仅包含前视距离L_d一个可调参数。L_d的数值将直接影响拖拉机自动导航系统的路径跟踪效果。从纯追踪模型的表达式可以看出，当前视距离较大时，拖拉机会沿着较小的曲率驶向期望路径，有助于抑制振荡现象的产生，但是控制系统的响应速度较慢；反之，当前视距离较小时，拖拉机会沿着较大曲率驶向期望路径，控制响应速度快，但是会产生较大的振荡。因此，采用较大或者较小的前视距离都不能得到满意的跟踪效果。

在前期研究中，通过仿真或者试验手段设定合适的前视距离，但是在实际应用过程中，

固定前视距离的方法在车速动态变化的情况下无法取得理想的控制效果。因此，如何在线自适应调节前视距离，是纯追踪算法需要解决的一个关键问题。

2. 改进纯追踪算法

人群搜索算法（Seeker Optimization Algorithm，SOA）直接模拟人类智能搜索行为。与常用的全局优化算法相比，如遗传算法、粒子群算法等，具有收敛速度快、收敛精度高、稳健性好的特点，适合应用于在线自适应寻优场合。其参数寻优过程如下：当搜索者位置较好时，应搜索较小的邻域；当搜索者位置不佳时，应搜索较大的邻域。这种寻优机制和纯追踪算法前视距离的调优机理是相互吻合的，因此，采用 SOA 理论改进传统纯追踪算法。

基于 SOA 理论的改进纯追踪算法基本原理如图 2-41 所示。改进算法在原有纯追踪算法的基础上增加了 SOA 优化环节，可以依据评价结果在线动态调整前视距离，以改善控制品质。

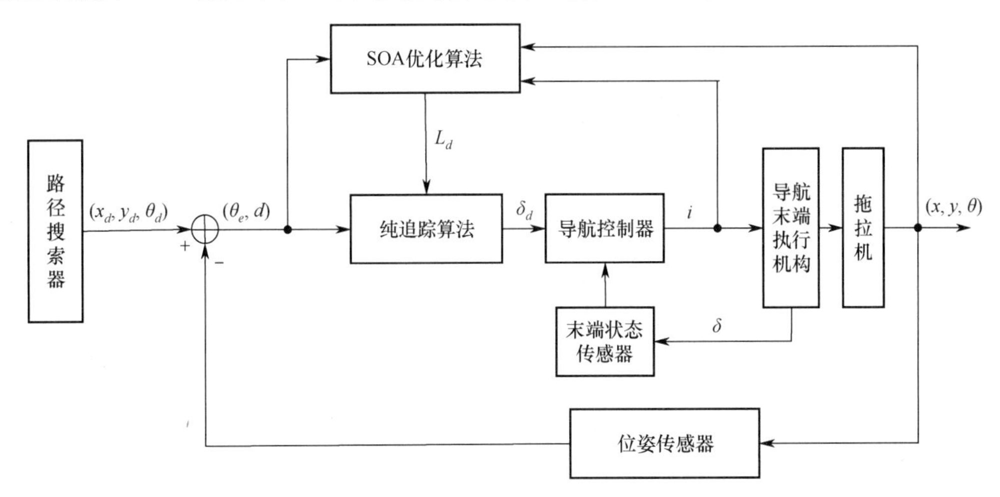

图 2-41　基于 SOA 理论的改进纯追踪算法基本原理

1）参数编码

考虑到纯追踪算法只需要调整前视距离参数，因此，令种群中个体的位置矢量的维数为 1，该种群 $\boldsymbol{P}$ 可以用一个 $S\times1$ 的矩阵表示：

$$\boldsymbol{P}(S,1)=\begin{bmatrix} L_d^1 \\ L_d^2 \\ \vdots \\ L_d^S \end{bmatrix} \tag{2-182}$$

式中，L_d^k（$k=1,2,\cdots,S$）为前视距离；S 为种群数。前视距离的取值范围可以预先通过仿真或试验方法测定，初始种群可以在允许的取值范围内随机产生。

2）适应度函数选取

SOA 算法使用适应度值评估搜索进化过程中每个个体或前视距离的优劣，并作为后续搜索各个位置更新的依据，最终使初始设定的前视距离逐渐进化到最优解。为了获得满意的控制效果，采用前文提出的路径跟踪控制性能指标式（2-112）作为评价参数。由于式（2-112）反映的是全局作业性能，不适合用于在线动态评价，所以将其修改为

$$E_v(k)=\left|\frac{1}{N}\sum_{m=k-N}^{k}d(m)\right|+\sqrt{\frac{1}{N-1}\sum_{m=k-N}^{k}\left(d(m)-\frac{1}{N}\sum_{m=k-N}^{k}d(m)\right)^2} \tag{2-183}$$

式（2-183）反映了当前时刻 k 及其前 N 个时刻内的拖拉机自动导航系统路径跟踪作业性能。其中，E_v 为路径跟踪性能评价参数，$d(m)$ 表示 m 时刻农机的横向偏差，$m=k,k-1,\cdots,k-N$。在评价参数式（2-183）中加入控制信号的平方项 $i^2(m)$，以防止控制能量过大，于是确定适应度函数为

$$F_{\text{optimal}}=\lambda_1 E_v(k)+\lambda_2\sum_{m=k-N}^{k}i^2(m) \tag{2-184}$$

式中，λ_1 和 λ_2 为权值。

3）算法流程

参数的编码和适应度函数确定后，用于在线调节纯追踪算法的基于 SOA 算法的前视距离优化流程如表 2-8 所示。

表 2-8　用于在线调节纯追踪算法的基于 SOA 算法的前视距离优化流程

步骤	具体算法
Step1	搜索者的位置初始化，并随机产生一个 $S\times D$ 的位置矩阵
Step2	根据式（2-184）计算个体中前视距离的适应度值
Step3	对每个搜寻者个体的位置与其历史最佳位置进行比较，如果现在的位置更好，则将现在的位置记录为个体历史最佳位置
Step4	对每个搜寻者个体的位置与其种群历史最佳位置进行比较，如果现在的位置更好，则将现在的位置记录为种群历史最佳位置
Step5	位置更新
Step6	返回 Step2

2.5.6　实时动态寻优轨迹规划算法

现场试验发现，当拖拉机距离期望路径较远时，改进纯追踪算法上线距离较长，而且在上线点处跟踪误差较大。拖拉机驾驶员为了提高上线精度，在上线过程中只能依靠手动驾驶，自动化程度较低。为解决该问题，在改进纯追踪算法基础上，研究实时动态寻优轨迹规划算法。该算法需要综合考虑最大曲率约束、起止点航向约束和最大转向角约束，把最优轨迹规划问题转化为 B 样条控制点参数优化问题，采用量子遗传算法对目标函数进行寻优，从而求得距离最短的可行驶上线轨迹。

1. 上线轨迹描述

拖拉机上线轨迹示意图如图 2-42 所示，S_{goal} 是上线轨迹的目标点，本书将拖拉机从其

初始位置出发行驶至目标点的过程定义为上线过程。上线过程行驶过的距离称为上线距离；将上线过程中拖拉机经过的一系列离散位置点序列 S_{path}=（S_{start}, S_1, $S_2,\cdots,S_k$, S_{goal}）定义为上线轨迹，其中 $S_k=(x_k, y_k, \theta_k)$，由定义在高斯平面坐标系下的位置 (x_k, y_k) 和航向 θ_k 组成。

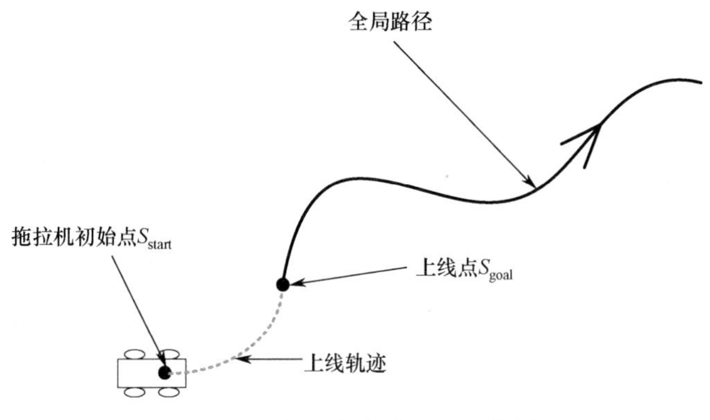

图 2-42　拖拉机上线轨迹示意图

将上线轨迹规划问题定义如下：在满足多种非线性约束条件的轨迹簇 $S_i=\{S_{path1}, S_{path2},\cdots, S_{pathn}\}$ 中寻找一条距离最短的上线轨迹作为最优目标路径。函数描述为

$$S_{optimal}=\arg\min\sum_{s_i}\Delta_d \tag{2-185}$$

式中，$S_{optimal}$ ——最优目标路径。

Δ_d ——轨迹中路径点间距。

$\sum_{s_i}\Delta_d$ ——轨迹长度。

令 $x=f_x(u)$，$y=f_y(u)$，其中 u 为 B 样条曲线的节点（李军等，2012），则 x、y 对 u 的 1、2 阶导数为 $\dot{x}$ 、 $\dot{y}$ 、 $\ddot{x}$ 、 $\ddot{y}$ ，路径 s 各点处的航向角 θ 、曲率 ρ 和等效前轮转角 δ 的计算公式为

$$\theta=\arctan\left(\frac{\mathrm{d}y}{\mathrm{d}x}\right) \tag{2-186}$$

$$\rho=\frac{\ddot{x}\dot{y}-\dot{x}\ddot{y}}{(\dot{x}^2+\dot{y}^2)^{3/2}} \tag{2-187}$$

$$\delta=\arctan(l\rho) \tag{2-188}$$

2. 轨迹约束

为保证上线轨迹具有可跟踪性，需要对规划的轨迹曲率、起止点航向角及等效前轮转角范围进行限制。

由定义可知，当车辆逆时针转动时，曲率与拖拉机转弯半径的关系公式为

$$\rho=\frac{1}{R} \tag{2-189}$$

图 2-43 所示为简化二轮车模型（缪存孝等，2017），拖拉机最小转弯半径主要受轴距和

转向前轮的最大转向角限制，其数值是固定的，计算式为

$$R_{\min}=\left|\frac{l}{\tan\delta_{\max}}\right| \tag{2-190}$$

式中，$R_{\min}$——最小转弯半径。

$\delta_{\max}$——前轮最大转向角。

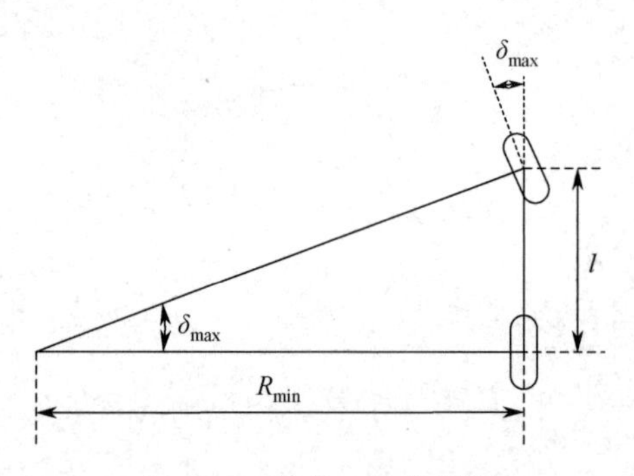

图 2-43　简化二轮车模型

结合式（2-187）、式（2-189）和式（2-190）可知，上线轨迹各点处的曲率均需满足约束

$$\left|\frac{\ddot{x}\dot{y}-\dot{x}\ddot{y}}{(\dot{x}^2+\dot{y}^2)^{3/2}}\right| \leqslant \left|\frac{\tan\varphi_{\max}}{l}\right| \tag{2-191}$$

为避免拖拉机在上线轨迹的起始时刻出现原地转向或振荡现象，需要对上线路径的初始点航向进行约束。因此，当路径点 $S_i=S_{\text{start}}$ 时，建立约束条件为

$$|\theta_s-\theta_v| \leqslant \varepsilon \tag{2-192}$$

式中，θ_s——路径航向。

θ_v——车身航向。

ε——航向阈值（取较小的正数）。

为了保证拖拉机上线轨迹与全局路径结合处的平滑度，提高上线点 S_{goal} 处的路径跟踪精度，当路径点 $S_i=S_{\text{goal}}$ 时，需满足约束

$$|\theta_s-\theta_g| \leqslant \varepsilon \tag{2-193}$$

式中，θ_g——目标点航向。

拖拉机前轮转向范围决定了其路径跟踪的灵活性，如果上线轨迹某点处等效前轮转角过大，该点处的路径将不具备可跟踪性。因此，需要对等效前轮转角进行约束。联立式（2-187）和式（2-188）可以得到等效前轮转角，建立约束条件为

$$\left|\arctan\frac{l(\ddot{x}\dot{y}-\dot{x}\ddot{y})}{(\dot{x}^2+\dot{y}^2)^{3/2}}\right| \leqslant |\delta_{\max}| \tag{2-194}$$

农机在实际作业过程中的行驶速度一般控制在 10km/h 以内。经测试，在该速度条件下

只要规划的上线轨迹满足上述约束条件，拖拉机转向系统均可有效跟踪期望转角信号。因此，本书上线轨迹规划算法未考虑转向角速度及角加速度约束。

3. 实时动态寻优轨迹规划器

轨迹的表示方法有很多种，GALLINA 探讨研究了 7 种曲线表示方法（胡书鹏等，2017），并对它们的优缺点进行了对比分析。曲线最终形状方便控制是 B 样条的优点之一，为了改变 B 样条曲线的形状，可以修改一个或多个控制参数，如控制点的位置、节点位置或曲线的次数。另外，B 样条曲线分段组成，修改某一控制点只引起与该控制点相邻的曲线形状发生变化，远处的曲线形状不受影响。

B 样条函数本身的特性（Dai C 等，2006；李红等，2016；SNIDER J M 等，2009）使其非常适合应用于路径规划场合，因此，本书选用 B 样条曲线进行上线轨迹规划。B 样条曲线表达式为

$$\boldsymbol{S}_{i,n}(u)=\sum_{k=0}^{n}P_{i+k}\boldsymbol{F}_{k,n}(u) \tag{2-195}$$

$$\boldsymbol{F}_{k,n}(u)=\frac{1}{n!}\sum_{j=0}^{n-k}((-1)^{j}\boldsymbol{C}_{n+1}^{j}(u+n-k-j)^{n}) \tag{2-196}$$

式中，n——B 样条曲线阶次。

$\boldsymbol{S}_{i,n}(u)$——对应于节点 u 的第 i 段曲线上的点。

$\boldsymbol{F}_{k,n}(u)$——n 次 B 样条基函数。

P_{i+k}——第 $i+k$ 个控制点。

其中，节点 $u\in[0,1]$；设控制点个数为 m，则 $i=1,2,\cdots,m-n$，表示整条曲线由 $m-n$ 段 B 样条曲线平滑连接而成，每段曲线由 $n+1$ 个控制点生成。

由式（2-194）可知，上线轨迹至少要保证 2 阶可导，为满足约束条件且降低计算量，选用 3 次 B 样条曲线，即 $n=3$。此时，B 样条基函数为

$$\boldsymbol{F}_{k,3}(u)=\frac{1}{6}\begin{bmatrix}u^{3}\\u^{2}\\u^{1}\\1\end{bmatrix}^{\mathrm{T}}\boldsymbol{G} \tag{2-197}$$

式中，u^1、u^2、u^3 分别为 u 的 1～3 次幂。

$$\boldsymbol{G}=\begin{bmatrix}1&4&1&0\\-3&0&3&0\\3&-6&3&0\\-1&3&-3&1\end{bmatrix}$$

将式（2-197）代入式（2-195），可得对应节点 u 的第 i 段 3 阶 B 样条曲线上的点坐标为

$$(x,y)=\frac{1}{6}(u^3,u^2,u^1,1)\boldsymbol{GP} \tag{2-198}$$

式（2-198）的 1 阶、2 阶导数分别为

$$\left(\frac{\mathrm{d}x}{\mathrm{d}u},\frac{\mathrm{d}y}{\mathrm{d}u}\right)=\frac{1}{6}(u^2,u^1,1,0)\boldsymbol{GP} \tag{2-199}$$

$$\left(\frac{\mathrm{d}^2x}{\mathrm{d}u^2},\frac{\mathrm{d}^2y}{\mathrm{d}u^2}\right)=\frac{1}{6}(u^1,1,0,0)\boldsymbol{GP} \tag{2-200}$$

其中

$$\boldsymbol{P}=\begin{bmatrix}P_i & P_{i+1} & P_{i+2} & P_{i+3}\end{bmatrix}^{\mathrm{T}}\quad ,i=1,2,\cdots,m-3$$

式中，P_i～P_{i+3}是用于计算第 i 段 B 样条方程的 4 个控制点。

当样条曲线的控制点较少时，不易求得满足约束的期望路径；控制点过多则会造成方程求解困难，增加运算时间，影响轨迹规划的实时性。根据经验采用 6 个控制点 P_0～P_5 生成满足约束条件的 3 阶 B 样条上线轨迹。

现有文献大多采用优化算法直接求取 N 个控制点（李军等，2012；GALLINA P 等，2000），对于 6 个控制点 $P(x, y)$需要优化的未知参数为 12 个，当使用迭代方法求解时，运算量非常大。为了提高轨迹规划速度，有必要研究曲线约束与控制点间的关系以简化计算。

对于 3 阶 B 样条曲线，当 3 个相邻的控制点在同一条直线上且间距相等时，生成的 B 样条曲线与该直线相切于中间的控制点，如图 2-44 所示。

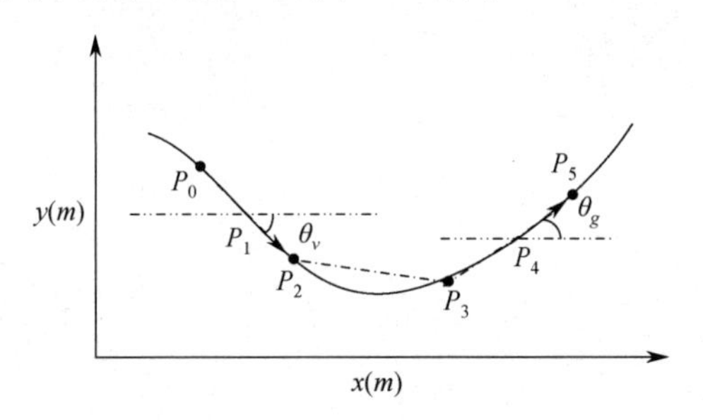

图 2-44　B 样条曲线控制点关系

依据上线路径初始点的航向角约束，选择控制点 P_0、P_1、P_2。当 3 个控制点满足条件：选定拖拉机初始位置为 P_1；P_0、P_1、P_2 三点共线；矢量 P_0P_2 的方向角与拖拉机初始航向一致；P_0 和 P_2 关于 P_1 对称，即可满足拖拉机初始状态约束。

同理，依据目标点航向约束，确定控制点 P_3、P_4、P_5，并选定 P_4 为目标点位置坐标。

设线段 $\overline{P_0P_1}$ 和 $\overline{P_1P_2}$ 的长度为 l_1，线段 $\overline{P_3P_4}$ 和 $\overline{P_4P_5}$ 的长度为 l_2。依据起止点航向约束选定控制点 P_1 和 P_4 后，只要确定 l_1 和 l_2 的数值即可求得其他控制点并生成上线轨迹，这样便把最优轨迹规划问题转变为求 l_1 和 l_2 的最优解问题，相比求解 12 个未知参数，该方法只需要优化两个参数，有效地减少了算法的运算量。

本书采用量子遗传算法求解 l_1 和 l_2。量子遗传算法（Quantum Ggenetic Algorithm，

QGA）是遗传算法和量子计算结合产生的一种新的概率进化算法，比传统遗传算法具有更快的收敛速度和并行处理能力，适合应用于在线优化场合。

将 l_1 和 l_2 作为个体进行寻优，把上线轨迹的距离取负值作为适应度函数（轨迹越短，适应度值越大），按照如表 2-9 所示的量子遗传算法优化过程循环执行，直至结束条件。

表 2-9　量子遗传算法优化过程

步骤	具体算法
Step1	初始化种群 $Q(t_0)$
Step2	对初始化种群 $Q(t_0)$中的每个个体（即 l_1 和 l_2）进行一次求距离计算，得到对应的上线距离
Step3	记录最优个体和对应的适应度，以最优个体作为下一代进化目标
Step4	判断是否满足结束条件，是则退出，否则继续计算
Step5	对种群 $Q(t)$中的每个个体进行一次计算，得到对应的确定解
Step6	对各确定解作适应度评估
Step7	采用量子算法更新种群，产生新一代种群 $Q(t+1)$
Step8	记录最优个体和对应的适应度
Step9	将迭代次数加 1，返回 Step5

当通过优化算法找到 6 个控制点后，代入 B 样条曲线的表达式即可求出由 3 段 B 样条曲线组成的最优上线轨迹。

综上所述，基于实时动态寻优规划器的改进纯追踪算法执行流程如图 2-45 所示。自动导航系统实时采集拖拉机当前的位姿信息，首先判断当前位姿信息与期望位姿的偏差，如果偏差在阈值允许范围内，则运行 SOA 改进纯追踪算法；如果位姿偏差大于阈值，则运行实时动态寻优规划器，然后运行 SOA 改进纯追踪算法跟踪最优上线轨迹和全局路径。导航控制器响应 SOA 改进纯追踪算法输出的控制指令，动态调整拖拉机的前轮角度，使位姿偏差逐渐收敛至期望精度。

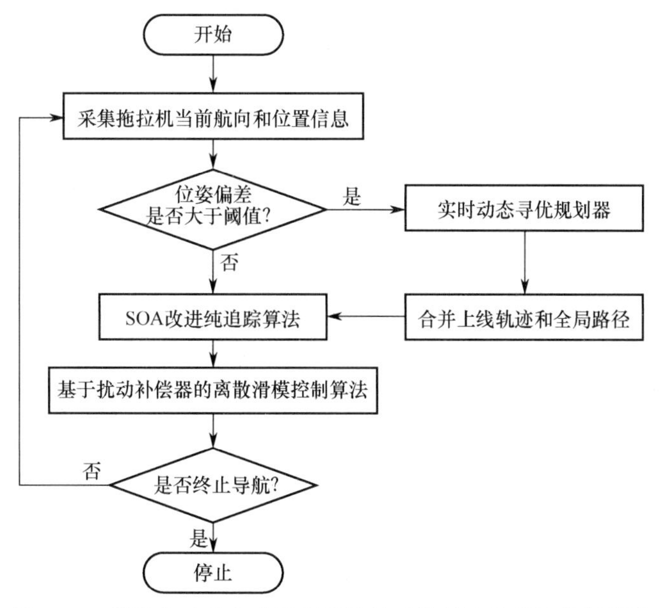

图 2-45　基于实时动态寻优规划器的改进纯追踪算法执行流程

2.6 导航控制器与控制系统设计

2.6.1 多模变结构智能控制器与控制规则设计

变结构控制（Variable Structure Control，VSC）最早由 Fillipov 于 1960 年提出，并建立了滑动表面的数学模型，苏联学者 Utkin 和 Itkin 在变结构控制领域做了大量开创性的研究工作，为变结构控制技术的发展奠定了理论基础。研究人的控制行为过程可以得到，在整个控制过程中对系统暂态响应要求是平稳、快速；对系统稳态响应要求是无差、稳定，同时要求在两种状态下都具有较强应对系统不确定性的能力。为了更好地模拟人的宏观控制决策行为，多模变结构智能控制基本思想如下。

（1）暂态响应的平稳性与稳态响应的稳定性区分开来，区别对待。在保证暂态响应的快速性的情况下，利用负向控制的强迫性达到暂态响应的平稳性。系统稳态响应的稳定性采用增加系统阻尼的方法来解决，通过增加系统阻尼虽然会对系统响应速度有一定的影响，但是当系统响应进入预定稳态之后，响应速度的快慢已不那么重要，重要的是控制器的输出要平稳。

（2）在不涉及控制系统稳定性的前提下，采用主动开环控制以最大能量加速启动，实现暂态响应的快速性。对于没有滞后环节（含滞环）的 n 阶系统来说，利用开环控制的主动性快速启动暂态响应，其约束条件仅是能量约束；而对于具有纯滞后 τ 的系统来说，其约束条件就不仅是能量 M，而且当 τ 较大时，能量约束将不再是唯一的约束。究其原因在于多模态控制中控制量 $U^{+}=M$ 与 $U^{-}=-M$ 控制作用时间的最小宽度要大于或者等于 τ，不可以随意自我调控，即控制量提供的最小控制强度将不小于 $M\tau$。

（3）暂态响应的快速性与平稳性，分别采用主动开环控制模式和强迫负向控制模式来实现。用这两种控制模式的优点是分别实现控制系统既无超调又响应快速的性能要求。

（4）稳态响应的无差性与稳定性指标区分开来，如果采用一种固定的控制方法来同时实现这两种稳态响应的性能指标，二者将会相互影响，很难取得理想效果。较为合理的方法是稳态响应的稳定性采用反馈控制模式来实现，稳态响应的无差性采取智能积分方法来处理。因为智能积分的积分积累过程发生在暂态响应过程中，对暂态响应不产生任何作用，当系统进入稳态时，智能积分作用才在控制器的输出端以激励形式出现，对系统的稳态稳定性不会产生影响。智能积分控制模式与反馈控制模式同时作用，分别实现稳态无差和稳态稳定性能指标。

1. 多模变结构智能控制器设计

控制器的输出控制作用应该具备如下性质不同、功能差异显著的 3 种控制要素。

（1）加速启动控制（Acceleration Start Control，ASC）。加速启动控制以减小系统的误差及误差趋势为控制方向，强制控制变量以加速的方式从上一时刻所处的稳态快速启动，并发生控制作用。

（2）强迫制动控制（Force Down Control，FDC）。强迫制动控制与加速启动控制的性质和功能完全相反，它以削弱被控对象的储能效应为目的，迫使被控变量以减加速的方式快速制动。强迫制动控制抑制超调能力较强，优于传统增大系统阻尼的方法。

（3）位置学习控制（Place Learning Control，PLC）。位置学习控制是指系统响应进入稳态之后，控制系统的控制输出应保持之值，进行稳态控制。

实现 3 种控制作用的基本条件如下：3 种控制作用互不影响，互不关联，独自发挥各控制功能；控制器对系统模型的不确定性，具有较强的稳健性；3 种控制作用之间既相互独立，又相互协调配合。

2. 多模变结构智能控制规则设计

依据多模变结构智能控制规律设计提出的 3 种控制要素，以及实现 3 种控制作用的基本条件，多模变结构智能控制规则可以设计为如下形式：

$$\text{if } \mathrm{d}|e|/\mathrm{d}t \geqslant 0 \text{ then } u_n = Ke + u_{i(n-1)}$$

$$\Delta u_{in} = \frac{1}{T_i}\int e\mathrm{d}t \tag{2-201}$$

$$\text{if } \mathrm{d}|e|/\mathrm{d}t < 0 \text{ and } \mathrm{d}|\dot{e}|/\mathrm{d}t > 0 \text{ then}$$

$$u_n = T_d \cdot \mathrm{d}e/\mathrm{d}t + u_{in} \tag{2-202}$$

$$\text{if } \mathrm{d}|e|/\mathrm{d}t < 0 \text{ and } \mathrm{d}|\dot{e}|/\mathrm{d}t \leqslant 0 \text{ then}$$

$$u_n = u_{in} = \Delta u_{in} + u_{i(n-1)} = \sum_{j=1}^{n}\Delta u_{ij} = \frac{1}{T_i}\sum_{j=1}^{n} e_j\mathrm{d}t \tag{2-203}$$

式中，u_n、$u_{i(n-1)}$、u_{in} 分别表示多模变结构智能控制器的第 n 次瞬态输出、i 至 $(n-1)$ 次和 i 至 n 次保持值的代数和；K 是比例系数；e 是误差；T_i 与 T_d 分别是积分与微分时间常数。

2.6.2　自调整模糊控制器与控制规则设计

模糊控制（Fuzzy Control，FC）即模糊逻辑控制（Fuzzy Logic Control，FLC），是以模糊语言变量、模糊集合论和模糊逻辑推理为基础的一种非线性智能控制技术，是实现系统智能控制的一种有效的控制方法。控制论的创始人维纳在研究人与外界相互作用的关系时曾指出："人通过感觉器官感知周围世界，在脑和神经系统中调整获得的信息。经过适当的存储、校正、归纳和选择处理等过程而进入效应器官，反作用于外部世界，同时也通过像运动传感末梢这类传感器再作用于中枢神经系统，将新接收的信息与原存储的信息结合在一起，影响并指挥将来的行动。"自 1965 年，美国的 L.A. Zadeh 提出模糊集合论以来，模糊逻辑控制的定义和相关的定理发展十分迅速。英国的 E.H. Mamdani 于 1974 年首次根据模糊控制语句组成模糊控制器，并将它应用于蒸汽发动机的压力和速度控制中，标志着模糊控制理论的诞生，同时也为模糊控制理论的实际应用开辟了崭新前景（刘兆祥等，2010）。

1. 模糊控制系统的组成

模糊控制系统包括模糊控制器、被控对象、输入/输出接口、执行单元、传感器，其系统框图如图 2-46 所示。

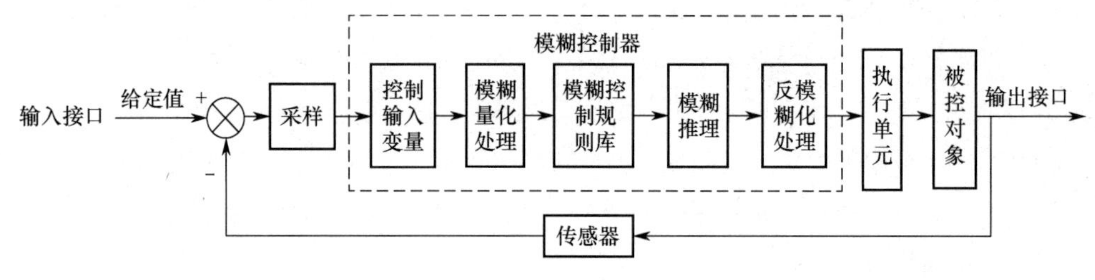

图 2-46　模糊控制系统框图

（1）模糊控制器：模糊控制器是系统的核心，包括精确量的模糊化、规则库、模糊推理和反模糊化。根据控制系统的性能需求，可选用单片机、系统机和单板机。

（2）被控对象：被控对象可以是定常或时变的、线性或非线性的、单变量或多变量的、有时滞或无时滞的、有精确数学模型描述或无数学模型描述的，以及不稳定、有强干扰等。

（3）输入/输出接口：被控对象状态量信息经传感器获取后，通过输入/输出接口传送给模糊控制器。模糊控制器决策输出经过数/模转换为可执行的控制信号，发送给执行机构去控制被控对象。

（4）执行单元：受输出指令控制，具体执行某项控制功能的装置。

（5）传感器：传感器负责采集被控对象的状态信息，占有十分重要的地位，传感器的采样速率与精度对控制系统的响应速度及控制精度有较大的影响。

2. 模糊控制器设计

模糊控制是以模糊集合论、模糊语言变量和模糊逻辑推理为基础的一种具有反馈闭环结构的智能控制技术。模糊控制不依赖于被控对象的数学模型，只需要有关专家的经验、知识或操作数据，稳健性和自适应性好，可实现对复杂对象的有效控制。模糊控制器的设计包括以下几方面的内容。

1）模糊控制器的输入变量和输出变量（即控制量）

模糊控制规则归根结底是模拟人的思维决策方式。人在手动控制过程中，能够获取误差、误差的变化、误差变化的速率这 3 个基本的信息量。其中，最为直观的是误差，其次是误差的变化，最后是误差变化的速率。由于模糊控制规则是依据人的手动控制过程提出的，所以，可将误差、误差的变化及误差变化的速率作为模糊控制的输入变量，模糊控制的输出变量选择控制量的变化，二维模糊控制器如图 2-47 所示。模糊控制器输入变量的个数也称为模糊控制的维数，模糊控制器的维数越高，控制越精细。但是如果维数过高，模糊控制规则将变得复杂，控制算法的实现相对比较困难。

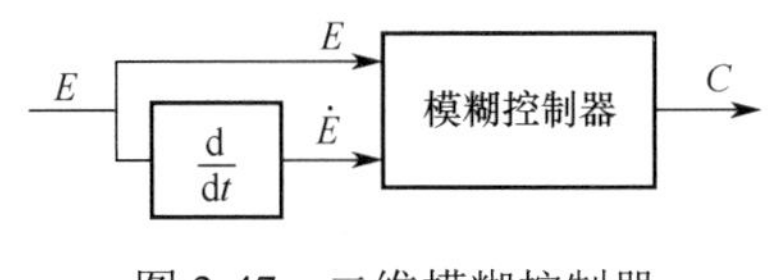

图 2-47　二维模糊控制器

2）模糊控制器的控制规则设计

模糊控制规则的设计是设计模糊控制器的关键环节，包括描述输入输出变量的词集的选择、定义各模糊变量的模糊子集及建立模糊控制器的控制规则。

人的控制行为在正、负两个方向的判断基本上是对称的，大、中、小再加上正、负两个方向，并考虑变量的零状态，共有 7 个词汇，即

{负大（NB），负中（NM），负小（NS），零 O，正小（PS），正中（PM），正大（PB）}

定义模糊子集实际上就是确定模糊子集隶属函数曲线形状的过程。将确定的隶属函数曲线离散化处理后，得到了有限个点上的隶属度，从而构成了一个对应的模糊变量的模糊子集。大量的试验研究表明，用正态型模糊变量来描述人在控制时所使用的模糊概念是适宜的，正态函数可表示为

$$F(x)=\exp\left[-\left(\frac{x-a}{\sigma}\right)^2\right] \tag{2-204}$$

其中参数 σ 的大小直接影响隶属函数曲线的形状，如图 2-48 所示。隶属函数曲线形状较尖的模糊子集，其分辨率较高，控制灵敏度也较高；隶属函数曲线形状较缓，控制特性也较平缓，系统稳定性相对较好。

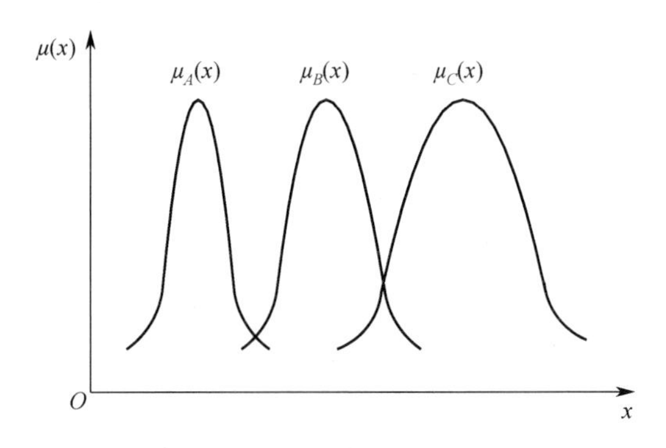

图 2-48　形状不同的隶属函数曲线

隶属函数曲线重叠程度代表了各模糊子集之间的相互影响程度，如图 2-49 所示，其中 α_1 和 α_2 分别表示两种情况下两个模糊子集 $\tilde{A}$ 和 $\tilde{B}$ 的交集的最大隶属度。α 描述了两个模糊子集之间的影响程度，当 α 较小时，模糊控制器控制灵敏度较高，当 α 较大时，模糊控制器稳健性较好，具有较好适应对象特性参数变化的能力，但是当 α 过大时，会造成两个模糊子集难以区分，使模糊控制器控制的灵敏度显著降低。根据经验，一般 α 取值为 [0.4,0.8]。

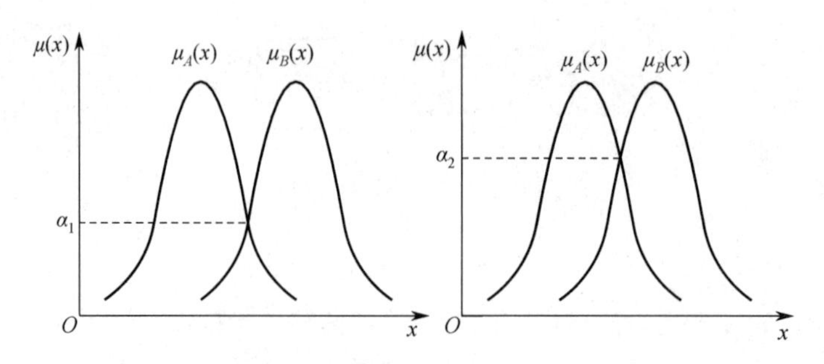

图 2-49　隶属函数曲线重叠程度

模糊规则库一般由如下 n 条规则组成：

$$R_i : \text{if } E \text{ is } A_i \text{ and } E_C \text{ is } B_i \text{ then } U \text{ is } C_i, i = 1,2,\cdots,n$$

式中，E 和 E_C 为输入语言变量，U 为输出语言变量；A_i、B_i 和 C_i 分别是 E、E_C、U 在其论域上的语言变量值。

3）确立模糊化和非模糊化（又称清晰化）方法

一般情况下，把 $[a,b]$ 区间的精确量 x 转换为 $[-n,+n]$ 区间的离散量 y，即模糊量，易推出

$$y = 2n[x-(a+b)/2]/(b-a) \tag{2-205}$$

对于离散区间不对称的情况，如 $[-n,+m]$，得到

$$y = (m+n)[x-(a+b)/2]/(b-a) \tag{2-206}$$

模糊推理及其模糊量的非模糊化方法有 MIN-MAX-重心法、代数积-加法-重心法、模糊加权型推理法、函数型推理法、取中位数法等。

4）模糊控制器输入变量和输出变量的基本论域及模糊控制器的参数（量化因子、比例因子）

把模糊控制器输入变量和输出变量的实际变化范围称为这些变量的基本论域。设误差的基本论域为 $[-x_e, x_e]$，误差变化的基本论域为 $[-x_c, x_c]$，模糊控制器输出变量的基本论域为 $[-y_u, y_u]$。取误差变量模糊子集的论域为 $\{-n,-n+1,\cdots,0,\cdots,n-1,n\}$，误差变化变量模糊子集的论域为 $\{-m,-m+1,\cdots,0,\cdots,m-1,m\}$，控制量模糊子集的论域为 $\{-l,-l+1,\cdots,0,\cdots,l-1,l\}$。一般选误差论域的 $n \geqslant 6$，误差变化论域的 $m \geqslant 6$，控制量论域的 $l \geqslant 7$，保证模糊集论域中所含元素个数为模糊语言词集总数的 2 倍以上，从而模糊集能较好地覆盖论域，避免出现控制器失控现象。

模糊控制器的量化因子用 K 表示，其中误差的量化因子 K_e 及误差变化的量化因子 K_c 可分别由下式确定：

$$K_e = n / x_e \tag{2-207}$$

$$K_c = m / x_c \tag{2-208}$$

K_e 及 K_c 的大小对控制系统的动态性能影响较大。当 K_e 较大时，系统超调量将较大，

回调过渡过程较长。当 K_c 较大时，系统超调量会减小，但同时系统的响应速度将变慢，K_c 对系统超调的遏制作用明显。输出比例因子 K_u 的大小对模糊控制系统的特性也有影响，当 K_u 过小时，会使系统动态响应过程变长；当 K_u 过大时，会导致系统振荡。对于比较复杂的被控对象，可考虑在控制过程中采用自调整量化因子及比例因子的方法，通过对控制器参数的调整来获得整个控制过程中不同阶段上良好的控制效果。

5）建立模糊控制查询表

根据采样得到的误差 e_i 、误差变化 c_j ，通过模糊推理可以计算出相应的控制量变化 u_{ij} ，建立模糊控制查询表。

6）确定模糊控制算法的采样时间

根据奈奎斯特采样定理，可得控制算法采样周期的上限为

$$T \leqslant \frac{\pi}{\omega_{\max}} \tag{2-209}$$

式中， $\omega_{\max}$ 为采样信号的最大角频率。

3. 自调整因子模糊控制器

在模糊控制系统中，模糊控制器的性能对系统的控制特性影响较大，而模糊控制器的性能又取决于模糊控制规则的确定及其可调整性。控制规则的解析表达式为

$$u = -< \alpha E + \beta C > \tag{2-210}$$

式中， u 、 E 和 C 均为经过量化处理后的模糊变量，其论域分别为控制器输出量、误差及误差变化； α 、 β 为可调因子，通过对其进行调整，可以对误差和误差变化进行不同程度的加权，从而使系统获得较好的控制效果。

设误差 E 、误差变化 C 及控制器输出量 u 的论域选取为

$$\{E\} = \{C\} = \{u\} = \{-N, \cdots, -2, -1, 0, 1, 2, \cdots, N\}$$

则在全论域范围内带有自调整因子的模糊控制规则可表示为

$$\begin{cases} u = -< \alpha E + (1-\alpha)C > \\ \alpha = \dfrac{1}{N}(\alpha_s - \alpha_0)\,|\,E\,| + \alpha_0 \end{cases} \tag{2-211}$$

式中， $0 \leqslant \alpha_0 \leqslant \alpha_s \leqslant 1$ ， $\alpha \in [\alpha_0, \alpha_s]$ 。可以看出，式（2-211）所描述的控制规则体现了在整个误差论域内按误差大小自动调整误差对控制作用的权重值。

4. 自调整函数模糊控制规则

用解析形式描述模糊控制规则，并通过引进调整因子可以调整控制规则，进而改善模糊控制的性能，常用的方法为修正函数法。被控对象的模糊控制规则的形式为

$$U = U_0 + \Delta U \tag{2-212}$$

式中，

$$\Delta U=\begin{cases} <\alpha E>, & |E|>E_m \\ <\alpha E+(1-\alpha)EC>, & E_w<|E|\leqslant E_m \\ <\alpha E+(1-\alpha)EC+\beta\sum E>, & |E|\leqslant E_w \end{cases} \tag{2-213}$$

式中，U 和 U_0 分别表示模糊控制器的瞬态输出和稳态输出；α 为修正函数，β 为误差积分权重；E_m 及 E_w 是设定的阈值，且 $E_m>E_w$。

当误差 E 较大时，为了尽快消除误差，提高响应速度，对误差的控制作用给予较大的权重；当误差 E 较小时，为了避免出现系统响应的超调，尽快进入稳态，对误差变化的控制作用给予较大的加权。建立修正函数表示为

$$\alpha=k\left|\frac{e}{R}\right|^p \tag{2-214}$$

式中，R 为控制系统的设定值，e 为误差；k、p 为待定参数，通常 $p\in[0.5,3]$。通过合理设置 k、p 值，修正函数 α 根据误差 e 的变化，来灵活地调整模糊控制规则。

参数自调整的模糊控制器不仅具有良好的动态性能，而且控制的稳健性能和抗干扰性能明显优于常规的模糊控制器。

2.6.3 滑动自校正导航控制系统与仿真分析

农机导航过程中易出现打滑、侧滑现象，在水田中，农机作业时滑动问题尤其突出。当滑动发生时，如何快速消除滑动的影响，保证农机导航控制精度，是目前国内外农机导航控制研究的热点之一。

1. 滑动模型

水田农机作业环境差，田间泥脚深浅不一，农机作业时易出现打滑、侧滑现象。为了考虑农机作业时滑动现象，需要建立动态模型。但是，建立描述农机特征（惯性、滑动、弹跳等）的模型，将会非常复杂，不易处理。并且，模型中包含大量的参数（质量、车轮与地面接触情况、车体刚度等）是不为人知的，通过试验辨识也非常困难。根据运动学模型所设计跟踪控制规则，将不适用于动态模型。这里通过改善运动学模型以考虑滑动现象，使之更适合我们的目标。

基于阿克曼模型考虑出现车辆滑动情况，地面的反作用力不再等于车轮对地面的作用力。如图 2-50 所示，$\vec{F}_{\text{front}}$ 和 $\vec{F}_{\text{rear}}$ 的合力垂直于路径 C。这两个不等的滑动力很显然会产生如下两种情况：

（1）一个合力，导致农机向侧向移动，理论方向与实际方向偏离。

（2）一个合扭矩，导致农机自己转动。

考虑滑动情况，在车辆模型中引入线性横向速度 $\dot{Y}_P$ 和角速度 $\dot{\Theta}_p$，运动学模型改善为

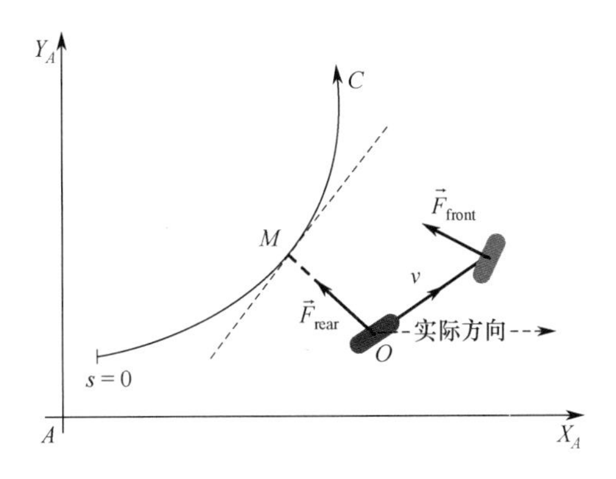

图 2-50　车辆滑动情况

$$\begin{cases} \dot{y} = v\sin\tilde{\theta} + \dot{Y}_p \\ \dot{\tilde{\theta}} = v\left(\dfrac{\tan\delta}{l} - \dfrac{c(s)\cos\tilde{\theta}}{1+yc(s)}\right) + \dot{\Theta}_p \end{cases} \tag{2-215}$$

2. 模型验证

首先考虑滑动扰动 $\dot{Y}_p$ 和 $\dot{\Theta}_p$ 是常数的情况（指在一个完美恒定坡度的田地上运动）。在这种情况下，如果采用在非滑动假设下推导出的控制律：

$$\delta(y,\tilde{\theta}) = \arctan\left(l\left[\frac{\cos^3\tilde{\theta}}{(1+yc(s))^2}\left(\frac{\mathrm{d}c(s)}{\mathrm{d}s}y\tan\tilde{\theta} - K_d(1+yc(s))\tan\tilde{\theta} - K_p y + c(s)(1+yc(s))\tan^2\tilde{\theta}\right) + \frac{c(s)\cos\tilde{\theta}}{1+yc(s)}\right]\right) \tag{2-216}$$

将会导致一个渐近的导航误差。确切地说，根据式（2-216），可以得到

$$\tilde{\theta} \xrightarrow{t\to\infty} -\arcsin\left(\frac{\dot{Y}_p}{v}\right) \tag{2-217}$$

$$\frac{\tan\delta}{l} \xrightarrow{t\to\infty} -\frac{\dot{\Theta}_p}{v} + \frac{c(s)\cos\tilde{\theta}}{1+c(s)y} \tag{2-218}$$

其次将式（2-217）带入式（2-218）得

$$\frac{\cos^3\tilde{\theta}}{(1+c(s)y)^2}(\alpha y + \beta) \xrightarrow{t\to\infty} -\frac{\dot{\Theta}_p}{v} \tag{2-219}$$

其中，

$$\alpha = \frac{\mathrm{d}c(s)}{\mathrm{d}s}\tan\tilde{\theta} + c(s)\tan\tilde{\theta}(c(s)\tan\tilde{\theta} - K_d) - K_p \tag{2-220}$$

$$\beta = \tan\tilde{\theta}(c(s)\tan\tilde{\theta} - K_d) \tag{2-221}$$

最后在式（2-219）中忽略 y^2 项，得到

$$y \xrightarrow{t\to\infty} -\frac{\beta + \dfrac{\dot{\Theta}_p}{v\cos^3\tilde{\theta}}}{\alpha + \dfrac{2c(s)\dot{\Theta}_p}{v\cos^3\tilde{\theta}}} \overset{\Delta}{=} y_c \tag{2-222}$$

假如 $c(s)$ 是恒定的或者变化缓慢的，依据式（2-220）、式（2-217）和式（2-218）可以得到状态变量 y 和 $\tilde{\theta}$ 及控制变量 δ 渐近收敛于恒定的或者缓慢变化的非空值，这表明在发生滑动时，车辆横向移动。

3. 滑动检测

滑动检测原理如图 2-51 所示，车辆实际转向控制律不仅作用于实际车辆转向系统，同时作用于参考模型（无滑动），进行在线仿真。由于参考模型描述车辆无滑动时的运动，当参考模型的仿真结果，即车辆运动的理论位置与实际车辆运动情况不同时，说明发生了滑动。在两者演化过程中，通过每次采样对状态参数 y 和 $\tilde{\theta}$ 进行比较，从而得到滑动参数 $\dot{Y}_p$ 和 $\dot{\Theta}_p$，根据式（2-222）计算得到 y_c。

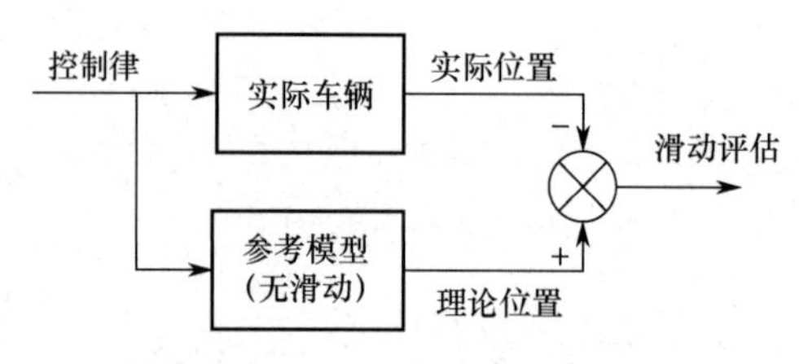

图 2-51　滑动检测原理

4. 滑动自校正控制

滑动自校正控制原理如图 2-52 所示。滑动自校正控制以无滑动时控制律为基础，将模型仿真结果与车辆实际运动位置进行比较，通过自校正模块评估两者之间的校正量 y_c，将校正量 y_c 引入控制律中，即 $\delta(y+y_c,\tilde{\theta})$。

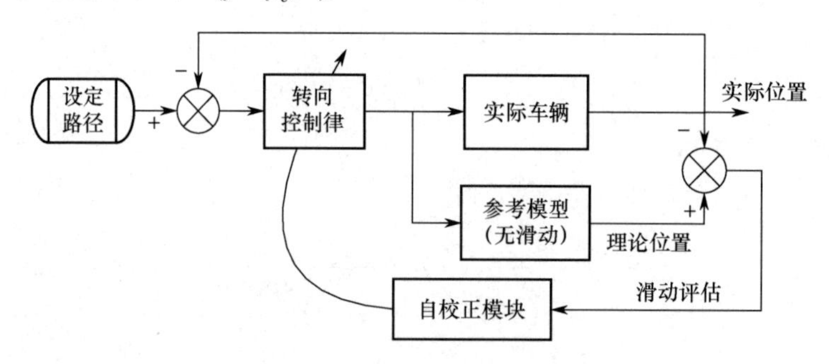

图 2-52　滑动自校正控制原理

5. 仿真分析

进行理论情况下的仿真，假定滑动参数和参考路径的曲率都是恒定的。根据式（2-215），利用 MATLAB 中的 Simulink 仿真软件建立系统仿真模型，如图 2-53 所示，其中系统仿真参数设定如下：模拟滑动参数线性横向速度 $\dot{Y}_p = -0.2\text{m/s}$，角速度 $\dot{\Theta}_p = 0.03\text{rad/s}$，控制率参数 $K_p = 0.08$、$K_d = 0.6$，参考路径曲率 $c(s) = 0$（假定直线跟踪）。

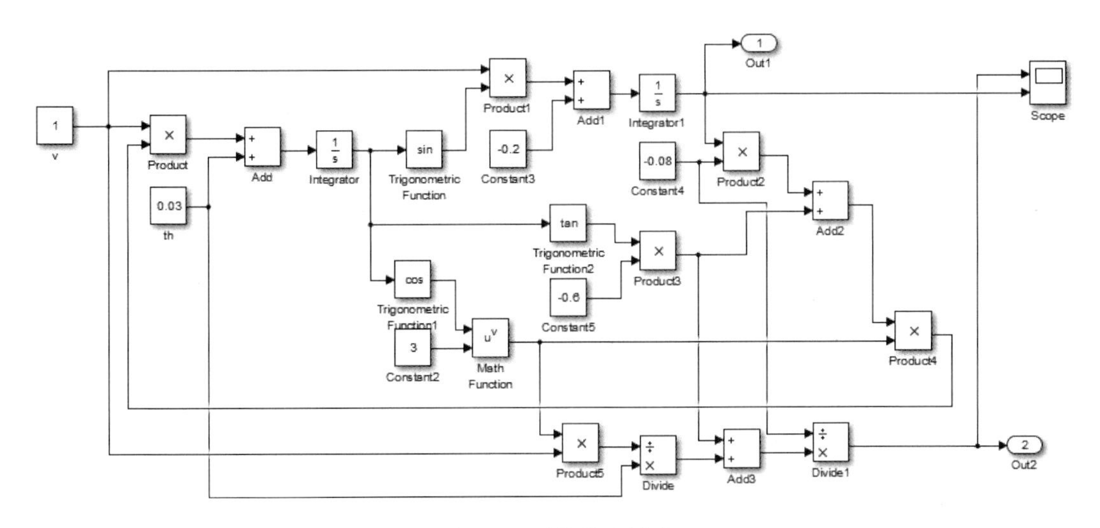

图 2-53　系统仿真模型

系统仿真结果如图 2-54 所示。图 2-54（a）表示未考虑滑动发生的情况下，式（2-215）由控制律 $\delta(y,\tilde{\theta})$ 驱动，导航控制演化的仿真过程。图 2-54（b）表示考虑滑动发生的情况下，式（2-215）由控制律 $\delta(y+y_c,\tilde{\theta})$ 驱动，导航控制演化的仿真过程。可以看到，在式（2-215）存在滑动的情况下，由没有考虑滑动的控制律 $\delta(y,\tilde{\theta})$ 驱动时，导航误差演化曲线逐渐趋近一个非零值，这表明控制率对滑动没有起到校正作用。相反，当式（2-215）采用自校正控制律 $\delta(y+y_c,\tilde{\theta})$ 驱动时，导航误差演化曲线如预期收敛到 0，这表明考虑滑动的自校正控制律对滑动情况起到了理想的控制效果。同时，可以看到采用自校正控制律时，导航误差收敛过程需要一定的时间，这是因为校正量 y_c 只有当模型仿真收敛时才能获取。由于实际测量过程不可避免地受到噪声的干扰，所有实际数据不得不进行滤波，参考模型仿真同时充当滤波器的作用。

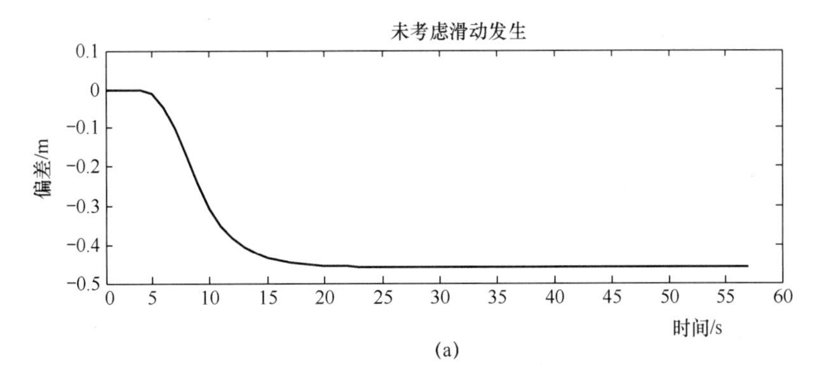

(a)

图 2-54　系统仿真结果

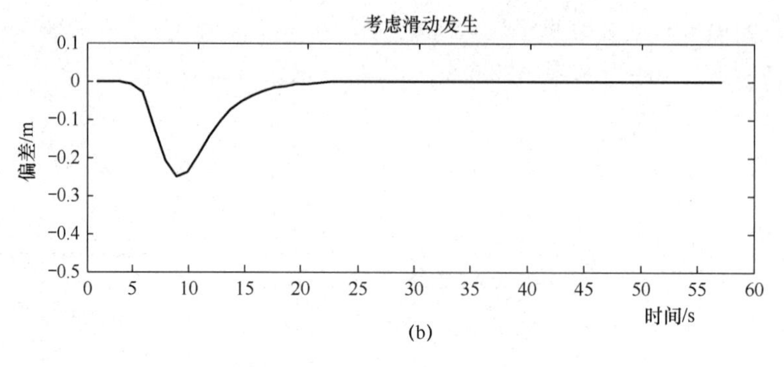

图 2-54　系统仿真结果（续）

2.6.4　多模态自调整模糊控制器设计与仿真分析

农机导航过程可分为快速上线过程、线上导航、不确定干扰校正（滑动、弹跳、负载变化）等导航模态，采取单一控制器一般难以在整体上获得优良的系统性能。多模态自调整模糊控制是将多模变结构控制思想与模糊控制相结合，通过对不同导航过程的识别，自适应调整模糊控制规则，提高导航控制器的性能，适用于解决无法精确获取数学模型的农机导航问题，特别是大型农机大惯性导航问题。本节以履带式大型农机为研究对象，基于多模变结构智能控制策略，对多模态自调整模糊控制方法及导航控制规则的设计进行研究与仿真分析。

1. 运动学模型

履带式行走机构的农业机械整体结构紧凑，整机可以看成一个刚性体，其运动学模型如图 2-55 所示。其中，v 为行驶速度，δ 为当前航向角，$\tilde{\theta}$ 为航向偏差角，E_d 为偏航距离，O 为履带式行走机构转向中心，C 为预定路径，M 为当前时刻 C 上离 O 最近的点。设预定路径的航向为 δ_0，由图 2-55 可以得到

$$\dot{E}_d = v\sin\tilde{\theta} \tag{2-223}$$

$$\tilde{\theta} = \delta_0 - \delta \tag{2-224}$$

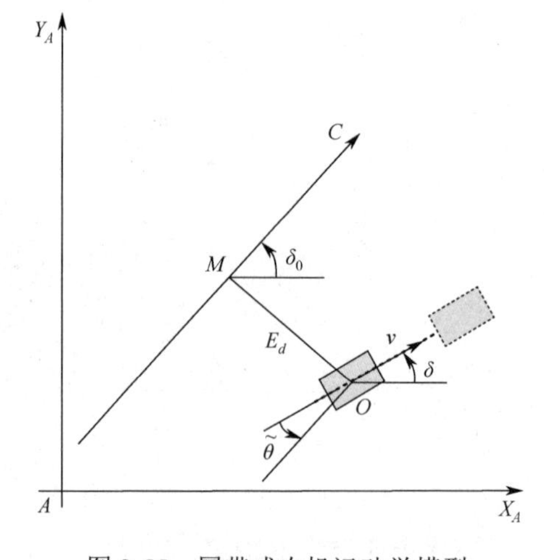

图 2-55　履带式农机运动学模型

履带式行走机构的农机自动导航控制主要是对左右履带行走速度的控制，通过对左右履带差速控制，实现农机航向的调整。

2. 多模态自调整模糊控制器

履带式农机自动导航可分为快速上线、上线和线上导航等多模态过程，这可通过偏航距离进行识别。为了模拟人工驾驶，采用多模态自调整模糊控制技术及方法，构建履带式行走机构的农机转向闭环控制系统，其自动导航控制体系如图 2-56 所示。导航控制系统主要由多模态自调整模糊控制器、车辆姿态传感器、行走控制器等组成。车载计算机根据位置偏差及其变化量，经模糊化、模糊推理、反模糊等推演，生成导航控制策略。

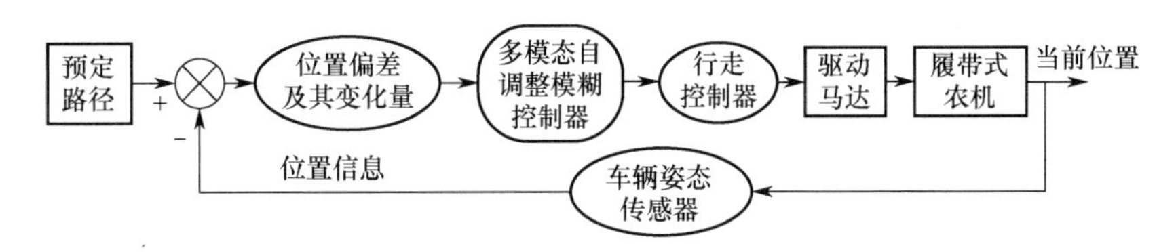

图 2-56　多模态自调整模糊控制体系

首先，车载计算机通过安装在车辆上的传感器组获取车辆位置姿态信息及左右履带行走速度，解算出车辆当前位置相对于预定路径的偏航距离 E_d，以及偏航距离变化 $\dot{E}_d$，作为二维模糊控制器的输入变量。模糊控制器将偏差信息进行模糊量化处理，E_d 和 $\dot{E}_d$ 的模糊集均为{负大,负中,负小,零,正小,正中,正大}，论域均为{−6,−5,−4,−3,−2,−1,0,1,2,3,4,5,6}。根据履带式行走机构的农业机械作业特点，设计模糊控制规则的解析形式为

$$\delta = \delta_0 + \Delta\delta \tag{2-225}$$

$$\Delta\delta = \begin{cases} <\alpha E_d>, & |E_d| > E_m \\ <\alpha E_d + (1-\alpha)\dot{E}_d>, & E_w < |E_d| \leqslant E_m \\ <\alpha E_d + (1-\alpha)\dot{E}_d + \beta\sum E_d>, & |E_d| \leqslant E_w \end{cases} \tag{2-226}$$

式中，δ 为模糊控制器的瞬态输出，即车辆航向控制量；δ_0 为模糊控制器的稳态输出，即预定路径航向；α 为修正函数；β 为误差积分权重，这里取 $\beta = 0.12$，取两步误差积分；E_m 及 E_w 是设定的阈值，且 $E_m > E_w$，这里取 $E_m = 5$，$E_w = 1$。根据修正函数：

$$\alpha = k\left|\frac{e_d}{R}\right|^p \tag{2-227}$$

式中，e_d 为误差；R 为控制系统的设定值；k 和 p 为待定参数，通常 $1 \leqslant k \leqslant |R/E_m|$，$p \in [0.5,3]$，这里取 $k = 1.13$，$p = 0.8$。修正函数 α 可以根据误差 e_d 的变化，灵活地调整模糊控制规则。车载计算机通过 CAN 总线将控制量 δ 发送给行走控制器，然后由行走控制器输出控制信号，调整左右驱动马达转速，从而控制车辆前进速度和转向，达到直线行走的目的。

3. 仿真分析

对多模态自调整模糊控制系统进行数字仿真研究，比较单一模态模糊控制器（即控制规则不进行自修正）和多模态自调整模糊控制器的控制性能。数字仿真利用 MATLAB 的模糊推理编辑器（FIS Editor）和 Simulink 环境进行，建立系统仿真模型，如图 2-57 所示。系统仿真模型主要包括模糊控制器单元、被控对象、输入单元、输出单元、显示单元等。

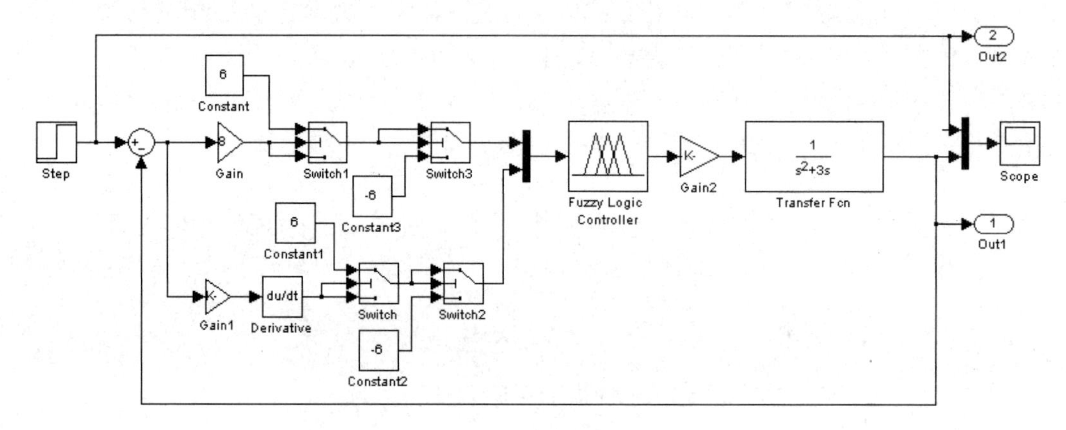

图 2-57　系统仿真模型

选取被控对象的传递函数为

$$G(s)=\frac{1}{s^2+3s} \tag{2-228}$$

图 2-58 所示为采用单一模态模糊控制和多模态自调整模糊控制器的阶跃响应曲线。从阶跃响应曲线可以看出，多模态自调整模糊控制器的控制规则调整效果较好，响应速度快，没有发生超调现象，其响应曲线比较理想，这表明多模态自调整模糊控制规则具有一定的优越性。

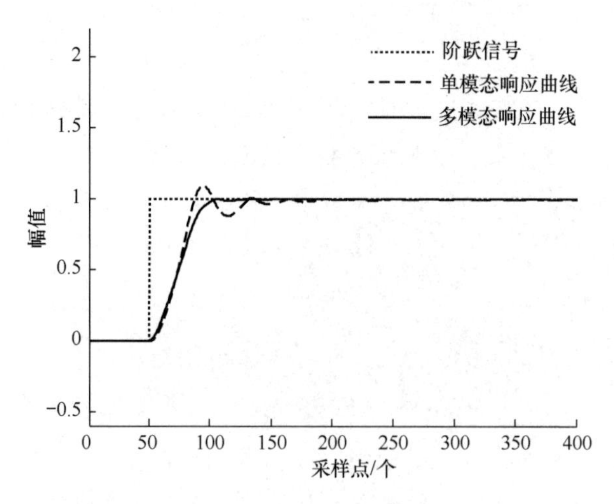

图 2-58　阶跃响应曲线

2.6.5　模型参考自适应导航控制系统仿真分析与田间试验

利用 2.5.4 节的“多模变结构智能控制算法”设计模型参考自适应导航控制系统。

1. 仿真分析

假定参考路径的曲率都是恒定的，进行理论情况下的仿真。利用 MATLAB 中的 Simulink 仿真软件建立系统仿真模型，如图 2-59 所示，其中仿真参考模型为式（2-172），仿真参数设定如下：模拟参数初始值 $K_p = 0.08$，$K_d = 0.6$ 和 $c(s) = 0$（如直线跟踪），干扰源为阶跃扰动。

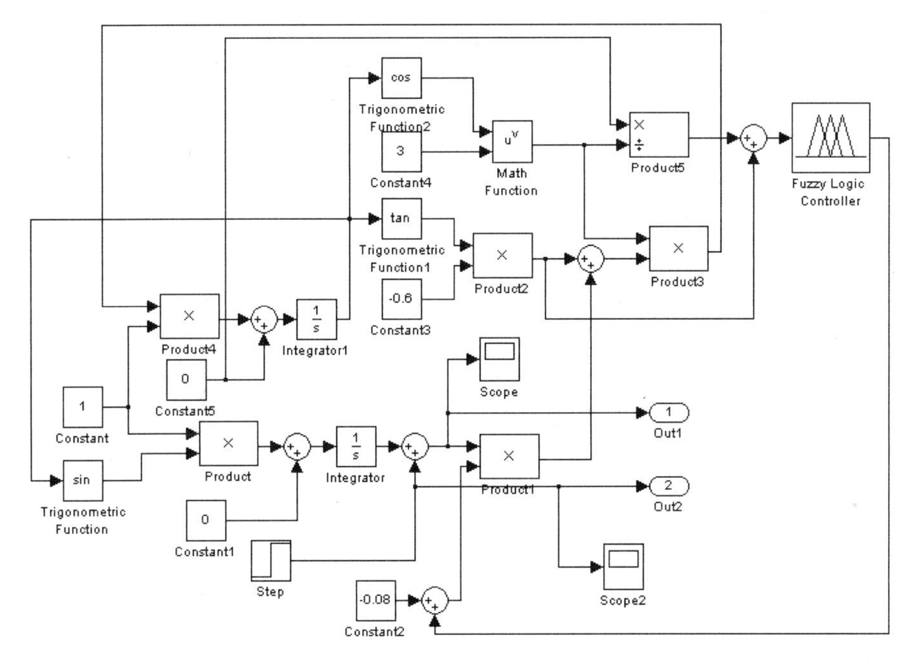

图 2-59　系统仿真模型

在受到阶跃干扰的情况下，系统仿真结果如图 2-60 所示。虚线表示在第二个采样点处发生的阶跃扰动情况，实线为航迹偏差变化情况。可以看出，在存在阶跃扰动的情况下，在导航控制系统自身自适应控制下，航迹误差如预期快速收敛到 0，验证了所设计控制系统具有良好的跟踪稳健性。

2. 模型参考自适应导航控制田间试验

本节选取轮式拖拉机为农机导航试验平台，引入多模变结构智能控制策略，采用模型参考自适应导航控制方法，实现拖拉机自动导航控制。将模型控制与自适应控制方法相结合，在拖拉机导航控制过程中，发挥模型控制方法在导航控制中的独特优势，同时通过自适应调整单元降低导航过程中不确定干扰的不良影响，提高拖拉机导航控制精度。拖拉机模型参考自适应导航控制原理如图 2-61 所示。设定参数初始值为 $K_p = 0.08$，$K_d = 0.6$。

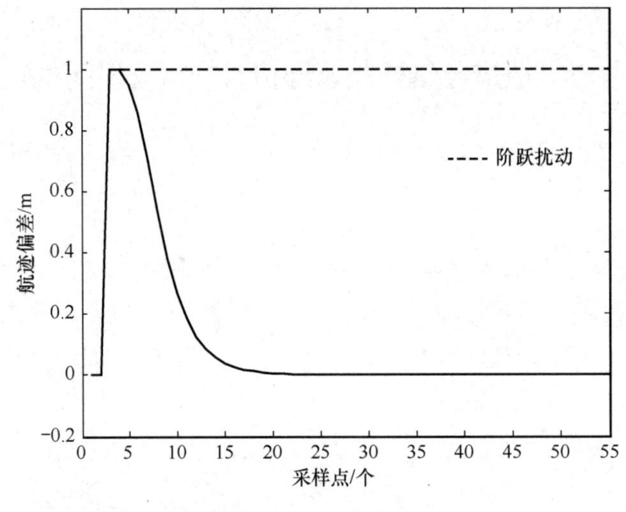

图 2-60　仿真结果

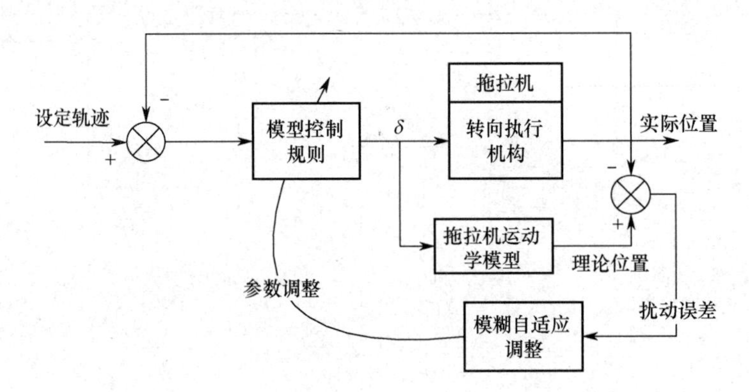

图 2-61　拖拉机模型参考自适应导航控制原理

1）田间单机试验

在未挂载大型农机具的情况下，对拖拉机导航系统进行性能试验研究。试验地点为中国农机院小王庄试验站试验田，田间单机试验如图 2-62 所示。首先正确设置 GNSS 基准站和车载流动站，启动车载计算机，设定行驶路径。启动拖拉机，固定手油门，拖拉机以固定速度行驶，按下自动导航按钮，开始自动导航作业，同时车载计算机自动记录拖拉机姿态信息数据，以便后续分析处理。

图 2-63 所示为由 GNSS 定位模块记录的 *AB* 线导航跟踪试验结果曲线，其中实线为预定路径，虚线为实际跟踪路径，可以看出实际跟踪路径与预定路径基本吻合。经对试验数据分析，当车速不大于 7.2km/h 时，导航位置横向偏差小于 5cm。

图 2-64 所示为前轮转角变化曲线，实时反映导航系统控制输出情况，在导航线上时，控制输出相对稳定，实现预期目标。

2）田间作业试验

拖拉机导航控制田间作业试验在新疆 27 团 6 连试验田进行，如图 2-65 所示。拖拉机挂接覆膜农具进行作业，作业幅宽 3m，作业速度为 5.6km/h。

图 2-62　田间单机试验

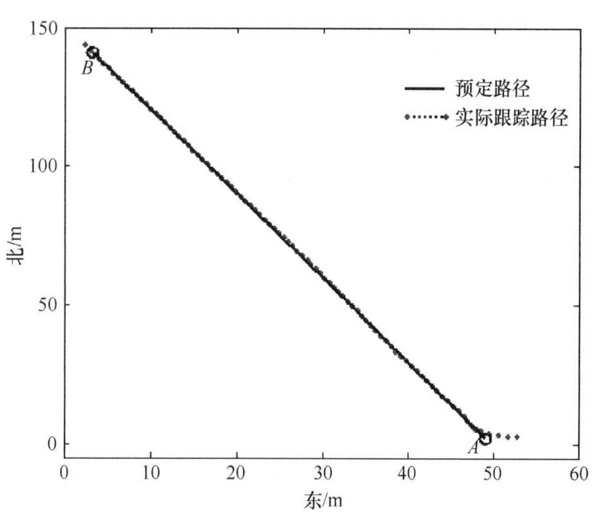

图 2-63　由 GNSS 定位模块记录的 *AB* 线导航跟踪试验结果曲线

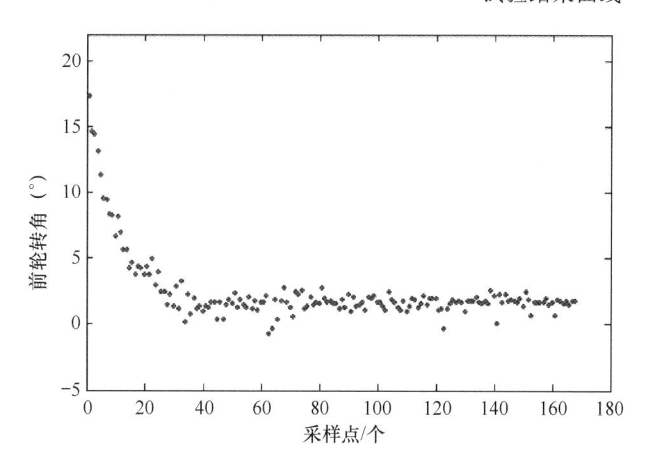

图 2-64　前轮转角变化曲线

图 2-65　田间作业试验

图 2-66 所示为导航作业跟踪曲线，试验记录了 4 趟作业的轨迹情况，预定路径为直线导航作业。航迹跟踪偏差曲线如图 2-67 所示，可以看出，除了地头转向处，整个导航作业过程中整体导航误差还是令人满意的。

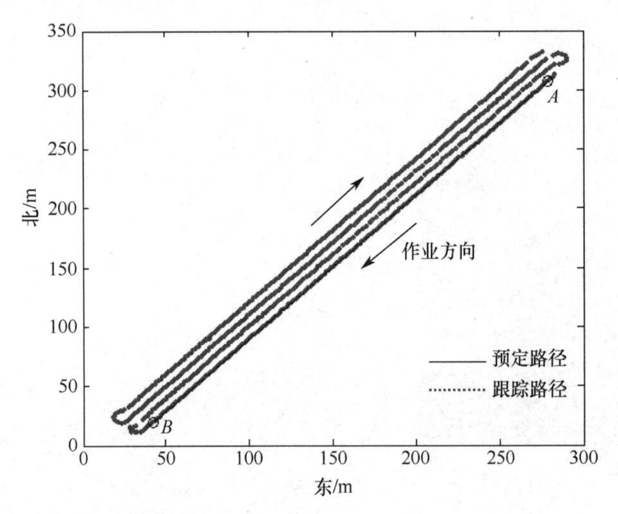

图 2-66　导航作业跟踪曲线

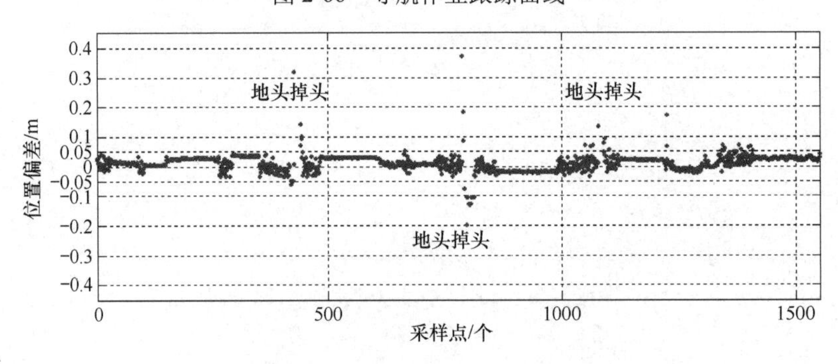

图 2-67　航迹跟踪偏差曲线

根据 GNSS 定位模块采集到的实际跟踪位置信息与预定路径比较，经计算得到测量数据记录如表 2-10 所示。经对导航数据进行分析，自动导航直线作业横向偏差不大于 5cm，数据统计标准偏差为 2.58cm，达到了预期效果。由图 2-68 所示的导航作业效果可以看出，拖拉机自动导航控制系统的作业性能可以满足实际覆膜作业直线度的要求。

表 2-10　导航误差测量数据记录

采样点编号	采样点偏差/cm	行进速度/（km/h）	采样点编号	采样点偏差/cm	行进速度/（km/h）
1	2.4	5.6	9	2.8	5.6
2	1.1	5.6	10	−2.9	5.6
3	−1.7	5.6	11	−4.5	5.6
4	2.2	5.6	12	3.2	5.6
5	4.1	5.6	13	0.1	5.6
6	3.6	5.6	14	1.7	5.6
7	3.0	5.6	15	2.0	5.6
8	−1.5	5.6			

图 2-68　导航作业效果

参考文献

[1] 刘建军. 大地坐标转换成高斯-克吕格坐标的算法研究[C]. 中国航海学会船舶机电与通信导航专业委员会 2002 年学术年会论文集（通信导航分册）[C]. 2002: 58-60.

[2] 李军, 马蓉. 拖拉机自动转向系统设计研究[J]. 拖拉机与农用运输车, 2012, 39(5): 47-50.

[3] 缪存孝, 楚焕鑫, 孙志辉, 等. 基于双 GNSS 天线及单陀螺的车轮转角测量系统[J]. 农业机械学报, 2017, 48(9): 17-23.

[4] 胡书鹏, 尚业华, 刘卉, 等. 拖拉机转向轮转角位移式和四连杆式间接测量方法对比试验[J]. 农业工程学报, 2017, 33(4): 76-82.

[5] DAI C, ZHU Y, CHEN W. Seeker optimization algorithm[C]//International Conference on Computational and Information Science. Springer, Berlin, Heidelberg, 2006: 167-176.

[6] 李红, 王文军, 李克强. 基于 B 样条理论的平行泊车路径规划[J]. 中国公路学报, 2016, 29(9): 143-151.

[7] SNIDER J M. Automatic steering methods for autonomous automobile path tracking[J]. Robotics Institute, Pittsburgh, PA, Tech. Rep. CMU-RITR-09-08, 2009, 1-78.

[8] GALLINA P, GASPARETTO A. A technique to analytically formulate and to solve the 2-dimensional constrained trajectory planning problem for a mobile robot[J]. Journal of Intelligent & Robotic Systems, 2000, 27(3): 237-262.

[9] 刘兆祥, 刘刚, 籍颖, 等. 基于自适应模糊控制的拖拉机自动导航系统[J]. 农业机械学报, 2010, 41(11): 148-152.

[10] 白晓平, 胡静涛, 高雷, 等. 农机导航自校正模型控制方法研究[J]. 农业机械学报, 2015, 46(2): 1-7.

第 3 章　施肥播种机智能化技术

精密播种是指将定量的种子按照农艺要求的行距、株距和深度进行播种。精准施肥是指按不同田块实际需肥量进行变量施肥。精准播种不仅可以节省种子，还可以节省间苗工时或完全省去间苗工序，使作物苗齐、苗壮，营养合理，植株个体发育健壮，群体长势均衡，增产效果显著。依托施肥播种机智能化技术，能够实现精密播种与精准施肥，在节约肥料的同时，起到保护环境的作用，显著提升种肥播施作业质量和作业效率。精密播种、精准施肥是精准农业主要的技术环节，是保证丰产丰收的基础。

3.1　条播机智能化技术

条播是将种子成行、均匀地播在土层中的种植方式，主要用于小麦、油菜、谷物等小粒种子。

3.1.1　条播种子智能检测技术

条播机多采用外槽轮排种器，种子呈团簇状流出，很难检测相邻种子的通过情况。目前，对条播排种器性能的检测主要是针对相邻种子团流动情况和种子团质量的检测。光电法（梅贺波等，2013）是目前国内外采用较多的播种机排种量检测方法之一，该方法的原理是将光电传感器安装于导种管上，当小麦籽粒通过光电传感器时，遮断光束，使光电管发出脉冲信号，将脉冲信号进行调制后计数得到排种量。但这种方法对于小麦播种机而言具有以下缺点：一方面，限于光电元件分布而不易识别多粒种子同时下落；另一方面，光电传感器易受田间尘土污染，因此，会对测量的准确性产生影响。这里提出一种基于电容检测的小麦播种机排种量测量方法，利用电容传感器极板间介质质量变化引起电容量变化的原理，研制了电容式排种量传感器，该装置具有结构简单、非接触式测量、抗污染能力强的特点。

1. 排种量传感器的设计

排种量传感器由电容传感器、信号调理电路、通信接口和屏蔽机壳构成。装置采用一体化设计，电容传感器和信号调理电路均位于屏蔽机壳内，而屏蔽机壳罩在测量管道外面，其结构简图如图 3-1 所示。

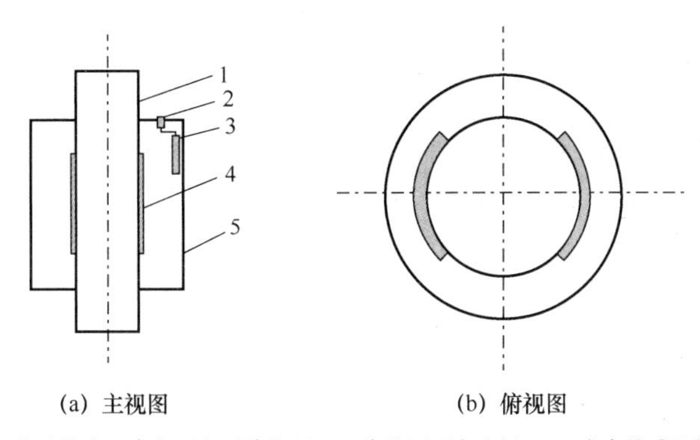

(a) 主视图　　(b) 俯视图

1—测量管道；2—信号接头（含电源与通信线）；3—信号调理电路板；4—电容传感器极板；5—屏蔽机壳

图 3-1　排种量传感器结构简图

1）电容传感器设计

测量管道为内径为 30mm 的聚氯乙烯（PVC）管道，将两片宽度为 37mm、长度为 80mm 的薄铜箔固定在测量管道的外壁，作为电容传感器的极板，从而构成一个环形电容传感器。用导线将电容传感器与信号调理电路直接相连。

2）信号调理电路设计

当小麦种子通过电容传感器时，电容值变化量是 0.1pF 级的微弱信号，因此，对信号调理电路要求较高。常用的微电容信号调理电路有充放电式电路、交流电桥电路、谐振电路、电荷放大式电路等。一般，为了提高测量精度和灵敏度，会相应增加信号调理电路的复杂程度，从而增加寄生电容等影响。所以，在分立元件较多的情况下，很难设计出比较实用的高精度电容测量电路。AD7745 作为一款高精度的电容数字转换器，在微电容测量研究中逐步得到广泛应用。这里采用 AD7745 和 51 单片机搭建微电容测量电路。

AD7745 内部主要包括调制器、电压基准、激励电压源、数字/电容转换器（CAPDAC）、温度传感器、数字滤波器、I^2C 总线接口。AD7745 包括 1 个电容输入通道，可配置为单端输入与差分输入模式。CAPDAC（+）和 CAPDAC（−）是两个独立的数字电容转换器，分别连接在 Cin（+）和 Cin（−）引脚上，用于调整输入电容的范围。通过 I^2C 总线接口可以实现对 AD7745 内部寄存器的配置及内部转换结果的读取。AD7745 分辨率可达 4aF，精度为 4fF，量程为±4pF。通过设置变化范围为 0～17pF 的 CAPDAC 寄存器，可将量程变为 CAPDAC±4pF。

AD7745 直接与电容传感器相连接，完成电容测量。由于采用了浮地接法，所以，其接口对传感器极板与地之间的寄生电容及对地的漏电流都不敏感。

单片机主要负责 AD7745 的初始化、电容值的采集、数据的处理与存储等功能，并将数据通过 RS-232 接口输出到上位机。排种量传感器电路原理图如图 3-2 所示。

2. 单片机软件设计

排种量测量系统的软件部分主要包括系统初始化、电容数据采集、零点动态校正和输出显示等模块。排种量传感器软件执行流程图如图 3-3 所示。

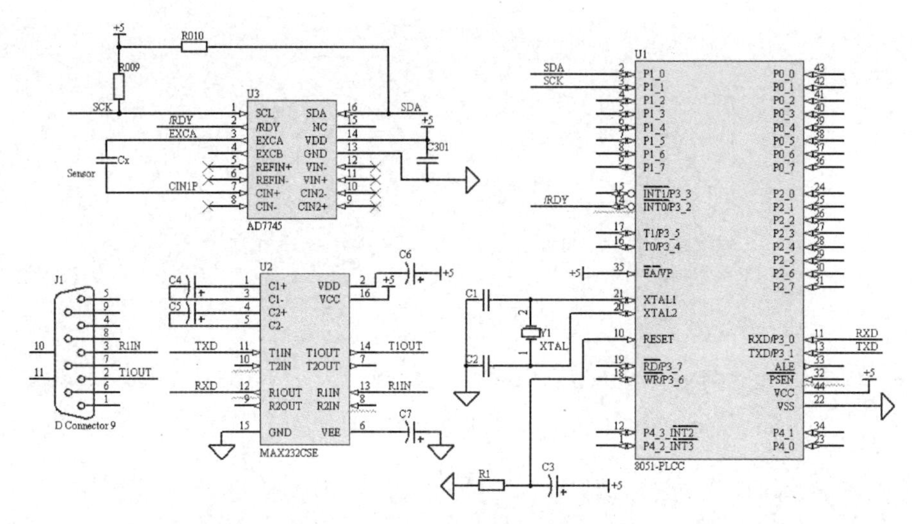

图 3-2　排种量传感器电路原理图

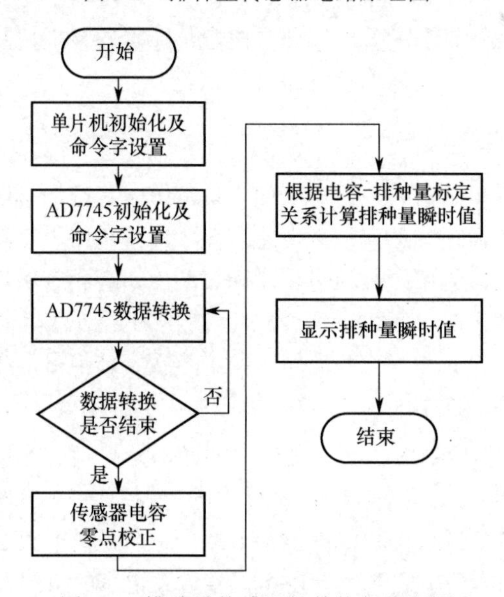

图 3-3　排种量传感器软件执行流程图

系统上电后，单片机执行输入/输出接口初始化，并向 AD7745 发送控制命令字，设置 AD7745 工作于单端输入模式，连续测量，并设置采样速率；设置完成后 AD7745 开始正常工作，每隔一段时间就输出 24 位数据结果；在播种作业前，单片机系统执行零点校正程序，完成零点校正后即可开始正常播种作业，在作业过程中，单片机系统根据事先预存入单片机的电容-排种量标定关系，即可由当前电容测量值（已去除电容零点）计算得到播种机排种量瞬时值，单片机将该结果进行预处理后送给上位机进行后续处理显示。

3. 试验设计与数据处理

1）试验方法

为了考察电容式排种量传感器的可靠性与准确性，在播种试验台上进行了相关测量试验。该试验台由伺服电动机驱动排种轴旋转，通过上位机改变伺服电动机在速度控制模式下的模拟量输入电压，实现电动机转速自动控制，进而实现排种轴转速的连续可调。

2）传感器标定

将电容式排种量传感器安装于排种口下方的合适位置，并在测量管道的种子出口处放置一个接料盒。对电容式排种量传感器采用称重法标定，即设置排种轴工作于一定转速，在测量时间不同的情况下，根据接料盒内称量的小麦质量与测量的电容累积值完成对传感器的标定。这里设定排种轴转速为 60r/min，测量时间分别为 10s、20s、25s、30s、40s、45s 和 50s。电容累积量与流过排种量传感器的小麦质量如表 3-1 所示。

表 3-1　电容累积量与流过排种量传感器的小麦质量

试验序号	测量时间/s	电容累积量/pF	排种量/g
1	10	7.8047	122.53
2	20	15.7132	244.34
3	25	19.3374	308.44
4	30	23.2427	370.58
5	40	30.8479	495.96
6	45	35.0346	562.76
7	50	38.5856	621.98

对数据拟合并进行单位归一化，得到电容累积量与排种量的函数关系式为

$$Q(t) = 16.2876 \times C(t) - 7.3620 \tag{3-1}$$

式中，$C(t)$——电容，pF。

$Q(t)$——播种机排种量，g。

电容累积量与排种量拟合曲线如图 3-4 所示。

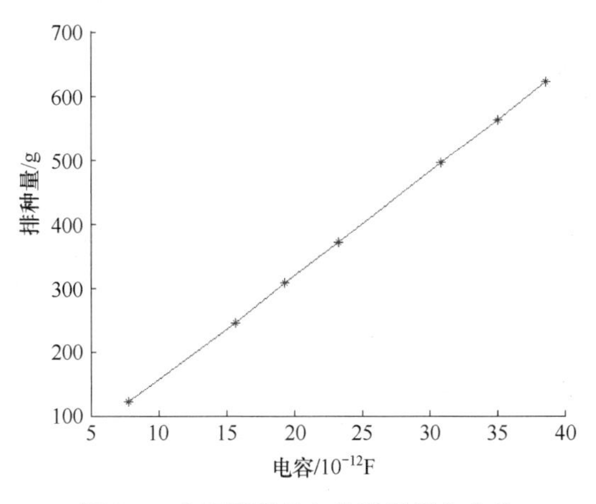

图 3-4　电容累积量与排种量拟合曲线

3）排种量测试试验

将电容式排种量传感器安装于播种试验台排种口下方合适位置，并在测量装置的种子出

口处放置一个接料盒。设定排种轴工作于不同的转速，此时播种机试验台的排种量也将随排种轴转速的不同发生变化。本试验设定排种轴的转速分别为 50r/min、60r/min、70r/min，测试时间设定为 30s，每组试验进行 3 次。将由标定关系式获得的排种量测量值与实际接料盒称重值进行比较。测量数据如表 3-2 所示。

表 3-2 不同排种轴转速下电容式排种量传感器测量数据

排种轴转速设定值/（r/min）	测量时间/s	电容累积量/pF	排种量测量/g	排种量/g	误差/%
50	29.13	22.21881	354.53	356.4	−0.5
	29.50	22.32011	356.18	356.7	−0.1
	29.62	22.3858	357.25	356.1	0.3
60	30.73	19.53825	310.87	306.1	1.6
	30.09	19.35774	307.93	304.5	1.1
	29.58	19.26687	306.45	301.2	1.7
70	29.85	25.22292	403.46	411.6	−2.0
	29.67	25.27695	404.34	409.5	−1.3
	29.22	24.78271	396.29	405.4	−2.2

从表 3-2 中可看出，在不同排种轴转度下，电容式排种量传感器最大测量误差为 2.2%，可见利用电容式排种量传感器能够较好地实现小麦播种机排种量实时定量测量。

3.1.2 颗粒肥料流量检测技术

施肥量的在线检测是实现高精度变量施肥的关键，目前最大的难点在于复杂的肥料特性及不能破坏排肥管的非接触式检测。但针对固体颗粒肥料质量流量的在线检测研究较为缺乏，主要测量方法包括称重法、排肥轴间接测量法、光电法等。余洪峰（2016）设计了一种基于皮带秤的施肥机施肥性能检测装置，用于测量排肥口的施肥流量和施肥机单位面积的施肥量。Bergeijk（2001）采用动态称重方法获取肥料质量流量，并结合位置信息实现基于空间分布的肥量合理施用。赵斌等（2010）利用霍尔传感器及编码器测量排肥轴转动周数及角度的方法间接测量排肥量，这种方法结构简单，但测量误差相对较大。国外一些学者采用光电法进行肥料流量的在线检测。Swisher（2002）采用激光光源，并通过梯形光室将光线传输给由 32 个光电二极管组成的阵列检测单元，根据颗粒肥料对光线的遮挡强弱，得到气流输送施肥机的肥料瞬时流量。Grift（2001）研究了近红外光电探测器输出脉宽与肥料流量的关系模型，并在实验室条件下验证了不同流速和密度条件下光电式流量传感器的检测精度。S. E. Back（2014）利用 CCD 摄像头获取颗粒肥料下落图像，通过图像识别方法得到肥料颗粒直径及数量，结合肥料密度实现排肥质量流量的在线检测。光电和图像法测量准确，但容易受到肥料粉末覆盖检测探头的影响，从而导致测量结果变差。

为了实现施肥机施肥量的在线检测，根据肥料与空气介电特性差异，设计了一种基于电容法的施肥量在线检测系统。

1. 检测原理与结构设计

施肥机正常作业过程中，肥料在封闭排肥管内自由下落，当排肥管位于电容检测场内时，由于肥料与空气的介电常数存在明显差异，肥料下落通过电容极板时，会使板间内物质的等效介电常数发生变化，引起输出电容变化，此时传感器输出电容变化量为

$$\Delta C = C - C_0 = \frac{s(\varepsilon_1 - \varepsilon_2)}{\rho_1 dV} m_1 \tag{3-2}$$

式中，ΔC——肥料通过传感器时电容变化量，F。

s——极板面积，m^2。

ε_1——肥料介电常数，F/m。

ε_2——空气介电常数，F/m。

ρ_1——肥料密度，kg/m^3。

d——极板间距，m。

V——电容传感器极板间检测场体积，m^3。

m_1——传感器内肥料质量，kg。

由式（3-2）可知，传感器输出电容变化量与检测场内肥料质量呈线性关系。因此，通过实时获取电容信号可以实现肥料质量流量的在线检测。另外，当排肥管出现阻塞时，传感器检测场内肥料迅速累积，肥料质量显著增加，传感器输出电容也会急剧变大，由此实现对排肥管路阻塞故障的监测报警。

在获取肥料流量的基础上，根据施肥机具作业幅宽及前进速度，可进一步得到单位面积的施肥量。

$$M(t) = \frac{Q(t)}{DV(t)} \tag{3-3}$$

式中，$M(t)$——单位面积施肥量，kg/m^2。

D——施肥机具作业幅宽，m。

$V(t)$——机具前进速度，m/s。

$Q(t)$——肥料质量流量，kg/s。

肥料流量传感器是测量系统中的关键部分，其性能直接影响测量效果。电容式肥料流量传感器主要由排肥管、外围保护管路、电容极板、信号调理电路及屏蔽外壳等组成。排肥管采用 PVC 管制作，外径为 32mm，壁厚 2mm；极板采用厚度为 0.05mm 的铜箔胶带制作，同时在整个检测管路外侧设计了金属屏蔽外壳，以提高抗干扰性能。信号调理电路位于屏蔽外壳内，通过同轴屏蔽线缆与传感器极板相连，线缆屏蔽层接电源地并保证线缆尽可能短，以便降低寄生电容影响，提高检测灵敏度和增大基础电容。

2. 肥料流量检测装置硬件设计

电容信号调理电路是获取高精度电容信号的关键，目前常用的微电容检测电路主要有直

流充放电转换电路、交流法电容转换电路及基于电容数字转换的微电容检测电路。其中，基于集成检测芯片的电容数字转换方法正在得到广泛应用。考虑到肥料通过电容传感器时，电容变化量在 0.1pF 量级，为保证测量精度和可靠性，本书采用电容数字转换方法进行肥料流量传感器调理电路设计。选用电容数字转换芯片 PCAP01 和单片机 STM32F103C8T6 等构建微电容信号测量电路。

单片机 STM32F103C8T6 作为测量节点的主控单元，集成了 SPI 及 CAN 收发模块，主要完成节点的系统配置与初始化、电容信号读取、报警驱动等。其中，单片机通过 SPI 接口与 PCAP01 进行数据通信，将官方标准固件代码写入 PCAP01 的内部存储区，并读取转换后的电容信息，同时配置自身的 CAN 模块及 I/O 端口。

PCAP01 是德国 ACAM 公司推出的带有 DSP 处理单元专门用于微电容测量的电容数字转换芯片，片上集成 TDC 转换模块和环境补偿功能，最高电容测量精度达到 6aF，最高测量频率达到 500kHz。将 PCAP01 的协议控制引脚 IIC_EN 接地，选定 SPI 传输模式。为尽可能消除环境因素变化对测量结果的影响，PCAP01 将传感器电容与参比电容的比值作为计算结果，测量结果以 24bit 的数字信号输出，便于后续转换处理。由于 PCAP01 的测量结果是相对于参比电容的比率输出，因此，需要对测量结果进行转换，转换公式为

$$C=\frac{C_{\text{mear}}}{2^{21}}\times C_{\text{ref}} \tag{3-4}$$

式中，C——转换后的测量电容，pF。

C_{mear}——测量的比率输出，无量纲。

C_{ref}——参比电容，pF。

图 3-5 所示为肥料流量传感器信号调理电路图。

3. 肥料流量检测装置软件设计

软件部分主要包括单片机软件设计和上位机软件设计。

1）单片机软件设计

采用 Keil MDK 软件开发环境，使用 C 语言编写下位单片机部分的软件。软件设计采用模块化程序设计方法，其功能主要包括系统初始化、PCAP01 固件信息写入、CAN 模块初始化、电容数据采集与预处理等。单片机软件执行流程图如图 3-6 所示。

系统上电后，单片机执行初始化程序，完成各 I/O 端口配置，之后读取内部 E^2PROM 的固件信息，并通过 SPI 总线写入 PCAP01 内部的 SRAM 区域，进入 PCAP01 配置状态，这里配置采样速率为 10kHz，堵塞报警阈值为 0.5pF；当电容测量完毕后单片机读取 PCAP01 的测量结果得到电容信息，一方面通过 CAN 总线将数据发送给车载终端，另一方面将实时电容与堵塞阈值进行比较，一旦超过堵塞阈值，单片机驱动相应的 I/O 端口使报警指示灯常亮，实现本地报警。

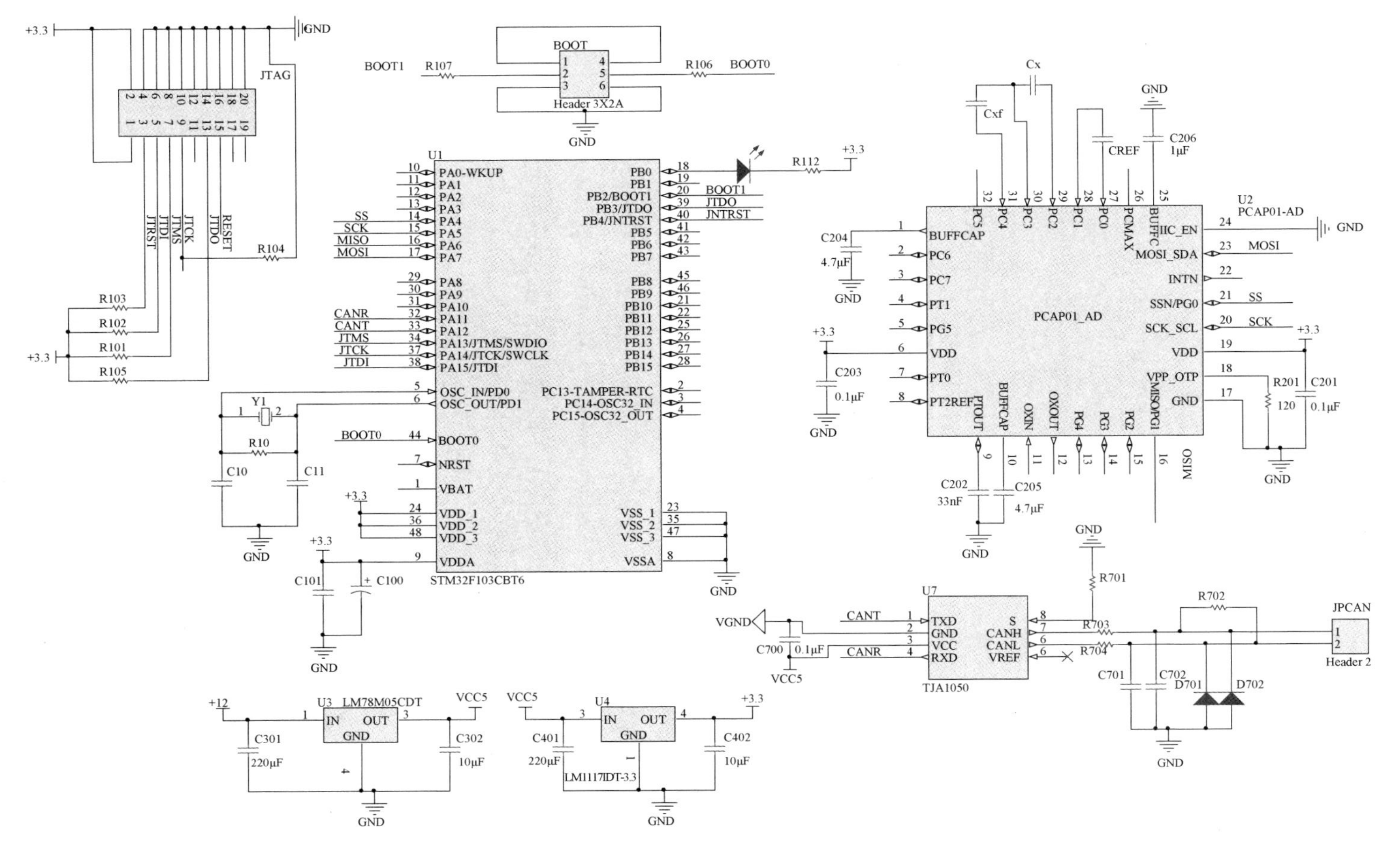

图 3-5　肥料流量传感器信号调理电路图

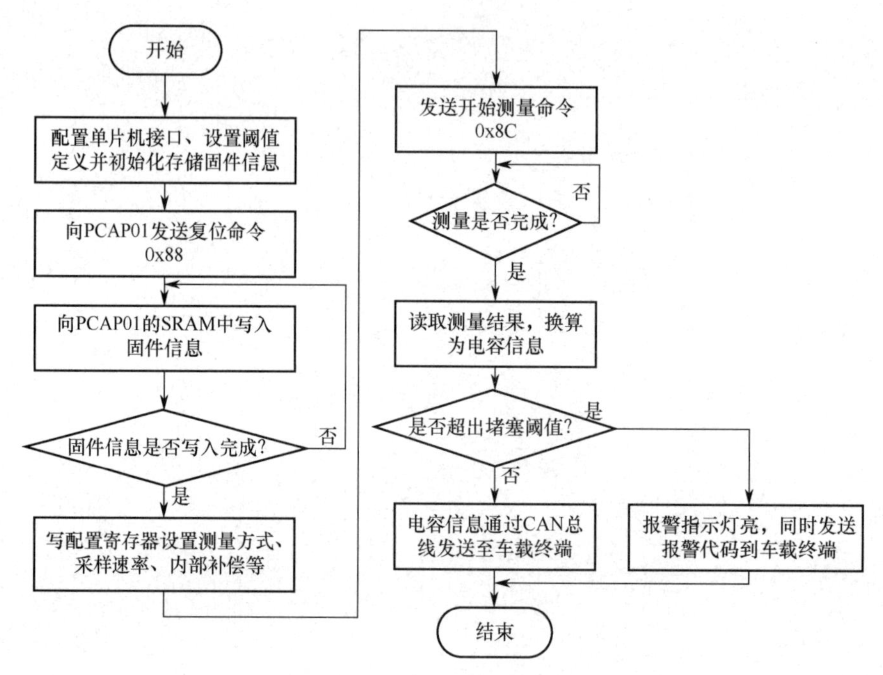

图 3-6　单片机软件程序流程图

2）上位机软件设计

上位机软件采用美国国家仪器（NI）公司的 LabWindows/CVI 2012 开发。LabWindows 软件采用交互式编程技术，同时集成强大的函数库和图形界面控件，非常适合测控系统的开发。所开发的施肥量检测系统软件功能主要包括通信参数设置、系统操作、数据处理、数据显示及回放等。施肥量在线检测系统软件界面如图 3-7 所示。

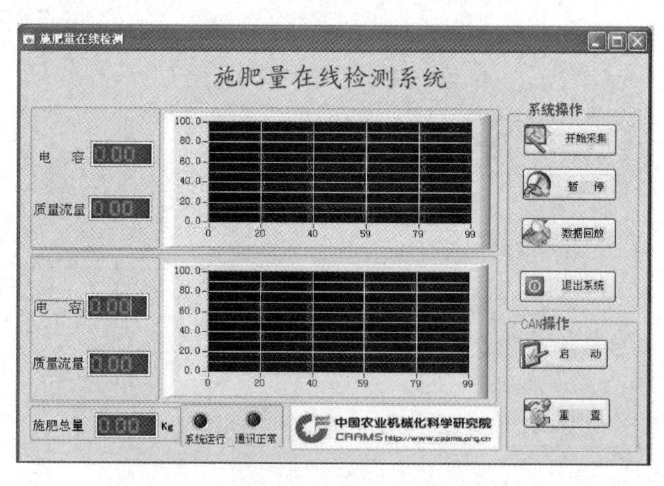

图 3-7　施肥量在线检测系统软件界面

软件通过 CAN 总线接收到由传感器发送的实时数据后，计算得到电容值，并采用滤波算法对获取的原始电容进行滤波，同时根据事先标定好的电容-质量流量信号得到排肥管内肥料的质量流量。为保证数据采集显示的实时性，采用了多线程方法进行数据采集、处理与显示。其中主线程用于创建、显示和运行界面；数据采集线程用于完成电容信息采集、数据处理等；显示线程用于完成各数据的显示、回放等。上位机程序流程图如图 3-8 所示。

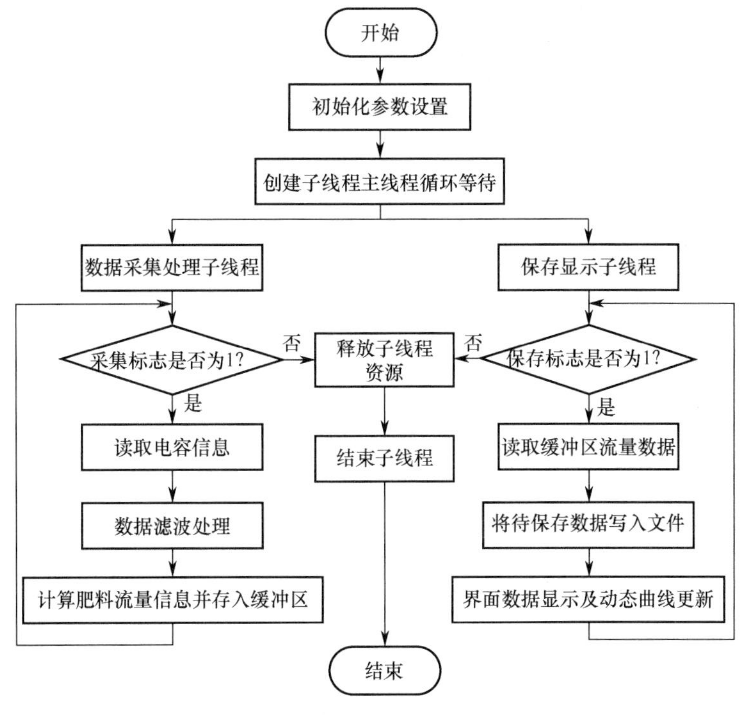

图 3-8　上位机程序流程图

4. 试验测试及结果分析

1）试验材料及装置

试验选用农业常用的颗粒状肥料，如尿素（N）、过磷酸钙（P）、硫酸钾（K）。肥料颗粒均匀，无结块。

为了考核电容式施肥量传感器的可靠性与准确性，在施肥试验台上进行施肥量的测量试验。试验台主要由肥箱、排肥轴、伺服电动机及减速机、排肥管等组成。该试验台由伺服电动机驱动排肥轴旋转，通过上位机可以改变伺服电动机的速度控制模式下的模拟量输入电压，实现电动机转速自动控制，进而实现排肥轴转速的连续可调，达到排肥量在线调整的目的。

在施肥量检测试验台上进行传感器标定试验。将电容式施肥量测量装置安装于排肥口下方的合适位置，并在测量装置的肥料出口放置一个接料盒，采用称重法进行传感器标定。设定排肥轴转速为 20r/min，通过上位机分别控制排肥轴转动时间，根据运转时间的差别实现排肥质量的差异。待每次排肥结束后，采用电子天平（SL4001，上海民桥电子仪器厂，4000±0.1g）称取接料器皿内的肥料质量，同时记录每次检测电容传感器与参考电容传感器差值的累积电容值。对每种肥料各进行一次标定试验，利用 MATLAB 软件对标定试验数据进行处理，得到肥料质量与电容值的响应曲线，如图 3-9 所示。

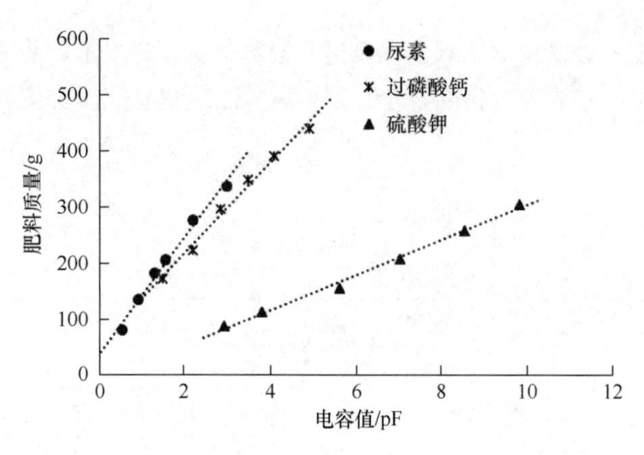

图 3-9　电容值与肥料质量关系曲线

由图 3-9 可知，3 种肥料的质量与传感器电容输出均呈线性关系，且随着肥料质量的增加，电容传感器输出也相应变大。

对试验数据进一步处理，借助 MATLAB 的线性拟合工具获得肥料质量流量与单位时间累积电容的关系模型。

尿素拟合方程为

$$Q(t)=103.39C(t)+36.983 \tag{3-5}$$

过磷酸钙拟合方程为

$$Q(t)=80.41C(t)+54.616 \tag{3-6}$$

硫酸钾拟合方程为

$$Q(t)=31.46C(t)-11.909 \tag{3-7}$$

式中，$C(t)$——检测电容传感器与参考电容传感器输出电容差值，pF。

$Q(t)$——施肥质量流量，g/s。

2）施肥量检测装置验证

为验证不同排肥流量条件下施肥量在线检测系统的准确性，试验时，分别设定排肥轴转速为 25r/min 和 35r/min，同时在出肥口下方放置接料盒，将检测系统得到的施肥量测量值与接料盒内肥料的实际称重值对比，结果如表 3-3 所示。

表 3-3　采用电容法进行施肥机施肥量在线检测系统测试结果

排肥轴转速/（r/min）	肥料类型	肥料质量测量值/g	真实质量/g	误差/%
25	尿素	192.82	195.2	1.76
	过磷酸钙	212.75	207.3	2.63
	硫酸钾	311.92	319.6	2.4
35	尿素	277.54	267.5	3.75
	过磷酸钙	295.45	305.2	3.19
	硫酸钾	416.45	405.7	2.65

由表 3-3 可知，在不同排肥转速条件下，对于氮磷钾 3 种肥料，检测系统均能够准确实现施肥量的测量，最大测量误差为 3.75%。因此，采用电容法进行施肥机施肥量的在线检测是可行的。

3）管路阻塞报警试验

试验方法：在施肥试验台上对系统的阻塞报警性能进行测试。将传感器安装在排肥口下方 1cm 处，设定排肥轴转速为 40r/min，同时人工将传感器下方的出肥口堵塞，观察肥料传感器阻塞报警指示灯状态，以确认是否报警，同时记录响应时间，结果如表 3-4 所示。

表 3-4　肥料传感器阻塞报警试验结果

试验序号	肥料类型	阻塞报警准确率/%	响应时间/s
1	尿素	100	1.22
2	尿素	100	1.17
3	尿素	100	1.19
4	过磷酸钙	100	1.02
5	过磷酸钙	100	0.96
6	过磷酸钙	100	1.07
7	硫酸钾	100	0.77
8	硫酸钾	100	0.69
9	硫酸钾	100	0.72

根据表 3-4 所示的结果，检测系统能够准确识别排肥管的堵塞状态，堵塞报警准确率达到 100%，最大响应时间为 1.22s，不同类型肥料的响应时间有所差别，主要是由肥料的介电常数存在差异引起的。

3.1.3　种肥变量控制技术

1. 基本原理

播种机播种施肥智能控制技术是指，为了实现精量播种施肥，在播种机上安装智能控制系统，该控制系统基于传感器实时获取的播种机前进速度、播种施肥量、决策支持系统提供的播种（施肥）处方图等信息，精确控制排种器或排肥器的驱动电动机或驱动液压马达的转速，最终达到精量播种施肥的目的（苑严伟等，2018）。安装于地轮上的霍尔传感器用于测量机具的前进速度，并由单片机系统传输给上位机；上位机将力传感器获得的物料料重变化与电容传感器获得的瞬时排种（肥）量相融合，得到修正后的瞬时排种（肥）量。同时，上位机根据测得的排种（肥）量和机具前进速度及作业处方图，计算得到控制量输出，送予伺服电动机控制器，从而实现伺服电动机的速度控制，进而改变排种（肥）轴的转速，达到播种施肥的变量控制目的。

图 3-10 所示为施肥播种机变量控制系统原理图。

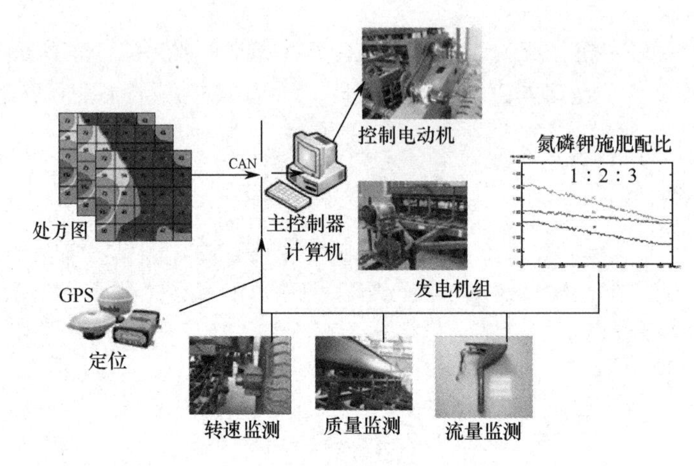

图 3-10　施肥播种机变量控制系统原理图

2. 种肥播施量智能控制系统设计

在播种机上安装车载计算机，用于显示农田电子地图，以及机器前进速度和单位面积实际施肥量等参数。首先，在车载计算机上装载所述播种机作业区域的数字地图和作业处方图；通过安装在播种机上的质量信号采集装置获得种箱、肥箱的质量信息，通过霍尔传感器获得播种机的行走速度，并送入车载计算机；车载计算机通过北斗系统获得播种机所在位置的实时坐标，将质量、速度及坐标与作业处方图比较，得到播种机所在位置处按处方图的播种量和施肥量数据调整信息，并传输到排种轴控制电动机及排肥轴控制电动机，实现变量播种和变量施肥。

控制系统的设计一般涉及控制器电路设计、反馈控制系统设计。控制器一般有 ARM 控制器等，图 3-11 所示为一种播种机智能控制装置的结构框图。

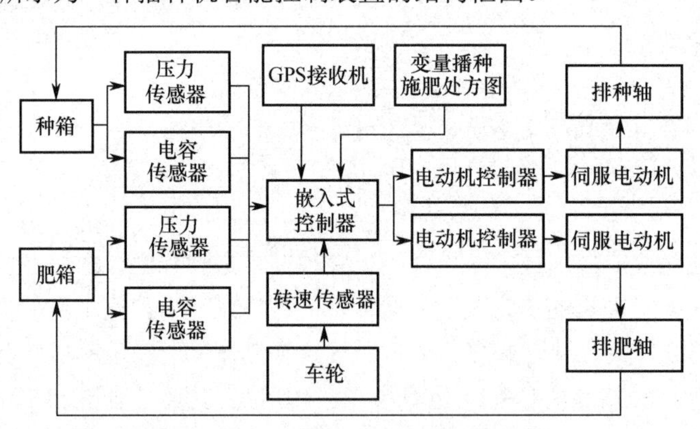

图 3-11　播种机智能控制装置的结构框图

1）播种施肥智能控制系统的硬件组成

播种机播种施肥智能控制控制系统的硬件组成包括实时播种量检测传感器（采用压力传感器、电容传感器等）及信号传输电路、实时施肥量检测传感器（采用压力传感器、电容传感器等）及信号传输电路、微控制器、排种器驱动电动机及其控制电路、排肥器驱动电动机及其控制电路、CAN 总线通信电路等。

（1）伺服电动机控制电路设计。伺服电动机控制主要采用速度控制的方式，即用模拟量电压作为速度指令来控制伺服电动机的转速。为了以与输入电压成正比的速度对伺服电动机进行速度控制，需要设定速度指令输入信号。

根据伺服电动机的控制输入信号，设计了如图 3-12 所示的单片机与 D/A 转换器接口的电路原理图。图中选用的 D/A 转换器为 TI 公司的 TLC5620I，它是带有高阻抗缓冲输入的串行 4 通道 8 位电源输出数模转换器，可以产生单调的 1～2 倍于基准电压和接地电压差值的输出，器内集成上电复位功能，确保启动时的环境是可重复的。微处理器对 TLC5620I 的数字控制是通过 SPI 串行总线实现的。TLC5620I 的供电电压为 5V，为避开内部运放的饱和区，参考电压应小于 3.5V，但是电压过小会影响最大输出，精度和稳定性难以保证，所以，本设计选取 3V 精密基准电压源。

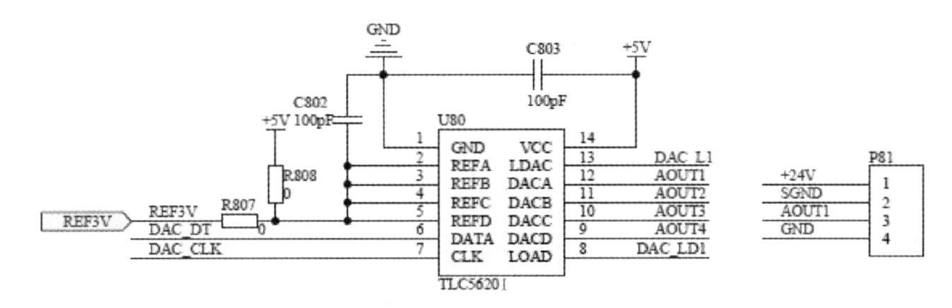

图 3-12　单片机与 D/A 转换器接口的电路原理图

当伺服电动机使用速度控制时，即使模拟量电压指令为 0V，伺服电动机也有可能微速旋转。这是因为上位装置及外部回路的指令电压发生了 mV 级的微小偏差，这种微小偏差被称为“偏置”。为了消除这种偏置，一方面可以通过伺服电动机控制器使用模拟量指令偏置量的自动调整模式进行调整，另一方面微处理器通过 I/O 端口控制伺服电动机的 Serve-ON 信号。

（2）称重信号采集电路。称重信号采集电路主要是用来采集称重传感器的信号。传感器的输出模拟信号由 AD7706 进行采集，并通过单片机的指令信号将数据通过 CAN 总线接口发送到上位机。本书选择的 BK-2F 型称重传感器的输出信号是 mV 量级，因此，需要对信号进行放大处理，模拟信号处理电路原理图如图 3-13 所示。

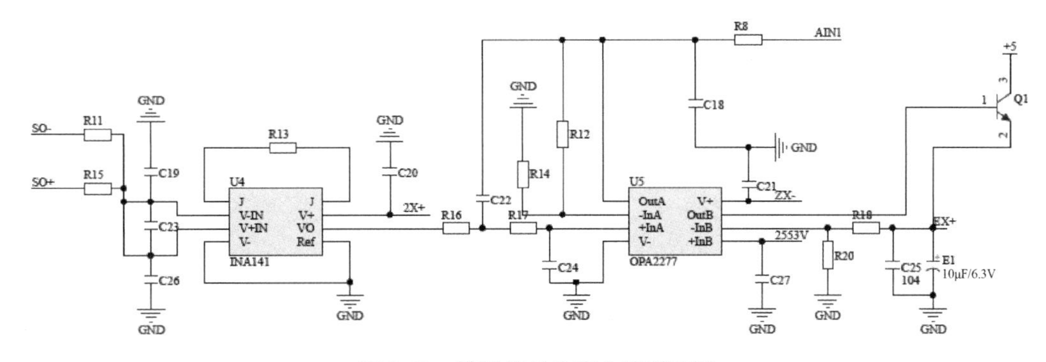

图 3-13　模拟信号处理电路原理图

AD7706 与微处理器的数据传送通过串行方式进行，采用了节省端口线的通信方式，最少只占用控制机的两条端口线。在对它的操作过程中，涉及接口的引脚有 CS、SCLK、DOUT、DIN 和 DRDY，它与微处理器的接口有三线、四线、五线及多线控制方式。在三线方式下，通常使用 DOUT、DIN 及 SCLK 引脚进行控制，其中 DOUT 和 DIN 与微处理器的串行口相连，用于数据的输出和输入，SCLK 用于输入串行时钟脉冲，CS 始终为低电平。在四线方式下，CS 引脚也可以由微处理器的某一端口线控制。在五线方式下，DRDY 引脚也可以由微处理器的某条端口线控制。在多线控制方式下，所有的接口引脚都由微处理器来控制。图 3-14 所示为单片机 PIC18F2580 与 AD7706 转换器接口的电路原理图，其中，SCLK 为输入口，CS 为片选，RESET 为复位，DIN 为指令或数据输入，DOUT 为转换结果输出，DRDY 为状态信号。

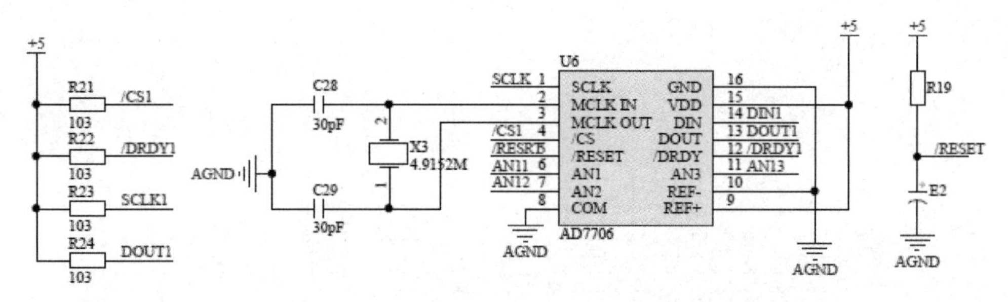

图 3-14　单片机 PIC18F2580 与 AD7706 转换器接口的电路原理图

（3）CAN 总线通信电路。单片机 PIC18F2580 片上资源丰富，集成 CAN 总线控制器，支持 CAN2.0B 协议，通过外加一片 CAN 收发器（TJA1040）便可以完成 CAN 总线通信。图 3-15 所示为 CAN 总线接口电路原理图。为了提高 CAN 总线工作的可靠性，电路中采用了高速光耦芯片 TLP113 来实现总线上各 CAN 节点间的电气隔离。

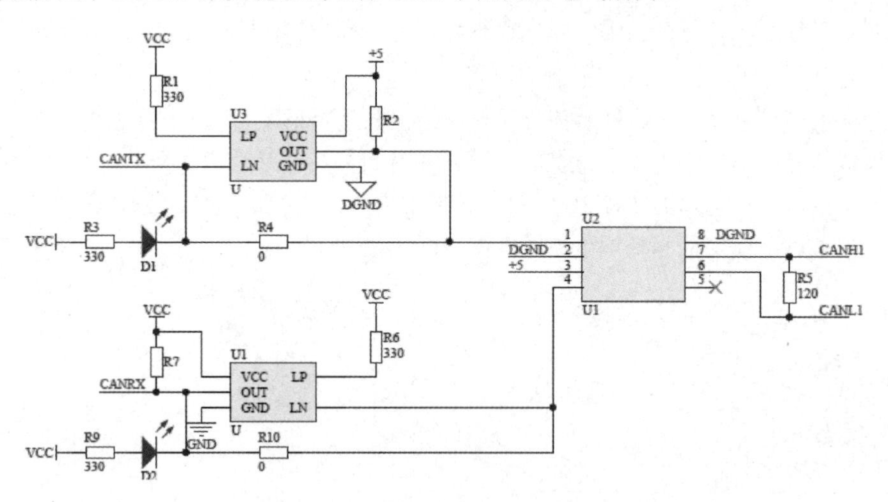

图 3-15　CAN 总线接口电路原理图

2）播种施肥智能控制系统的软件设计

播种机播种施肥智能控制系统的软件设计主要包括 A/D 信号采集模块、信号滤波处理、D/A 输出控制模块、动态 PID 控制算法。

（1）A/D 信号采集模块。A/D 信号采集模块的软件设计主要是微处理器对 AD7706 的控制及数据通信的程序设计。由于 AD7706 的特殊性，其自身不能对内部寄存器进行设置或初始化，也不能提供寄存器的访问地址，因此，在利用 AD7706 进行 A/D 转换以前，必须由微处理器通过串行口首先对 AD7706 的通信寄存器进行设置。通信寄存器是一个可以读/写的 8 位寄存器，管理通道选择决定下一个操作是读操作还是写操作，以及下一次读或写哪一个寄存器。所有与器件的通信必须从写通信寄存器开始。上电或复位后，器件等待在通信寄存器上进行一次写操作。首先设定通信寄存器为 20H，以确定下一步操作为设置时钟寄存器。时钟寄存器是一个可读可写的 8 位寄存器，主要用于设置时钟控制位和输出更新速率等。将时钟寄存器的值设置为 0CH 时，即输出更新频率为 50Hz，−3dB 的截止频率为 13.1Hz。然后初始化设置寄存器为 10H，设置寄存器是一个 8 位读/写寄存器，主要用于选择工作模式、输入增益、单/双极性输入及缓冲模式等。将其初始化为 40H，即增益放大倍数 PGA 设定为 1。当 f_{CLK} =2.4567MHz 时，采样频率为 307.2kHz。设置完成后，AD7706 进入 A/D 采样，并利用 DRDY 引脚的电平高低表示本次采样是否结束，以通知 CPU 读取数据。A/D 数据采集流程图如图 3-16 所示。

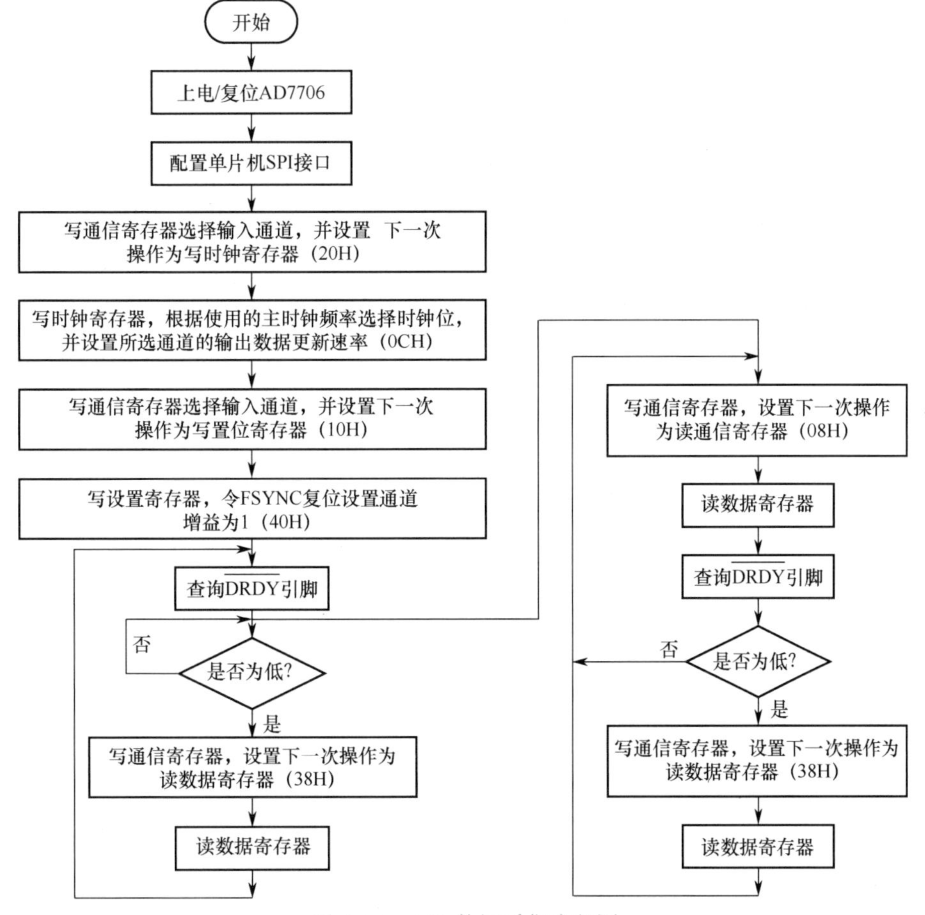

图 3-16　A/D 数据采集流程图

（2）信号滤波处理。考虑到施肥播种机在作业过程中有振动干扰信号，因此，需要对称重传感器采集到的信号进行处理。信号处理有两种方法：一种方法是分析（或变换），用各种方法对信号进行分析，得出信号中携带的各种参数，或者用变换的方法，如离散傅里叶变换，对信号进行频谱分析，从而确定信号中有效信息的分布等；另一种方法是滤波，滤除信号中不需要的分量（包括各种干扰）。

往肥箱中装入流动性好的颗粒状肥料尿素，预设施肥量 200kg/hm^2，启动变量施肥控制系统，采集并保存称重传感器的肥料重要信号值，首先在时域范围内对信号进行分析，可以从信号波形上看出信号的基本走势和波动的特点。图 3-17 所示为肥料称重采样信号图，为了显示方便，对行驶速度值在纵轴上进行了平移，施肥机的行驶轨迹是行驶到地头后迅速减速，掉头继续行驶，基本保持行驶速度不变。可以看出，当行驶速度保持匀速时，肥箱称重值呈线性减小的趋势。

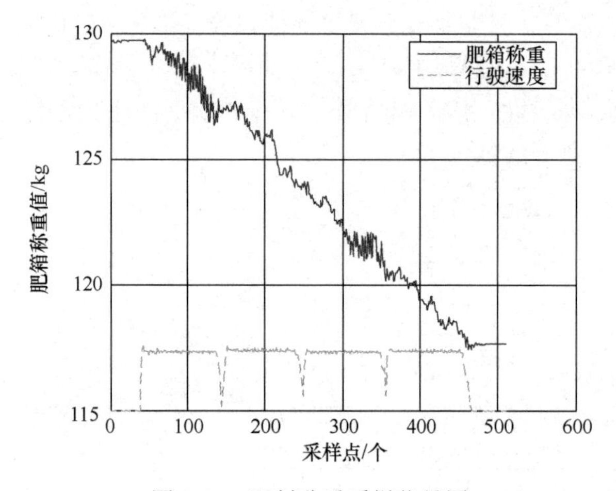

图 3-17　肥料称重采样信号图

然后对原始信号进行频谱分析，进行 4096 点快速傅里叶变换（Fast Fourier Transform，FFT），获取功率频谱及幅频特性，如图 3-18 所示。

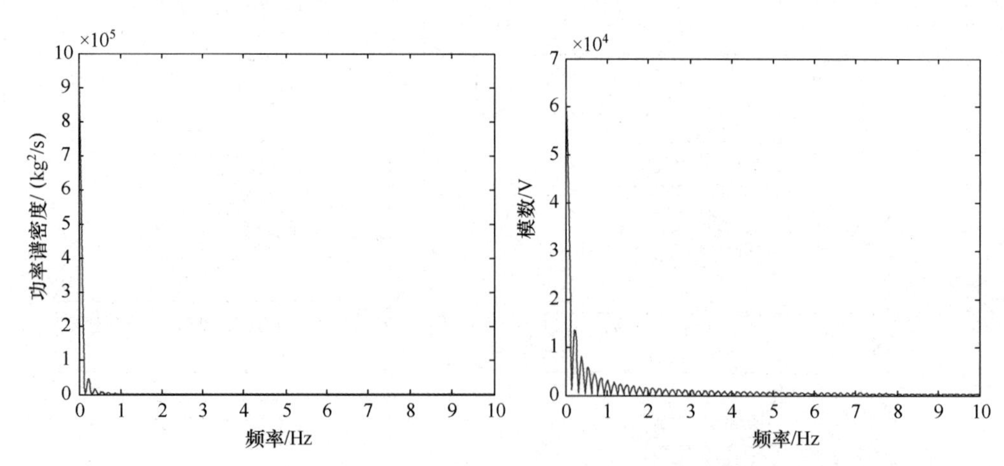

图 3-18　采样信号功率谱密度图和幅频特性图

从图 3-18 中可以看出，采样信号绝大部分的能量分布在小于 1Hz 的低频范围内，没有明显的噪声信号，信号处理可以考虑采用小波（Wavelet）滤波方法。

小波滤波的工作原理如下：小波变换是将信号分解为一系列小波函数簇的叠加，采用多尺度分析（Multi-scale Analysis）方法将被分析信号分解到不同尺度上，通过分层信号处理再重构以达到信号处理的目的（张小超等，2010）。下面对一维离散小波变换进行简单介绍。

设 $f(x)$ 为一维输入信号，记 $\phi_{jk}(x)=2^{-j/2}\phi(2^{-j}x-k)$，$\psi_{jk}(x)=2^{-j/2}\psi(2^{-j}x-k)$，这里 $\phi(x)$ 与 $\psi(x)$ 分别称为定标函数与子波函数，$\{\phi_{jk}(x)\}$ 与 $\{\psi_{jk}(x)\}$ 为两个正交基函数的集合。记 $P_0 f=f$，在第 j 级上的一维离散小波变换（Discrete Wavelet Transform，DWT）通过正交投影 $P_j f$ 与 $Q_j f$，将 $P_{j-1}f$ 分解为

$$P_{j-1}f=P_j f+Q_j f=\sum_k c_k^j\phi_{jk}+\sum_k d_k^j\psi_{jk} \tag{3-8}$$

式中，$c_k^j=\sum_{n=0}^{p-1}h(n)c_{2k+n}^{j-1}$，$d_k^j=\sum_{n=0}^{p-1}g(n)c_{2k+n}^{j-1}$ $(j=1,2,\cdots,L;k=0,1,\cdots,N/2^j-1)$，这里，$\{h(n)\}$ 与 $\{g(n)\}$ 分别为低通权系数与高通权系数，它们由基函数 $\{\phi_{jk}(x)\}$ 与 $\{\psi_{jk}(x)\}$ 来确定，p 为权系数的长度。$\{C_n^0\}$ 为信号的输入数据，N 为输入信号的长度，L 为所需的级数。

实际应用中采用一维离散小波函数中的 2 阶 Symlets 小波滤波器对原始信号进行分析，取第 5 级分析结果与原始信号及标准信号进行比较，如图 3-19 所示。其中，标准信号可通过以下公式获得：

单位时间施肥量=垄宽×行驶速度×预设施肥量

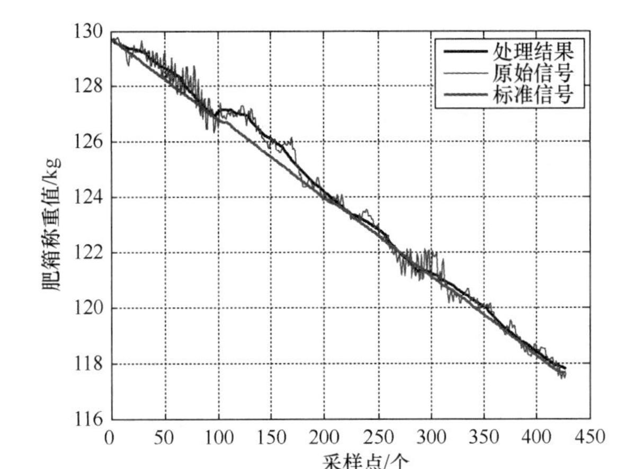

图 3-19 数据分析处理结果比较

将滤波后的测量信号与标准信号进行对比，得到最大相对误差为 0.68%，说明在对噪声信号的分析处理中，Symlets 小波滤波器的滤波结果比较理想。

（3）D/A 输出控制模块。D/A 输出控制模块的软件设计主要是微处理器对 TLC5620I 的设置及模拟电压输出对电动机转速的控制。TLC5620I 共有 4 根控制信号线——CLK、DATA、LOAD、LDAC，操作时序如图 3-20 所示。内部有 4 路 D/A，每路有 1 个输出缓冲

器和 1 个中间缓冲器。此外，4 路有 1 个公共的串口缓冲器，数据串为 11 位，其中，A1、A0 为选择通道，00 为通道 A，01 为通道 B，10 为通道 C，11 为通道 D；RNG 为选择增益，为 1 时输出加倍；D7～D0 为 8 位 D/A 数据。

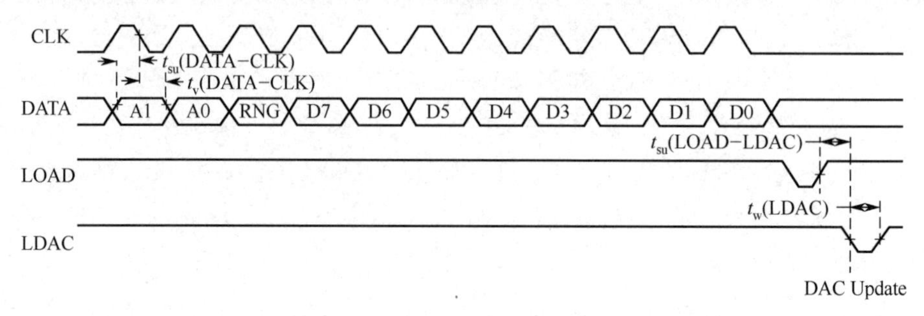

图 3-20 TLC5620I 的操作时序

操作时先将最高位数据送到 DATA 端子，然后输出 1 个 CLK 正脉冲，数据在 CLK 下降沿被锁存，重复 11 次操作，使 11 位数据全部送到芯片内的串口缓冲器，给出 1 个 LOAD 负脉冲，串口缓冲器中的数据将被锁存到 A1、A0 指定的中间缓冲器，当需要输出的 D/A 数据全部送到各自的中间缓冲器后，给出 1 个 LDAC 负脉冲，中间缓冲器的数据全部送到与之对应的输出缓冲器，D/A 输出有效。输出电压的计算公式为

$$U_0 = U_{\text{ref}} \times (D/256) \times (1 + \text{RNG}) \tag{3-9}$$

式中，D=0～255 表示需要转换的数字量；RNG=0 或 1 表示量程切换，是参考电压值。本设计中参加电压值为 3V，因此设置 RNG 为 1，即输出范围是 2 倍。

伺服电动机出厂设定是速度指令输入±6V，转速达到额定转速 3000r/min，旋转方向为正反转。微处理器通过改变 D 的值，得到相应的输出电压值，控制伺服电动机转动。伺服电动机编码器可显示当前的电动机转速值，记录这两个值，得到 D/A 电压输出值与伺服电动机转速关系，如图 3-21 所示。

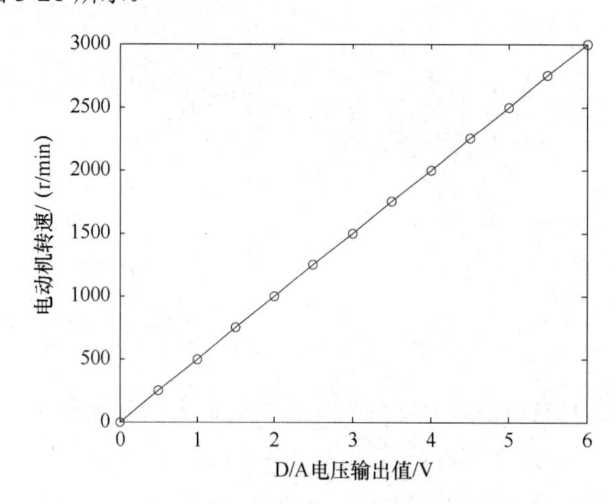

图 3-21 D/A 电压输出值与伺服电动机转速关系

分析可知，D/A 电压输出值与伺服电动机转速呈线性关系，说明采用电压控制电动机转

速的方式是有效的。

（4）动态 PID 控制算法。工业控制系统中常用的控制方式是模拟 PID 控制。系统主要由模拟 PID 控制器和被控对象组成。PID 控制器作为一种线性控制器，根据给定值和实际输出值构成控制偏差，将偏差按比例、积分和微分通过线性组合构成控制量，对被控对象进行控制（陶永华，2003）。模拟 PID 控制系统原理图如图 3-22 所示。

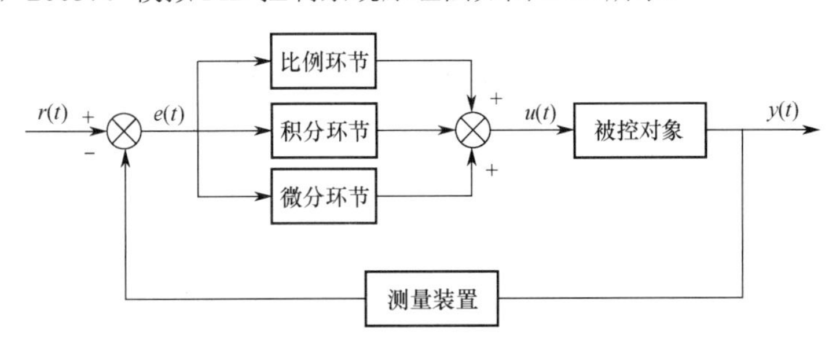

图 3-22　模拟 PID 控制系统原理图

模拟 PID 控制器控制规律为

$$u(t) = K_P\left[e(t) + \frac{1}{T_I}\int e(t)\mathrm{d}t + T_D\frac{\mathrm{d}e(t)}{\mathrm{d}t}\right] \tag{3-10}$$

式中，K_P 为比例增益，T_I 为积分时间常数，T_D 为微分时间常数，$u(t)$ 为模拟控制量，$e(t)$ 为偏差。

对式（3-10）进行拉氏变换，写成传递函数形式：

$$G(s) = \frac{U(s)}{E(s)} = K_P\left(1 + \frac{1}{T_I s} + T_D s\right) \tag{3-11}$$

PID 控制器中比例环节能成比例地反映控制系统的偏差信号，偏差一旦产生，控制器立即产生控制作用，以减少偏差。比例控制能迅速反映误差，从而减小误差，但比例控制不能消除稳态误差。若要求系统的控制精度高、响应速度快，则选择比例增益大一些为好，但会导致超调量增大和过程时间延长，比例增益过大还可能造成系统不稳定。积分环节主要用于消除静差，提高系统的无差度。积分作用的强弱取决于积分时间常数，常数越大，积分作用越弱，反之越强。只要系统存在误差，随着时间的延长，积分控制作用就不断累积，所产生的输出控制量可以消除误差，因此，只要有足够的时间，积分控制作用就可以完全消除稳态误差。但积分作用太强会使系统超调量增大，甚至系统出现振荡。微分环节用来反映偏差信号的变化趋势，并能在偏差信号变得太大之前，在系统引入一个有效的早期修正信号，从而加快系统的动作速度，减少调节时间，微分控制可以减小超调量，克服振荡，使系统稳定性提高，同时加快系统的动态响应速度，减小调整时间，从而改善系统的动态性能。微分作用不足之处是放大了噪声信号，过大的微分常数是造成系统不稳定的重要因素。

由于计算机控制是一种采样控制，所以，只能根据采样时刻的偏差值计算控制量。需要采用离散的方法代替连续模拟 PID 控制算法，也就是在计算机控制中使用数字 PID 控制器。数字 PID 控制器又分为位置式 PID 控制器和增量式 PID 控制器。

① 位置式 PID 控制算法。用数值逼近的方法实现 PID 控制规律，用求和将积分环节离散化，用后向差分将微分环节离散化，则有

$$\int_0^n e(t)\mathrm{d}t \approx \sum_{j=0}^{n} Te(j) \tag{3-12}$$

$$\frac{\mathrm{d}e(t)}{\mathrm{d}t} \approx \frac{e(k)-e(k-1)}{T} \tag{3-13}$$

式中，T——采样周期。

k——采样序号（$k=0,1,2,\cdots$）。

则可得离散 PID 表达式为

$$u(k)=K_P\left\{e(k)+\frac{T}{T_I}\sum_{j=0}^{k}e(j)+\frac{T_D}{T}[e(k)-e(k-1)]\right\} \tag{3-14}$$

位置式 PID 控制算法采用全量输出控制量，每次输出的控制量均与控制系统过去的状态有关。计算时要对偏差进行累加，运算工作量大。此外，输出控制量对应被控对象的实际位置，若控制系统出现故障，将会引起执行机构位置大幅度变化。这在实际的控制系统中是不太安全的，实际应用中多采用增量式 PID 控制器。

② 增量式 PID 控制算法。当执行机构需要的是控制增量时，应采用增量式 PID 控制。对于式（3-15），通过前后两次的值可以得到 PID 增量式控制算法，也称为速度式控制算法。

$$\Delta u(k)=u(k)-u(k-1)=K_P[e(k)-e(k-1)]+K_Ie(k)+K_D[e(k)-2e(k-1)+e(k-2)] \tag{3-15}$$

式中，K_P、K_I、K_D 分别称为比例系数、积分系数、微分系数。

$$K_I=K_P\frac{T}{T_I} \tag{3-16}$$

$$K_D=K_P\frac{T_D}{T} \tag{3-17}$$

式（3-15）可以写成

$$\Delta u(k)=Ae(k)-Be(k-1)+Ce(k-2) \tag{3-18}$$

式中

$$A=K_P\left(1+\frac{T}{T_I}+\frac{T_D}{T}\right)$$

$$B=K_P\left(1+2\frac{T_D}{T}\right)$$

$$C=K_P\frac{T_D}{T}$$

增量式 PID 控制算法输出控制量的增量，误动作影响小。系统输出控制增量只与最近几次的采样值有关。

采用数值逼近的方法模仿模拟 PID 控制器都会存在误差，为了获得更好的效果，在普

通 PID 控制器上采取了一些改进措施，进一步提高了控制性能，如积分分离、抗积分饱和、梯形积分、不完全微分、前馈补偿、带死区等方法。如采用积分分离措施，当伺服电动机在控制过程的启动、结束或大幅度增减设定时，短时间内系统输出有很大的偏差，会造成 PID 运算的积分累加，致使控制量超过执行机构可能允许的最大动作范围对应的极限控制量，当被控量与设定值偏差较大时，取消积分作用，以免由于积分作用使系统的稳定性降低，超调量增大；当被控量接近给定值时，引入积分控制，以便消除静差，提高控制精度。控制算法可表示如下：

$$u(k)=K_P e(k)+\beta K_I \sum_{i=0}^{k} e(i)+K_D[e(k)-e(k-1)] \tag{3-19}$$

式中，当 $\beta=1$ 时，$|e(k)|\leqslant A$，采用 PID 控制；当 $\beta=0$ 时，$|e(k)|\geqslant A$，采用 PID 控制。β 为积分项的开关系数。

此外，采用带死区控制的措施可以消除由于频繁动作所引起的振荡，相应的控制算法如下：

当 $|e(k)|\leqslant|e_0|$ 时，$e(k)$ 取 0；

当 $|e(k)|\geqslant|e_0|$ 时，$e(k)$ 不变，记为 $e_I(k)$。

式中，死区 e_0 是一个可调的参数，其具体数值可根据实际工作状态进行调节。若死区设计得太小，使控制动作过于频繁，则达不到稳定被控对象的目的；若死区设计得太大，则系统将产生较大的滞后。

系统接收总线网络上机载作业控制终端发送的当前位置的施肥量控制指令，执行精确施肥作业。对于基于肥箱称重的伺服电动机控制系统而言，要保证施肥精度，需要采用闭环 PID 控制的方式。要设计合适的 PID 数字控制算法以满足系统的动态控制特性和静态性能，同时，还要对人机交互软件进行合理的设计，以实现系统操作的简便性。

系统作业过程中实时采集当前的肥箱中肥料的重量值，将该值减去作业前的肥箱中肥料的重量值，计算出当前的实际施肥量，与处方施肥量进行比较，经 PID 控制算法产生控制信号，经 D/A 转换后输出控制伺服电动机的转速，从而达到调节施肥量的目的。在这个过程中，N、P、K 三种肥料可分别控制施肥量，因此也能达到调节配肥比的目的。图 3-23 所示为施肥量增量式 PID 控制程序流程图。

3. 条播机智能化测控系统实现

系统搭载在 2BF-24MG 型小麦播种机上，每个种箱和肥箱由 4 个满量程为 100 千克的 BK-2F 型力传感器支撑［见图 3-24（a）］，单片机系统通过 A/D 采集模块实时获取种箱和肥箱的力传感器信号，得到种箱和肥箱的物料重量，传输给上位机；安装于排种（肥）管上的电容式排种量传感器将测量的瞬时排种（肥）量通过总线传输给上位机［见图 3-24（b）］；安装于地轮上的霍尔传感器用于测量机具的前进速度［见图 3-24（c）］，并由单片机系统传输给上位机；上位机将力传感器获得的物料重量变化与电容传感器获得的瞬时排种量相融合，得到修正后的瞬时排种（肥）量。同时，上位机根据测得的排种（肥）量和机具前进速度及作业处方图，计算得到控制量输出，送予伺服电动机控制器，从而实现伺服电动机的速度控制，进而改变排种轴和排肥轴的转速，达到播种施肥的变量控制目的［见图 3-24（d）］。

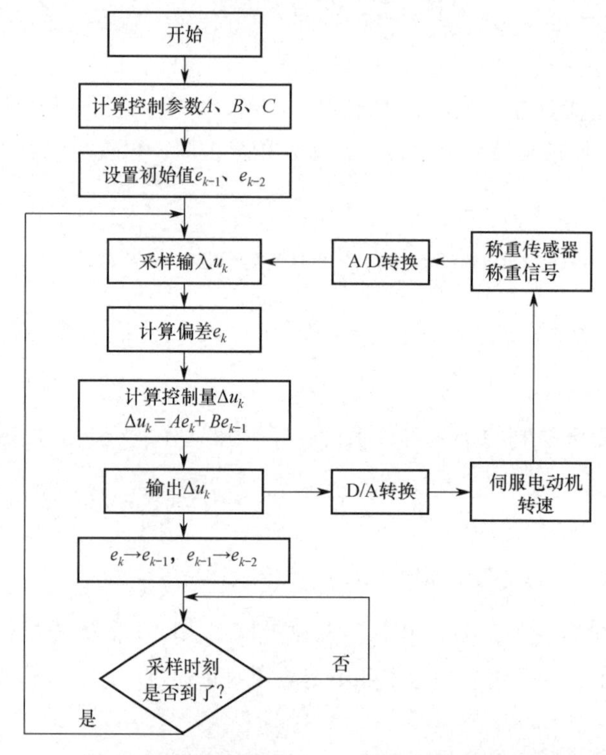

图 3-23　施肥量增量式 PID 控制程序流程图

图 3-24　小麦免耕施肥播种机变量作业测控系统

3.2　穴播机智能化技术

穴播是指按照一定的行距和穴距，将种子成穴播种的种植方式。每穴可播 1 粒或数粒种子，主要用于玉米、棉花、甜菜、向日葵、豆类等作物。

3.2.1　穴播种子智能检测技术

穴播种子智能检测是基于精密播种而言的，主要对排种器分离后的单粒化的相邻种子进行检测。目前，穴播种子智能检测技术主要包括基于光电传感器的穴播智能检测技术、基于高速摄像及图像处理的穴播智能检测技术和基于电容法的穴播检测技术。

1. 基于光电传感器的穴播智能检测技术

1）系统原理与结构

基于光电传感器的穴播智能检测系统主要由光电传感器、速度传感器、控制器和显示终端组成，如图 3-25 所示（CAY et al，2017）。

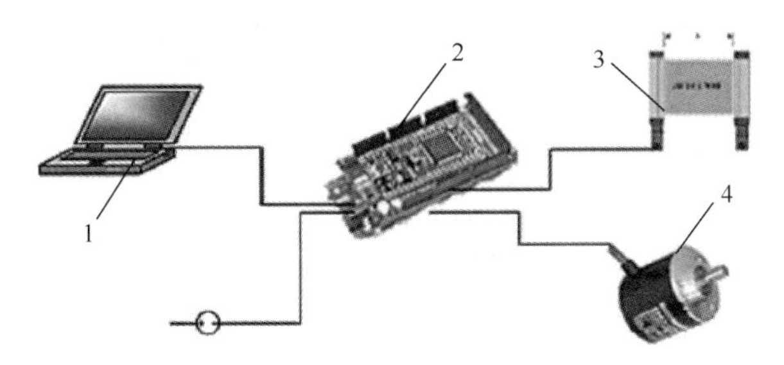

1—显示终端；2—控制器；3—光电传感器；4—速度传感器

图 3-25　光电检测系统的方案图

光电式播种质量监测传感器采用对射式红外光电传感器，排种管壁一侧为发射端，发出红外信号；另一侧为接收端，检测接收到红外信号的强度。当有籽粒通过排种管时，发射端发出的红外信号受到遮挡，接收端接收到的信号减弱到阈值以下后又恢复到初始信号强度。这一过程产生的信号经过调理放大，形成脉冲信号，用于计数和监测。监测信号处理原理框图如图 3-26 所示。

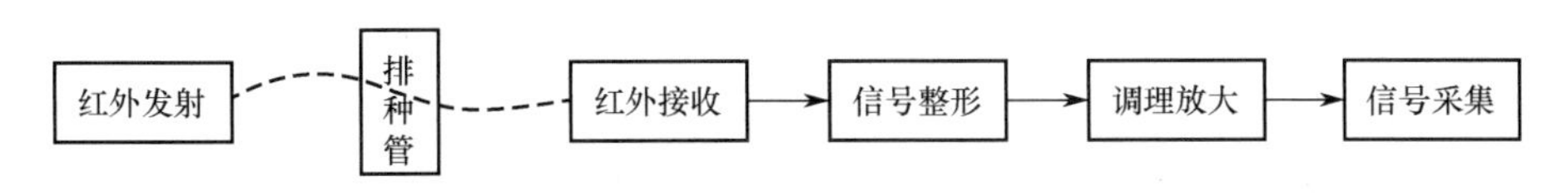

图 3-26　监测信号处理原理框图

接收端采用 RC 电路，当有籽粒经过传感器时，生成输出信号可表示为

$$v_0 = V(1 - e^{-\frac{t}{RC}}) \tag{3-20}$$

式中，v_0——接收端输出信号电压，V。

V——光电转换信号电压，V。

R——电路阻值，Ω。

C——电容值，F。

t——信号电压作用时间，ms。

e——自然常数。

式（3-20）表示传感器被遮挡的时间与输出信号的关系，接收端输出信号峰值随遮挡时间延长而增大，接近光电转换信号电压。信号整形模块采用微分电路，将接收端信号转换为脉冲信号。信号处理电路只有籽粒通过时才有输出，而无籽粒通过时信号平稳。连续籽粒通过排种管时产生的接收端脉冲信号如图 3-27 所示。通过检测籽粒通过时产生的脉冲宽度为 0.4～4ms，信号处理电路具有良好的分辨率，能够满足播种机播种速率的要求。

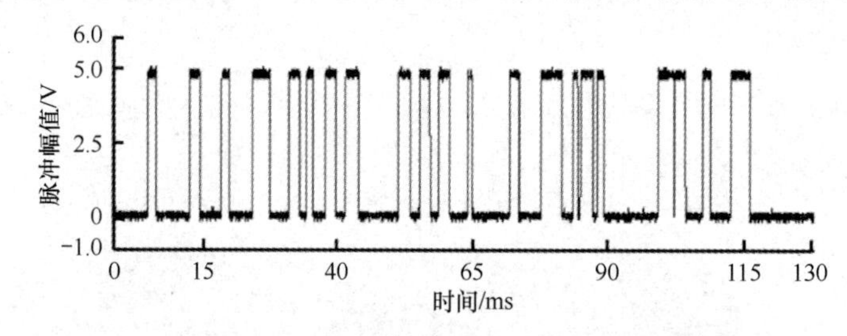

图 3-27　连续籽粒通过排种管时产生的接收端脉冲信号

2）检测装置设计

红外发射端是直径为 5mm 的红外 LED，红外光−3dB 波段波长为 920～970nm，其相对光强的空间分布如图 3-28（a）所示。红外 LED 的光强主要集中在−10°～10°，根据通用排种管监测宽度，若只采用一只红外 LED，则无法完全覆盖排种管截面，存在监测盲区。有些光电传感器采用反射式或者透镜式传感器，传感器含有光学部件，较为复杂。在此设计传感器采用 3 只 LED 最小间距并排的方式布置来消除监测盲区，如图 3-28（b）所示。安装后，发射端红外 LED 发射的红外光信号能够完全覆盖排种管截面，消除监测盲区。

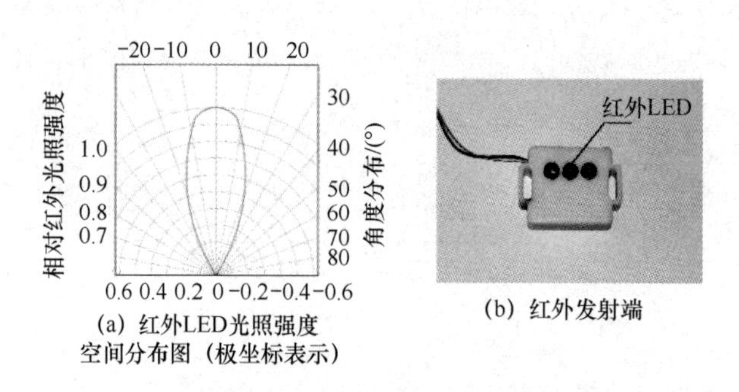

图 3-28　红外 LED 光照强度空间分布与红外发射端实物图

红外接收端采用直径为 5mm 的红外光电二极管，与前述红外 LED 发射出的波段光相吻合，对发射端红外光具有良好的接收灵敏度；其敏感波段在可见光范围（400～760nm）之外，能够有效排除可见光的干扰，可以准确接收发射端的红外信号，保证了检测系统的可靠性。为了消除盲区和加强接收信号的准确性，接收端也采用 3 颗光电二极管的同样的方式排布，与发射端在截面方向上对齐，以提升传感器的可靠性。

播种监测传感器采用对射式结构，需要将发射、接收两端对齐以获得较好的监测效果，播种监测传感器的结构及现场安装如图 3-29 所示。播种监测传感器由发射端、接收端、对齐连接杆及数据线组成。发射、接收传感器分别封装在发射端壳体和接收端壳体内，从壳体正面的开孔露出，两端的相对位置通过连接杆对正，被测量的排种管被夹紧在发射端、接收端及连接杆之间的区域内，从而监测籽粒在排种管内的流动情况。发射端与接收端之间的距离可通过连接杆进行调整，从而满足不同播种管的监测需求。

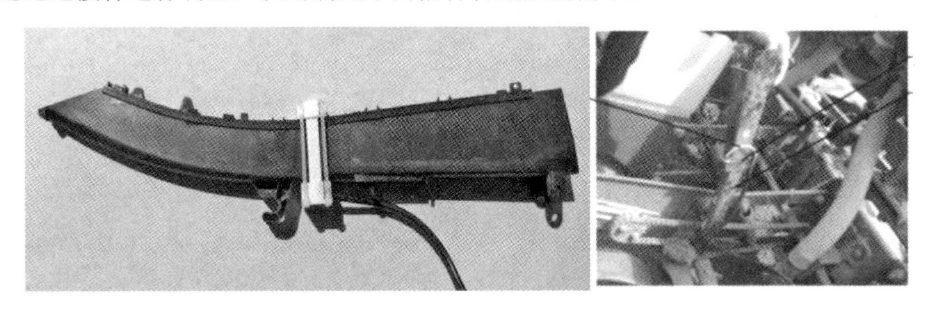

图 3-29　播种监测传感器的结构及现场安装

监控终端主要完成数据的解算、播种质量的评判、作业统计、显示、故障声光报警等功能。玉米播种监控终端如图 3-30 所示。监控终端集成各播种体监测开关、显示屏、系统设置按键，以及多路播种的报警指示灯。显示屏上默认显示各路排种粒数及播种总粒数，通过操作按键可以查看其他数据或设定相关参数，拨动报警开关可以对各路播种报警的声光提醒进行单独开关操作，方便地头或者不足垄数作业监控的需求。

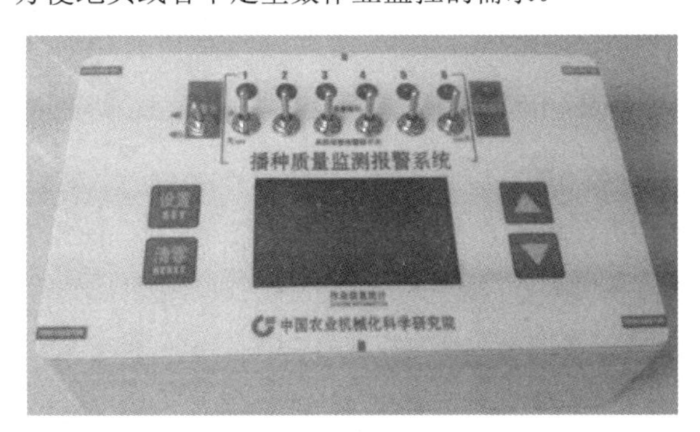

图 3-30　玉米播种监控终端

3）试验验证与结果分析

（1）已播种数检测试验。为获取实际的下种数量，在播种管下方安装接料袋。首先将播种监控系统上电，将播种下粒数清零；然后启动播种机进行播种试验，记录报警终端的播种数；取下接料袋进行人工数粒，统计实际下种数作为播种数的标准值。重复5次试验，各次试验数据如表3-5所示。对播种机设定不同株距，改变了落籽密度，由试验数据可以看出，播种质量检测系统播种量检测准确率达95%以上，检测精度相对误差小于0.5%。

表3-5 播种计数试验数据

编号	人工统计标准值/个	测量值/个	误差/个	相对误差/%
1	3523	3538	15	0.42
2	3571	3584	13	0.36
3	4491	4487	−4	0.08
4	3797	3791	−6	0.15
5	3904	3907	3	0.07

（2）漏播率检测精度试验。漏播率检测试验采取自然漏播或人为制造漏播故障的方式进行，设定播种机播种株距为20cm，启动播种机进行播种试验，记录播种监控系统漏播报警次数，并采用人工查看播种带，统计播种作业实际漏播情况，记录实际漏播次数。重复5次试验，各次试验数据如表3-6所示。由试验数据可以看出，漏播率相对误差小于5%，检测准确率达95%以上。检查实际下种情况后发现，未报警漏播发生时，仅有1～2个籽粒漏播，之后排种立即恢复正常。由于其持续时间小于设置的报警延时，导致系统未报警。报警延时是根据用户实际使用需要进行设置的，用于避免频繁报警，不影响作业效率。

表3-6 漏播率试验数据

编号	人工统计标准值/个	监视系统报警数/个	误差/个	相对误差/%
1	25	24	−1	4.00
2	18	18	0	0
3	36	37	1	2.78
4	19	19	0	0
5	27	26	−1	3.70

注：设定播种机播种株距为20cm。

2. 基于高速摄像及图像处理的穴播智能检测技术

基于高速摄像及图像处理技术的检测系统包括高速摄像机、图像采集卡、照明系统、计算机等部分（廖庆喜等，2004），方案如图3-31所示。

高速摄像机用于对排种器排出的种子流进行图像采集，需要有较高的检测速度，以及较高的成像质量和分辨率。图像采集卡用于将高速摄像机拍摄的图像传输给计算机，应具有较高的传输速率，并能快速进行A/D转换。照明系统用于为摄像提供一个良好的光照环境。计算机具有人机交互接口，用于显示、存储图像，并借助专门的图像处理软件处理和分析图像。

从种子进入排种盘型孔开始直到落到承种装置上，种子均处于单粒化的有序状态，在此过程中的任一节点都可以进行高速摄像，以检测排种性能。高速摄像机可以对携种后的排种盘型孔的经过区域、种子经过的导种区域及落种后的承种面进行高速摄像。下面以高速摄像机对携种后的排种盘型孔的经过区域进行高速摄像为例，说明基于高速摄像和图像处理的穴播智能检测技术的原理和过程。该方式需要提前对排种盘上的型孔进行标定，在作业过程中，对转动的型孔依次进行高速摄像，图像只有以下 4 种情况：型孔单粒充种、双粒充种、3 粒充种和未充种。通过图像处理技术，可以准确地判断排种情况，过程如图 3-32 所示。

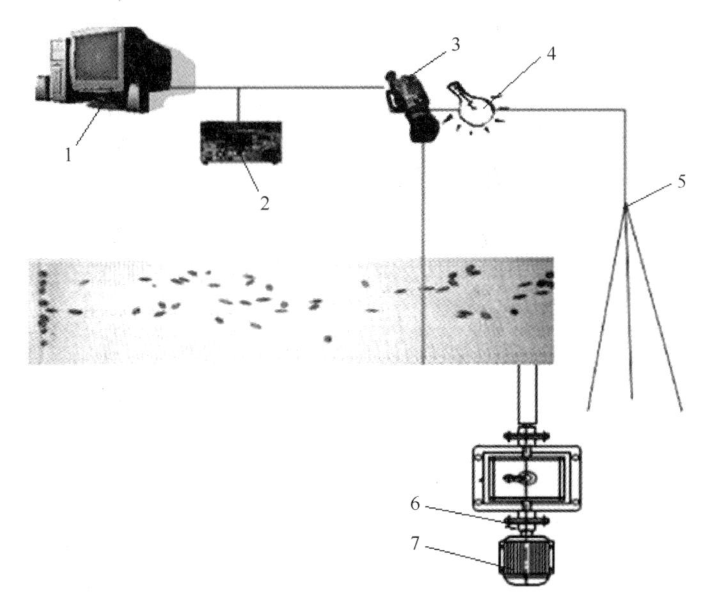

1—计算机；2—图像采集卡；3—高速摄像机；4—照明系统；5—三脚架；6—编码器；7—电动机

图 3-31　基于高速摄像及图像处理的检测系统方案（AKDEMIR B，2014）

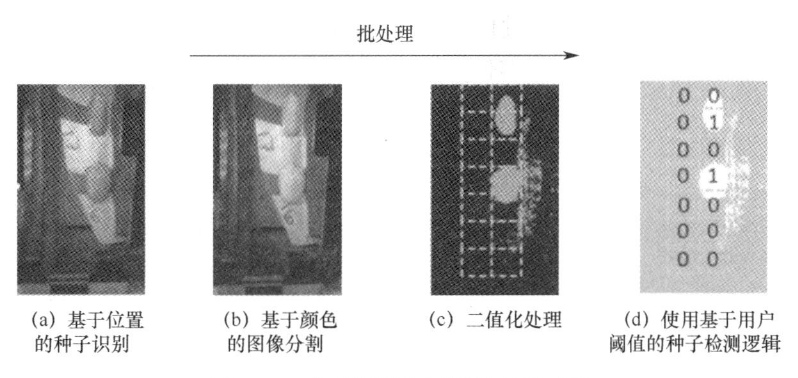

(a) 基于位置的种子识别　(b) 基于颜色的图像分割　(c) 二值化处理　(d) 使用基于用户阈值的种子检测逻辑

图 3-32　高速摄像和图像处理的过程

基于高速摄像和图像处理的穴播智能检测技术可以更准确地检测重播率，还可以检测种子的破碎率。但这种检测技术也有一些局限性，其对软件、硬件和环境的要求都很高，需要有高分辨率的摄像机、专业化的图像处理软件和均匀的照明环境，且需要对摄像机进行复杂的标定，以及后续的图像处理操作，不仅成本较高，而且劳动强度较大。由于其检测精度较高，因此，一般应用于精密排种器的室内性能检测。

3. 基于电容法的穴播检测技术

1）基本测量原理

当单粒籽粒通过电容传感器时，传感器的电容为

$$C=\frac{s\varepsilon_2}{d}+\frac{s(\varepsilon_1-\varepsilon_2)}{\rho_1 dV}m_1 \tag{3-21}$$

当无籽粒通过时，传感器的电容为

$$C_0=\varepsilon_2\frac{s}{d} \tag{3-22}$$

由此可知，当籽粒通过传感器时，电容变化量为

$$C-C_0=\frac{s(\varepsilon_1-\varepsilon_2)}{\rho_1 dV}m_1 \tag{3-23}$$

式中，$C-C_0$——籽粒通过传感器时电容的变化量，F。

s——极板面积，m^2。

ε_1——种子介电常数，F/m。

ε_2——空气介电常数，F/m。

ρ_1——种子密度，kg/m^3。

d——极板间距，m。

V——电容传感器极板间检测场体积，m^3。

m_1——传感器内籽粒质量，kg。

由式（3-23）可知，当籽粒穿过传感器时，传感器输出电容发生变化，变化量与籽粒重量呈线性关系。当籽粒通过后，电容值恢复为初始状态。因此，通过实时采集传感器输出电容，可以实现籽粒通过电容传感器动态过程的实时捕捉。利用峰值搜索算法对所捕获的电容脉冲信号进行识别计数，即可得到播种量。通过获取相邻两个峰值信号的时间间隔（相邻籽粒落下的时间间隔），再乘以播种机的前进速度，就是实际播种粒距的估算。将实际播种粒距与理论播种粒距相比较，根据《单粒播种机试验方法》判断漏播与重播，具体判断依据如下：

$$\begin{cases}S>1.5d'\text{（漏播）}\\S\leqslant 0.5d'\text{（重播）}\end{cases}$$

式中，S 为实际播种粒距，单位为 cm；d' 为理论播种粒距，单位为 cm。

另外，通过对种箱排空和排种管阻塞时传感器电容输出值与基础电容零点比较，可以对这两种故障状态判断并报警。

2）螺旋电容籽粒传感器设计

（1）极板结构设计。螺旋极板结构电容传感器能够显著提高检测场中心区域的灵敏度，

克服平行板结构中心灵敏度偏低的缺点。另外，螺旋极板也能显著削弱管道壁厚对检测场均匀性的影响，保证了传感器的灵敏度，并减小传感器的体积（金峰等，2002）。因此，这里针对播种量检测的电容传感器结构采用螺旋表面极板结构。针对单粒播种形式，传感器轴向极板长度会对传感器捕捉籽粒运动信息产生重要影响。如果极板过长，可能会有多个籽粒同时停留在传感器内，降低检测可靠性；如果极板过短，会使基础电容太小，影响其灵敏度，因此，需要对传感器的轴向极板长度进行合理优化。

精密播种机在作业时，由于籽粒物理特征不完全一致等因素，虽然少数籽粒的排种位置不一，但大多数籽粒仍在排种器内的同一点，沿排种器型孔分布圆的切线方向排出，并以一定速度在重力作用下做平抛运动，精密排种过程示意图如图 3-33 所示。

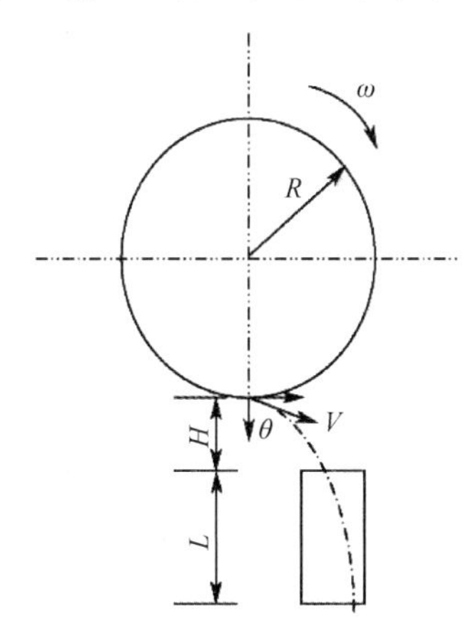

图 3-33　精密排种过程示意图

根据图 3-33 得到籽粒运动方程，如下：

$$V_t = R \cdot \omega \tag{3-24}$$

$$H = V_t \cos\theta \cdot t_1 + \frac{1}{2} g t_1^2 \tag{3-25}$$

$$H + L = V_t \cos\theta \cdot t_2 + \frac{1}{2} g t_2^2 \tag{3-26}$$

解得

$$t_1 = -\frac{R\omega\cos\theta}{g} + \sqrt{\left(\frac{R\omega\cos\theta}{g}\right)^2 + \frac{2H}{g}} \tag{3-27}$$

$$t_2 = -\frac{R\omega\cos\theta}{g} + \sqrt{\left(\frac{R\omega\cos\theta}{g}\right)^2 + \frac{2(H+L)}{g}} \tag{3-28}$$

式中，V_t——籽粒运动速度，m/s。

R——投种圆半径，m。

ω——角速度，rad/s。

θ——投种角，rad。

H——投种口至传感器上边界距离，m。

g——重力加速度，9.8m/s。

L——传感器极板长度，m。

t_1——籽粒下落至传感器上边界的时间，s。

t_2——籽粒下落至传感器下边界的时间，s。

相邻两粒籽粒投出的时间间隔为

$$\Delta t = \frac{2\pi}{n\omega} \tag{3-29}$$

式中，Δt 为相邻籽粒投出的时间间隔，单位为 s；n 为排种盘型孔数。

当前一粒籽粒到达传感器下边界时，后一粒种子不能超过传感器上边界，从而

$$t_2 < \Delta t + t_1$$

即

$$\sqrt{\left(\frac{R\omega\cos\theta}{g}\right)^2 + \frac{2(H+L)}{g}} - \sqrt{\left(\frac{R\omega\cos\theta}{g}\right)^2 + \frac{2H}{g}} < \frac{2\pi}{n\omega} \tag{3-30}$$

根据香农采样定理，籽粒经过传感器时间需要大于 2 倍数据采样时间，即

$$t_2 - t_1 > 2T_s$$

$$\sqrt{\left(\frac{R\omega\cos\theta}{g}\right)^2 + \frac{2(H+L)}{g}} - \sqrt{\left(\frac{R\omega\cos\theta}{g}\right)^2 + \frac{2H}{g}} > 2T_s \tag{3-31}$$

式中，T_s——采样时间，s。

式（3-30）和式（3-31）构成传感器极板长度选择的约束条件。所设计的传感器极板长度为 6.5cm，基础电容约为 7.5pF。

（2）信号调理电路设计。综合考虑系统成本、采样速度及 PCB 安装尺寸等因素，采用 AD7745 电容转换芯片实现电容数字量转换。AD7745 是 ADI 公司推出的一款 24 位电容数字转换芯片，工作电压范围为 2.7～5.25V，能够兼容 3.3V 和 5V 两种电源规格的单片机，便于采集电路的设计。另外，芯片采用 TSSOP 封装结合 SOP 封装单片机，能够最大限度地压缩 PCB 的面积，以利于安装。

检测电路包括电容信号采集处理模块、CAN 总线通信模块和报警输出模块。其中，电容信号采集处理模块是信号调理电路的关键部分，该模块主要由 PIC18F2685 和 AD7745 构成。PIC18F2685 内部集成了串行总线接口，支持 I^2C 和 SPI 总线，并集成增强型 CAN 总线模块，便于网络节点扩展。单片机通过使能 I^2C 模块，并与 AD7745 的 SCL 和 SDA 引脚相连，实现对 AD7745 的数据通信，完成相应的寄存器读/写。单片机工作电压为 5V，采用外部晶振模式，晶振的振荡频率选择 10MHz，以尽可能保证电容的采样速度。

系统采用 PIC18F2685 内置的 CAN 模块与外界通信，CAN 总线支持基于数据的工作方

式，即面向的是数据而不是节点，因此，加入和撤销节点设备都不会影响网络工作，这样的结构非常便于系统的灵活扩展。这里采用 TJA1050 作为 CAN 总线收发器，其具有更宽的瞬变电压与短路电压范围，以及更短的传播延迟。支持 1Mbit/s 的运行速率，自动热关断保护，而且有很强的抗噪特性。为提高总线通信的可靠性，采用光耦隔离模块实现数据通信的完全隔离。报警电路用于指示排种管状态信息，由单片机的两路 I/O 端口驱动一个红黄双色 LED。管路阻塞时 LED 显示红色，管路排空时 LED 显示黄色。整个信号调理电路原理图如图 3-34 所示。

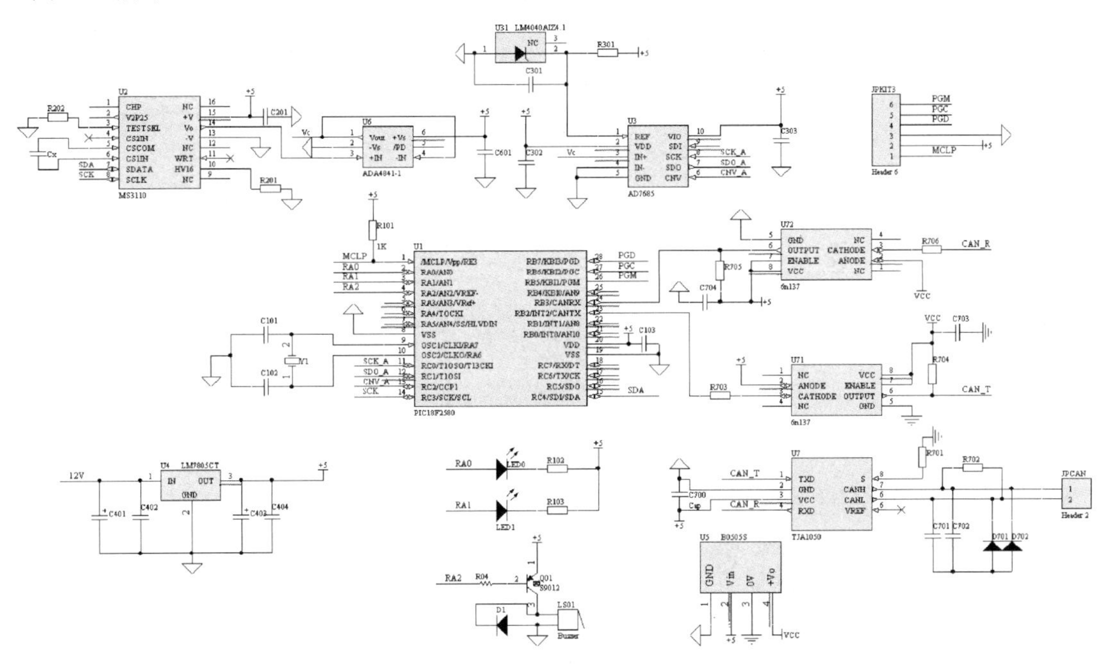

图 3-34　整个信号调理电路原理图

播种量检测传感器采用 PVC 管作为排种管，按照优化后的传感器极板规格，将极板粘贴于排种管外壁，屏蔽壳采用薄铁板焊接而成，并喷涂防锈绝缘漆，检测电路固定于屏蔽壳内部，并通过航空插头与外部通信线路连接。设计完成的播种籽粒传感器结构示意及实物图如图 3-35 所示。

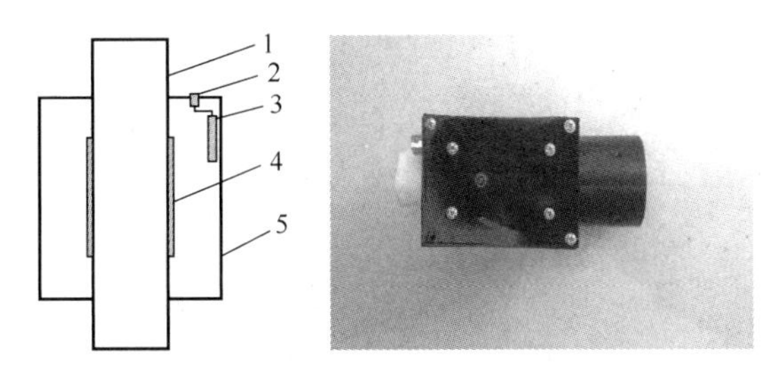

1—测量管道；2—信号接头；3—信号调理电路；4—电容传感器极板；5—屏蔽机壳

图 3-35　设计完成的播种籽粒传感器结构示意及实物图

（3）单片机软件设计。单片机软件采用模块化程序设计方法，主要包括系统初始化模块、数据采集模块、CAN 总线数据通信模块和数据判断报警模块，如图 3-36 所示。

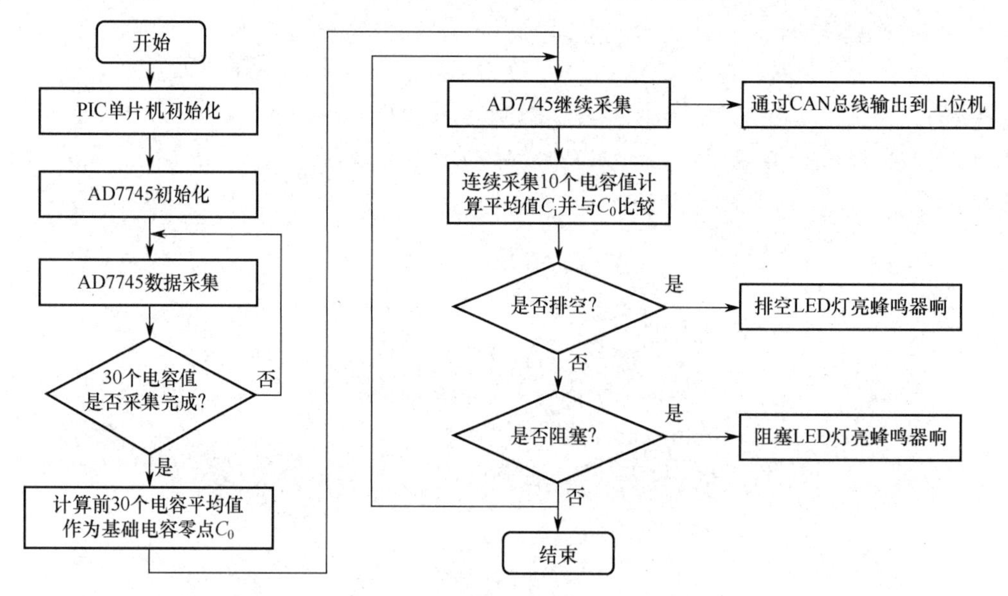

图 3-36　单片机软件程序流程图

单片机主程序执行系统初始化，完成 I/O 端口设置、ECAN 模块配置、AD7745 控制字写入及启动设置。AD7745 初始化完成后即开始工作，数据转换结束后单片机通过 I^2C 接口读取电容量，当系统完成前 30 个电容值采集后，计算其平均值作为基础电容零点，记为 C_0；AD7745 继续进行数据采样，并通过 CAN 接口输出到上位机进行后续处理，同时在连续采集 10 个电容值后计算平均值与电容零点比较，判断是否出现种箱排空或排种管阻塞故障，并进行相应报警。种箱排空的判断原则为 800ms 内电容变化量小于 0.01pF；阻塞判断原则为电容变化量大于 0.5pF。

（4）籽粒脉冲峰值及边界确定。在进行脉冲峰值搜索前，需要对获取的离散数据进行平滑处理，以减小假峰出现的概率，提高寻峰的可靠性。最小二乘移动平滑算法是一种较为常用的数据平滑算法，其基本原理（谢明，2004）如下：在求平滑后第 i 点的数据时，先在原始数据第 i 点的左右各取 m 个数据点，形成一个包含 $2m+1$ 个数据点的窗口，利用多项式对窗口内数据进行拟合，则拟合多项式在 i 点的值即为平滑后信号在 i 点的值。当 m 沿数据逐点移动时，即可得到整个采样信号的平滑值。

根据滤波器理论得到最小二乘移动平滑计算公式为

$$\overline{y}_i = \sum_{j=-m}^{m} C_{mj} y_{i+j} \tag{3-32}$$

式中，$\overline{y}_i$——平滑后的第 i 个数据点。

y_{i+j}——未平滑的第 $i+j$ 个数据点。

C_{mj}——权重因子，其由下式确定：

$$C_{mj}=\frac{1}{W}\left[1+\frac{15}{W^2-4}\left(\frac{W^2-1}{12}-j^2\right)\right] \tag{3-33}$$

式中，W 为平滑窗口，$W=2m+1$。

平滑处理的关键是合理确定平滑窗口的大小，如果 W 过小，则平滑作用不明显，如果 W 过大，则又会使数据曲线发生畸变。综合考虑，本书选择 $W=5$。利用最小二乘移动平滑算法对原始数据进行平滑处理，平滑前后籽粒脉冲响应曲线如图 3-37 所示。

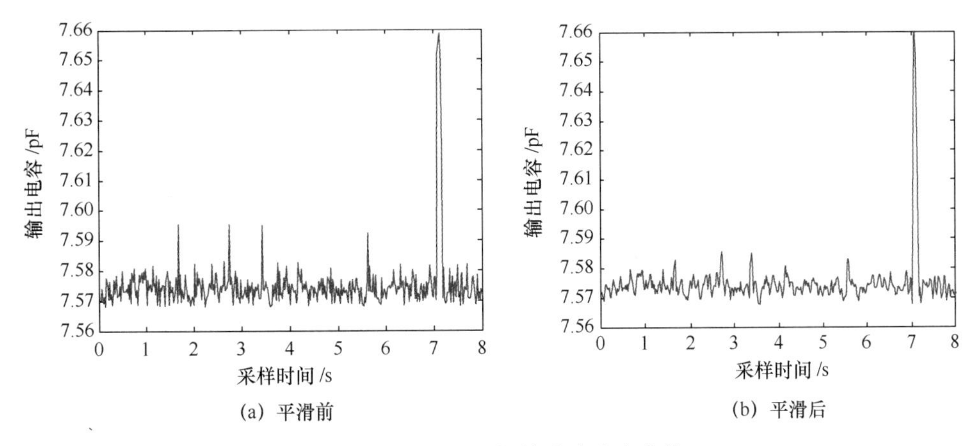

图 3-37　平滑前后籽粒脉冲响应曲线

从图 3-37 中可以看出，在平滑前，受周围干扰影响采样的数据存在若干假峰信号，假峰信号的峰值为 7.598pF 左右，进行平滑处理后，数据波动变小，假峰信号明显得到削弱，其峰值降为 7.582pF，而真实峰值信号并未被削弱。可见所采用的最小二乘移动平滑算法能够实现峰值信号的平滑处理。

完成数据平滑后需要利用一阶导数法进行脉冲峰值及边界确定。这里引入 5 点数据平滑公式的一阶导数计算公式作为数据求导算式。5 点 3 次一阶导数的计算公式为

$$\overline{y}_i'=\frac{1}{12}(y_{i-2}-8y_{i-1}+8y_{i+1}-y_{i+2}) \tag{3-34}$$

利用式（3-34）对平滑后的数据进行处理，从而得到籽粒脉冲响应的一阶导数，其曲线如图 3-38 所示。

沿数据点方向对一阶导数值进行检索，在一阶导数由正变负时，其零点值对应的数据点位置即为峰位。为进一步消除信号波动导致假峰出现可能对检测效果产生的影响，增加脉冲幅值判断条件，以剔除可能出现的假峰。判断条件如下：

$$C_i-C_0>C_{\text{trh}} \tag{3-35}$$

式中，C_i——峰值电容，pF。

C_0——基础电容，pF。

C_{trh}——设定门限阈值电容，pF。

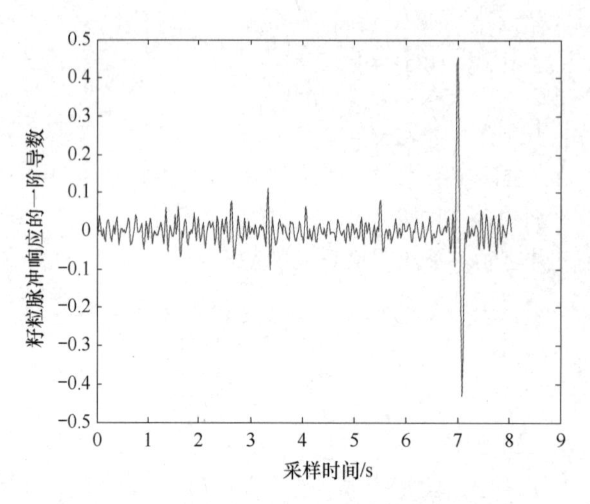

图 3-38　平滑后籽粒脉冲响应的一阶导数曲线

这里 C_{trh} 作为门限阈值电容，其为预先给定的常数。根据对籽粒脉冲信号的统计分析，设定门限阈值电容为 0.01pF。利用一阶导数并结合脉冲幅值判别条件，即可实现对脉冲的识别及峰值的提取。

根据一阶导数结果，可以同时确定脉冲的左右边界点。当一阶导数由负值转为正值时，对应的数据点位置即脉冲边界。

（5）籽粒脉冲面积提取。当籽粒通过传感器时，其响应脉冲的净峰面积与籽粒质量显著相关，获取籽粒的脉冲峰面积对于识别多籽粒脉冲具有重要意义。

对于获得的籽粒脉冲电容信息，由于传感器的基础电容不可避免地会有本底数据存在，所检测的脉冲信号峰区由本底和净峰叠加组成，所以，为了获得净峰面积，需要将本底数据去除。由于籽粒脉冲宽度较窄，在该时间段内传感器的基础电容基本不会发生明显波动，所以可近似视为常数。选择籽粒脉冲左右边界点电容数据的平均值作为本底数据。在得到脉冲边界及本底电容后，籽粒的脉冲面积为

$$S = T_s \sum (C_i - C_s) \tag{3-36}$$

式中，S——脉冲面积。

T_s——采样周期。

C_i——籽粒脉冲的电容。

C_s——籽粒脉冲的本底电容。

（6）播种信息参数获取的实现。在完成籽粒脉冲识别、峰值提取及获取脉冲积分面积的基础上，可以对播种信息（包括播种量、播种粒距、重播量和漏播量）进行统计计算。播种量由识别的脉冲数量得到，播种粒距由所识别的相邻两个脉冲的时间间隔乘以机具前进速度来获得，将实际播种粒距与期望播种粒距进行比较，可以判断漏播和重播状况。播种量检测流程图如图 3-39 所示。

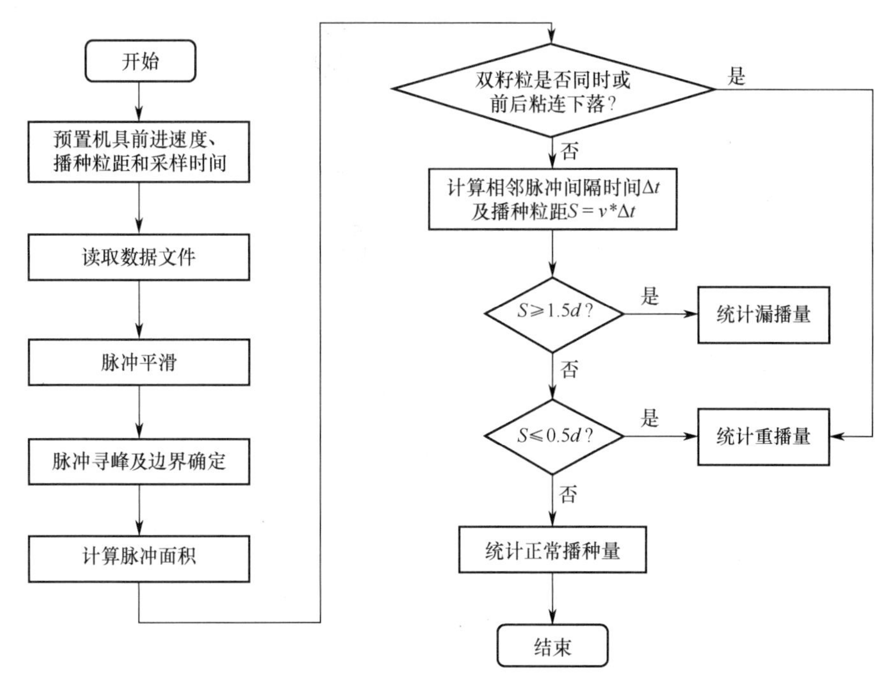

图 3-39　播种量检测流程图

首先需给定参数初值，包括试验时机具的前进速度、期望播种粒距和数据采样时间，完成初始化后，系统软件读取数据文件，并置入处理数组中；利用最小二乘移动平滑算法对读取的数据进行平滑处理，之后采用一阶导数算法结合幅值判别条件对数据进行扫描处理，完成各个籽粒脉冲的识别、脉冲峰值和脉冲边界的确定。根据所确定的脉冲边界，在去除本底数据后利用计数相加法计算各个籽粒脉冲的净峰面积，根据该面积判断是否存在双籽粒同时或前后粘连下落的情况，若属于双籽粒下落，则计入重播量。根据得到的各个脉冲的峰值位置及数据采样时间，确定相邻两个脉冲的间隔时间，再由播种机具的前进速度得到播种时的实际粒距 S，将该信息与期望播种粒距 d 比较，若 $S \geqslant 1.5d$，则记为漏播；若 $S \leqslant 0.5d$，则记为重播，否则属于正常播种。

3.2.2　播种施肥自动控制技术

传统的排种器（排肥器）采用地轮传动形式，随着作业速度的不断提高，车辆打滑成为影响播种施肥作业质量的重要因素之一。采用电动机或液压马达直接驱动排种（或排肥）机构，能够有效消除车辆打滑的不利影响。其中，电动机直驱技术以结构简单、维护方便、控制精度高成为穴播施肥播种机的主要控制形式。

1. 控制系统总体结构

玉米播种机种肥变量控制采用玉米播种机种肥测控系统，其主要由车载终端、电动机控制单元及种肥驱动电动机单元等组成。玉米播种机种肥测控系统结构如图 3-40 所示。控制系统通过采集车辆的速度信息与位置信息，并通过通信总线将信息发送给上位机，上位机结合作业处方图，通过计算得到精确施肥量，并将其发送给电动机控制单元，由其对排肥槽电动机进行速度控制，进而控制槽轮转速，实现施肥的变量控制。

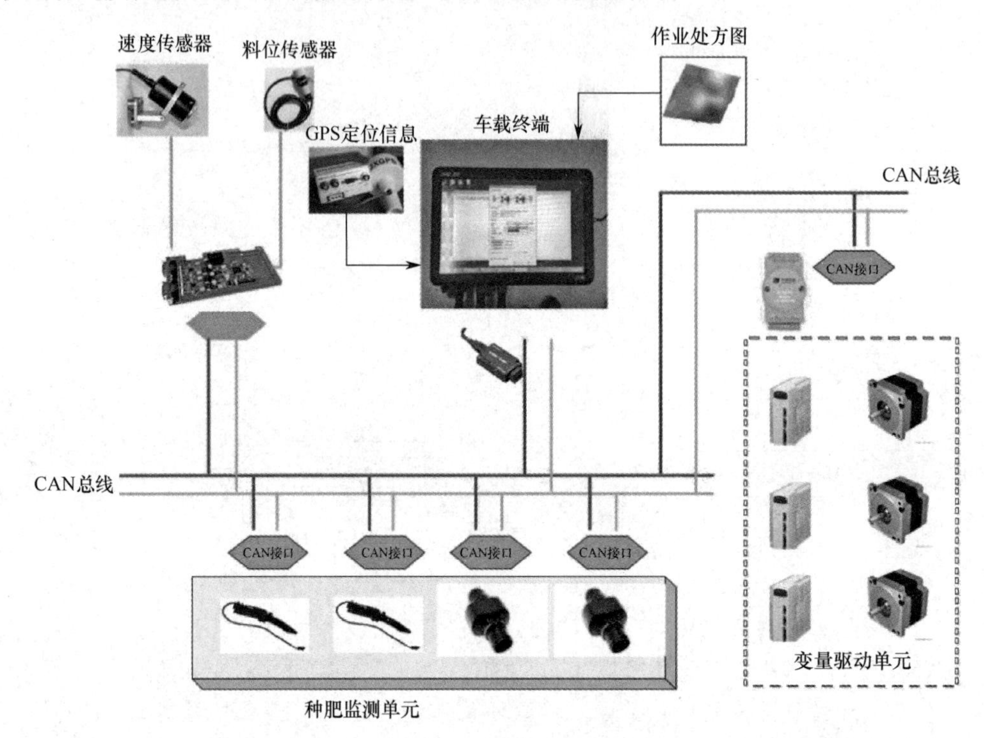

图 3-40 玉米播种机种肥测控系统结构

2. 系统硬件设计

图 3-41 所示为玉米播种机种肥测控系统。

车载终端采用 IPCA-7010 型工业车载计算机，其基于 X86 架构，以 Atom 主板作为核心，集成存储、通信、显示及输入/输出模块，并具备良好的兼容性和可扩展性，便于操作与维护，同时能够较好地满足精准农业田间作业过程中多源数据采集与存储、作业过程监视及信息分析决策等需求，终端集成卫星定位模块、CAN 总线模块及 DTU 单元等。其中，卫星定位模块采用 UBlox-Neo M8 模组，支持 GPS 与北斗双模定位，最大定位误差≤2.5m。

传统的排种器采用地轮传动形式，随着作业速度的不断提高，车辆打滑成为影响播种质量的重要因素之一。电动机直驱技术能够有效消除机械传动的不利影响。电驱式排种系统采用直流电动机替代机械传动结构，直接驱动排种盘，采用测速雷达或北斗等测速装置获得播种机的作业速度，根据速度结合所设置的播种量信息，实时调节排种盘的转速，进而实现播种量与作业速度的合理匹配。采用电驱式排种结构不仅能够很好地适应高速播种作业，而且能够进一步实现对每路播种单元的单独启停控制。

采用 BG45×15SI 型一体式直流电动机作为排种轴驱动源，该电动机内部集成驱动电路，采用直流模拟电压信号实现电动机转速的动态调整，信号范围为 0～10V。电动机输出功率为 52.5W，工作电压为 DC12V，最大转速为 3080r/min，同时配置 PLG52 行星减速器，减速比为 50。车载终端通过决策后，将控制指令通过 CAN 总线发送至排种电动机，驱动排种电动机按照设定转速旋转。

(a) 施肥驱动电动机

(b) 播种驱动电动机

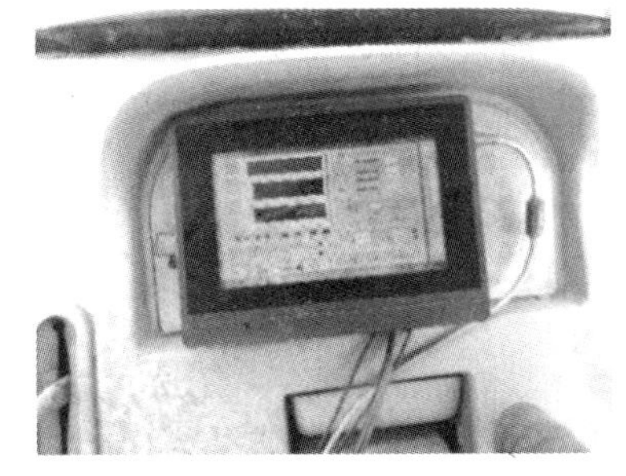

(c) 车载终端

(d) 电动机控制单元

图 3-41　玉米播种机种肥测控系统

电动机控制单元采用 K8516 型 CAN 总线模拟量输出模块，其主要技术参数如下：输出信号 4 路；DA 分辨率 12 位，输出信号范围 0～10V；供电电压 DC 9～24V。其通过 CAN 总线接口与车载终端通信。

3. 系统软件设计

测控系统软件采用 LabWindows/CVI 2012 平台开发，软件程序采用模块化和结构化设计原则，以 Windows 7 操作系统为系统软件运行平台。系统软件主要负责播种机作业状态信息的采集与显示、卫星定位信息的实时获取、播种施肥变量控制，以及系统数据的实时存储与处理。

测控系统软件主要包括数据采集与控制模块、数据存储与显示模块及参数配置模块。

1）数据采集与控制模块

数据采集与控制模块是玉米播种机测控系统软件的关键组成部分，该部分主要完成各路数据信息，如播种质量、种肥箱料位、卫星定位等信息采集，系统外部设备与交互终端的通信方式主要有 RS-232 串口通信和 CAN 总线通信两种形式。其中播种质量信息及车辆行进速度信息等通过 CAN 总线与交互终端实现通信。测控系统根据载入的处方信息及车辆当前卫星定位信息和机具参数等确定期望播种施肥转速，并通过 CAN 总线发送至控制单元，控制施肥播种电动机按期望转速运转。

2）数据存储与显示模块

数据存储与显示模块是监测系统采集软件在界面上的显示值包括北斗位置信息、播种深度和车辆工况参数（行进速度、种肥箱料位状态等），同时系统软件还将完成各路信息的保存，便于后续分析与处理。

3）参数配置模块

参数配置模块主要完成播种施肥工作参数配置及机具参数配置等，以便于设备能够正常工作。

监测系统主界面如图 3-42 所示。

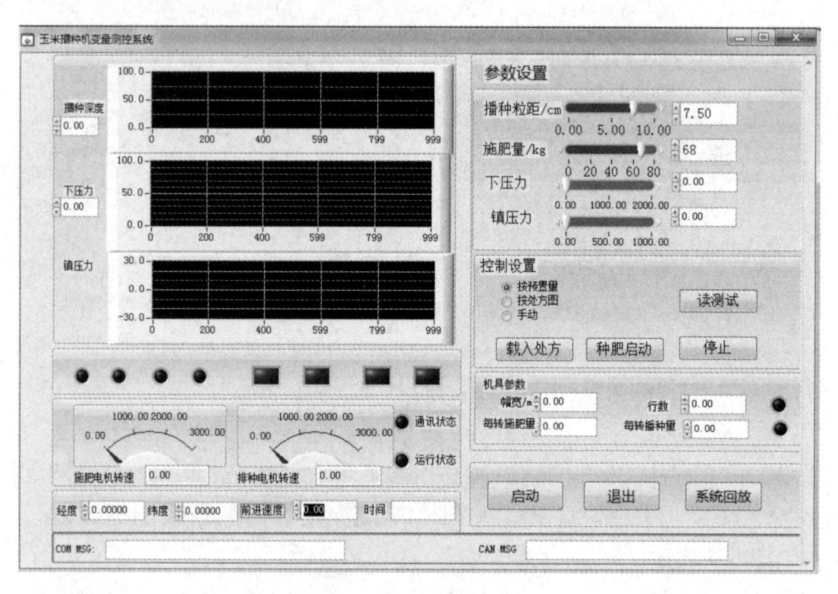

图 3-42　监测系统主界面

3.2.3　播种深度控制技术

种子只有播在土壤中适宜的深度，才能获得良好的水分条件和养分条件，也才能发芽出苗并正常生长。播种深度一致，有利于同时出苗，减少大小苗现象，发挥群体优势，提高产量。

开沟深度、覆土量和镇压强度等均影响播种深度，在生产中，一般通过调节开沟深度来调节播种深度。开沟器作业时，土壤阻力、地表残留等会造成一定程度的振动，从而导致开沟深度和播种深度发生波动。为了实现适宜且一致的播种深度，要求开沟深度可以根据需要进行调节，且必须控制各播行开沟器随地面起伏而浮动。

传统的播种机通常采用机械弹簧和平行四杆机构实现被动作用式机械仿形，达到播种深度一致的目的。但受地形等影响，在作业过程中仍然会出现播种深度一致性不好的问题。为了更好地控制播种深度，主动作业式仿形控制成为更好的选择。主动作业式仿形控制一般通过检测装置获取对地作用力后，采用电液或气动方式主动调节播种单体的下压力，从而提高播种深度一致性。

1. 测控系统硬件设计

1）系统组成

图 3-43 所示为播种深度及镇压力测控系统结构图。

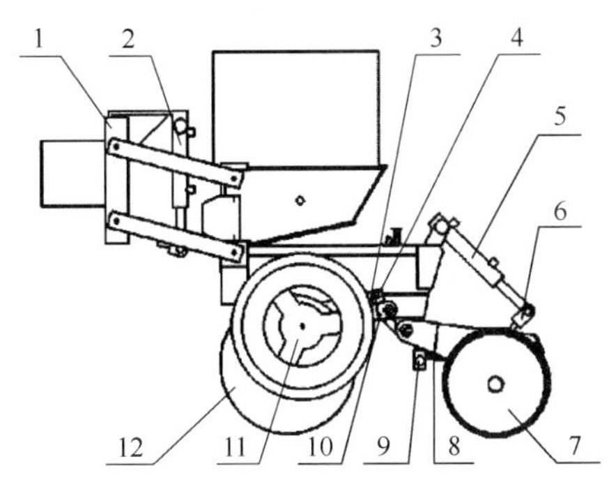

1—机架；2—下压液压缸；3—限深块；4—下压力传感器；5—镇压液压缸；6—弹簧拉杆；7—镇压轮；8—弹簧；9—镇压力传感器；10—限深轮拐臂；11—限深轮；12—圆盘开沟器

图 3-43　播种深度及镇压力测控系统结构图

基于中农机的 2BJ-470B 玉米免耕精量播种机的机械结构，设计了播深及镇压力测控系统，该系统主要由下压力传感器、限深轮、限深块、圆盘开沟器、下压液压缸、镇压轮、镇压力传感器、弹簧、弹簧拉杆、镇压液压缸等组成。

限深块用于限制限深轮拐臂摆动的上限位置，其位置可以调节，在作业过程中，当限深轮拐臂与限深块接触时，开沟器的开沟深度达到设定值。因此，将下压力传感器安装在限深块上，可以实时感知限深轮与限深块之间的力（之后称之为下压力），当下压力传感器的实测值大于零时，表示限深轮拐臂与限深块接触，从而使开沟深度达到设定值。

为了使限深轮拐臂与限深块保持稳定接触，减少作业过程中的振动造成的影响，在作业过程中，当下压力传感器的值小于某一正值时，即通过下压液压缸为其增加下压力。下压液压缸安装在机架和平行四杆下杆之间，给平行四杆以垂直方向的作用力，根据下压力传感器实测值，调节下压力。将镇压力传感器安装在镇压轮的机架上，调节镇压力的弹簧的一端连接在镇压力传感器上，另一端连接在弹簧拉杆上，镇压液压缸安装在机架和弹簧拉杆之间，通过控制镇压液压缸的动作，调节弹簧拉杆的位置，从而调节弹簧的伸长量，达到调节镇压轮镇压力的目的。

2）播种单体受力分析

图 3-44 所示为播种单体受力示意图。

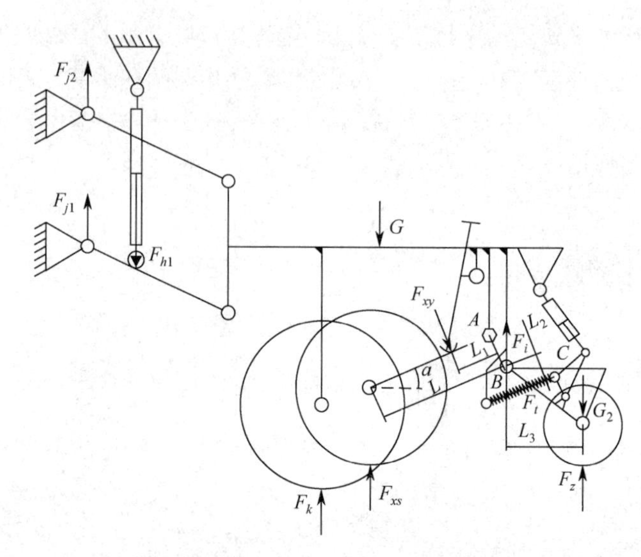

图 3-44 播种单体受力示意图

把平行四杆和播种单体整体（简称播种单体）作为研究对象进行受力分析，当竖直方向上受力平衡时，有如下关系：

$$\sum F_y = F_j + F_k + F_{xs} + F_z - G - F_{h1} \tag{3-37}$$

式中，$\sum F_y$——播种单体竖直方向所受合力。

F_j——机架对播种单体竖直方向的牵引力，$F_j = F_{j1} + F_{j2}$。

F_k——开沟圆盘竖直方向的开沟阻力。

F_{xs}——土壤对限深轮竖直方向的支持力，其反作用力 F'_{xs} 为限深力。

F_z——土壤对镇压轮竖直方向的支持力，其反作用力 F'_z 为镇压力。

G——播种单体的重力，其中包含镇压轮的重力 G_z。

F_{h1}——下压液压缸对播种单体竖直方向的作用力。

当 $\sum F_y = 0$ 时，播种单体在竖直方向上可视为静止；当 $\sum F_y > 0$ 时，播种单体在竖直向上的方向上有加速度，将向上跳动，影响播种深度；当 $\sum F_y < 0$ 时，播种单体在竖直向下的方向上有加速度，将向下运动，直到限深块和限深轮拐臂接触时，由于土壤对限深轮的支持力，竖直向下的位移将转变为竖直方向上柔性接触的形变量。在作业过程中，F_j、G 可视为常量，地形浮动和土壤质地变化，将引起 F_k、F_{xs}、F_z 的变化，从而导致 $\sum F_y$ 的变化，若 F_k、F_{xs}、F_z 的合力变大，其他力不变，则导致 $\sum F_y$ 从 0 变为正数，导致播种单体在竖直方向上的跳动，开沟圆盘上移，播种深度变浅。为了避免这种情况发生，使 F_{h1} 随着 F_k、F_{xs}、F_z 合力的变化做相应变化，使 $\sum F_y \leqslant 0$，即合力方向竖直向下，从而减少播种单体的向上跳动，提高播种深度合格率及一致性。

以限深轮和限深轮拐臂为研究对象，进行受力分析，可以得到

$$\sum M_A(F) = F_{xy} \cdot L_1 - F_{xs} \cdot L \cdot \cos a \tag{3-38}$$

式中，$\sum M_A(F)$——合力对 A 点的力矩。

F_{xy}——限深块对限深轮拐臂的力，与下压力传感器检测到的力大小相等、方向相反。

L_1——F_{xy} 的作用点与 A 点的距离。

L——限深轮轴心到 A 点的距离。

当 $\sum M_A(F)=0$ 时，力矩平衡，此时有

$$F_{xs} = \frac{L_1}{L\cos a} \cdot F_{xy} \tag{3-39}$$

拉伸弹簧两端，分别挂在机架和弹簧拉杆上，而弹簧拉杆一端铰接在镇压轮架上，另一端和镇压轮架在 C 点刚性接触，从而在 C 点对镇压轮架产生作用力 F_t，大小和弹簧弹力相等，方向近似取弹簧的收缩方向。取镇压轮架和镇压轮为研究对象，进行受力分析，可得

$$M_B(F) = (F_z - G_z) \cdot L_3 - F_t \cdot L_2 \tag{3-40}$$

当 $M_B(F)=0$ 时，力矩平衡，此时有

$$F_2 = \frac{L_2}{L_3} \cdot F_t + G_z \tag{3-41}$$

由于下压力传感器检测的是限深块对下压力传感器的作用力，限深块在限深轮拐臂和下压力传感器的共同作用下平衡，所以，限深轮拐臂对限深块的力 F'_{xy} 与下压力传感器对限深块的力大小相等、方向相反。因此，F_{xy} 的大小即为下压力传感器值。在镇压轮处，由于镇压力传感器检测的是拉伸弹簧的弹力，与 F_t 大小相等，因此，F_t 的大小即为镇压力传感器值。由式（3-39）可得，实际的限深力与下压力传感器值的关系如式（3-42）所示，实际的镇压力与镇压力传感器值的关系如式（3-43）所示，两组力之间均是线性关系。

$$F'_{xs} = \frac{L_1}{L\cos a} \cdot F_{xy} \tag{3-42}$$

$$F'_z = \frac{L_2}{L_3} \cdot F_t + G_z \tag{3-43}$$

3）下压液压缸与镇压液压缸选型

下压液压缸主要用于为播种单体增加下压力，参考相关研究中下压力的数值（付卫强等，2018），使液压缸可以提供的压力范围为 0～5000N，此时约为播种单体自重（约 70kg）的 7 倍。使用拖拉机的液压泵提供压力，85～95kW 拖拉机的额定压强一般大于 10MPa，流量一般大于 38L/min。当液压系统的工作压强范围为 1～10MPa 时，对应下压液压缸的内径范围为 80～24mm。当下压力一定时，工作压力和下压液压缸的内径成反比。下压液压缸安装在机架和平行四杆的下杆之间，平行四杆的活动空间为 40mm，因此，活塞杆的工作行程至少为 40mm。对于镇压液压缸，其活塞杆与弹簧拉杆连接在一起，通过活塞杆控制拉杆的位置，改变弹簧的伸长量。将弹簧拉伸至给定范围最大长度时，其张紧力为

600N，根据弹簧的伸长量和弹簧拉杆的活动范围，确定活塞杆的工作行程为 125mm。综合考虑下压液压缸和镇压液压缸的工作要求，以及液压缸的标准化，确定两种液压缸的内径为 32mm，活塞杆直径为 22mm，缸筒长度为 250mm。

4）液压系统设计

液压系统由液压泵（未示出）、溢流阀、电磁换向阀 1、电磁换向阀 2、电磁换向阀 3、蓄能器、平衡阀 1、平衡阀 2、比例减压阀 1、比例减压阀 2、下压液压缸、镇压液压缸等组成，液压系统原理图如图 3-45 所示。拖拉机的液压泵为液压系统提供液压油，通过电磁换向阀控制液压泵与工作油路的通断。在支路上并联一个溢流阀，调定压强为 10MPa，通过油压传感器监测主油路的压力，当压强小于 9MPa 时，使电磁换向阀处于通电状态，液压泵流出的液压油一方面给蓄能器充油，另一方面给主油路供油；当压强大于 11MPa 时，使电磁换向阀断电，液压泵的油直接回油箱，在这种情况下，蓄能器为主油路供油并提供压力。电磁换向阀可以控制液压泵为主油路断续供油，减少油液的发热。控制下压力的支路由电磁换向阀 2、平衡阀 1、比例减压阀 1 和下压液压缸等组成，当电磁换向阀 2 左位得电时，下压液压缸活塞杆伸出，通过调节比例减压阀 1 的电流信号来调节其出口压力，从而调节下压液压缸对平行四杆的下压力，进而调节限深轮拐臂与限深块之间的作用力，达到控制播种深度的目的。

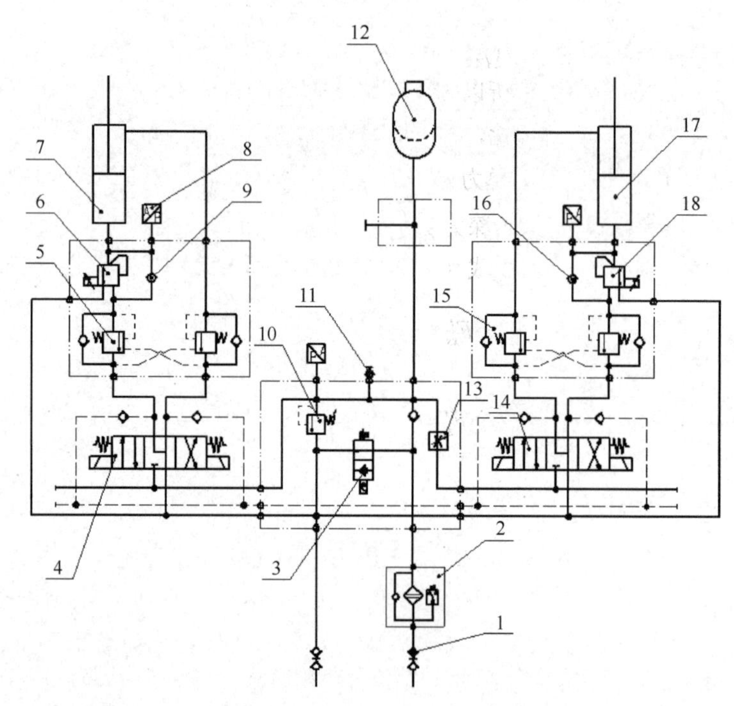

1—快换接头；2—压油滤油器；3—电磁换向阀 1；4—电磁换向阀 2；5—平衡阀 1；6—比例减压阀 1；7—下压液压缸；8—油压传感器；9—单向阀 1；10—溢流阀；11—测压接头；12—蓄能器；13—调速阀；14—电磁换向阀 3；15—平衡阀 2；16—单向阀 2；17—镇压液压缸；18—比例减压阀 2

图 3-45 液压系统原理图

控制镇压力的支路由电磁换向阀 3、平衡阀 2、比例减压阀 2 和镇压液压缸等组成，当电磁换向阀 3 右位得电时，镇压液压缸活塞杆伸出，当左位得电时，活塞杆收回，当电磁换向阀 3 处于中位时，镇压液压缸活塞杆保持不动。通过给电磁换向阀 3 不同的信号，可以控制镇压液压缸活塞杆的动作，从而调节弹簧拉杆的位置。通过给比例减压阀 2 不同的电流信号，可以控制比例减压阀 2 的出口压力，即镇压液压缸无杆腔的压力，从而调节镇压液压缸对弹簧拉杆的拉力。

5）下压力与镇压力传感器安装设计

销轴传感器在检测播种单体下压力中已被多次采用（付卫强等，2018；高原源等，2019），其工作可靠，适应性强，能够有效感知播种单体实时的下压力。下压力传感器安装方式示意图如图 3-46 所示。其中，限深块安装座和限深轮拐臂均铰接在机架上，下压力传感器安装在限深块安装座的孔中，限深块套在下压力传感器上，为下压力传感器发生形变留有足够的空间 δ。通过调节开沟深度调节手柄的位置，可以使限深块安装座绕着转轴 2 转动，进而调节限深块的位置。

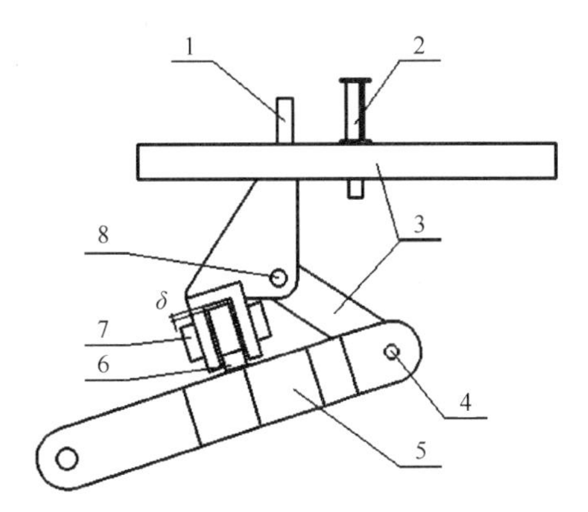

1—限深块安装座；2—开沟深度调节手柄；3—机架；4—转轴 1；5—限深轮拐臂；
6—限深块；7—下压力传感器；8—转轴 2

图 3-46　下压力传感器安装方式示意图

镇压力是指镇压轮对土壤的压实力，主要通过调节弹簧的伸长量来调节镇压力。同样，采用销轴传感器作为镇压力传感器，测量实时的镇压力。镇压力传感器安装方式示意图如图 3-47 所示。其中，镇压轮安装在镇压轮架上，镇压轮架铰接在机架上，镇压力传感器也安装在机架上，弹簧一端钩住镇压力传感器，另一端钩住弹簧拉杆，弹簧拉杆一端铰接在镇压轮架上，另一端可固定在镇压轮架上。镇压液压缸的一端安装在机架上，另一端与弹簧拉杆相连。通过镇压液压缸的动作可以使弹簧拉杆绕铰接点转动，从而改变弹簧的伸长量，由于弹簧钩在镇压力传感器上，从而镇压力传感器可以检测弹簧的弹力，根据弹簧弹力与镇压力之间的关系，镇压力传感器可以间接测得镇压力。

液压系统控制器采用 EasyController YW-RT2216 型车载控制单元，由输入单元、控制单元、输出单元等多个系统单元组成，其编程平台为 EasyBuilder，用户可使用梯形图语言进行编程。该控制器有 4 个模拟量输入端口、10 个 PWM 输出端口、12 个开关量输入端口、

12 个开关量输出端口。在每个比例减压阀出口和主油路上溢流阀入口处分别安装了油压传感器，与控制器的模拟量输入端口相连。另配置一个 A/D 信号采集模块，采集下压力传感器和镇压力传感器的信号，并通过 CAN 总线传送给控制器。同时，车载终端也通过 CAN 总线与控制器通信。3 个电磁换向阀的 5 个信号端子与控制器的开关量输出端口相连，2 个比例减压阀的信号端子与控制器的 PWM 输出端口相连。

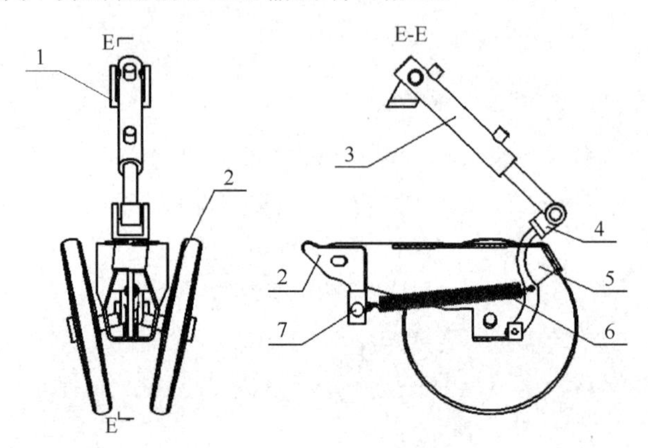

1—机架；2—镇压轮；3—镇压液压缸；4—弹簧拉杆；5—镇压轮架；6—弹簧；7—镇压力传感器

图 3-47　镇压力传感器安装方式示意图

2. 数学模型的建立

下面介绍下压力数学模型的建立。

1）下压力标定试验台架

为了建立下压力数学模型，需要分别标定控制电流和减压阀出口油压的关系、减压阀出口油压和下压力的关系、下压力与限深力的关系。搭建如图 3-48 所示的试验台。在进行各组标定试验前，将限深轮支撑架置于电子秤上，支撑架的两个支撑台分别支撑两侧限深轮，使开沟圆盘处于两个支撑台中间的空隙。通过拖拉机的升降阀组将播种单体整体升降至适当位置，使平行四杆下杆和限位块的下边缘脱离接触升起限深轮支撑架，使限深轮缓慢上升，注意观察车载终端的压力传感器显示值，当其从 0 转为正值时，停止上升，并将电子秤进行去皮操作，以降低机器自重对数据的影响。之后开始标定试验。通过电子秤显示限深轮与限深轮支撑架之间的作用力（限深力），通过车载终端显示下压力传感器值，在试验过程中记录数据。

图 3-48　试验台

2）比例减压阀 1 出口油压、下压力、限深力与控制电流之间的关系

在标定过程中，给电磁换向阀 1 让液压缸活塞杆伸出的信号，并从 0 开始，先以 50mA 为递增量，给比例减压阀 1 从小到大的电流信号，当增加到 1150mA 后，以 50mA 为递减量，给比例减压阀 1 从大到小的电流信号，重复 3 次以上过程，计算 3 次数据的平均值，可以得到，当电流从小到大及从大到小时，比例减压阀 1 出口油压、下压力传感器值、限深力值随电流信号变化的曲线如图 3-49 所示。

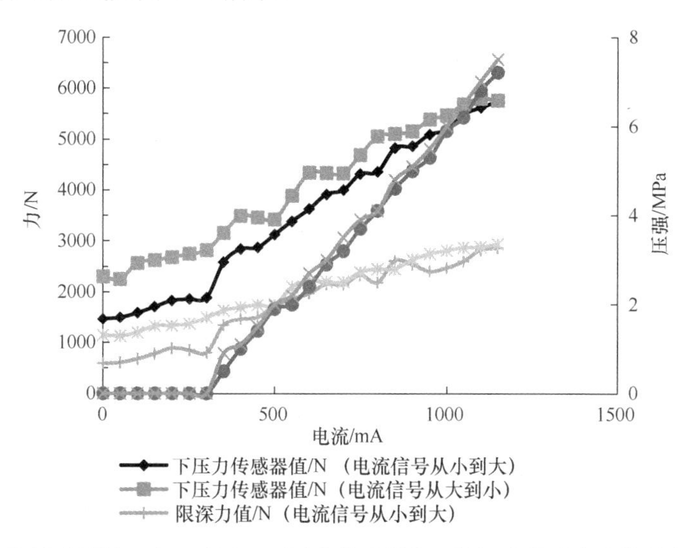

图 3-49　比例减压阀 1 出口油压、下压力传感器值、限深力值随电流信号变化的曲线

可以发现，三者与电流呈正相关。对于电流从大到小和从小到大的变化过程，三者的重复精度不同，其中，比例减压阀 1 出口油压的重复精度最高，限深力次之，下压力传感器值的重复精度最低。另外，对于相同电流值，在电流从大到小过程中的各值大于电流从小到大过程中的值，主要原因在于试验的顺序，当先标定电流从小到大的过程，后标定从大到小的过程时，处于整体液压提升状态的播种单体会有一定程度的下降。受单体重力的影响，对于相同的电流值，处于后面标定过程的油压值或力值偏大。

3）下压力传感器值与限深力值的关系

下压力传感器值与限深力值的关系如图 3-50 所示，分别是电流信号由小变大的标定过程和电流信号由大变小的标定过程，两者呈近似线性关系，与前述受力分析结果一致。当下压力值为 0，即限深轮拐臂未与限深块接触，限深块未对下压力传感器产生作用力时，限深轮在重力作用下也会触地，此时限深力值不为 0。因此，标定的关系只有在下压力传感器值不为 0 的情况下才有效。通过此关系可以根据理想的限深力设置合适的目标下压力传感器值。当下压力传感器实测值与设定值相等时，表示播种深度达到设定值，也表示实际限深力接近理想值。

4）下压力变化量与电流变化量的关系

在实际作业过程中，由于地形浮动、土质变化等因素，下压力传感器值会实时变化。同

样的电流信号，测得的下压力会不同。因此，通过标定得到的电流信号与下压力的关系，只能反映相关关系，不能直接用于实际的控制过程。下压力主要与液压力、播种单体自身重力、土壤作用力有关，重力可以近似看作常量，当液压力不变时，下压力的变化主要由土壤的作用力引起。通过调节液压力来消除变化，主要通过改变比例减压阀 1 的控制电流信号实现。因此，标定时，控制其他因素不变，只改变电流，计算下压力的变化量，从而研究电流的变化量与下压力变化量的关系。基于标定过程中的试验数据，计算相同的电流增量对应的力增量，求平均值；计算相同的电流减量对应的力减量，求平均值。由于作业过程中需要根据力的变化计算出相应的控制信号，因此，以力的变化量为自变量，以电流的变化量为函数，得到电流增量与力增量、电流减量与力减量的关系分别如图 3-51 和图 3-52 所示。通过标定数据拟合得到的关系式分别如下：

$$y = 0.2421x - 7.3225 \tag{3-44}$$

$$y = 0.283x - 5.8972 \tag{3-45}$$

其中，式（3-44）为电流增量与力增量的关系式，式（3-45）为电流减量与力减量的关系式。

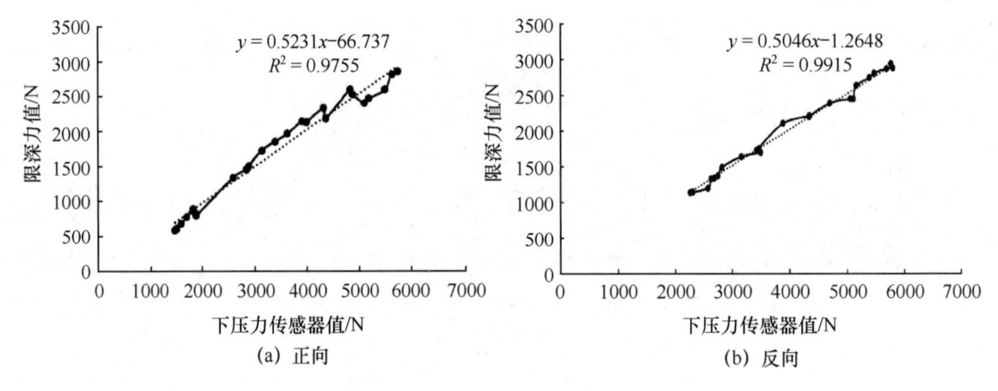

图 3-50　下压力传感器值与限深力值的关系

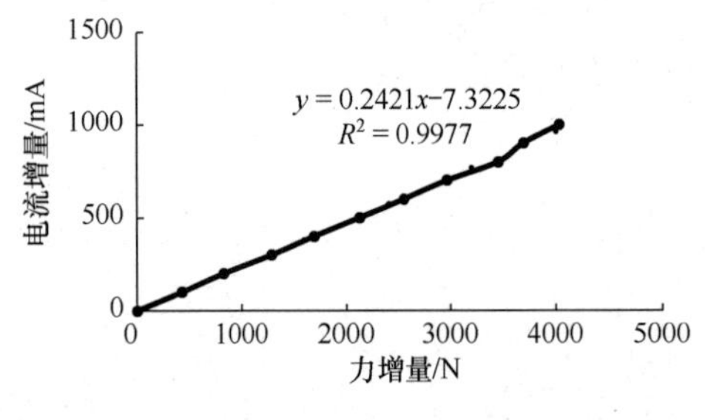

图 3-51　电流增量与力增量的关系

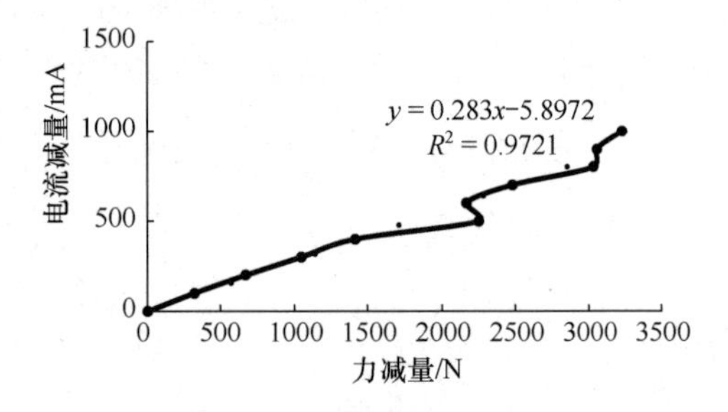

图 3-52　电流减量与力减量的关系

3. 镇压力的控制过程

1）镇压力标定试验台架

镇压力标定过程如图 3-53 所示。在进行各组标定试验前，通过播种单体的整体升降，将镇压轮置于电子秤上。为降低机器自重对数据的影响，在标定前对电子秤进行去皮操作。

在试验中，通过比例减压阀 2 出口安装的油压表显示比例减压阀 2 的出口压力值，通过电子秤显示镇压轮与电子秤之间的作用力，通过车载终端显示镇压力传感器值，在试验过程中记录数据。

2）镇压力传感器值与镇压力值的关系

在标定过程中发现，当给比例减压阀 2 的电流信号为 450mA，减压阀出口压力为 1.5MPa 时，液压缸无法拉动弹簧；当电流信号大于 500mA，比例减压阀的出口压力大于 1.9MPa 时，液压缸可以使弹簧伸长至最大量。因此，当液压缸处于伸出状态时，调节比例减压阀 2 的电流信号，不能灵敏地调节液压缸的动作。对于镇压力控制，需要采用一种能灵活控制液压缸动作的方式，本书主要通过控制电磁换向阀 2 来控制液压缸活塞杆的动作，对应电磁换向阀 2 的 3 种信号，给比例减压阀 2 对应的 3 个固定电流信号，实现液压缸动作和压力的控制。对于镇压力，只标定镇压力值与镇压力传感器之间的关系。编写程序，通过车载终端界面的“伸”“停”“缩”按钮，可以让液压缸进行相应的动作，从而使弹簧伸长至不同的长度，可以标定镇压力传感器值和电子秤测得的实时镇压力值的关系。试验得到镇压力传感器值和镇压力值的关系如图 3-54 所示。通过标定建立的模型可以用于指导实际作业，设定一个合适的镇压力传感器目标值。

图 3-53　镇压力标定过程

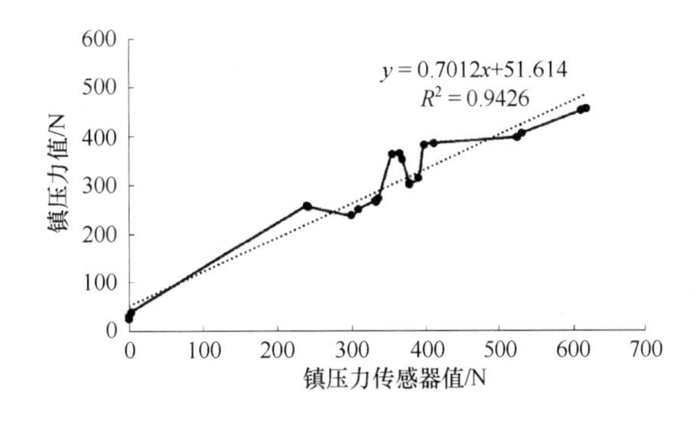

图 3-54　镇压力传感器值与镇压力值的关系

4. 测控系统的阶跃响应结果

1）下压力测控系统的阶跃响应试验

分别设定目标下压力传感器值为 5000N、4000N、3000N、2000N，对测控系统进行阶跃响应测试，下压力测控系统的阶跃响应曲线如图 3-55 所示，观察系统的阶跃响应情况。

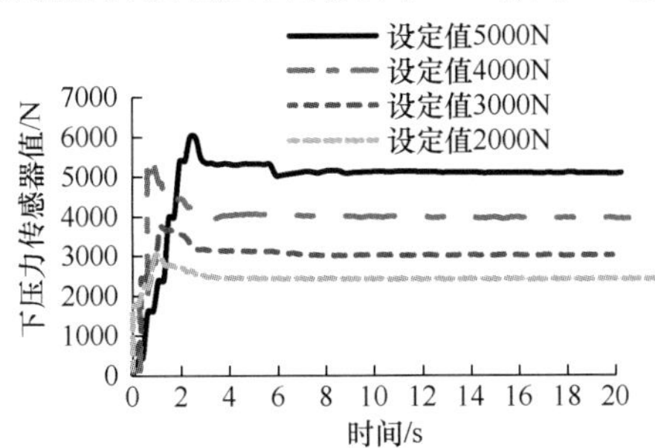

图 3-55　下压力测控系统的阶跃响应曲线

表 3-7 所示为下压力测控系统的阶跃响应测试结果。

表 3-7　下压力测控系统的阶跃响应测试结果

试验编号	目标下压力传感器值/N	稳态值 y_{∞} /N	超调量/%	稳态误差 e_{ss} /N	调节时间/s
1	5000	5105	16.4	105	2.714
2	4000	4161	25.9	161	2.840
3	3000	3033	23.2	33	2.574
4	2000	2427	23.9	427	2.668

可以看出，当设定值为 3000～5000N 时，稳态误差均小于 161N，调节时间最长为 2.840s，超调量为 16.4%～25.9%。随着设定值的变化，调节时间波动不大。当设定值为 2000N 时，稳态误差为 427N，这是由于在进行标定时，液压系统在短时间达到了一个较大的压力，有较大的超调量，之后比例减压阀的电流信号会减小，但播种单体的自身重力（约为 700N）已经在压力第一次上升过程中全部加到了向下的合力中，之后在比例减压阀的电流信号减小过程中，播种单体的自身重力无法从下压力的合力中移走，仅比例减压阀的出口压力会减小。从最后的稳态值未进入误差限范围内可以判断出，比例减压阀的电流信号已经减为 0，此时对应其出口压力的最小值 0.7MPa，与下压液压缸的无杆腔面积相乘，则给播种单体的最小下压力约为 560N，加上播种单体的自身重力，合力约为 1260N，即限深力约为 1260N，由前面的标定试验可知，下压力传感器值与限深力之间呈近似 2 倍的关系，此时下压力传感器的值约为 2520N，与标定试验中得到的稳态值 2427N 接近，2427N 即标定试验中可以达到的最小值。因此，当标定试验中设定的目标下压力传感器值小于 2427N 时，系统无法达到。为了检验这一推测，设置目标下压力传感器值为 2500N，得到的阶跃响应曲线如图 3-56 所示。其稳态值为 2567N，稳态误差为 67N，调节时间为 2.636s，超调量为 26.33%。本书取设定目标下压力传感器值为 5000N、4000N、3000N 和 2500N 时相关试验指标的均值来表征系统的控制性能，得到平均超调量为 22.96%，平均稳态误差为 91.5N，平均调节时间为 2.691s。

2）镇压力测控系统响应试验

分别设定目标镇压力值为 300N、250N、200N，进行镇压力测控系统的阶跃响应试验。响应曲线如图 3-57 所示，阶跃响应测试结果如表 3-8 所示。

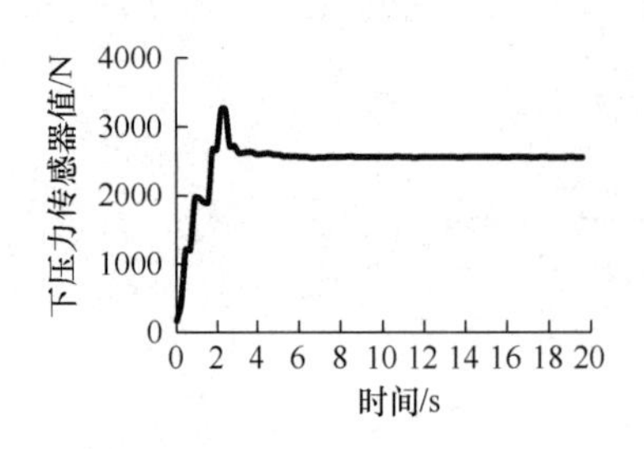

图 3-56　设定目标下压力传感器值为 2500N 时的下压力阶跃响应曲线

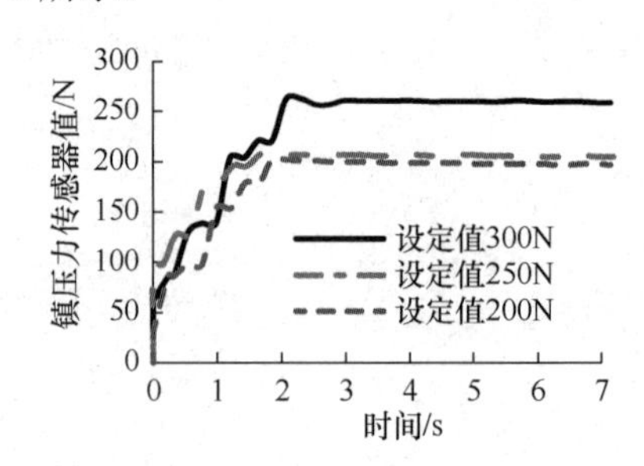

图 3-57　镇压力测控系统的阶跃响应曲线

表 3-8　镇压力测控系统阶跃响应测试结果

试验编号	目标镇压力传感器值/N	稳态值 y_∞ /N	超调量/%	稳态误差 e_{ss} /N	调节时间/s
1	300	260	1.1	40	2.074
2	250	205	1.4	45	0.811
3	200	196	3	34	1.435

由表 3-8 可知，镇压力测控系统调节时间最长为 2.074s，稳态误差最大为 45N，超调量为 1.1%～3%。

3.3　气流输送式播种机智能化技术

气流输送式播种机的工作原理是，种子首先通过种肥箱进入机械定量排种（肥）器，通过风机输送气流，将种子和肥料送入输送总管，再由输送总管进入分配器，通过分配器分配到输送肥管，最后到达开沟器，完成播种施肥作业。气流输送式播种机作业速度快、幅宽大，排种速度可以通过控制风机的转速进行调整。由于其作业效率高，因此，在作业过程中需要实时检测各管路的状态，通过在各输送管路上安装阻塞报警传感器，及时发现故障，防止因阻塞造成漏播损失。

3.3.1　气流输送式漏播检测装置总体设计

漏播检测装置由传感器头和信号采集传输单元组成，其中，传感器头包含外壳、感知单元、信号处理单元。为了能够适应灰尘、振动等恶劣的环境，具有高的检测频率，且尽可能成本低廉，设计采用压电陶瓷为传感器的转换元件；为了使信号输出较大，选用 T6 铝合金为敏感元件；为了能够加速一次种子撞击后信号的衰减，选用弹性模量大的橡胶作为阻尼器件；铝合金板、压电陶瓷、橡胶通过强力胶黏结在一起组成感知单元。感知单元在一次撞击后的输出信号为衰减振荡信号，信号处理电路中包含包络检波电路；为了消除信号抖动带来的计数误差影响，利用了施密特触发电路的磁滞特性，正向跃变电压为 2V，反向跃变电压为 1V。此外，装置中还包括带通滤波电路、放大电路，信号处理电路的输出为脉冲信号。

为了消除多粒种子撞击造成的计数误差，采用阵列式感知单元，这里根据结构设计采用了 6 个感知单元。为了保证种子能够撞击到感知单元且避免单粒种子的重复撞击，需要进行传感器的结构设计。信号采集传输单元以 PIC18F25K80 单片机为核心，采集 6 路脉冲信号，并通过 CAN 总线传输到控制显示面板。气流输送式漏播检测装置各部分实物图如图 3-58 所示。

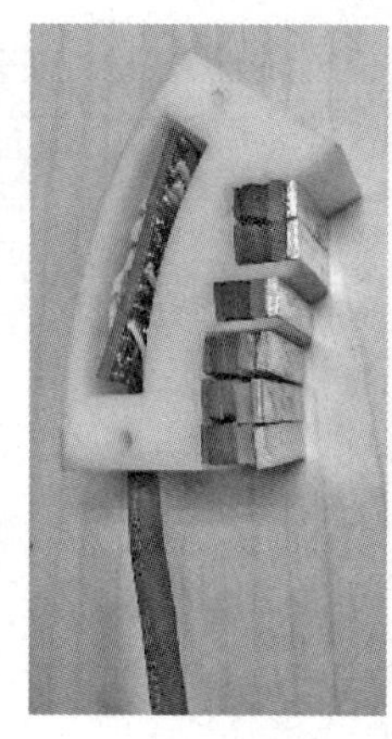
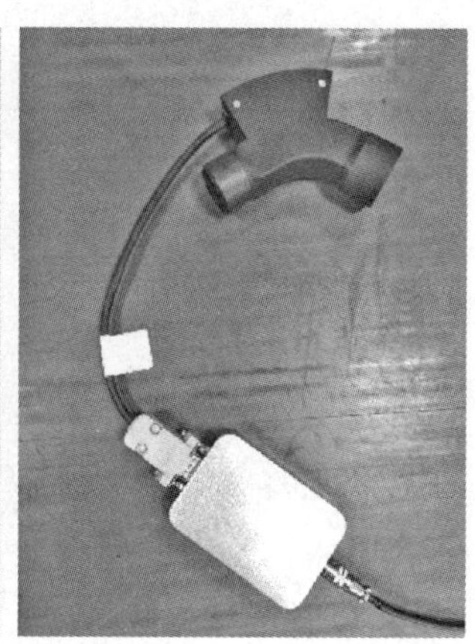

图 3-58　气流输送式漏播检测装置各部分实物图

3.3.2　敏感单元确定

压电陶瓷具有压电效应，当作用有动态的力时，对外表现出充放电现象，根据压电效应方程可知，在弹性形变范围内，形变量越大，压电材料产生的电荷量越多，也就是有更大的响应信号，越容易被检测到。通过检测电压（或电流）变化可以检测到是否有撞击发生。压电陶瓷具有良好的高频响应性能，适合用来检测气流输送式播种机的高频种子流。

为了区分种子的连续冲击以提高传感器检测精度，需要选择合适的敏感元件来承受种子的撞击。根据小挠度薄板理论可知，固有频率越高，瞬态响应分量衰减越迅速，敏感元件应该具有高的固有频率以加速信号衰减，并且在撞击时具有较大的相对变形率，以获得大的输出信号，从而便于检测。研究表明，T6 铝板和 304 不锈钢在水稻籽粒撞击下能获得较大的碰撞接触力，比较适合作为敏感材料（梁振伟等，2014）。

在薄板材料确定的情况下，其固有频率主要由厚度 h、长度 l 及宽度 b 决定，通过约束下的模态分析可知，随着敏感板厚度 h 增加，一阶固有频率增加而相对变形率下降；随着敏感板宽度 b 增加，一阶固有频率和相对变形率均下降。对于宽度 b 来说，应该在保证撞击条件下取最小值，考虑小麦籽粒的长度约 5mm，所以确定 b=5mm；而对于厚度 h 来说，这是两个相互矛盾的参量，需要折中考虑，最终需要通过试验来确定。

气流输送式播种机的作业速度可以达到 15km/h，个别可以达到 20km/h；小麦的播种量为 300～420kg/hm^2，每千克粒数为 17200～43400 粒；国内外设计的小麦播种机的播种行距有 12.5cm、15cm、19cm、20cm、30cm 等多种尺寸；根据公式：

$$F = \frac{VGWH}{36} \times 10^{-5} \tag{3-46}$$

式中，V——播种机行进速度，取 20km/h。

G——小麦播种量，取 400kg/hm^2。

W——每千克小麦种子粒数，取 40000 粒/kg。

H——播种机行距，取 20cm。

可得小麦种子的撞击频率为 2kHz，考虑到种子并不是均匀撞击的，会出现多粒种子几乎同时撞击的可能，所以，信号电路设计应能处理比 2kHz 更高的频率，这样才能保证更高的检测精度。

3.3.3　检测装置信号处理与采集

1. 信号处理电路设计

根据感知单元的输出响应进行信号处理电路设计，首先通过理论分析确定传感器结构，然后通过电路仿真初步确定元器件的参数，最终在台架试验中修正元器件参数。

根据试验可知，感知单元的输出信号幅值较高，所以，可以将带通滤波器电路置于放大电路之前。带通滤波器理论上只允许频率在通频带内的信号通过，频率在通频带以外的信号完全截止，而实际的滤波器对通频带内的信号强度也会有一定程度的削弱，对通频带附近的信号抑制能力也有限。这里采用 RC 带通滤波器，实际上是低通滤波器和高通滤波器的串联，其传递函数为

$$H(s)=\frac{1}{\tau_1 s+1}\frac{\tau_2 s}{\tau_2 s+1} \tag{3-47}$$

式中，τ_1——低通滤波时间常数。

τ_2——高通滤波时间常数。

选择通频带为 10～23kHz。

放大电路是基于 TL082C 进行设计的，放大后信号达到放大器的最大输出，这里允许并且应当设计适宜的削顶失真，来提高灵敏度，避免小撞击力的碰撞不能被检测到；但是不能很多，否则会导致检波后波形时间跨度变长，不宜提高检测频率；实际的放大倍数受种子大小、气流大小的影响，可以通过台架试验最终确定适宜的参数。二极管检波电路使用的二极管为 1N4148，检波电路利用快速充电、慢速放电获得信号的包络信号，从而将多峰信号变成单峰信号，电容越小，充电时间越短，电阻越大，放电时间越长，可以通过电路仿真确定元器件。比较电路用于将模拟信号变成脉冲输出，这里采用反向施密特触发器电路，利用其磁滞特性可以消除信号抖动引起的比较器抖动，这里选择磁滞宽度为 2V，反向跃变电压 VTL 为 1V。RLC 电路的自然振荡频率和阻尼比为

$$\begin{cases}\omega_n=\dfrac{1}{\sqrt{LC}}\\[2ex]\zeta=\dfrac{R}{2\sqrt{\dfrac{L}{C}}}\end{cases} \tag{3-48}$$

当 R=1kΩ 时，得 C=1.15nF，L=79.97mH。在 Altium Designer 中建模并进行相应的设置后进行仿真。信号仿真曲线如图 3-59 所示，可以看出脉冲宽度小于 0.5ms，能够满足高于 2kHz 的检测频率。

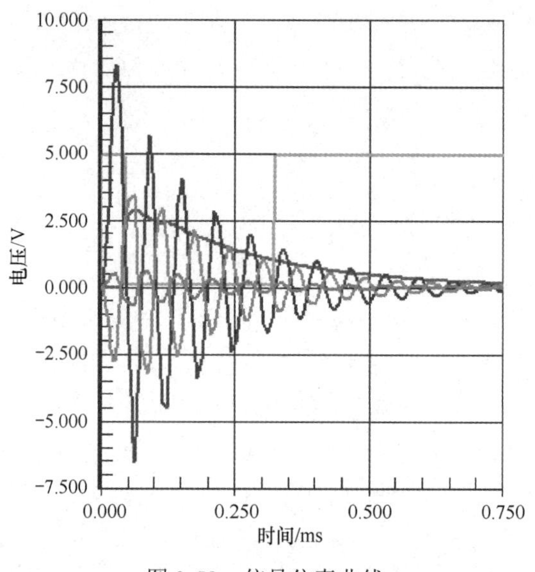

图 3-59 信号仿真曲线

根据仿真电路制作了印制电路板（PCB），通过台架试验的修正后，信息处理电路原理图如图 3-60 所示。

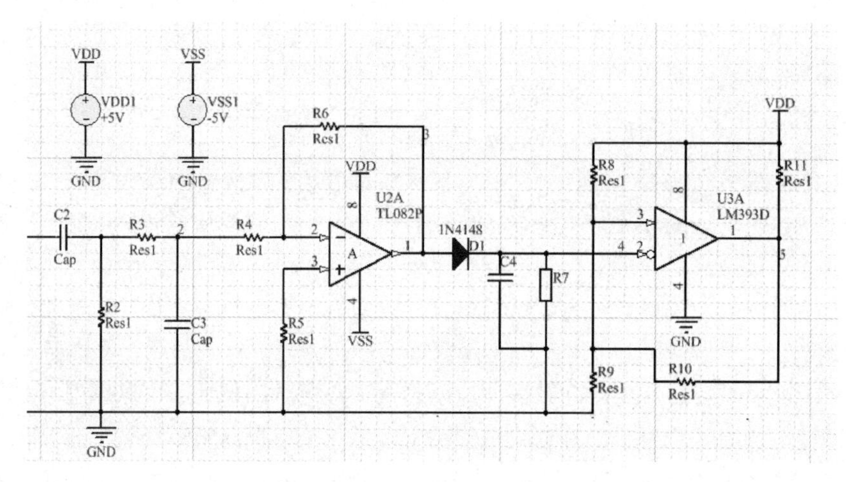

图 3-60 信号处理电路原理图

2. 信号采集系统

信号采集系统包含信号采集电路和采集程序。信号采集电路基于 PIC18F25K80 单片机，PIC 单片机采用了哈佛总线结构，运行速度大大提高，并且集成了多种外围设备模块，如 CCP、CAN 等，大大简化了外围电路设计。采集电路利用了 PIC 单片机的 CCP 模块和外部中断实现脉冲信号采集，利用单片机的 CAN 模块和 TJA1050 实现 CAN 通信。气流输送式漏播检测装置采集电路原理图如图 3-61 所示。

信号采集软件结构框图如图 3-62 所示。首先进行相关的初始化工作，然后进入循环，检查是否请求发送计数结果，计数在中断服务程序中完成，CAN 通信波特率为 250kbit/s。

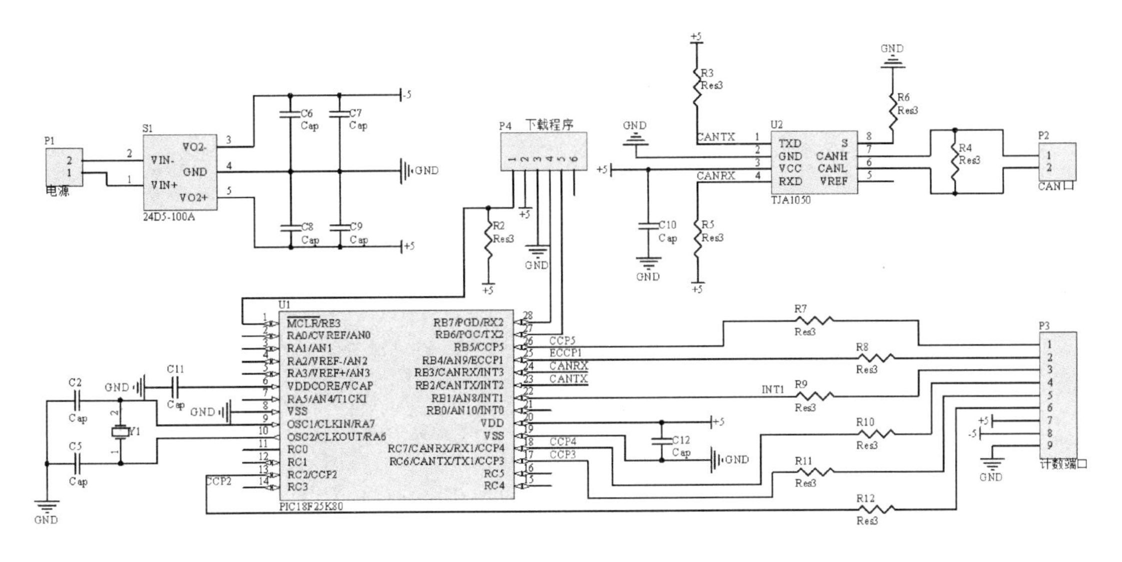

图 3-61　气流输送式漏播检测装置采集电路原理图

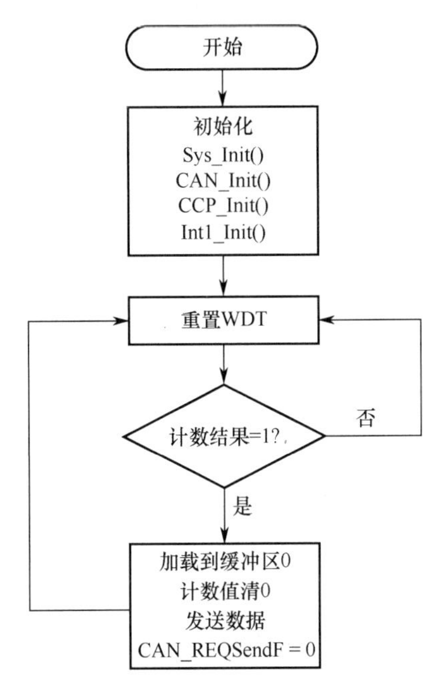

图 3-62　信号采集软件结构框图

3.3.4　试验测试与结果分析

1. 敏感单元试验

结合前述分析，选取相同长宽、不同材料、不同厚度的感知单元进行试验，如图 3-63 所示。感知单元的响应曲线如图 3-64 所示，纵轴表示电压（单位：V），横轴表示时间（单位：ms）。

压电陶瓷传感器是典型的二阶欠阻尼振荡系统，传递函数的标准形式为

$$G(s)=\frac{\omega_n^2}{s^2+2\zeta\omega_n s+\omega_n^2} \tag{3-49}$$

式中，ω_n——无阻尼振荡频率，Hz。

ζ——阻尼比。

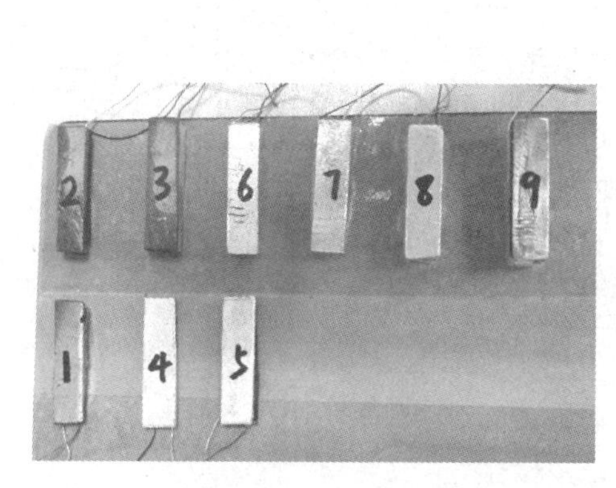

图 3-63　感知单元试验

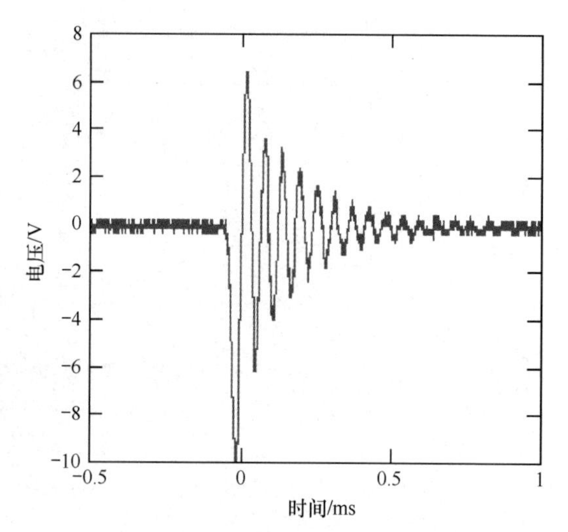

图 3-64　感知单元的响应曲线

其脉冲响应的输出是稳态分量为 0 的阻尼振荡曲线，振荡频率称为阻尼振荡频率 ω_d。通过分析可得无阻尼振荡频率、阻尼比、幅值等一系列信息，测量响应曲线的幅值、频率及衰减至 0.5V 以下所需时间，并统计在表 3-9 中。

表 3-9　不同感知单元测试结果

序号	描述	幅值/V	频率/kHz	衰减至 0.5V 以下的时间/s
1	1mm 厚 304 不锈钢	/	/	/
2	1mm 厚 304 不锈钢，软橡胶	13.87	12.76	1.58
3	1mm 厚 304 不锈钢，硬橡胶	10.87	14.08	0.72
4	1mm 厚 T6 铝板	/	/	/
5	1mm 厚 T6 铝板，软橡胶	14.33	12.35	0.78
6	1mm 厚 T6 铝板，硬橡胶	11.27	15.34	0.62
7	1.4mm 厚 T6 铝板，硬橡胶	10	16.239	0.56
8	1.7mm 厚 T6 铝板，硬橡胶	8.2	18.13	0.43
9	3.4mm 厚 T6 铝板，硬橡胶	2.42	29.87	0.28

序号 1 和序号 4 的感知单元不包含阻尼材料，直接黏结在厚钢板上试验，发现输出很微弱。根据表 3-9 的结果可以发现：在相同条件下 T6 铝板的响应曲线幅值高于 304 不锈钢；与软橡胶作为阻尼材料相比，采用硬橡胶时响应频率更高、衰减时间更短，但是幅值较低；随着铝板的厚度增加，响应曲线的幅值变小、频率增高，衰减至 0.5V 的时间变短。当不加

减振材料时，传感器单元几乎没有输出，这是因为压电陶瓷片直接与基座连接，无法产生足够的形变。因为高的响应幅值和短的衰减时间有更高的灵敏度，且高频响应利于压电陶瓷的信号处理电路设计，所以，综合考虑下，选择 1.4mm 厚 T6 铝板为敏感板，选择硬橡胶为阻尼材料。

2. 气流输送式漏播检测装置性能试验

在土壤植物机器系统技术国家重点实验室气流输送式漏播检测装置试验台（见图 3-65）对检测装置性能进行了试验验证，主要对检测装置的稳定性及准确性进行了测试。试验时，设定气流压强为 167Pa，改变不同的排种量参数，采用人工比对方法进行精度评价；同时对排种器的重复性进行了验证，其测试结果如表 3-10 和表 3-11 所示。

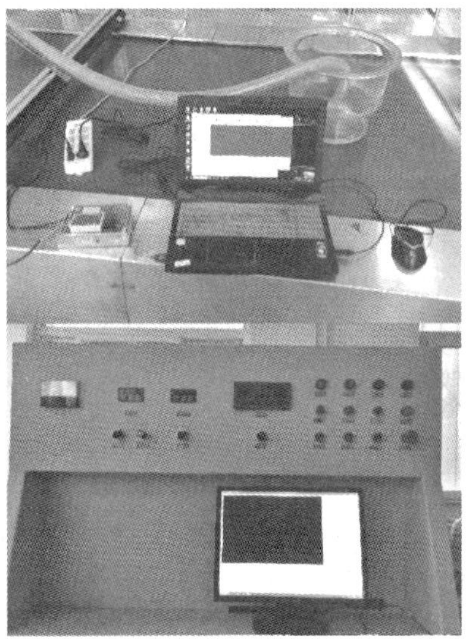

图 3-65 气流输送式漏播检测装置试验台

表 3-10 不同排种量条件下气流输送式漏播检测装置测试结果

气流压强/Pa	排种量/（粒/秒）	测量值/粒	真实值/粒	准确率/%
167	24	246	254	96.78
	43	481	493	97.58
	54	727	748	97.18
	60	670	697	96.12
	73	860	897	95.86
	81	1105	1118	98.80
	98	1196	1219	98.14
	131	1062	1067	99.57
	167	1189	1214	97.94
	173	1153	1174	98.22

表 3-11　同一排种量条件下气流输送式漏播检测装置测试结果

气流压强/Pa	排种量/（粒/秒）	测量值/粒	真实值/粒	准确率/%
167	131	907	931	97.45
		900	933	96.45
		910	922	98.75
		897	936	95.81
		922	951	96.96
		832	873	95.28
		801	823	97.31
		838	872	96.12
		833	860	96.84
		777	812	95.75

由试验结果可知，在气流压强为 167Pa、气流速度为 16.6m/s，排种量从 24 粒/秒变至 173 粒/秒的条件下检测装置计数准确率超过 95%。在气流压强为 167Pa、气流速度为 16.6m/s，排种量约为 131 粒/秒的条件下，检测装置计数准确率均在 95%以上。

3.4　马铃薯播种机智能化技术

马铃薯播种机是将块状薯种通过播种系统有序地种植于地下的种植机械。目前，勺链式排种器在中小型马铃薯播种机上应用最为广泛，其具有可靠性高、造价低、株距可调且精度高等优点，但存在严重的漏种问题。

3.4.1　漏播检测补播原理与方案设计

1. 结构组成

漏种自补种系统配置在链勺式马铃薯排种器上，每排种单体配备一套漏种自补种系统，补种链与一般排种链使用相同的结构形式，电容传感器布置在种箱上部，排种链穿过电容传感器的检测通道。排种器由播种机地轮驱动，补种链由 PLC 驱动伺服电动机控制。排种器和补种器排出的种薯流入同一排种口。链勺式马铃薯排种器及漏种自补种系统如图 3-66 所示，主要由补种链、控制系统、伺服电动机、机架、种箱、地轮、电容传感器、取种勺和排种链等部分组成。

漏种自补种系统硬件组成如图 3-67 所示，由中央处理单元 PLC、检测模块、液晶显示模块、人机接口、电源模块、补种单元、声光报警模块、数字升压、复位按钮组成。其中，检测模块是指电容传感器；中央处理单元采用西门子 S7-200 系列 PLC；补种单元包括补种链、伺服电动机和驱动器等；人机接口包括手动复位按钮等。由于机具作业时振动较大，系统各组件之间使用挂扣式航空插头连接，系统使用拖拉机 12V 车载直流电源作为电力源，经升压模块升为 24V 给 PLC 供电。

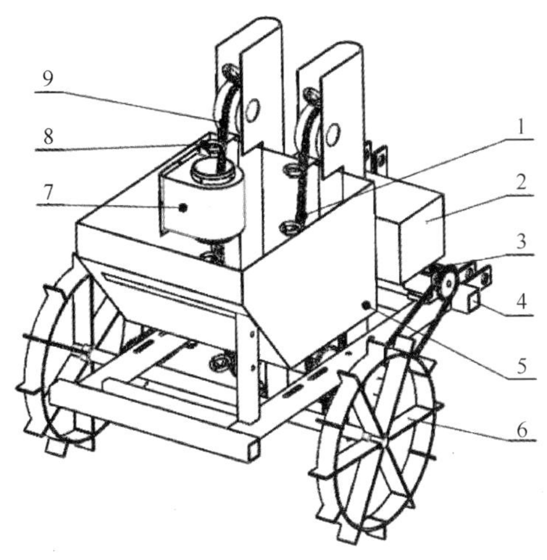

1—补种链；2—控制系统；3—伺服电动机；4—机架；5—种箱；6—地轮；7—电容传感器；8—取种勺；9—排种链

图 3-66　链勺式马铃薯排种器及漏种自补种系统

普通马铃薯种植机常采用金属材质的取种勺，但金属材质的取种勺在检测装置中引起的电容值变化与种薯引起的变化方向相反，容易引起电容值抵消情况，不利于检测，因此，本研究设计了 ABS 树脂材质的取种勺，以解决金属材质所引起的电容值反向抵消的现象，以 3D 打印成型的方式实现。树脂式取种勺在排种装置上的安装如图 3-68 所示。

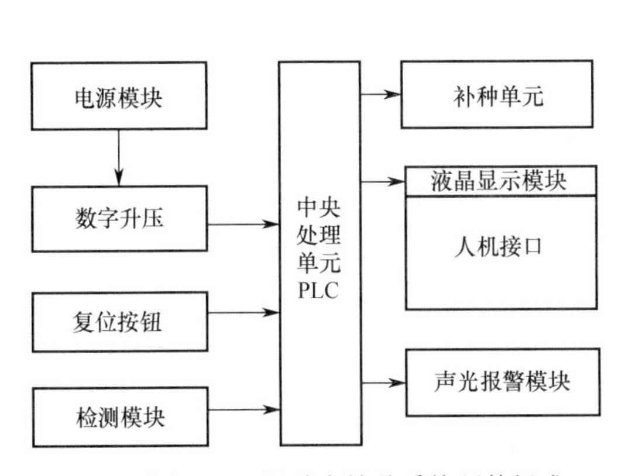

图 3-67　漏种自补种系统硬件组成

图 3-68　树脂式取种勺在排种装置上的安装

2. 漏种检测原理

漏种检测系统主要由电容传感器、屏蔽壳体、附属电路等组成。在排种链圆周布置铜极板，构成电容传感器，在电容极板外部使用金属罩屏蔽，以消除外界电磁干扰。

由于马铃薯、链条、取种勺和空气的介电常数不同，当链条、空勺和载薯勺通过电容传感器极板间形成的检测场时，电容传感器的等效介电常数不断变化，从而造成电容实时输出值不断变化。设载薯勺通过极板时，极板之间介质的等效介电常数为 ε，种薯、种勺、链条和空气的介电常数分别为 ε_1、ε_2、ε_3、ε_4，则

$$\varepsilon=\sum_{i=1}^{4}\frac{V_i}{V}\varepsilon_i \tag{3-50}$$

式中，V_1——种薯所占体积，m^3。

V_2——种勺所占体积，m^3。

V_3——链条所占体积，m^3。

V_4——空气所占体积，m^3。

V——电容传感器极板之间的检测场总体积，m^3。

由 $V=\sum_{i=1}^{4}V_i$，代入电容关系式 $C=\varepsilon\cdot s_j/d_j$，载薯勺处于电容传感器内部时，电容值为

$$C_1=\frac{s_j}{d_j}\cdot\sum_{i=1}^{4}\frac{V_i}{V}\varepsilon_i \tag{3-51}$$

空勺处于电容传感器内部时，电容值为

$$C_2=\frac{s_j}{d_j}\cdot\sum_{i=2}^{4}\frac{V_i}{V}\varepsilon_i \tag{3-52}$$

链条处于电容传感器内部时，电容值为

$$C_3=\frac{s_j}{d_j}\cdot\sum_{i=3}^{4}\frac{V_i}{V}\varepsilon_i \tag{3-53}$$

则空勺穿过电容传感器时，传感器电容变化量为

$$C_2-C_3=\frac{s_jV_2}{d_jV}\varepsilon_2 \tag{3-54}$$

载薯勺通过平行板电容传感器时，传感器电容变化量为

$$C_1-C_3=\frac{s_jV_2}{d_jV}\varepsilon_2+\frac{s_jV_1}{d_jV}\varepsilon_1 \tag{3-55}$$

式中，C_1——载薯勺处于传感器内部时电容值，F。

C_2——空勺处于传感器内部时电容值，F。

C_3——链条处于传感器内部时电容值，F。

ε_1——种薯介电常数，F/m。

ε_2——种勺介电常数，F/m。

ε_3——链条介电常数，F/m。

ε_4——空气介电常数，F/m。

d_j—极板间距，m。

s_j—极板面积，m^2。

由式（3-55）可知，载薯勺或空勺穿过电容传感器时，电容值发生变化，且变化量不同，载薯勺或空勺通过后，电容值恢复为初始状态。通过实时采集电容变化值，可实现载薯勺（或空勺）穿过传感器的过程中动态电容值的实时捕获。利用寻峰算法处理所捕获的电容脉冲信号便可得到峰值电容值，通过与基础电容零点比较，判断是否出现漏种。

由于电容检测为非连续性检测，系统以固定频率 f 检测电容值，所以，采样位置具有不确定性，由此引起的检测时间误差为Δt_1，则

$$\Delta t_1 \leqslant \frac{1}{2} \cdot \frac{1}{f_3} \tag{3-56}$$

式中，f_3——采样频率，Hz。

排种速度为 v，则引起的株距误差为

$$\Delta s_1 \leqslant \Delta t_1 \cdot v = \frac{v}{2f_3} \tag{3-57}$$

由式（3-56）和式（3-57）可知，由于检测引起的误差大小由采样频率和排种速度决定，所以，采样频率越大，排种速度越小，误差越小。

3. 补种方案实现

漏种检测及补种系统安装示意图如图 3-69 所示。在排种勺链的通道内布置电容极板，实时检测排种状态。在田间作业过程中，作业速度变化大且频率高，当控制系统检测到一个种勺漏种后，该种勺到达排种口的时间非定值，因此，不能采用固定延时的方法驱动补种链补种。

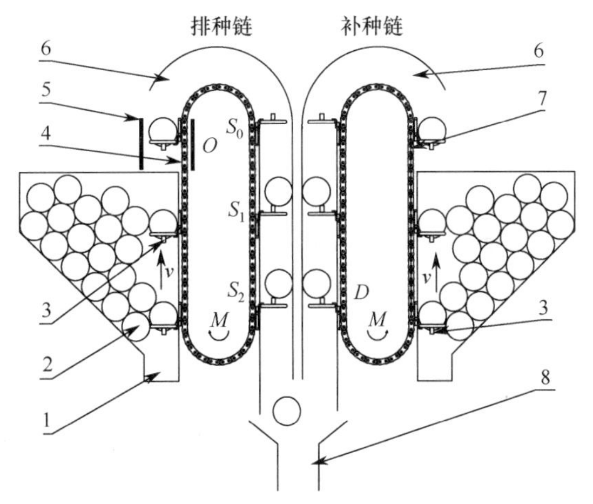

1—种箱；2—种薯；3—取种勺；4—排种链；5—电容极板；6—种薯通道；7—补种链；8—排种口

图 3-69　漏种检测及补种系统安装示意图

本书根据电容检测值判断种勺位置，并将种勺位置信息和漏种信息存入 PLC 的寄存器，使用寄存器移位的方法循环记录漏种信息，并使用寄存器指定高位驱动伺服电动机动作执行补种操作。

为了清晰阐明补种工作过程，将取种勺完成检测后经过的关键位置点与寄存器存储地址及内容匹配，如图 3-70 所示。

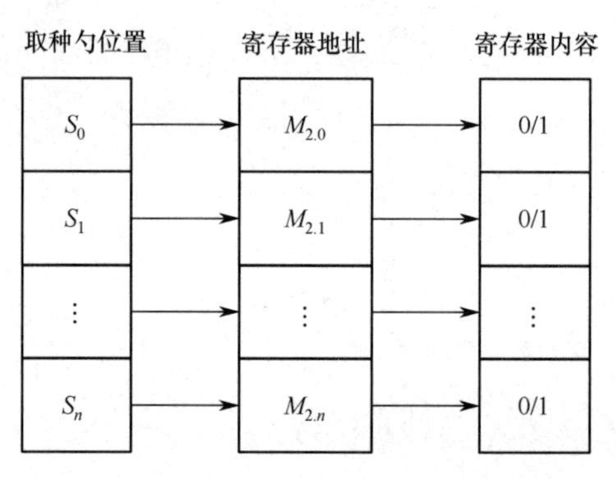

图 3-70　取种勺位置在寄存器中的存储形式

取种勺经过如图 3-69 所示 O 点位置时电容传感器检测漏种，之后经过位置 S_1、S_2 后到 S_3，控制系统发出指令驱动补种链动作，将补种链 D 位置的种薯排出。在一般情况下，具体补种流程如下：在排种过程中，取种勺从种箱通过，自下而上提升种薯，通过布置有电容传感器的区域时，电容传感器采集电容值，之后通过寻峰算法找到电容极值，并将极值与设定阈值对比，判断是否漏种，判断依据为

$$\begin{cases} y_1 - y_{\mathrm{m}} \geqslant 0.5\mathrm{pF}, & \text{不漏种} \\ y_1 - y_{\mathrm{m}} < 0.5\mathrm{pF}, & \text{漏种} \end{cases} \tag{3-58}$$

式中，y_1——电容极值，pF。

y_{m}——设定电容阈值，pF。

若检测结果为无种，则将有效使能信号存入 PLC 的寄存器 $M_{2.0}$ 位，并由低向高对寄存器执行 1 位整体移位操作；若检测结果为有种，则标记无效使能信号并存入 PLC 的寄存器 $M_{2.0}$ 位，并由低向高对寄存器执行 1 位整体移位操作；当排种链每转过 1 个勺距时，M_2 寄存器的最低位 $M_{2.0}$ 记录空种信息，并向高位移 1 位；当取种勺转过 n 个位置后，脱离取种勺排出，此时若无种薯排出，则寄存器 $M_{2.n}$ 位使能信号有效，此时 PLC 的 I/O 口 O0.1 输出高电平，D/A 模块输出模拟电压，控制电动机的转速，伺服电动机驱动器接收使能信号和模拟电压信号，驱动补种电动机执行补种操作。

4. 补播工作流程

漏种自补种系统配备在链勺式排种器上，与之组成统一的整体。电容传感器实时高频采集电容值并传送到控制系统，控制系统将该值与设定阈值比较，判断是否存在漏种，当无漏种情况时，控制系统不发出任何操作指令，补种链无动作；当判断出有漏种情况时，控制系统发出使能指令，驱动伺服电动机动作，控制补种链完成补种。

3.4.2　漏种检测与自补偿系统设计

1. 电容传感器结构设计

本书所设计的电容式漏种检测传感器的结构简图和安装效果如图 3-71 所示。

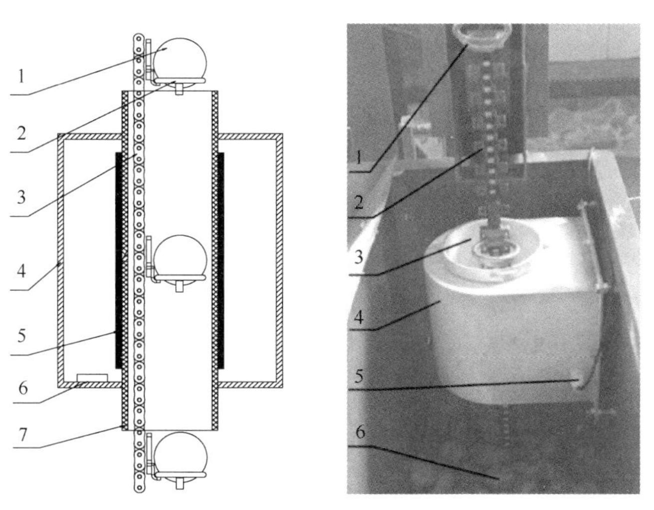

1—种薯；2—取种勺；3—排种链；4—屏蔽壳体；5—电容极板；6—信号调理电路板；7—固定筒体

图 3-71　电容式漏种检测传感器的结构简图和安装效果

排种链外围安装 PVC 管作为电容极板支撑基体。PVC 管长度为 120mm，直径为 80mm，壁厚为 2mm，极板采用厚度为 0.1mm 的薄铜板制作，极板宽度为 80mm，外部屏蔽罩采用 2mm 厚的铁板加工而成。信号调理电路安装在屏蔽罩内，通过短导线与电容极板相连，尽可能消除杂散电容干扰。

电容检测电路以单片机 STC12C5A32S2 和电容数字转换芯片 AD7745 为核心元件搭建而成，AD7745 直接连接电容检测传感器，完成电容值测量。单片机通过 I^2C 接口实现对 AD7745 内部寄存器配置及内部转换结果读取。考虑到电容信号易受环境温度影响，AD7745 内部集成温度传感器，单片机在读取 AD7745 内部电容信息的同时，一并获取温度信息，对电容信号补偿。

2. 漏种检测软件设计

漏种检测软件程序流程如图 3-72 所示。

系统上电后，单片机首先执行初始化操作，完成对单片机及 AD7745 的初始化，并读取单片机内部 E^2PROM 存储的漏种阈值信息，然后进入电容采集状态。通过采集初始 100 个电容信号计算平均值作为系统基础零点，之后单片机进入检测判断状态，连续读取 AD7745 内部电容转换结果并计算得到实时电容值，并将电容值以十六进制格式通过 RS-485 总线发送至 PLC。

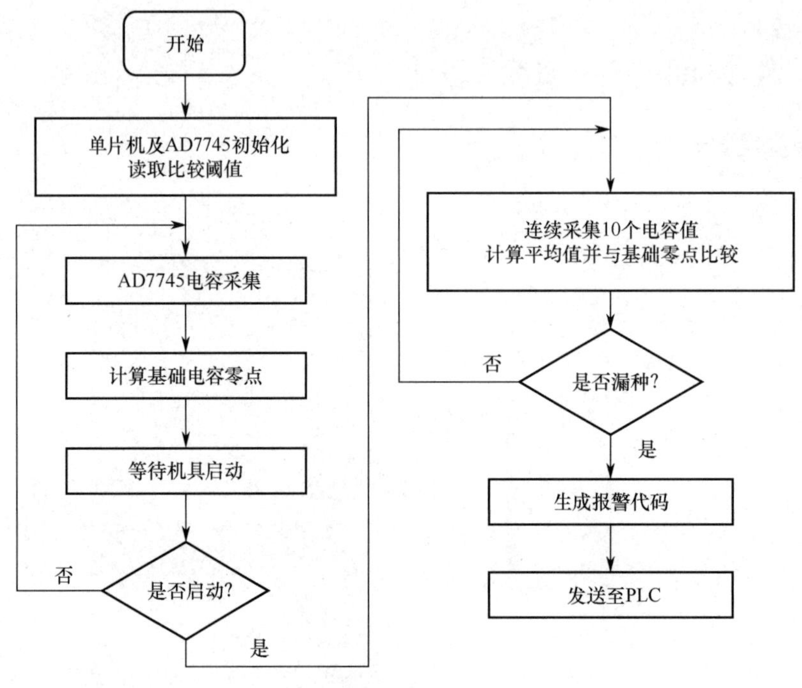

图 3-72　漏种检测软件程序流程图

3. 控制系统设计

补种控制系统由电容式漏种检测传感器、电容检测电路、主控制器（PLC）等组成。其中，电容式漏种检测传感器是控制系统的检测元件，用于判断种勺是否漏种；电容检测电路用于采集传感器电容信号；主控制器（PLC）对系统采集到的信息进行处理，并通过其自带的D/A 转换模块输出模拟量电压，驱动伺服电动机完成补种动作。补种控制系统如图 3-73 所示。

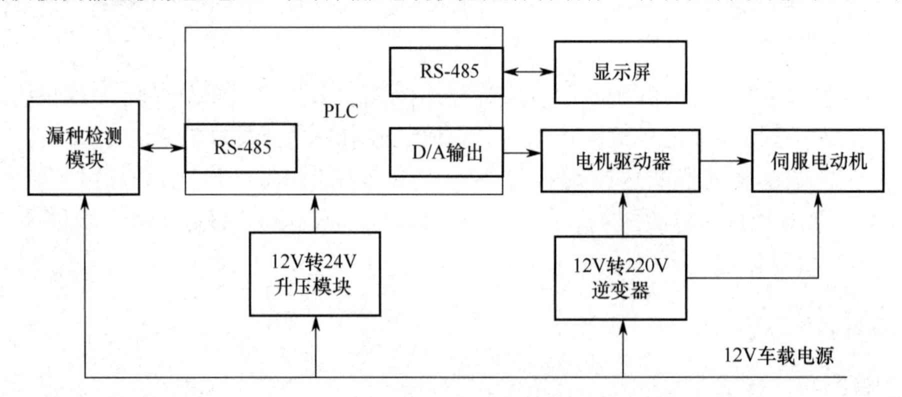

图 3-73　补种控制系统

补种控制系统流程如图 3-74 所示，补种控制包括 4 个过程，分别为初始化过程、检测过程、补种过程和备种过程。补种系统上电，首先进入初始化过程，控制系统发出指令，控制补种链动作，补种链转过设定距离，将补种勺链充满种薯，即完成初始化过程；之后控制系统开始采集检测过程结果，当判断出有漏种现象时，控制系统驱动补种链执行一次补种操作，之后控制系统判断补种链下一种勺是否有种薯，若无种薯，则再次执行一次补种动作，如此循环，直到补种勺内存在种薯时停止，即完成一次补种工作过程；之后控制系统再次判断检测过程结果，进入下一个循环过程。

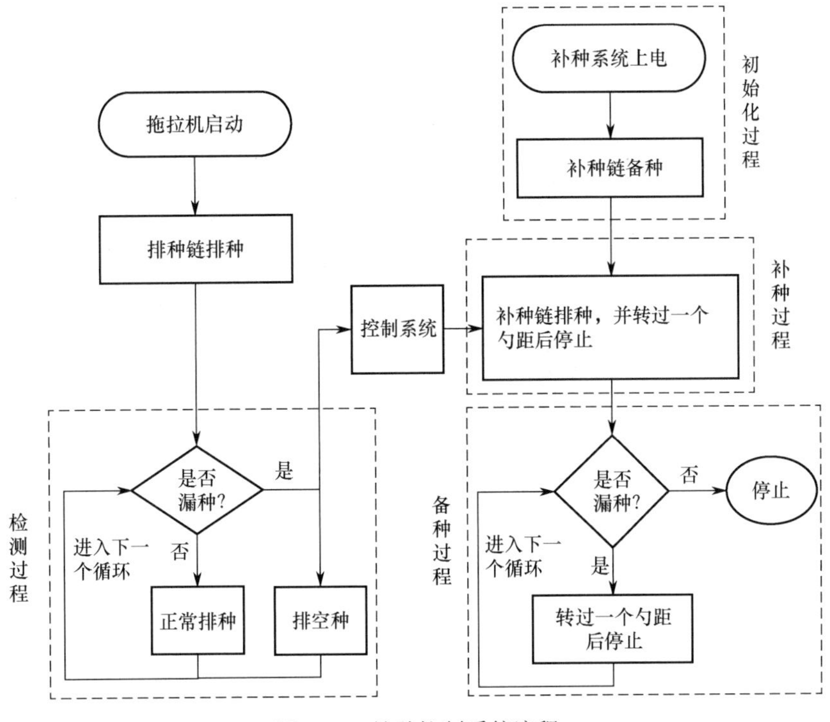

图 3-74 补种控制系统流程

在不提高补种链最高转速的情况下，当排种链出现连续两个以上空种，且补种链也出现空种时，会造成补种失败。原始漏种率为 η_1，则补种后的理论最终漏种率为

$$\eta_4 = \eta_4 \sum_{k=2}^{\infty} \eta_1^k \tag{3-59}$$

播种机的原始漏种率一般小于 10%，则经该补种系统补种后的理论最终漏种率小于 1.11%。

3.4.3 性能试验

使用自制试验台进行马铃薯补种性能试验，研究各结构运动参数对补种性能的影响规律，并对补种控制系统进行优化。

1. 试验设备和材料

为了测试漏种检测与补种系统的性能，利用自制链勺式马铃薯排种试验样机进行性能试验，漏种自动补种性能试验样机如图 3-75 所示。为了精确控制试验条件，使用伺服电动机取代地轮驱动排种链，速度可通过伺服驱动器内部控制方式设定。补种链由另一台伺服电动机驱动，由 PLC 指令控制运动。为了计算补种时间精度，排种器的排出口布置光电传感器，实时检测补排种子排出时距前一个种子排出的时间间隔，并记录该信息。根据检测信号，PLC 对正常播种数 q_3、补播数 q_4、实际排种时间间隔 t_2 和补种时间间隔 t_3 进行统计。

图 3-75　漏种自动补种性能试验样机

2. 试验内容和方法

参考前文研究，以排种速度 v 为 0.5m/s 计算，排种链主动链轮转速为

$$n_1 = \frac{z_1}{z_2} \times \frac{1}{i_1} \times n_0 \tag{3-60}$$

式中，n_0——电动机输出转速，r/min。

i_1——减速机减速比。

z_1——减速机输出链轮齿数。

z_2——排种链驱动链轮齿数。

已知减速机减速比为 40，减速机输出链轮齿数为 16，排种链驱动链轮齿数为 35，可计算得到排种链转速 n_1 为 67.5r/min，电动机输出转速 n_0 为 5906r/min。用同样的方法可计算得到补种链电动机转速为 2250r/min。

常见马铃薯种植密度为 67500 株/hm^2，以一垄双行的宽窄行种植为例，宽行行距为 0.55m，窄行行距为 0.35m，则株距 L_1 为 0.33m。链勺式排种器采用 08A 型链条，每 8 节布置 1 个种勺，相邻两个取种勺之间的间距称为勺距 L'，则

$$L' = 8 \times 2 \times p \tag{3-61}$$

式中，L'——勺距，m。

p——链条节距，m。

设排种速度为 v，作业前进速度为 v_0，则

$$\frac{L_1}{v_0}=\frac{L'}{v} \tag{3-62}$$

式中，L_1——株距，m。

v——排种速度，m/s。

v_0——作业前进速度，m/s。

链勺式排种器主要应用在中小型马铃薯种植机上，作业速度一般为 2～4km/h，则排种勺的速度为 0.34～0.68m/s。因此，勺链线速度设定 0.3～0.7m/s 范围内均分设置 5 个排种速度进行试验。每个试验点取 600 粒种子进行测定，重复 5 次。通过田间试验统计理论播种数 q_0、最终播种数 q_1、最终漏种数 q_2、正常播种数 q_3、补播数 q_4 及正常漏种数 q_5，其中：$q_0=q_1+q_2$，$q_3=q_1-q_4$，$q_5=q_0-q_3$。则

原始漏种率为

$$\eta_1=\frac{q_0-q_3}{q_0}\times 100\% \tag{3-63}$$

补种成功率为

$$\eta_2=\frac{q_4}{q_0-q_3}\times 100\% \tag{3-64}$$

最终漏种率为

$$\eta_3=\frac{q_0-q_3-q_4}{q_0}\times 100\% \tag{3-65}$$

理论排种时间间隔为 t_0，实际排种时间间隔为 t_2，补种时间间隔为 t_3；则排种时间间隔误差为 $\Delta t_2=t_2-t_0$，补种时间误差为 $\Delta t_3=t_3-t_0$，排种株距误差为 $s_2=(t_2-t_0)\cdot v$，补种株距误差为 $s_3=(t_3-t_0)\cdot v$，则

排种株距误差率为

$$\eta_4=\frac{t_2-t_0}{t_0}\times 100\% \tag{3-66}$$

补种株距误差率为

$$\eta_5=\frac{t_3-t_0}{t_0}\times 100\% \tag{3-67}$$

式中，t_0——排种时间间隔，ms。

t_2——实际排种时间间隔，ms。

t_3——补种时间间隔，ms。

相关文献指出，由于马铃薯出芽位置的不可控性，所以，马铃薯的播种精度不能决定种植精度，如果保证马铃薯的种植密度，株距变异系数不超过 60%～70%，那么，不会引起显著的产量降低。

3. 试验结果和分析

1）试验结果

排种及补种性能试验结果如表 3-12 所示。试验结果显示，当链勺式排种器线速度超过 0.5m/s 时，原始漏种率显著增加，与前人的研究结果一致，这主要是随着排种速度的增大，种薯有效填充种勺的时间变短，充种率下降。

表 3-12　排种及补种性能试验结果

试验次数	排种速度 v/（m/s）																			
	0.3				0.4				0.5				0.6				0.7			
	q_3	q_4	t_2	t_3	q_3	q_4	t_2	t_3	q_3	q_4	t_2	t_3	q_3	q_4	t_2	t_3	q_3	q_4	t_2	t_3
1	560	34	721	763	564	30	535	591	546	46	459	502	536	54	366	407	533	56	325	378
2	555	38	700	769	554	39	550	599	550	43	438	501	538	53	375	411	533	57	346	354
3	552	41	715	744	552	42	540	574	548	44	453	476	543	49	390	415	533	57	331	380
4	559	35	705	758	560	34	560	588	547	45	443	490	542	49	380	410	534	56	341	362
5	562	31	725	770	555	38	547	600	543	48	463	502	533	57	390	441	528	61	321	375
均值	558	36	713	761	557	36	546	590	547	45	451	494	538	52	380	417	532	57	333	369

注：q_3 为正常播种数；q_4 为补播数；t_2 为排种时间间隔；t_3 为补种时间间隔

2）补种率分析

漏播率和补种率随排种速度的变化曲线如图 3-76 所示。当不加漏种补偿装置时，排种速度由 0.3m/s 增大到 0.7m/s，原始漏种率由 7%增大到 11.3%；经补偿后，最终漏播率由 1.1%增大到 1.75%；随着排种速度增大，补种成功率升高，平均补种成功率为 84.6%。

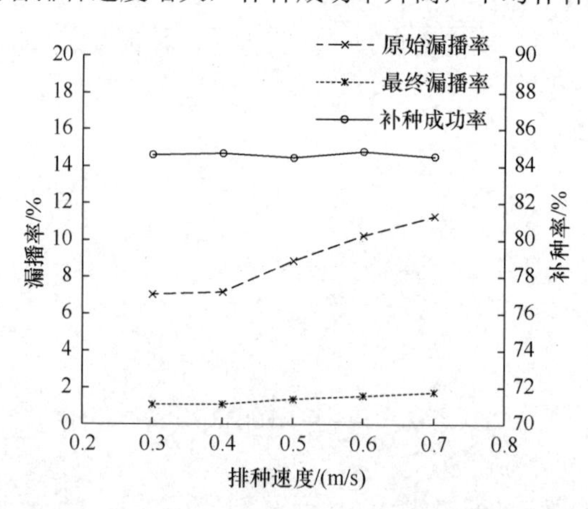

图 3-76　漏播率和补种率随排种速度的变化曲线

3）补种精度分析

排种株距误差率和补种株距误差率随排种速度增大的变化曲线如图 3-77 所示。

当排种速度由 0.3m/s 增大到 0.7m/s，排种株距误差由 3.3%增大到 9.1%时，补种株距误差由 7.6%增大到 16.9%。可以看出，受采样误差和伺服电动机响应速度的影响，补种株距精度低于排种株距精度，但在试验选取的参数范围内，补种株距精度能够满足马铃薯种植株距要求。

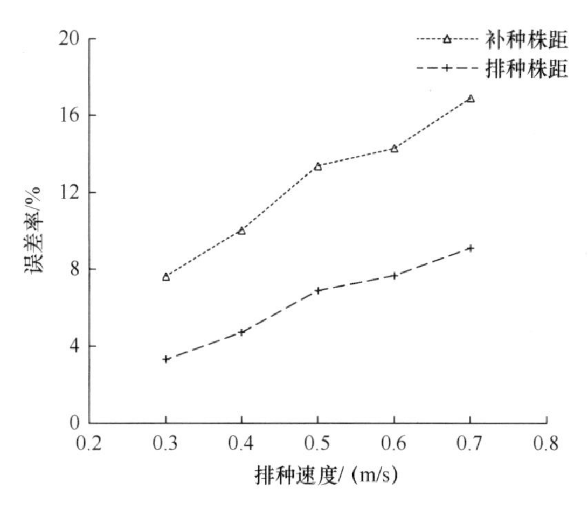

图 3-77　排种株距误差率和补种株距误差率随排种速度增大的变化曲线

3.4.4　整机应用

1. 在整机上的配置

在正常作业过程中，马铃薯播种机的工作过程如下：前端的开沟器开沟，种薯直接落入沟槽内，之后覆土器覆土，掩盖种苗以利于发芽出苗。因为正常的作业方式给田间试验的观察带来极大的不便，所以，改装播种机为牵引式，去除原播种机的开沟器和覆土器，设置 4 个行走轮，这样，播种机便可以在拖拉机的单点牵引下独立行走，电动机直接驱动排种链排种，其排种速度根据拖拉机行走轮的速度实时调整，排出的种薯直接落在地表，便于观察。

马铃薯种植机配备在沭河 SH61-111 型手扶拖拉机上，该机型的 I 挡为田间作业工作挡位，速度为 1.91km/h。马铃薯种植机田间作业照片如图 3-78 所示。

图 3-78　马铃薯种植机田间作业照片

2. 试验条件

1）试验目的

本次试验的目的是对自补种式马铃薯排种装置的性能进行测试，考核该链勺式排种装置是否符合设计要求。

2）试验时间与场地

试验时间为 2015 年 10 月 18 日。试验地点为中国农机院北京农机试验站。试验前对试验田进行灭茬处理，使试验区地表平整、无浮茬。

3）试验仪器

根据试验需要，用到的主要仪器及工具如表 3-13 所示。

表 3-13　主要仪器及工具

名称	型号	厂家	规格	精度	数量
秒表	PS-5330	深圳市追日电子科技有限公司	/	1s	1 个
转速测量仪	DM 6235P	上海摩亿	0.5～19999RPM	±（0.05%+1）	1 个
其他仪器	台秤、口哨、计算器、帆布、钢卷尺、标志旗、皮尺及测绳等				

3. 试验结果和分析

田间试验结果如表 3-14 所示。

表 3-14　田间试验结果

序号	试验结果		
	空种率 y_1/%	重种率 y_2/%	平均株距 $y_3/10^{-3}$m
1	1.6	4.8	294
2	1.8	4.6	316
3	1.8	5.2	312

由表 3-14 可以得出，相比中机美诺设计的 1220 型马铃薯种植机原型机，添加补种系统后的排种机具空种率从 8.2%降低至 1.8%，重种率从 8.7%降低至 4.9%，平均株距为 307mm，接近原型机株距 312.7mm。

对比田间试验和室内台架试验的试验结果发现：在田间作业条件下，空种率增大 0.7%，这是由于受到田间地表平整度和拖拉机带动机具前进时抖动等因素的影响，取种勺取种成功率减少。精密播种技术是将定量的种子，按照农艺要求的行距、株距和播种深度进行穴播，同时按照农艺要求的种肥间距进行种肥深施。精准播种、精准施肥是精准农业主要的技术环节，是保证丰产丰收的基础。

精准播种可以节省大量种子，此外还可以节省间苗工时或完全省去间苗工序，使作物苗齐、苗壮，营养合理，植株个体发育健壮，群体长势均衡，增产效果显著。精准施肥通过测量土壤养分含量，按需施肥，在节约肥料的同时，起到环境保护的作用。依托施肥播种机的智能化技术，能够实现精密播种与精准施肥，显著提升种肥播施作业质量和作业效率。

参考文献

[1] 梅鹤波, 刘卉, 付卫强, 等. 小麦精量播种智能监测系统的设计与试验[J]. 农机化研究, 2013, 35(1): 68-72.

[2] 余洪锋, 丁永前, 谭星祥, 等. 施肥机施肥性能检测装置的设计与试验[J]. 南京农业大学学报, 2016, 39(3): 511-517.

[3] J. van Bergeijk, D. Goense, L. G. van Willigenburg, et al. Dynamic weighting for accurate fertilizer application and monitoring[J]. Journal of Agricultural Engineering Research, 2001, 80(1): 25-35.

[4] D. W. Swisher, S. C. Borgelt, K. A. Sudduth. Optical sensor for granular fertilizer flow rate measurement[J]. Transactions of the ASAE, 2002, 45(4): 881-888.

[5] T. E. Grift, J. T. Walker, J. W. Hofstee. Mass flow measurement of granular materials in aerial application part2: experimental model validation[J]. Transactions of the ASAE, 2001, 44(1): 27-34.

[6] S. W. Back, S. H. Yu, Y. J. Kim, et al. An image based application rate measurement system for a granular fertilizer applicator[J]. Transactions of ASABE, 2014, 57(2): 679-687.

[7] 苑严伟, 白慧娟, 方宪法, 等. 玉米播种与测控技术研究进展[J]. 农业机械学报, 2018, 49(9): 1-18.

[8] 赵斌, 匡丽红, 张伟. 气吸式精播机种、肥作业智能计量监测系统[J]. 农业工程学报, 2010, 26(2): 147-153.

[9] 张小超, 胡小安, 张爱国, 等. 基于称重法的联合收获机测产方法[J]. 农业机械学报, 2010, 26(3): 125-129.

[10] 陶永华. 新型 PID 控制及其应用[D]. 北京: 机械工业出版社, 2003.

[11] 王耀凤, 褚春年, 郭变梅, 等. 玉米免耕深松多层施肥精量播种机械化技术试验研究[J]. 中国农机化学报, 2018, 39(2): 32-36.

[12] 车宇, 伟利国, 刘婞韬, 等. 免耕播种机播种质量红外监测系统设计与试验[J]. 农业工程学报, 2017, 33(S1): 11-16.

[13] CAY A, KOCABIYIK H, KARAASLAN B, et al. Development of an opto-electronic measurement system for planter laboratory tests[J]. Measurement, 2017, 102: 90-95.

[14] 廖庆喜, 邓在京, 黄海东. 高速摄影在精密排种器性能检测中的应用[J]. 华中农业大学学报, 2004, 23(5): 570-573.

[15] AKDEMIR B, KAYISOGLU B, BENET B. Development of an image analysis system for sowing machine laboratory tests[J] . AMA-Agricultural Mechanization in Asia Africa and Latin America, 2014, 45(3): 49-55.

[16] 金锋, 张宝芬, 王师. 电容式气-固两相流相浓度传感器的优化设计[J]. 清华大学学报(自然科学版), 2002, (3): 380-382.

[17] 谢明. 便携式 γ 能谱仪探测模块和解谱的设计与实现[D]. 湖北: 华中科技大学, 2012.

[18] 付卫强, 董建军, 梅鹤波, 等. 玉米播种单体下压力控制系统设计与试验[J]. 农业机械学报, 2018, 49(6): 68-77.

[19] 高原源, 王秀, 杨硕, 等. 播种机气动式下压力控制系统设计与试验[J]. 农业机械学报, 2019, 50(7): 19-29, 83.

[20] 梁振伟, 李耀明, 赵湛. 纵轴流联合收获机籽粒夹带损失监测方法及传感器研制[J]. 农业工程学报, 2014, 30(3): 18-26.

第 4 章　植保机械智能化技术

植保机械已成为现代化的农业生产不可缺少的组成部分，在农业生产中具有不可替代的作用。我国是世界上农药生产量和使用量最大的国家之一，但是我国农药有效利用率低，在大田作物上只有20%～30%，远低于发达国家50%的平均水平。

化学农药的超量不合理使用，不仅浪费了大量农药，还造成严重的环境污染和人畜中毒、农产品中农药残留超标、品质下降，对可持续发展、农产品和食品安全，以及人类生存健康与社会和谐发展构成了极大的威胁。施药作业在我国农业生产过程中劳动力消耗量最大、劳动强度最高、作业次数最多，费时费力（司军锋等，2015）。

随着科学技术的进步与农业机械的发展，智能化精准变量施药技术与装备等不仅能够改变国内智能变量作业机械缺乏的现状，还可以缩小与发达国家农机产品技术方面的差距，并形成自主核心技术，提高我国整体农机行业的自主创新能力，促进行业技术进步，为现代农业的发展提供技术及装备支撑。

植保机械由机械化向智能化方向发展，主要体现在以下关键环节：信息获取、分析与决策、输出与控制、执行与反馈。将无线通信技术、传感器技术、信息融合技术、变量控制等技术应用于实时变量施药等精准作业装置，可有效节约农药用量，达到减少土壤污染、改善生态环境的目的，为农业的健康、快速、稳定发展提供保障。

4.1　信息获取与决策技术

农田杂草是农业生产的大敌，是影响农作物产量的重要因素。目前我国主要采用喷洒农药的方式进行除草作业，农药过量喷洒会带来环境污染、食品安全等一系列问题。实施精准喷药是解决农药过量喷洒、提高农药利用率的关键（姜红花等，2018）。

4.1.1　田间典型杂草识别

通过在田间采集大量典型杂草数据，我们建立了节骨草、灰菜、灰质、曲麦菜、兰花菜、水败草和豆菜等典型杂草图谱库，如图 4-1 所示。典型杂草图谱库分别针对行间杂草与行内杂草的图像数据进行了采集，玉米田间场景在苗后3～5叶的化学防除适期内的特征如下。

（1）玉米苗相邻植株之间具有一定的株距与行距，作物叶片间的交叠程度较轻。该特征有利于基于位置特征的玉米行内和行间杂草的识别。

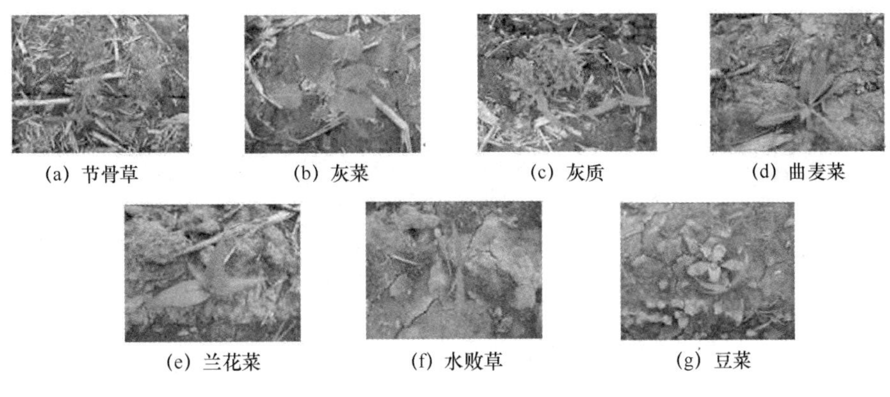

(a) 节骨草　(b) 灰菜　(c) 灰质　(d) 曲麦菜

(e) 兰花菜　(f) 水败草　(g) 豆菜

图 4-1　典型杂草图像

（2）绿色植物（玉米苗和杂草苗）与土壤背景的颜色差异显著。该特征有利于基于颜色特征的土壤背景的分割。

（3）玉米植株的叶片深绿，叶基嫩绿；叶形为阔披针形，叶身宽而长，叶缘呈波浪状褶皱。该特征有利于基于结构特征的玉米植株识别。

（4）玉米苗与伴生杂草苗的形状、结构和纹理特征存在差异。该特征有利于基于多特征的玉米和杂草识别。

4.1.2　田间杂草识别方法

1. 玉米田间的植株结构特征的描述方法

由于玉米植株的株心区域比杂草植株的显著，所以，我们提出了基于株心的玉米田间杂草识别方法，其流程图如图 4-2 所示。

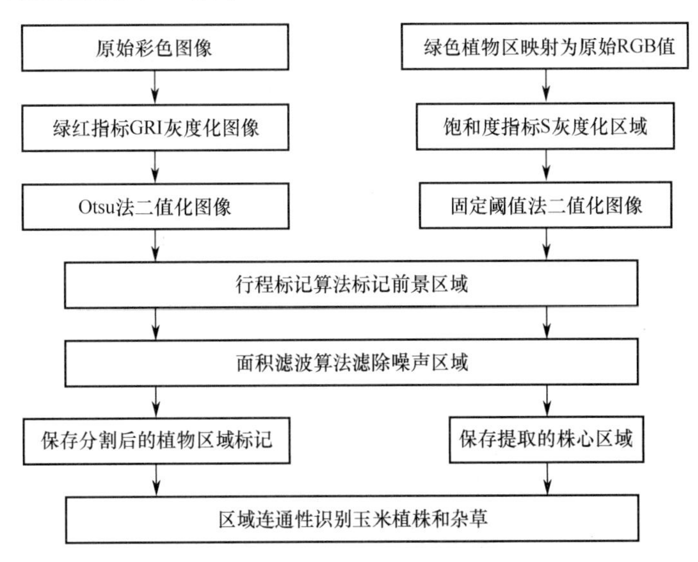

图 4-2　基于株心的玉米田间杂草识别流程图

杂草和玉米植株的正确识别率分别为84%和88%，帧图像的处理时间平均为120ms。基于株心的玉米田间杂草识别方法的典型图像处理结果如图4-3所示。

图4-3　基于株心的玉米田间杂草识别方法的典型图像处理结果

基于株心颜色的玉米田间识别方法，能快速识别玉米田间杂草，识别准确率高于80%。该方法较适用于3～5叶苗期玉米田间杂草的识别，尤其适用于杂草与玉米叶片的交叠程度较轻且玉米植株株心区域完整的图像识别处理。

2. 基于多特征的玉米田间杂草识别方法

图4-4所示为基于多特征的玉米田间杂草识别流程图。

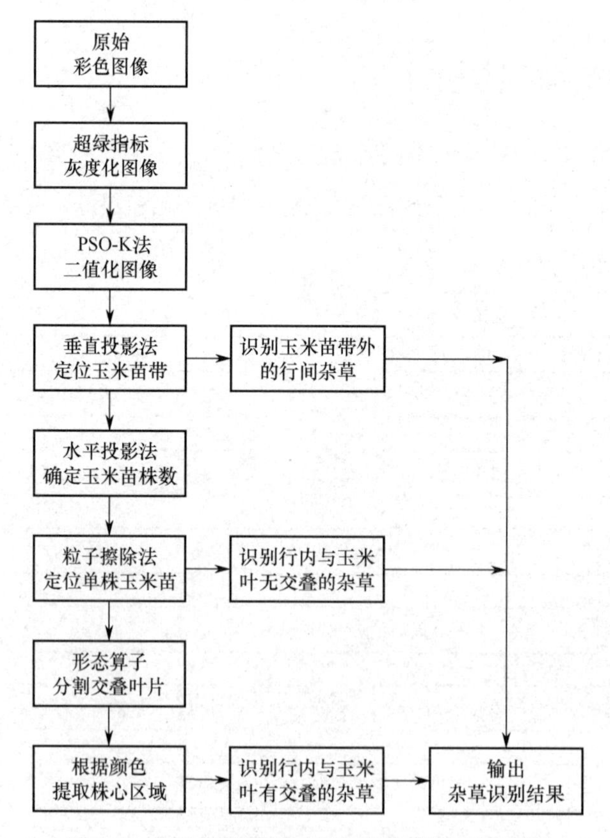

图4-4　基于多特征的玉米田间杂草识别流程图

基于多特征的玉米田间杂草自动识别方法的分步处理如图 4-5 所示。基于多特征的玉米田间杂草识别方法能够快速、有效地识别杂草信息，指导对靶喷药，提高了变量喷药机具田间实施的实时性。

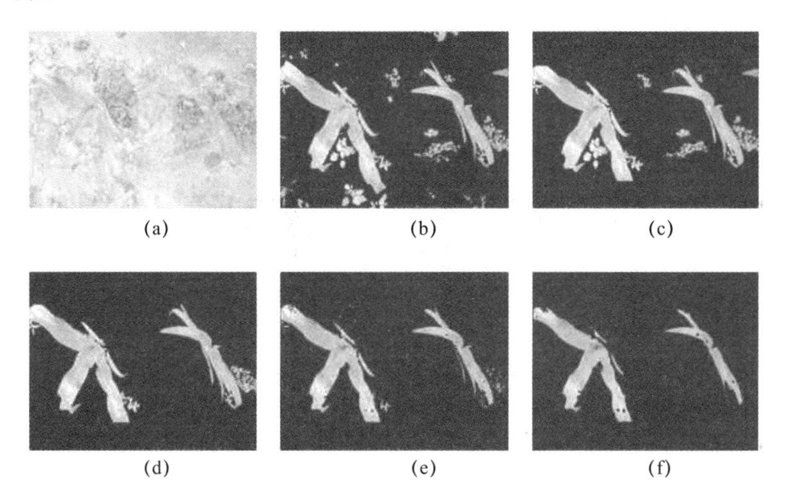

(a)　(b)　(c)

(d)　(e)　(f)

图 4-5　基于多特征的玉米田间杂草自动识别方法的分步处理

3. 基于多特征的杂草逆向定位方法

本书提出一种杂草逆向定位方法，根据作物的 Hu 不变矩特征及作物形状特征等自动分析定位田间作物，然后基于颜色特征，把作物区域以外的绿色植物均认定为杂草。将各种各样的杂草定位问题转换为较简单的单一作物定位问题，实现杂草的逆向定位，从而为精细施药提供依据。

1）Hu 不变矩特征

Hu 在 1961 年提出不变矩的概念（何勇等，2018）。因为不变矩是一种高度浓缩的图像特征，具有平移、旋转不变性，所以，被广泛用于模式识别、图像分类、目标识别和场景分析中。Hu 提出了 $p+q \leqslant 3$ 的 7 个不变矩，具体定义可参见文献（何勇等，2018），经证明，这 7 个不变矩满足平移及旋转不变的条件，但不满足比例不变的条件。

由于这 7 个不变矩 $\boldsymbol{\varphi}_k (k=1,2,\cdots,7)$ 的变化范围很大，其数量级相差很大，所以，为了便于图像识别，可以利用取对数的方法进行数据取值范围的压缩。考虑到不变矩有可能出现负值的情况，因此，实际采用的不变矩为

$$\boldsymbol{I}_k = \lg|\boldsymbol{\varphi}_k| \qquad (k=1,2,\cdots,7) \tag{4-1}$$

由于离散情况下的不变矩不满足比例不变的条件，而且在实际应用中还存在对比度的差别，所以，为了推导出一般的不变矩，假设两幅在对比度、比例、位置和旋转上都有差别的图像 $f_1(x,y)$ 和 $f_2(x',y')$，它们的内容完全是关于同一物体的，其相互关系可以表示为

$$\begin{cases} f_1(x',y') = mf_2(x,y) \\ \begin{bmatrix} x' \\ y' \end{bmatrix} = C\begin{bmatrix} \cos\theta & \sin\theta \\ -\sin\theta & \cos\theta \end{bmatrix}\begin{bmatrix} x \\ y \end{bmatrix} + \begin{bmatrix} a \\ b \end{bmatrix} \end{cases} \tag{4-2}$$

式中，m——对比度变化因子。

C——比例变化因子。

θ——旋转角度。

(a,b)——x方向和y方向上的位移。

$$\begin{cases} \beta_1 = \sqrt{I_2}/I_1 \\ \beta_2 = I_3/I_2 I_1 \\ \beta_3 = I_4/I_3 \\ \beta_4 = \sqrt{I_5}/I_4 \\ \beta_5 = I_6/I_4 I_1 \\ \beta_6 = I_7/I_5 \end{cases} \tag{4-3}$$

本书将β_1、β_2、β_3、β_4、β_5、β_6作为作物图像的不变性特征，是用于作物定位的重要特征。

2）叶片形状特征

为了提高杂草定位精度，在Hu不变矩基础上引入叶片形状特征，包括8项相对值几何特征：纵横轴比、矩形度、面积凹凸比、周长凹凸比、球状性、圆形度、偏心率和形状参数。各形状特征参数具体如下。

（1）纵横轴比为叶片最小包围盒的长宽比，即

$$R_a = L/W \tag{4-4}$$

式中，L——叶片最小包围盒长度。

W——叶片最小包围盒宽度。

其中，叶片最小包围盒为把目标叶片区域包含在内的最小面积的矩形。

（2）矩形度为叶片面积与叶片最小包围盒面积的比值，即

$$R_b = A_l/A_b \tag{4-5}$$

式中，A_l——叶片面积。

A_b——叶片最小包围盒面积。

（3）面积凹凸比为叶片面积与叶片凸包面积的比值，即

$$R_c = A_l/A_c \tag{4-6}$$

式中，A_c——叶片凸包面积。所谓叶片凸包，指的是叶片区域内的所有点都在其上或其内的一个最小凸多边形。

（4）周长凹凸比为叶片周长与叶片凸包周长的比值，即

$$R_d = P_l/P_c \tag{4-7}$$

式中，P_l——叶片周长。

P_c——叶片凸包周长。

（5）球状性为叶片面积与其凸包周长计算值，即

$$S=(4\pi A_l)/(P_c P_c) \quad (4\text{-}8)$$

（6）圆形度是叶片内切圆半径与叶片外切圆半径比值，即

$$C=R_i/R_e \quad (4\text{-}9)$$

式中，R_i——叶片内切圆半径。

R_e——叶片外切圆半径。

其中，内切圆是在叶片区域里以叶片区域的重心为圆心，半径是圆心与叶片轮廓的最小距离的一个圆；外切圆是以叶片区域的重心为圆心，半径是圆心到轮廓的最大距离的圆。

（7）偏心率为叶片自身长轴与短轴的比值，即

$$E=X_l/X_s \quad (4\text{-}10)$$

式中，X_l——叶片自身长轴。

X_s——叶片自身短轴。

（8）形状参数为

$$V=(4\pi A_l)/(P_l P_l) \quad (4\text{-}11)$$

为进一步理解大豆叶片形状参数的意义，图 4-6 给出了几幅典型大豆叶片的图像。

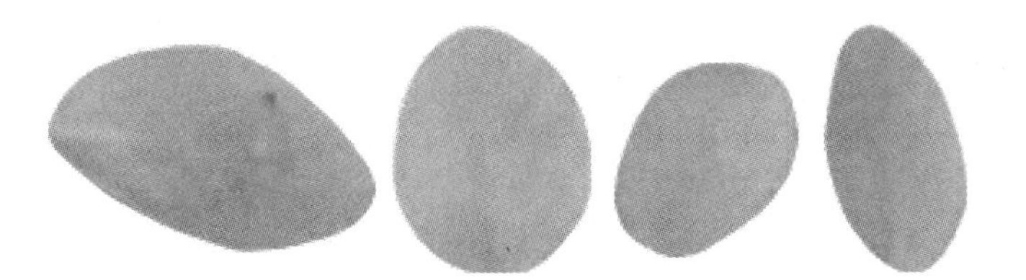

图 4-6　典型大豆叶片的图像

图 4-7 所示为单个大豆叶片的几个主要特征参数示意图。

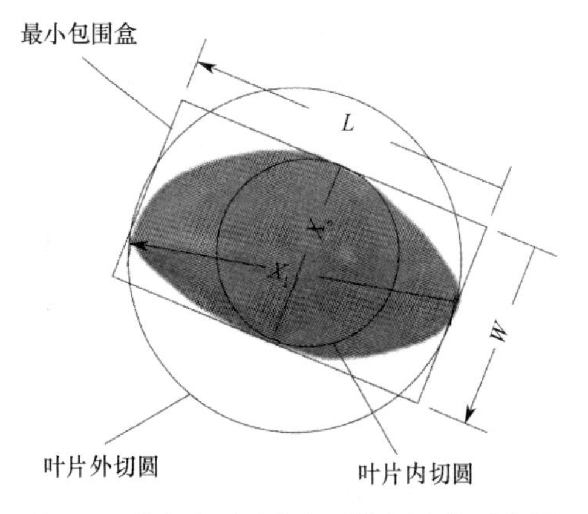

图 4-7　单个大豆叶片主要特征参数示意图

3）算法流程

（1）在田间图像中提取出具有代表性的多幅单独叶片，利用式（4-3）计算该单独叶片的 7 个 Hu 不变矩特征值，并以其均值作为该田间作物的 Hu 不变矩特征值预存，利用式（4-4）～式（4-11）计算该单独叶片的 8 个形状特征值，并以形状特征平均值作为该田间作物的形状特征值预存。

（2）对实时采集到的田间图像进行预处理，包括图像灰度化、二值化、去噪等操作。

（3）对去噪后的图像采用 100 像素×100 像素分区域提取特征值，包括 7 个 Hu 不变矩特征值和 8 个形状特征值。

（4）采用最临近分类器法进行匹配，将预存的该田间作物的 Hu 不变矩特征值和该田间作物的形状特征值分别与步骤（3）计算的 100 像素×100 像素区域的 7 个 Hu 不变矩特征值和 8 个形状特征值进行特征匹配。

（5）若匹配成功，则对认定的作物区域进行标记；若匹配失败，则进行下一区域的计算。

（6）遍历整个图像，重复步骤（3）～步骤（5）。

（7）将定位得到的大豆叶片组成的连通区域认定为作物，并将所述作物区域以外的绿色植物均标记为杂草区域。

（8）为增强显示效果，分别提取杂草与农作物的外部轮廓。

（9）输出杂草定位结果。

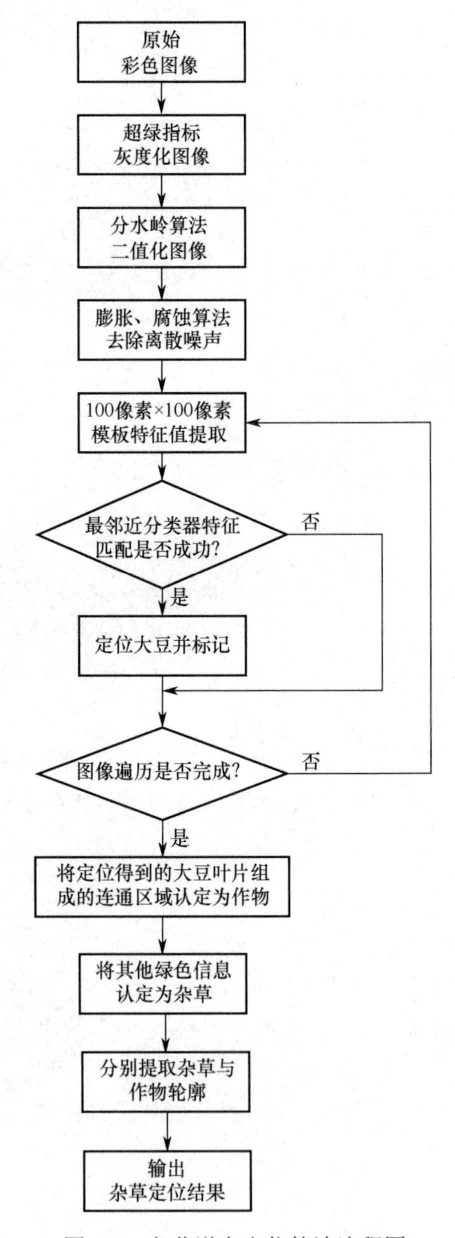

图 4-8　杂草逆向定位算法流程图

杂草逆向定位算法流程图如图 4-8 所示，各算法步骤的结果如图 4-9 所示。其中，图 4-9（a）所示为实际采集到的原始田间图像，图 4-9（b）所示为基于超绿指标的灰度化结果，图 4-9（c）所示为基于分水岭算法的叶片分割结果，图 4-9（d）是对图 4-9（c）进行数学形态学去噪的结果，图 4-9（e）所示为分区定位的结果，与标准叶片特征匹配成功的区域标记成叶片区域，图 4-9（f）所示为基于连通域分析找到的大豆区域和基于颜色特征找到的杂草区域的结果。

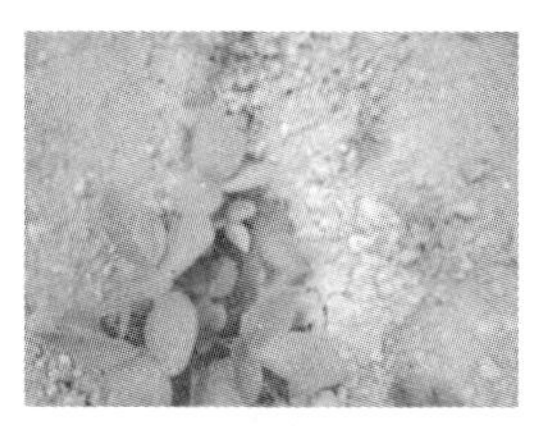
(a) 原始田间图像

(b) 基于超绿指标的灰度化结果

(c) 基于分水岭算法的叶片分割结果

(d) 数学形态学去噪的结果

(e) 大豆叶片分区定位的结果

(f) 大豆区域和杂草区域的结果

图 4-9　杂草逆向定位各算法步骤的结果

在实际测试应用中，对采集到的田间图像均采用步骤（3）与步骤（4）分区计算其特征值，并与标准大豆叶片特征值进行匹配。由于大豆属于簇生植物，因此，只要能够准确识别出 2～4 片外围轮廓的叶片（识别出的叶片越多，定位的准确率越高，但耗时越长），然后通过连通区域的分析即可准确定位出整株大豆。最后的实验结果也证实了该方法的有效性。

4.2　变量施药决策技术

变量施药决策技术主要包括基于传感器的变量施药决策技术及基于地理信息的变量施药决策技术。这两种变量施药决策技术主要针对变量喷雾系统中的两个子系统：农机具地理位置接收系统和变量施药处方图生成系统。

4.2.1　基于传感器的变量施药决策技术

基于传感器的变量施药决策技术更为直观。简单来说，人工施药通过观察得出田间哪里需要多喷、哪里需要少喷或不喷，来达到变量的目的。基于传感器的变量施药决策技术与之类似，主要通过对作业田间信息采样和具体的农业作物特征判别来判断农药喷雾量，再通过使用实时传感器（诸如感光元件高精度摄像头、速度测试传感器等）获得信号后反馈给计算机，计算机通过数据处理控制执行机构，执行机构发挥作用，对喷雾量进行实时调整（常相铖等，2007）。此方式构成的系统的优点是在变量喷雾之前不需要对喷施目标区域的病虫草害情况进行数据采集和分析，且能够提供更为精确的喷施目标信息，有效消除定位误差对喷施需求量的确定造成的误差；缺点是喷雾的精度容易受到图像处理效果、传感器测量时间、计算机控制台处理数据速度的影响（刘慧等，2016）。

传感技术识别系统分为硬件、软件两部分。硬件主要负责作业田地图像精确收集和数字化分析，再加上快速存储和精确显示，就能够很好地完成从传感器图像信号到数字信号的转变过程；软件负责对转换过来的图像数字化信号进行处理、分析，再传递给执行机构（常相铖等，2007）。这项技术自问世至今，利用机器视觉的杂草识别技术的变量喷雾系统已经从室内实验室试验到了田间大规模试验应用，而且从早期的滞后操作发展到了现在实时操作的状态。

4.2.2 基于地理信息的变量施药决策技术

1. 工作原理

基于地理信息的变量施药决策技术主要依靠上位机给予的地图信息来决策判定区域对农药的需求总量，再经过计算机、农业作物管理生产信息汇总到变量决策中心进行决策，具体工作流程如图 4-10 所示。该决策技术在进行一次变量喷雾作业的过程中需要使用两次北斗定位功能：第一次是对已经获取作业信息的田间病虫草害北斗坐标定位和确定；第二次是在进行变量喷雾作业时，通过车载北斗定位终端实时跟踪标定喷雾机的坐标位置信息，再通过地理信息决策机构，根据上位机处方图匹配田间与病虫草害信息相对应的地理坐标位置，确定后，向下位机发送工作命令，变量喷雾机执行系统开始依照设定的工作目标进行工作。

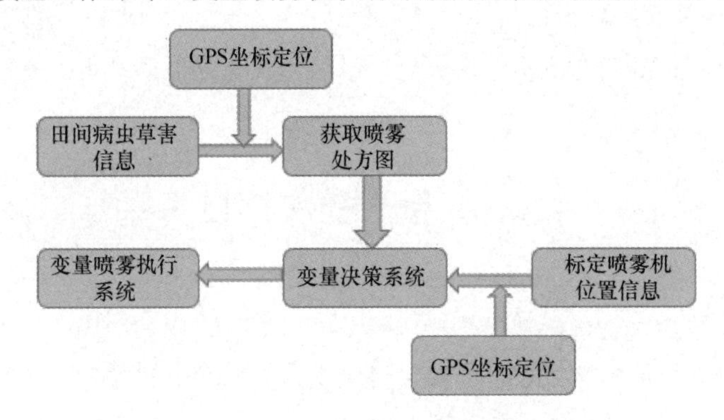

图 4-10　基于地理信息的变量施药决策技术工作流程

北斗接收机接收卫星发射的无线电信号，获取必要的定位信息及观测数据，经处理后计算出自身的位置、速度等信息，实现定位导航等功能。

基于 GIS 的计算机软件主要负责收集作物的田间信息，收集后进行统一的存储和分析，形成数据库；从数据库中获取比对信息，计算生成所需要的变量喷雾处方图。

2. 变量施药处方图生成技术

变量施药处方图生成技术是实现变量喷雾技术的关键，精准的处方图是决策系统和执行系统实现精准变量喷雾的前提。变量施药处方图生成技术的原理是利用视觉传感器在机具喷雾之前充分获得各个地块的土壤信息及作物病虫草害的时空分布情况，将各个地块分割成尺寸合适的栅格，对获得的信息进行处理，按照施药标准针对不同程度的病虫草害情况将各部分进行分级处理，最后得出变量施药处方图（王丽霞等，2010）。

以玉米植株生长期为例，化学处理玉米田间杂草的时期集中在玉米苗后 4～6 叶时期。

在这个时间段，玉米苗相邻植株之间具有一定的株距与行距，作物叶片间的重叠情况较低。点播作物的这种特征比较明显，有利于用形状特征识别田间杂草。如图 4-11 所示，玉米田间常见杂草及玉米出苗期幼苗主要有马唐、牛筋草、反枝苋、苘荬菜、刺儿菜等。

图 4-11　玉米田间常见杂草及玉米出苗期幼苗

为实现对这些田间主要杂草的有效识别，考虑选用面积、周长、内切圆直径 3 个简单的区域形状特征参数，以及圆形度、伸长度、离散度、圆度 4 个具有不变性形状特征参数来计算这些杂草的形状特征参数，初步建立杂草叶子形状特征参数数据库，如表 4-1 所示。

表 4-1　杂草叶子形状特征参数数据库

植物名称	面积/像素	周长/像素	内切圆直径/像素	圆形度（无量纲）	伸长度（无量纲）	离散度（无量纲）	圆度（无量纲）
马唐	340	132	5	0.265	0.19	51	1.74
铁苋菜	890	108	17	0.996	0.88	14	9.45
反植苋	1035	127	17	0.821	0.71	14	7.3
刺儿菜	468	114	6	0.470	0.34	26	2.01
牛筋草	345	134	6	0.275	0.23	54	1.71
苘荬菜	465	119	8	0.490	0.33	30	2.10
马齿苋	116	41	6	0.835	0.63	16	5.10
田旋花	1100	157	15	0.590	0.88	20	9.70
玉米	4452	290	45	0.845	0.95	16	7.89

土壤环境复杂，杂草叶片之间相互有交叠的情况，计算单个叶片的形状特征参数比较困难，因此，首先可以通过图像工具分别截取杂草图像中单个叶片的区域，然后对截取的单个叶片区域图像叠加后利用改进的最大类间方差法进行阈值化；最后对得到的叶片的二值图像进行区域标记，分别计算形状特征参数。

从表 4-1 中可以看出，玉米的面积、周长、内切圆直径与各类杂草有明显的区别，对于特定玉米田采集的杂草图像，杂草与玉米大小一般变化不大，可以利用上面 3 种特征参数有效识别。考虑到杂草生长期不同，杂草的面积、周长等特征参数有区别变化，可利用单个无量纲的形状特征参数识别，如马唐、田旋花、牛筋草等圆形度普遍比其他杂草较低。对于单个特征参数无法识别的杂草，可把这些形状特征参数组合成形状特征参数集合，这样才会取得有效的识别效果（尹东富等，2010）。

在室外自然条件下，使用摄像头采集到的玉米及杂草分布图像如 4-12（a）所示，图像大小为 700 像素×700 像素，采集棉田区域为 1m×1m。使用 MATLAB 软件对采集的图像进行处理，将 RGB 模型转换为 HSV 模型，利用最大类间方差法对超绿特征灰度图像进行动态阈值分割，去除土壤背景等干扰后，设定 R、G、B 作为三基色，R、G、B 的标准差分别为 S_R、S_G、S_B，将标准差差值 $S_B-S_R<5$ 作为识别杂草的阈值，得到玉米与杂草分布图如图 4-12（b）所示，图中右中部与玉米相近的杂草未被当作玉米处理掉，验证了该算法的准确性。采用面积法滤波去除二值图像中与绿色植物相似的离散小区域，除去面积小于 20 像素的绿色区域，得到滤波处理后的二值图像如图 4-12（c）所示。处方图自动生成过程如图 4-12 所示。

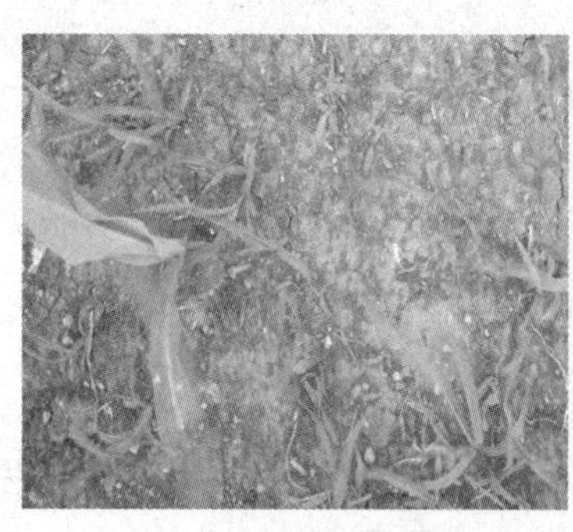

(a) 玉米及杂草分布图像

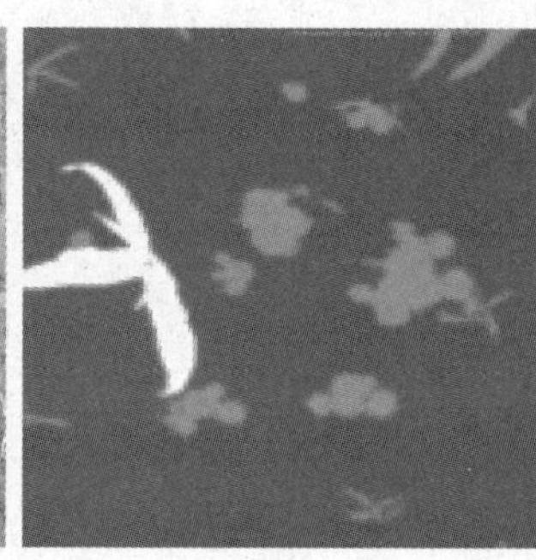

(b) 玉米与杂草分布图

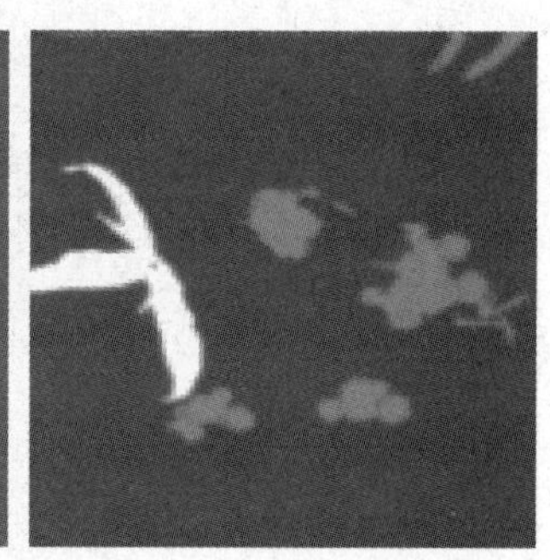

(c) 滤波处理后的二值图像

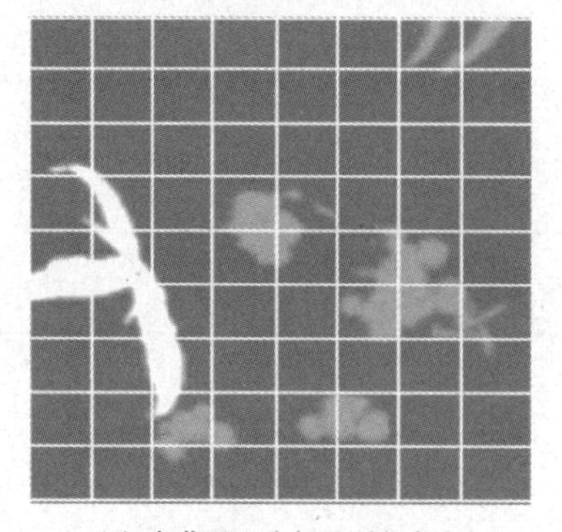

(d) 杂草质心坐标及面积大小

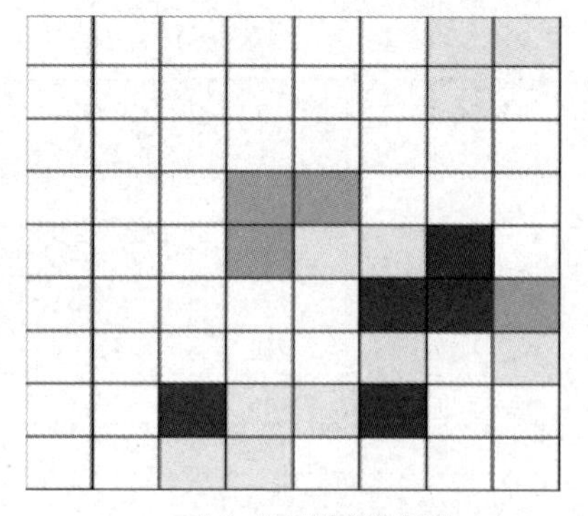

(e) 变量施药处方图

图 4-12　处方图自动生成过程

根据质心公式，利用各个绿色杂草区域的外边缘坐标计算得到其质心坐标；利用图像面积函数计算得到各杂草区域的图像面积，所得杂草质心坐标及面积大小如图 4-12（d）所示。由原图像 4-12（a）计算得到 20 个需要喷洒农药的杂草区域，杂草面积最大为 3340 像素，最小为 50 像素。根据所得杂草面积，共设定 4 级喷药量。网格内杂草面积小于 100 像素设定喷药等级为 0 级，表示该网格不需要喷洒除草剂；杂草面积大于 2000 像素设定喷药等级为 3 级，表示喷头完全打开；杂草面积为 100～1000 像素、1000～2000 像素，分别对应喷药等级为 1 级、2 级。

这类方法的优点很明显：能够把喷药量的精确度控制在厘米级别，精确度高，针对性强，能有效降低农药流失率，提高农药利用率；但是缺点也很明显：成本高，准确度受视觉传感器精度与响应时间的影响。

4.3　变量施药控制技术

喷雾实时控制是变量施药中的一个重要环节，系统根据检测到的信息进行计算处理，生成相对应的喷雾策略，并通过相关的控制方式实现变量施药。当前有 3 种喷雾实时控制技术（束义平等，2018），分别为压力调节式变量控制技术、药液浓度调节式变量控制技术和脉冲宽度调制控制技术。

虽然这 3 种技术控制的对象不同，但都是在针对喷雾执行机构进行控制。变量执行系统是变量施药机的核心部件，主要由电动控制阀及相应的流量传感器、压力传感器组成。施药作业时，控制器不断查询喷雾机当前所处的地理位置，根据处方指定的喷雾量、喷幅、行进速度等信息，形成喷雾量调整控制信号，由驱动电路控制变量喷雾执行设备（如流量调节阀等）调整施药流量，以满足处方要求（邱白晶等，2015）。

4.3.1　压力调节式变量控制技术

改变压力来控制流量是传统的喷雾流量控制方法。在一个已知喷雾系统中，喷雾流量、系统压力、雾滴粒径及喷雾分布都是相互关联的，当通过改变压力而去控制喷雾流量时，雾滴的粒径及分布方式也会随之改变。由于雾滴的粒径对施药的效果有很大的影响，因而在设计喷雾系统时常常将其作为一个重要的技术指标，不改变或是尽可能小地改变雾滴粒径。在实际施药过程中，若对某个区域增大施药量，就会引起系统压力升高及雾滴粒径的减小（刘曙光等，2006）。随着雾滴直径的减小，虽然能增大覆盖率，但不可避免地大大增加了雾滴的飘移性，使得农药浪费增加。

1. 压力调节式变量控制技术工作原理

变量喷雾系统的流量调节主要是通过电动控制阀调节实现的。根据流体力学的原理，控制调节阀在管道中起可变阻力作用并提供一个压力降，而压力降是由于改变阀门阻力或者摩擦所引起的，在液体情况下，压力会通过摩擦而消耗，并且在这个过程中产生热能，导致流体产生能量损失。根据不可压缩流体机械能量守恒，流体经过调节阀时，由伯努利方程可以得到损失的能量为

$$H=\frac{P_1-P_2}{\rho g} \tag{4-12}$$

式中，H——单位流体流过控制阀时产生的能量损失。

g——重力加速度。

P_1、P_2——控制阀入口压力、出口压力。

ρ——流体的密度。

如果电动控制阀的阀体开口角度为固定值，且通过阀体的流体密度保持不变，则单位质量流体流经控制阀的能量损失与流体所做的功成正比，为

$$H=\zeta\frac{W^2}{2g} \tag{4-13}$$

式中，ζ——控制阀的阻力系数。

W——液体平均流动速度。

液体平均流动速度 W 为

$$W=\frac{Q}{A} \tag{4-14}$$

式中，Q——流量。

A——控制阀连接管处横截面积。

综合式（4-12）、式（4-13）、式（4-14）可以得到控制阀的流量方程式为

$$Q=\frac{A}{\sqrt{\zeta}}\sqrt{\frac{2(P_1-P_2)}{\rho}}=\frac{A}{\sqrt{\zeta}}\sqrt{\frac{2\Delta P}{\rho}} \tag{4-15}$$

式中，$\Delta P=P_1-P_2$，ΔP 为控制阀前后压力差值，在本系统中，当系统整体工作达到稳定之后，即出口压力表值达到设定值且变化细微的情况下，并保证均匀流体通过控制阀，则损失的压力 ΔP 为定值，在系统压力不变的情况下，ΔP 恒定。

由式（4-15）可知，在 A 和 $\Delta P/\rho$ 不变的情况下，流量 Q 只与阻力系数 ζ 相关，即球形阀角位移距离。阻力系数减小，角位移增大，系统喷雾压力增大，流量增大；阻力系数增大，角位移减小，系统喷雾压力减小，流量减小。

压力式变量喷雾系统便是利用这种关系来达到调节目的的。即通过改变电动球型控制阀的电压脉冲信号，控制阀再根据信号的大小调整阻力系数 ζ，进而改变控制阀阀体的角位移，改变压力，控制流量，最终达到变量喷施应用的目的（常相铖等，2007）。

压力调节式变量喷雾系统是 3 种系统中最简单的一种，把压力/流量传感器、速度传感器、控制阀与电子控制设备连接成一体，便能实现根据不同的需求量改变药液喷施量的变量

喷雾作业。该系统框图如图 4-13 所示。

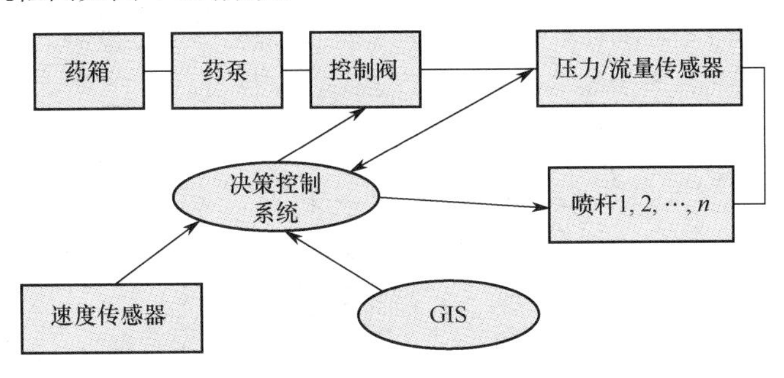

图 4-13　压力调节式变量喷雾系统框图

2. 硬件组成

（1）控制器。控制器控制着变量施药系统全部部件的工作过程。控制器的运算能力、通信传输速度、脉冲转换速度和精确度等性能直接影响整个喷雾系统控制精度和运算控制能力及响应时间。一般情况下，中型、小型的测试控制系统都采用单片机作为控制器来进行系统构建。

（2）信息获取部件。信息获取部件的实质就是各类传感器，如流量传感器、压力表等。图 4-14 所示为电磁流量传感器。变量施药系统的控制环节实际上是基于信息获取的前提进行符合预期的相关调节，因此，信息传输的速率、准确度、与实时误差就显得尤为重要了。在经济条件允许的条件下，各类传感器应尽量选择响应快、灵敏度高、精度高的元器件。

（3）调节控制阀。调节控制阀是系统不可或缺的组成部分。它直接安装在喷雾系统的管路上，通过接收控制系统中的下位机的脉冲控制信号，转而转化为电动机的相应开口角位移输出，从而使调节阀的开口角度产生相应的变化，实现流量控制和调节的功能。调节控制阀的稳定、耐久、可靠度和流量调节特性将直接影响整个系统的工作能力。

（4）喷雾泵及其传动装置。作为变量喷雾系统动力装置，由于整个系统的动力都来源于压力喷雾泵，所以，泵的选取非常重要。考虑实际当中管路传输的压力损失，依照标准需采用 1.25～1.5 倍最大流量的喷雾泵。图 4-15 所示为喷雾泵。

图 4-14　电磁流量传感器

图 4-15　喷雾泵

喷雾泵的主要工作原理如下：依靠一个隔膜片的来回鼓动而改变工作室容积来吸入和排出液体，隔膜泵工作时，曲柄连杆机构在电动机的驱动下，带动柱塞做往复运动，柱塞的运动通过液缸内的液体（一般为油）传到隔膜，使隔膜来回鼓动。

（5）减压及稳压部件。考虑到喷雾系统泵的额定工作压力，为保证流量的稳定性，出口处需要保持一定的工作压力以达到喷雾效果。因为喷雾系统的工作压力有一定的上限，所以，需要采用一个减压部件来控制实际管路的压力，以达到符合压力需要的目的。这里常用的装置就是减压稳压阀。减压稳压阀的工作原理如下：当有流体通过时，出口压力（即隔膜压力）降低，弹簧的作用力大于作用在隔膜上的水的压力，阀门打开。出口压力降至隔膜和弹簧上的作用力再度平衡位置，如图 4-16 所示。

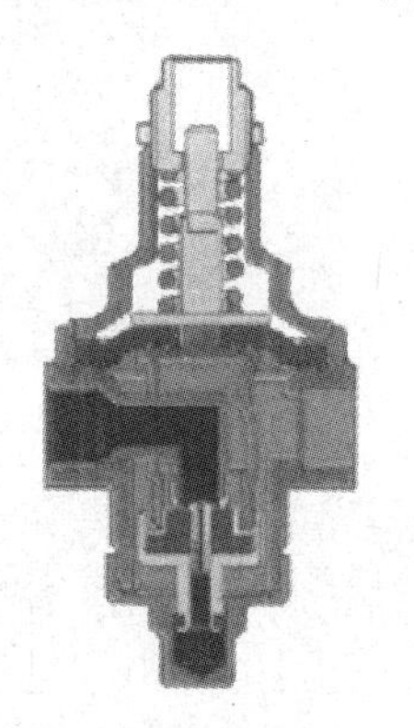

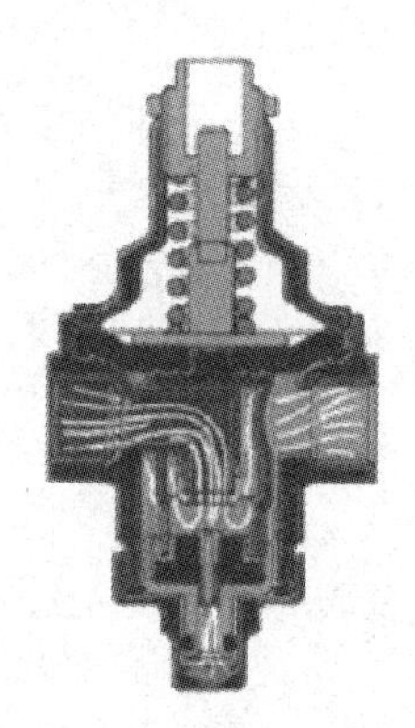

图 4-16 减压稳压阀的工作原理图

（6）喷雾系统管路。农业喷雾生产作业中，流体溶液通常都具有腐蚀性，为了防止其对管路产生腐蚀作用，导致对系统其他部件形成压力损耗，防止对实验数据的准确性造成影响，对除主管路外的其他管路，可采用以抗腐蚀材料制成的软管作为变量施药系统的主要支路和传输管路。

（7）喷头。目前市面上的喷头主要有离心式喷头和压力式喷头。离心式喷头喷雾分散度不均匀（曲线呈马鞍形），雾滴谱范围较窄，雾化质量较好，多用于喷施杀虫剂或杀菌剂等；压力式喷头的药液喷雾的横向沉积分布呈正态分布，抗飘移性好，雾滴粒谱较宽广，当喷雾角度为 80° 时，药液沉积分布近似矩形，主要用于喷洒除草剂等。

近几年还出现了静电喷雾喷头、抗飘喷头、低飘少飘喷头、变量喷头等。

4.3.2 药液浓度调节式变量控制技术

药液浓度调节式变量技术方法主要分为药剂注入式控制技术和药剂并列注入式控制技术，这两种技术都要求实时混药，也称在线混药。

药剂注入式控制技术是通过对喷雾量或控制阀的调节来控制注入喷雾系统主管路中药剂的量，而系统主管路中水的流量通常是恒定的。该系统的优点是可以保持系统主管路中的压力，从而可以保证喷雾分布方式和雾滴尺寸不发生改变。此外，由于作业中药剂是适时加入的，这样就基本保证了作业结束后系统中不会有药液残留，同时也降低了操作者与农药直接接触的危险。这种喷雾方法的缺点是当药剂注入喷雾系统主管路时，管段内的药剂量发生改变，但喷头喷出药液的浓度发生相应改变则需要一定时间，这样就会造成一定时间内的误喷，从而影响施药效果。

药剂并列注入式控制技术是通过同时改变药剂的注入量和水溶剂的注入量来达到变量施药的目的。从理论上讲，该技术克服了药剂注入式控制技术无法快速达到喷施所需药液浓度的缺陷，可以根据需要对药液浓度进行实时调节，不会造成一定时间内的误喷。但经对并列注入式变量喷雾机的延时进行试验，结果与理论有很大的差异，尤其在多喷头的变量喷雾系统中，各喷头的药液浓度改变依然有延迟现象，而且各喷头的延时长短也有较大的差异。此外，由于注入系统主管路的液体总量发生变化，系统压力也随之改变，最终影响药液的雾化特性。目前，对该种控制方法的研究仍处于探索阶段，相关技术还不够成熟，在实际应用中很难达到理想的效果。这种方法依然无法建立精确数学模型的非线性时变系统，因而采取模糊控制技术加以实现并取得了一些成效（张利君等，2017）。

1. 硬件组成

图 4-17 所示为注入式药液浓度调节式变量控制装置。

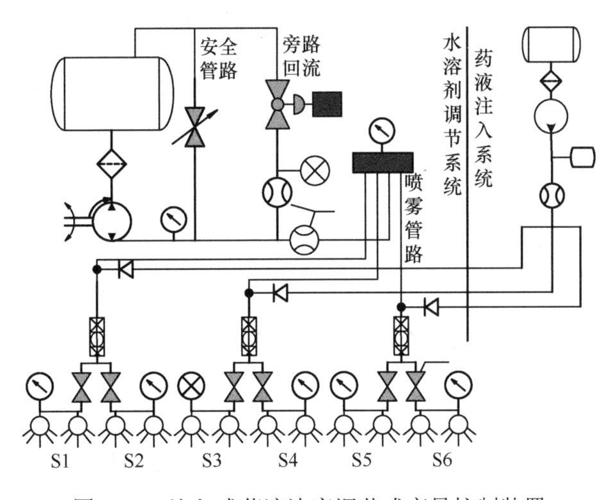

图 4-17　注入式药液浓度调节式变量控制装置

由图 4-17 可以直观地了解到，注入式药液浓度调节系统的主要原理是通过变量控制器判断所需农药用量，输入固定的溶剂流量和定量的农药用量，混合后进行均匀喷施作业。具体工作流程如下：首先进行农药溶液分离，通常的办法是在进行农业生产作业时，溶剂（通常是水）先按照固定流量进入喷杆；然后根据机车前进的速度计量所需的农药水混合液，并与溶剂在喷杆内混合，凭借对原液注入量和速率的调节来实现变量喷洒。

在进行混药作业时，在线混药控制系统需要采集的信号有喷雾总开关和多个电磁阀支路的开关信息、药液和水流量液位、主管路压力、支路压力、水流和药液流量，需要控制的信号有喷雾总开关和 4 个电磁阀的开关信号、计量泵的脉冲频率信号、旁路回流阀的开口度调节信号。在线混药控制系统需要采集的输入信号和需要输出的信号如图 4-18 所示。

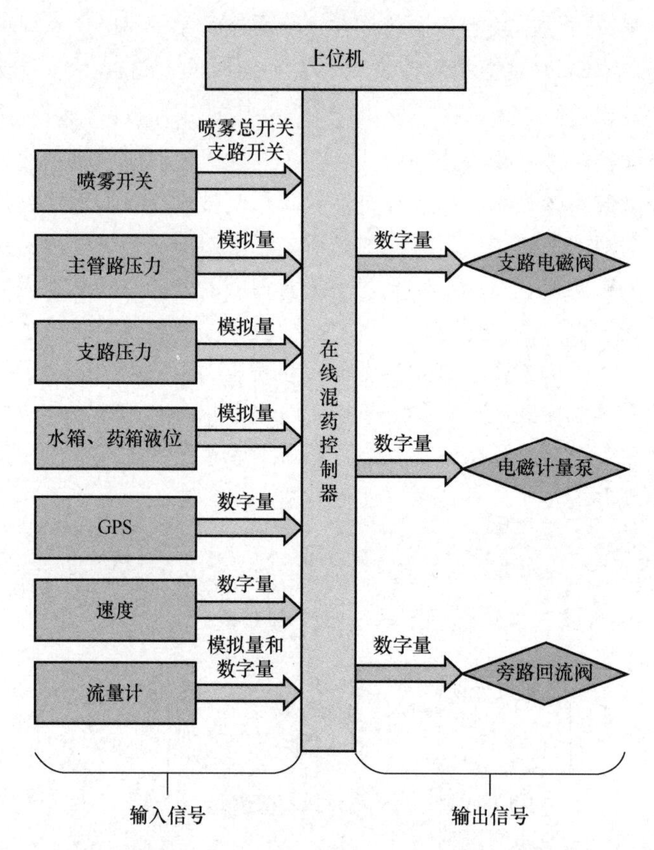

图 4-18　在线混药控制系统需要采集的输入信号和需要输出的信号

根据图 4-18 设计了在线混药喷雾控制系统的硬件框图，如图 4-19 所示。

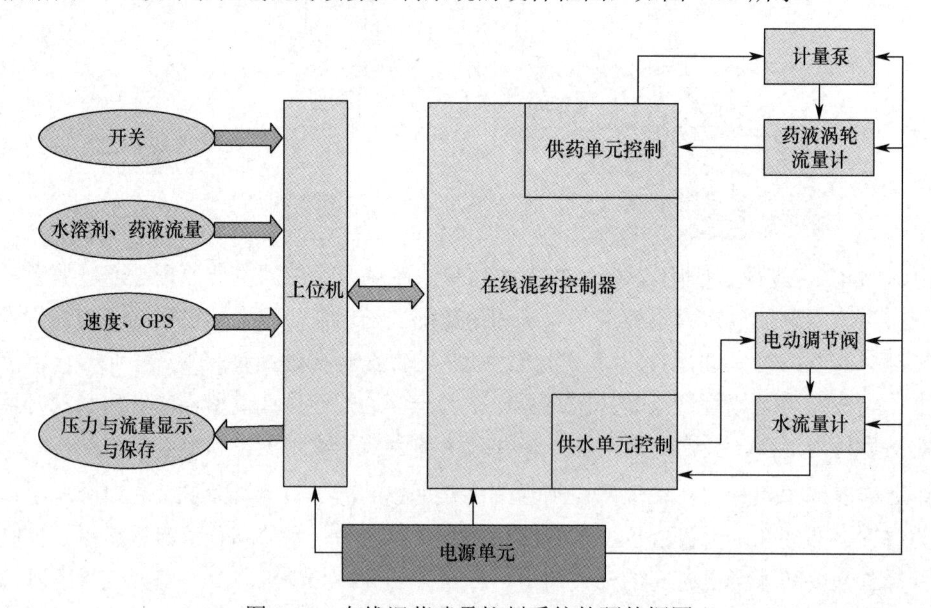

图 4-19　在线混药喷雾控制系统的硬件框图

该系统包括如下功能模块。

（1）在线混药控制器：以微处理器 STM32F4 为核心，包括最小系统单元、电源转换单元、信号采集单元、执行驱动单元和通信单元，控制器可实现计量泵驱动控制、电动调节阀控制、药液和水溶剂流量、无线通信等功能。

（2）实时信息采集系统：流量传感器对水流量、药流量和压力进行实时采集，测量数据经过转换电路送至上位机，上位机经过数据处理后送至调节装置，压力传感器实时采集管路压力。

（3）变量执行系统：采用电动调节阀作为变量执行器，控制器通过输出电压信号控制电动调节阀的阀门开度，进而调节水流量。

（4）电源单元：由 24VDC 电源模块、24V 转 12V 和 5V 模块组成，解决了田间作业在线混药控制系统各个器件对电源电压的要求。

以 STM32F407ZGT6 芯片作为硬件平台主控芯片，其具有高运算精度、功耗低、速度运行快、抗干扰等多种优势，其内核为 32 位高性能 ARM Cortex-M4 处理器，工作电压为 1.8～3.3V，工作主频可以达到 168MHz，支持 FPU（浮点运算）和 DSP 指令，程序和数据存储空间大，片内存储器具有 1024KB Flash 和 192KB SRAM。芯片功耗低，可选择睡眠、停止和待机 3 种低功耗模式。其引脚图与控制器实物图分别如图 4-20 和图 4-21 所示。

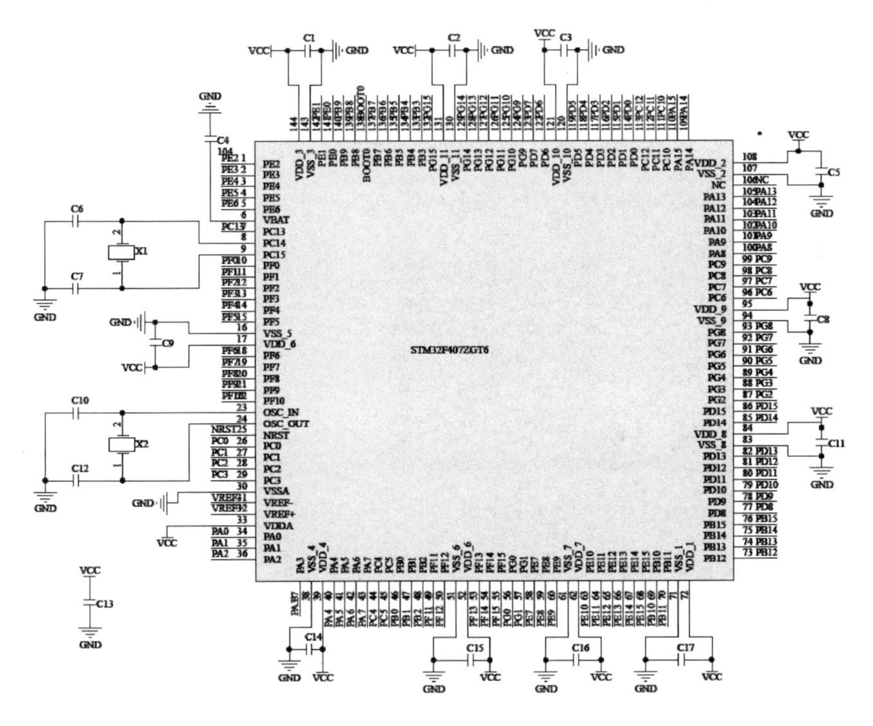

图 4-20　STM32F407ZGT6 芯片引脚图

2. 软件设计

系统软件包括数据采集处理模块、电动调节阀驱动模块、电磁计量泵驱动模块、作业参数实时保存模块和触摸屏输入模块等。程序分为主程序、药液注入量调节子程序、水流注入量调节子程序、串口通信子程序、声光报警子程序等几部分。

主程序对应在线混药装置的整体工作流程。通过设置按键可选择自动工作模式和手动工作模式，按键 1 表示程序进入自动工作模式，控制器下载处方图，进行解析得到混药比；按键 2 表示程序进入手动工作模式，进入混药比设定界面，按下确定键后控制系统将按照设定的混药比进行工作。系统调用药液注入量子程序和水流注入量调节子程序，子程序采集相应的流量传感器信号产生调节信号，改变药液注入量和水流注入量直到达到设定的混药比要求。串口通信子程序可将药液注入量和水流注入量实时采集上传到上位机用于显示。声光报警子程序启动时，液位传感器检测水箱与药箱液位，当液位异常时，蜂鸣器进行报警，提醒工作人员增加水溶剂或药液。主程序控制流程如图 4-22 所示。

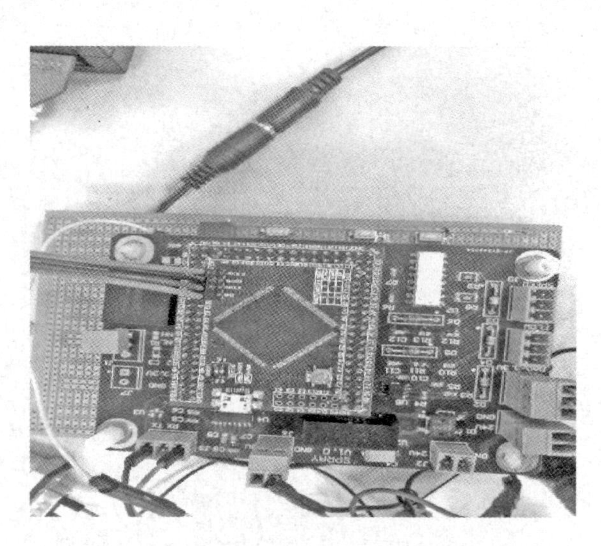

图 4-21　STM32F407ZGT6 芯片控制器实物图

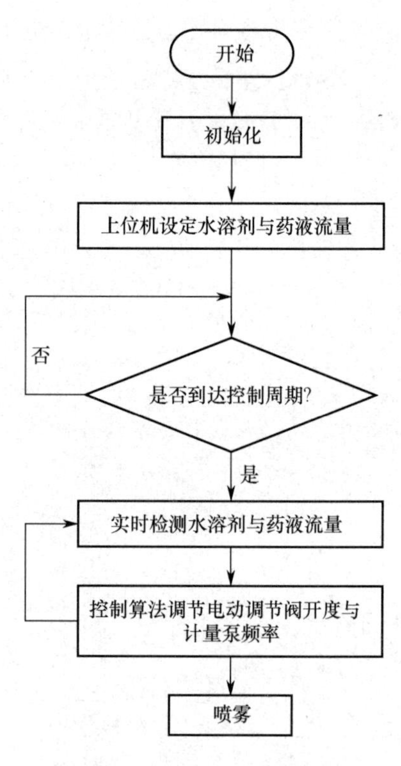

图 4-22　主程序控制流程

上位机用于设定用户需要执行的相关信息及对实际信息进行显示，包括进入界面、流量设定界面、数据显示界面，将制作好的界面下载到触摸屏中，能够满足上位机控制软件的要求。

流量设定界面包括水溶剂流量值设定和药液流量值设定，此外还可以显示水溶剂和药液流量实际值与流量曲线。当用户要输入相应的信息时，首先点击流量设定界面相应的白色区域，会弹出按键设置界面，用户输入设定值并点击“确定”按钮即可。例如，要设定水溶剂流量为 2L/min，点击流量设定界面水溶剂设定值右侧的白色区域，会弹出数字按键界面，输入 2 后点击“确定”按钮即可。数据显示界面用于显示水溶剂流量和药液流量、管路工作压力、药液剩余量、前进速度等。

4.3.3　脉冲宽度调制控制喷雾技术

脉冲宽度调制控制喷雾技术有间歇式和连续式两种，其主要是通过对管路中起关键作用的变流器的控制来实现流量调节的，即使用脉冲宽度调制（PWM）技术调节某种电磁阀或是流量调节阀的开度来控制流量。由于流量的调节会引起系统管路内的压力发生变化，所以，该方法一般是在一定流量调节范围内系统压力基本保持恒定的前提下采用的（邓巍等，2007—2008）。

1. PWM 控制基本原理

PWM 控制基本原理依据如下：冲量相等而形状不同的窄脉冲加在具有惯性的环节上时，其效果相同。PWM 控制原理如图 4-23 所示，将波形分为 6 等份，可由 6 个方波等效替代。脉宽调制的分类方法有多种，如单极性与双极性、同步式与异步式、矩形波调制与正弦波调制等。单极性 PWM 控制法是指在半个周期内载波只在一个方向变换，所得 PWM 波形也只在一个方向变化，而双极性 PWM 控制法在半个周期内载波在两个方向变化，所得 PWM 波形也在两个方向变化（张伟等，2006）。根据载波信号是否同调制信号保持同步，PWM 控制又可分为同步调制和异步调制。

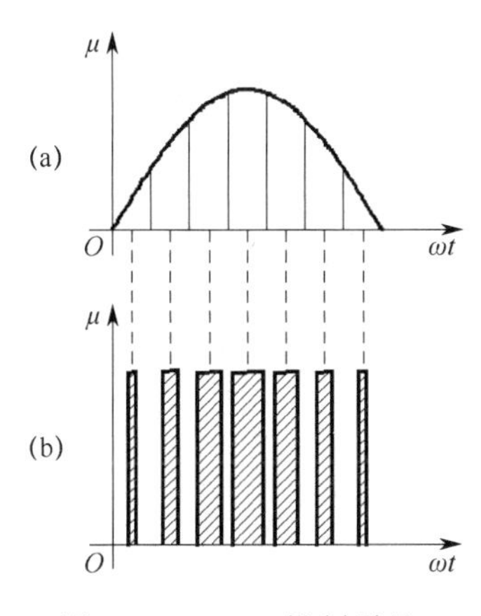

图 4-23　PWM 控制原理

PWM 技术是脉冲信号的调制方法之一。保持开关周期 T 不变，调节开关导通时间 t_{on}，则 $\alpha = t_{on}/T$ 为导通占空比，简称占空比或导通比。在 PWM 调速系统中，占空比是一个重要的参数，在外加电源电压不变的情况下，电枢端电压的平均值取决于占空比的大小，改变占空比的值可以改变电枢端电压的平均值，从而达到调速的目的。可以采用以下方法改变占空比的值。

（1）定宽调频法：保持 PWM 原理不变，只改变 t_{on}，这样使周期（或频率）也随之改变。

（2）调宽调频法：保持不变，只改变 PWM 原理，这样使周期（或频率）也随之改变。

（3）定频调宽法：保持周期（或频率）不变，同时改变t_{on}和 PWM 原理。

前两种方法由于在调速时改变了控制脉冲的周期（或频率），当控制脉冲的频率与系统的固有频率接近时，将会引起振荡，因此，定频调宽法在工业中应用更为广泛。

脉冲宽度调制控制喷雾技术相对于其他技术来说有较多优势。首先，调节过程基本不会改变系统压力，因而对喷雾特性影响较小；其次，不需要对电磁阀采取闭环控制，使阀门的响应时间大幅缩短；最后，调节方式也很简单，只需调节方波的占空比。等于开发了一款脉宽调制脉动喷雾喷头，该喷头可应用于车载化学农药喷雾设备，在脉宽调节控制方式下，通过调节喷头的启闭时间即可调节喷雾流量。

此方法需事先在容器中将化学药剂和水混合好，且在一定流量调节范围内让压力保持恒定，利用脉宽调制控制方式，通过控制电磁阀或流量调节阀的工作状态，控制工作流量，从而对喷雾量按需进行控制。该技术实现流量控制的优点如下：不需要改变喷雾系统的压力，对喷雾特性影响较小。不需要对电磁阀采取闭环控制，使阀门的响应时间很短。调节方式也很简单，只需调节控制信号的占空比。但其也存在一些不足：目前大部分变量喷雾系统都以各种电动阀门作为变流器，其在低频调节下存在喷雾状态不连续的问题。高频调节则对电磁阀的寿命、可靠性提出了更高的要求，成本也相应提高（张利君等，2017）。随着变量喷雾技术在我国的快速发展，近年来，以单片机作为控制核心成为变量喷施装置研究中的一大热点，国内已有不少关于这方面的研究，但这些研究大多是用电信号实现对各种电动阀门的开关控制，或是基于对喷施系统液压泵的调速或对伺服阀门的闭环控制以实现基于压力的变量喷雾。图 4-24 所示为某一 PWM 控制的变量喷药时序图。

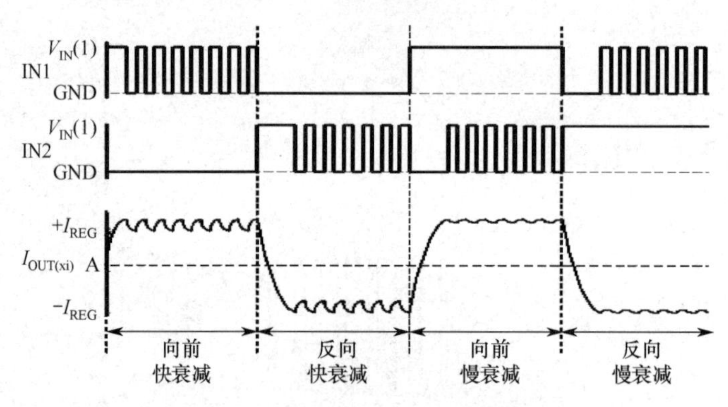

图 4-24　某一 PWM 控制的变量喷药时序图

2. 硬件组成

图 4-25 所示为 PWM 变量喷雾系统硬件组成框图。可以发现，该系统的组成与压力调节式系统组成基本一致，唯一的不同点就是二者的反馈目标不同，前者是把流量信号作为反馈信号，而后者把压力信号作为反馈信号。其硬件组成与变压力式调节系统类似。

3. 软件设计

图 4-26 所示为变量喷雾系统设计界面。该系统采用模块化编程，将系统的各个控制机构编写独立的函数，需要使用时直接调用即可。

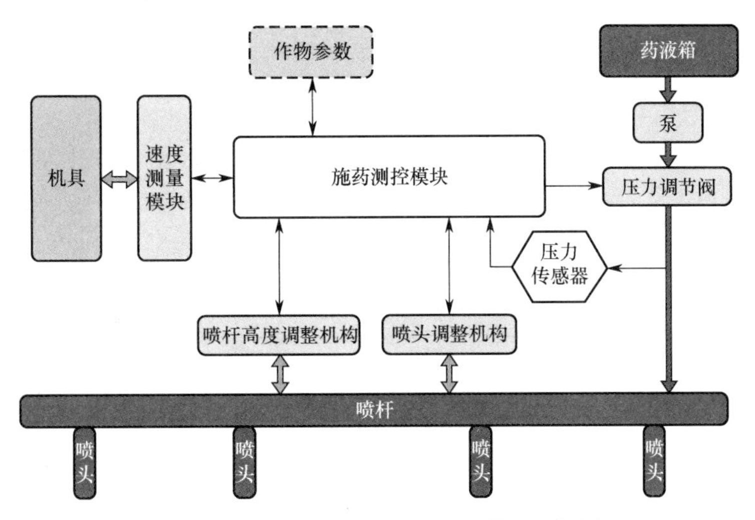

图 4-25　PWM 变量喷雾系统硬件组成框图

图 4-27 所示为变量喷雾系统设计的人机交互界面。

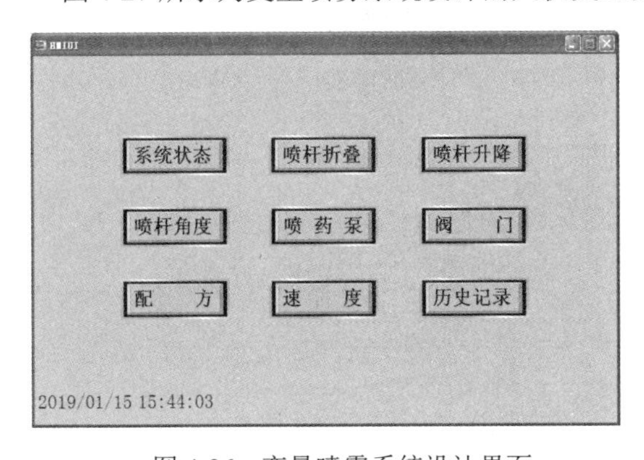

图 4-26　变量喷雾系统设计界面

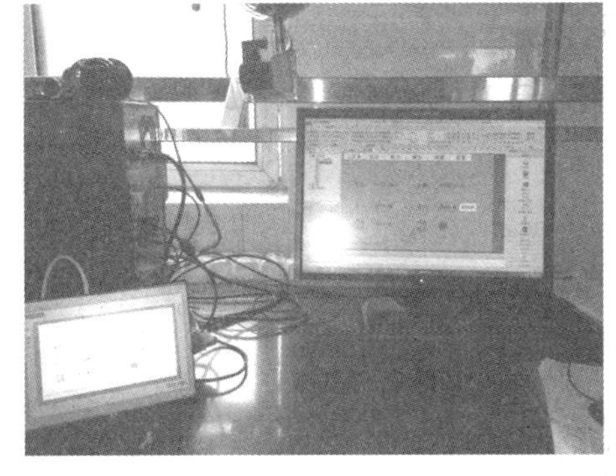

图 4-27　变量喷雾系统设计的人机交互界面

图 4-28 所示为变量喷雾系统室内试验。

图 4-28　变量喷雾系统室内试验

4.3.4 基于作业速度实时检测的自动变量控制系统

基于作业速度实时检测的自动变量控制系统的作用是按照喷雾机行驶速度的变化自动调节施药量，实现单位作业面积上施药量保持不变。采用这种控制方式，作业前只需要将单位面积施药量设定值输入控制系统中，控制系统通过喷雾机作业速度和喷雾量的实时检测，计算出单位面积施药量实测值，并与设定值进行对比，当两者之间的差异超过一定范围时，控制系统控制执行机构自动调整喷雾压力，使喷雾量满足单位面积施药量设定值的要求。因此，不管作业速度怎样变化，控制系统都能保证按照设定值的要求进行喷雾，达到了精确喷雾的目的。

控制系统由速度（转速）传感器、流量传感器、压力传感器、电动调压阀和管路等元件组成，如图 4-29 所示。

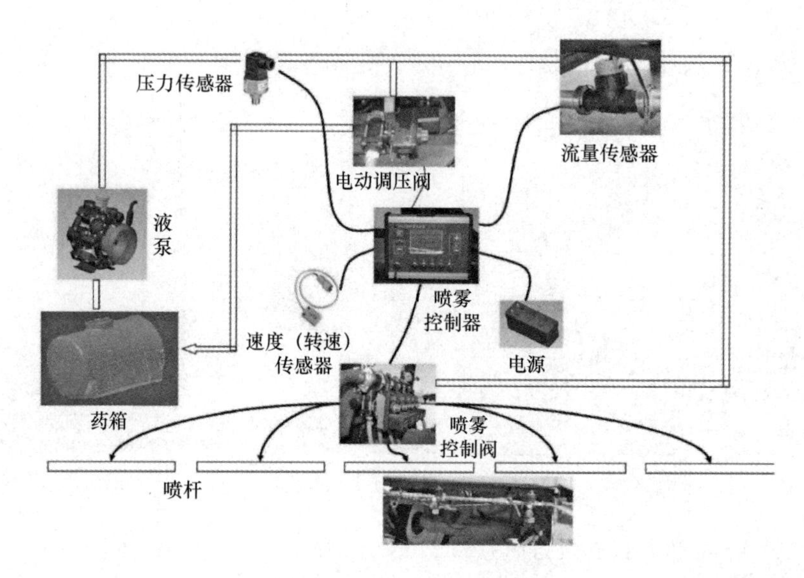

图 4-29 控制系统的组成

这种自动变量控制方式，技术成熟、实用，价格便宜，是目前国外大型喷杆喷雾机的标准配置，但在我国应用还很少。

4.3.5 精准变量喷雾控制系统

精准变量喷雾控制系统主要由智能控制器、喷头总成（包括电磁阀、喷头、辅助件）、流量调节阀、流量传感器、电磁阀控制箱、流量控制箱等组成，如图 4-30 所示。

该控制系统采用 485 总线技术，分别控制 51 个电磁阀、5 组流量传感器及 5 组流量控制阀，可实时显示喷药机北斗定位信息、作业信息（包括作业速度、作业面积和总喷药量）、5 组流量传感器流量信息、5 组流量控制阀的开度信息、51 路电磁阀工作信息及作业处方图信息，控制系统界面如图 4-31 所示。

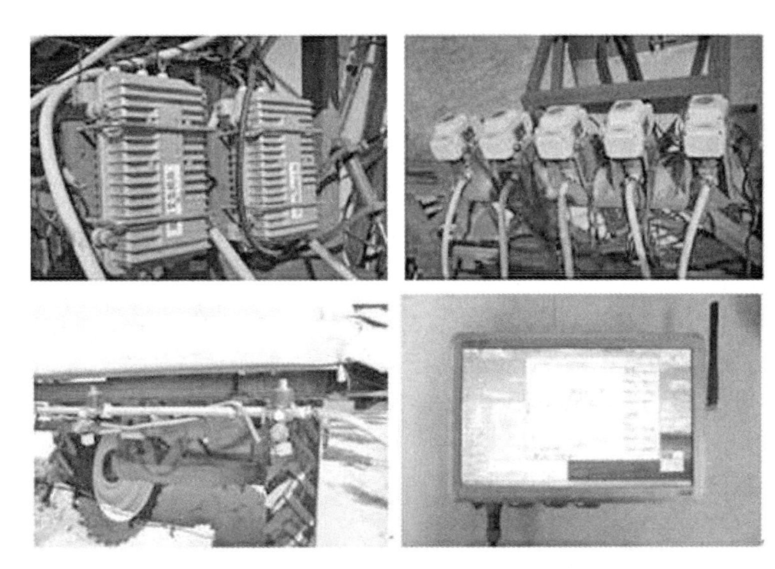

图 4-30　精准变量喷雾控制系统

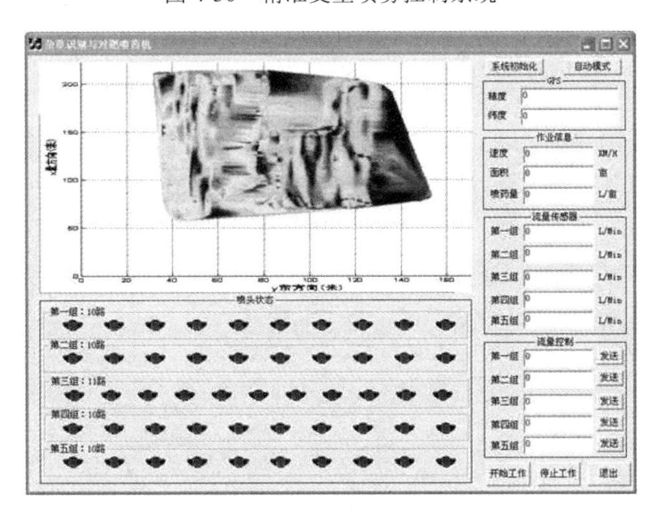

图 4-31　控制系统界面

在同一块农田内，地面上、下能够影响农作物生长条件和产量的一系列因素存在明显的时空分布差异，尤其是农田内作物病、虫、草害，总是先以斑块形式在小区发生，再逐步按时空变化蔓延。如果对农作物实施均匀喷雾作业，达到防治目的，就很容易造成农药流失，进而造成污染。目前，我国平均每公顷的用药量是以色列和日本的 1/8～1/4，是美国和德国的 1/2，但农产品农药残留量却是其数倍甚至数十倍；农药有效利用率不足 37%，流失量高达 60%～70%。同时由于农药在农业生产中的广泛应用，农药用量大、施药次数多、操作人员中毒、农产品农药残留超标、环境污染等负面问题已严重威胁到我国从业人员、食品及环境的安全，造成了不应有的损失及其他不良后果，同时也影响了我国农业国内外的相关贸易。

精准农业（Precision Agriculture 或 Precision Farming）最早是由外国科学家提出的，它实际上是综合应用现代高新技术，以获得农田高产、优质、高效的现代化农业生产模式和技术体系。精准农业是在现代多种高新技术最新成就的基础上发展起来的现代化农业，其内涵是根据农田内每一具体区块的情况，精确地调整各项土壤和作物管理措施，以使农业的各项投入达到最优化，实现农业生产的高收益，兼顾农业生态环境、土地等农业自然资源保护。

目前，国内外的众多专家学者都对精准农业这一技术体系所具有的发展潜力和应用前景表示浓厚的兴趣，并已经开始投入研究，变量施药控制技术已逐渐成为农业高新技术发展与实际应用中的关键部分。在技术上，通过全球定位系统（GPS），农业作业者可根据机器在田间的实时位置，通过传感器或其他类似方案获取田间具体数据，再把这些数据输入地理信息系统（GIS）中，结合事先存储在 GIS 中定期输入的或经验数据、专家系统及其他决策支持系统，对信息进行加工、处理，做出适当的农业作业决策，计算机主机控制器作为控制变量的执行设备，对农田进行变量作业。

4.4 地面施药装备与技术

4.4.1 牵引式喷杆喷雾机

3WQ-3000 型牵引式精准变量喷杆喷雾机与 60 马力以上拖拉机配套，既可用于喷洒杀虫剂、除草剂、杀菌剂，也可用于喷洒液体肥料，喷雾性能好，作业效率高，广泛适用于大面积旱田农作物的病虫草害防治、叶面施肥、喷洒生长调节剂。图 4-32 和图 4-33 所示分别为 3WQ-3000 型牵引式精准变量喷杆喷雾机和喷雾系统示意图。

图 4-32 3WQ-3000 型牵引式精准变量喷杆喷雾机

该喷雾机采用了基于作业处方图的精准变量施药控制和基于作业速度的喷雾量自动控制两种作业模式，既可以按照多遥感平台提供的作业处方图的指示进行精准变量喷雾，也可以在没有作业处方图的条件下，通过作业速度、喷雾压力和流量的实时检测，自动调节喷雾量，保证单位面积施药量不变，达到提高农药有效利用率的目的。

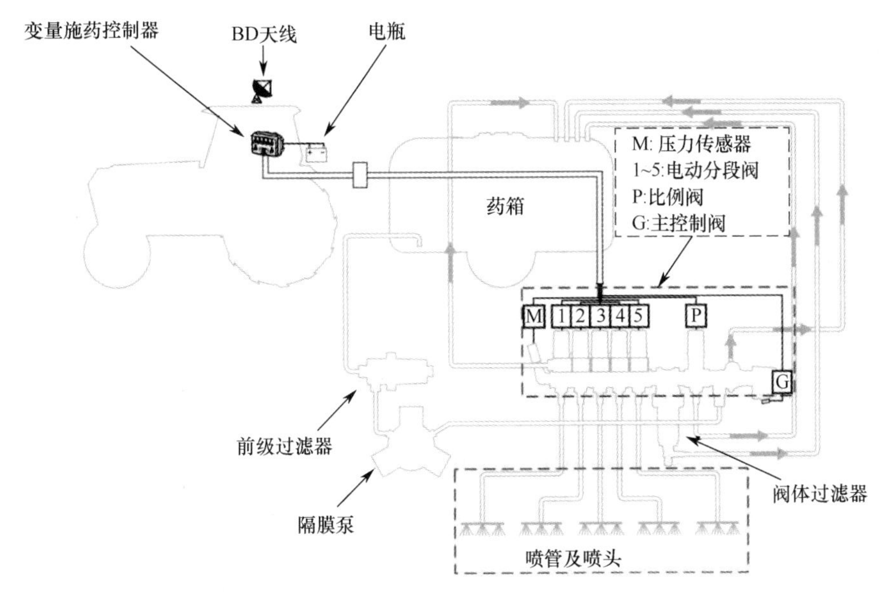

图 4-33　3WQ-3000 型牵引式精准变量喷杆喷雾机喷雾系统示意图

研究采用的风幕式气流辅助防飘移喷雾技术，有效提高了雾滴在作物内部的穿透能力和附着性能，改善了叶片背面的雾滴沉积状况，减少了雾滴飘移量，提高了农药有效利用率，有利于减少农药使用量，改善农业生态环境。

喷雾机的柔性桁架式喷杆能吸收喷杆晃动时产生的冲击能量；喷杆自动仿形平衡机构反应灵敏，动作可靠，减少作业时因地表不平引起的喷杆晃动，保证了喷雾量分布均匀性和作业质量。

喷雾机配有北斗导航系统，便于作业过程中准确对行，防止农药漏喷或重喷。

3WQ-3000 型牵引式自动变量喷杆喷雾机主要技术规格如表 4-2 所示。

表 4-2　3WQ-3000 型牵引式自动变量喷杆喷雾机主要技术规格

参数	数值
药箱额定容量/L	3000
喷幅/m	24
轮距/mm	1800～2200（可调）
喷头离地高度/m	0.5～2.0
额定喷雾压强/MPa	0.3～0.5
施药量调整范围/（L/hm^2）	150～750
施药量控制精度	±5% FS
作业速度/（km/h）	6～10
生产率/（hm^2/h）	≥12
外形尺寸/mm×mm×mm	5800×3750×3600
药箱额定容量/L	3000

4.4.2 自走式喷杆喷雾机

1. 喷杆喷雾机国内外发展现状

作为对农作物进行植保作业的重要机械，喷杆喷雾机移动方便、喷幅宽、喷洒均匀、效率高，是一种理想的大田作物植保机械，在我国广大农业地区的应用日益普遍（贾卫东等，2013）。喷杆喷雾机机型主要有自走式、牵引式、悬挂式，其中以自走式喷杆喷雾机技术最为先进、前景最为广阔、发展最为迅速，是我国亟待发展、改进和推广应用的重要植保机械。

1）国外喷杆喷雾机发展现状

截至目前，全球至少有 30 余家企业生产、研发和销售大型自走式喷杆喷雾机，且绝大多数集中在西欧、北美等发达区域，其从事相关研究已有数十年甚至上百年的历史（窦玲静等，2013）。发达国家对喷杆喷雾机底盘行走、喷杆平衡、精准变量施药等技术研究与推广应用基本上趋于成熟（林立恒等，2017）。植保研究机构与企业结合且日益重视环保问题，朝着精准农业方向发展，以获得最高效的施药效果和尽可能地减小环境污染为目的。国外发达国家喷杆喷雾机以大、中型高地隙自走式喷杆喷雾机为主，其造型美观，并采用了大量先进技术，以提高其稳定性、安全性及高效性，同时满足越发严苛的环保要求，可实现低喷量、精喷洒、少污染和高防效。其技术特点和发展趋势主要体现在以下几方面。

（1）大型化。使用大型喷杆喷雾机进行大农场田间作物的病虫害防治，发动机功率在 60kW 以上，最大幅宽为 50m 左右，药箱容量可达 12000L，最高运输速度可达 60km/h。

（2）机、电、液一体化。国外大部分机型采用全液压驱动形式，并配以电子防滑控制、多轮转向及轮距调整系统，不仅结构简单，而且机动性大大增加；在大、中型喷雾机上，喷杆的工作姿态、平衡与稳定由液压控制；对于作业速度与面积、喷雾压力和喷雾量的检测和调整，采用计算机和电子控制。机械、电子和液压技术的结合，使得作业效率和作业精准性显著提高。

（3）智能化。终端显示和电子控制的智能化作业管理系统已成为现代化农机的标配（陈雨，2017）。无线电技术、激光、机器视觉、卫星定位等正被研究用于农用机械领域。如 John Deere 的 SprayStar 系统以 GPS 为基础，包括导航、自主驾驶、喷杆位置调整和喷药自动控制等功能，并通过终端显示屏进行智能化控制，实现精准、精量喷药。AGCO 的 Sprayer Display Control 系统可以通过控制器控制喷雾速率、施药量、系统压力和避免重复喷雾，并通过虚拟终端实时显示等。

2）国内喷杆喷雾机发展现状

我国对于喷杆喷雾机的研究和使用起步较晚。总体来看，我国施药技术水平和植保机械性能与国外相比，还比较落后，尤其是以高地隙自走式喷杆喷雾机为主的专业植保机械，作业速度低，喷药质量难以保证，无法适应当今农业生产和环境保护要求。由于缺乏自主研发的大型、高效、智能化的喷雾机产品，国内一些大型农场与合作社长期以来不得不以高昂价格从国外企业进口。

近年来，随着对植保机械的日益重视，我国开始加大对喷杆喷雾机相关技术研究的投入，我国各科研院所和企业取得了一些卓越的成果，并成功开发了一系列机型（陈随英，2017）。作为我国现代农业装备研发的重要基地，中国农机院下属的现代农装科技股份有限公司研发的 3WZG-3000A 型高地隙自走式喷杆喷雾机，填补了国内在该类型产品上的空白，如图 4-34 所示。3WZG-3000A 型高地隙自走式喷杆喷雾机采用全液压驱动形式，药箱容积为 3000L，喷雾幅宽达 24m，作业速度最高可达 10km/h，集成了独立式空气悬架系统、轮距可调、四轮转向、变量喷雾、风幕系统等全新技术，代表了国内喷杆喷雾机的最高水平。

图 4-34　3WZG-3000A 型高地隙自走式喷杆喷雾机

2. 喷杆喷雾机关键技术

随着农业现代化的发展，农业生产已由粗放式、低科技化向精细化、高科技化方向发展（丁力，2016）。高性能的喷杆喷雾机就是为适应现代化、精细化农业作业发展起来的植物保护机械。通过对国内外现有喷杆喷雾机的调查和对比分析发现，影响和限制喷杆喷雾机施药性能的关键技术包括以下几种。

1）底盘行走技术

目前，应用于自走式喷杆喷雾机上的传动方式主要有机械传动、液压传动等。国内对植保机械的研究起步较晚，国内的自走式喷杆喷雾机基本靠机械传动。机械传动的底盘具有制造成本低、传动效率高等优点，但其操纵复杂、底盘布局不灵活、离合器和变速箱寿命较短、驾驶舒适性差，已经适应不了现代化农业机械作业模式。

由于液压元件具有能实现无级调速、易于布局、比功率大、调速范围宽、低速稳定性好、故障率低和便于维护等优点，较适用于结构形态多样化、行驶和作业速度不高的农业机械，因此，广泛采用液压传动技术是现代化农业机械的典型标志之一。发达国家农业机械绝大多数自走式农业机械底盘都采用液压驱动系统（董祥等，2017）。近年来我国全液压驱动的自走式农机底盘也逐年增多，如前述中国农机院研发的 3WZG-3000A 型自走式喷杆喷雾机。

（1）典型的自走式喷杆喷雾机全液压系统。中国农机院设计了一套适用于水田自走式底盘的全液压系统，其原理图如图 4-35 所示。其中，底盘驱动系统采用单泵－四马达轮边驱动容积调速回路，泵采用双向变量斜盘式轴向柱塞泵，马达采用低速大扭矩径向柱塞轮边马达，且马达具有大、小两个排量，通过前后轮马达排量的不同组合，可实现车辆的多挡换速，以满足不同作业的工况需求。

另外，底盘转向系统采用负载传感型全液压四轮转向系统方案，以降低功耗，减小喷雾机在田间作业时的转弯半径，从而减轻转向过程中对农作物的压损率并提高作业效率。该转向系统由定量泵、优先阀、全液压转向器、三位四通电磁换向阀及转向液压缸等组成。其中，三位四通电磁换向阀用来实现两前轮转向、四轮转向及蟹行功能的切换。由发动机带动定量泵输出的高压油经过优先阀，一部分通过转向器进入左右前轮转向液压缸，另一部分输入其他工作装置。该优先阀能优先满足转向系统对整机流量的需求。其中，转向液压缸选用双活塞杆动力缸。

（2）适用于全液压底盘的驱动防滑控制系统。为了改善底盘的驱动防滑性能，使车辆获得足够的地面驱动力，中国农机院设计了一套适用于水田全液压底盘的驱动防滑控制系统（付拓，2018）。根据功能要求，该系统分为检测单元、控制单元与执行单元三部分，驱动防滑控制系统流程图如图 4-36 所示。其中，检测单元主要完成对底盘 4 个车轮转速、前轮转角、车身纵/横向速度、车身纵/横向加速度及车身三维姿态的数据采集；控制单元中的控制模块包含对采集数据的处理分析及对车辆工况的判断，当出现打滑工况时，可计算出滑转率目标控制值，并通过模糊 PID 控制器控制输出信号；执行单元为阀控液压马达系统，包括比例放大器、电磁阀及液压马达等。图 4-37 所示为底盘姿态与运动信息采集系统显示器界面。

2）风幕式气流辅助防飘移系统

在喷雾作业过程中，雾滴飘移是造成环境污染、农药流失和农药有效利用率低的重要原因之一（张铁等，2012）。在施药过程中，控制雾滴飘移、提高药液附着率是减少农药流失、降低对土壤及环境污染的一个重要措施。风送式施药技术即在喷杆喷雾机的喷杆上增加风机和风筒，喷雾作业时在喷头上方沿喷雾方向强制送风，形成风幕，这样不仅增大了雾滴的穿透力，而且在有风（小于 4 级风）的天气下工作，也可减少雾滴的飘移，可节省施药量 20%～60%。

使用气流辅助防飘移系统，可以使喷头喷出的雾流在较高的位置上遇到向下吹送的气流，将药液雾滴特别是小雾滴带向作物基部，减少了雾滴飘移，这一点在自然风较大的情况下喷洒除草剂时显得尤为重要。同时，辅助气流还可将药液雾滴从地面（指未沉积在作物上的雾滴）向上反弹和吹动叶片，改善了叶片背面的雾滴沉积状况，由于辅助气流提高了药液雾滴的穿透能力，在稠密作物内可取得很好的沉积效果。

风幕式气流辅助防飘移系统由风机、液压驱动装置及出风管组成，如图 4-38 所示。风机采用风压较低、风量较大的轴流风机，风机由液压马达驱动，便于实现远距离控制。根据作物长势、稠密程度、自然风大小等因素可以调整合适的风机转速，以减少液压系统的能源消耗。风幕由尼龙布和铝合金出风槽组成，便于折叠。

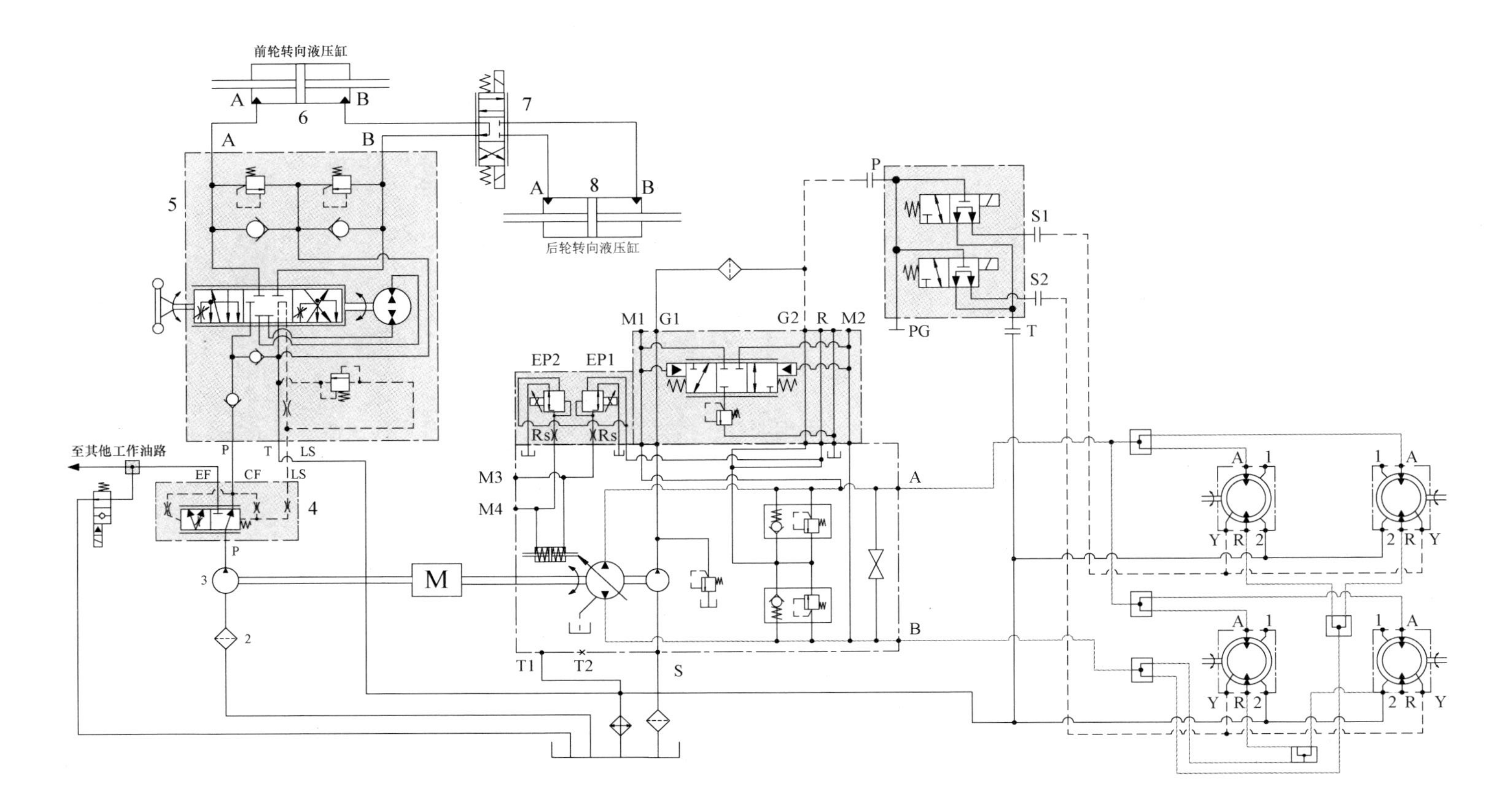

图 4-35　水田自走式底盘全液压系统原理

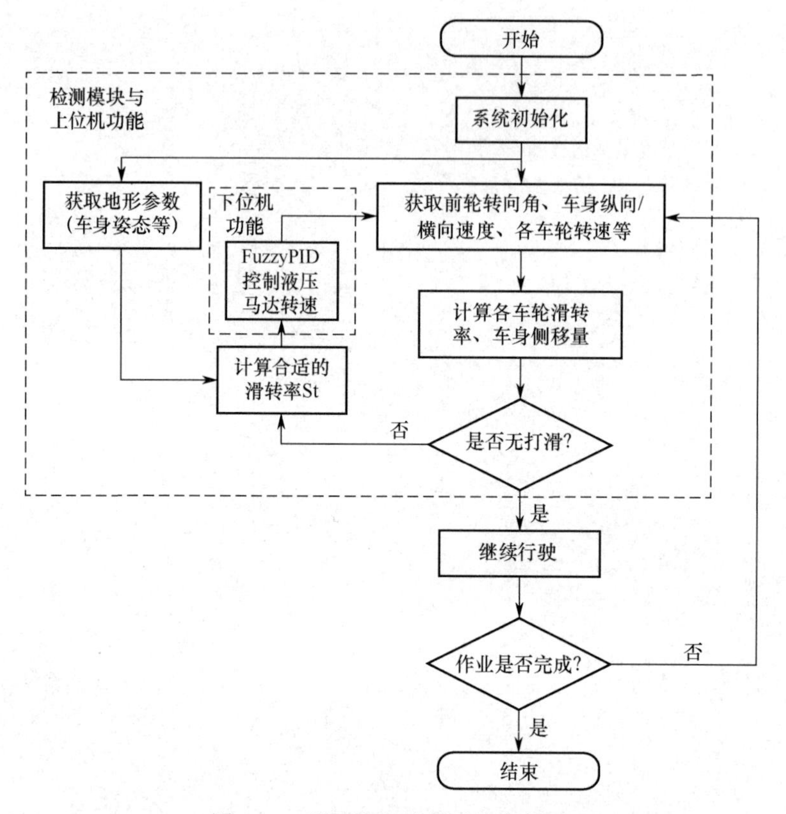

图 4-36　驱动防滑控制系统流程图

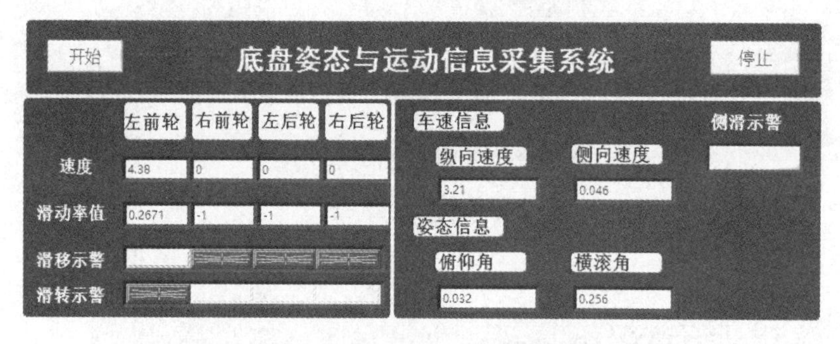

图 4-37　底盘姿态与运动信息采集系统显示器界面

图 4-38　风幕式气流辅助防飘移系统

液压驱动系统的液压齿轮泵由整机动力输出轴通过增速箱带动，液压泵输出的液压油经控制阀驱动液压马达，从而带动风机旋转，产生所需的风量和风压。液压管路中设置散热器，利用风机产生的气流进行冷却，降低液压油温度，保证系统运行的稳定性和可靠性。

3）喷杆平衡控制技术

（1）喷杆结构。高地隙喷雾机喷杆采用中间固定、左右对称、多段折叠结构布局的桁架结构设计。桁架结构分为平面和空间两种形式。空间桁架结构按截面形状不同，可分为三角形立体桁架和梯形立体桁架。

平面桁架结构通过焊接斜腹杆或竖腹杆来提高喷杆结构强度，减少喷杆末端变形，该桁架结构简单，对材料性能要求较高，如图 4-39 所示。

立体桁架结构可保证喷杆足够的强度和耐用性，保持喷雾机在启动、停止和转弯时尾部足够稳定，但是成本较高，占地面积很大，是大型高地隙喷雾机中应用较多的喷杆结构，如图 4-40 所示（庄腾飞等，2018）。

图 4-39　平面桁架结构

图 4-40　立体桁架结构

（2）控制方式。

① 喷杆被动悬架控制：喷杆被动悬架可看作由喷杆重力弹簧和阻尼器组成，它将喷杆与车身之间的刚性连接变成柔性连接，可通过喷杆在重力作用下的自身摆动抵消车身摆动引起的振动，从而保证喷杆的稳定性。喷杆被动悬架具有结构简单、成本低、不额外消耗能量等优点，很早就得到了国外喷雾机生产厂商和科研机构的广泛关注。为了更好地提高喷杆被动悬架的减振性能，国内外学者针对喷杆被动悬架的结构形式和动态性能开展了一系列的研究。从研究成果来看，喷杆被动悬架主要分为两大类：钟摆式和双连杆梯形结构，这两大类又有双钟摆和双梯形等分类，如图 4-41 所示（薛涛，2018）。

对比分析发现，钟摆式被动悬架优于梯形和双梯形被动悬架，而梯形和双梯形被动悬架在性能上没有明显的区别，刚性连接的减振效果最差。喷杆被动悬架可以隔离车身的高频摆动，但低频能力欠缺。

② 喷杆主动悬架控制：喷杆主动悬架的研究越发受到重视，几乎成为高端大型自走式喷杆喷雾机的标配。

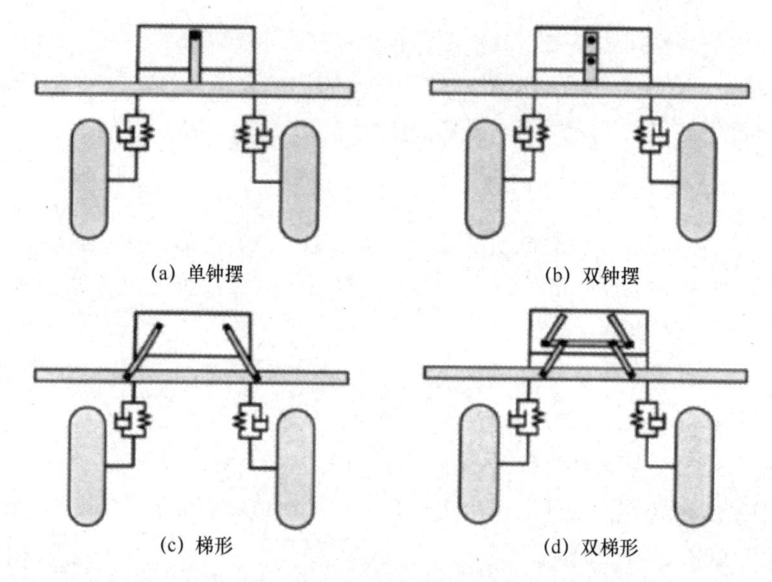

图 4-41　喷杆被动悬架种类

喷杆被动悬架可以很好地隔离喷雾机工作在崎岖工况时车身的高频摆动。在低频响应方面，喷杆被动悬架可将长波段地面起伏引起的喷雾机车身低频摆动传递给喷杆，但当喷雾机因轮胎遇到地形突变（如凸起或者凹坑）而产生干扰性车身摆动时，喷杆被动悬架的低频跟随性能会引起喷杆的失衡，喷杆离地或者植物冠层的高度也因此而改变。

针对喷杆被动悬架在低频响应能力方面存在的不足，研究人员发现，可以通过在喷杆被动悬架上加装一些作动器的方式获得喷杆主动悬架，这样，喷杆悬架系统既可以利用外部能源的输入对喷杆姿态进行主动调整，改善喷杆被动悬架低频特性，还可以保留被动悬架的高频隔离性能，避免主动悬架高频响应耗费大量的能量，如图 4-42 所示（崔龙飞，2017）。

图 4-42　加装作动器

喷杆主动悬架的控制算法主要包括经典控制中的 PID 控制、LQR/LTR 控制、最优控制等，也有模糊控制、神经网络控制、状态反馈控制和自适应控制等新的控制算法（Tahmasebi M，2018）。

面对两侧喷杆覆盖范围内出现的地形不对称变化，无论是喷杆被动悬架还是喷杆主动平衡，都无法工作，而喷杆地面仿形控制则可以单独控制两侧喷杆的姿态，使喷杆能够跟随不对称的地形变化，保持喷杆离地或者植物冠层高度不变，地面仿形工作原理图如图 4-43 所示（李茂源，2020）。

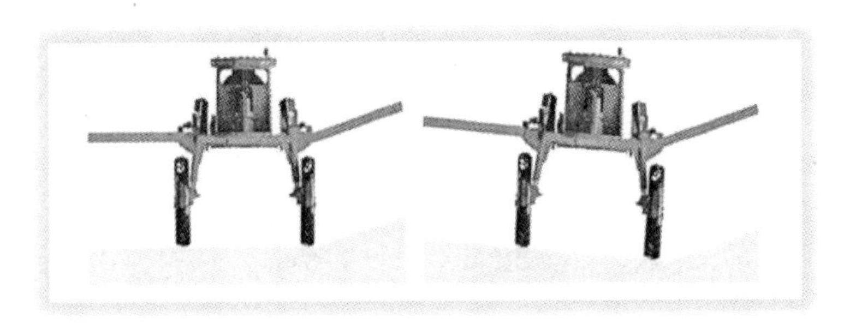

图 4-43　地面仿形工作原理图

（3）总体机构设计。喷杆平衡智能控制喷药机是在现有的 12m 自走型喷药机基础上增加了智能控制装置，主要由机架、药箱、喷杆架、调节油缸、超声波测距传感器和角度传感器（陀螺仪）等构成，如图 4-44 所示。

图 4-44　喷雾机喷杆与机架连接处

喷杆平衡智能控制喷药机通过液压装置在自走式底盘上加装喷杆悬架与其相关系统，悬架可在升降调节油缸伸缩下，在机体上垂直移动，从而使整个喷杆上下移动。两侧喷杆在底端分别与摇摆架两底端铰接，可在高度调节油缸的伸缩下绕该铰接处转动。同时，该喷药机喷杆上安装了两个超声波测距传感器和 3 个角加速度传感器（陀螺仪）。其中，1 个角加速度传感器安装在车体中心位置，另 2 个呈对称分布安装在喷杆两侧，2 个超声波测距传感器安装位置在喷杆末端。

为保证喷杆高度在一个合理范围内，需对喷杆进行实时调整。喷药前，整个喷杆距地最近，设定好喷药高度后，通过中间的超声波传感器检测目标高度来控制升降调节油缸伸长，调节升降架升高，使整个喷杆与目标在一个理论高度范围内。两侧的喷杆可单独控制，各通过两个角度传感器检测喷杆姿态与旋转角度，根据实际情况设置相应的高度调节阈值，结合车体中心的角加速度传感器，综合控制高度，调节油缸伸缩来控制两侧的喷杆高度（胡周勋，2019）。

由于整个喷杆是铰接在升降架上的，地面的不平整或一侧高度调节油缸的伸缩会使整个喷杆重心的偏移，都会产生喷杆的转动（相对拖拉机底盘），影响整个喷杆的平衡，所以，在摇摆架上安装了角度传感器，用于检测转动角度，当摇摆架的转动角度超出设定范围时，控制倾角调节油缸伸缩，补偿角度的变化，保证两侧喷杆调整时不影响整个喷杆的平衡。

为了使喷杆能够满足主动抑振和被动抑振同时存在的要求，喷杆要能够调节整体喷雾架的高度，并且喷杆还要完成折叠和展开的基本操作。根据这些设计要求，同时将设计理念与喷杆的整体结构相结合，我们设计出的喷杆的液压系统主要包括如下 4 部分：喷杆主动抑振控制部分、喷杆折叠展开控制部分、喷杆平衡补偿控制结构和喷杆高度调节控制结构。其中，喷杆主动抑振控制结构包括控制两侧喷杆平衡的油缸，喷杆折叠展开结构包括控制两侧臂架的 3 个部分展开或者折叠的液压油缸，喷杆平衡补偿控制部分包括一个可以自由调节角度的液压油缸，喷杆高度调节控制部分包括一个喷杆悬挂控制液压油缸。

液压系统分为 4 条支路：喷杆主动抑振控制支路、喷杆展开折叠控制支路、喷杆平衡补偿控制支路和喷杆高度控制支路。

该宽幅喷药机喷杆平衡调控系统同样是以西门子 S7-200 PLC 为控制核心而设计的，液压系统原理图如图 4-45 所示，其喷杆结构示意图如图 4-46 所示，超声波传感器与陀螺仪如图 4-47 所示。该系统通过对拖拉机行驶速度、喷杆高度与喷杆相对拖拉机底盘转动角度等信息进行检测，传递给控制器 PLC 进行运算处理，PLC 根据速度、高度及角度等信息做出相应调整。需调整时，控制电磁换向阀组动作，使液压油缸伸缩，调整喷杆高度，对喷杆平衡进行实时调整。另外，由触摸屏对参数进行设置、修改及检测信息的显示。同时该系统设置了报警系统，对参数、检测信息及行驶状态进行实时监测，提高喷杆调整时的安全性。

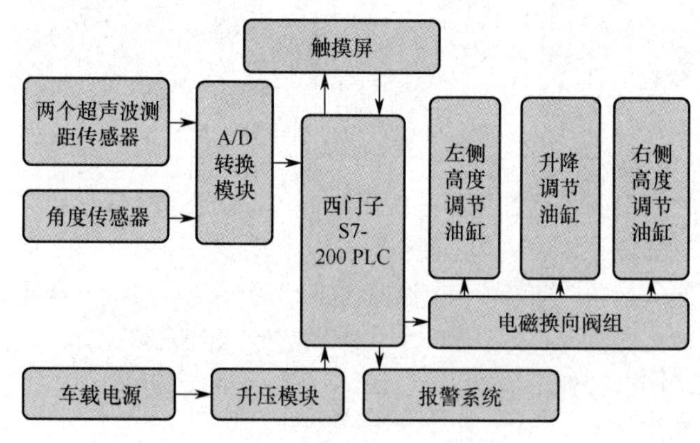

图 4-45　液压系统原理图

LPMS-RS-232AL.2 是新型的高精度金属防水型的姿态传感器，它采用 RS-232 作为通信手段，并采用工业级防水接头，高度满足了工业上在机械系统运动域振动信息测量应用中的高精度计算及其他各种性能参数要求。集成三轴陀螺仪、三轴加速度计、三轴磁力计、气压传感器及温度传感器，实时计算传感器的姿态方向、线性加速度及海拔高度等数据。精度可达 0.5 度，解析度小于 0.01 度。

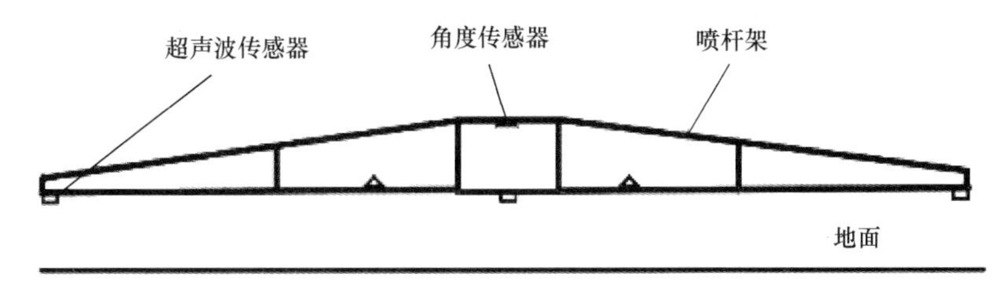

图 4-46　喷杆结构示意图

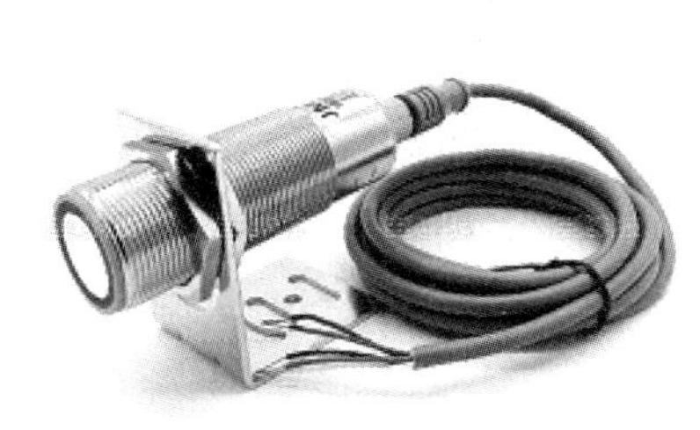

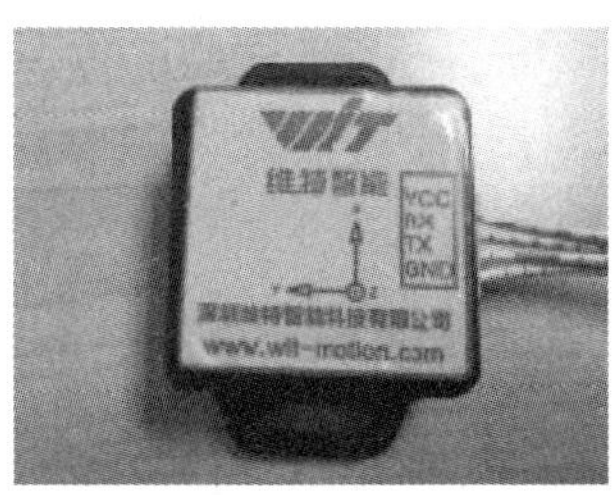

图 4-47　超声波传感器与陀螺仪

M30 超声波传感器精度可达 0.5%，工作环境温度为−10～50℃，适合大部分工作环境。同时考虑到喷杆高度的调整范围，其感应范围为 80～2000mm，调节范围为 120～2000mm，充分满足了喷杆的工作要求。

传统 PID 控制方法现在已经被广泛运用。值得注意的是，只有当 PID 的 3 个参数取值合适时，控制效果才能达到最好。但是，传统 PID 控制方法是根据大量的实际工作经验来确定参数的，这就需要较长的时间，而且被控效果一般，尤其是面对复杂系统时，传统 PID 控制方法无法满足要求。

为了满足更多的控制要求，不再局限于传统 PID 控制方法，可以采用目前被广泛使用的模糊 PID 控制方法。模糊 PID 控制是一种智能控制，它是由传统 PID 控制和模糊控制组成的。模糊 PID 控制方法主要通过比较偏差值与偏差变化来确定 PID 的控制参数。模糊 PID 控制方法的优势在于既能够调控，又能够根据被控对象的环境变化而进行改变，适应更多不同的情况。

简单来说，模糊 PID 控制通过模糊算法整定的 PID 3 个参数，这 3 个参数会随着外界的干扰进行自我调节，适应外界不断变化的环境，对系统的稳定起到关键作用。传统 PID 控制的 3 个参数设定后是不变的，不具有适应外界环境变化的能力，模糊 PID 控制已经受到工业工程人员的认可，并且效果也较为理想。这对于喷杆的主动抑振具有重要意义，由于喷杆在田间工作时会受到干扰，产生振动，导致喷杆倾斜，喷药不均匀，所以，需要实时监测喷杆的喷雾高度，由此看来，模糊 PID 控制更符合喷杆的主动抑振需求（蔡威，2018）。

图 4-48 所示为模糊 PID 控制原理。

喷杆是喷雾机的重要部件，要求重量轻、刚性好、升降平稳、折叠和展开顺利、同步，平衡机构反应灵敏，动作可靠。下面以中国农机院研制的 3WQ-3000 型牵引式精准变量喷杆喷雾机为例进行说明。

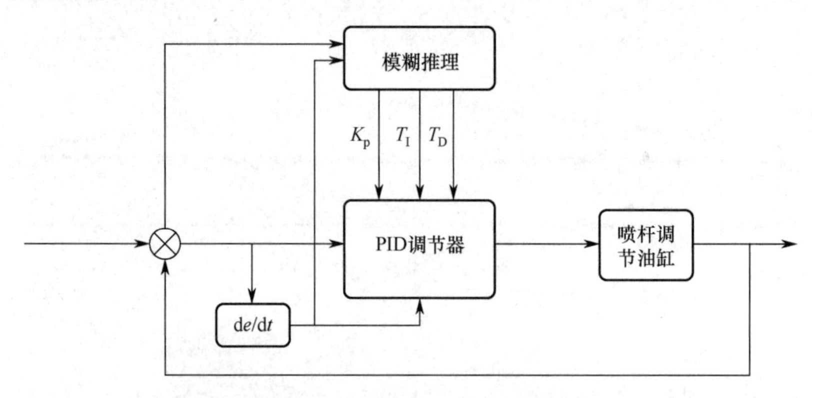

图 4-48　模糊 PID 控制原理

模糊 PID 控制核心还是 PID 算法，是建立在 PID 算法的基础上，加入了两个输入量：偏差 e 和偏差变化率 e_c。再通过模糊推理，查询模糊规则表（根据相关的规则和实际工作经验建立模糊控制表），来确定偏差 e 和偏差变化率 e_c 不同时刻的不同参数，实时调整 PID 的 3 个参数，将系统及时调整至稳态。

一般通过以下方法对 K_P、T_I、T_D 进行设定。

（1）当偏差 e 的数值比较大时，K_P 的数值应该选取较大的，T_D 的取值可以选取较小，为了不使系统响应出现超调，可以使 T_I 等于 0。

（2）当偏差 e 的数值一般时，K_P 取值需要小一点儿，T_I、T_D 的取值大小适中即可，使系统趋向稳定。

（3）当偏差 e 的数值比较小时，增大 K_P 和 T_I 的数值；T_D 的取值依据 e_c 的大小，一般情况下 T_D 取中等数值，但是当 e_c 值较大时，T_D 取值可以适量增大。

以上 3 种方法都是为了控制系统的稳定，减少系统的振荡，使控制系统满足设计要求。

PID 的 3 个参数也是通过模糊规则表来确定的，确定 3 个参数的方法如下：根据液压缸实际位移情况，偏差 e 和偏差的变化率论域 e_c 为

$$e, e_c=\{-5, -4, -3, -2, -1, 0, 1, 2, 3, 4, 5\} \tag{4-16}$$

喷杆液压缸输出的模糊变量是 e，e_c =\{NB,NM,NS,ZO,PS,PM,PB\}，通过模糊变量确定 K_P、T_I、T_D 的隶属度函数，然后代入下列式子进行计算：

$$K_P=K_P+\{ e_i,e_{ci} \}P \tag{4-17}$$

$$T_I= T_I+\{ e_i,e_{ci} \}I \tag{4-18}$$

$$T_D=T_D+\{ e_i,e_{ci} \}D \tag{4-19}$$

当外界的环境不断变化时，系统就对这些输入值计算检验，对 PID 的 3 个参数进行不断调整，使控制系统稳定。控制器将调整信号输出给油缸，使喷杆不断趋于主动抑振状态。使用模糊控制可以减少控制系统的调节时间，使整个系统响应迅速，更加稳定，达到实时精

确调节。即使系统环境出现变化，也能及时调整，使系统保持相对稳定。因此，模糊 PID 控制简单方便，调节效果好，采用模糊 PID 控制方法的控制系统响应快，准确稳定，应对环境变化也能及时调节。

4）静电喷雾技术

人们对农产品农药残留、食品安全日益重视，对植保机械也提出了更高的要求（周良富等，2018）。静电喷雾具有可以提高农药有效沉积、降低农药飘移等优势，受到越来越多的关注。静电喷雾技术已经在农业植保领域得到了广泛应用（曾杨等，2020）。

农药静电喷雾通过高压静电发生装置使静电喷头与作物靶标之间形成电场，喷雾机喷出的雾滴带电，在电极电场的作用下荷电形成荷电雾滴群，农药雾滴在静电力、气流曳力和重力的作用下快速沉积到植株表面，脱离靶标的雾滴会受冠层吸引力作用，形成“静电环绕”效果，如图 4-49 所示，减少了农药雾滴飘移，同时增加了雾滴在叶片背面的沉积量。

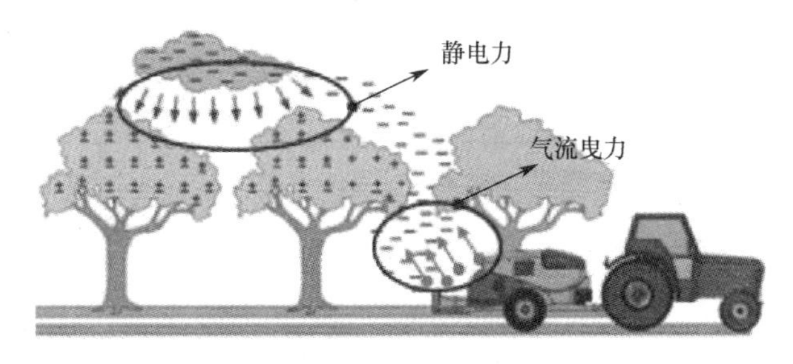

图 4-49 静电喷雾效果

静电喷雾一般与风送喷雾相结合。与常规液力喷雾相比，静电喷雾的荷电雾滴受气流曳力和静电力的共同作用，可增加药液沉积量，增大沉积均匀程度。静电喷雾的特点主要有以下几个方面：在静电力作用下，增加雾滴在叶片背面的沉积量，提高农药有效利用率；静电喷雾在一定程度上可以减少风送喷雾的雾滴飘移，降低环境污染；风送喷雾气流对冠层扰动翻转可以克服静电喷雾雾滴穿透性差的劣势；静电喷雾所需的施药量少、雾滴粒径小，在一定程度上可以省水节药；荷电后雾滴表面张力降低，减小了雾化阻力，提高雾化程度，有利于靶标对雾滴的吸附（茹煜等，2005）。

3. 牵引式精准变量喷杆喷雾机喷雾试验

为了验证精准变量喷雾控制系统的有效性，我们采用 3WQ-3000 型牵引式精准变量喷杆喷雾机进行了试验，如图 4-50 所示。3WQ-3000 型牵引式精准变量喷杆喷雾机的性能试验在中国农机院土壤植物机器系统技术国家重点实验室进行，田间试验在陕西省农牧良种场进行。

1）基于作业速度的精准变量控制系统性能试验

基于作业速度的精准变量控制系统是牵引式精准变量喷杆喷雾机的关键部件之一。这里进行了控制系统速度显示准确度试验和不同的单位面积施液量、不同作业速度条件下的实际喷雾量试验。

图 4-50　3WQ-3000 型牵引式精准变量喷杆喷雾机作业现场

（1）速度显示准确度（相对误差）测定的结果如表 4-3 所示。

表 4-3　速度显示准确度（相对误差）测定的结果

喷雾机实际速度/（km/h）	控制系统显示速度/（km/h）	相对误差/%
4.55	4.42	2.9
6.64	6.79	2.3
7.21	7.36	2.1
8.56	8.32	2.8
10.85	10.96	1.0
19.54	19.85	1.6

由表 4-3 可以看出，在不同的速度下，显示值的相对误差均小于 3%，表明监控系统速度的显示精度较高，可以作为实际速度值。

（2）喷雾量（施药量）的试验结果如表 4-4 所示。

表 4-4　喷雾量（施药量）的试验结果

喷嘴型号	单位面积施液量设定值/（L/hm^2）	作业速度/（km/h）	理论喷量/（L/min）	实际喷量/（L/min）	显示喷量/（L/min）	显示压强/MPa	喷量误差/%
ST110-2（黄色）	174	6.79	23.63	22.45	22.1	0.31	5.0
		7.46	26.00	24.65	24.3	0.35	5.2
	290	6.79	39.38	40.75	40.7	0.78	3.5
		7.46	43.27	43.75	44.1	0.95	1.1
ST110-4（红色）	400	6.79	54.32	54.54	54.7	0.52	0.4
		7.46	59.68	60.01	60.0	0.63	0.6
	550	3.39	37.29	37.68	38.1	0.35	1.0
		4.07	44.72	45.33	45.2	0.55	1.4
ST110-6（灰色）	673	3.39	45.63	43.65	43.7	0.37	4.3
		4.07	54.78	52.85	52.7	0.51	3.5
	750	3.39	50.85	50.75	50.8	0.48	0.2
		4.07	61.05	61.65	61.8	0.67	1.0

由表 4-4 可以看出，在不同的单位面积施液量、不同作业速度条件下，精准变量控制系统能够自动改变系统喷雾压力来调整实际喷雾量，喷雾量误差基本都在 5%以下，表明精准变量控制系统所采集的速度、流量、压力等参数是准确的，变量控制精度较高，能够满足实际生产的需要。

2）农药利用率试验

农药利用率试验在陕西省农牧良种场玉米地进行，玉米生长期为小喇叭口期，平均行距为 70cm，株距为 20cm，叶面积指数（LAI）为 1.78。喷雾时天气晴，风速为 2～2.5m/s，温度为 30～35℃。喷雾药液为 0.1%罗丹明 B（荧光示踪剂）水溶液。在 3WQ-3000 型牵引式精准变量喷杆喷雾机有辅助气流输送、没有辅助气流输送两种状态下，我们进行了 ST110-02～ST110-06 四种型号的扇形雾喷头，以及陕西省及西北地区常用的三轮车载式喷杆喷雾机的农药利用率对比试验，如图 4-51～图 4-53 所示。牵引式精准变量喷杆喷雾机的喷雾压强为 0.4MPa，作业速度为 6.7km/h，气流速度为 15m/s。对照用三轮车载式喷杆喷雾机使用孔径 1.3mm 的空心圆锥雾喷头，采用当地用户习惯使用的喷雾压强 2.0MPa、作业速度 2.0km/h 进行喷雾。

图 4-51　牵引式精准变量喷杆喷雾机有辅助气流喷雾情景

图 4-52　牵引式精准变量喷杆喷雾机无辅助气流喷雾情景

图 4-53　对照的三轮车载式喷杆喷雾机喷雾情景

玉米地农药利用率的试验结果如表 4-5 所示。

表 4-5　玉米地农药利用率的试验结果

喷头型号	雾滴体积中值直径 Dv50/μm	单位面积施液量/ （L/hm²）	农药利用率/%	
			有辅助气流	无辅助气流
ST110-02	234.2	163	35.51	19.34
ST110-04	289.6	274	36.36	26.06
ST110-05	337.7	355	38.13	28.46
ST110-06	369.8	372	41.93	33.20
平均值	—	—	37.98	26.76
三轮车载式喷杆喷雾机	122.5	886	15.56	

3）结论与分析

从试验数据可以得出以下结论：

（1）风幕辅助气流增强了喷雾药液的穿透性，有效减少了雾滴的飘移，农药利用率显著提高。有辅助气流时各试验工况平均农药利用率为37.98%，比26.76%提高了41.93%。

（2）对照喷雾机喷雾压力过高，体积中径过小，是造成雾滴飘移现象严重、农药利用率过低的主要原因。3WQ-3000 型牵引式精准变量喷杆喷雾机无辅助气流时各试验工况平均农药利用率比对照喷雾机提高了 71.98%，有辅助气流时各试验工况平均农药利用率比对照喷雾机提高了 144.09%。表明 3WQ-3000 型牵引式精准变量喷杆喷雾机由于采用了精准喷雾和风幕式气流辅助防飘移喷雾技术，有效提高了农药利用率，大幅度减少了农药使用量，减轻了对农业生态环境的污染。

4.4.3　果园喷雾装备

我国自 20 世纪 50 年代开始逐步推进果园机械化，由于地理环境、种植模式、经济水平等因素制约，果园机械化水平差异较大，总体机械化水平较低，主要依靠人工完成，生产效率低，劳动强度大。随着经济社会发展、城镇化建设、农业产业结构调整和供给侧结构性改革的逐步推进，人口流失、劳动力短缺，生产成本逐年提高，已经制约了我国果品产业的良性有序发展；同时，传统种植模式果园逐步被淘汰，现代化的果园种植面积不断扩大，果园规模化发展和规范化管理的要求日趋强烈，果园机械化管理是果品产业发展的必然趋势，果园喷雾装备作为其中的关键部分，是目前国内外学者的研究热点（郝朝会等，2018）。

1. 果园喷雾装备分类

目前果园植保作业装备主要分为两类：液力式喷雾机和气力式喷雾机。

1）液力式喷雾机

液力式喷雾机的雾化原理为液力压力雾化，将液体呈雾状喷射出去。目前液力式喷雾机主要分为两类：机动式液力喷雾机和背负式液力喷雾机（翟长远等，2018）。

在发达国家，大型机动式液力喷雾机是液力式喷雾机的主流，如约翰迪尔、凯斯、纽荷兰、久保田等农机公司设计生产了一系列成熟的自走式喷杆喷雾机，该类喷雾机集多传感器技术、静液压驱动技术、变量喷药技术于一体，作业幅宽大，工作时间长（王震涛等，2019）。

国内科研院所也研发出了一系列大型自走式喷雾机，如现代农装科技股份有限公司研发了 3WZG-650、3WZG-750、3WZG-3000A 等大型高地隙自走式喷杆喷雾机等。机动液力式喷雾机有较大的作业幅宽和较高的离地间隙，喷杆可布置成门式结构，在篱架型果园及果树幼苗的植保作业中应用较多，该类喷雾机多适用于标准化果园（庄腾飞等，2018）。

我国约有 2/3 的优质果园集中在山地和丘陵地区，这些地区不仅果园种植面积大，而且水果品质好，但因地形复杂、园内坡度跨距大的地理特征和行株距狭窄的种植模式，不具备大中型机械喷雾作业的农艺条件，因此，多采用小型自走式液力喷雾机。该类设备结构紧凑，机身尺寸小，质量轻，在低矮密植果园和丘陵山地果园有良好的通过性，如图 4-54 所示。

我国是目前世界上小型背负式液力喷雾机保有量最大的国家，该类喷雾机不受地形限制，结构相对简单、维修成本较低、价格低廉，但该类喷雾机射程较短，药液穿透性不足，叶背附着率低，劳动强度大（周良墉，2002）。图 4-55 所示为小型背负式液力喷雾机。

图 4-54　小型自走式液力喷雾机

图 4-55　小型背负式液力喷雾机

2）气力式喷雾机

气力式喷雾机又称风送喷雾机，是国内外广泛应用的果园植保机械，其主要原理为将药物雾滴通过气流输送到果树树冠内部，喷出的雾滴经过二次碰撞，破碎为粒径更小的雾滴，同时叶片随气流发生摆动，能够有效增加药物在树冠内部的附着率（卢营蓬等，2018）。

（1）传统风送喷雾机。传统风送喷雾机是现在国内广泛应用的果园植保机械，该类喷雾机多为牵引式，主要由牵引架、支架、隔膜泵、联轴器、机架及药箱组成，具有结构简单、穿透力强、雾化性能好、工作效率高等特点（丁天航等，2016）。

美国 Durand-Wayland 公司生产的 AF505 CPS/DPS 系列喷雾机如图 4-56 所示，该款喷雾机采用 16 个变桨直叶叶片，贝托里尼 PAS144-4 活塞隔膜泵，10 个双侧翻陶瓷喷嘴，双速变速箱，药箱容量约为 1900L。

（2）塔式风送喷雾机。塔式风送喷雾机主要由风机、立板、导流装置、喷头、药箱、药泵等组成，如图 4-57 所示。与传统的风送喷雾机相比，该类喷雾机由圆形出风口改为垂直直线形风口，风机吹出的雾滴水平送至果树枝叶，内部系统与传统风送喷雾机基本相同（杨鹏，2016）。

图 4-56　美国 AF505 CPS/DPS 系列喷雾机

图 4-57　塔式风送喷雾机

与传统果园喷雾机相比，塔式果园风送喷雾机垂直直线形的出风口水平喷出的雾滴高度显著减低，轴流风机上的导风装置使气流定向喷出，雾化后的雾滴更精准地附着在果树枝叶上，进而减少了药液在空气中的飘失，提高了农药利用率，降低了农药对环境的污染（张波等，2016）。

（3）多风管果园风送喷雾机。多风管果园风送喷雾机又称为仿形式风送喷雾机，采用离心风机进行风送，并通过多支单独的蛇形风管与喷头连接，喷头的布置可根据果树的高低和树冠的形状进行调整，从而实现精准喷药的效果。离心风机流量小、风压高、传输距离远，可以让每个蛇形风管产生高压气流，进而达到喷药效果（宋淑然等，2019）。意大利卡菲尼生产的气动仿形式喷药机如图 4-58 所示。

图 4-58　意大利卡菲尼生产的气动仿形式喷药机

该类风机通过气动粉碎，产生的液滴直径均匀且细小，雾化效果好。多风管果园风送机的导风管可根据树冠形状和高度进行调整，比传统喷药机覆盖率更好，从而做到节省时间、节省农药、环保。

（4）多行型喷雾机。多行型喷雾机的主要工作原理是在吊臂上安装多个出风口和出水口，水平地向树冠两侧同时进行喷雾作业。这种喷雾方式能够有效提高作物的沉淀作用，使药物在树冠上的分布更均匀，并提高药物利用率。多行型喷雾机多集成牵引杆跟踪系统、过滤和搅拌系统、水箱清洗系统和转速控制系统，以适应不同作业条件（牛萌萌等，2019）。

加拿大 ProvideAgro 公司生产的 HSS CF-2000 喷雾机如图 4-59 所示，作业时通过可弯曲风道将气流从风扇传输至喷嘴附近的鱼尾槽出风口，其中出风口可以根据树冠的位置进行高度和角度的调整。该款喷雾机能作业的最大行间距为 3.6m，高度可达 3.5m。

多行型喷雾机与单行喷雾机相比，工作效率提升了 75%～80%，由于对树冠两侧同时进行喷洒作业，在空气的湍流作用下，药物覆盖效果更好。多行型喷雾机适合标准化的大规模高树冠果园，可作业行间距大。

（5）多风机果园风送喷雾机。多风机果园风送喷雾机的原理为在每个喷头上对应设置一个独立的轴流风机，作业时根据农作物冠层的高低调整喷头的高度及角度，进而满足喷药需求（曹龙龙，2014）。美国 Proptec 多风机系统喷雾机如图 4-60 所示。

图 4-59　HSS CF-2000 喷雾机

图 4-60　美国 Proptec 多风机系统喷雾机

多风机果园风送喷雾机作业时，高速转筒通过离心力喷洒药液，雾滴的大小取决于流速和转速。小型风机为雾滴提供气流，气流的方向由风机的位置和朝向决定（李昕昊等，2020）。多风机果园风送喷雾机喷出的药液能够有效穿透果树冠层，提升雾滴沉积率，雾滴大小控制方便，能够实现精量喷雾。

现有的风送式喷雾机的研究主要集中在以下 3 个方面：

（1）结构参数对风送式喷雾机的影响。风机和喷头作为风送式喷雾机的重要部件，通过结构优化设计改变关键部件的参数，进而提升作业质量。

（2）作业参数对风送式喷雾机的影响。行驶速度、风速、喷雾距离等作业参数均会对风送式喷雾机的植保效果造成影响，通过理论分析、仿真模拟和样机试验验证最佳作业参数组合。

（3）不同技术与风送式喷雾机相结合的研究。通过对变量喷雾技术、仿形技术、静电喷雾技术等的技术融合，进一步提高药物利用率和喷药效果。

2. 自动对靶喷雾系统

自动对靶果树喷雾是实现高效低污染施药的重要方法，对靶喷雾的基本原理为只对目标喷雾，对非目标不喷雾或者尽可能少喷雾。对靶喷雾技术是目标物探测技术、喷雾技术和自动控制技术的结合，可用于植株目标探测的探测器有光电传感器、超声传感器、微波传感器和图像传感器等。超声探测技术的复杂性要低于其他探测技术，且可以简化控制电路，成本低，近年来超声波传感器的精度与信号反馈速度明显提高，故有商品化应用前景。因此，以3WG-500型风送自走式果树喷雾机为平台，可设计一套集成目标超声波探测、作业速度自动采集和喷头电磁阀调节的果树自动对靶喷雾系统（金鑫等，2016）。

1）自走式果树喷雾机

3WGZ-500型喷雾机是现代农装科技股份有限公司生产的一种风送自走式喷雾机。外形尺寸（长×宽×高）为3200mm×1400mm×1200mm，整机净质量为1200kg，如图4-61所示。其采用四轮驱动，行走底盘发动机的功率为11kW。配套轴流风机额定转速为200r/min，风量为27000m^3/h，驱动发动机的功率为29.5kW。药液箱容量为500L，喷雾泵采用JN-100A型柱塞泵，额定转速为750r/min，采用额定喷雾压强0.5～1.0MPa的可旋转式空心圆锥雾喷头，单个喷头的喷雾量为1.6～2.8L/min，喷雾机喷雾范围可达6m。

图4-61　3WGZ-500型喷雾机

2）自动对靶喷雾系统

为实现自动对靶喷雾功能，将喷雾机左右两侧的喷头分为上、中、下3组，安装对应的电磁阀分别进行控制。作业时，根据果树树冠形状，调整两侧探测器的安装角度，使之与树冠的上、中、下层相对应，使用高速电磁阀开关控制及嵌入式系统实时控制各组喷头的喷雾工况。当喷雾机正常工作时，车速约为5km/h，考虑到传感器及电磁阀的响应速度，设定电磁阀控制频率约为10Hz，即0.18m为一个工作区间，在这个区间内如果有果树，则打开电磁阀进行喷药。其控制系统原理如图4-62所示，通过采集果树冠层信息，结合喷雾机行进速度，对靶喷药系统对各喷头电磁阀发出指令，通过调节多路喷嘴的开闭，对果树进行喷药作业。

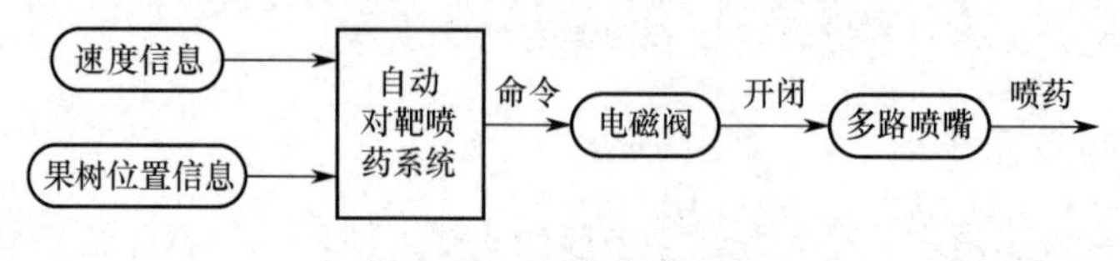

图4-62　控制系统原理

采用国产 NU40F30T R-3MVA 型超声波传感器采集植株靶标信息，相比激光和红外测距，超声波具有不受阳光、灰尘、潮湿环境影响的特点，适合在阳光变化大及环境恶劣的田间进行作业。该型号超声波传感器量程为 0.35～2.50m，发射角度约为 60°，输出 0～5V 电压信号。喷药机与果树最近距离约 1m，最远约 2.5m，距离在超声波传感器的工作范围内，同时果树的高度可达 2.5～3m，因此，在喷药机的两侧分别以 15° 角间隔分布 5 个传感器，覆盖整个可能出现果树的高度范围，实际作业时考虑树形是纺锤形，传感器的位置角度可在此基础上略有调整。

超声波传感器对果树分上、中、下 3 段探测控制，通过对不同果树形态进行探测，得出准确的判断，提供给喷雾控制系统。喷雾控制系统接收到对靶系统的信号后，迅速做出判断，决定是上、中、下 3 段的喷头同时喷射，还是上或下、中各自喷射。通过调整喷头和探测器的工作参数和位姿，使喷雾有效面积更大，非有效喷雾面积尽可能小。探测器及喷头安装位置如图 4-63 所示。喷雾覆盖面示意图如图 4-64 所示。

图 4-63　探测器及喷头安装位置

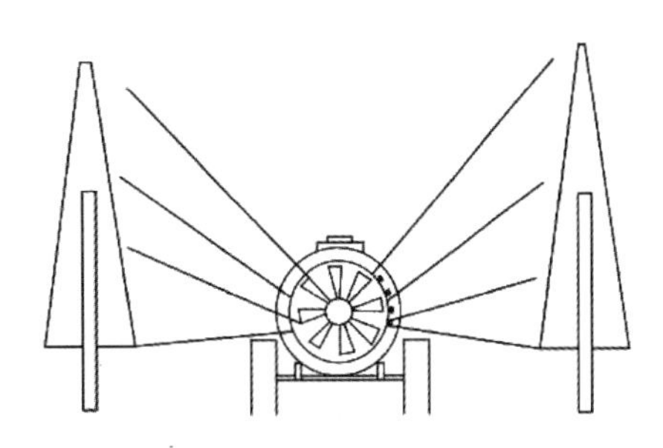

图 4-64　喷雾覆盖面示意图

3）田间试验

以苹果园 5 年树龄的果树为作业对象，我们开展了 4 种工况下的有、无对靶喷雾和对照喷雾试验，如图 4-65 所示。

图 4-65　田间试验

结果表明：在试验范围内，随着试验喷雾机行进速度的增加，单位面积每米树高的药液雾滴沉积量减小，对靶喷雾系统开启与否对其影响不大；3WGZ-500 型喷雾机自动对靶系统开启时农药利用率为 35.8%，比其关闭时的 27.6%提高了 29.7%，自动对靶系统打开时的农药利用率比传统喷雾（对照喷雾机）提高了 91.4%，可有效减少农药用量和降低生态污染；相同工况下果树冠层的中层叶面雾滴覆盖率较上、下层大，叶子正面覆盖率较背面大，有无对靶喷雾雾滴覆盖率之差小于 4%，随着试验喷雾机作业速度的增加，果树冠层叶面雾滴覆盖率减小；试验喷雾机有对靶时地面流失率平均为 13.3%，低于无对靶时的 18.86%，降低了 42%，对照喷雾机喷施的药液量过大，地面流失率为 38.89%；试验喷雾机在不同作业速度下的农药飘移率十分接近，为 50%左右。

3. 风送式葡萄喷雾机

长期以来，我国果园种植标准化程度低，没有考虑到大型施药机具作业的需要，病虫害防治主要采用手动喷雾机、小型机动喷雾机，作业效率低，劳动强度大。近几年，风送式喷雾机开始得到推广应用，但主要还是半圆周、漫射型的风送式喷雾机，与国外先进产品存在较大差距。我国酿酒葡萄栽培面积逐年增加，为解决施药作业过程中劳动强度大、农药利用率低、流失严重、成本高等问题，在对国外葡萄喷雾机分析对比的基础上，董祥等（2018）结合超声靶标探测、多柔性出风管风送与气流辅助式精量施药、精量喷雾控制等核心技术，设计了 3WPZ-4 型风送式葡萄喷雾机。

1）总体设计与工作原理

3WPZ-4 型风送式葡萄喷雾机是采用多柔性出风管的风送式喷雾、基于超声波探测的精准施药、机电液控制等关键技术设计的，如图 4-66 所示。葡萄喷雾机由喷雾机架、风机、液泵、药液箱、喷雾装置的折叠式安装架和精量喷雾系统等组成，搭载在多功能自走式底盘上，通过连接板、连接销与多功能底盘的纵梁固定在一起。多功能自走式底盘作为动力平台，为 3WPZ-4 型风送式葡萄喷雾机提供作业所需要的液压、电力等动力源。多个柔性出风管与风机出风口相通，利用气流将安装于柔性出风管出口处的喷头雾化形成的雾滴向葡萄吹送，可同时对多行葡萄进行喷雾。3WPZ-4 型风送式葡萄喷雾机的详细参数如表 4-6 所示。

图 4-66　3WPZ-4 型风送式葡萄喷雾机

表 4-6　3WPZ-4 型风送式葡萄喷雾机的详细参数

参数		数值/型式
喷雾行数/行		4
适应葡萄行距/m		2.5～3.5
药箱容量/L		800×2
喷雾液泵	额定转速/（r/min）	540
	额定流量/（L/min）	250
喷雾风机	型式	离心式风机
	额定转速/（L/min）	3000
	风量/（m^3/h）	6000
	风压/Pa	7600
喷头	型式	空心圆锥雾防滴喷头
	喷孔直径/mm	1.2/1.5
	数量/个	48
	喷头喷雾量/（L/min）	1.32（ϕ1.2mm）/1.65（ϕ1.5mm）
额定喷雾压强/MPa		0.5 ～1.0
外形尺寸/mm×mm×mm		4100×3450×2850
整机净质量/kg		1850

2）关键部件设计

喷雾机架由钢管、钢板等材料焊接而成，其上设有药箱托架、用于固定药液箱的平板、风机、液流系统中的液泵、清洁水箱、加药箱、加药箱升降架、电动推杆等零部件，并设有喷杆连接板，用于固定中间喷杆升降杆、升降油缸和升降框架。机架上还设有底盘连接板和外侧喷杆支撑架，分别用于与多功能底盘连接固定及支撑折叠状态的左、右侧喷杆。支腿通过支腿插销固定在机架上，用于喷雾机非工作状态时平稳摆放。当喷雾机搭载在多功能底盘上进行喷雾作业时，拆下支腿，以改善喷雾机在果树行间的通过性。

根据我国酿酒葡萄 2.5～3.5m 的行距，设计葡萄喷雾机的桁架式喷杆长度为 12m，喷杆向前折叠，共分为 3 节，包括中间段喷杆和左右两侧的喷杆。中间段喷杆位于喷雾机正后方。两侧喷杆采用液压折叠方式，喷杆展开图如图 4-67 所示。

图 4-67　喷杆展开图

中间段喷杆通过中间喷杆升降杆、中间喷杆升降油缸、中间喷杆升降框架与机架悬挂连接；分别与左、右喷杆连接架连接。中间喷杆升降杆、中间喷杆升降油缸和中间喷杆升降框架的一端与机架连接，另一端与中间喷杆连接。中间喷杆上方横梁上安装有液流系统中的电动喷雾控制阀、流量传感器和压力传感器等零部件；中间喷杆升降框架上固定送风分配管。当操作中间喷杆升降油缸升降中间喷杆时，电动喷雾控制阀、流量传感器、压力传感器和送风分配管随之一起升降。

葡萄喷雾机的精准施药控制系统框图如图 4-68 所示，使用超声波传感器采集地面位置、葡萄藤高度、喷杆高度、左右药箱液位高度、行走速度等信息，信息信号调制系统通过 RS-232 通信采集植被覆盖率，并将其转换成 RS-485 信号输出到 PLC 控制系统中。PLC 控制系统作为系统的控制核心，实现流量、压力、行走速度等参数的采集处理，并通过计量泵、调压阀等执行机构控制实际喷雾量的变量输出。田间监控计算机通过应用软件设置系统工作参数（如系统最大喷雾量），并可用于控制系统的实时工作状态。系统中实施变量喷雾作业的关键是对喷雾机的行走速度及植被高度信息的实时采集。

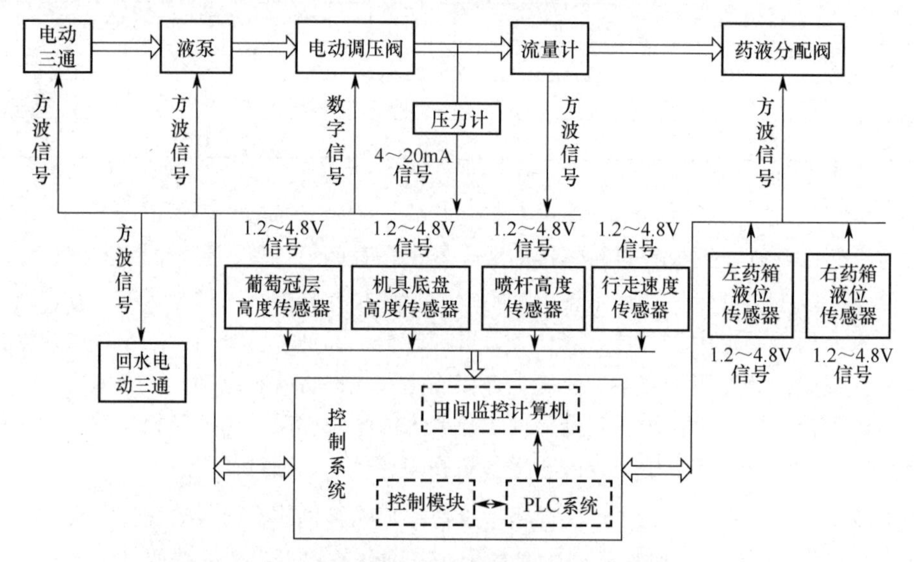

图 4-68 葡萄喷雾机的精准施药控制系统框图

喷雾机行走速度及植被高度信息与喷雾量的关系可以表示为

$$q_c = \frac{6Q_p vnDh}{1000\bar{h}} \tag{4-20}$$

式中，q_c——喷雾量，L/min。

Q_p——单位面积喷雾量设定值，L/h m^2。

D——植株行距，m。

h——植株实测高度，m。

$\bar{h}$——作业区域植株平均高度，m。

变量喷雾控制采用闭环控制，行走速度决定当前喷头喷雾流量，喷雾量由施药行数、植株行距、高度决定。其中，植株行距、施药行数在喷雾前由用户输入，行走速度、植株高度由传感器测得，植株平均高度为作业区域植株平均高度人工测量值。每个喷头均设置电磁阀，可以根据植株高度控制喷雾开关。机具前进时调节流量阀开口，控制当前的喷雾量，实现变量喷雾，减少农药使用量。

3）田间试验

2017 年 10 月，在河北省张家口市怀来县盛唐葡萄庄园有限公司对 4 年生葡萄种植园进行了 85hm^2 酿酒葡萄喷药作业试验，参照 GB/T 32244—2015《植物保护机械 乔木和灌木作物喷雾量分布的田间测定》规定的方法进行。

以 4 年生、高度为 1.8m、叶面积指数为 4.3 的酿酒葡萄为对象，分别对有、无风送和精准施药各工况下进行喷雾田间试验。试验结果显示，精准对靶系统关闭，使用 1.2mm 喷嘴，喷雾压强为 1.0MPa，无风送时，施药量为 801.2L/hm^2，药液沉积率最低为 53.24%，地面流失率最大为 15.53%，飘移率最高为 31.23%；使用 1.5mm 喷嘴，喷雾压强为 1.0MPa。有风送时，施药量为 1005.4L/hm^2，药液沉积率最高为 71.90%，飘移率最低为 15.68%；使用 1.2mm 喷嘴，喷雾压强为 0.5MPa，有风送时，施药量为 408.4L/hm^2，药液地面流失率最低为 10.77%；无辅助风时药液平均沉积率为 58.83%，平均地面流失率为 14.48%，平均飘移率为 26.69%，有辅助风时药液平均沉积率为 68.94%，平均地面流失率为 12.08%，平均飘移率为 18.98%，使用辅助风使药液平均沉积率提高了 17.2%，平均地面流失率降低了 16.56%，平均飘移率降低了 28.87%。启动精准对靶系统，试验中精准对靶系统喷雾量平均误差为 2.90%，药液平均沉积率为 65.76%，平均地面流失率为 13.40%，平均飘移率为 20.84%。

4. 果园多功能自走底盘

我国自 20 世纪 50 年代开始逐步推进果园机械化，由于地理环境、种植模式、经济水平等因素制约，果园机械化水平差异较大，总体机械化水平较低，主要依靠人工完成，生产效率低，劳动强度大。我国果园的种植模式多样，果园分户管理，规模化和规范化的程度偏低，果园地势和土壤呈多样性，要求动力底盘功率大，适应性好，利用率高，在作业的过程中，需满足地隙低、轮陷小、转弯半径小、方便越埂、一机多用等要求（郝朝会等，2018）。

1）总体方案设计

结合标准化果园的种植模式、农艺要求，果园自走式通用型动力底盘需满足通用性强，可挂接多种作业设备，实现多种功能，设计参数如下：配套功率为 36.75～44.20kW，驱动方式为四轮驱动，转向方式为四轮转向，轮胎外侧宽度不大于 1.4m。动力输出方式为机械后动力输出和 3 路液压快速挂接输出，转弯半径不大于 3m，行驶速度为 0～35km/h。果园多功能动力底盘主要由车架、发动机、行走离合器、座椅、换挡器、方向盘、前后桥转动轴、助力转向和刹车系统、后动力输出系统等组成，其示意图如图 4-69 所示。变速箱上的支架平台可以更换为货筐、升降机、药箱等，后动力输出系统可挂接风送式喷药系统，其示意图如图 4-70 所示。

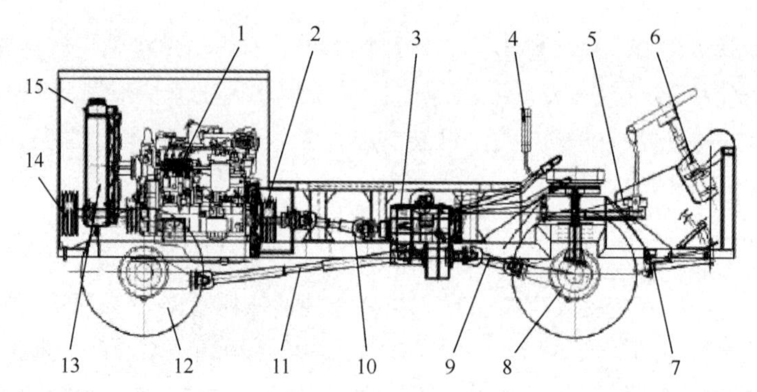

1—发动机；2—行走离合器；3—主变速箱；4—座椅；5—换挡器；6—方向盘；7—脚刹；8—前轮；9—前桥转动轴；10—主转动轴；11—后桥转动轴；12—后轮；13—散热器；14—后动力输出轮；15—后保护罩

图 4-69　果园多功能动力底盘示意图

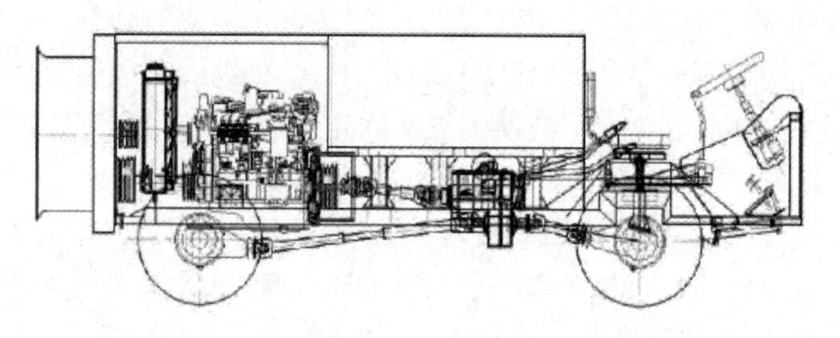

图 4-70　果园多功能动力底盘风送式喷雾机示意图

果园多功能动力底盘的发动机产生的动力经行走离合器传递给主变速箱，通过换挡器实现换挡调速；并通过固定在发动机曲轴飞轮盘上的“V”形带轮传递给后动力输出系统，挂接多种作业农具；发动机自带的动力输出口接齿轮泵产生液压能，通过液压多路阀控制，传递给转向系统和 3 路双作用快速挂接输出装置，可快速插接各种液压作业农具。果园多功能动力底盘主要技术参数如表 4-7 所示。

表 4-7　果园多功能动力底盘主要技术参数

参数	数值/方式
配套功率/kW	44.2
驱动方式	四轮驱动
转向方式	四轮转向
轮胎外侧宽度/m	1.4
最小转弯半径/m	2
最小离地间隙/mm	150
行驶速度/（km/h）	0～35
整车净质量/kg	1560
载质量/kg	1000
外形尺寸（长×宽×高）/（mm×mm×mm）	3500 ×1450×1480

2）动力系统设计

果园多功能动力底盘的动力系统主要包括行走动力系统、后动力输出系统和液压快速插接输出系统。液压系统的动力来源于发动机取力口齿轮泵，通过单稳阀分配到转向系统和 3 路双作用快速插接口，实现液压负载快速插接作业。发动机飞轮盘上固定有主离合器，主离合器主轴的动力可以进行离合控制主变速箱的动力输入，实现行走动力的换挡操作。主离合器的外壳和发动机曲轴飞轮盘固定，主离合器外壳为“V”形带轮，动力通过“V”形带传递给副变速箱，通过万向传动轴实现后动力的输出，挂接外置机具作业。果园多功能动力底盘动力系统原理图如图 4-71 所示。

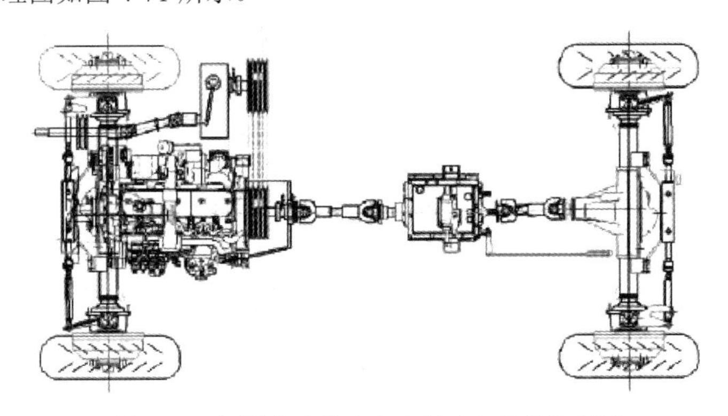

图 4-71　果园多功能动力底盘动力系统原理图

行走动力系统采用传统常规原则进行设计，根据整车质量及田间作业工况，采用摩擦片式离合器，可实现对主变速箱的动力保护，为使整车结构紧凑，减少刚性连接对主轴的损伤，采用万向节传动轴；考虑作业和转运速度，选取主变速箱为高低挡两级一体式变速箱，每级有 3 个前进挡和 1 个倒挡，共 8 个挡位。主变速箱各级传动比如表 4-8 所示。

表 4-8　主变速箱各级传动比

高/低挡	Ⅰ挡	Ⅱ挡	Ⅲ挡	R 挡
高挡	7.03	3.02	1.5	6.47
低挡	20.91	8.99	4.46	19.26

传动系统总传动比等于各部分传动比的乘积，即

$$i_z=i_1 i_2 i_3 \tag{4-21}$$

式中，i_1——发动机和主变速箱传动比。

i_2——主变速箱挡位传动比。

i_3——车桥传动比。

整机的行走速度与发动机转速、总传动比和轮胎直径有关，即

$$v_z=60\pi v_1 i_z D \tag{4-22}$$

式中，v_1——发动机转速。

v_z——整机行走速度。

D——轮胎直径。

考虑果园作业时整车地隙和轮陷等因素，选择 6.00-12 型“人”字花纹轮胎，充气后外直径为 640mm，发动机各转速下不同挡位的速度如表 4-9 所示。

表 4-9　发动机各转速下不同挡位的速度

发动机转速/（$r \cdot min^{-1}$）	高低挡	挡位			
		Ⅰ挡	Ⅱ挡	Ⅲ挡	R 挡
1000	低	1.07	2.50	5.03	1.17
	高	3.19	7.43	14.96	3.47
1500	低	1.61	3.74	7.55	1.75
	高	4.79	11.15	22.44	5.20
2000	低	2.15	4.99	10.06	2.33
	高	6.39	14.86	29.93	6.94
2400	低	2.58	5.99	12.08	2.80
	高	7.66	17.84	35.91	8.33

后动力输出系统的动力来源于主离合器“V”形带轮外壳，通过“V”形带 1∶1 将动力传递到副变速箱，考虑果园作业机械动力和配套转速等因素，设计输出转速为 1000r/min，选用 1∶2 直齿轮减速箱，减速箱动力通过万向节传动轴传递给作业机具。

液压动力系统由发动机取力口连接齿轮油泵，将发动机机械能转换为齿轮油泵的液压能，通过单稳阀将液压能分给转向系统和后动力输出系统，根据发动机取力口的性能参数和挂接机具功率核算等因素，选择 16mL/r 的齿轮油泵，额定压强为 20MPa，最高压强为 25MPa。

3）田间试验

2018 年 5 月我们在北京市通州区于家务乡西垈村樱桃园试验基地进行田间性能试验，田间作业场景如图 4-72 所示。

图 4-72　田间作业场景

整机性能试验按照 Q/CP XDNZ0001—2018《ZN-604 型果园自走式通用型动力底盘》试验方法和果园通用型底盘作业装备试验大纲进行，对多功能动力底盘样机行驶速度、转弯半径、最大爬坡角和越埂高度等指标进行检测。

（1）行驶速度：在干燥平坦的混凝土或沥青路面测试，进行 3 次，每次行走 50m，调节调速旋钮至速度最高，速度为

$$v = \frac{3.6s}{t} \tag{4-23}$$

式中，s——行走路程，m；

t——行走时间，s。

（2）转弯半径：在干燥平坦的混凝土或沥青路面测试，进行 3 次，以最低前进挡平稳行驶，当转向盘处于左转或右转的极限位置时保持不变，行驶 360° 后驶出测试区，量取内侧转向轮胎内侧轨迹圆半径。

（3）越埂坡度：对果园田间道路、田埂坡度、田埂高度等进行试验，以最低前进挡行驶，平稳翻越田埂，进行测量，采集越过的田埂数据。对各项指标重复试验 3 次，对数据进行人工处理，取平均值，田间试验结果如表 4-10 所示。

表 4-10　田间试验结果

参数	检测结果	技术要求
行驶速度/（km/h）	0～35	0～35
作业速度/（km/h）	1～6	1～6
最小转弯半径/m	2	≤3
最大爬坡角度/（°）	24	≥20
最大越埂高度/mm	235	≥150

试验结果表明，果园多功能动力底盘行驶速度为 0～35km/h，田间作业速度为 1～6km/h，最小转弯半径为 2m，最大爬坡角度为 24°，最大越埂高度为 235mm，田间试验结果均能满足设计要求，能够挂接多种农具，能够满足果园的田间生产管理作业要求，提升了果园机械化生产管理作业水平。转弯半径试验值较理论值小一些，误差原因可能为人工调整轮胎转向推杆误差和轮胎转向时向内侧滑移。越埂高度与多功能底盘下传动轴的高度有关，当前轮越过田埂时，使传动轴不碰到田埂为最大越埂高度。

4.5　植保无人机技术与装备

植保无人机在现代化农业的生产过程中，在农药喷洒、农田信息采集、播种、授粉、棉花脱叶等领域都有着广泛的应用前景。其机型主要有油动单旋翼、电动单旋翼、电动多旋翼等。在作业效率、喷洒效果、不伤农作物、减少劳动力及避免施药者污染等方面，植保无人机都具有地面背负式喷雾无法替代的优势；同时从资源利用率上来讲，植保无人机采用的低容量施药方式，可以有效减少农药的使用次数及使用量，提高农药有效利用率并减少 90%以上的用水量。通过无人机搭载摄影监控云台，还可以对农业病虫害、自然灾害等进行实时监控。

4.5.1 植保无人机基本组成及动力测试平台

1. 植保无人机基本组成

电动多旋翼植保无人机主要由机架、动力系统、飞行控制系统和喷洒系统组成。

（1）机架是整个植保无人机的支撑结构及飞行平台的载体，通常由机身、起落架组成。不同的植保无人机机身质量、布局和轴距会有所差异。常见的机架布局有四旋翼、六旋翼、八旋翼和十六旋翼。一般情况下，轴距越大，植保无人机载荷能力越大。起落架在植保无人机的起飞和降落过程中能够起到保护作用。

（2）动力系统是植保无人机飞行动力的来源，通常由电池、电调、电动机和螺旋桨组成。电池是整个无人机的能量来源，电池容量越大，续航时间越长；放电倍率越大，植保无人机的功率越大。电调的主要作用是通过接收飞行控制系统的信号来控制电动机的转速。螺旋桨是植保无人机产生升力的部件，其尺寸可根据机架的轴距和布局来进行选择。

（3）飞行控制系统是植保无人机的核心，飞行控制系统中央处理器接收到传感器系统提供的数据，同时解读遥控器发出的遥控指令，运用控制算法，生成控制指令，并将得到的控制指令以 PWM 波的形式发送给电调，驱使电动机转动，使无人机产生姿态和位置的变化。此外，控制系统还实时与地面站系统之间进行数据通信，让监控人员实时了解无人机当前的飞行状态。

（4）喷洒系统主要包括药液箱、软水管、高压隔膜泵、压力喷嘴及电磁控制阀。目前，植保无人机喷洒系统主要使用扇形压力喷头、通过高压隔膜泵产生的压力，使药液通过压力喷嘴时，在压力作用下破碎成细小液滴，形成扇形雾粒，同时药液下压力大，穿透性强，产生的药液飘逸量较小，不易因温度高、干旱等蒸发散失（吴伟涛，2020）。

此外，根据作业类型及应用场景的不同，无人机上还可以搭载红外摄像机、多光谱仪等不同传感器，进行农田信息检测、作物长势分析等工作。

2. 植保无人机旋翼动态升力测试平台

植保无人机的实际动态升力是判断其负载能力的重要指标之一。为了解决植保无人机旋翼在飞行过程中动态升力变化的测定较为困难、其实际升力大小在不同环境因素情况下容易受到干扰等问题，我们对其动态升力变化模型进行了深入分析。我们选择 T-Motor 的防水型无刷电动机 U11 及与其配套的碳纤维旋翼作为实际研究对象，采用 PIC18F25K80 芯片、力传感器及无线通信模块等实现无人机单组旋翼动态升力的检测与控制功能。

根据欧拉-拉格朗日（Euler-Lagrange）形态体系分析植保无人机旋翼升力的动态变化情况。以四旋翼植保无人机为例，在理想状态下，无人机的重心即为机体的几何中心，考虑到无人机的升力、姿态角及方向等参数都需要基于坐标系进行运算，因此，分别建立了机体坐标系（Body Reference Frame）和地面坐标系（Earth Reference Frame）。其中机体坐标系的原点为无人机的几何中心位置，动态升力模型如图 4-73 所示。

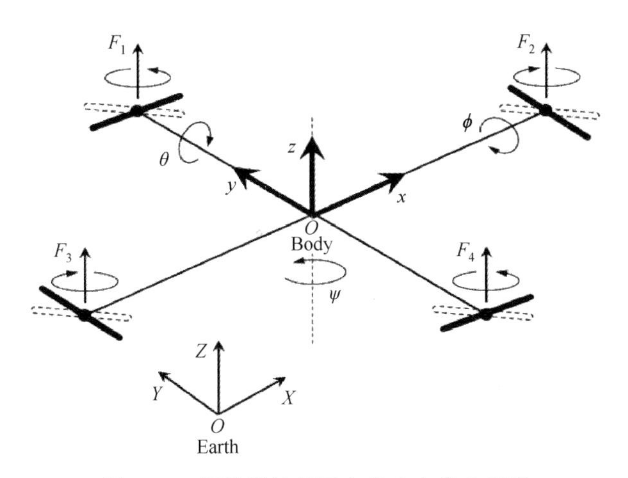

图 4-73　四旋翼植保无人机动态升力模型

为了更加准确且全面地测定植保无人机旋翼的动态升力系数，并同时对升力、转子转速及 PWM 信号占空比等参数之间的相互关系进行分析，我们搭建了无人机转子升力测定平台，主要从升力测定的准确性和安全性等角度进行考虑，其组成结构示意图如图 4-74 所示。

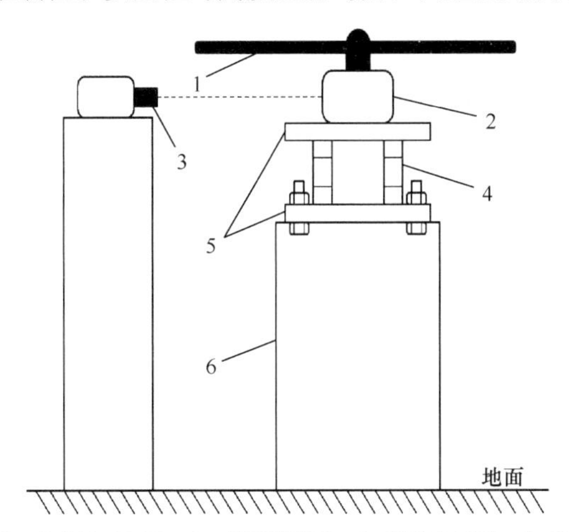

1—碳纤维旋翼；2—电动机（U11）；3—转速测量仪；4—测力传感器；5—固定架；6—检测台

图 4-74　转子升力测定平台组成结构示意图

我们对转子转速及动态升力系数对于该无人机的实际负载能力所造成的影响进行了分析。试验是在室内无风环境下进行的，试验方案主要分为如下 3 个步骤：

（1）待转子升力测定平台及整体测控系统稳定后，通过上位机软件进行去皮操作，从而达到测量旋翼实际升力大小的目的。

（2）使控制系统的输出方案和 PWM 信号占空比的输出方案相同，在旋翼动态旋转过程中记录转子转速及对应的升力大小，共分 10 组进行测量，每组数据分别进行 3 次重复后取平均值。

（3）使 PWM 信号占空比按原方式逆向输出，重复步骤（2）并记录数据，该试验得到的转子转速与动态升力变化的相关性如图 4-75 所示。

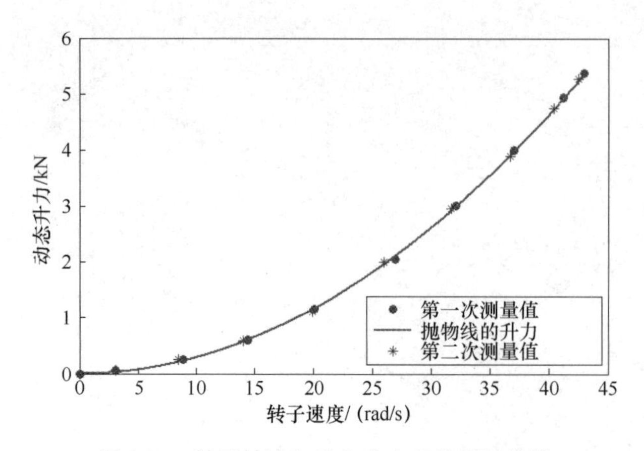

图 4-75　转子转速与动态升力变化的相关性

由图 4-75 可得，随着转子转速的增加，旋翼的升力也随之增大，且两者之间不呈现严格的线性关系。通过对植保无人机旋翼的动态升力模型进行分析，采用抛物线 $y=kx^2$ 对实测值进行拟合，得到图中的曲线，拟合结果与两次的实测值基本吻合，且通过线性回归分析的方法得到该拟合曲线的拟合优度约为 0.923，说明拟合出的曲线具有较好的预估效果。

4.5.2　植保无人机典型控制系统

1. 控制系统组成

1）无线电遥控系统

无线电遥控主要应用于地面操作人员在视距范围内对进行超低空飞行作业的植保无人机进行手动控制，操作人员根据作业需要，通过无线电遥控器发出指令，控制无人机实现俯仰、侧倾、航向、药液喷洒等功能。目前，应用的无线电遥控系统主要由遥控信号发射机与遥控信号接收机两部分组成。

2）航空电子系统

航空电子系统是无人机的核心系统，其主要功能是实现无人机的自主起降、稳定飞行、导航与制导等功能。其主要由供电系统、姿态感知系统、导航系统、运算系统、信息存储系统等组成。

2. 飞行姿态测试

航姿测量系统（Attitude and Heading Reference System，AHRS）是微小型无人机建模与控制的关键，由提供微小型无人机测量信号的必备传感器组成。微小型无人机的载荷能力有限，要求其姿态测量系统质量轻、体积小且功耗低。随着微型惯性导航技术的发展，利用微机电惯性传感器和嵌入式系统实现的微惯性测量系统被广泛运用到微型无人飞行器中，其具有成本低、体积小、质量轻、功耗低、可靠性强和能承受较恶劣的工作环境等优点。

在微小型无人机多自由度试验台架上完成姿态传感 SBG-IG-500、Mti-100、HMR3000、国产 ET-AHRS 及 MPU-6050 的对比测试工作。图 4-76 所示为 SBG-IG-500 GPS 辅助型姿态测量系统。IG-500 E 由一个基于校准惯性测量单元（IMU）的 MEMS 和一个使惯性数据与外部辅助信息相融合的实时机载扩展卡尔曼滤波器组成，如北斗卫星方位、真航向及里程表的速度。通过移除瞬时加速度，使用外部辅助信息来计算，相比传统的 AHRS，姿态精度有了很大的提高。

图 4-76　SBG-IG-500 GPS 辅助型姿态测量系统

MTI-100 系列是 Xsens 公司的高性能产品线，配备了振动抑制陀螺仪，集成温度、三维安装误差及传感器交叉轴影响的补偿。它具有 360° 全方位输出姿态和航向（AHRS）、长时间稳定性和快速动态响应、时延小（2ms）的特点。

图 4-77 所示为 HMR3000 数字罗盘模块，Honeywell 的 HMR3000 数字罗盘模块使用磁阻传感器和两轴倾斜传感器来提供航向信息，内部全部使用表面贴装元件，不含有任何移动元件，可靠坚固。它允许用户对罗盘的输出进行组态，包括 6 种 NMEA 标准信息的组合，改变磁场计的测量参数以适应不同应用的需要等。罗盘自动标定程序可以修正平台的磁影响，磁场计的宽动态范围（±1GT 或 100μT）允许 HMR3000 工作在当地较大的磁场下。MPU-6000（6050）整合了 3 轴陀螺仪、3 轴加速器，并含可借由第二个 I^2C 端口连接其他厂牌的加速器、磁力传感器或其他传感器的数位运动处理（Digital Motion Processor，DMP）硬件加速引擎，由主要 I^2C 端口以单一数据流的形式，向应用端输出完整的 9 轴融合演算技术 InvenSense 的运动处理资料库，可处理运动感测的复杂数据，降低了运动处理运算对操作系统的负荷，并为应用开发提供架构化的 API。

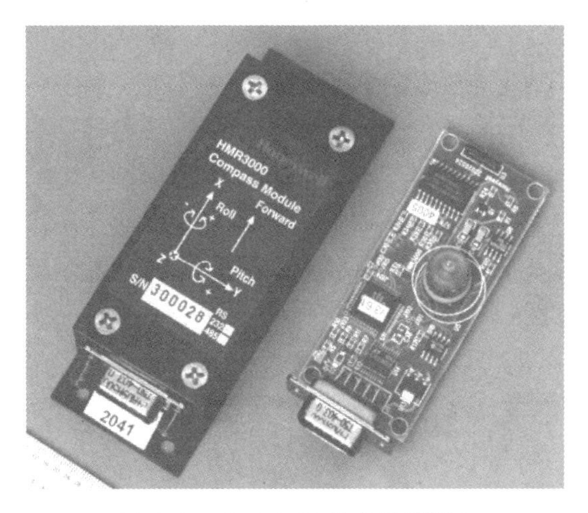

图 4-77　HMR3000 数字罗盘模块

测试之前对所有姿态传感器进行磁场标定试验，如图 4-78 所示，图中列举了 Mti-100 姿态传感器磁场标定结果。

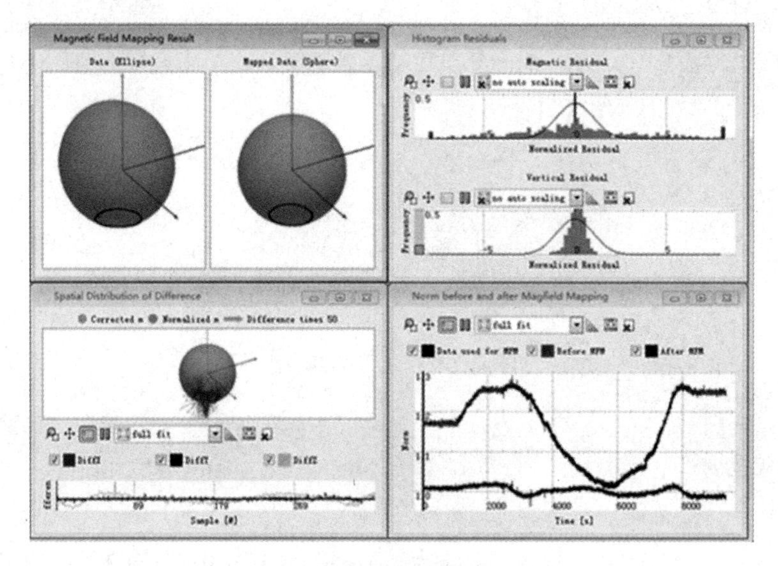

图 4-78 姿态传感器磁场标定试验

分别进行了俯仰角静态、航向、横滚角动态和俯仰角动态对比测试试验，试验结果分别如图 4-79～图 4-82 所示。由试验数据可知，配合动态卡尔曼滤波算法的 MPU6050 传感器和 HMR3000 传感器数据稳定性较好，但动态性能稍差；MTi-100 和 SBG-IG-500 动态性能良好，但航向数据会有一定漂移（无卫星定位数据校正情况下）；ET-AHRS 动态性能稍逊于 MTi-100 和 SBG-IG-500。

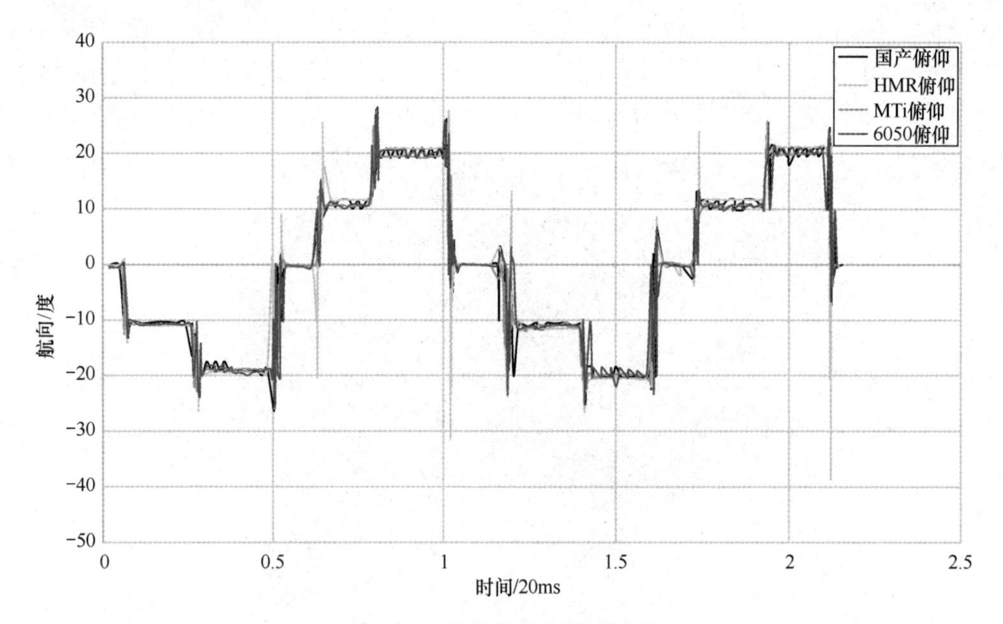

图 4-79 俯仰角静态测试试验

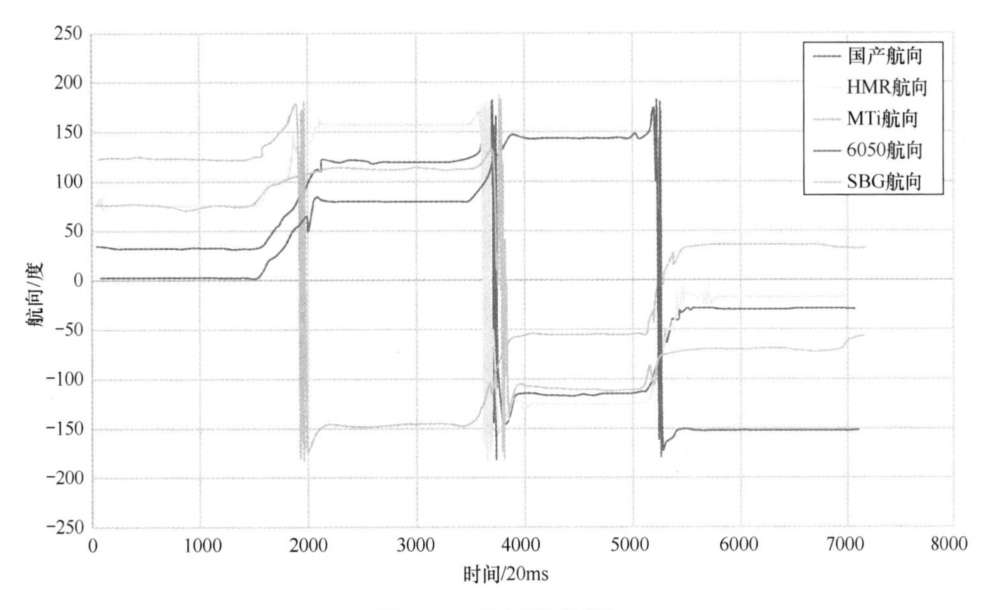

图 4-80　航向测试试验

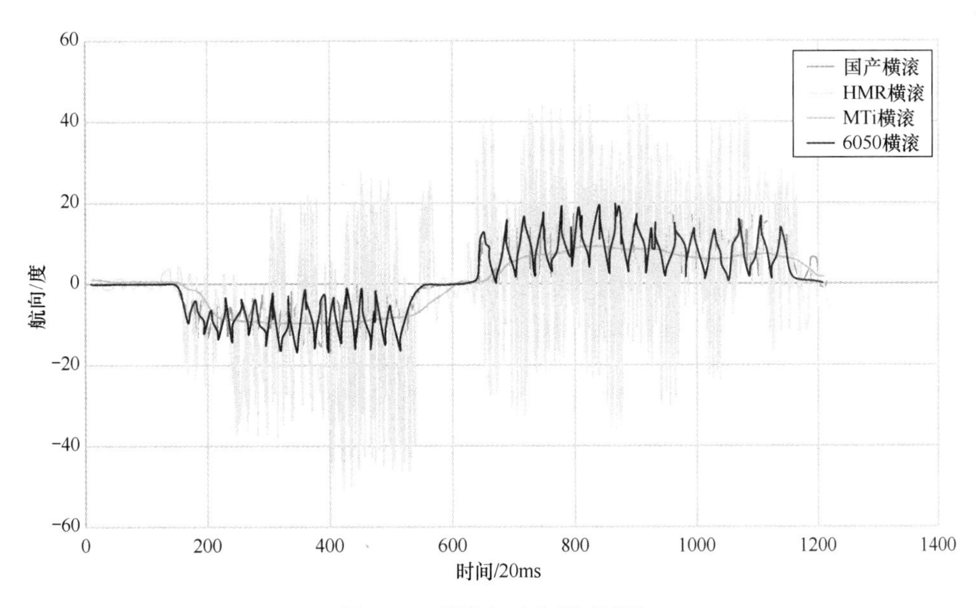

图 4-81　横滚角动态测试试验

3. 姿态测量系统的解算方法

姿态的确定离不开坐标系的选择，直角坐标系的建立要遵循右手法则。图 4-83 所示为微小型无人机姿态示意图，微小型无人机控制系统需要用到的坐标系有地面坐标系 $O_gX_gY_gZ_g$ ，本体坐标系 $O_bX_bY_bZ_b$ 。地面坐标系通常是与大地固定联系的，以大地上的某点为坐标原点，轴 Z_g 铅垂向下；轴 X_g 在水平面内，选择指向北； Y_g 轴按右手法则确定。本体坐标系是与微小型无人机本体固定联系的。原点在飞行器的质心，纵向轴 X_b 沿微小型无人机的结构纵轴，指向机头。竖向轴 Z_b 在对称平面内，垂直于纵轴，指向下；横向轴 Y_b 垂直于对称平面，指向右。

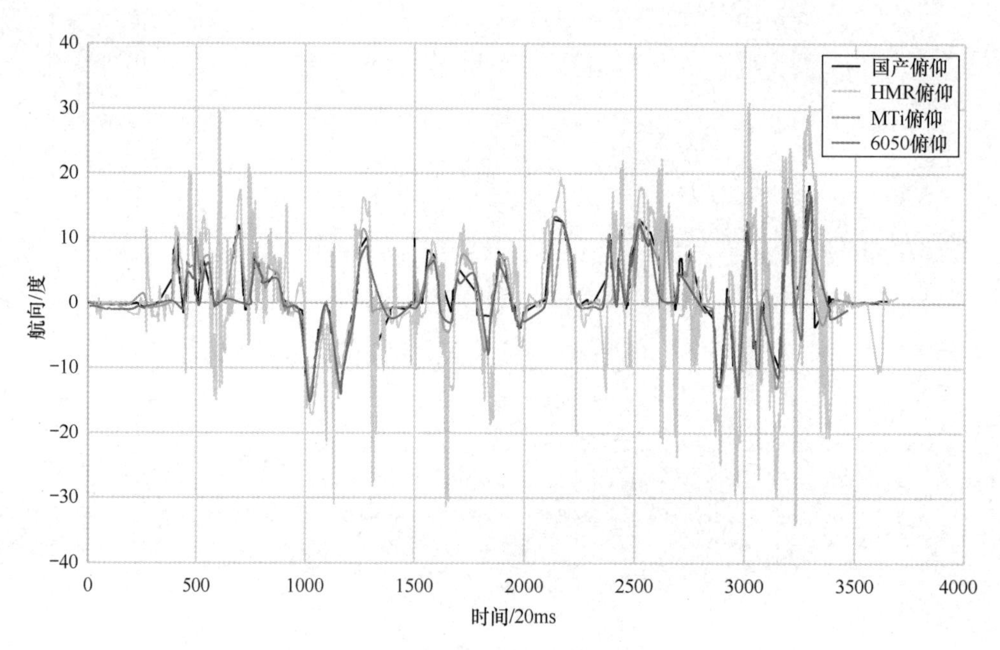

图 4-82　俯仰角度动态测试

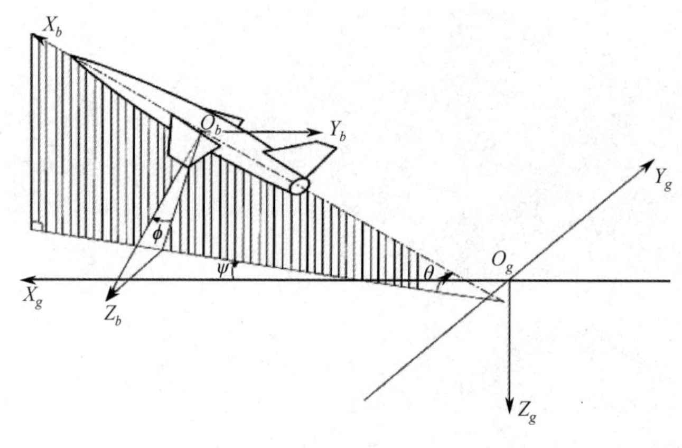

图 4-83　微小型无人机姿态示意图

微小型无人机在空间中的姿态可用无人机的本体坐标系相对于大地坐标系的运动来表示，运动的角度就称为姿态角，又称为欧拉角。一般用航向角ψ、俯仰角θ和滚转角ϕ来表示无人机的姿态角。初始时刻两坐标系重合。航向角ψ是机体轴O_bX_b在水平面$O_gX_gY_g$上的投影与地轴O_gX_g之间的夹角，以无人机机头右偏为正；俯仰角θ是机体轴O_bX_b与地平面$O_gX_gY_g$之间的夹角，以无人机抬头为正；滚转角ϕ是飞机对称面绕机体轴X_b，以右滚为正。坐标转换可以通过一个方向余弦矩阵进行转换。

$$\boldsymbol{C}_g^b=\begin{bmatrix}\cos\psi\cos\theta & \sin\psi\cos\theta & -\sin\theta\\ \cos\psi\sin\theta\sin\phi-\sin\psi\cos\phi & \sin\psi\sin\theta\sin\phi+\cos\psi\cos\phi & \cos\theta\sin\phi\\ \cos\psi\sin\theta\cos\phi+\sin\psi\sin\phi & \sin\psi\sin\theta\cos\phi-\cos\psi\sin\phi & \cos\theta\cos\phi\end{bmatrix} \tag{4-24}$$

4. 导航控制系统

导航控制系统是微小型无人机实现其主要功能和飞行任务的基础。经典 PID 控制具有原理简单、易于实现、稳健性好等特点，被广泛研究并应用于无人机导航控制系统中。但是，微小型无人机具有复杂的非线性和时变特性，难以建立精确的数学模型，且由于对象和环境的不确定性，在整个飞行过程中，使得固定参数的经典 PID 控制不能满足设计要求，不具有较好的时间适应性和环境适应性，往往难以达到满意的控制效果，需要有一种能自动适应受控过程变化特性的更复杂控制器。

自适应控制器具备如下两个功能：

（1）根据被控过程的运行状态给出合适的控制量，即控制功能。

（2）根据给出的控制量的控制效果，对控制器的控制决策进一步改进，以获得更好的控制效果，即学习功能。

自适应控制器是同时执行系统辨识和控制任务的。基于模糊自适应控制的方法，运用模糊数学的基本理论和方法，把规则的条件、操作用模糊集表示，并将这些模糊控制规则和操作人员长期实践积累的经验知识应用控制规则模型化，建立合适的模糊规则表，运用模糊推理，将微小型无人机飞行过程舵机实际输出值和期望参考值的偏差 $e(k)$ 及其变化量 $\Delta e(k)$ 作为模糊控制器的输入，得到针对 k_p、k_i、k_d 3 个参数分别整定的模糊控制表。PID 参数模糊自整定是找出 PID 3 个参数与 $e(k)$ 和 $\Delta e(k)$ 之间的模糊关系，在微小型无人机飞行过程中通过不断检测 $e(k)$ 和 $\Delta e(k)$，根据模糊控制原理对 3 个参数进行在线修订，以满足不同 $e(k)$ 和 $\Delta e(k)$ 时对控制参数的不同要求，使被控对象有良好的动稳态性能。

由于模糊控制系统运算量大，不利于工程实现和实时要求。我们采用模糊控制器离线运算、模糊控制表在线整定的控制策略，减轻了飞行导航控制处理器的运算负担，提高了系统的稳健性和抗干扰能力，缩短了调整时间，提高了实时性能，具有实际工程意义。模糊自适应 PID（FAPID）复合控制导航系统框图如图 4-84 所示。

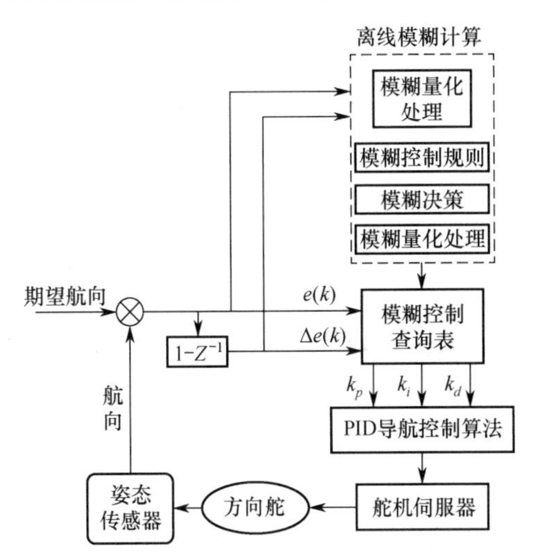

图 4-84　模糊自适应 PID 复合控制导航系统框图

微小型无人机导航控制系统分为侧向导航控制系统和垂直导航控制系统。导航控制系统和姿态控制系统交联完成自动导航控制，实现自动控制无人机按照预定航线或航向角飞行。设计了航向控制的模糊自适应控制器，模糊控制器输入量为目标航向角与实际航向角的误差值 $e(k)$ 及其变化率 $\Delta e(k)$，相应的模糊变量为 $E(k)$ 和 $E_c(k)$，输出量为整定后的 PID 控制器参数 k_p、k_i、k_d，相应的模糊变量为 K_P、K_I、K_D。$E(k)$、$E_c(k)$ 和 K_P、K_I、K_D 的隶属函数采用常见的三角形，均匀分布，全交叠函数。模糊推理采用极大极小法，解模糊采用 CoG（Center of Gravity）法。

利用 MATLAB 软件中的 Fuzzy Logic 工具箱建立模糊自适应控制系统，被控对象传递函数为

$$G(s)=\frac{0.5e^{-0.5s}}{(s+1)(0.5s+1)} \tag{4-25}$$

在观测量环节加入白噪声干扰，并进行软件仿真，仿真结果如表 4-11 所示。

表 4-11　仿真结果

FAPID 控制		PID 控制	
超调量 σ_p /%	过渡时间 t_s /s	超调量 σ_p /%	过渡时间 t_s /s
0.86	3.1	4.2	7.3

仿真结果表明，基于模糊自适应 PID 复合导航控制可使导航控制系统具有较小的超调量和抗参数变化的稳健性，具有更快的动态响应特性。

4.5.3　植保无人机姿态感知技术

准确、可靠的姿态信息是实现植保无人机稳定飞行、提高动态性能的关键因素，也是保证植保无人机能够自主飞行的基础。图 4-85 所示为植保无人机姿态示意图。植保无人机控制系统需要用到的坐标系有导航坐标系 $O_gX_gY_gZ_g$ 和机体坐标系 $O_bX_bY_bZ_b$。导航坐标系通常是与大地固定联系的，以大地上的某点为坐标原点，轴 Z_g 铅垂向下；轴 X_g 在水平面内，选择指向北；Y_g 轴按右手法则确定。机体坐标系是与植保无人机本体固定联系的。原点在飞行器的质心，纵向轴 X_b 沿植保无人机的结构纵轴，指向机头。竖向轴 Z_b 在对称平面内，垂直于纵轴，指向下；横向轴 Y_b 垂直于对称平面，指向右。导航坐标系和机体坐标系的换算关系主要与机体的姿态和航向有关，数学中的矩阵和力学中的运动原理是计算两者坐标转换的主要方法。目前常用的方法有欧拉角法、四元数法和方向余弦法。

植保无人机在空间中的姿态可用无人机的机体坐标系相对于导航坐标系的运动来表示，运动的角度称为姿态角，又称欧拉角。一般用航向角 ψ、俯仰角 θ 和滚转角 ϕ 来表示无人机的姿态角。初始时刻两坐标系重合。航向角 ψ 是机体轴 O_bX_b 在水平面 $O_gX_gY_g$ 上的投影与地轴 O_gX_g 之间的夹角，以无人机机头右偏为正；俯仰角 θ 是机体轴 O_bX_b 与地平面 $O_gX_gY_g$ 之间的夹角，无人机抬头为正；滚转角 ϕ 是飞机对称面绕机体轴 X_b，右滚为正。通过方向余弦矩阵可进行坐标转换。

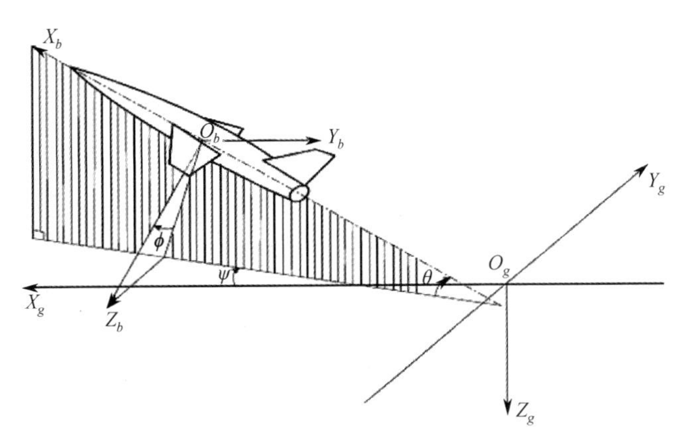

图 4-85　植保无人机姿态示意图

$$\boldsymbol{C}_g^b = \begin{bmatrix} \cos\psi\cos\theta & \sin\psi\cos\theta & -\sin\theta \\ \cos\psi\sin\theta\sin\phi - \sin\psi\cos\phi & \sin\psi\sin\theta\sin\phi + \cos\psi\cos\phi & \cos\theta\sin\phi \\ \cos\psi\sin\theta\cos\phi + \sin\psi\sin\phi & \sin\psi\sin\theta\cos\phi - \cos\psi\sin\phi & \cos\theta\cos\phi \end{bmatrix} \tag{4-26}$$

欧拉角也可以直接通过四元数计算得到：

$$\begin{aligned} \phi &= \mathrm{atan2}(\boldsymbol{R}_{(3,2)}, \boldsymbol{R}_{(3,3)}) = \mathrm{atan2}[2(q_0q_1 + q_2q_3), q_0^2 - q_1^2 - q_2^2 + q_3^2] \\ \theta &= \arcsin(-\boldsymbol{R}_{(3,1)}) = \arcsin 2(q_0q_1 - q_1q_3) \\ \psi &= \mathrm{atan2}(\boldsymbol{R}_{(2,1)}, \boldsymbol{R}_{(1,1)}) = \mathrm{atan2}[2(q_0q_1 + q_1q_3), q_0^2 + q_1^2 - q_2^2 - q_3^2] \end{aligned} \tag{4-27}$$

欧拉角法含有大量三角函数，计算复杂，且方程会出现奇点；方向余弦法避免了奇点现象，但运算过程十分复杂，不常用；随着植保无人机导航系统的快速发展需要，四元数法成为解算四旋翼姿态的主要方法。

陀螺仪积分得到的角度不受多旋翼无人机的加速度及地磁场的影响，但是随着时间的增加，陀螺仪漂移带来的累积误差也比较大，因此，需要进行多传感器融合。目前，有关多传感器融合姿态解算的算法已经有很多，如无迹卡尔曼滤波（UKF）算法、模糊逻辑卡尔曼滤波算法和粒子滤波（PF）算法、Sage. Husa 自适应卡尔曼滤波算法、非线性模型的扩展卡尔曼滤波（EKF）算法等。以上算法在实验精度上取得了较好的效果，但这些算法的运算都十分复杂，不适用于实际工程中，大部分仍停留在实验仿真阶段，这限制了其在实际中的推广应用。常用的方法就是互补滤波算法、卡尔曼滤波算法及梯度下降算法。

互补滤波算法融合加速度计、磁力计、陀螺仪的数据信息，正好可以弥补各自的缺点，提高姿态估算的精度。其原理如下：对于同一个向量，在不同坐标系下的表示形式不同，但是它们所表示的方向和大小是相同的。如果两个坐标系之间的旋转矩阵存在误差，那么一个向量经过旋转矩阵转换到另一个坐标系下的向量，和实际值之间也会存在偏差。利用偏差修正旋转矩阵（矩阵中的元素是四元数），并综合各传感器的偏差计算出系统的整体误差，利用误差对陀螺仪数据进行修正，进而修正更新四元数，最终计算出对应的姿态角。

卡尔曼滤波理论把状态空间的概念引入随机估计的理论中，把信号过程看作白噪声作用下的一个线性系统的输出，用状态方程来描述这种输入-输出的关系，估计过程中利用系统状态方程、观测方程和系统噪声、观测噪声的统计特性形成滤波算法。与常规数字滤波方法相比，卡尔曼滤波实质上是一种最优估计方法（袁捷，2006）。由于植保无人机是一个非线性系统，用常规的卡尔曼滤波算法并不能满足需求，通常需要线性化卡尔曼滤波或扩展卡尔曼滤波算法对其进行线性化处理。

梯度下降算法适用于 IMU 和 AHRS 系统，其明显特点就是计算量小、低频有效性好，而且基于梯度下降的数据融合算法能够显著降低对处理器速度的要求。梯度下降算法流程如图 4-86 所示，相比扩展卡尔曼滤波法，梯度下降算法在计算上相对简单，在进行梯度求解过程中也可选用自适应步长的方法达到较好的精度和收敛速度。

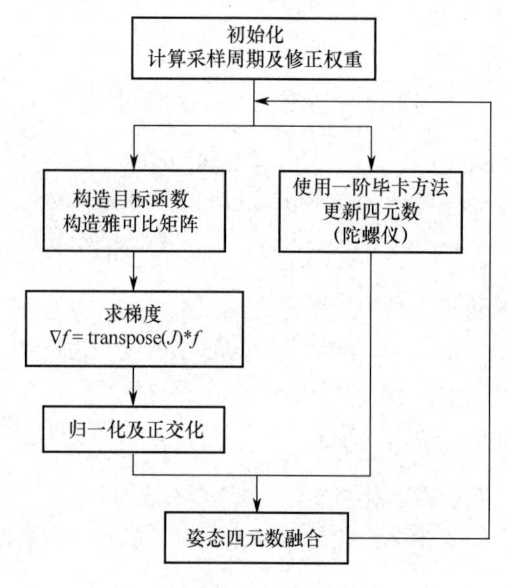

图 4-86　梯度下降算法流程

4.5.4　植保无人机智能控制技术

1. 控制系统组成

（1）无线电遥控系统：主要应用于地面操作人员在视距范围内对进行超低空飞行作业的植保无人机进行手动控制，操作人员根据作业需要，通过无线遥控器发出指令，接收机解码后将指令发送给航空电子系统，从而控制无人机实现俯仰、侧倾、偏航、药液喷洒等功能。目前应用的无线电遥控系统主要由遥控信号发射机与遥控信号接收机两部分组成。遥控器与接收机之间通过 2.4GHz 无线电波进行连接通信，其常用的调制方式有脉冲编码调制（Pulse-Code Modulation，PCM）和脉冲位置调制（Pulse Position Modulation，PPM）。一般情况下，遥控器的功率越高，控制距离越远。增加功率放大模块和天线后可有效增加遥控距离。

（2）航空电子系统：航空电子系统是无人机的核心系统，其主要功能是控制无人机的姿态、位置和轨迹。根据植保无人机的作业条件及状态，可进行半自主控制或提前规划好作业路径的全自主控制方式。航空电子系统主要可分为硬件部分和软件部分。硬件用于无人机对自身姿态、空间位置及高度的感知，软件用于数据的处理，进行无人机姿态、位置及航迹的控制与决策。其主要由供电系统、姿态感知系统、导航系统、运算系统、信息存储系统等组成。

（3）地面站：地面站主要用于植保无人机作业航线的规划，在作业开始前对作业高度、飞行速度、飞行轨迹、喷洒流量等参数进行设置，同时在无人机作业过程中与飞行控制系统进行交互，实时监控无人机的飞行状态及数据，在植保作业完成后，还可以对飞行任务进行回放和分析。

2. 飞行控制技术

飞行控制系统是植保无人机实现其主要功能和飞行任务的基础。飞行控制系统包括位置控制和姿态控制。由于姿态运动模态的频带宽、运动速度快，所以，姿态控制回路作为内回路进行设计；而位置运动模态的频带窄、运动速度慢，所以，位置控制回路作为外回路进行设计（何勇等，2018）。位置控制会根据当前位置和目标位置，或者根据遥控器的数据，产生一组目标姿态数据，该数据是为了使飞机保持该姿态，以一定的速度飞往目标位置；该姿态数据会通过 uORB 线程间通信机制，传递到姿态控制，姿态控制会根据目标姿态和当前姿态数据产生旋转角度和旋转角速率，根据旋转角速率，通过反馈机制，产生姿态控制数据，供执行器作用于电动机，控制各个电动机的旋转速度，以达到目标姿态。植保无人机整体控制框图如图 4-87 所示。

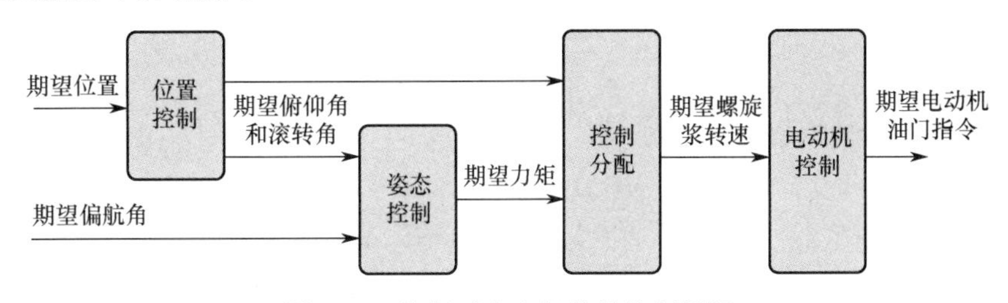

图 4-87　植保无人飞机整体控制框图

姿态控制包括外环控制和内环控制。外环控制是对姿态角度的控制，通过当前姿态和目标姿态产生一个姿态误差角度，修正该误差角度后，可由当前姿态调整到目标姿态。该控制先实现对翻滚角和俯仰角的旋转，修正倾斜，使当前姿态的 Z 轴和目标姿态的 Z 轴对齐，再进行偏航角的旋转，实现 X、Y 轴的对齐。姿态控制器如图 4-88 所示。

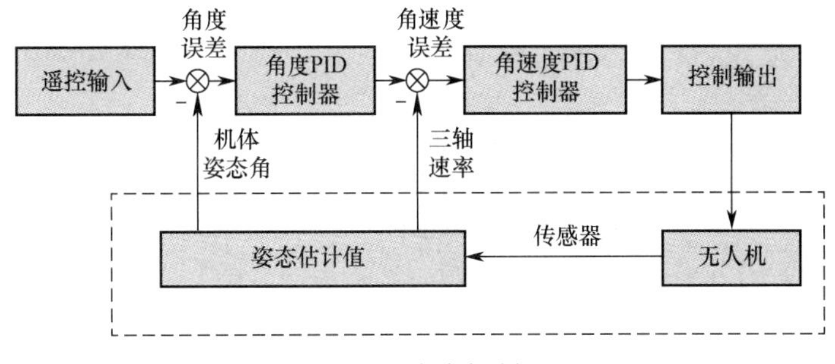

图 4-88　姿态控制器

针对植保无人机常用的线性化控制方法主要有 PID 算法、线性二次型调节器（LQR）算法及 H_∞算法。传统的 PID 控制器是目前适应性最强、应用最广泛的控制方式。该算法有较强的稳健性和控制效果，但是对于非线性系统，其控制效果并不理想。采用 H_∞算法设计控制器，当植保无人机保持大角度飞行时，线性模型无法正确地描述其状态，需要引入无人机的非线性模型对其进行控制。常用的非线性控制方法主要有反步法、滑模法等。反步法能够将高阶系统分成若干子系统，结合李雅普诺夫稳定性定理设计控制器，过程直观，稳健性强，适合于高阶欠驱动非线性系统。滑模法通过设计控制器将系统轨迹引导至预先设定的稳定模态，并在以后的时间里沿着该模态运动，当系统状态在切换面穿越时，切换函数使控制器形式改变，保持系统稳定。与 PID 算法相比，目前大多数智能控制算法都处于实验仿真阶段，无法得到实际场景中的四旋翼无人机精确数学模型，其实际控制效果不如 PID 控制效果好。

PID 控制器（比例-积分-微分控制器）是一个最常见的反馈回路部件，在实际工业控制领域中应用也最为广泛，它是由比例单元 P、积分单元 I 和微分单元 D 组成的，可用于控制参数和结构难以确定的系统，通过工程试凑法确定 P、I、D 三个参数，即可实现理想效果。目前几款典型的商用飞控均采用 PID 控制，其控制效果已经过广泛验证，可实现无人机的稳定飞行控制。

经典 PID 控制算法的控制规律为

$$u(t)=K_p\left[e(t)+\frac{1}{T_1}\int_0^t e(t)\mathrm{d}t+T_d\frac{\mathrm{d}e(t)}{\mathrm{d}t}\right] \tag{4-28}$$

将式（4-28）转换为传递函数为

$$G(s)=\frac{U(s)}{E(s)}=K_p+\frac{K_i}{s}+K_d s \tag{4-29}$$

由于单片机等控制系统为离散系统，为了采用 PID 控制器，需要对经典控制器进行离散化，变化为增量式 PID 控制器，其控制算法（王东，2019）为

$$u(t)=K_p e(t)+K_i\sum_{j=0}^{t}e(j)T+K_d\frac{e(t)-e(t-1)}{T} \tag{4-30}$$

式中，T 为更新时间。

4.5.5 植保无人机线控制技术

路径规划是指在特定约束条件下，寻找无人机从起始点到目标点，满足某种性能指标和某些约束的最优运动路线、路径。航迹规划是微小型无人机任务规划系统的关键组成部分，其目标是在适当的时间内计算出最优或次优的飞行轨迹，能使无人机回避威胁环境，安全地完成预定任务。我们研究了微小型无人机路径规划方法，设计了基于 GMAP.NET 地图的无人机航迹规划模块。无人机路径规划界面如图 4-89 所示。

在航迹规划前，首先要矫正地图和卫星定位误差，以保证边界设定的精确度。完成路径

规划后，对飞行关键点进行离散化并打包上传给机载飞控系统。无人机航迹规划流程及边界设定界面如图 4-90 所示。

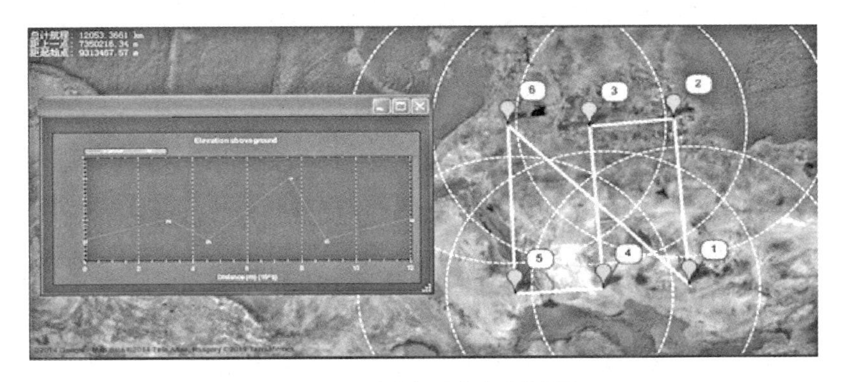

图 4-89　无人机路径规划界面

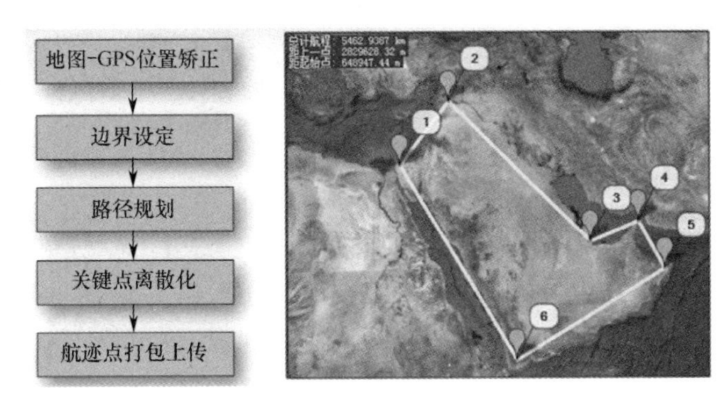

图 4-90　无人机航迹规划流程及边界设定界面

考虑到微小型农用无人机作业范围较小，其运动区间可以看作由高斯平面和相对高度组成的三维空间，通过几何法并依据最短路径原则规划无人机运动轨迹。要想完整地描述无人机在某一点的状态，离散航路点需要包含如下信息：空间坐标 x、y、z；该点的速度 v；三维姿态角度 α、β、δ。

借助 Google Earth 组件对地图操作，进行微小型无人机轨迹跟踪监测。虚拟无人机是由北斗数据及无人机各姿态参数计算得到的相关参数值来驱动的，以六自由度参数（经度、纬度、高程、航向、横滚、俯仰）通过积分运算计算飞行航迹坐标，同时用 5Hz 的北斗数据进行校正。实时模拟无人机飞行过程，以飞机姿态、仪表和飞行轨迹等形式显示飞机从起飞到着陆各个阶段的动态运动过程。无人机航迹跟踪软件界面如图 4-91 所示。

嵌入式控制器实时采集无人机上安装的传感器、检测设备的数据，包括飞行器的六自由度信息、飞行的速度和加速度，无人机上燃油剩余量和电池电量等，并通过无线网络将这些数据实时传输到地面站计算机。由于对微小型无人机的控制，数据传输量比较大，对通信速度要求也很高，将转换后的数据保存到文本文件中供显示轨迹时调用。同时对采样点进行抽样，保证能显示飞行轨迹。仿真控制系统界面上显示各种参数，以及飞行器在数字地图上的飞行轨迹和虚拟场景的仿真画面。

图 4-91　无人机航迹跟踪软件界面

4.5.6　植保无人机智能作业技术

1. 一键起飞与自主降落

一键起飞与自主降落是植保无人机实现全自主飞行的重要功能。在地面站中规划好作业航线、飞行参数、喷药参数后，使用一键起飞功能可实现植保无人机智能化作业，无需人工进行操作，在作业完成后，无人机通过导航信息回到起飞点后可实现自主降落。无人机自主起降技术不仅涉及旋翼空气动力学和自主飞行控制技术，还与起降时的地面约束等因素有关（吴友谦，2011）。

一键起飞通常包括加速上升、匀速上升、悬停 3 个阶段。在上升过程中，利用超声波等传感器进行高度的精确测量，来保证机体的稳定上升，在此过程中，机体速度不能发生突变。待到达设定高度后，无人机保持悬停状态，进入定高模式，开始按规划的航迹进行植保作业。待作业完成后，无人机根据导航信息确定降落点的坐标，其自主降落过程与自主起飞拥有同样的约束条件。对降落地点是否平稳可进行自主识别，在下降过程中应保证平稳、慢速，与地面接触时应避免机体的抖动。

2. 障碍物自动感知与避障

植保无人机在作业过程中，会面临树枝、飞鸟、电线杆、房屋等障碍物。根据环境信息的掌握程度可分为障碍物信息已知、障碍物信息未知两大类。由于植保无人机在超低空进行作业，环境信息多变、障碍信息未知，所以，在无人机上加入避障技术可以大大提高无人机的安全性。避障是指飞行器在飞行过程中，通过传感器感知在其规划路线上的静态或者动态障碍物，按照算法实时更新路径，绕过障碍物，到达终点的过程（林庆峰等，2017）。避障是通过特定的传感器，采集无人机附近及飞行轨迹上的环境数据，对其进行处理后按特定算法重新规划无人机飞行轨迹来实现的。常用的传感器主要有超声波传感器、激光传感器、红外传感器和视觉传感器。

超声波避障原理简单，但是其测量范围短、精度低；红外线避障与超声波避障原理大致相同，但光波易受到其他光源的影响，使得其测量准确度降低；激光雷达避障测量范围广，精度较好，但激光雷达传感器价格昂贵、体积大；视觉避障中无人机通过视觉传感器可以得到周围景象丰富的信息，但需要在光线充足、无人机周围环境清晰的条件下进行，具有实时性好、功率损失较低、测量范围较远、花费较低等优点，可以使无人机有效地实现避障功能（林庆峰等，2017）。

目前，常用的避障算法有 BUG 算法、人工势场法、向量直方图。

（1）BUG 算法是最简单的无人机避障方法，其基本思想是让无人机朝着目标前进，如果遇到障碍，则先环绕障碍物移动，检测出最短距离后绕开障碍物继续飞行，驶向目标点。BUG 算法的优势之一在于只需要使用触觉传感器获得周围环境的局部信息，而不必了解全局情况。BUG1 算法能完全绕开障碍物，但是其执行效率较低；BUG2 算法不需要绕障碍物一周，在到达特定点后，无人机可飞离障碍物，减少不必要的行程。

（2）人工势场法是由 Khatib 于 1985 年提出的。人工势场法实际上是一种拟物方法，使障碍物的分布情况等信息反映在环境中每一点的势场值当中，根据势场值的大小，决定无人机的行进方向和速度。人工势场法因计算量小、实时性好、意义明确、便于实现等特点得到了广泛的研究和应用，但传统人工势场法存在易陷入局部最优、在狭窄通道中存在航迹抖动、对于动态障碍物规避效果不佳等问题（方洋旺等，2019）。

（3）向量直方图（Vector Field Histogram，VFH）是由 Borenstein 和 Koren 一起提出来的。其关键是在飞行器周围建立一个图形，这样就可以避免由于传感器数据的延迟或丢失而导致的错误。它将机器人的工作环境分解为一系列具有二值信息的栅格单元，每个矩形栅格中有一个累积值，表示此处存在障碍物的可信度，在实时探测未知障碍物和避障的同时，驱动机器人转向目标点的运动。该算法的优点是具有较快的速度，比较适合短距离的避障（张锋等，2013）。向量直方图算法流程图如图 4-92 所示。

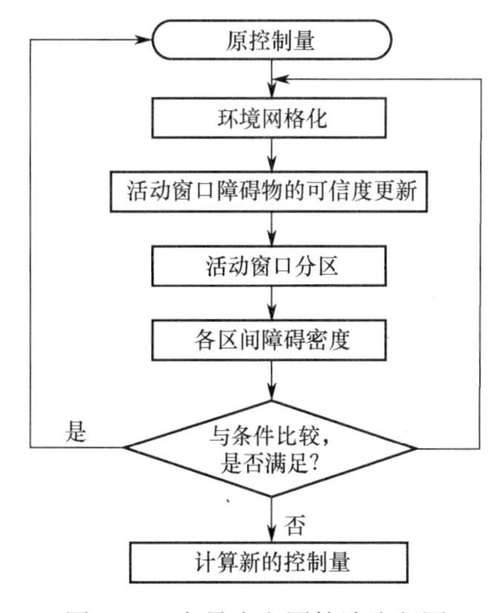

图 4-92　向量直方图算法流程图

3. 作业路径规划

作业路径规划是指在给定的作业空间内，根据任务目标，规划满足约束条件并使某项性能指标达到最优的飞行轨迹。路径规划是无人机任务规划系统的关键组成部分，目的是在恰当的时间内规划出最优的飞行轨迹，使无人机能够在满足约束条件的前提下，安全地完成飞行任务。由于农田环境是一个三维环境，所以，需要三维航迹的规划方法。由于三维空间的搜索范围过大，导致三维航迹规划相对于二维难度更高。目前，三维航迹规划算法方法很多，不过大多数都是通过降低一个维度的方法来实现的，从某种角度来说依然是二维航迹规划算法。

无人机的航迹规划系统根据不同的约束条件可以有不同的航迹规划方法。在复杂农田环境中，主要的约束条件包括地形约束和风场约束。结合地形约束条件进行航迹规划相对容易，一般需要获取适当精度的农田地形信息。风场约束非常复杂而且多变，在规划时，需要知道当前的风场信息。无人机所处位置的实时风场获取方式一般有两种：第一种是根据长期的经验建立风场的模型，基于所建的模型完成进一步滤波即可获取。由于影响风的大多数因素的复杂性，按照此方法建立风场模型有很大的困难且精度较低。第二种是利用机载传感器获取的信息进行计算，得到无人机当前位置的实时风场，这种方法运算简便并且有很强的实时性。

1）风场估计

采用矢量三角形法中的第二种速度矢量法来进行风场估计。飞行风场的在线估计需要得到风场在三维空间内各个方向的速度大小，即得到风场的三维矢量信息。

$$\boldsymbol{W}(x,y,z,t)=\begin{bmatrix} w_{ix}(x,y,z,t) \\ w_{iy}(x,y,z,t) \\ w_{iz}(x,y,z,t) \end{bmatrix} \tag{4-31}$$

式中，i 表示风场的分量在惯性系中进行表示。风场估计公式为

$$\begin{bmatrix} w_{ix} \\ w_{iy} \\ w_{iz} \end{bmatrix}=\begin{bmatrix} \dot{x} \\ \dot{y} \\ \dot{z} \end{bmatrix}_{\text{GPS}}-\boldsymbol{T}^{-1}\begin{bmatrix} u \\ v \\ w \end{bmatrix} \tag{4-32}$$

式中，$\dot{x}$、$\dot{y}$、$\dot{z}$ 表示使用伪距率测量出的无人机在惯性系中对地的速度；u、v、w 表示在机体坐标系中，无人机相对空气在各个方向上的速度分量；$\boldsymbol{T}^{-1}$ 为方向余弦矩阵，可以实现坐标从机体坐标系向惯性系中的转换。$\boldsymbol{T}$ 具体如下：

$$\boldsymbol{T}=\begin{bmatrix} \cos\theta\cos\psi & \cos\theta\sin\psi & -\sin\theta \\ \sin\phi\sin\theta\cos\psi-\cos\phi\sin\psi & \sin\phi\sin\theta\sin\psi+\cos\phi\cos\psi & \sin\phi\cos\theta \\ \cos\phi\sin\theta\cos\psi+\sin\phi\sin\psi & \cos\phi\sin\theta\sin\psi-\sin\phi\cos\psi & \cos\phi\cos\theta \end{bmatrix} \tag{4-33}$$

式中，θ、ψ、ϕ 为机体坐标系的 3 个坐标轴与惯性系中对应坐标轴的夹角。通过式（4-33）可以对植保无人机在农田环境中的风场进行在线估计。经过计算得到三维空间中的风速矢量。

2）基于风场的航迹规划

基于风场的航迹规划，是利用实时风场信息进行路径规划，以达到到达指定目标点的前提下最大限度地节省耗电量的目的。考虑农田中的风场信息，植保无人机采用蚁群算法进行航迹规划时，需要每隔一个时间段获取一次风场信息，进行一次规划，启发函数规定如下：

$$p_w(x,y,z)=\left[\left(Q\cdot R\cdot S\cdot\frac{30}{M_w+1}\cdot\frac{50}{D_{1w}+D_2}\right)/t_w\right]\cdot I \tag{4-34}$$

式中，M_w 表示当前点与下一个点的高度差的绝对值，D_{1w} 表示当前点与下一个点的距离。t_w 表示在风场中从当前点飞行到下一个点所需要的时间。进行航迹规划的仿真时，进行了 3 种蚁群算法的仿真实验，包括一种忽略风场信息的蚁群算法和两种考虑风场信息的蚁群算法。考虑植保无人机监测到的风场信息，蚁群算法进行航迹规划的流程如图 4-93 所示。

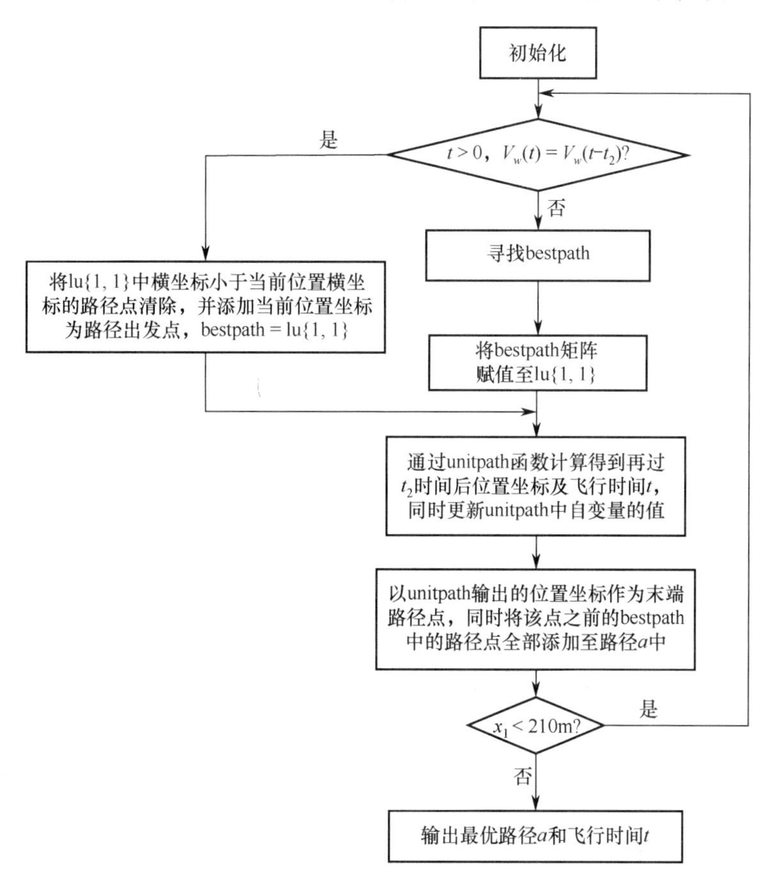

图 4-93　蚁群算法进行航迹规划的流程

考虑风场信息的蚁群算法进行仿真实验，仿真结果能得到从出发点到目标点所规划的最优路径及飞行时间。蚁群算法仿真最优航迹如图 4-94 所示。

仿真结果如表 4-12 所示。基于风场信息的在线航迹规划，采用蚁群算法二得到的航迹最优，并且相比忽略风场的规划，该算法得到的航迹能够使得飞机飞行时间显著减少。

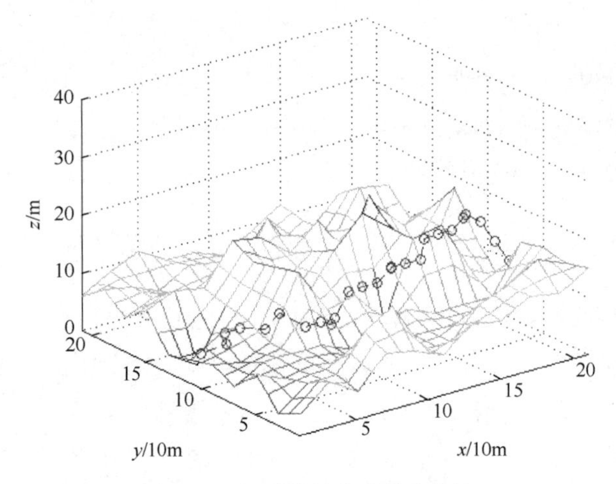

图 4-94　蚁群算法仿真最优航迹

表 4-12　仿真结果（时间：s）

标号	忽略风场的蚁群算法	蚁群算法一	蚁群算法二
仿真 1	35.0808	29.3749	25.5420
仿真 2	36.9393	31.6228	26.6730
仿真 3	41.4177	29.5592	24.9566
仿真 4	40.5623	32.1234	27.8951
仿真 5	37.9366	29.7657	27.3418
最优仿真	35.0808	29.3749	24.9566
节省时间比例/%	0	16.3	28.9

3）基于改进 A*算法的航迹规划

选用栅格法对地形环境进行建模。在包含起始点及目标点的三维空间中，将其离散为分别沿 X_e、Y_e、Z_e 轴方向上尺寸相同的立方体单元，每个立方体都可由唯一的坐标值 Q_i（x_i，y_i，z_i）确定。为了简化算法的搜索空间，以 10m 为间隔，分别对 X_e、Y_e、Z_e 轴进行等分。三维空间内的路径规划问题就可以转化为寻找一系列点的坐标集合$\{Q_1,Q_2,Q_3,\cdots,Q_n\}$的问题。

为了避免植保无人飞机与丘陵发生碰撞，通过对不同栅格赋予权值，将丘陵的高度信息表示在该环境栅格中，对其进行地形约束。所有栅格的存在状态可用一个三维矩阵 $\boldsymbol{P}$ 表示。矩阵 $\boldsymbol{P}$ 中各个元素的数值表示其通行状态，分别用 1 和 0 来表示。1 表示障碍物，禁止通行；0 表示可以自由通行区域。

$Q_i(x_i, y_i, z_i)$表示该栅格所在的位置信息，$P(i, j, k)$表示此栅格的可通行状态。在建立模型的时候规定

$$P(i,j,k)=\begin{cases}1, & i=x_i, j=y_i, k\leqslant z_i+1\\1, & i_1=x_i-1, i_2=x_i+1, j=y_i,\ k\leqslant(0.5*(z_{i_1}+z_{i_2})+1)\\1, & i=x_i, j_1=y_i-1, j_2=y_i+1,\ k\leqslant(0.5*(z_{j_1}+z_{j_2})+1)\\0, & \text{其他}\end{cases} \tag{4-35}$$

当 $i = x_i, j = y_i$ 时，$k \leqslant z_i + 1$ 处的栅格不可通行。此处 $z_i + 1$ 是因为无人机要在地面上空保持一定的安全距离。由于山地高度起伏较大，为了避免无人机与山体侧面发生碰撞，规定无人机的飞行高度必须高于经度、纬度方向上前后两坐标连线高度，并保持适当的安全距离。其余所有 $\boldsymbol{P}$ 值不为 1 的点将作为 A*算法的搜索空间，航迹规划的目标就是找到从起点到终点的一组最优坐标集合。

在三维空间中，从当前父节点向子节点进行搜索时，可沿地面坐标系 X_e、Y_e、Z_e 三条坐标轴进行拓展，规定沿各坐标轴的步长均为 1，则 X_e、Y_e、Z_e 轴坐标值的增量可为 1、0、−1，该父节点一共有 $N=(3^3-1)$个子节点。由于起点及终点已知，为了简化搜索过程，提升算法的执行效率和实时性，可规定特定方向为其主要搜索方向。设 X_e 为其主要搜索方向，若每个子节点只能沿 X_e 轴正方向进行搜索，则无法有效避开比较大型的障碍物，因此，在节点扩展的过程中，规定 X_e 轴坐标值的增量为 1 和 0，并不对 Y_e、Z_e 坐标轴的搜索方向进行限定。搜索节点示意图如图 4-95 所示，在三维空间中，A*算法的搜索节点由原来的搜索 26 个节点，降为搜索 17 个节点。其搜索方向可用三维方向向量 $\boldsymbol{d}_{ir}$ 来表示，该向量的模长即代表步长。其中，5 个节点的步长为 l，8 个节点的步长为 $\sqrt{2}l$，4 个节点的步长为 $\sqrt{3}l$。

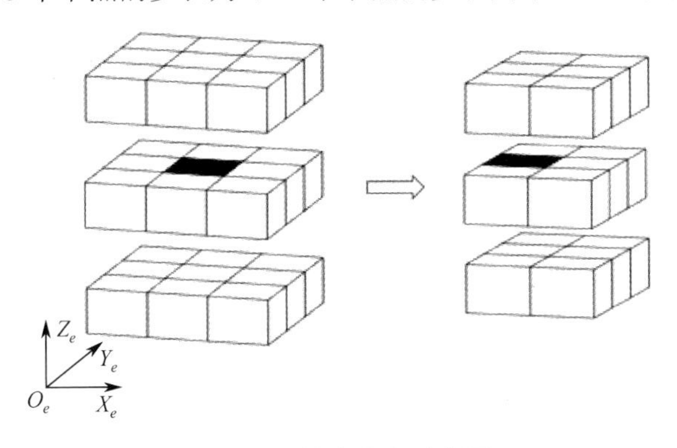

图 4-95　搜索节点示意图

改进的 A*算法引入距离能耗代价和风场代价对实际代价值 $G(n)$ 进行评估。距离能耗代价表示从起始节点到待扩展节点植保无人机实际飞行距离所产生的耗电量，由于无人机不同飞行方向对电量的消耗是不同的，所以，能耗代价需要将水平和升降运动的耗电量分开进行计算。风场代价表示风速矢量对待扩展节点方向的影响大小。风速矢量与无人机前进方向夹角越小，对于无人机的飞行越有利，其函数值应该越小，因此，实际代价值 $G(n)$ 可表达为

$$G(n) = \lambda_1 D(n) + \lambda_2 W_1(n) \tag{4-36}$$

$$D(n) = \sum_{i=2}^{n} [r_1(|x_n - x_{n-1}| + |y_n - y_{n-1}|) + r_2 |z_n - z_{n-1}|] \tag{4-37}$$

$$W_1(n) = \sum_{i=2}^{n} |\cos \Omega - 1| \tag{4-38}$$

式中，λ_1——距离能耗代价的权重。

λ_2——风场代价的权重。

r_1——单位距离水平运动能耗，J/m。

r_2——单位距离垂直运动能耗，J/m。

Ω——风速矢量与飞行速度方向夹角，rad。

在固定风场和变化风场中采用改进 A*算法规划出来的航迹优于经典 A*算法，规划出来的最优轨迹如图 4-96 所示。

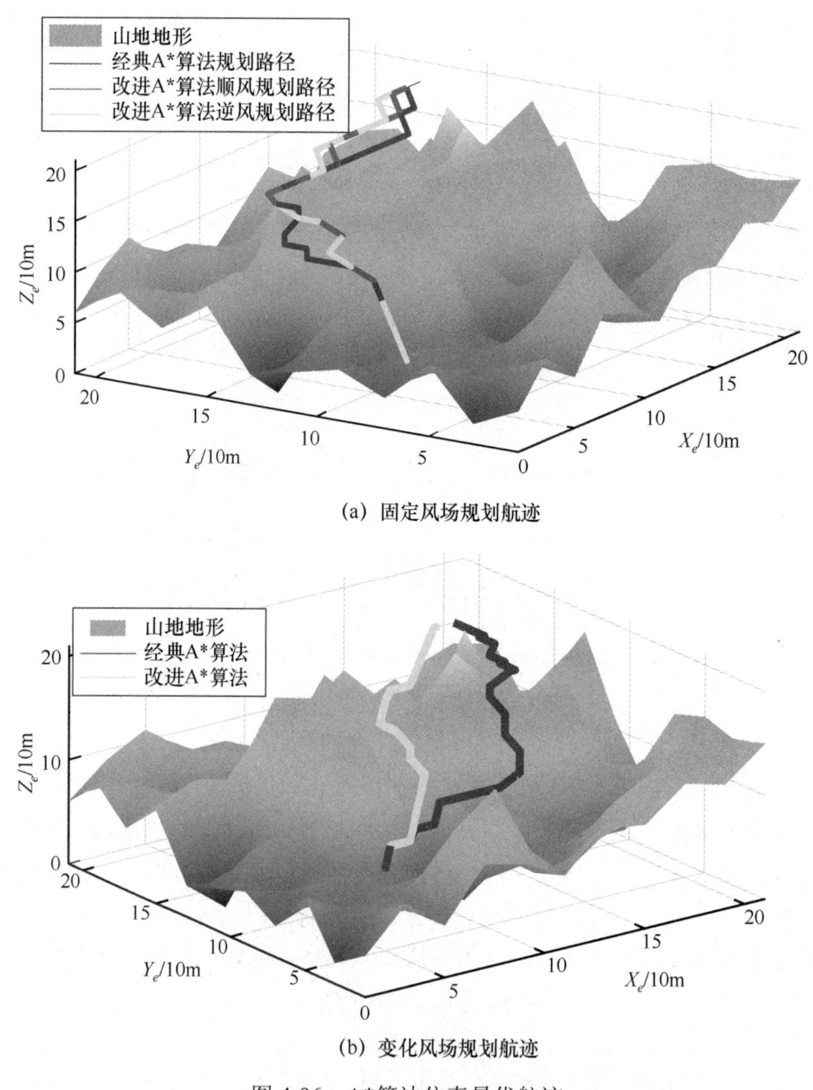

(a) 固定风场规划航迹

(b) 变化风场规划航迹

图 4-96 A*算法仿真最优航迹

结果表明，将风场代价融合到实际代价函数中，改进代价函数，可以使路径的节点更倾向于顺风方向进行搜索，能有效减小航迹长度，降低飞行时间。分别在固定风场和变化风场中进行实验，结果显示：与经典 A*算法规划航迹相比，基于改进 A*算法规划出来的路径航迹总长度最多节省 27.6%，能耗最多节省 33.1%，飞行总耗时最多节省 26.2%。

4. 仿地飞行

植保无人机在山地、果园等不同地貌下作业时，其地形起伏较大。如果无人机离植物距离过高，则经过雾化后的药物很难均匀地喷洒到植物表面；如果无人机与植物的距离过低，则会影响无人机的作业效率（孙学超，2018），并且容易引发安全问题。在农药喷洒过程中，若简单采取定高模式，则会影响作业效果。因此，为了达到更好的作业效果，植保无人机需要进行仿地飞行。如果高度控制系统不能感知自身质量的变化，便会导致高度控制不稳定、响应偏慢等现象。单一机载传感器无法长时间准确地跟踪植保无人机的高度，在作业过程中，随着药箱药量逐渐减少，负载逐渐降低，此时无人机的高度控制会出现不稳定现象。为了保证农药的喷洒质量，不发生重喷漏喷的现象，必须保证无人机能与作物保持固定的高度。

国内外对于无人机在仿地飞行方面的应用一直都有研究。仿地飞行一般通过无人机携带测距传感器对周围环境进行高度测量，并将高度数据传给无人机飞控系统进行数据处理和综合决策，同时飞控系统将电动机控制量反馈给无人机，使无人机能够保持恒定高度飞行。目前高度采集的方法主要有超声波、激光、毫米波雷达、机器视觉及多传感器融合的方法（孙学超，2018）。

仿地飞行相关算法与无人机姿态感知和飞行控制算法比较类似。利用多传感器融合技术，经数字滤波后，将高度信息传给飞控系统，利用模糊 PID 或其他智能控制算法对无人机高度进行控制。

5. 精准施药

植保无人机飞行器只是载体，其主要作用是喷洒农药。低量喷雾技术、药液雾滴防飘移技术、自动对靶施药及喷洒装置的研发都是实现植保智能化、进行精准施药的关键。由于植保无人机载重小、作业时间短，需要运用低量喷雾技术。林明远和赵刚将低量喷雾划分为 3 个级别：低量喷洒、微量喷洒和精量喷洒。由于风场及温度的原因，药液喷洒出去后会产生飘移和蒸发。控制雾滴的飘移损失、提高药液的附着率成为减少农药流失及其对土壤和环境造成污染的重要措施（何勇等，2018）。因此，针对不同机型的植保无人机，需要设定不同的作业高度、作业幅宽、雾滴粒径和喷雾速度，同时在植保作业过程中，应按照植保作业规范进行操作。目前对靶精准喷药技术主要有两种方式。第一种是利用图像识别技术对农田的图像进行实时采集，利用机器视觉与深度学习的方法，结合样本特征库的数据进行比对，判别识别区域中的对象为作物、杂草还是空地等，然后根据不同的判别结果判定控制系统是否开始进行喷洒。第二种是基于叶色素光学传感器系统和超声波测距系统对作物进行特征识别，这些装置在田间随作业机械按照特定线路进行运动的过程中，如果识别到了作物的存在，可以通过控制平台将喷头的位置调整到作物上方进行喷洒（何勇等，2018）。

6. 农田三维重建

三维重建技术能够将目标对象的结构形态及位置信息转化为计算机可识别的数学模型并实现可视化显示。随着图像处理技术的发展，基于机器视觉技术的三维重建方法逐步成为农业作物及田间环境等建模研究的主要方法，在农业领域得到广泛研究，如序列图像法、光度立体法及双目视觉法等。特别是双目视觉法，能够通过计算立体图像的视差值，获取目标的空间位置信息，在三维重建中应用最为广泛（翟志强等，2015）。

中国农机院基于八旋翼无人机，利用便携式 RTK-GPS、Z15-5D Ⅲ云台、佳能 5D Mark Ⅲ相机等开发的多旋翼无人机遥感信息采集系统如图 4-97 所示。

图 4-97 多旋翼无人机遥感信息采集系统

在图像测量过程及机器视觉应用中，为确定空间物体表面某点的三维几何位置与其在图像中对应点之间的相互关系，必须建立相机成像的几何模型，这些几何模型参数就是相机参数。无论是在图像测量或者是在机器视觉应用中，相机参数的标定都是非常关键的环节，其标定结果的精度及算法的稳定性直接影响相机工作产生结果的准确性。因此，做好相机标定是做好后续工作的前提，提高标定精度是科研工作的重点所在。该系统中佳能 5D Mark Ⅲ相机标定结果如表 4-13 所示。

表 4-13 佳能 5D Mark Ⅲ相机标定结果

	焦距	主点坐标 x	主点坐标 y	R1	R2	R3	T1	T2
初始值	3725.200[pix] 24.000[mm]	2880.000[pix] 18.555[mm]	1920.000[pix] 12.370[mm]	0.000	0.000	0.000	0.000	0.000
优化值	4161.223[pix] 26.809[mm]	1862.124[pix] 18.440[mm]	1876.222[pix] 12.088[mm]	−0.102	0.107	−0.027	0.000	0.001

利用带 POS 点的无人机低空遥感数据和高精度地面控制点，基于一定的计算机视觉处理算法，重构农田三维地理环境，其重构过程及结果如图 4-98 所示。

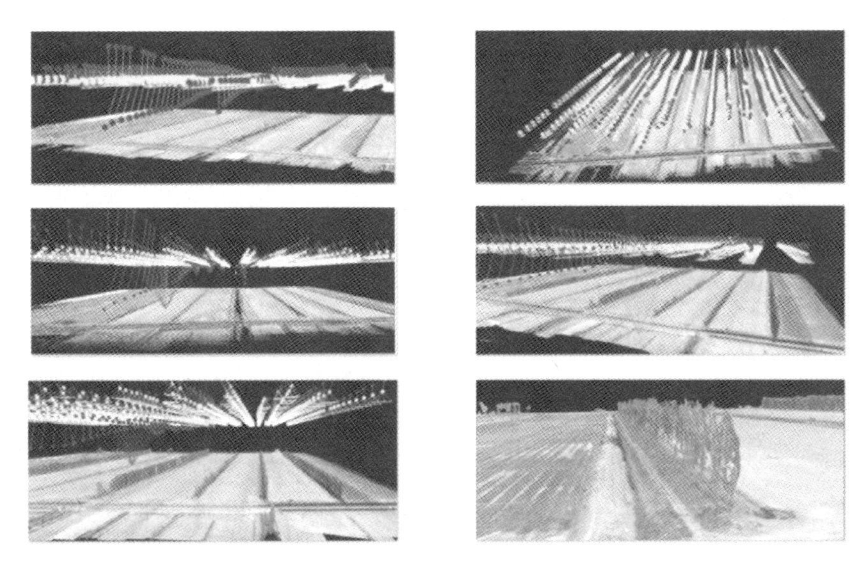

图 4-98　农田三维地理环境重构过程及结果

4.5.7　油动单旋翼植保无人机发动机耐磨延寿技术

通过在油动单旋翼植保无人机发动机关键零部件表面制备类金刚石（Diamond-Like Carbon，DLC）薄膜，可有效提高其表面耐磨、减摩与耐蚀性能。因为 DLC 薄膜具备高硬度、低摩擦系数等特性（Baranov A M 等，2000），所以，对活塞环等零部件镀膜后可降低发动机缸体与活塞环的摩擦损耗，并且起到一定的润滑作用，这能提升植保无人机的使用寿命、工作效率和有效载荷，对节约能源和保护环境有重要意义（李振东等，2016）。DLC 薄膜同时具有构成金刚石的 sp3 键与构成石墨的 sp2 键，通常为非晶态或非晶-纳米晶复合结构（Donnet C 等，1994）。研究表明（刘康等，2019），通过元素掺杂的方式可以有效改善 DLC 薄膜的摩擦学性能环境敏感性，提高 DLC 薄膜苛刻服役工况的摩擦学行为稳定性和耐久性。这是由于在 DLC 薄膜的基础上掺杂一定元素，可以降低薄膜的内应力，提高膜基结合强度和韧性，增加了薄膜的摩擦学适应性。钨掺杂类金刚石（W-DLC）薄膜在提升整机性能的同时，在实际工作过程中还有失效及剥落的风险。薄膜剥落后会以碎片的方式形成异物，造成摩擦条件发生变化，该变化会对植保无人机摩擦体系及整机使用寿命产生何种影响，目前还没有针对性的研究。通过制备 W-DLC 薄膜和薄膜碎片，并将该碎片随机添加至摩擦体系中来模拟异物掺杂环境，通过改变摩擦载荷的大小，可以对植保无人机耐磨性及整机寿命进行研究。

1. 材料与试验

1）试验材料

选用 60Si2MnA 弹簧钢作为基体材料制备 W-DLC 薄膜，用于薄膜拉曼结构、结合力及摩擦磨损性能的测试，其尺寸为 30mm×6mm，200℃回火后硬度为 HRC60。采用（100）晶向的 Si 片作为陪片材料，用来制备钨掺杂类金刚石（W-DLC）薄膜碎片。

制备薄膜前，需要对基体材料进行粗磨、细磨、抛光等工序，将摩擦副工作面粗糙度控制在 0.4，随后与 Si 片一起经过丙酮超声波清洗、无水乙醇超声波清洗，然后将其烘干后放入干燥箱内待用。

2）涂层制备

采用矩形气体离子源匹配非平衡磁控溅射源的复合沉积系统在 60Si2MnA 弹簧钢表面制备掺杂 W 元素的 DLC 薄膜。为了增强 W-DLC 膜与基体的黏附性，所制备的薄膜共分为 3 层结构。首先，使用 99.99%的 Cr 靶和 99.999%的 N_2 进行 CrN 打底层薄膜的沉积；然后，使用 99.99%的甲烷气体进行 CrCN 过渡层的制备；最后，使用 99.99%的 W 靶材进行 W 元素掺杂的 DLC 功能薄膜层的制备。W-DLC 薄膜具体的制备步骤与工艺参数如表 4-14 所示。

表 4-14　W-DLC 薄膜的制备步骤与工艺参数

步骤	总气压/Pa	气体	气流/A	偏流/V	时间/min
等离子清洗	1.0	Ar		800	60
CrN 层	0.3	$Ar+N_2$	15	120	60
CrCN 层	0.4	CH_4+N_2	15	120	90
W-DLC 层	0.4	CH_4	10	80	150

3）薄膜剥离碎片制备

薄膜剥离碎片是在晶向的 Si 片上进行制备的，其涂层制备步骤与工艺参数与上述保持一致。将 NaOH、甲醇和水按照 1∶1∶2 的比例进行混合，形成刻蚀剂，在 80℃下与试验材料进行反应，反应方程为 $Si+2NaOH+H_2O=Na_2SiO_3+2H_2$。采用该方法可去除 Si，获得完整的 W-DLC 薄膜。随后在陶瓷皿中将其破碎，获取不规则形状的剥离碎片备用。

4）试验步骤

（1）采用 S-4800 冷场发射扫描电子显微镜（SEM）对 W-DLC 薄膜的表面微观形貌及膜层厚度进行观察。

（2）采用 LabRAM HR Evolution 型高分辨拉曼光谱仪用于 W-DLC 薄膜微观结构的表征，其基本参数如表 4-15 所示。

表 4-15　拉曼光谱仪测试参数

	激光器波长/nm	束斑直径/μm	功率/（μw/cm^2）	扫描时间/s	累加次数
测试参数	532	1.25	150	60	1

（3）按照 ASTM C 1624—2005《用定量单点划痕测试法测定陶瓷涂层附着强度和机械故障种类的试验方法》，选用 MFT-4000 型多功能材料表面性能试验仪，在加载速度为 100N/min、终止载荷为 100N、划痕长度为 5mm 的试验条件下进行膜基结合力的测定。

（4）室温（25℃）下，在摩擦试验开始前，在盘式样表面滴 3～5 滴润滑油，建立边界润滑的试验条件。分别在 2N、5N、10N 的载荷条件下，选用ϕ4mm 的 GCr15 球与 W-DLC

薄膜进行对磨，其中一组加入 0.005g 的异物作为对照。采用 MS-T 3000 型摩擦磨损试验仪对薄膜的摩擦学性能进行测试，设定摩擦线速度为 0.2m/s，行程为 1000m。一定时间后，采用三维表面轮廓仪对磨痕形貌、磨痕长度和磨痕宽度进行测量。

2. 结果与分析

1）涂层的微观形貌与组织结构

W-DLC 薄膜的表面形貌与断面形貌如图 4-99 所示。图 4-99（a）所示为薄膜的表面形貌，可见其表面类似紧密排布的“细胞”结构，且大小不一。其中大“包”的直径达 5μm，小“包”的直径仅有 0.2μm，不同“包”之间有明显的纹路和微孔。图 4-99（b）所示为薄膜的断面形貌，可明显看出 3 层结构，底层为厚度约 0.6μm 的致密 CrN 层，中间为厚度约 2μm 的柱状 CrCN 层，最顶层为厚度约 1.5μm 的无定型态掺杂 W 的 DLC 层。

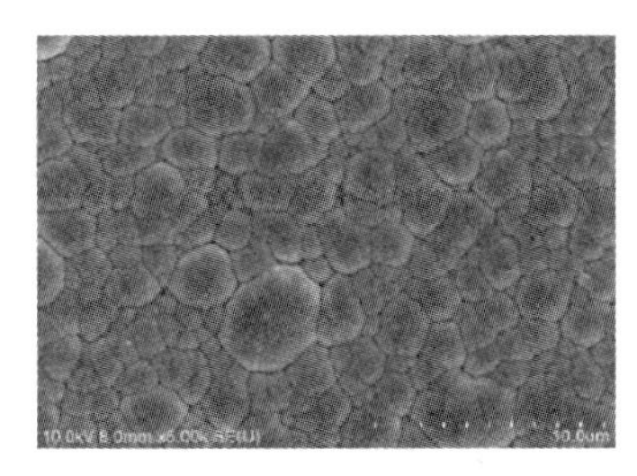

(a) 表面形貌　　(b) 断面形貌

图 4-99　W-DLC 薄膜的表面形貌与断面形貌

通过 Si 片制备的钨掺杂类金刚石（W-DLC）薄膜碎片如图 4-100 所示。图 4-100（a）、（b）分别为不同尺度下薄膜碎片的微观结构。可见该薄膜碎片分布不均匀、形状不规则、大小不等。其中最大的碎片可达 15μm，最小的碎片仅有 0.1μm。采用 EDS 分析薄膜碎片可知，其组成元素有 C、W、Cr、N，并不含 Si，与薄膜的化学成分一致。

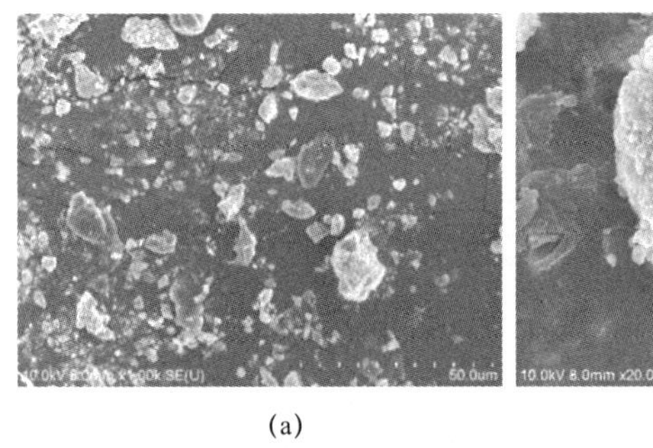

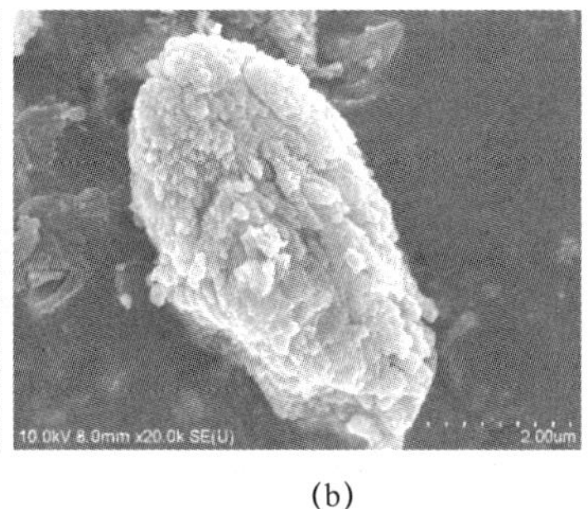

(a)　　(b)

图 4-100　薄膜剥离碎片的形貌

W-DLC 薄膜及薄膜剥离碎片的拉曼光谱如图 4-101 所示。图 4-101（a）中拉曼峰的位置出现在 $1000cm^{-1}$～$1700cm^{-1}$。利用洛伦兹和高斯函数可以将该宽峰分解为两个峰，分别是位于 $1354cm^{-1}$ 处的 D 峰和 $1556cm^{-1}$ 处的 G 峰，相应的 ID/IG 的比值为 1.54。图 4-101（b）中拉曼光谱特征与图 4-101（a）比较类似。将该图谱分解后，测得其 D 峰和 G 峰的峰位分别位于 1367cm^{-1} 和 1553cm^{-1} 处，相应的 ID/IG 的比值为 1.49。可见，基体材料及 Si 片上制备的 W-DLC 薄膜的拉曼结构基本一致。其中，D 峰和 G 峰分别是 sp3 键和 sp2 键的象征，比值越小，代表 sp3 键的含量越高。由 ID/IG 的比值可知本试验中所制备的薄膜含有较多的 sp3。

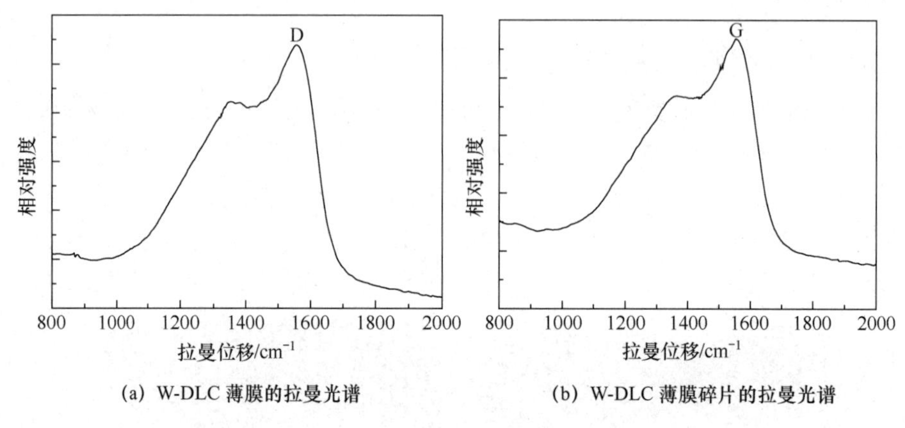

(a) W-DLC 薄膜的拉曼光谱　　(b) W-DLC 薄膜碎片的拉曼光谱

图 4-101　W-DLC 薄膜及薄膜剥离碎片的拉曼光谱

薄膜与基体的结合强度、硬度和弹性模量是衡量涂层质量的重要指标。W-DLC 薄膜的划痕形貌如图 4-102 所示。在整个划痕形貌上均未出现薄膜大块的层片状剥落，仅在划痕形貌的中后端有微小剥落。文中采用划痕法来进行膜基结合力的测量，结果表明本试验中薄膜的临界载荷为 62N。

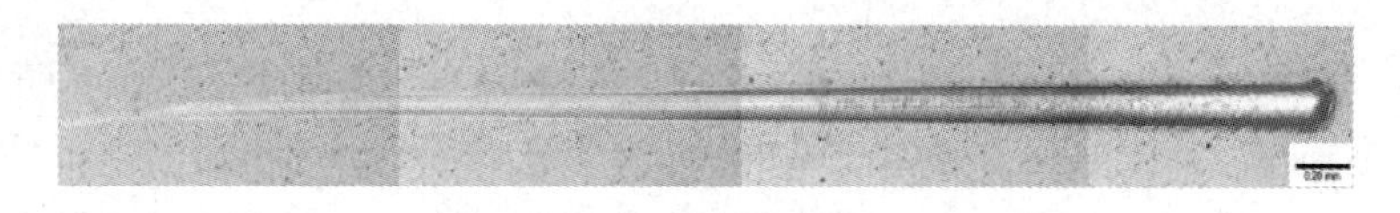

图 4-102　W-DLC 薄膜的划痕形貌

2）载荷及异物对摩擦系数的影响

在边界润滑条件下样品的摩擦系数分别如图 4-103（a）、（b）所示。图 4-103（b）是加入了 0.005g 薄膜碎片的对照样品。曲线分别为 2N、5N、10N 摩擦载荷条件下的摩擦曲线。可以看出，当载荷增加时，摩擦体系的平均摩擦系数呈降低趋势。在边界润滑条件下，载荷对摩擦系数的影响主要取决于摩擦界面的摩擦化学反应（Podgornik B 等，2005），由于薄膜中含有 W 元素，会与 S 产生化学反应生成一层 WS_2 转移膜，当载荷增加时，摩擦加剧导致接触面温度升高，会加速摩擦界面的化学反应，因为 WS_2 转移膜具有润滑性能，所以，增大载荷时会使摩擦系数降低。此外，可观察到载荷增加时摩擦因数波动范围及频率均减小，当载荷增至 5N 以上时，摩擦系数曲线整体较为平坦。

经计算可得不同载荷条件下的平均摩擦系数如表 4-16 所示。在 2N、5N、10N 载荷条件下，加入薄膜碎片后，平均摩擦系数分别提高了 2.74%、4.07%、13.00%。通过对比 1000m 行程的摩擦曲线可知，在添加薄膜碎片后，摩擦系数曲线存在轻微的高低起伏且整体呈锯齿状，其平坦程度遭到破坏。在不同载荷条件下，摩擦行程达到 700m 后，摩擦系数曲线有明显的上升趋势，但是到 800m 后，摩擦因数又趋于一致。分析认为，这是因为不规则的薄膜碎片硬度与 W-DLC 硬度相近，经过 800m 摩擦试验后不规则的薄膜碎片在尺寸上趋于一致，薄膜碎片增加了 W-DLC 薄膜的表面粗糙度，并对边界润滑条件下摩擦界面间化学反应产生的转移膜产生了一定程度的破坏，形成了磨粒磨损机制，改变了摩擦体系的摩擦情况。

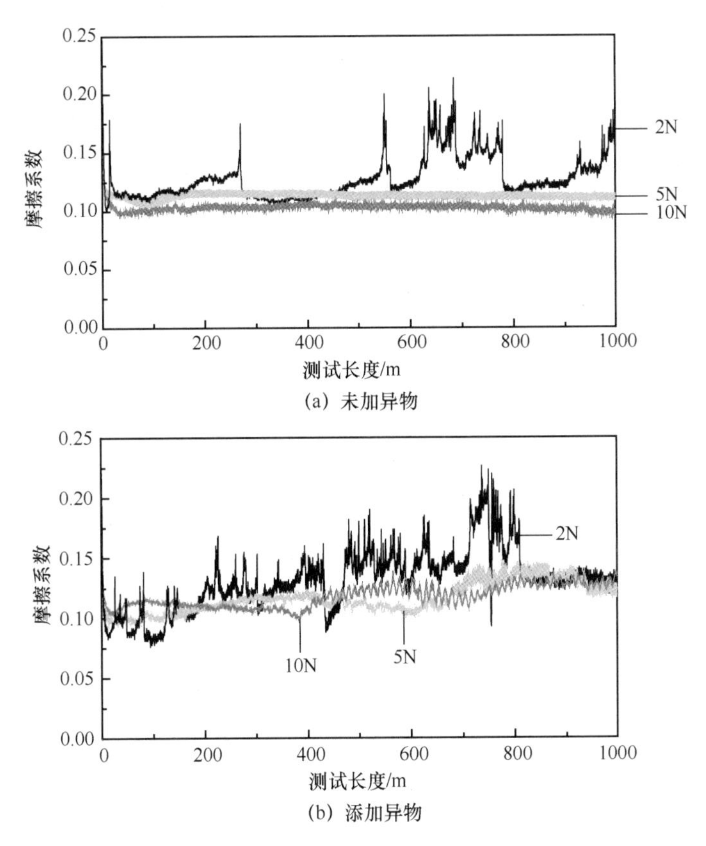

图 4-103　边界润滑条件下样品的摩擦系数

表 4-16　平均摩擦系数

载荷/N	常规 W-DLC 薄膜平均摩擦系数	含薄膜碎片 W-DLC 薄膜平均摩擦系数
2	0.1277	0.1312
5	0.1131	0.1177
10	0.1031	0.1165

3）载荷及异物对磨损性能的影响

在边界润滑条件下，未添加薄膜碎片时和添加薄膜碎片后，W-DLC 薄膜及对磨钢球的磨痕三维形貌分别如图 4-104 和图 4-105 所示。由图 4-104 可得，2N、5N、10N 载荷条件下 W-DLC 薄膜的磨痕宽度分别为 160μm、210μm、260μm，其对磨钢球的磨斑直径分别为 550μm、600μm、680μm。在添加薄膜碎片后，W-DLC 薄膜的磨痕宽度分别为 350μm、

390μm、500μm，对磨钢球的磨斑直径分别为 600μm、630μm、700μm。对照未添加薄膜碎片的数据可得，W-DLC 的磨痕宽度分别增加了 118.8%、85.7%、92.3%，对磨钢球的磨斑直径分别增加了 9.1%、5.0%和 2.9%。可见，添加薄膜碎片后，对 W-DLC 薄膜的磨损性能影响较大。此外，载荷增加时，W-DLC 薄膜表面的磨痕宽度及对磨钢球的磨斑直径均呈增大趋势，并且 W-DLC 薄膜磨痕表面个别位置出现明显犁沟。

		2N	5N	10N
未添加薄膜碎片	W-DLC 薄膜	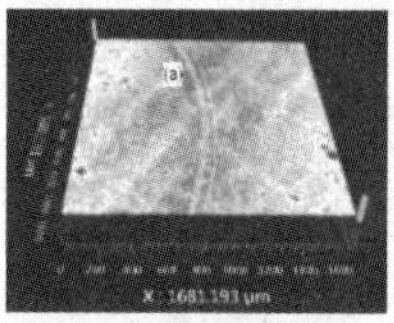	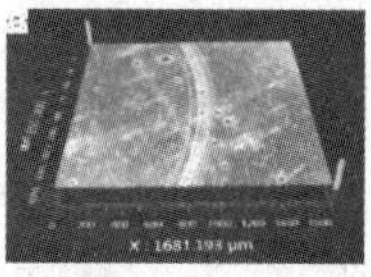	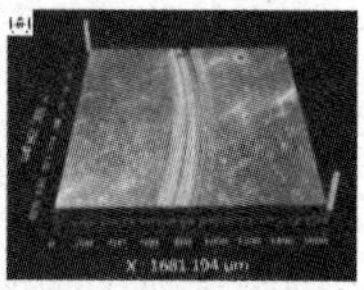
	磨钢球			

图 4-104　未添加薄膜碎片时 W-DLC 薄膜及对磨钢球的磨痕三维形貌

		2N	5N	10N
添加薄膜碎片	W-DLC 薄膜	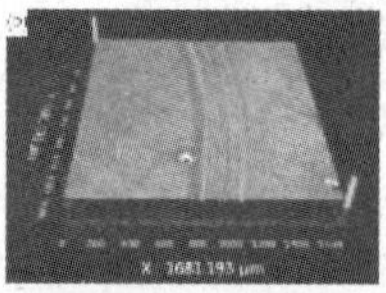		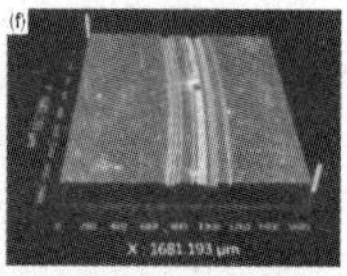
	磨钢球		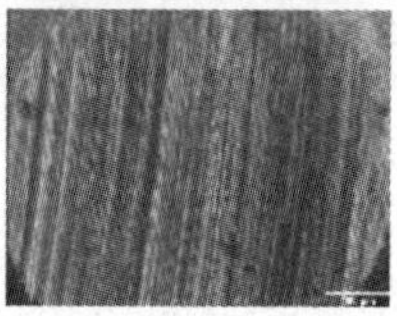	

图 4-105　添加薄膜碎片后 W-DLC 薄膜及对磨钢球的磨痕三维形貌

W-DLC 薄膜二维轮廓图如图 4-106 所示。其中，图 4-106（a）、（c）、（e）为未添加薄膜碎片时的磨痕宽度深度图，其深度分别为 0.092μm、0.119μm 和 0.288μm。图 4-106（b）、（d）、（f）为添加薄膜碎片后，其深度分别增大至 0.898μm、0.944μm 和 0.933μm，分别增加了 876.1%、693.3%、224.0%。在数值上比添加薄膜碎片前的深度高了近一个数量级。

综合分析载荷及薄膜碎片对磨痕宽度和磨痕深度的影响可知：当载荷增加时，无论是否添加薄膜碎片，磨痕宽度和深度均增加。但在相同载荷条件下，添加薄膜碎片后磨痕宽度和深度均增大，且其增大的数值明显高于增加载荷时的增长值。由此可见，在载荷和薄膜碎片耦合作用下，薄膜碎片对摩擦体系磨损性能的影响权重较高。分析认为，磨损试验后 W-DLC 薄膜表面呈现典型的犁沟特征，且整个划痕形貌上均未出现薄膜大块的层片状剥落，属于典型的磨粒磨损。正常情况下，因为 GCr15 钢球硬度低于 W-DLC 薄膜，所以，在磨损过程中逐步产生磨屑，即在摩擦开始的阶段磨损是黏着磨损，当表面积累了磨屑之后才引起磨粒磨损。对添加薄膜碎片的摩擦体系来说，从摩擦一开始就一直受到磨粒磨损机制的控制，这种差异导致添加异物的摩擦体系的磨损更严重。此外，是否添加薄膜碎片引起磨粒磨损的原因也有差异，未添加薄膜碎片的磨粒磨损是因为产生的磨屑在氧化作用下转变为细微的硬质颗粒，散布在摩擦接触面上引起的；添加薄膜碎片的磨粒磨损是由异物本身引起的。但不论是磨屑还是异物，都会在摩擦载荷的作用下，被压入摩擦表面，滑动时的摩擦力通过犁沟作用使摩擦物的摩擦表面产生塑性变形，从而形成槽状磨痕。

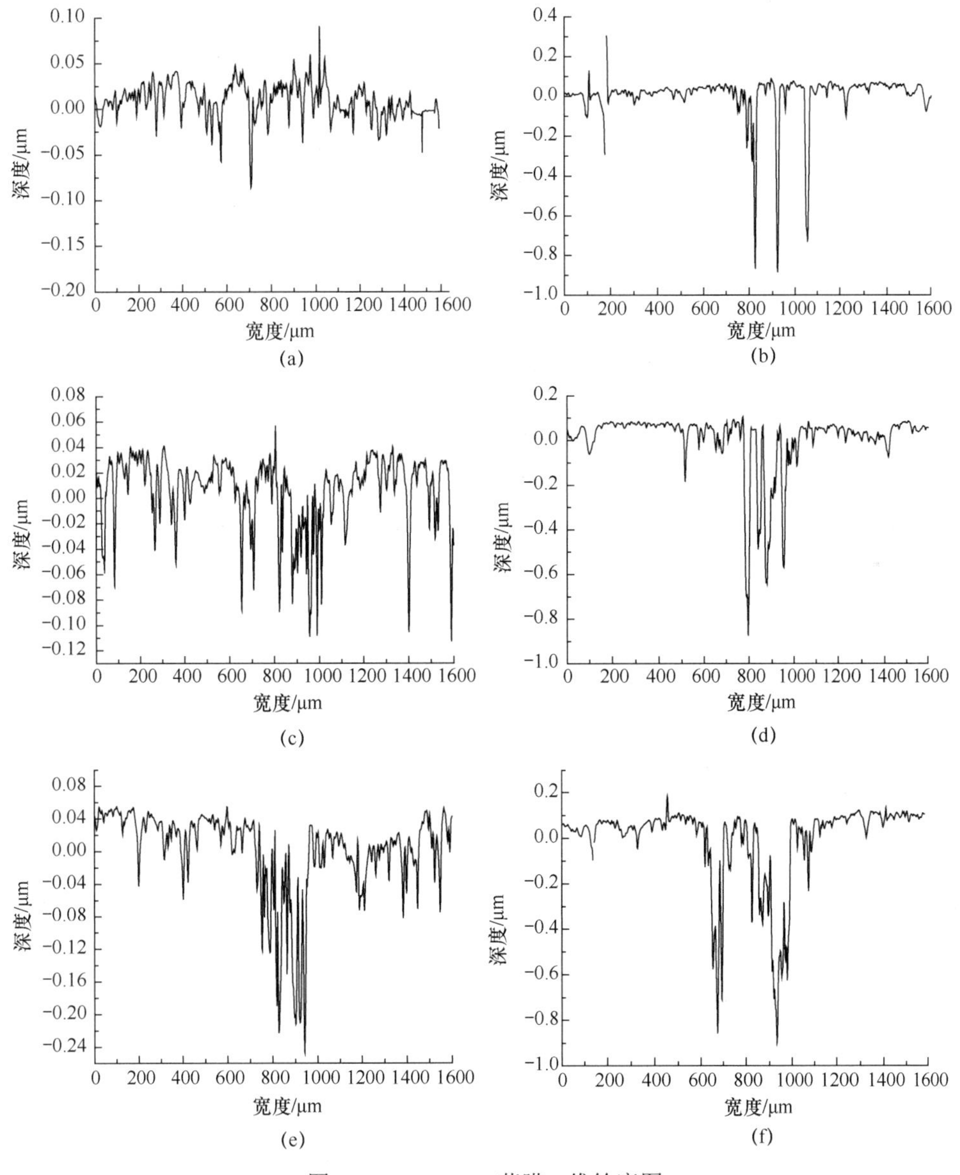

图 4-106　W-DLC 薄膜二维轮廓图

载荷及薄膜碎片会对活塞环表面 W-DLC 薄膜的摩擦磨损性能产生不良影响，该摩擦体系受磨粒磨损机制的控制，在两者耦合作用下，薄膜碎片对摩擦体系的影响权重更高。在 2N、5N、10N 载荷条件下，添加薄膜碎片后，平均摩擦系数分别提高了 2.74%、4.07%、13.00%。在添加薄膜碎片后摩擦系数曲线存在轻微的高低起伏且整体呈锯齿状，其平坦程度遭到破坏。添加薄膜碎片后，W-DLC 薄膜的磨痕宽度分别增加了 118.8%、85.7%、92.3%，磨痕深度分别增加了 876.1%、693.3%、224.0%。对摩擦体系中薄膜摩擦磨损性能的影响规律进行研究，有助于植保无人飞机发动机关键零部件表面 W-DLC 薄膜涂层的应用，对农机使用过程中提升耐磨性、延长寿命有重要的理论指导意义。

参考文献

[1] 司军锋, 张玥, 周鹏, 等. 植保机械变量喷药控制系统研究进展[J]. 农业机械, 2015(3): 89-93.

[2] 姜红花, 王鹏飞, 张昭, 等. 基于卷积网络和哈希码的玉米田间杂草快速识别方法[J]. 农业机械学报, 2018(11): 1-13.

[3] 常相铖. 压力式变量喷雾控制系统设计试验研究[D]. 黑龙江: 黑龙江八一农垦大学, 2014.

[4] 刘慧, 夏伟, 沈跃, 等. 基于实时传感器的精密变量喷雾发展概况[J]. 中国农机化学报, 2016, 37(3): 238-244, 260.

[5] 刘伟. 基于 PWM 的背负式喷雾器变量喷雾控制系统研究[D]. 南京: 南京农业大学, 2012.

[6] 王利霞. 基于处方图的变量喷药系统研究[D]. 长春: 吉林大学, 2010.

[7] 尹东富, 陈树人, 裴文超, 等. 基于处方图的室内变量喷药除草系统设计[J]. 农业工程学报, 2011, 27(4): 131-135.

[8] 束义平. 基于激光雷达探测技术的果园变量喷雾控制系统研究[D]. 南京: 南京林业大学, 2018.

[9] 邱白晶, 李会芳, 吴春笃, 等. 变量喷雾装备及关键技术的探讨[J]. 江苏大学学报（自然科学版）, 2004(2): 97-101.

[10] 邱白晶, 闫润, 马靖, 等. 变量喷雾技术研究进展分析[J]. 农业机械学报, 2015, 46(3): 59-72.

[11] 刘曙光. 压力式可变量喷雾技术的研究[J]. 农机化研究, 2006(7): 146-147.

[12] 张利君. 基于动态 PWM 变量喷雾系统的雾量分布均匀性研究[D]. 杭州: 浙江大学, 2017.

[13] 邓巍, 丁为民. 基于 PWM 技术的连续式变量喷雾装置设计与特性分析[J]. 农业机械学报, 2008, (6): 77-80.

[14] 邓巍. 喷雾图像处理及脉宽调制（PWM）变量喷雾的雾化特性研究[D]. 南京: 南京农业大学, 2007.

[15] 张伟. 脉宽调制型可变量喷雾技术的研究[D]. 镇江: 江苏大学, 2006.

[16] 余昭南, 胡军, 初鑫, 等. 变量喷雾系统的喷雾控制方式研究现状及展望[J]. 中国农机化学报, 2019, 40(9): 72-79.

[17] 张佳琛, 邓巍, 张燕. 恒压变量喷雾技术研究现状[J]. 农机化研究, 2015, 37(2): 257-260.

[18] 吴吉麟. 变量喷雾装置喷雾特性及其控制系统的研究[D]. 上海: 上海交通大学, 2012.

[19] 袁炜锋. 多功能变量喷雾机喷雾控制系统研究[D]. 上海: 上海交通大学, 2010.

[20] 吴伟涛. 多旋翼农业植保机的设计[J]. 安徽农业科学, 2020, 48(4): 210-211+216.
[21] 袁捷. 基于 μC/OS-Ⅱ平台多传感器融合的导航姿态参考系统研究[D]. 杭州: 浙江大学, 2006.
[22] 何勇, 岑海燕, 何立文, 等. 农用无人机技术及其应用[D]. 北京: 科学出版社, 2018.
[23] 王东. 山地果园植保无人机自适应导航关键技术研究[D]. 陕西: 西北农林科技大学, 2019.
[24] 吴友谦. 无人机最优自主起降轨迹规划设计与实现[D]. 广东: 华南理工大学, 2011.
[25] 林庆峰, 谌利, 奚海蛟, 等. 多旋翼无人飞行器嵌入式飞控开发指南[M]. 北京: 清华大学出版社, 2017.
[26] 方洋旺, 欧阳楚月, 符文星, 等. 无人机编队避障与控制技术研究现状及发展趋势[J]. 无人系统技术, 2019, 2(2): 32-38.
[27] 张锋, 周生, 张金, 等. 基于优化向量场直方图法的机器人避障方法[J]. 四川兵工学报, 2013, 34(10): 102-104.
[28] 孙学超. 基于毫米波雷达的植保无人机仿地飞行技术研究[D]. 杭州: 杭州电子科技大学, 2018.
[29] 翟志强, 杜岳峰, 朱忠祥, 等. 基于 Rank 变换的农田场景三维重建方法[J]. 农业工程学报, 2015, 31(20): 157-164.
[30] 贾卫东, 张磊江, 燕明德, 等. 喷杆喷雾机研究现状及发展趋势[J]. 中国农机化学报, 2013, 34(4): 19-22.
[31] 窦玲静, 方宪法, 杨学军, 等. 自走式喷雾机转向技术应用与发展动态分析[J]. 农机化研究, 2013(3): 1-6.
[32] 林立恒, 候加林, 吴彦强, 等. 高地隙喷杆喷雾机研究和发展趋势[J]. 中国农机化学报, 2017, 38(2): 38-42.
[33] 陈雨. 高地隙喷雾机独立式立轴空气悬架设计方法与特性研究[D]. 北京: 中国农业大学, 2017.
[34] 陈随英. 高地隙自走式喷雾机全工况滑转率控制方法研究[D]. 北京: 中国农业大学, 2017.
[35] 丁力. 高地隙喷雾机行走液压驱动系统的设计研究[D]. 新疆: 石河子大学, 2016.
[36] 董祥, 张铁, 王俊, 等. 自走式喷雾机底盘静液压驱动系统设计与试验[J]. 农业工程, 2017, 7(5): 104-108.
[37] 付拓. 水田自走式喷雾机驱动防滑控制技术研究[D]. 北京: 中国农业机械化科学研究院, 2018.
[38] 张铁, 杨学军, 严荷荣, 等. 超高地隙喷杆喷雾机风幕式防漂移技术研究[J]. 农业机械学报, 2012, 43(12): 77-86.
[39] 周良富, 张玲, 薛新宇, 等. 农药静电喷雾技术研究进展及应用现状分析[J]. 农业工程学报, 2018, 34(18): 1-11.
[40] 曾杨, 伍志军, 李艺凡, 等. 植保静电喷覆技术研究进展[J]. 中国农业科技导报, 2020, 22(1): 52-58.
[41] 茹煜, 郑加强, 周宏平. 风送式静电喷雾技术防治林木病虫害研究与展望[J]. 世界林业研究, 2005, 18(3): 38-42.
[42] 王震涛, 牛浩, 唐玉荣, 等. 果园喷雾机械及技术的研究现状[J]. 塔里木大学学报, 2019, 31(3): 83-91.
[43] 杨鹏. 郁闭型果园遥控弥雾机的研制与试验[D]. 咸阳: 西北农林科技大学, 2016.
[44] 卢营蓬, 易文裕, 庹洪章, 等. 果园喷雾机械现状及发展趋势[J]. 中国农机化学报, 2018, 39(1): 36-41.
[45] 庄腾飞, 杨学军, 董祥, 等. 大型自走式喷雾机喷杆研究现状及发展趋势分析[J]. 农业机械学报, 2018, 49(S1): 196-205.
[46] 宋淑然, 李琨, 孙道宗, 等. 山地果园植保技术与装备研究进展[J]. 现代农业装备, 2019, 40(5): 2-9.
[47] 周良墉. 各具特色的新型喷雾机[J]. 农业机械化与电气化, 2002(4): 39.

[48] 牛萌萌, 段洁利, 方会敏, 等. 果园施药技术研究进展[J]. 果树学报, 2019, 36(1): 103-110.

[49] 李昕昊, 王鹏飞, 李建平, 等. 果园风送喷雾机风送系统研究现状与发展趋势[J]. 现代农业科技, 2020(04): 152-153, 158.

[50] 翟长远, 赵春江, Ning Wang, 等. 果园风送喷雾精准控制方法研究进展[J]. 农业工程学报, 2018, 34(10): 1-15.

[51] 曹龙龙. 三种典型果园风送式喷雾机雾滴沉积特性与风送系统的优化试验研究[D]. 山东: 山东农业大学, 2014.

[52] 丁天航, 曹曙明, 薛新宇, 等. 风送式果园喷雾机发展现状及趋势[J]. 中国农机化学报, 2016, 37(10): 221-226.

[53] 张波, 翟长远, 李瀚哲, 等. 精准施药技术与装备发展现状分析[J]. 农机化研究, 2016, 38(4): 1-5, 28.

[54] 金鑫, 董祥, 杨学军, 等. 3WGZ-500 型喷雾机对靶喷雾系统设计与试验[J]. 农业机械学报, 2016, 47(7): 21-27.

[55] 董祥, 张铁, 燕明德, 等. 3WPZ-4 型风送式葡萄喷雾机设计与试验[J]. 农业机械学报, 2018, 49(S1): 205-213.

[56] 郝朝会, 杨学军, 刘立晶, 等. 果园多功能动力底盘设计与试验[J]. 农业机械学报, 2018, 49(12): 66-73, 92.

[57] BARANOV A M, VARFOLOMEEV A E, NEFEDOV A A, et al. Development of DLC film technology for electronic application[J]. Diamond and Related Materials, 2000, 9(3-6): 649-653.

[58] 李振东, 詹华, 王亦奇, 等. 干摩擦条件下基体粗糙度对 Cr-DLC 薄膜摩擦磨损性能的影响[J]. 摩擦学学报, 2016, 36(6): 741-748.

[59] DONNET C, BELIN M, J. C. AUGÉ, et al. Tribochemistry of diamond-like carbon coatings in various environments[J]. surface & coatings technology, 1994, 68-69(none): 626-631.

[60] 刘康, 康嘉杰, 岳文, 等. 金属掺杂 DLC 薄膜与润滑油添加剂协同作用的研究现状[J]. 材料导报, 2019, 33(19): 3251-3256.

[61] PODGORNIK B, HREN D, VIZINTIN J. Low-friction behaviour of boundary-lubricated diamond-like carbon coatings containing tungsten [J]. Thin Solid Films, 2005, 476: 92-100.

第 5 章　收获机械智能化技术

收获机械化是农业机械化的关键环节之一，实现了及时收获，减少了粮食损失，达到丰产丰收，显著提高了劳动效率。收获机械是农业机械装备中复杂程度最高的机器，对自动化、智能化操作的需求也最为迫切。基于智能化技术的联合收割机已经成为收获机械发展的必然方向。采用信息技术、传感技术、智能决策与控制等先进技术，大力提升收获机械的智能化水平，对于提高我国农业装备水平、促进产业转型升级具有重要意义。

5.1　谷物联合收割机工况智能测控技术

联合收割机机电一体化发展迅速，紧跟电子信息科技的进步，监控系统趋向智能化，由单元控制发展到分布式控制，由单机作业系统向与管理决策系统集成的方向发展。例如，发动机作为联合收割机的动力源，运行状态的好坏直接影响整机的工作效率。在工作过程中，发动机的转速、输出轴扭矩、瞬时油耗及累计油耗可以实时反映联合收割机的动力状态，输出功率、瞬时油耗的大小直接关系到联合收割机脱粒性能的好坏，可根据这些参数判断机器是否发生故障。联合收割机工况智能测控技术有利于提升收获机械的性能和稳定性。

5.1.1　联合收割机监测系统需求

随着联合收割机日益向大型化发展，仅凭驾驶员的听觉和视觉去识别联合收割机的工作情况、靠手动调整作业质量已变得越来越困难。在收割过程中，各运动部件极易发生故障，尤其是脱粒滚筒，它是联合收割机的关键部件，在很大程度上决定了机器的工作质量和生产效率，因此，迫切需要一套联合收割机实时监测系统，监测联合收割机的工作情况，从而减少收割机故障的发生，提高作业质量和工作效率，提高我国联合收割机的装备制造水平，缩小与发达国家的差距，提升我国收获机械的产品竞争力。

联合收割机监测系统的主要性能要求有如下几个：

（1）实用性广。可在不同机型的联合收割机上应用，不局限于某种机型上的应用，能够达到监测系统的广泛应用。

（2）可靠性好。在田间恶劣的环境中，能够有效地监测联合收割机工作过程中各个关键部件的工作参数。

（3）智能化。对工作过程中联合收割机的关键参数采集后，对监测到的特征信号在时域、频域、赋值域以及倒频域等各个方面进行全面分析，以便从特征信号中提取各种征兆，对机器进行综合判断。

（4）人性化。在驾驶室内采用可视化界面设计与声光报警。

5.1.2 影响联合收割机工作性能的主要因素

联合收割机各关键部件性能的优劣直接影响整机的工作质量。影响联合收割机工作性能的因素主要包括脱粒滚筒的转速和扭矩、凹板间隙、机器行走速度、喂入量等可以人为控制的因素，以及作物生长状况、草谷比、湿度、品种与现场环境等不可控的影响因素。

1. 脱粒滚筒功耗

实践研究表明，脱粒滚筒装置功耗主要包括脱粒滚筒的转速和扭矩，其他部件所需功率则变化不大。脱粒滚筒装置所需功率占机器总功率的 30%～40%，且和机器的喂入量成正比，其瞬时最大值相当于平均功率的两倍。

脱粒滚筒在工作过程中功率的变化对脱粒质量的好坏有很大的影响，是评判脱粒质量好坏的重要参数之一，其中转速的大小反映了对谷物冲击、揉搓和梳刷作用的强弱。图 5-1 所示为谷物茎秆长度和滚筒转速 n 与分离率之间的关系（$n_0<n_1<n_2<n_3$），可以看出，当滚筒转速高时，茎秆长度对谷粒分离率影响比低速时小。

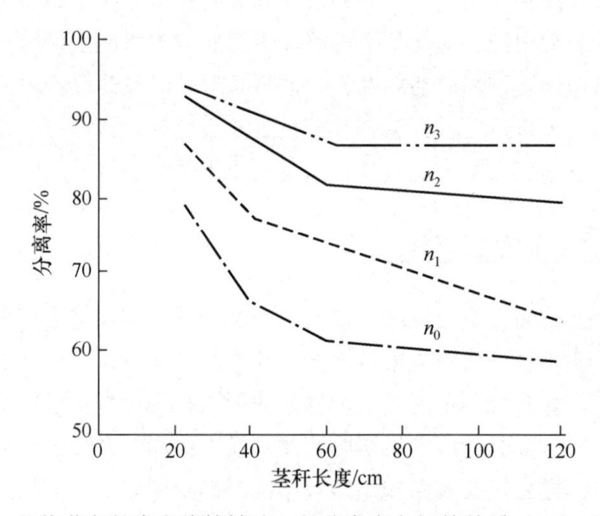

图 5-1 谷物茎秆长度和滚筒转速 n 与分离率之间的关系（$n_0<n_1<n_2<n_3$）

当滚筒转速增加时，滚筒上的纹杆打击力增大，纹杆和凹板格条相遇的频率增加，使作物流强迫振动和自激振动的频率和振幅增加，从而促使谷粒分离。但如果转速过大，揉搓和梳刷作用很强，脱落率高，会使秸秆破碎加重，清选负荷增大，影响籽粒清洁度。

脱粒时的工作阻力与很多因素有关，这些因素往往是突然变化的，包括脱粒作物的类别、湿度、茎秆的长度、凹板间隙、滚筒长度、喂入量、喂入的均匀性和速度、喂入方式和方向。此外，还与凹板和纹杆的设计有关，这些因素都影响滚筒扭矩的大小。其中，脱粒过程中影响扭矩大小的因素有滚筒中谷物产生加速度、谷物在滚筒和凹板之间相互摩擦、谷物在空隙内移动挤压。茎秆长度减少时不仅能改善分离性能，同时谷物的变形阻力也将较少，因此，滚筒消耗的功率和滚筒轴扭矩也降低，谷物茎秆长度和滚筒转速 n 与滚筒平均扭矩之间的关系（$n_0<n_1<n_2<n_3$）如图 5-2 所示。茎秆长度减小时滚筒转速越低，驱动力矩下降越快。

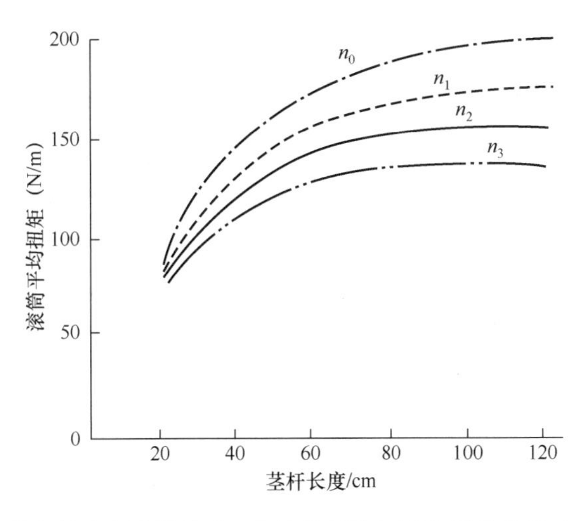

图 5-2　谷物茎秆长度和滚筒转速 n 与滚筒平均扭矩之间的关系（$n_0<n_1<n_2<n_3$）

图 5-3 所示为滚筒功率消耗与凹板间隙、喂入量、滚筒转速和茎秆长度的关系。从中可以看出：滚筒功率的大小随凹板间隙的增大而减小，随喂入量增大、滚筒转速增大及茎秆长度增大而增大，这是由于当凹板间隙增大时，谷物在滚筒和凹板之间的摩擦及挤压力减小，从而使功率消耗减小；而在喂入量增大、滚筒转速增大及茎秆长度增大的情况下，转速越大越能使揉搓和梳刷的作用增强，喂入量增加及茎秆长度增大，则使谷物在滚筒和凹板之间的摩擦及挤压力增大，从而使功率消耗增加。

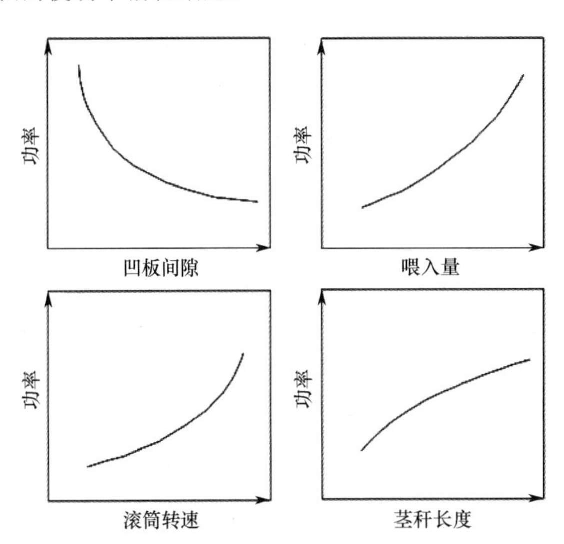

图 5-3　滚筒功率消耗与几个主要因素的关系

2. 喂入量大小

联合收割机是一种多输入和输出变量的复杂动态系统。喂入量是指单位时间内喂入脱离滚筒的物料质量，单位是 kg/s。随着收割速度、割茬高度和作业幅宽的变化，喂入量也实时发生变化，为了使联合收割机达到最佳的工作性能和最好的收割状态，作物喂入量的监测是必不可少的性能指标。

联合收割机在田间工作时，受前进速度、作业幅宽、留茬高度、作物品种、含水率、谷草比及谷物生长密度的影响，其喂入量是实时变化的，在收获过程中驾驶员凭经验和感觉，不断改变机器前进的速度、留茬高度及作业幅宽等可控因素，使联合收割机工作在最佳喂入量状态下。如果喂入量未达到最佳状态，则会降低联合收割机的效率；如果喂入量过大，则会造成联合收割机负荷过大，脱粒滚筒发生堵塞的风险增大，严重的情况下会造成机器的故障。

图 5-4 所示为在固定的滚筒转速及滚筒直径为 830mm 的情况下，不同喂入量与谷物分离系数之间的关系。在固定机型的情况下，应使其保持在最佳喂入量大小的情况下作业，这样既能使机器达到最佳的效能，还能提高谷物的分离系数。

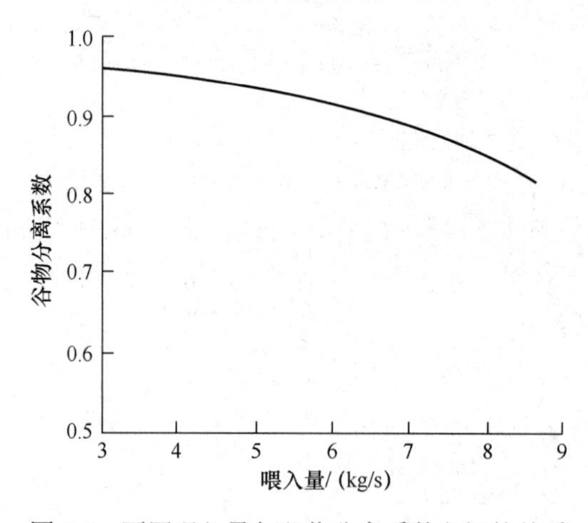

图 5-4　不同喂入量与谷物分离系数之间的关系

3. 机器前进速度

联合收割机的作业速度是随谷草比、亩产量、田面大小、平整度及作物干湿程度而定的。为了尽可能减少割台的籽粒损失，减轻驾驶员的劳动强度，延长机器的使用寿命，前进速度不宜太快。如果前进速度过快，不仅会导致漏脱，喂入量也会进一步增加，导致脱粒滚筒负荷增大，严重时会导致脱粒滚筒堵塞。

全喂入联合收割机的作业速度列线图可参照图 5-5 选择，首先由列线图横坐标选定联合收割机的喂入量，由此向上引一条垂线，与相应的作物谷草比直线相交，以交点向左画水平线，与收获地块的亩产量相应的直线相交于一点，自此点向右作水平线，与纵坐标作业速度相交，该点即收获该地块适宜的作业速度。

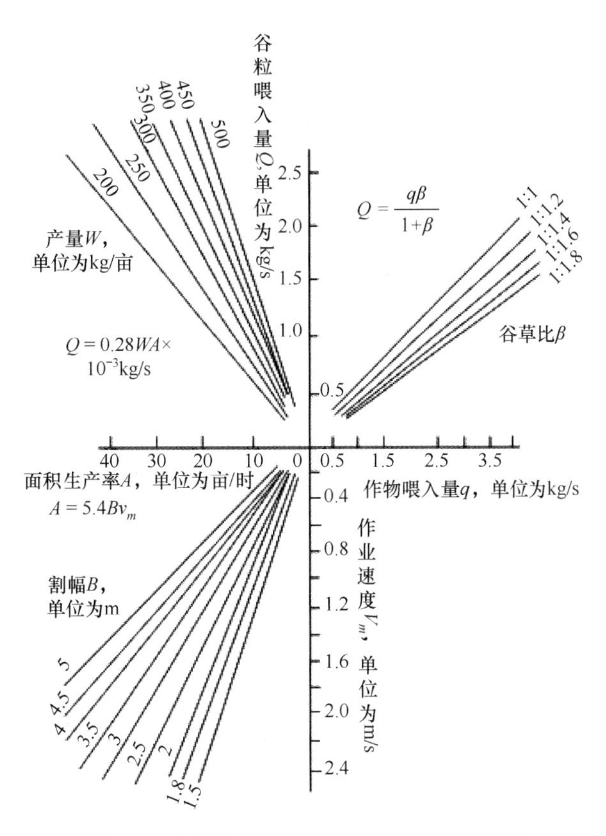

图 5-5　全喂入联合收割机作业速度列线图

5.1.3　联合收割机关键工作部件监测装置

联合收割机在田间作业时，受喂入量、谷物生长密度、驾驶员操作技术等因素的影响，拨禾轮、喂入搅笼、脱粒滚筒、杂余提升搅龙等关键工作部件发生堵塞，导致链条断裂或皮带打滑的现象时有发生，严重影响机器的性能，并且排查故障的过程，耗费大量的作业时间，影响联合收割机的作业进度和收获效率。

联合收割机在工作时的主要故障出现在关键旋转部件的堵塞，其直接表现就是旋转轴转速、扭矩和功率的变化，以及发动机耗油量的变化。

1. 关键旋转部件转速监测

目前，常用的转速监测方式主要有 3 种：开关型霍尔传感器速度监测、电磁感应式转速传感器速度监测、增量式光码盘脉冲个数速度监测。开关型霍尔传感器速度监测传感器结构简单、安装方便、价格低、输出信号稳定。旋转轴转速测量的常用方法有 M 法（即测频法）、T 法（即测周法）、M/T 法。M 法是在测速齿轮数固定和一定采样时间 T 内，测得脉冲数，从而得到脉冲信号的频率。该方法会产生±1 个信号周期的误差，低速时误差较大，适用于测量高频信号。联合收割机各关键旋转部件转速较高，适合采用开关型霍尔传感器和 M 法进行测量，主要采用欧姆龙公司生产的型号为 E2E-X5ME1-Z 的接近开关作为转速监测装置的传感器，以及内含 ECAN 模块控制器的 PIC18F2580 型单片机。Philips 公司生产的 TJA1050-CAN 高速收发器，开发了具有 CAN 总线接口的转速采集节点。

图 5-6 所示为转速信号监测模块原理框图。在通电状态下，霍尔传感器相对齿轮旋转时，每经过一个齿便会产生一个脉冲，转速信号通过光耦进行信号隔离，然后连接到微处理器的外部时钟输入接口上，对脉冲数进行某一时间段内的累积，从而得到转速值。

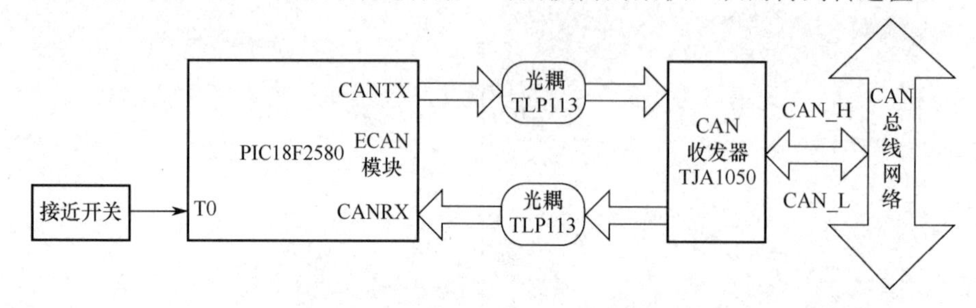

图 5-6 转速信号监测模块原理框图

联合收割机关键旋转部件转速监测装置利用磁电式霍尔传感器和测速齿轮采集转速，共采集 8 路速度信号，包括拨禾轮转速、过桥转速、风机转速、切流滚筒转速、纵轴流滚筒转速、提升搅龙转速、杂余搅龙转速和出粮搅龙转速。将测速齿轮安装在旋转轴上，霍尔元件固定于离测速齿轮 5～8mm 的固定支架上，如图 5-7 所示。

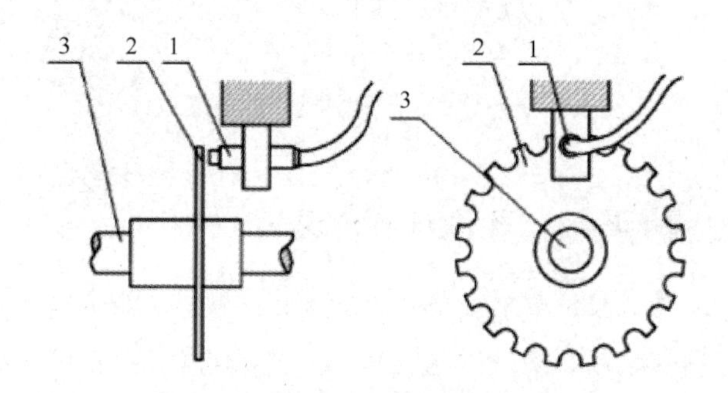

1—磁电式霍尔传感器；2—测速齿轮；3—旋转轴

图 5-7 转速监测装置示意图

转速监测装置的安装方式可以根据现场旋转轴位置的不同进行选择，如图 5-8 所示。图 5-8（a）～（e）所示为一种轴端裸露，但无齿轮的情况。这种情况需要外加一个测速齿轮，使其和霍尔传感器组成测速装置。图 5-8（f）所示为一种将测速齿轮和小型霍尔传感器内置在设计的扭矩测量装置中的情况，这种设计方式密封性好，具有防尘、防水的作用，极大地提高了使用寿命。图 5-8（g）和（h）所示为直接将霍尔传感器安装在已有的齿轮附近，借助原有的齿轮完成转速监测装置的设计，方式简单、方便。

2. 脱粒滚筒扭矩监测

国内外研究表明：联合收割机喂入量的大小首先表现在滚筒扭矩的变化上，脱粒所消耗的功率近似与喂入量成正比。因此，可以通过监测脱粒滚筒的功率，间接测量喂入量。

(a) 提升绞龙转速监测

(b) 风机转速监测

(c) 过桥转速监测

(d) 杂余绞龙转速监测

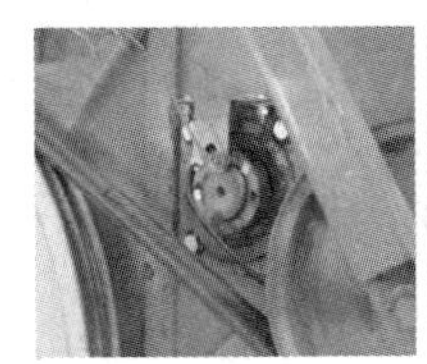
(e) 切流滚筒转速监测

(f) 纵轴流滚筒转速监测

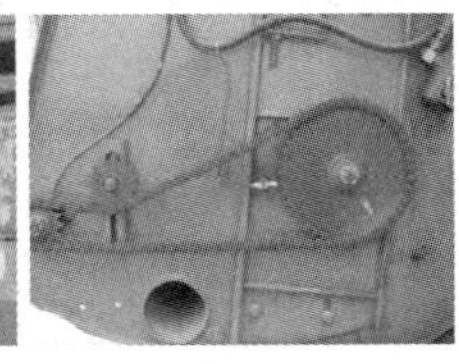
(g) 拨禾轮绞龙转速监测

(h) 出粮绞龙转速监测

图 5-8　转速监测装置的安装方式

脱粒滚筒扭矩的监测方式有 3 种：扭矩传感器、皮带张紧力、液压油压力。最简单的方式是在脱粒滚筒轴上安装应变片，并通过无线发射装置将测得的扭矩信号发送出来，由于滚筒轴结构复杂、安装不方便，电池供电只能在短期内使用，并且在旋转轴上直接粘贴无线发射装置会引起高速旋转时的动平衡问题，存在安全隐患。通过皮带张紧力间接测量脱粒滚筒扭矩的方式，由传感器测出的皮带张紧力的大小通过一定的比例关系得出滚筒扭矩。一般，传感器滑轮都安装在紧边，该检测方式不仅影响皮带的使用寿命，而且检测精度不高。液压油压力检测滚筒扭矩局限性比较大，也是间接测量滚筒扭矩的方式，将液压系统用在脱粒滚筒无级变速系统中，在脱粒滚筒无级变速液压系统中，皮带轮主动轮的动盘连接封闭油腔与皮带，对其进行受力分析。首先分析液压油压力与皮带扭矩的关系，然后进一步分析才能得到液压油压力和滚筒扭矩的关系，方法实施比较复杂，推导关系误差较大。

因此，采用扭矩传感器监测滚筒扭矩，设计并特殊定制一种扭矩测量传感器来进行脱粒滚筒扭矩的监测。特殊设计定制的应变式扭矩传感器，首先在被测弹性轴上将专用的测扭应变片用应变胶粘贴上，组成应变桥，通过特殊环形变压器的能源输入，给应变桥提供电源，即可得到弹性轴受扭的信号；然后将该信号通过信号放大器放大，经电压/频率（V/F）转换，使其受到的扭矩值与测到的频率值成正比关系；最后通过特殊环形变压器的信号输出其频率信号。其原理框图如图 5-9 所示。该扭矩传感器利用环形变压器非接触地传递能源，信号输出利用无线遥测的方法，将扭矩信号的无线传输转换为有线传输，克服了扭矩转角相位差、应变桥集流环、电池供电及无线电遥测的一系列问题，便于安装，精度高，抗干扰性强。

切纵轴流联合收割机的脱粒滚筒分为切流滚筒和纵轴流滚筒，根据其结构的不同，设计的扭矩传感器形状也不同，从而使传感器适用不同安装环境下的检测。在传感器上安装了转速监测装置，从而节约了安装空间。图 5-10 所示为纵轴流滚筒扭矩和转速监测装置结构图和实物图。图 5-11 所示为切流滚筒轴扭矩和转速监测装置结构图和实物图。

扭矩传感器输出的信号经过 V/F 转换输出的为矩形波脉冲信号，将信号通过光耦隔离引到微处理器的定时/计数引脚上，同样采用速度脉冲采集的原理进行计算。当扭矩监测传感器输出的频率信号无负载时为 10kHz，正向旋转满负荷时为 15kHz，反向旋转满负荷时为 5kHz。

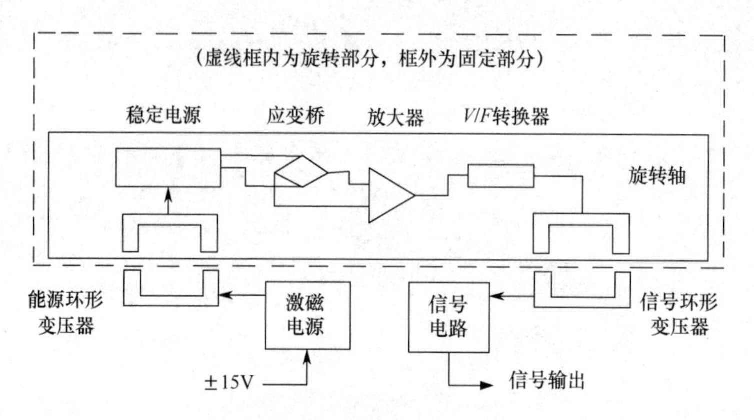

图 5-9　扭矩传感器原理框图

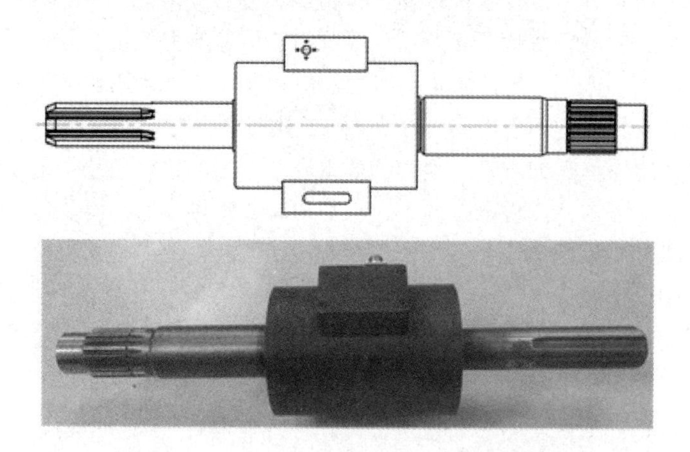

图 5-10　纵轴流滚筒扭矩和转速监测装置结构图和实物图

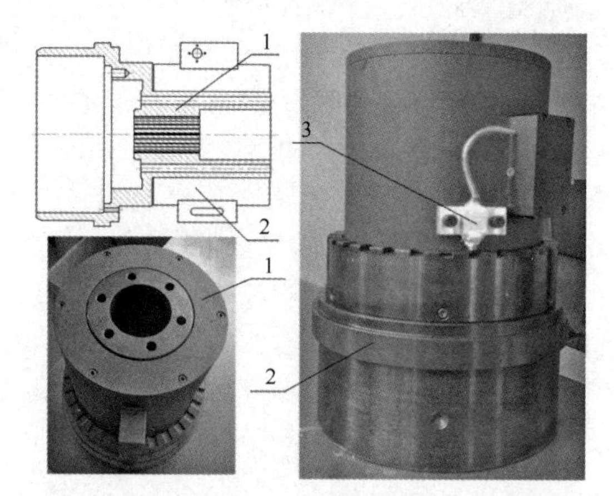

1—旋转部件；2—固定部件；3—速度检测装置（霍尔传感器）

图 5-11　切流滚筒扭矩和转速监测装置结构图和实物图

扭矩监测传感器安装方式如下：使用两组联轴器，将带扭矩信号耦合器的传感器安装在动力源和负载之间，设计的扭矩监测传感器替代联合收割机上的原有部件，从而使安装更加方便。其安装示意图如图 5-12 所示。

图 5-12　扭矩监测传感器安装示意图

滚筒扭矩监测传感器装配现场如图 5-13 所示。由于传感器的外形都是根据实际安装空间大小、安装方式来设计的，故其装配性好，便于安装。

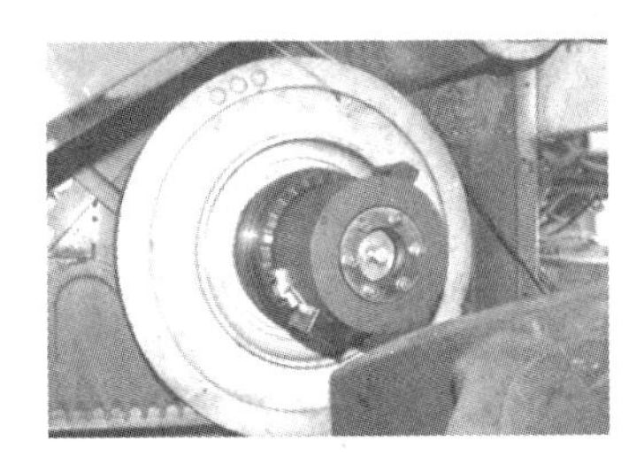

图 5-13　滚筒扭矩监测传感器装配现场

3. 割台高度监测

在行走速度和谷物密度一定的情况下，割台高度的高低直接影响喂入量的大小，也关系到联合收割机脱粒滚筒是否堵塞。

一般采用超声波传感器来直接测量割台离地面的距离，但是由于谷物收割过程中灰尘比较大，且割茬、地面不平整对超声波传感器影响较大，因此，采用间接测量方式，通过测量提升割台高度的液压缸的伸缩量来间接获取割台的高度。传感器选用直线位移传感器，也称为可变电阻（电位器）式位移传感器，其具有平滑性好、耐磨性好、分辨力优异、寿命长、可靠性极高、动噪声小、耐化学腐蚀等优点。

割台高度间接测量的工作原理如下：给位移传感器加上一个电压，利用其优良的平滑性来检测输出电压（输出电阻改变输出电压）分压比。位移传感器直接安装在液压油缸的一侧，安装简单方便，节约空间，如图 5-14 所示。

图 5-14　割台高度监测装置安装图

4. 凹板间隙监测及调节

在作物条件一定时，脱粒质量的好坏主要取决于脱粒滚筒转速和凹板间隙。在一般情况下，凹板间隙越小，滚筒转速越大，脱粒效果越好，但破碎率反而会增加。反之，在凹板间隙较小且转速较低的情况下，虽然可以减小破损率，但很容易出现脱不净、秸秆多等现象，因此，要达到脱粒干净、谷粒破碎少、秸秆长度大，并且尽可能地将脱下的谷粒全部从凹板中漏下来的脱粒效果，在进行滚筒转速监测时，对凹板间隙的监测是很有必要的，可以根据脱粒质量对凹板间隙进行调节。

以凹板调节方式设计的凹板间隙调节装置，通过永磁直流电动机推动电动推杆来调节凹板间隙的大小，如图 5-15 所示。凹板间隙调节装置现场安装图如图 5-16 所示。

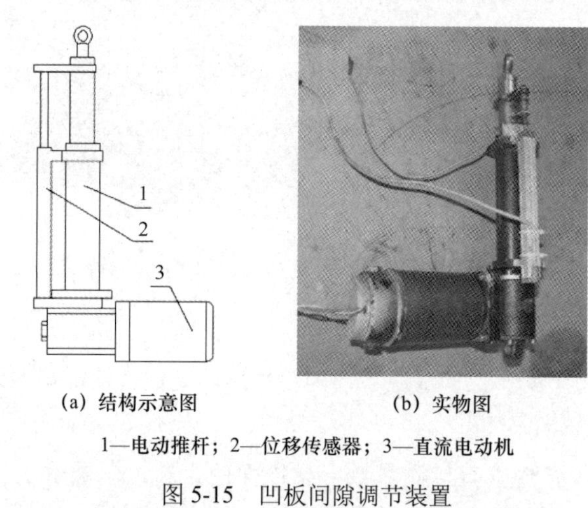

(a) 结构示意图　　(b) 实物图

1—电动推杆；2—位移传感器；3—直流电动机

图 5-15　凹板间隙调节装置

图 5-16　凹板间隙调节装置现场安装图

电动机采用直流 24V 供电，扭矩为 1274N • m，最大电流为 22.5A，针对电动机的特性设计基于 BTS7960 芯片的电动机驱动电路。BTS7960 是应用于电动机驱动的大电流集成芯片，两块 BTS7960 能够进行连接，构成 H 全桥。BTS7960 通态电阻的典型值为 16mΩ，驱动电流可达 43A，完全符合驱动选用电动机的要求。以 BTS7960 设计的电动机驱动器的特点如下：具有信号指示和电源指示、转速可调、抗干扰能力强、输入全光电隔离、内部具有续流保护、可单独控制一台直流电动机、PWM 脉宽平滑调速（可使用 PWM 信号对直流电动机调速）、可实现正反转。此驱动器压降小、电流大、驱动能力强，其控制电路如图 5-17 所示。

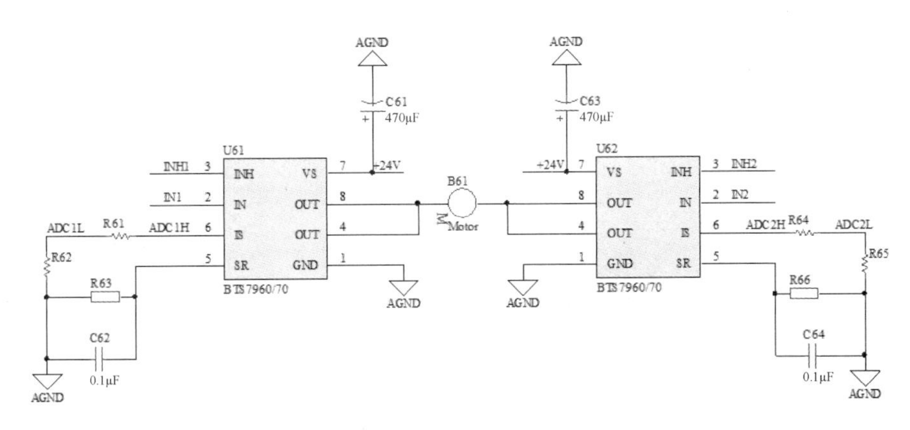

图 5-17 直流电动机控制电路

电动机的加减速可以通过调节 PWM 波的占空比来实现。占空比就是在一个方波周期中高电平持续时间与周期的比值。采用 PIC 单片机的 CCP 模块的 PWM 模式来设计电路，其中 PWM 的周期由微控制器内的 PR2 寄存器决定。当微控制器的主频确定后，PWM 波形的周期计算公式为

$$T_{\text{PWM}} = (\text{PR2}+1)\times 4\times T_{\text{OSC}}\times \text{TMR2}_{\text{预分频}} \tag{5-1}$$

式中，T_{OSC} 为时钟周期（4 个时钟周期为 1 个指令周期）。PWM 每个周期的高电平宽度通过对寄存器 CCPxL 和 CCPxCON 的 DCxB1 位和 DCxB0 位来设定，这里统称为 DCR（10 位的高电频宽度寄存器）。则 PWM 高电平的宽度为

$$B_{\text{PWM}} = \text{DCR}\times T_{\text{OSC}}\times \text{TMR2}_{\text{预分频}} \tag{5-2}$$

另外，PIC 单片机对占空比的调整是带缓冲功能的，这样可以保证输出的 PWM 波形无毛刺，并且在程序运行中的任何时候都可以修改 DCR 的值，从而改变占空比的值来调整电动机运转的速度。PWM 占空比的计算公式为

$$\eta_{\text{PWM}} = \frac{B_{\text{PWM}}}{T_{\text{PWM}}} \tag{5-3}$$

5. 发动机输出功率监测

发动机是联合收割机的动力核心部件，其工作状态直接影响联合收割机的效率，可以监测发动机的输出功率（行走功率除外）、瞬时油耗和累积油耗等相关参数。

联合收割机的发动机功率是通过扭矩和转速来测量的。发动机的整体功率是联合收割机收获谷物时的收割、脱粒、清选等功率和用于发动机行走所消耗的功率总和。这里所说的发动机功率是除行走功率外的用于谷物收获的功率，通过将专用的测扭应变片粘贴在发动机动力输出轴上，信号耦合器运用转接件连接到轴的外端进行监测。发动机输出轴扭矩监测装置结构图如图 5-18 所示，其现场安装图如图 5-19 所示。

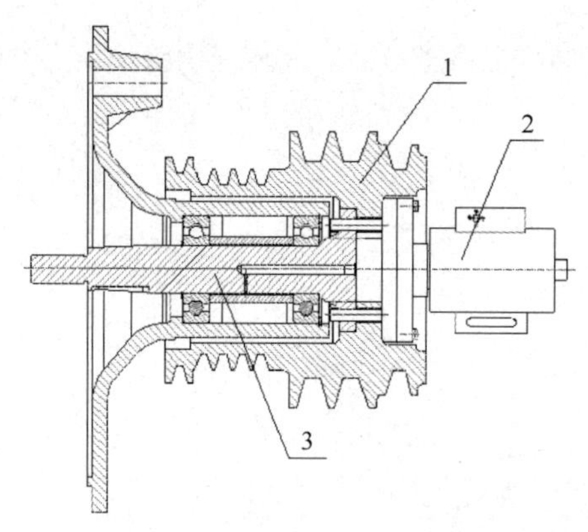

1—皮带轮；2—信号耦合器；3—动力输出轴

图 5-18　发动机输出轴扭矩监测装置结构图

1—信号耦合器；2—动力输出轴；3—皮带轮

图 5-19　发动机输出轴扭矩监测装置现场安装图

6. 瞬时油耗和累积油耗监测

发动机油耗是评价车辆经济性、综合性价比的重要指标。对于联合收割机来说，发动机油耗的大小与收割机性能紧密相关。目前，最常见的油耗测试方法有油尺测量法、液位传感器测量法和双传感器测量法（即进油量与回油量之差），由于前两种方法的误差为 10%～20%，误差较大，所以，一般只用来判断油箱内油量的多少，作为耗油量多少的参考值。在双传感器测量法中，进油量减去回油量即油耗，但是由于发动机的进油和回油不是发生在同一时间的，所以，测量的并不是实际油耗，其误差也比较大。

本书采用一种全新的设计理念设计了油耗传感器，其工作原理如下：油耗传感器安装在油箱与供油泵之间，采用供油管单向流向椭圆齿轮流量计的方式为发动机供油。由回油管流回的油经过回油室，当燃油充满回油室时，浮球连杆开关打开，即电磁阀通电打开，回油再次直接进入发动机。其中，传感器中最关键的部件为椭圆齿轮流量计，其采用的是一对结构参数完全相同的椭圆齿轮及齿轮室，在每个齿轮的长轴上装有两块磁钢，齿轮室的盖板上装有霍尔脉冲传感器，齿轮每转发出 4 个脉冲信号，对此脉冲信号进行处理便可得到瞬时油耗和累积油耗。油耗传感器结构图如图 5-20 所示。由于齿轮流量计对油的清洁度要求很高，所以，在接入传感器之前都会加一个燃油滤清器进行二次过滤，以保证传感器的正常运行。

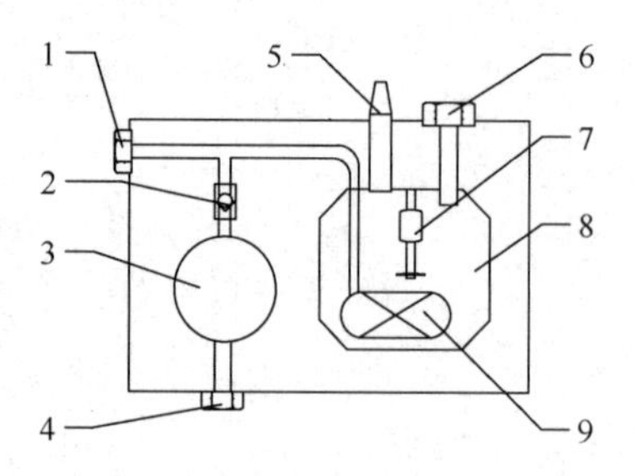

1—供油管（接油箱）；2—单向阀；3—椭圆齿轮流量计；4—进油管（接发动机）；5—排气孔；6—回油管；7—连杆浮球开关；8—回油室；9—电磁阀

图 5-20　油耗传感器结构图

安装时将油箱的进油管断开，油箱端连接到油耗传感器的进油口，发动机端连接到油耗传感器的 4 进油管，将油箱上的发动机回油管断开，回油管油箱端封死，发动机回油管端接到 6 回油管上。在发动机启动之前首先让 8 回油室内充满燃油，然后启动发动机。油耗传感器油路安装示意图如图 5-21 所示。油耗传感器现场安装图如图 5-22 所示。

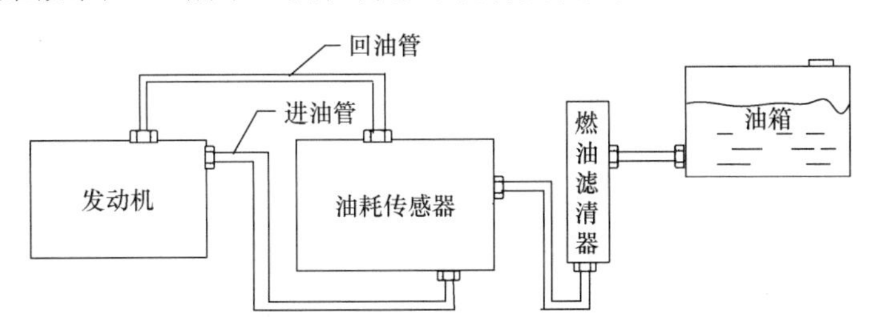

图 5-21　油耗传感器油路安装示意图

图 5-22　油耗传感器现场安装图

5.2　收获边界识别

目前，联合收割机正朝着大型化、高速化方向发展，仅用人的视力去识别收获边界，保证联合收割机作业时割幅一致性将变得越来越困难。当联合收割机在田间作业时，通常在满割幅情况下作业，以达到额定的喂入量，获得较高的生产率，这就要求驾驶员具有较高的驾驶技能，长时间保持全幅跟踪作业，驾驶员劳动强度大，并且田间作业灰尘大，依靠肉眼很难获取准确的边界。联合收割机测产系统需要根据收割割幅和实际车速来实时计算收获面积，目前国内外联合收割机测产系统主要靠操作员手动输入收割幅度，但是实际收割时，很难保证满幅收割，而是根据实际情况变割幅作业。在进行联合收割机喂入量的检测时，需要根据割幅、谷草密度、作业速度来测算得到。联合收割机自动驾驶系统也可以根据收获边界进行自动跟踪驾驶，因此，收获边界在线监测是联合收割机智能监控系统的一个重要指标

（赵颖等，2006）。

近年来，随着计算机与传感器监测技术的发展，国内外研究学者对收获边界的监测进行了许多研究和发明，可分为接触法和非接触法。①接触法是利用弹簧控制探测杆的一端，与作物紧密接触，测角器测量出探测杆的偏转角度后，根据三角函数计算出作物与支撑杆之间的距离。两个支撑杆安装在联合收割机割台的两个分禾器上，用两个支撑杆的间距减去作物离开两个支撑杆的距离，就可推算出联合收割机的实际收割幅度。此方法机械结构简单，但可靠性差，并存在安全隐患。②非接触法采用两个超声波传感器来测量作物离开两个分禾器的距离，从而获取收割边界。但是超声波测量角度发散，同时作物的疏密程度会影响超声波的反射导致测量的误差。对于分行种植的水稻，超声波传感器有时会正好穿过作物的行间而不发生反射（高士增，2013）。本节对收获过的区域和未收获的区域进行快速扫描，并结合激光传感器在联合收割机上的安装位置信息，采用坐标变换及移动平均数字滤波处理方法，对收获边界进行模式识别，从而推算出稻麦联合收割机实时作业割幅。

5.2.1 激光探测原理

激光探测一般采用扫描式激光传感器，其工作原理如图 5-23 所示。扫描式激光传感器主要由激光发射器、激光接收器、旋转镜面组、电动机旋转平台组成。旋转镜面由电动机转动平台带动旋转，从而使得激光束可以在一定扇形区域进行循环扫描。扇形扫描区域的起始角 θ_s 和结束角 θ_e 可进行设定，扫描角度步进精度为 0.5°。

激光传感器使用对人眼安全的激光束，发射的脉冲信号非常短，如图 5-24 所示，激光传感器与被测物之间的距离采用脉冲测距法。激光发射器发射出的探测激光脉冲光束经镜面反射后，打到被测物上。同时，被测物反射回的激光经镜面反射被激光接收器拾取，通过激光光束从发射到拾取经过的时间 δ_t 和光在空气中的传播速度 C，可计算出被测物与激光传感器之间的距离为

$$D = C \cdot \delta_t / 2 \tag{5-4}$$

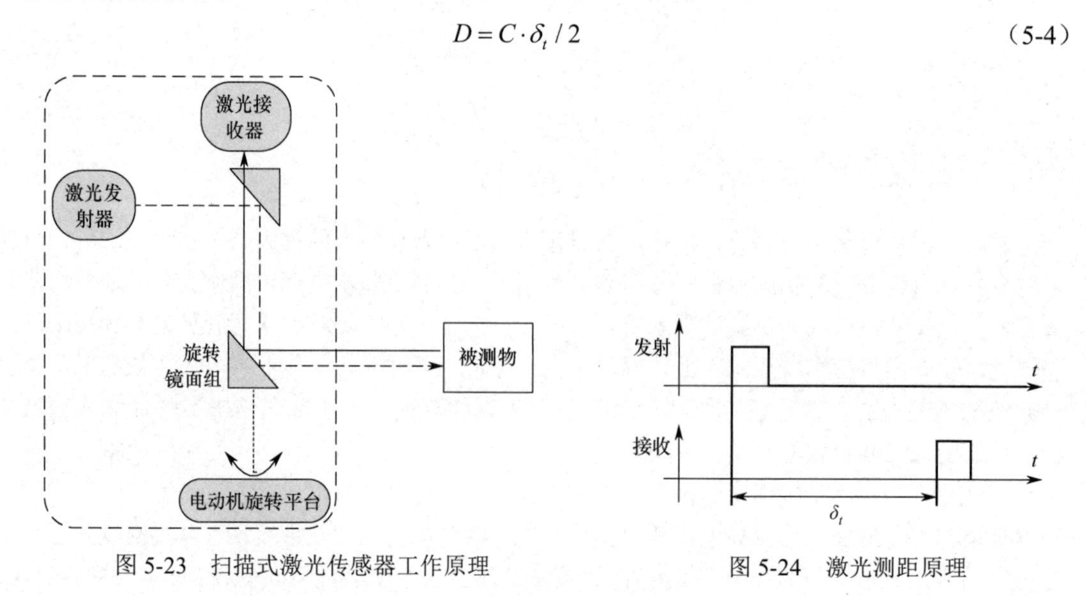

图 5-23 扫描式激光传感器工作原理

图 5-24 激光测距原理

5.2.2　稻麦轮廓模型研究

如图 5-25 所示，激光传感器的参考坐标系为 $R=(O,Ox,Oy,Oz)$。传感器检测的数据在平面 Ozx 内，Ox 轴平行于地面。通常，激光传感器扫描的正前方为沿着轴 Oz 方向，激光传感器扫描角 θ 为在激光传感器的参考坐标系中激光束与轴 Ox 的夹角。传感器的数据为 (ρ,θ)，其中 ρ 为参考原点到被测物的距离。转换为直角坐标为

$$\begin{bmatrix} x \\ y \\ z \end{bmatrix} = \begin{bmatrix} \rho * \cos(\theta) \\ 0 \\ \rho * \sin\theta \end{bmatrix} \tag{5-5}$$

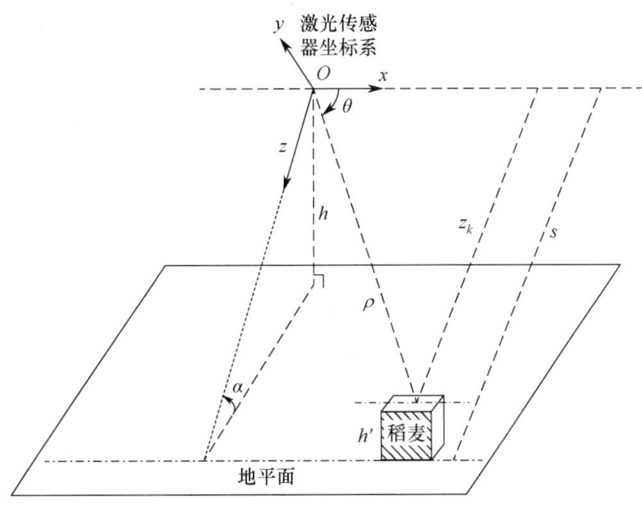

图 5-25　激光传感器坐标系

激光扫描的稻麦轮廓特征信号 $z=f(\rho,\theta)$，剔除一些比较明显的错误（主要是灰尘的错误数据），把每帧轮廓转换为一个可接受的 K 个采样点数据。模型轮廓采样点 $z_k=f(\rho_k,\theta_k)$ 可表示为

$$\forall k \in \{0,\cdots,K\}, \quad z_k = s + \frac{h_k'}{\sin\alpha} + b_k \tag{5-6}$$

式中，s 表示沿着 Oz 轴方向，传感器与地面之间的距离，如果地面可以认为是一个平面的话，则这个值为一个常数。s 可由下式来表示：

$$s = \frac{h}{\sin(\alpha)} \tag{5-7}$$

式中，h 为激光传感器安装位置离地面的高度；α 为 Oz 轴与地面的夹角；h_k' 为激光扫描处稻麦轮廓特征的高度；b_k 表示测量噪声，可被认为均值为零的独立信号。

为了消除测量噪声 b_k，这里采用移动平均滤波方法对稻麦轮廓特征信号 $z=f(\rho,\theta)$ 进行滤波处理。移动平均滤波方法是将连续采样数据看成一个长度为 N 的队列，在新的一次采

样数据得到后，去除上述队列的首数据，其余 $N-1$ 个数据依次前移，并将新的采样数据插入队列的尾部，然后对整个队列进行算术运算，并将其作为本次测量的结果[13-15]。对稻麦轮廓特征信号进行滤波的计算公式如下：

$$\hat{z}_k = \frac{1}{N}\sum_{j=0}^{N-1} z_{k-j} \tag{5-8}$$

式中，z_{k-j} 为第 k–j 时刻的激光光束在轴 Oz 上的投影测量值；$\hat{z}_k$ 为第 k 时刻的滤波值；N 为滤波窗口，一般取 $N>3$。

确定收获边界点。对 Oz 轴方向滤波处理后的数据进行一阶差分处理。离散数据一阶差分定义公式如下：

$$\varepsilon_k = \left|\hat{z}_k - \hat{z}_{k-1}\right| \tag{5-9}$$

式中，ε_k 为第 k 点数据差分值。将经差分处理后的结果与设定的阈值进行比较，得到大于阈值的数据点的序号 j，从而找到已收割区域与未收割区域的分界点。

5.2.3 系统组成及应用

激光收获边界获取系统包括激光收发器、信号采集器、车载检测控制器及信号连接线缆等，其示意图如图 5-26 所示。激光收发器采用 SICK 公司的 LMS151，其为扫描激光收发器，发射激光脉冲信号，输出距离、角度极坐标数据组。信号采集器通过网线与传感器连接，将采集到的激光传感器数据组，通过 CAN 总线发送到车载监测控制器上，车载监测控制器对数据组进行坐标转换及信号滤波处理，采用模式识别算法推算得到联合收割机的收获边界，并进行显示，为驾驶员提供操作指示。

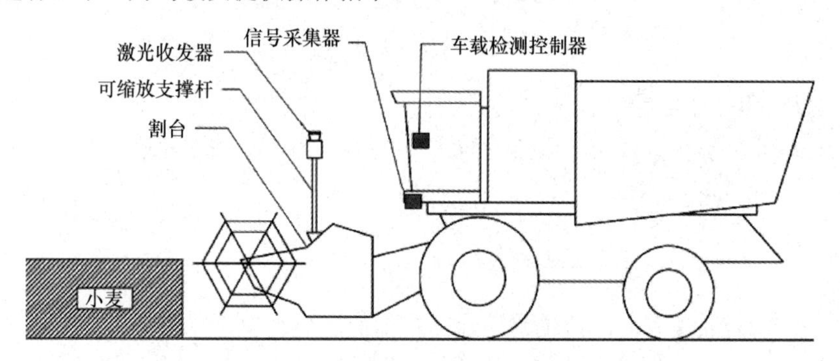

图 5-26　激光收获边界获取系统示意图

联合收割机一般按顺时针进行收割作业，收割边界位于左侧，将激光传感器安装在割台左侧上方，安装支架可上下伸缩，传感器俯视角度可以进行调整，现场安装图如图 5-27 所示。田间作业试验时，设置激光扫描角度为−30°到 30°，角度精度为 0.25°，扫描频率为 25Hz。激光传感器的安装支架相对于割台高度为 1.2m，传感器的俯视角度约为 26°。车载监测控制器上的数据处理与分析软件在 LabView 环境下编写，可完成激光传感器极坐标数据的预处理、分析、保存、结果显示等功能。

图 5-27　现场安装图

2015 年 10 月我们在河南省洛阳市孟津区会盟镇试验田中进行了联合收割机收获边界获取田间试验，作业机具为 4LZ-10 稻麦联合收割机，割幅宽度为 5.8m。首先，对激光收获边界获取系统进行调试，确定传感器安装支架的高度及传感器的俯视角，确保激光扫描脉冲不受割台拨禾轮的遮挡。然后，启动联合收割机，按照顺时针方向进行收割作业，由于激光传感器安装在割台的左侧，并且联合收割机接近满幅收割作业，所以，收获边界的 x 轴方向值在参考坐标系内接近零，如图 5-28 所示，收获边界区域会在激光传感器数据中反映出阶跃变化的特征，对该特征的识别就完成了收获边界的识别。

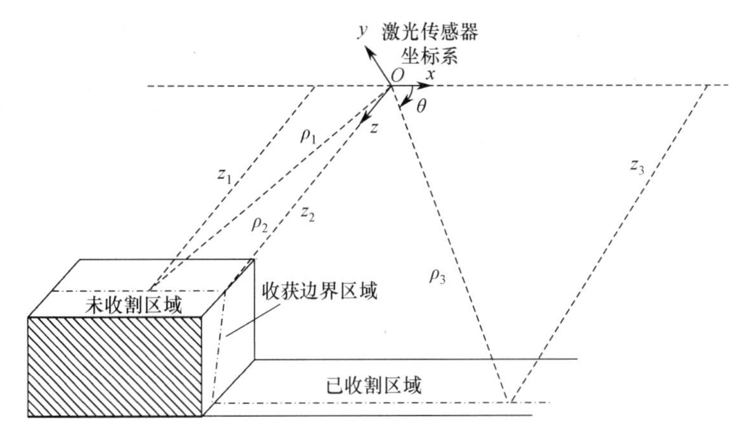

图 5-28　收获边界识别原理图

联合收割机在田间进行作业时，会产生较大的灰尘，灰尘对激光传感器的测量结果有较大的影响。灰尘通常在收割作物进入联合收割机割台时产生。当有灰尘时，激光传感器的激光光束将会受到反射影响，导致检测距离比作物顶部短，造成测量误差，传感器数据预处理时需要剔除受灰尘影响的数据。根据传感器的安装位置和收割作物的最大高度，可以计算出传感器与作物之间的最小距离，将其作为阈值。如果检测数据小于这个阈值，则认为是灰尘影响。利用这个阈值，可以检测出灰尘的存在，并剔除相关的测量数据。

阈值 γ 可以通过以下公式推算得到：

$$\gamma = \frac{h-(1+\mu)h'}{\sin\alpha} \tag{5-10}$$

式中，h 为传感器相对地面的安装高度；α 为激光光束与地面的夹角；h' 为作物的最大高度。引入参数 μ 的目的是相对于理论阈值的预留安全距离。如果 $z(t)$ 值低于 μ，则被认为是错误的，测量值会被从 z 序列中剔除。如果信号大于预定的比值，则被划为灰尘，同样也会被剔除。

激光传感器一帧数据是指扫描角度从−30° 到 30° 获得的一组极坐标数据。图 5-29 所示为激光传感器一帧数据分析结果（彩图请扫二维码），图中白色实线为 LM151 扫描原始数据曲线，其中存在错误数据点。绿色实线为剔除相关的错误测量数据，经过滤波处理后的信号曲线。红色实线为提取出稻麦轮廓特征点后得到的作业收获边界定位曲线。可以看出，LM151 原始数据曲线经过数据处理后得到了理想的预期效果。

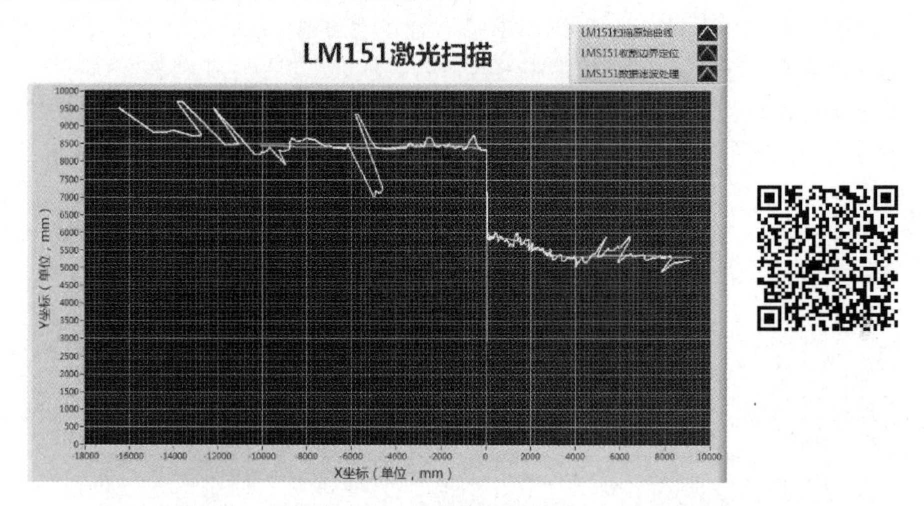

图 5-29　激光传感器一帧数据分析结果

得到收获边界后，可推算出联合收割机作业割幅宽度值，采用米尺对收割后作业幅宽进行测量，得到割幅的标准值，试验数据如表 5-1 所示。对试验数据进一步分析可以看出，激光收获边界获取系统测量误差不大于 12cm，标准偏差为 4cm。

表 5-1　试验数据

序号	割幅测量值/m	割幅标准值/m	误差/m
1	5.75	5.80	0.05
2	5.80	5.80	0.00
3	5.64	5.70	0.06
4	5.60	5.70	0.10
5	5.58	5.70	0.12
6	5.72	5.80	0.08
7	5.80	5.80	0.00
8	5.73	5.80	0.07

5.3　喂入量监测

联合收割机是一种多输入和输出变量的复杂动态系统。随着收割速度、割茬高度和割幅宽度的变化，送向收割机的作物喂入量也实时发生变化，为了使联合收割机达到最佳的工作性能和最好的收割状态，作物喂入量的监测是必不可少的性能指标。随着联合收割机大型化、智能化的发展，实时在线显示喂入量的大小显得尤为重要，国内外专家对喂入量的测量都有一定的研究，并取得了一些成果，但由于影响喂入量变化的因素较多，测量误差较大，所以，至今喂入量的测量基本还处于实验室阶段。

5.3.1　喂入量预测原理

联合收割机脱粒装置所需要的总功率为

$$P = P_0 + P_c = \frac{Tn}{9550} \tag{5-11}$$

式中，P_0 为消耗在脱粒过程中的功率；P_c 为空转阻力所消耗的功率；T 为滚筒扭矩；n 为滚筒转速。

空转阻力是由滚筒轴承的摩擦和滚筒鼓风作用引起的。空转功率主要取决于滚筒的转速，根据 M.A.普斯狄金教授的试验研究，可使用下式表示：

$$P_c = A\omega + B\omega^3 \tag{5-12}$$

式中，ω 为纵轴流滚筒角速度；A、B 为系数。

谷物在进入脱粒滚筒脱粒时受到滚筒板条对作物的打击，在打击时间 Δt 内，打击力 F_1 的冲量等于质量为 Δm 的作物的动量的增量，即 $F_1 \cdot \Delta t = \Delta m \cdot v$，由此得

$$F_1 = \frac{\Delta m \cdot v}{\Delta t} = q \cdot v \tag{5-13}$$

式中，q 为联合收割机喂入量，单位为 kg/s；v 为滚筒圆周速度，单位为 m/s。

在脱粒时，除了击打力 F_1，还有将作物拉过滚筒与凹板间隙时的阻力 $F_2 = fF$，因此，作用在滚筒圆周上的合力 F 为

$$F = F_1 + F_2 = qv + fF \tag{5-14}$$

由此可得

$$F = \frac{qv}{1-f} \tag{5-15}$$

式中，f 为谷物与脱粒装置特性的比例系数。

将式（5-15）两边乘上滚筒圆周速度，可得质量为q的谷物脱粒时消耗的功率为

$$P_0 = \frac{q \cdot v^2}{1-f} \tag{5-16}$$

将式（5-16）、式（5-12）代入式（5-11）中可得

$$P = \frac{qv^2}{(1-f)} + A\omega + B\omega^3 = \frac{Tn}{9550} \tag{5-17}$$

滚筒半径r为已知量，滚筒转速n、扭矩T是检测量，由$v = r\omega$、$\omega = 2\pi n$及式（5-17）变形可得

$$q = \frac{(1-f)T}{38200\pi^2 r^2 n} - \frac{A(1-f)}{2\pi r^2 n} - \frac{2B\pi(1-f)n}{r^2} \tag{5-18}$$

整理可得

$$q = \alpha\frac{T}{n} - \beta\frac{1}{n} - \lambda n \tag{5-19}$$

式中，α、β、λ为常数。

通过上述计算，将式（5-19）作为已知条件来检测喂入量的大小，并通过车载检测控制器实时显示出来，为联合收割机驾驶员提供指示，使联合收割机在额定喂入量范围内，防止因喂入量过大而造成滚筒堵塞等故障的发生，提高工作效率及达到最佳效能。

5.3.2 喂入量预测试验与分析

通过人工喂入的方法采用 5 种不同喂入量进行标定试验，将称重好的成熟水稻秧打捆后，人工均匀投入联合收割机内进行脱粒，通过喂入量在线监测系统测得切流滚筒和纵轴流滚筒的功率消耗，并通过谷物籽粒流量测量装置采集到谷物籽粒实时流量。表 5-2 所示为田间试验数据，这些数据为一段时间内的平均值。

表 5-2　田间试验数据

喂入量/（kg/s）	籽粒流量/（kg/s）	纵轴流滚筒轴扭矩 T/（N·m）	纵轴流滚筒转速/（r/min）	切流滚筒轴扭矩 T/（N·m）	切流滚筒转速/（r/min）
0.0	0	7.52	1092	7.41	644
1.0	0.62	39.59	1088	25.67	640
1.6	0.94	69.87	1088	26.61	639
2.2	1.34	93.65	1085	33.23	638
3.1	1.93	106.67	1086	34.58	638

由表 5-2 可知，纵轴流滚筒克服空转阻力的扭矩为 7.52N·m，所消耗的功率为 0.84kW，切流滚筒克服空转阻力的扭矩为 7.41N·m，所消耗的功率为 0.94kW，在联合收割机空转过程中克服空气阻力消耗的功率基本不变，可以看作固定值。随着喂入量的增加，

滚筒转速最大值与最小值之间相差 6r/min，从整体出发也可以将其作为定值计算。纵轴流滚筒转速为 1087r/min，纵轴流滚筒直径 D 为 474mm，从而得到纵轴流滚筒圆周速度 v 为 1617.8m/min，而切流滚筒、纵轴流滚筒所消耗的脱粒功率和谷物籽粒流量随喂入量的增大而有明显的增加，根据田间数据，利用最小二乘法确定其未知参数，最终得到喂入量 q 与脱粒滚筒扭矩 T 之间的关系表达式为

$$q = 0.0286T - 0.238 \tag{5-20}$$

图 5-30 所示为喂入量与脱粒滚筒扭矩的关系曲线。

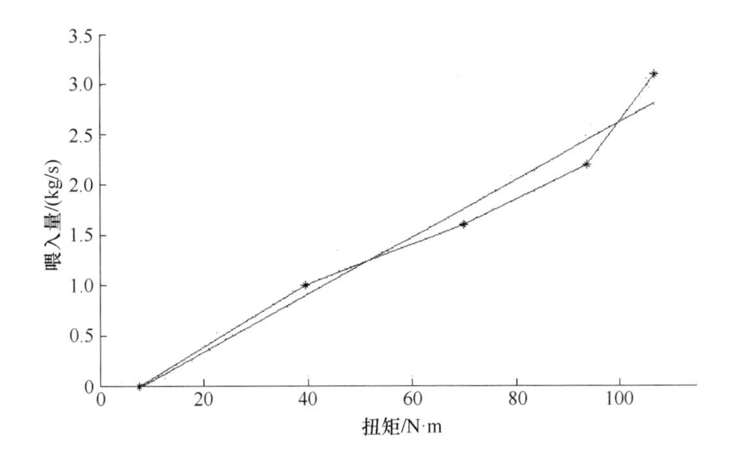

图 5-30　喂入量与脱粒滚筒扭矩的关系曲线

在进行田间试验时，水稻的草谷比为 1.6 左右，收获时水稻田较潮湿，联合收割机行走的功率消耗较大，占总功率的 50%左右，在保证脱粒质量的前提下，联合收割机以 2.5km/h 的收获速度，在 28cm 的割茬高度下进行收获试验。割喂入量变化曲线如图 5-31 所示。

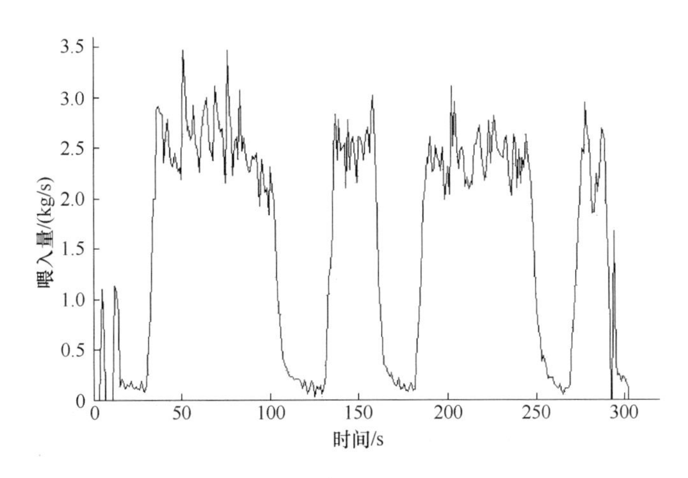

图 5-31　喂入量变化曲线

5.4 谷物收获机实时产量传感技术

5.4.1 谷物质量流量测量方法

当前，谷物质量流量测量方法主要有冲量法、射线法、容积法和称量法 4 种。

1. 冲量法

冲量法基于冲击原理，当谷物流冲击感力板时会改变运动方向，造成冲量的变化，在感力板上反映为力的变化，检测该变化即可得到谷物流量值。冲量法的精度取决于升运器的提升速度、谷物类型和谷物的含水率。由于冲量法流量传感器结构简单、安装方便、使用安全、没有任何潜在污染，所以，被认为是较实用的传感器类型。不过，冲量式流量传感器也存在易受收割机振动的影响，容易产生较大的测量误差，以及与谷物流作用过程复杂等不足。图 5-32 所示为两种冲量法测量装置示意图。

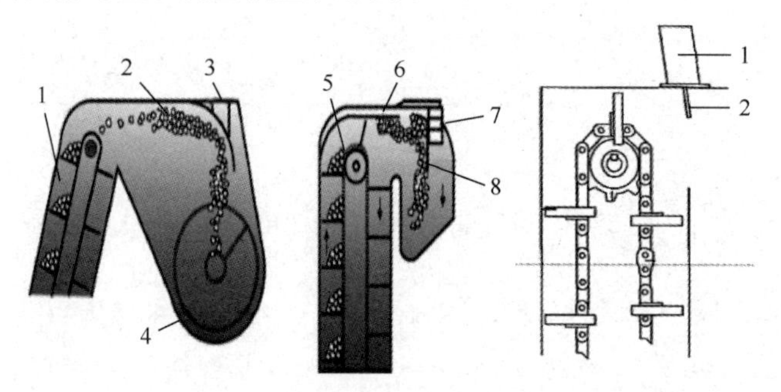

左图：1、5—升运器刮板；2—谷粒；3—冲量传感器；4—螺旋送料器；6—谷物引导板；7—力传感器；8—导流板
右图：1—冲量传感器；2—传感器金属叉

图 5-32 冲量法测量装置示意图

2. 射线法

射线法测量装置虽然结构简单、抗振性能好、可以得到较高的测量精度，但是它造价高，且对操作者的人身健康可能造成潜在伤害，因而，射线法无论从成本还是安全性等指标来看，都难以具备应用推广的条件。图 5-33 所示为射线法测量装置示意图。

3. 容积法

使用容积法，传感器安装困难，而且容易受谷物密度和水分等因素影响。光电式容积流量传感器通过测量升运器内谷物高度得出体积流量，为了确定谷物的质量流量，必须测定谷物的密度和含水量。其测量结果受谷物在刮板上的分布、谷物密度、谷物含水率、机器倾斜度、探头污染（探头需经常清洗和标定）等的影响，性能不稳，精度不高。图 5-34 所示为容积法测量装置示意图。左图为光电式容积法测量装置示意图；右图为轮式容积法测量装置示意图。

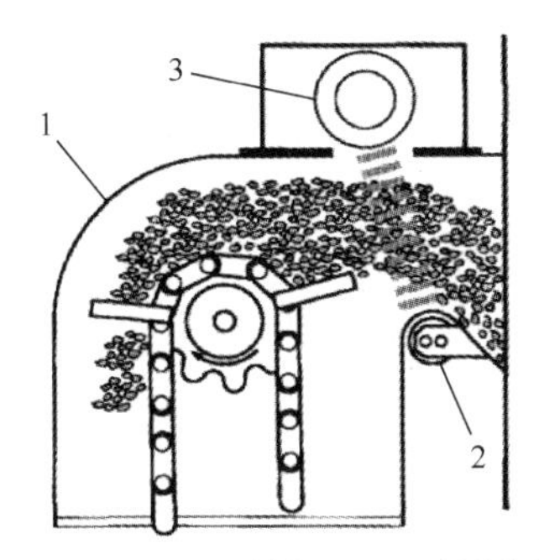

1—谷物升运器；2—放射源；3—射线探测器

图 5-33　射线法测量装置示意图

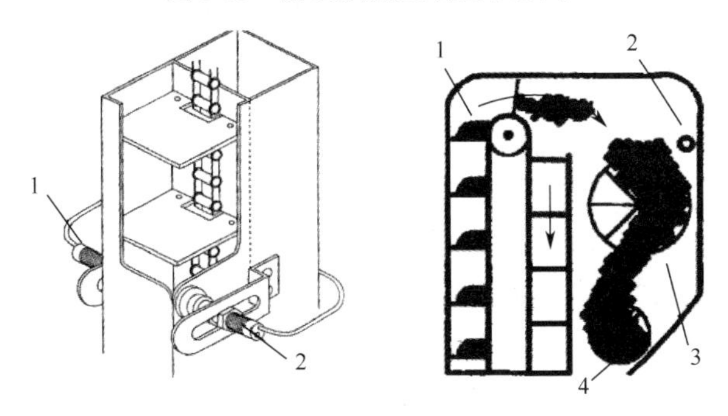

左图：1—感光传感器；2—光源

右图：1—升运器刮板；2—料位传感器；3—螺旋计量器；4—螺旋送料器

图 5-34　容积法测量装置示意图

4. 称量法

称量法采用最直接的称谷物质量的测量方法，测算准确，所受干扰因素少。称量法易受收割机运行时振动的影响，产生测量误差，且称量法测量装置的安装较为复杂，安装时对收获机的机械结构改动较大，需要兼顾收获机整体结构形式的协调，通常难以直接安装到现有的收获机上。中国农机院研制了两代称量法测量装置。图 5-35 所示为中国农机院早期研制的单端称质量螺旋杆式谷物收获质量动态监测装置结构示意图。图 5-36 所示为第二代单端称质量螺杆式谷物收获质量动态监测装置结构示意图。

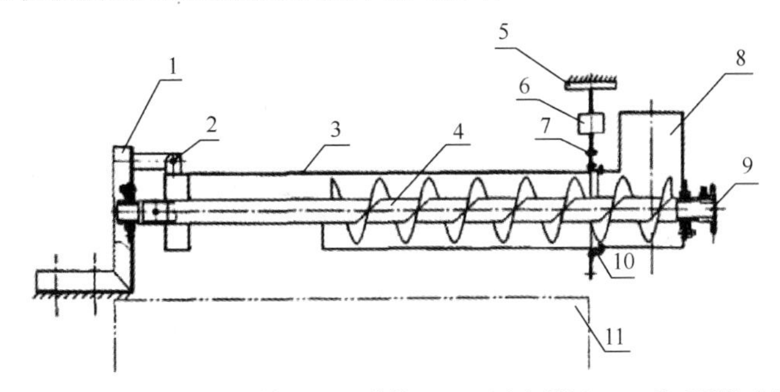

1—固定座；2—铰支点 a；3—称质量搅笼筒；4—搅笼轴；5—固定架横梁；6—称质量传感器；7—铰支点 b；8—物料入口（兼支座）；9—旋转链轮；10—密封软带；11—谷物料仓

图 5-35　单端称质量螺旋杆式谷物收获质量动态监测装置结构示意图

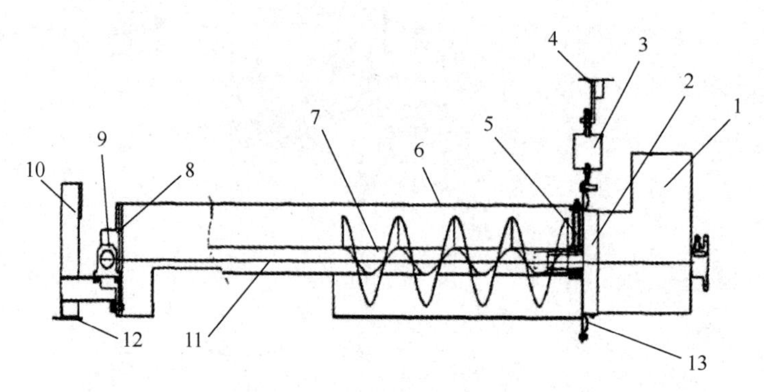

1—喂料端（机头）；2—机头支撑；3—悬挂式称质量传感器；4—悬挂架；5—称质量端螺旋轴支撑；6—称质量端筒体；7—称质量端螺旋轴；8—尾部支撑（螺旋轴与软轴连接）；9—支撑；10—尾座；11—软轴；12—机架；13—外筒软连接

图 5-36 第二代单端称质量螺杆式谷物收获质量动态监测装置结构示意图

冲量法易受机器振动影响，产生较大的测量误差。射线法由于设备成本高，且存在安全隐患，在国内不具备应用推广的条件。容积法易受谷物水分、谷物在容器内的分布及机器运行状态的影响。容积法测量升运器内谷物高度从而得出体积流量的方法，会受到机器倾斜及谷物水分的影响，为了确定谷物的质量流量，还必须测定谷物的密度和含水量。基于称量法的联合收割机产量传感方法，利用了传统联合收割机的粮食传输特点，采用螺旋推进称量式装置组成联合收割机产量流量传感计量方法。该动态称量方法可以保证粮食流量的计量精度，采用螺旋推进方法解决了现有联合收割机的安装问题，也解决了计量系统与动力直接传输问题和有效信号提取问题，有利于作为联合收割机的附件在各种现有的机型上配套使用。

5.4.2 谷物水分测量研究方法

谷物水分测量的方法有多种，可依据不同的分类标准对其进行分类，按谷物水分测量方式的不同，可分为直接法和间接法。

1. 直接法

直接法主要是指电烘箱法，该方法对被测物进行加热，使水分蒸发，进行水分检测，通过样品加热前后的质量变化，检测样品水分含量。直接法是一种基准法，测量时不会改变样品的性质，但它是一种间歇式的测量方法，测量周期较长，根据所使用的方法不同，测量时间需要十几分钟到两个小时不等，不能实现对粮食水分含量的连续测量，不利于提高控制指标。直接法的优点是精度高，可作为标准来检验其他检测方法的检测精度，一般用于实验室检测。

2. 间接法

间接法是通过测量与水分含量变化相关的物理量得到水分含量，因此可以在线测量。谷物含水率间接测量按测量原理的不同，可分为电阻法、电容法、红外法、微波法、中子法、卡尔·费休库仑法、声学法和核磁共振法。

1）电阻法

电阻法是利用谷物导电性能和谷物含水量有关的性质间接测量水分的方法。运用电阻法制作的测量设备响应速度快、结构简单且价格便宜，但该方法易受温度影响，不易测量微量水和高含量水，且对被测物料的接触状态要求较高。

2）电容法

电容法把谷物看作电介质，通过测定谷物的介电常数测其含水量，是使用较广泛的一种测定谷物含水率的方法。通常，电容法谷物测水分设备结构简单、易于进行连续测量，但测量精度不高，稳定性差，不同品种的谷物对测量精度的影响较明显。电容法测量谷物含水率具有灵敏度高及动态特性好等优点，其缺点是影响测试精度的因素较多，主要影响因素有谷物的堆积密度、温度及谷物品种等。

3）红外法

红外法是利用近红外线所具有的特性吸收光谱，近红外线所吸收的能量与被测谷物含水量有关。利用此原理即可进行谷物水分在线检测，该方法为非接触式测量，易于快速连续地测量水分，但易受被测谷物形状、大小、密度的影响，而且不能测量谷物内部的水分。

4）微波法

微波法是利用粮食中水分对微波能量的吸收或微波空腔谐振频率与相位等参数，随水分变化来间接测量水分含量。该方法为非接触式测量，灵敏度高、效率高，可实现快速无损在线检测，测量信号易于联机数字化和可视化。其缺点是检测下限不够低，易引起驻波干扰，测量值受谷物的形状和密度等限制，不能测量谷物内部的水分，不同品种谷物需单独标定。

5）中子法

中子法是非接触式测量，对动态物料可进行快速连续测量，并能测量谷物内部的水分，不受被测谷物的形状、密度、水的形态影响。

6）卡尔·费休库仑法

卡尔·费休库仑法是应用卡尔·费休试剂进行滴定的电化学水分测定方法，在二氧化硫和吡啶存在下，用无水甲醇提取研磨后的谷物粉末中的水分，水分参与碘和亚硫酸的定量反应。卡尔·费休库仑仪器通常由 KF（Karl Fischer）滴定装置、稳压电源和微控制器等组成。此方法有严格的计量关系，测量结果准确，适用于室内实验，但由于安装麻烦，且无法自动取样测量，因而不适于在线测量。

7）声学法

谷物籽粒碰撞物体表面会产生振动，从而发出声音，且不同水分的谷物在流动过程中碰撞物体表面时所产生的声压级不同。声学法测量重复性好，可进行在线测量。主要影响因素为噪声、籽粒大小与形状，如何有效屏蔽噪声信号的干扰是一个难题。

8）核磁共振法

核磁共振法是在一定条件下原子核自旋重新取向，使粮食在某一确定频率上吸收电磁场能量，吸收能量的多少与试样中所含核子数成比例。该方法的优点是检测速度快、测量精度高、测量范围宽、可进行在线测量和区分谷物中的自由水与结合水；其缺点是利用该方法制造的仪器昂贵，保养费用大，需精确标定，不适合在我国农业中推广应用。

在上述各种方法中，多数检测方法的成本较高、结构复杂，或操作复杂，或不适于谷物水分的在线检测，有些还处于研究试验阶段。例如，电阻法虽然结构简单，但必须把谷物打碎，否则所测水分只能反映谷物的表面水分。

相比较而言，电容法测量谷物含水率标定方便、灵敏度高、动态特性好。运用电容法制作的谷物水分测量设备结构简单坚固、价格低廉、操作方便、性能可靠，且测量精度能满足生产要求，适于在线测试；不足之处是影响测试精度的因素较多。

据前人大量研究表明：电容式水分传感器所测电容量除与谷物含水率有关外，还与其工作温度、谷物品种、紧实度和体积有关。其中谷物的堆积密度、温度及季节性等是影响电容法测试精度的主要因素，而且运用电容法进行在线谷物水分检测的最大障碍就是谷物的堆积密度问题。谷物水分传感器是测产系统的重要组成部分，电容式谷物水分传感器的电极一般有圆筒型和平板型两种形式。图 5-37 所示为圆筒形电容传感器示意图。圆筒型电容传感器由两个同心金属圆柱面作为电极。图 5-37 中左侧为电容式传感器的俯视图，右侧为截面图，可忽略圆柱的边缘效应。图 5-38 所示为中国农业大学研究的平板型电容传感器示意图，采用此种主动屏蔽的探头结构能克服杂散电容对测量精度的影响。

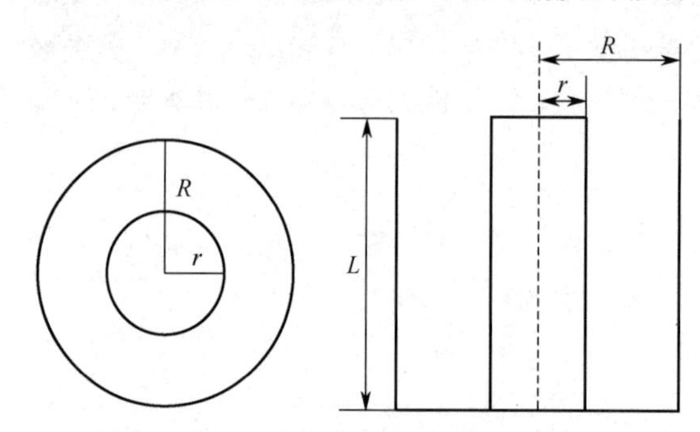

图 5-37 圆筒形电容传感器示意图

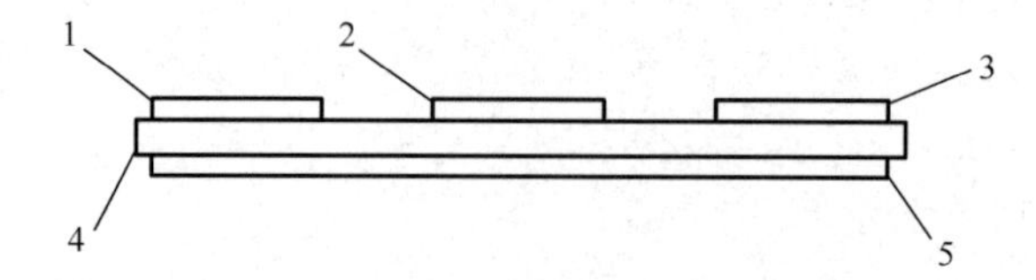

1、3—电容极板；2、5—主动屏蔽极板；4—高电介质平面基板

图 5-38 中国农业大学研究的平板型电容传感器示意图

电容式传感器通常有 3 种类型：变极距型、变面积型和变介电常数型。其中，变极距型和变介电常数型电容式传感器为非线性的，而变面积型是线性的。在实际使用中，为提高传

感器的线性度和抗干扰能力、增大灵敏度，常采用差动式结构。

5.4.3　测产系统设计

1. 测产系统设计概要

联合收割机谷物测产系统的硬件主要由监测控制器和数据采集设备两部分组成。其中数据采集设备部分包括收获谷物质量数据采集、电动机转速脉冲信号采集和谷物水分含量采集等。

1）监测控制器

在外观上，监测控制器的体积要小，易安装在联合收割机的驾驶室内。

在配置上，监测控制器需选用 12V 或 24V 直流电供电，使其能在收割机上正常使用。监测控制器的配置要高，需使其能流畅地运行 Windows XP 操作系统，能为测产系统软硬件的运行提供一个稳定的平台。同时，控制器配件的选取要考虑以后测产系统功能上的扩展和性能提升的需求。

在性能上，监测控制器的功耗要低；散热性能要好，防止因过热而死机；抗振性要好，使其在振动较大的驾驶室内也能正常工作；密封性要好、防尘，使其在尘土较大的恶劣环境下也能正常工作。

2）数据采集设备

（1）谷物质量数据采集。针对称重传感器，数据采集硬件需实时将力传感器发送的模拟电压信号经 A/D 转换后变为数字信号，并将数字信号发送给监测控制器实时运算处理。

（2）电动机转速脉冲信号采集。采集的电动机转速脉冲信号用于对采集的谷物质量流经谷物质量测量装置的时间进行修正，因而需同时采集谷物质量流量数据和电动机转速脉冲信号。可以考虑将两种信号数据采集硬件设计成为一体。

（3）谷物水分含量采集。电容式谷物水分采集硬件设计主要包括电容式谷物水分采集电路和电容式谷物水分传感器两部分。水分采集硬件选用 12V 直流电供电方式。

① 电容式谷物水分采集电路：选取合适的电路芯片，设计电容式谷物水分采集电路，用于采集电容传感器实时变化的电容值。

② 电容式谷物水分传感器：设计电容式谷物水分传感器，要考虑传感器两个极板的尺寸和它们之间的相对位置，以及制作传感器材质的选取等问题。最后，在对传感器进行封装时需考虑杂散电容对传感器的干扰，抗干扰设计要好。

2. 称量式谷物质量流量测量

称量式谷物质量流量测量的原理如下：被计量的粮食经刮板式谷物升运器送到称量式谷物质量流量测量装置中，该装置通过 3 点支撑力传感器，由重力传感器来计量谷物流经称量装置的实时质量。传感器采集的电压信号经高精度放大器放大后，通过模/数转换电路将质量信号转换为数字信号送入机载计算机，在计算机中对数字信号进行滤波，并将测得的粮食质量按粮食在测量装置中的流动时间来计算实时谷物流量，再对流量进行水分修正，最后对流量数据积分求和，即可测得收获谷物质量。

称量式谷物质量流量测量装置主要包括直流电动机、力传感器和平胶带传送器 3 部分，其结构示意图如图 5-39 所示。

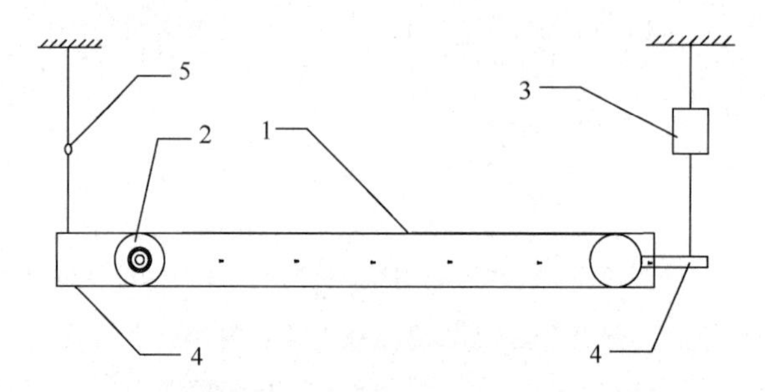

1—平胶带传送器；2—直流电动机；3—力传感器；4—传送器固定支架；5—铰节点支撑

图 5-39　称量式谷物质量流量测量装置结构示意图

利用称质量的方法计量谷物流量可以获得较高的测量精度，原理样机的设计采用了 3 点支撑传感器测量方法，外供动力。此方法能有效提高联合收割机粮食流量监测的准确性和系统的实用性，可简化安装，降低成本。

3. 电容式谷物水分测量

电容式传感器用于谷物含水率测量的基本依据如下：谷物干物质的相对介电常数一般为 ε=2～4，而水的相对介电常数为 80 左右，所以，含水率不同的谷物，其介电常数也不一样，谷物含水率越高，其介电常数越大。

电容法测量谷物水分的原理如下：不同水分的谷物流经电容传感器，使电容传感器的介电常数 ε 发生变化，随着介电常数的变化，电容传感器的电容量也会发生变化。对电容式水分传感器进行标定，得到传感器测量的电容值与被测谷物含水率之间的函数关系式，这样通过测定谷物的电容即可间接测量谷物的含水率。

不同介质的温度、湿度均能引起电容传感器介电常数 ε 的变化，从而引起传感器电容量的变化。例如，不同水分的谷物，在相同的温度环境下，所引起的传感器电容量变化是非线性的；同一水分的谷物在不同的温度下所测得的电容量变化，其斜率也不同。

因此，在测量谷物水分时，传感器电容变化量除与谷物的水分含量有关外，还与温度、紧实度及谷物品种有关。要准确测量谷物含水率，需要测定环境温度和流经传感器的谷物密度，在标定水分传感器时还需考虑对其进行温度补偿和密度补偿。

电容式谷物水分在线测量的原理如下：将电容式谷物水分传感器固定于在线测量水分的装置中，该装置在固定时间内取样。由水分传感器实时计量流经该装置谷物的电容量，通过 A/D 转换电路将模拟量转换为数字量后送入机载计算机。在计算机中对数字量滤波处理，根据公式计算实时谷物含水率。考虑在线测量谷物水分的温度补偿和密度补偿问题，可在装置内添加温度传感器和容重测量传感器，测量电容量的同时测量谷物温度和密度，在含水率计量算法中添加温度补偿参数和密度补偿参数，从而得到更准确的实时谷物含水率。

在谷物升运器外安装谷物水分测量装置，并在该水分测量装置中固定安装电容式水分测量传感器，以实现联合收割机上谷物水分的在线测量。谷物水分在线测量装置的结构示意图如图 5-40 所示，左图为测水分装置的俯视图，右图为测水分装置的侧视图。

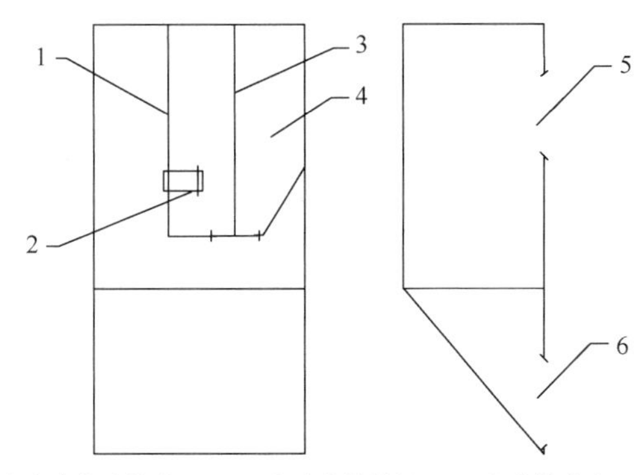

1—传感器固定支架；2—电容式水分传感器；3—电动式推拉杆；4—谷物储藏仓；5—取样进料口；6—出料口

图 5-40　谷物水分在线测量装置的结构示意图

收获谷物时，电动式推拉杆关闭谷物储藏仓的出口，打开测水装置的取样进料口。一部分谷物通过该装置的取样进料口进入谷物储藏仓，谷物将电容式水分传感器完全覆盖，关闭取样进料口，此时即可读取传感器测量数据。待检测完毕后，电动式推拉杆将打开谷物储藏仓的出口，将内部谷物从出料口全部排出，继而进行新一轮谷物水分测量。通过该装置周而复始的运作，可以使安装在其内部的水分传感器实时测量谷物含水率。

5.5　谷物收获机损失在线传感技术

联合收割机的夹带和清选损失作为收割作业时必须控制的关键技术指标，直接影响着收割机的生产效率和作业质量。开展谷物联合收割机籽粒收获损失监测技术的研究，实现夹带损失、清选损失的在线监测，及时调整作业状态，避免工作部件非正常损坏，达到高效作业、减少损失的目的，具有十分重要的社会经济价值。

传统的损失率监测是采用人工计数的方法来完成的，工作效率低、误差大，且无法实现在线监测。随着现代农业技术的不断发展，联合收割机粮食损失在线监测问题成了一个亟待解决的难题，实时监测谷物损失对于提高收获作业的效率和作业质量具有重要意义。

世界上许多国家都已经研制开发了联合收割机谷物损失监视器。美国专利 4036065（Strelioff,1977）提出采用声音辨识的方法来监测谷物损失。通过高灵敏的麦克风来拾取籽粒和秸秆等物料冲击感应板的声音信号，并对信号进行放大滤波等处理，根据采样比例最终得到损失量，送入二次仪表显示。由于物料冲击产生的声音信号非常微弱，在联合收割机作业过程中，其内部机械噪声很强，很容易对传感器产生干扰。Teejet 公司的 LH765 型谷物损失监测器包括分别安装于逐稿器和清选筛后部的损失传感器、信号处理器和显示仪表。该系统能够将夹带与清选损失信息进行综合处理，进而提高联合收割机的工作性能，并且对不同谷物具有良好的适应性。传感器采用压电晶体作为检测元件。

纵观目前国外联合收割机所安装的谷物损失监视器，其测量原理基本相同，即在一块长方形或圆形铁板中心位置安装压电陶瓷单元，当谷粒下落撞击传感器铁板时，铁板产生机械振动，经压电陶瓷转变为相应的电脉冲信号，对信号进行鉴别处理，从而得到籽粒量。国内对于损失传感器的研究也以压电式传感器为主，但成型的谷物损失测量装置在国内市场上较少。由于联合收割机作业环境比较恶劣，机器振动和环境噪声都会对检测信号产生干扰。为此，一些学者采用诸如结构对称差分方法（毛罕平等，2012）、混沌检测（高建民等，2011）等方法提高压电信号的信噪比，以提高传感器的检测精度和可靠性。另外，当前所研究的压电式损失传感器在检测不同类型籽粒时，由于籽粒触发信号幅值不同，需要人工调节阈值范围，并进行频繁标定，以满足测量要求，这给实际应用带来不便。

5.5.1 传感器设计

1. PVDF 阵列传感器原理

传感器以 PVDF 压电薄膜为敏感材料制作而成。PVDF 压电薄膜作为一种新型的压电高分子材料，近年来在机器人、结构振动及生物医学领域得到广泛应用。相比传统的压电陶瓷，PVDF 压电薄膜具有更高的压电电压系数（是压电陶瓷的 10～20 倍）；柔顺性好，便于制成各种形状的大面积传感元件阵列；响应速度快，具有相当宽的频率范围。

PVDF 传感器正压电效应的压电方程为

$$\boldsymbol{D}=\boldsymbol{d}\boldsymbol{T}+\boldsymbol{\varepsilon}^{\mathrm{T}}E \tag{5-21}$$

其中 $\boldsymbol{D}=(D_1\ D_2\ D_3)^{\mathrm{T}}$，$\boldsymbol{T}=(T_1\ T_2\ T_3\ T_4\ T_5\ T_6)^{\mathrm{T}}$

式中，$\boldsymbol{\varepsilon}$——介电常数矩阵。

E——电场强度。

$\boldsymbol{D}$——电位移矩阵，即面电荷密度矩阵。

$\boldsymbol{T}$——应力。

$\boldsymbol{d}$——压电常数矩阵。

所用 PVDF 压电薄膜的极化方向为方向 3，即厚度方向，则压电常数矩阵为

$$\boldsymbol{d}=\begin{pmatrix} 0 & 0 & 0 & 0 & d_{15} & 0 \\ 0 & 0 & 0 & d_{15} & 0 & 0 \\ d_{31} & d_{32} & d_{33} & 0 & 0 & 0 \end{pmatrix} \tag{5-22}$$

当压电薄膜不置于电场中时

$$\boldsymbol{D} = \boldsymbol{dT} \tag{5-23}$$

$$D_3 = d_{31}T_1 + d_{32}T_2 + d_{33}T_3 + d_{15}T_4 + d_{15}T_5 \tag{5-24}$$

仅考虑方向 3 受均匀的力时

$$D_3 = d_{33}T_3 \tag{5-25}$$

则由式（5-25）可得出 PVDF 薄膜产生的表面电荷与所受压缩力呈线性关系。

2. PVDF 阵列传感器制作

阵列传感器由 5 个传感器单元组成，每个单元为厚 50μm、有效面积 2000mm^{2}的 PVDF 压电薄膜，单元间隔 1mm。由于 PVDF 压电薄膜表面所镀电极层很薄且易受破坏，因此，在上、下表面均粘贴高耐磨的 PET 薄膜（保护膜厚度为 0.1mm），将整个传感器单元塑封保护。压电薄膜属于高分子有机材料，不耐热，无法点焊引出电极，这里采用冷压端子形式将电极引出，保证了传感器信号输出的可靠性。

制作完成的 PVDF 压电传感器厚度约为 0.3mm，需要基板支撑固定，若直接将传感器粘贴于支撑基板上，籽粒冲击传感器的同时，会对基板产生一定的冲力，该冲力又会反作用于各传感器单元，使得传感器单元之间相互影响，因此，在 PVDF 传感器下保护层与支撑基板间粘贴 2mm 厚的橡胶层，用于衰减冲击信号，同时由于橡胶的弹性，也能提高传感器的形变力度，增强输出信号。PVDF 阵列传感器单元结构如图 5-41 所示。PVDF 阵列传感器参数如表 5-3 所示。

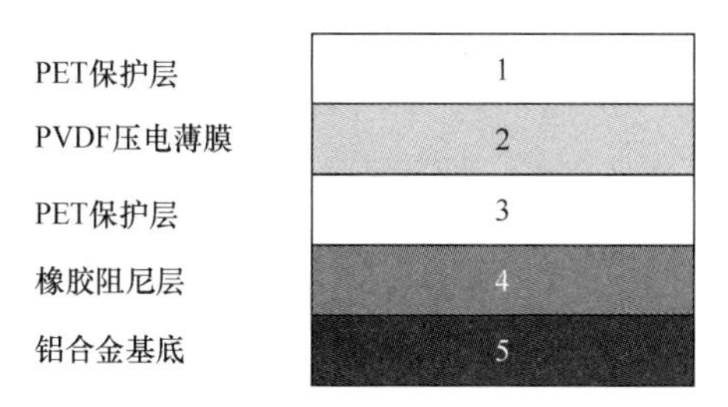

图 5-41　PVDF 阵列传感器单元结构

表 5-3　PVDF 阵列传感器参数

名称	参数	名称	参数
阵列单元数	5	压电常数/10^{-12}C•N^{-1}	21
传感器单元长度/mm	110	密度/kg•m^{-3}	1.8
传感器单元宽度/mm	20	电容/10^{-9}F	3.2
总有效面积/mm^2	10000	温度范围/℃	−40～80

注：传感器单元包括 10mm 的电极引线端子，属于非有效作用区域，因此有效长度为 100mm。

5.5.2　信号调理电路设计

由于传感器为阵列结构，为了避免各单元相互干扰，同时提高测量的响应速度，每个阵列单元设计了独立的信号处理电路。传感器信号处理电路主要包括电荷信号转换放大、带通滤波、脉冲整形、计数等部分。传感器信号处理电路结构原理图如图 5-42 所示。

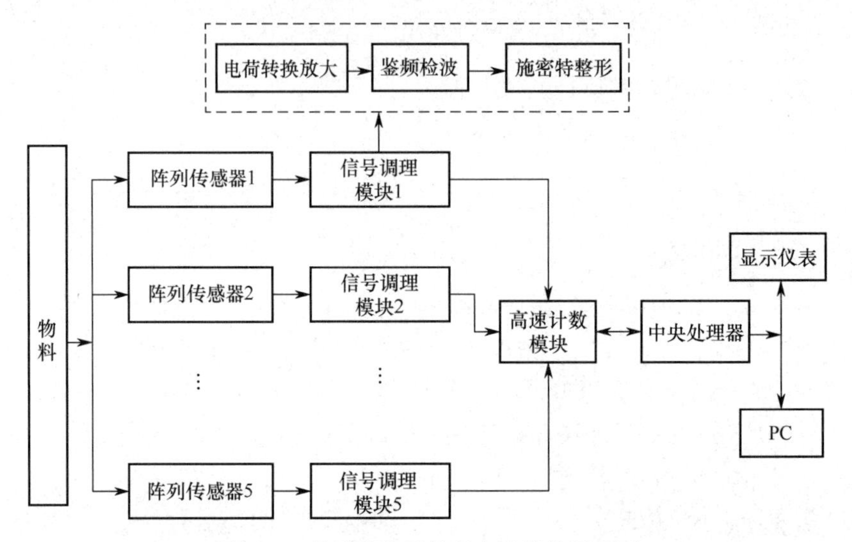

图 5-42　传感器信号处理电路结构原理图

1. 电荷转换放大电路

PVDF 传感器受到籽粒冲击后产生电荷，不能直接测量，必须经电荷放大装置将其转换为电压信号后才能进行采集处理。这里选用 TL082 高输入阻抗运算放大器，并结合前级电阻电容构成电荷放大器。电荷放大电路与 PVDF 传感器连接的等效电路图如图 5-43 所示。

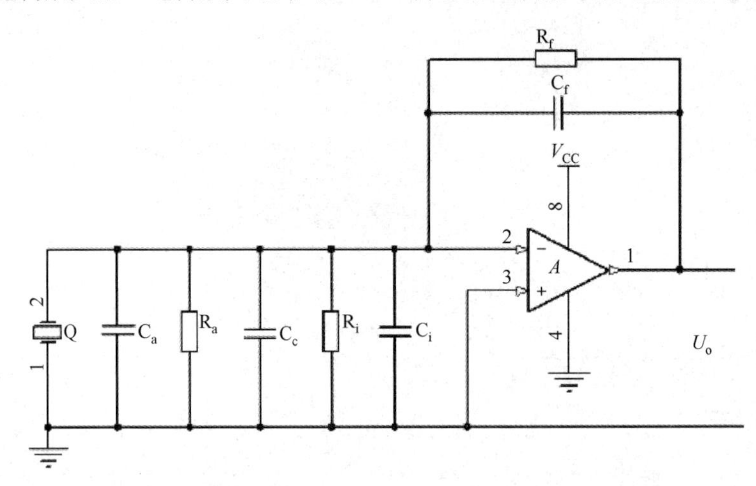

图 5-43　电荷放大电路与 PVDF 传感器连接的等效电路图

图 5-43 中 C_f 为电荷放大器的反馈电容，在其两端并联一个反馈电阻 R_f，C_a 为传感电容，其泄漏电阻是 R_a，C_c 为电缆电容，C_i 为放大器的输入电容，R_i 为放大器的输入电阻，A 为运算放大器的开环增益。

将反馈电容 C 折合到放大器输入端的有效电容 C'，即 $C'=C$（$1+A$）。若忽略放大器输入电阻 R_f 和反馈电容并联的泄漏电阻 R_a，则放大器输出的电压为

$$U_o = \frac{-AQ}{C_a + C_c + C_f + (1+A)C_f} = AU_i \tag{5-26}$$

放大器的输入电压为

$$U_i = \frac{-Q}{C_a + C_c + C_i + (1+A)C_f} = \frac{-C_a U_a}{C_a + C_c + C_i + (1+A)C_f} \tag{5-27}$$

由于 $A \gg 1$，所以（$1+A$）$C_f \gg$（$C_a+C_c+C_i$），这样，传感器自身电容 C_a、电缆电容 C_c 和放大器输入电容 C_i 均可忽略不计，放大器输出电压可表示为

$$U_o = -\frac{Q}{C_f} = \frac{d_{33}T_3}{C_f} \tag{5-28}$$

由式（5-28）可知电荷放大器输出电压与表面压力呈线性关系。

设计的电荷转换放大电路图如图 5-44 所示。

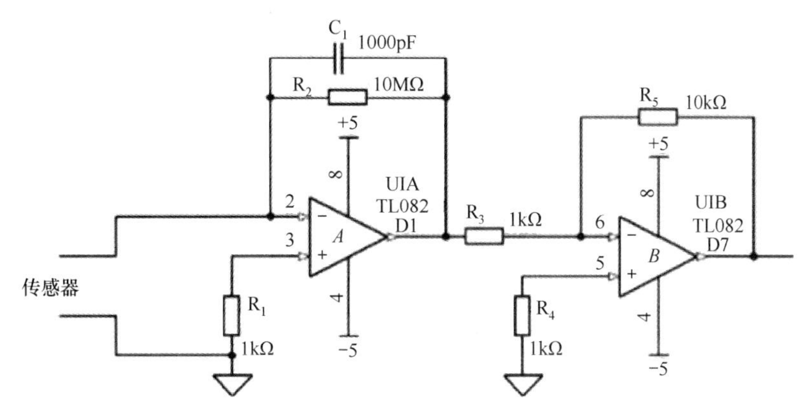

图 5-44　电荷转换放大电路图

图 5-44 中第一级为一个带电容反馈的高输入阻抗和高增益的运算放大器，为达到阻抗匹配要求，这里选用了 TL082 高输入阻抗运放，结合反馈电阻和电容构成电荷转换电路，将 PVDF 传感器的感应电荷信号转换为电压信号。第二级为电压放大电路，将转换后的电压信号进行二次放大，使放大后信号幅值为−4.5～4.5V。

2. 滤波电路设计

经过放大后的信号包含多种频段信息，通常采用有源滤波电路对不同频段信号进行甄别，以基于运算放大器设计的有源带通滤波器最为常用。在试验中发现，低阶带通滤波由于衰减速率所限，无法很好地消除冗余信号。当采用基于运算放大器设计高阶滤波器时，一方面，电路复杂程度增加，对系统可靠性和稳定性产生不利影响；另一方面，由于运算放大器及阻容元件受环境干扰影响，可能导致滤波器工作性能产生漂移。基于此，我们设计了基于集成滤波芯片 LTC1068-200 的八阶带通滤波电路。

LTC1068-200 是一款低噪声、高精度通用滤波器组合模块，有 4 个相同的 2 阶开关电容滤波节点，且中心频率能够设置为较低的频率，相比采用运放级联设计的有源滤波电路具有

更高的精度和可靠性。

为确定滤波器的合理参数，保证传感器对小麦、水稻籽粒均有良好的适用性，需对小麦和水稻籽粒冲击传感器的信号响应及FFT变换进行分析，结果如图5-45和图5-46所示。

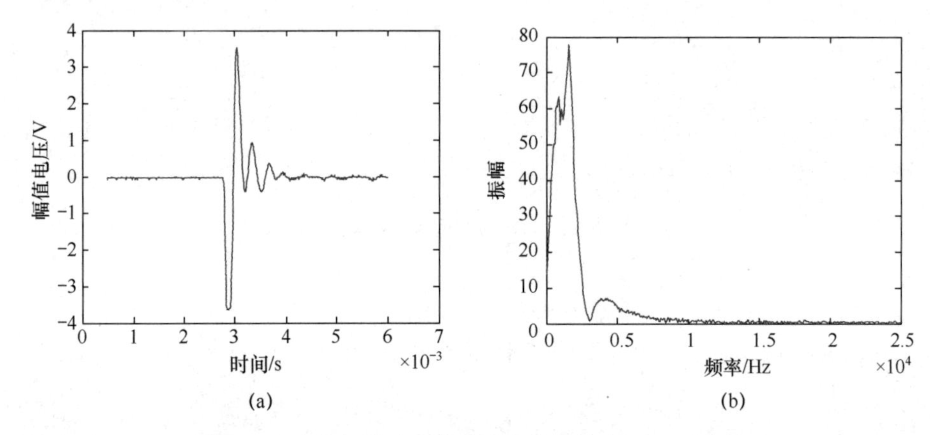

图5-45　小麦籽粒冲击传感器的信号响应及FFT变换

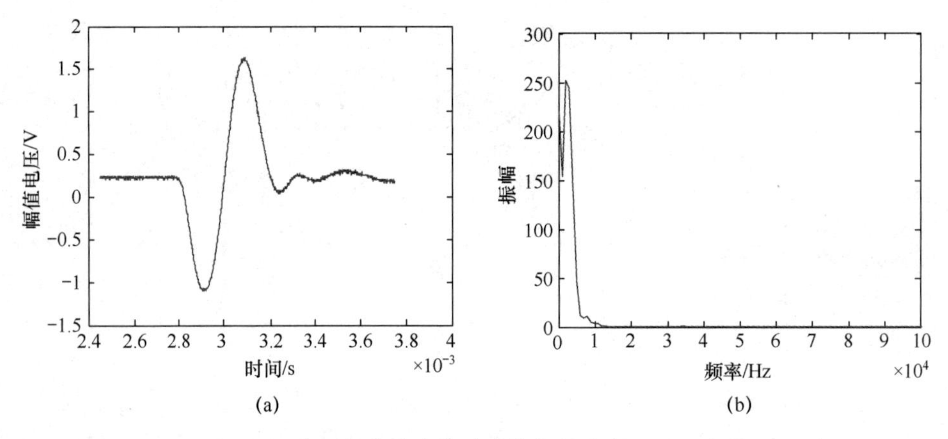

图5-46　水稻籽粒冲击传感器的信号响应及FFT变换

图5-45（a）和图5-46（a）所示分别为将电荷转换放大后的小麦与水稻籽粒冲击传感器产生的信号响应，图5-45（b）与图5-46（b）所示为籽粒信号的振幅曲线。可知小麦冲击信号的幅值为3.5V左右，经FFT变换后其特征频率为1.67kHz；水稻冲击信号的幅值为1.7V左右，经FFT变换后其特征频率为1.95kHz。显然两者的幅值差别较大，而特征频率也有所不同。

根据两者的特征频率，确定所设计的八阶契比雪夫带通滤波器的中心频率为1.81kHz，带宽为800Hz，即通频带为1.41～2.21kHz，以便将小麦与水稻籽粒特征频率均包括在内。LTC1068-200需要外部提供时钟信号，通常采用晶振结合分频器获得，但这样使电路相对复杂，并且频率难以微调。这里采用单片机STC11F02作为信号发生器产生所需频率的脉冲信号，经CLKOUT引脚输出，经过阻抗变换后进入LTC1068-200。所设计的带通滤波器电路如图5-47所示。其频率响应曲线如图5-48所示。

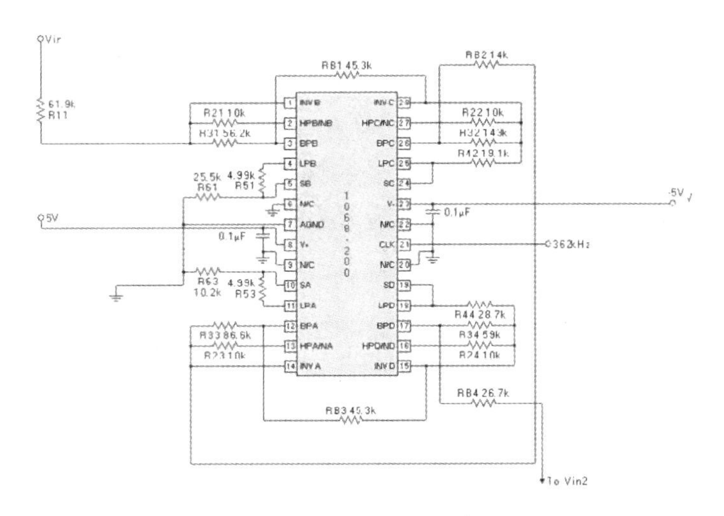

图 5-47　滤波器电路

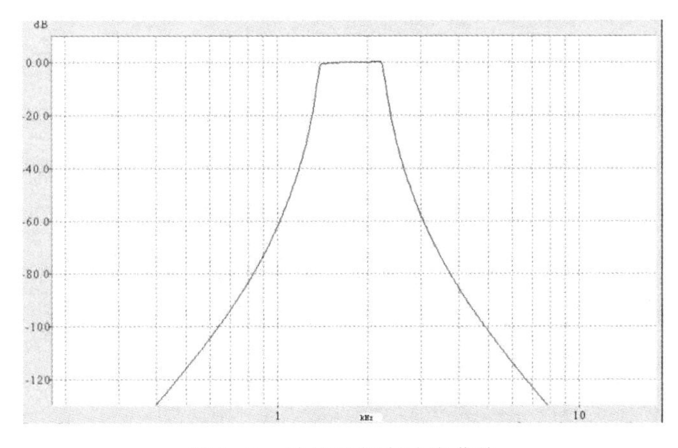

图 5-48　滤波器频率响应曲线

从其频率响应曲线可以看出，所设计的滤波器在-3dB 的带宽不大于 800Hz，能够达到较好的滤波效果。

3. 二极管检波电路

在对 PVDF 传感器信号响应分析过程中发现，由于籽粒冲击传感器所产生的信号为衰减振荡信号，第一个峰值最大，依次衰减至消失；而籽粒等物料由于冲击传感器的方向和位置不同，所产生响应信号的第一个峰值也不同。这样就会出现某一个籽粒信号的第二个峰值要大于另一个籽粒信号的第一个峰值，从而给后续计数带来不利影响。如果通过检测压电信号的电压峰值点，对每个峰值进行比较判断来确定是否为同一个籽粒信号将非常复杂。为此我们设计了二极管检波模块对 PVDF 传感器输出的压电脉冲信号进行包络检波得出形状，来简化这一工作。检波电路如图 5-49 所示。

经过滤波处理后的传感器感应信号 U_i 进入由二极管 D、电阻 R 和电容 C 构成的检波模块：在其正半周，D 导通，C 开始充电。充电时间常数 R_dC（R_d 为二极管正向导通电阻）很小，使 C 的电压 U_o 很快达到 U_i 的第一个正相峰值 U_p，之后 U_i 开始下降，当 $U_o>U_i$ 时 D 截止，C 开始放电，因放电时间常数远大于输入信号的周期，故放电很慢，U_o 下降不多时，U_i 达到第二个正相峰值 U_p。D 又将导通，继续对 C 充电。这样不断循环，便得到信号包络波形。图 5-50 所示为包络处理前后的籽粒信号。经过二极管包络检波处理后，籽粒冲击的衰减振荡脉冲信号转变为单个脉冲信号，大大提高了计数的准确性。

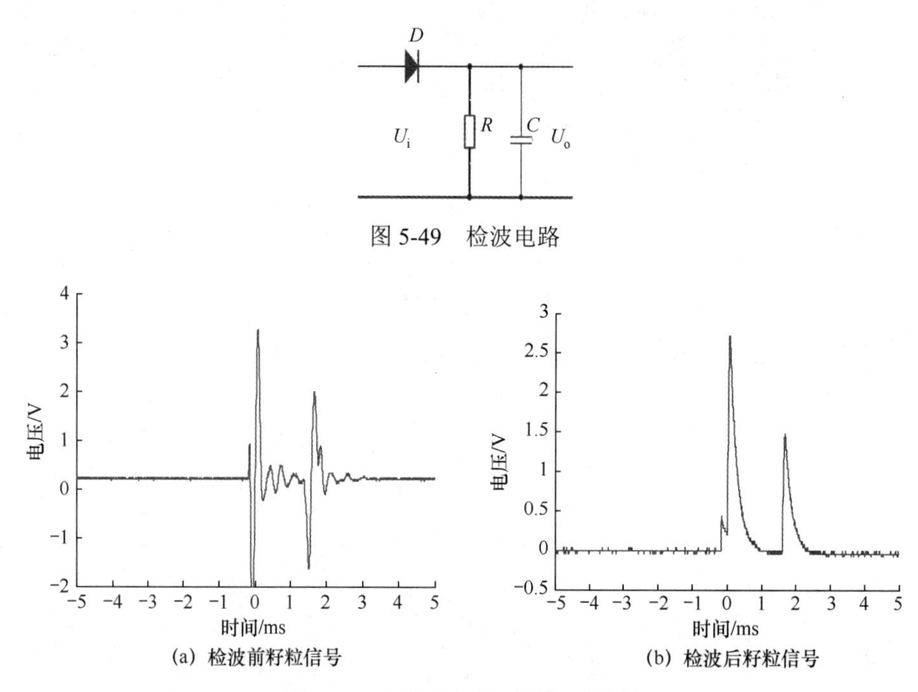

图 5-49　检波电路

(a) 检波前籽粒信号　　(b) 检波后籽粒信号

图 5-50　包络处理前后的籽粒信号

4. 动态电压比较电路

由于不同类型籽粒（如小麦和水稻）的质量不同，冲击感应板后产生的信号幅值也不同；即使同一种籽粒，其冲击角度和高度的差异，也会影响输出信号的幅值，因此，若采用固定阈值电压比较进行信号整形，则在物料类型或物料含水率发生变化后，为使传感器保持较高的测量精度，需要针对传感器进行重新标定，给使用带来不便。为此我们提出了基于电压比较器阈值动态可调的信号整形方法，设计动态阈值调节电路，实现冲击信号幅值比较过程中阈值的动态调整，从而提高信号整形精度。

经二极管检波后的传感器信号分为两路：一路直接进入电压比较器的正向输入端；另一路进入由 R_2、C_2 及 R_3、C_3 组成的低通滤波器后，接入电压比较器的反向输入端，R_1 并联于 C_2 两端，与 R_2 组成电压分压器。之后由比较器对两路信号进行比较整形。这里所选动态阈值电压比较器为 LM339AJ，电路如图 5-51 所示。

输入信号通过二阶低通滤波后可以得到一个与该信号强度相关的直流信号，将该信号进行分压，从而使电压比较器负端阈值电压与输入信号强度变化相关，且该阈值电压低于低通滤波后得到的直流信号，提高了比较器输出的准确性。

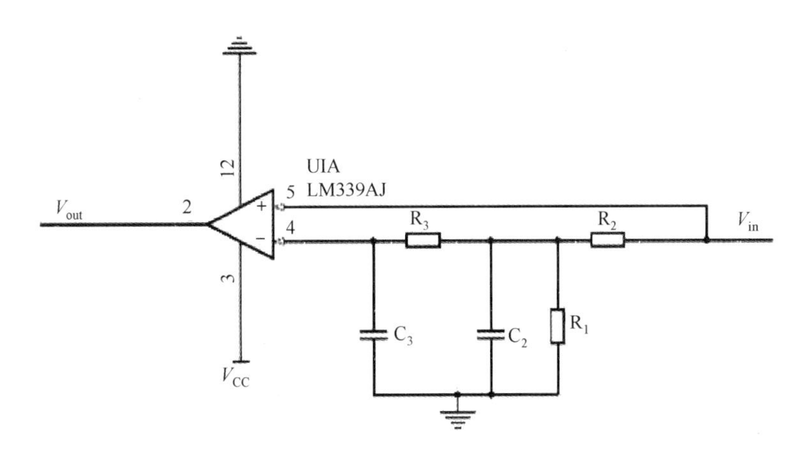

图 5-51　动态阈值电压比较电路

5. 脉冲计数电路

整形后的脉冲信号为标准方波，将该信号送入高速计数器 82C54 进行脉冲计数，从而得到损失的籽粒量。单片机将计算得到的籽粒量通过 RS-232 串行接口送入二次显示仪表，切换显示单位时间籽粒量和总籽粒量。

整个传感器系统置于一机壳内，机壳上表面为 PVDF 阵列传感器，信号处理电路位于传感器基板下，传感器与信号处理电路直接相连。系统与外部接口仅有电源和数据通信接口。这样整个传感测量装置将集阵列传感器与信号处理电路、接口电路于一体。这种结构可以避免传感器信号在经过长线传输时引入外界干扰，从而使系统抗干扰性能得到有效提高。

5.5.3　谷物损失传感器的应用

谷物损失传感器可安装于脱粒滚筒末端或清选筛尾筛后部，与水平成一定角度，用于测量夹带损失和清选损失，安装位置如图 5-52 所示。

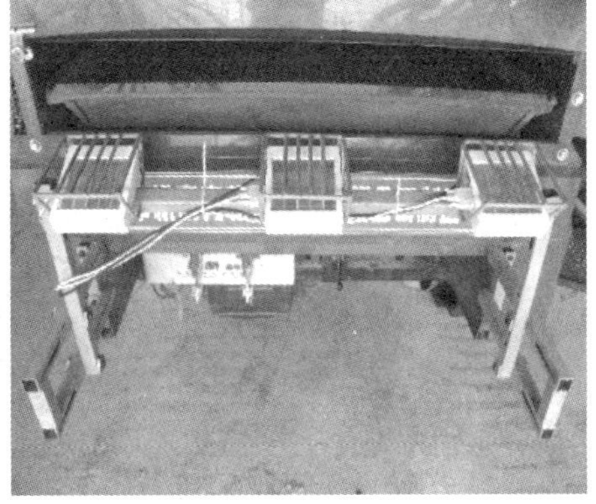

图 5-52　谷物损失传感器安装位置

为了便于较准确获取联合收割机的损失情况，借助损失传感器测量区域内的籽粒量，根据事先已建立好的该区域与谷物损失之间的数学模型，即可得到最终的谷物损失量。

5.6 谷物水分微波在线传感技术

粮食水分含量决定粮食的物理、化学和生物特征，是粮食质量的关键指标，它直接影响着粮食的收购、运输、储藏、加工、贸易等过程。微波水分检测是近几年发展起来的一项无损检测新技术，它具有检测精度高、测量范围广、稳定性好、便于动态检测、对环境的敏感性小、可以在相对恶劣环境条件下进行等优点。微波作为一种频率非常高的电磁波，具有很强的穿透性，它所检测的不仅是粮食表面的水分，还能够在无损的情况下检测到粮食内部的水分含量。微波检测技术广泛应用于食品、烟草、煤炭、药品、木材、混凝土等物料的水分检测中。微波水分检测正在逐步取代精度低、取样要求高、适应性差的电容法、电阻法等传统水分检测方法，成为一种理想的粮食水分在线检测技术。

5.6.1 微波水分检测原理及特性

微波是一种波长很短、频率很高的电磁波，具有似光性、近声性等物理特性。当波长远小于反射体时，微波和几何光学特性相似，即具有反射、折射、衍射及行程可逆等特性；当波长与反射体具有相同数量级时，微波又有近似于声学的特性。微波能穿透非金属材料，在金属表面产生反射。

水分子是极性分子，常态下其偶极子杂乱无章地分布着。在外电场作用下偶极子会形成定向排列。水分子中的偶极子受微波电磁场的作用而反复取向，不断从电场中得到能量（储能），又不断释放能量（释能），前者与后者分别表现为微波信号的相移和衰减。复介电常数 ε 可表征为

$$\varepsilon = \varepsilon' - j\varepsilon'' \tag{5-29}$$

或

$$\varepsilon = \varepsilon'(1 - j\tan\delta) \tag{5-30}$$

式中，ε' 为储能的度量；ε'' 为衰减的度量；衰减角的正切 $\tan\delta = \dfrac{\varepsilon''}{\varepsilon'}$ 表示介质损耗大小的一个常数。

ε' 与 ε'' 不仅与材料有关，还与测试信号的频率有关。所有极性分子均有此特性，一般情况下，干燥的物料，如木材、皮革、谷物、塑料等，其 ε' 在 1～5 范围内，而水的 ε' 则高达 64～80，因此，当物料中含有少量水分时，其 ε' 将显著上升，ε'' 也有类似的性质。电磁波经过有损耗介质作用后，其相移量和衰减量与 ε'、ε'' 的关系可表示为

$$\varepsilon' \approx \left(1 + \frac{\Delta\Phi \cdot \lambda_0}{360t}\right)^2 \tag{5-31}$$

$$\varepsilon'' \approx \frac{\Delta A \cdot \lambda_0 \cdot \sqrt{\varepsilon'}}{8.686\pi \cdot t} \tag{5-32}$$

式中，λ_0为自由空间的波长（m）；$\Delta\Phi$为相移量（度）；ΔA为衰减量（dB）；t 为物料厚度（m）。由式（5-31）、式（5-32）可得

$$\Delta\Phi = 360 \cdot \frac{t}{\lambda_0} \cdot (\sqrt{\varepsilon'} - 1) \tag{5-33}$$

$$\Delta A = 8.686\pi \cdot \frac{t}{\lambda_0} \cdot \frac{\varepsilon''}{\sqrt{\varepsilon'}} \tag{5-34}$$

式（5-33）和式（5-34）表明，微波信号相移量$\Delta\Phi$和衰减量ΔA是介电常数的函数。微波水分检测的原理就是，利用微波作用于物料引起的微波信号相移量和衰减量来换算成物料的水分含量。

粮食中水的介电常数和衰减因子比其中干物质的介电特性值高很多，且作为极性分子的水在微波场作用下极化，表现出对微波的特殊敏感性。微波粮食水分检测正是利用水对微波能量的吸收、反射等作用，引起微波信号相位、幅值等参数变化的原理进行水分含量检测的。微波水分检测可以采用透射式或反射式检测方法，其微波传感器布置方式如图 5-53 所示。当物料比较薄时，采用透射式检测方法；当物料比较厚、密度比较大时，采用反射式检测方法。在微波水分检测中，为了达到应用的灵敏度，常用微波的 X 波段：8.2～10.9GHz。

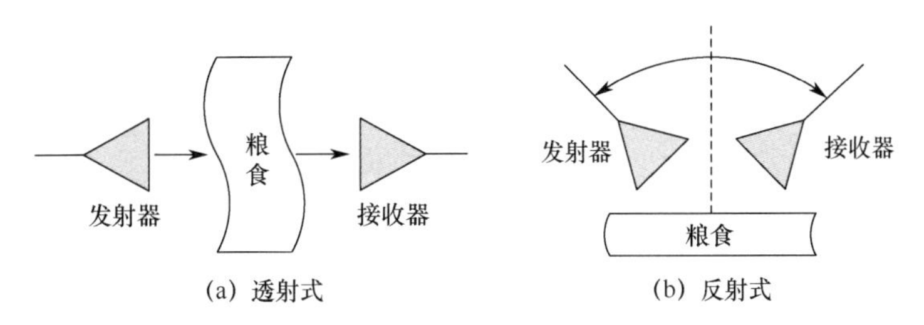

图 5-53　微波传感器布置方式

微波水分检测准确性高，速度快，便于动态实时检测；它能实现非介入式、非物理接触的、无损的、在线连续水分检测；微波水分检测的被测参量是可选的，可以用单参量测量，也可以用对比参量方法消除影响测量精度的物性参数的作用，从而实现如“与密度不相关”“与形状不相关”的测量等；微波水分检测系统由固态器件组成，其检测装置小巧、坚固、可靠、安装方便；微波水分检测是一种深度测量技术，所测结果为体积总体水分而具有代表性，相比表面测量技术要优越得多。微波水分检测操作简单、可连续测量，不会受到物料的颜色、结构等的影响，有利于实现粮食水分实时在线式检测。

5.6.2　微波在线式粮食水分检测系统

微波在线式粮食水分检测系统主要由微波信号发生器、隔离器、调配器、检波器、温度传感器与信号采集等部分组成，如图 5-54 所示。

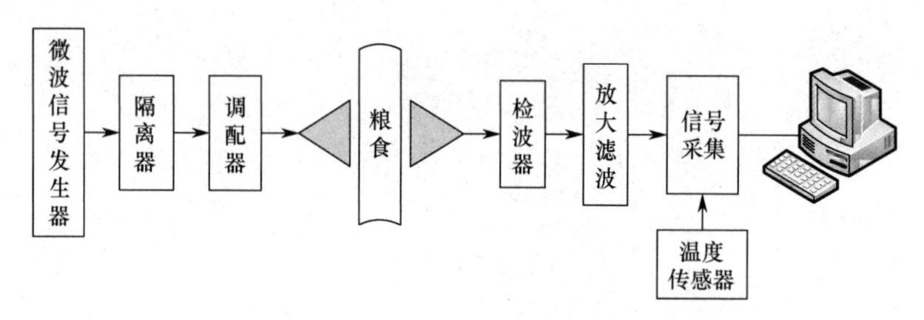

图 5-54 微波在线式粮食水分检测系统

微波信号发生器的工作频率为 10.5GHz，温度传感器采取透射式检测方法布置。隔离器使正向传输的微波无衰减或以很小的衰减通过，而对于反向传输的微波则有较大的衰减。使用隔离器，可把负载不匹配所引起的反射通过隔离器吸收掉，不能返回到信号源，使信号源能稳定地工作。检波器把微波信号转换为电信号，通过放大、滤波，经 A/D 转换后，通过 CAN 总线发送到计算机中。计算机完成对数据的分析与实时显示。A/D 采样为 16 位，参考电压为 3V，电压转换分辨率为 45.8μV/位。通过温度传感器信号进行温度补偿，以获得微波检测信号与粮食水分含量的理想线性关系，从而提高系统检测精度。

微波在线式粮食水分检测系统工作流程图如图 5-55 所示。系统在初次安装或检测的物料品种变换时，需要进行系统标定，一般需要标定两个或两个以上数据点。系统初始化完成后，采集一小段微波检测信号，对这段数据进行平滑处理。首先采用冒泡法进行排序；然后选用中间的数据加权平均，并对采样数据进行温度补偿；最后根据事先的标定值和平滑预处理后的结果，通过线性匹配换算成粮食水分含量并显示。

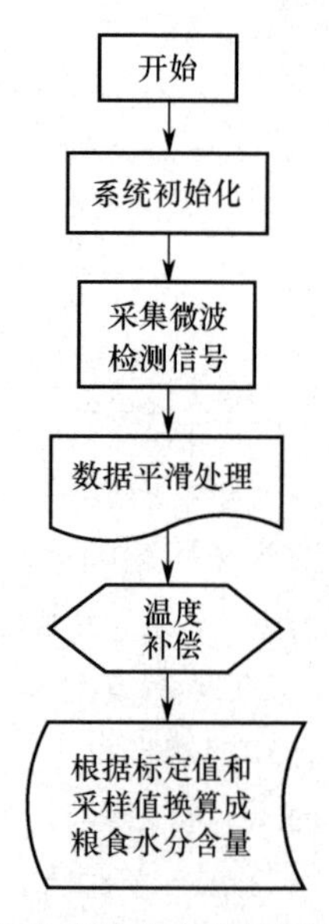

图 5-55 微波在线式粮食水分检测系统工作流程图

假设我们选用小麦作为检测对象，其标准含水量范围为 10%～18%。根据检波、采样处理的结果和标定值换算成小麦的水分含量，用标准干燥法获得样本水分含量值，水分含量实验检测结果如表 5-4 所示。表 5-4 中的数据反映了对于不同水分含量，检测的电压值具有很好的区分度。进行多次检测，微波水分检测重复性好，检测含水量范围为 8%～20%，测量精度在±0.4%以内。这说明该系统完全可以满足粮食水分含量实时检测的需要。

表 5-4　水分含量实验检测结果

序号	A/D 采样值	电压值/V	水分含量/%
1	10900	0.499	20.1
2	22020	1.009	16.4
3	37710	1.726	11.2
4	42350	1.939	9.5
5	47800	2.188	7.8

微波在线式粮食水分检测系统解决了目前在国内粮食收购时，存在凭手摸、牙咬等经验来判断粮食的水分导致测定结果可靠性低的问题，本检测系统可以在线连续、及时、准确地检测粮食水分含量，为粮食的收购、运输和储藏提供了强有力的技术保障。大量室内外实验表明，该系统可以满足在粮食收购、储藏、加工等过程中水分含量的检测需要，而且有很好的发展前景。在以后的研究中，我们将对物料密度的影响做深入的分析，进一步提高系统的稳健性，达到理想的水分含量检测结果。

5.6.3　粮食烘干过程中水分检测系统

粮食烘干是农业生产的重要步骤，也是粮食生产中的关键环节。我国是世界上最大的粮食生产和消费国，年总产粮食约 5.8 亿吨，每年因气候潮湿来不及晒干或未达到安全水分标准造成霉变、发芽而损失的粮食高达 5%，相当于每年损失 2900 万吨粮食，因此，发展粮食烘干自动化技术，改变传统靠天吃饭的被动局面，使到手的粮食损失减少到最低点，是粮食可收、可用、少损的重要保障条件。

目前，粮食烘干过程中水分检测技术还不是很成熟，干燥过程中物料水分控制方面还不能较好地实现自动化、连续化，物料水分的测定数据还不够准确，影响干燥物料的品质、产量，增加生产成本。采用微波无损检测技术，并根据我国原粮状况和干燥设备技术规范，对粮食烘干过程中的水分变化情况进行连续、在线式检测，是粮食烘干过程中水分检测与控制的技术保障。

粮食水分检测装置如图 5-56 所示。其中，温度传感器用来检测物料的温度。信号采集控制器将采集到的微波水分传感器信号和物料温度信息通过 CAN 总线发送到显示终端，显示终端进行数据分析、处理和结果实时显示。

检波器把微波信号转换为电信号，通过放大、滤波，经 A/D 转换后，通过 CAN 总线发送到显示终端，显示终端对数据进行分析与实时显示。传感器信号经 A/D 采样为 12 位，参考电压为 5V，分辨率为 1.22mV/位。通过温度传感器信号进行温度补偿，以获得微波检测信号与粮食水分含量的理想线性关系，提高系统检测精度。

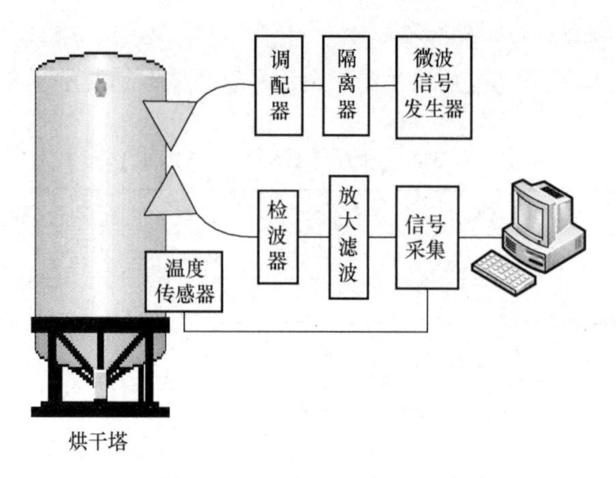

图 5-56　粮食水分检测装置

粮食烘干过程中水分监测终端界面如图 5-57 所示。首先选择要监测的物料，主要为玉米、小麦、水稻等主要粮食作物。系统在初次安装或监测的物料品种变换时，需要进行系统标定，可以通过终端的水分标定菜单来完成参数标定工作。系统参数标定一般需要 3 个以上物料水分数据点，先采用冒泡法进行排序，再选用中间的数据加权平均，并对采样数据进行温度补偿，按照国标烘干法的要求获取物料的真实水分含量，拟合近似水分含量曲线。根据事先的标定值和平滑预处理后的结果，通过线性匹配换算成粮食水分含量值并显示。主界面显示当前的水分值和温度值及趋势曲线，通过切换显示界面可以查看历史数据，了解粮食烘干过程中的水分变化情况，对粮食合理烘干进行科学指导。

图 5-57　粮食烘干过程中水分监测终端界面

为了检验微波在线式水分检测系统在实际粮食烘干过程中的监测情况，我们将该系统安装到了实际烘干设备上，烘干设备内的物料为玉米籽粒，烘干前水分含量为 18%～22%。

首先进行系统水分值标定，用标准干燥法将粮食烘干过程中不同时间段的微波传感器检测获得的结果，作为物料样品水分含量值，标定实验数据如表 5-5 所示。表 5-5 中的数据表明，对不同水分含量，检测的电压值具有很好的区分度。微波水分检测系统标定完以后，进行实际烘干过程粮食水分的检测，用标准干燥法获得物料样品水分含量值标准值，实验结果如表 5-6 所示。多次检测表明微波在线式水分检测重复性好，检测含水量范围为 10%～21%，测量精度在±0.5%以内，完全可以满足粮食烘干过程中水分含量实时检测的需要。

表 5-5　标定实验数据

序号	A/D 采样值	电压值/V	标准水分含量/%
1	290	0.352	20.1
2	1010	1.232	18.4
3	2550	3.112	15.2
4	3320	4.051	13.4
5	4080	4.970	11.5

表 5-6　粮食水分含量实验结果

序号	水分含量测量值/%	水分含量标准值/%	误差/%
1	19.9	19.5	0.4
2	18.2	18.6	−0.4
3	16.1	16.6	−0.5
4	13.7	13.4	0.3
5	12.3	11.9	0.4

粮食烘干过程中水分在线式检测系统采用微波无损检测技术，嵌入式监控终端进行自动测量、记录与显示，自动化程度高，操作简便，可实现粮食烘干过程中水分的在线式检测，为提高粮食烘干质量，优化烘干过程提供了强有力的技术保障。我们将在以后的研究中采用多点测量，多种传感器融合技术，对其他高温度、高水分物料的水分检测进行深入研究，进一步提高系统的适用性，达到理想的含水量检测结果。

5.7　采棉机智能化技术

棉花采收是棉花生产过程中极其重要的环节，传统人工采摘已很难满足棉花及时采摘的要求，实现机械化采棉已势在必行。近年来，随着棉花生产机械化水平稳步提升，采棉机在我国新疆棉区得到快速普及应用。采棉机在收获作业过程中各运动部件一旦发生故障，尤其是采摘头，作为采棉机的关键部件，将显著影响采收工作质量和效率。另外，受采棉机高速作业及环境影响，棉箱籽棉容易发生阴燃，并引发火灾，造成较大损失。因此，开发采棉机智能化监测系统，对于提高采棉作业效率与作业质量，保证作业安全具有重要意义。

5.7.1　采棉机关键部件

采棉机作为棉花全程机械化的关键装备之一，对于提高棉花采收生产率、降低劳动成本都具有重要意义。目前，美国凭借成熟的机采技术已经实现高达 95%以上的采棉机械化程度。近年来，我国在新疆棉区积极开展了机采棉应用，棉花机采化水平也在逐年提高。

石河子贵航农机装备有限责任公司研制生产的 4MZ-5 型采棉机是一种采用前置悬挂式采摘工作台，翻转自动输卸式棉箱，液压与机械混合式传动的大型（五行）水平摘锭自走式采棉机（郝付平等，2013）。其综合指标达到国际先进水平，各项技术与性能达到了国外采棉机的指标参数。4MZ-5 型采棉机原理及工作过程如下：采棉时，由分合器将棉株送入采摘室，此时旋转的采摘头摘锭钩齿挂住并缠住籽棉，进而拉出棉铃。高速旋转的脱棉盘把摘锭上的籽棉从反方向旋转脱下，经风力输送系统吹入风管、棉箱内，完成棉花采摘过程。采棉机作业过程中各工作系统需相互配合完成棉花的采摘过程，因此，采棉机各关键部件工况正常与否直接影响整机的工作效率与质量。

下面简要介绍 4MZ-5 型采棉机的主要核心部件工作参数对采棉机作业过程的影响。

（1）采摘头。采摘头是采棉机的核心工作部件，结构复杂，如图 5-58 所示。采棉机的采净率和含杂率均与采摘头的转速和行走速度密切相关，均随着采摘头转速的提高而提高，随着行走速度的提高而降低。通过试验分析，得出最优的采摘头转速约为 370r/min，行走速度为 2.8～3.0km/h。当采摘头转速为 370r/min 时，不同行走速度下的物料成分含量如表 5-7 所示。而且轴承作为采摘头的重要组成部件，可以通过安装温度传感器检测轴承温升情况，从而达到对其工作状态的实时监测及早期故障预警。

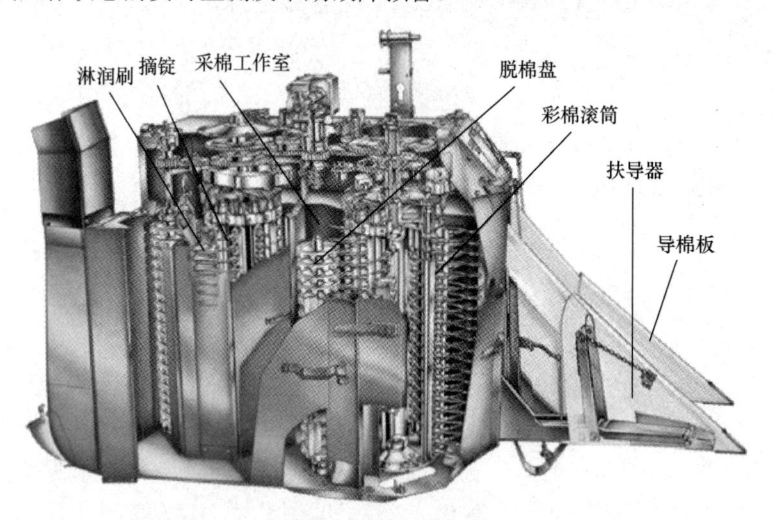

图 5-58　采摘头结构

（2）液压系统。由于采棉机作业环境多变，复杂且机身振动较大，在作业中容易出现油管撕裂、液压油泄漏等情况，进而导致液压泵等部件故障的发生。通过安装液压油管管路压力传感器，可以实时在线采集管路压力以便对采棉机液压系统状态进行监测。

表 5-7 采棉机最优采摘效果物料成分含量（%）

行走速度/（km/h）	棉花	茎秆	棉叶	棉桃	铃壳	含杂率
2.8	73.71	1.93	8.12	3.28	12.96	26.29
3.0	74.70	1.95	7.42	3.16	12.77	25.30

（3）风力输棉系统。风力输棉系统在正常工作时，发动机转速需要达到 2200r/min 左右，此时风机转速达到 3800r/min，且正常工作时风机转速不能低于 3600r/min。轴承作为输棉风机的重要部件，其工作状态直接影响风机的工作性能，通过安装温度传感器来监测轴承温度的实时变化，进而实现对风机的状态监测。

（4）棉箱。在棉箱装载籽棉的过程中，一旦籽棉内混入了小火星，会导致棉花发生阴燃，当遇到合适的条件时，极易引发火灾。通过在棉箱内安装 CO（一氧化碳）传感器与 NO（一氧化氮）传感器，实时检测棉箱内气体浓度，可以对棉箱火情进行检测和预警，避免重大灾情的发生。

5.7.2 工况监测技术

随着采棉机日益向大型化发展，仅凭驾驶员的听觉和视觉去识别采棉机的工作情况将变得越来越困难，这就迫切需要研究相应的监测系统，实时监测采棉机的工作情况，从而减少采棉机故障的发生，提高作业质量和工作效率。

1. 监测系统总体结构

采棉机工况在线监测系统总体结构如图 5-59 所示。车载监控终端经由 USB-CAN 适配器发出采集指令到各采集模块，采集模块则反馈发回各工况监测传感器信号，经由 USB-CAN 适配器传输至车载监控终端进行分析、显示、保存及故障诊断。与此同时，各工况参数通过远程数据传输模块发送至远程中心服务器。

2. 传感器选型

传感器作为采棉机作业工况监测系统中的信号检测装置，其性能将直接影响整个系统的精度。根据核心部件工况参数，选取合适的传感器对整个系统来说尤为重要。

核心部件工况参数包括各采摘头转速及采摘头轴承温度、风机转速、风机轴承温度、发动机油耗、棉箱 CO 与 NO 气体浓度、输棉管风压与风速等。核心部件是否处于正常工作状态对采棉机来说关系重大。例如，采摘头作为关键工作部件，其工作性能对采棉机的效率有着极其重要的影响，这里主要通过安装转速传感器来监测各采摘头转速是否匹配，以确定采摘头是否存在阻塞情况。风送系统作为采棉机的重要组成部分，主要通过安装风机转速、风机轴承温度、风管风速及风压传感器来综合监测其工作状况，通过多传感信息融合，以确定棉花是否输送通畅及风送系统工作状况是否异常。

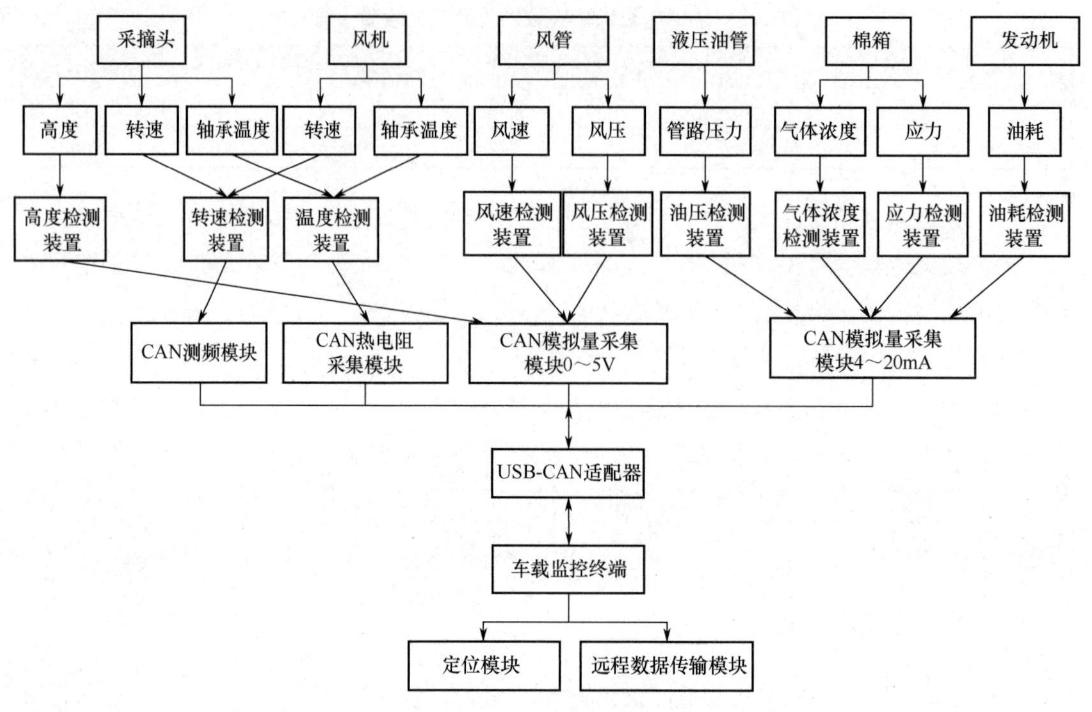

图 5-59　采棉机工况在线监测系统总体结构

系统监测的采棉机核心部件有采摘头、发动机、液压油管、风机、风管、棉箱等。采棉机核心部件工况监测装置如表 5-8 所示。

表 5-8　采棉机核心部件工况监测装置

部件名称	监测参数	所需传感器	数量
采摘头	摘锭座管转速	欧姆龙接近开关	5
	采摘头轴承温度	Pt100 温度传感器	2
	采摘头高度	SCA100T-D02 倾角传感器	1
风机	转速	欧姆龙接近开关	1
	轴承温度	Pt100 温度传感器	1
棉箱	应力	轮辐式力传感器	2
气体浓度	CO、NO	英国 CITY 7E/F、德国 Solidsense 4NO-250	4
风管	风压	差压变送器 CYB-41S	3
	风速	KV621	3
发动机	油耗	交大神舟柴油型油耗仪	1
液压油管	管路压力	JYB-KO-H 昆仑海岸	1

（1）关键旋转部件转速监测。采用欧姆龙公司 E2E-X5ME1-Z 型接近开关作为采摘头与风机转速监测装置，如图 5-60 所示。传感器为三线制，信号输出稳定，传感器探头外侧为螺纹结构，方便安装。且安装时传感器头部必须距待测旋转结构金属面 0.5cm 以内，则传感

器从接近到远离旋转金属面的过渡瞬间产生脉冲，反之亦然，此时脉冲信号被传感器连接的采集模块采集。其中监测风机转速的接近开关现场安装位置如图 5-61 所示，其工作电压为 12～24V。利用“L”形支架把采摘头转速传感器安装在采摘头传动轴附近的变速箱上，传感器探头对准传动轴。同样利用“L”形支架把风机转速传感器安装在风机皮带轮一侧的支架上，传感器对准风机传动一级皮带轮上的圆孔。

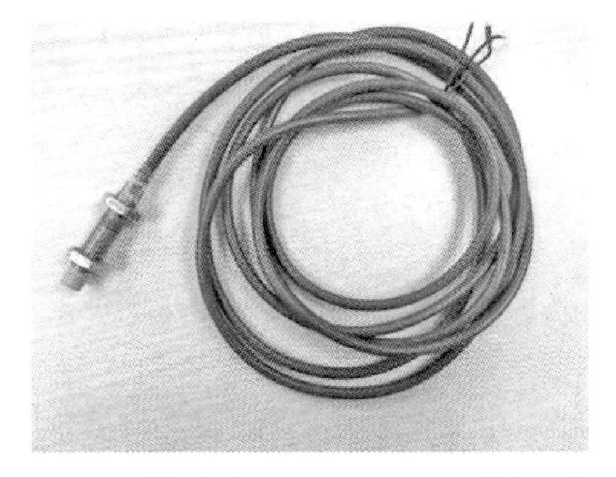

图 5-60　欧姆龙公司 E2E-X5ME1-Z 型接近开关

图 5-61　现场安装位置

（2）轴承温度监测。根据采棉机工作环境，本系统的采摘头和风机轴温度监测采用 Ptl00 温度传感器，如图 5-62 所示。传感器的工作原理如下：0℃时 Ptl00 的阻值为 100Ω，其阻值与温度呈线性变化关系。传感器的监测范围为−50～300℃，反应灵敏，结构简单，安装方便。采摘头的轴承温度传感器安装在采摘头齿轮箱接近轴承座的位置，通过螺纹安装。风机的轴承温度传感器安装在轴承座上，通过螺纹安装。现场安装位置如图 5-63 和图 5-64 所示。

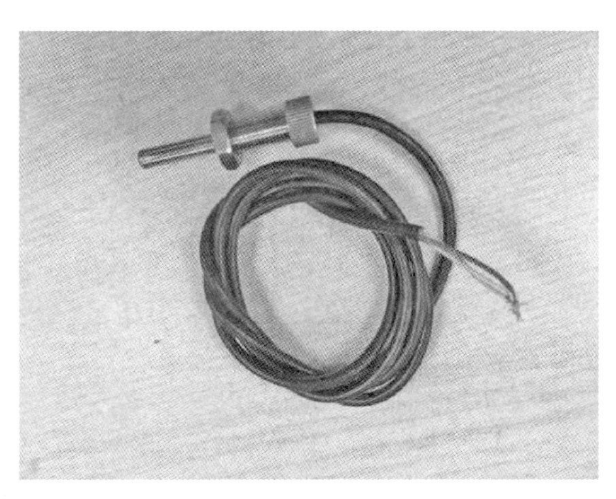

图 5-62　Ptl00 温度传感器

（3）采摘头高度监测。根据采棉机的工作环境及采摘头的工作特点，采用 SCA100T 型高精度双轴倾角芯片，它具有高分辨率、高频振动不灵敏、低噪声、极佳的抗机械冲击性能等优点，提供了水平测量仪表级别的性能。芯片接入 5V 直流供电电路，输出为比例模拟电压并接入相应采集模块。倾角传感器平行安装于采棉机提升器支柱侧面，根据提升臂的角度变化，通过现场标定，可以获得采摘头的高度数据。

图 5-63　采摘头的轴承温度传感器现场安装位置

图 5-64　风机的轴承温度传感器现场安装位置

（4）风管风压监测。风管风压监测装置选用 CYB-41S 小型一体化差压变送器，如图 5-65 所示，其采用高性能硅压阻式压力冲油芯体作为压力敏感核心原件，和高性能电子集成电路做成一体化结构，输出为 1～5V 的标准电压信号。CYB-41S 小型一体化差压变送器的工作原理如下：压力或差压将使传感器电容值发生变化，产生的模拟信号经 A/D 转换后，变为数字信号送到微处理器，经过微处理器运算处理后输出一个数字信号，经 D/A 转换为 1～5V 模拟电压信号输出。其量程范围为 0～2MPa，供电电压为 24VDC，精确等级为 0.5。风管风压变送器现场安装位置如图 5-66 所示。

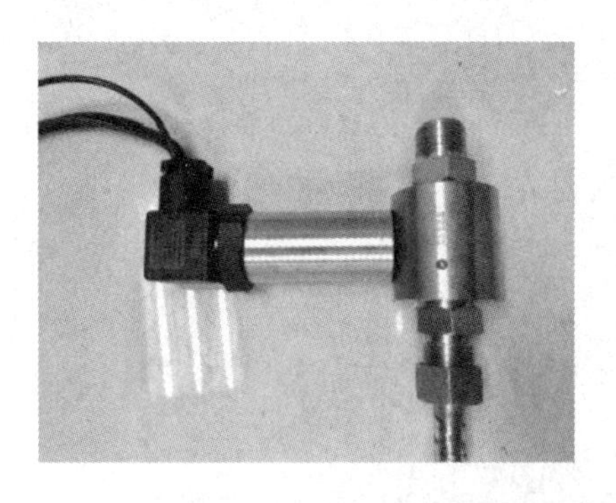

图 5-65　CYB-41S 小型一体化差压变送器

图 5-66　风管风压变送器现场安装位置

（5）风管风速监测。采用凯士达 KV621 系列风速传感器，如图 5-67 所示，其特点是有效解决了风管内气流紊流问题、在低风速下可以保持高精确测量、抗污染能力强。其供电电源为 DC13～24V，测量范围为 0～100m/s，精度为 0.02%，分辨率为 0.05m/s，输出信号为 4～20mA。风速传感器现场安装位置如图 5-68 所示。

（6）棉箱应力监测。棉箱应力监测采用 MIK-BSQW 型轮辐式压力传感器，如图 5-69 所示，其采用优质 40Cr 钢材，抗机械疲劳能力是普通钢材的 2～3 倍，具有良好的敏感性，精度高且性能稳定。传感器采用直流 DC24V 供电，量程范围为 0～700kg，输出电流信号为 4～20mA，传感精度为 0.3%F.S。在棉箱上部侧壁两侧各安装一只压力传感器，根据棉箱应力变化对棉箱装载状态进行判断。

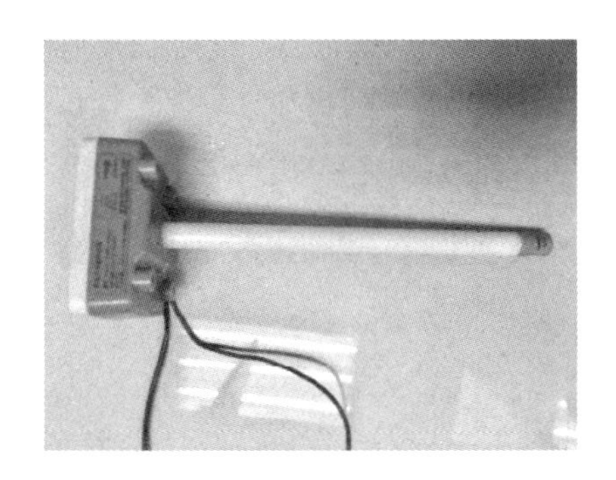

图 5-67 凯士达 KV621 系列风速传感器

图 5-68 风速传感器现场安装位置

（7）作业油耗监测。获知采棉机的实时油耗信息对于了解采棉机的工作状态及作业性能具有重要意义。如图 5-70 所示，在采棉机发动机进油管路上接入油耗传感器，该油耗传感器的测量范围为 0.5～200L/h，工作电压为 DC 12V，测量误差≤0.5%，需安装在发动机一级滤清后。其采用先进的测量原理，具有高达 99.5%的测量精准度，而且稳定性好、寿命长、安装便捷。采用回油压力脉动自动补偿和回油气泡自动排出技术，消除了压力脉动与气泡对发动机油耗测量时的相应影响，并采用吸振技术，降低了机器震动的影响，提高了油耗监测的可靠性和稳定性。

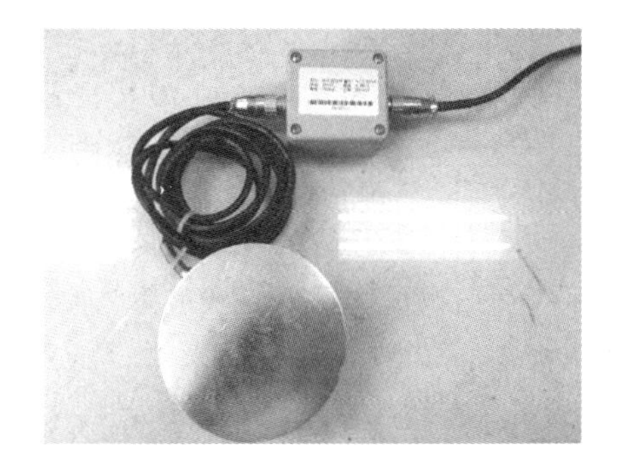

图 5-69 MIK-BSQW 型轮幅式压力传感器

图 5-70 油耗传感器

（8）气体浓度监测。气体浓度监测的气体为棉花在阴燃或明火情况下产生的 CO 与 NO 气体，通过监测 CO 与 NO 气体浓度是否在设置的正常范围内，来确定棉箱内棉花是否发生了阴燃。NO 气体传感器选用德国 Solidsense 4NO-250 一氧化氮电化学传感器。该传感器由多孔贵金属催化剂和非金属材料及液态电解液制备而成，为三电极传感器，分别为工作电极、计数电极和参考电极。NO 传感器靠毛细作用来吸附液态电解液，并有一个小孔来限制气体的扩散。在工作电极和参考电极之间施加一定的偏压，使得 NO 传感器的感应输出信号与 NO 的浓度成正比关系。

CO 气体传感器选用英国 CITY 公司的 7E/F 系列气体传感器，是三电极传感器，包括工作电极、计数电极及参考电极。精度和灵敏度高，测量范围大，负责对采棉机棉箱内的 CO 气体浓度进行检测。该气体传感器的工作原理如下：CO 气体在传感器内部发生了电化学氧化或还原反应，反应中产生的电子流入或流出传感器的工作电极，其中产生的电子与检测到的 CO 气体浓度成正比。

为了能最大限度地使标准气体传感器信号不失真，不受干扰地被放大，需要使传感器调理电路量程在 $0\sim100\times10^{-6}$ 范围内任意可调。最后选取 XTR115 精密电流输出变送器，使电流信号变成 4～20mA 工业标准信号。同时该芯片提供了 5V 的参考电压，可以对 AD8607 芯片进行供电，整体电路并不需要外接其他供电模块，减小了不必要的损耗。整体来说，电路简洁、低功耗、性能良好，同时有一定的滤波功能。对传感器进行封装后固定于棉箱内部，CO、NO 传感器安装图如图 5-71 所示。

图 5-71　CO、NO 传感器安装图

3. 采棉机工况监测系统软件

采棉机工况监测系统是基于虚拟仪器技术平台 LabView，利用图形化编程语言环境所开发的软件系统。该系统针对采棉机各核心部件工况特点进行开发，集成了信号采集、处理、保存、远程传输等技术，采用模块化开发，操作友好。

监控软件整体采集程序流程如图 5-72 所示。首先进行通道设置、文件路径设置及 ID 设置等的初始化设置，然后进入采集状态，此时软件发送请求到采集模块，各采集模块（地址为 0301、0302、0303、0304）接收到请求后返回与之对应的传感器采集的帧数据。接下来对帧数据进行处理、滤波，并进行数值或图形显示，同时保存数据，并对分析处理之后的各工况参数如采摘头转速、风机转速、液压油管管路压力、棉箱气体浓度等进行故障逻辑判定，确定是否在设定的工况参数范围内。当某一核心部件的工况参数超出或低于设定的正常范围时，监控软件相应部件的故障提示灯亮起，并将报警信号发送至报警装置，提示故障的发生，从而在车载监控终端软件界面查看发生故障的部件。同时监测软件定时把采集到的各核心部件工况数据通过 DTU 发送到远程中心服务器。主监控界面如图 5-73 所示。

监测系统软件通过调用 CAN 适配器的库函数实现数据采集，各库函数功能如表 5-9 所示。

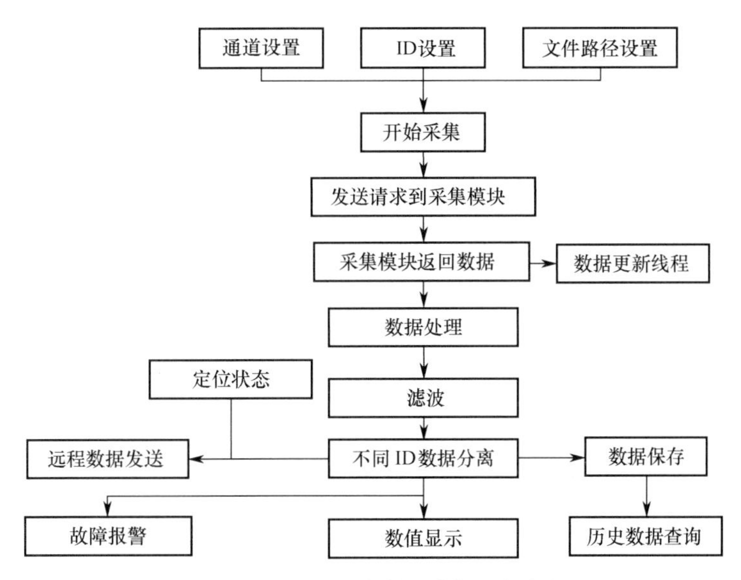

图 5-72　监控软件整体采集程序流程

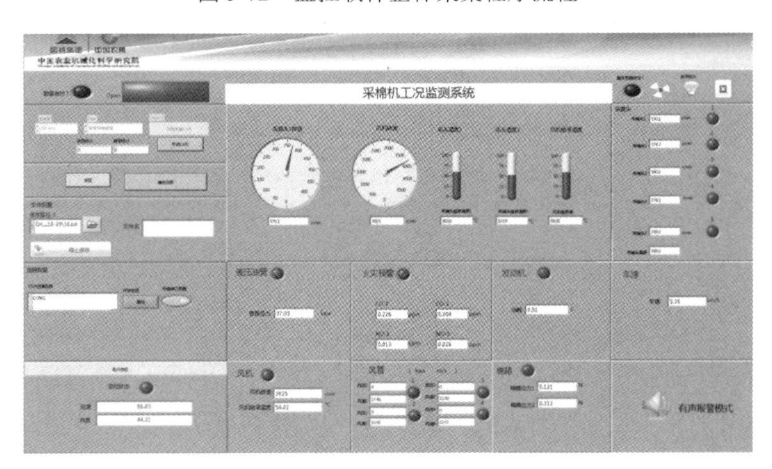

图 5-73　主监控界面

表 5-9　库函数功能

函　数	功　能
VCI_OpenDevice	连接设备
VCI_InitCan	初始化指定的 CAN
VCI_StartCAN	启动 CAN 控制器，开启适配器内部的中断接收功能
VCI_Transmit	发送 CAN 消息帧
VCI_Receive	请求接收 CAN 节点返回的数据帧
VCI_CloseDevice	关闭连接

下面对系统获取数据的处理单元进行介绍。

（1）数据处理。图 5-74 所示为接收信息帧的处理模块，传感器返回的数据存储在 VCI_CAN_OBJ 结构体中，然后依据结构体中的 ID 及数据长度进行数值转换。其中，VCI_

CAN_OBJ 结构体中的传感器各通道数据为十六进制，把各传感器高低位数据依据各采集模块相对应分配的采集参数，依照传感器量程，转换为相应的实际参数值。数据的分离依据接收到的帧数据 ID 及数据长度，用一个条件结构分离出 ID，再内置一个条件结构分离出两种帧数据，进而依据各工况传感器对应的通道，计算出相应部件的工况参数值。

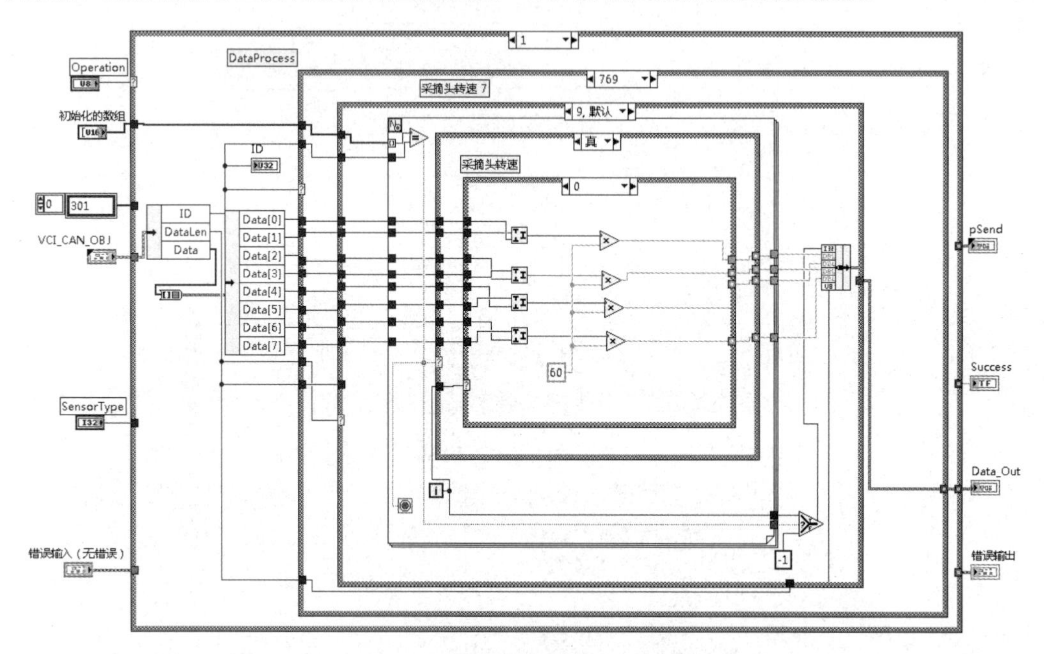

图 5-74　接收信息帧的处理模块

（2）滤波。对处理之后的数据创建动态数组，对每个工况参数对应的数组进行在线滤波。本程序采用中值滤波，然后将滤波之后的数据经过一个 for 循环自动索引为单一数值，经过数值或者图形控件显示出来。LabView 自带中值滤波器 VI。该 VI 使用下式获取滤波后的 X 的元素：

$$y_i = \text{median}(J_i), \quad i = 0,1\cdots,n-1 \tag{5-35}$$

式中，y_i 为相应滤波后值；n 是 X 中的元素个数；J_i 是提取 X 中以第 i 个元素为中心一定数据长度的子集，如果超出 X 范围则置 0。下式定义了 J_i：

$$J_i = \{X_{i-rl}, X_{i-l+1}, \cdots, X_{i-1}, X_i, X_{i+1}, \cdots, X_{i+rr}\} \tag{5-36}$$

rl 为以第 i 个元素为中心选取的左边数据长度，rr 为选取的右边数据长度。y_i 的计算就是在 J_i 的序列集中查找中值，找到则返回为 y_i。

（3）数据保存及查询。图 5-75 所示为数据查询界面，采集模块采集到的经过处理后的各工况参数在程序中按照次序捆绑成簇，然后按照时间、参数排列次序格式化写入文本文件中，每次保存之后进行换行，并按照“年-月-日”对文件夹进行分类。查询时可以选择工况参数，并按照年、月、日、小时选择不同时间段的数据显示在界面上，或同时选取不同的工况参数，按照不同时期显示在同一界面上。参数曲线可以水平移动或上下移动，以便观察与分析。图 5-76 所示为历史数据查询界面。

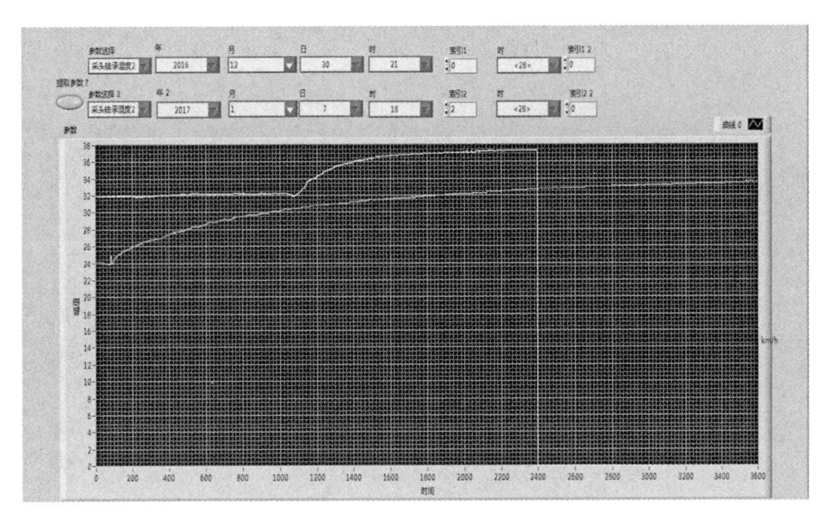

图 5-75　数据查询界面

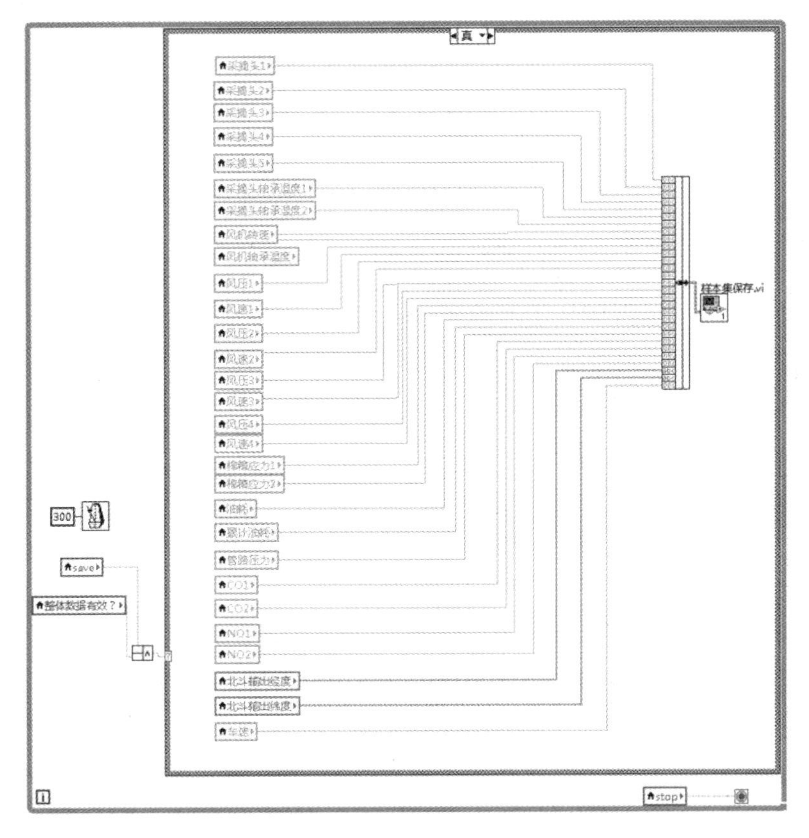

图 5-76　历史数据查询界面

（4）定位及远程数据传输程序。通过串口读取定位模块发回的数据包，然后解析数据包中的数据，当解析出来的字符串包含$GNRMC、北斗定位状态标识符为 A（定位成功时的标识符为 A，否则为 V）且分割之后的字符串长度为 13 时，则判定定位信息有效，定位程序框图如图 5-77 所示。如果定位有效，则把采集上来且经过分析处理的数据按照一定的时间和通信协议写入DTU，然后经DTU发送至远程中心服务器，远程数据发送程序如图5-78所示。

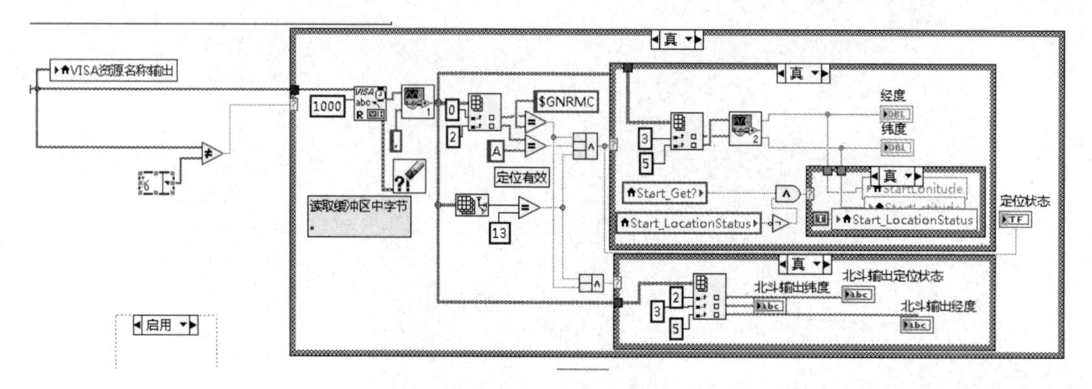

图 5-77　定位程序框图

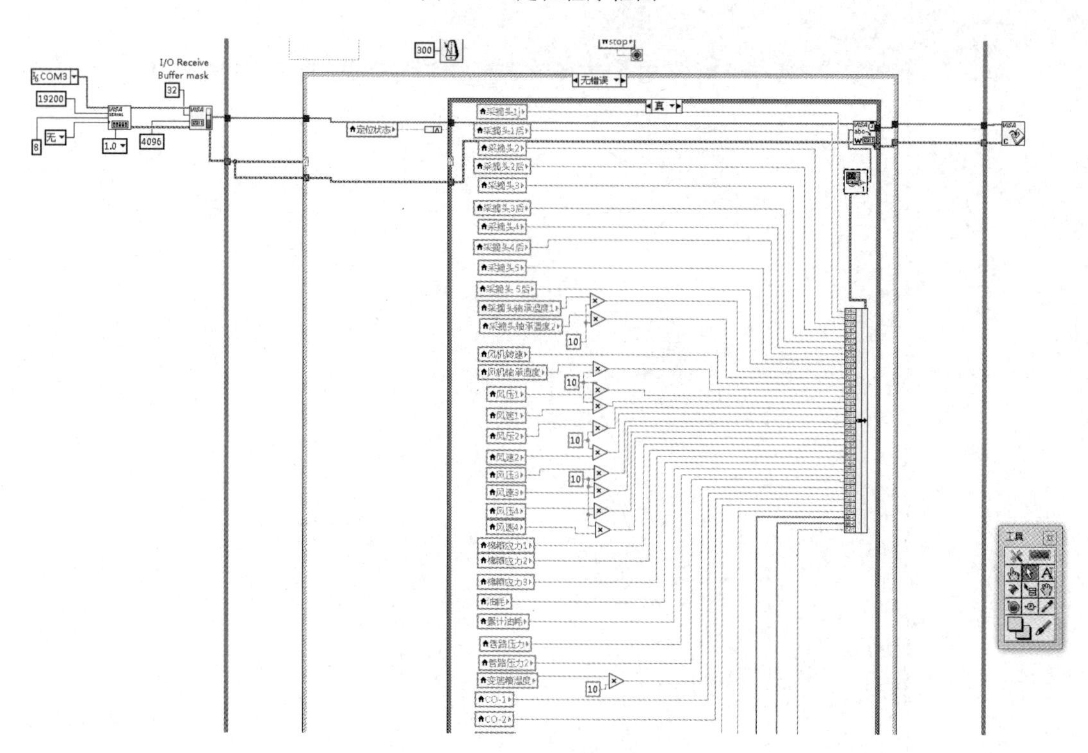

图 5-78　远程数据发送程序

5.7.3　籽棉产量监测系统

籽棉产量监测系统通过安装于各路输棉管的流量测量套筒获得实时的籽棉流量信息，由含水率传感器获得籽棉的实时含水率信息，由机载控制终端通过CAN总线接收采棉机的质量流量、籽棉含水率、前进速度、风机转速及割台状态等信息，对采棉机运动状态进行识别并得到产量，通过接收北斗卫星信号，获得采棉机的位置信息；并由GPRS模块将信息远程发送至控制中心。籽棉产量监测系统结构如图5-79所示。

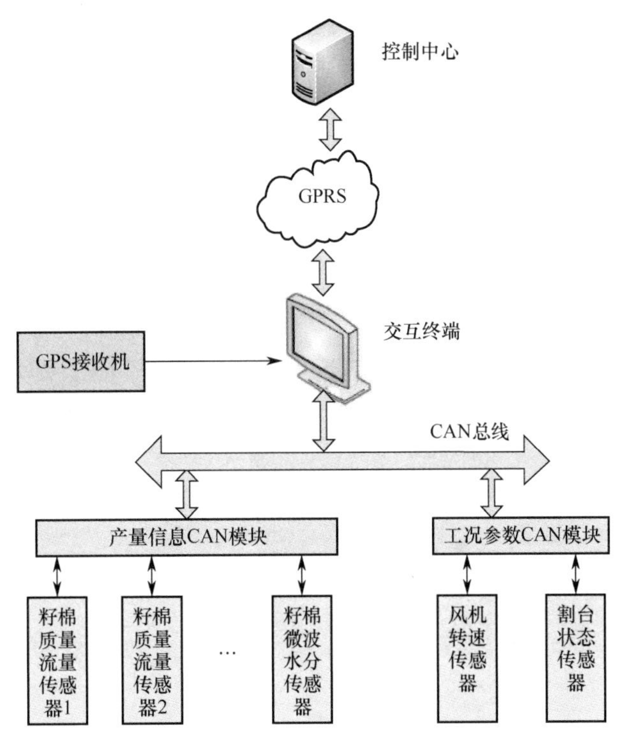

图 5-79　籽棉产量监测系统结构

1. 监测系统硬件设计

1）籽棉质量流量传感器

电容籽棉质量流量传感器需安装在输棉管上，并且传感器的安装应尽可能不影响采棉机工作时籽棉的输送。采棉机在进行棉花采收过程中，风机转速基本稳定，籽棉在棉管内高速运行，其运动速度波动很小，可近似认为保持恒定。当籽棉运动速度基本不变时，籽棉质量流量与传感器的电容信号输出呈线性关系。因此，可以采用单电容传感器对籽棉质量流量进行在线测量。为了使所设计的电容传感器达到相对理想的测量效果，必须对传感器的结构、加工材料及工艺进行合理确定。

（1）传感器结构确定。籽棉在气流作用下通过输送棉管时，基本分布在管道中上部，因此，所设计的传感器应在该区域内具有较强的电场分布。由于螺旋形结构适用于圆形管道，而输棉管为方形管道，所以较难使用该结构。鉴于此，本书考虑在平行板电容传感器基础上构建差分型传感器结构，在获得均匀电场分布的同时，可以削弱环境温度、机械振动等干扰的影响。差分电容结构能够提高传感器的检测精度，抗干扰能力强，稳定性好，传感信号漂移小且灵敏度较高。综合不同传感器的结构特点，采用三极板结构的差分电容传感器，构造检测电容和参考电容，籽棉从上部检测电容通过，而部分气流则由下部参考电容通过，由此来消除环境温度、湿度等因素对测量信号的影响。差分电容传感器结构简图如图 5-80 所示。

利用 ANSYS 仿真方法，对差分电容传感器进行电场仿真，电场及电场线分布结果如图 5-81 所示。

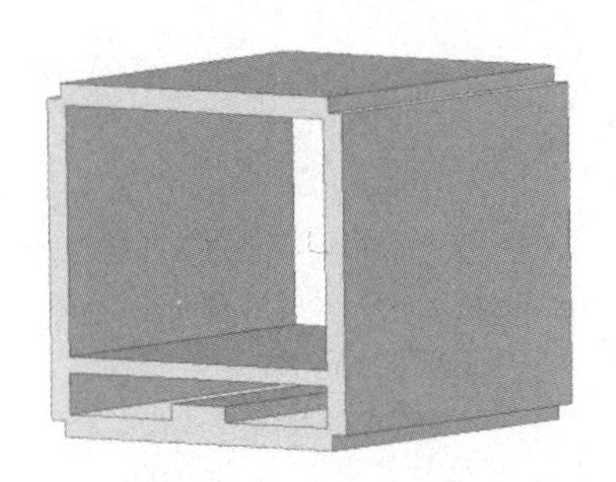

图 5-80　差分电容传感器结构简图

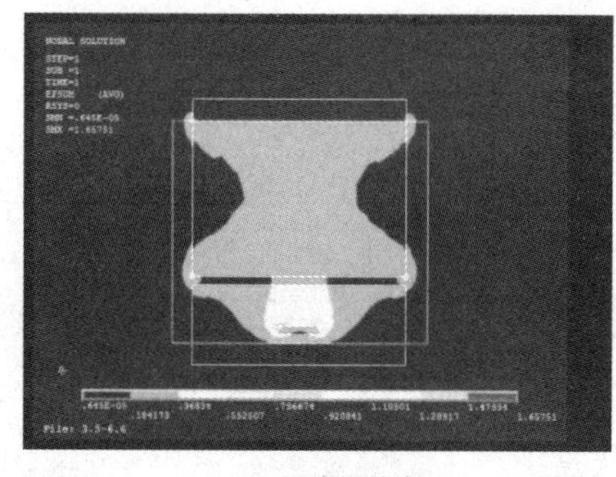

(a) 电场分布

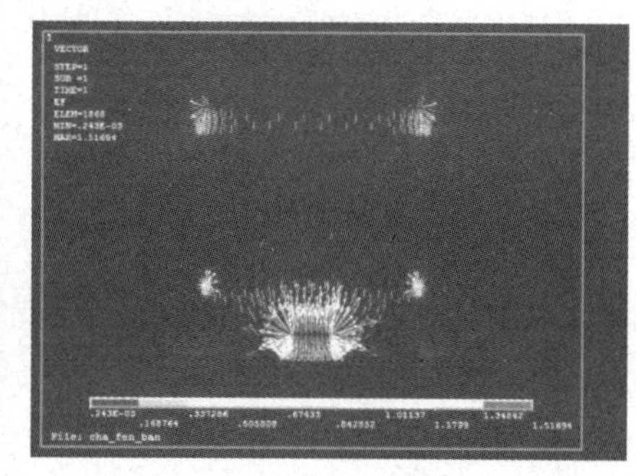

(b) 电场线分布

图 5-81　差分电容传感器电场及电场线分布

由图 5-81 可知，差分电容传感器结构中检测电容和参考电容的电容分布相对比较均匀，能够满足籽棉质量流量传感器的检测要求。根据 ANSYS 仿真及试验结果，考虑到所设计的传感器在田间使用，环境温度及机械振动等因素都会对传感器输出产生干扰，另外，传感器又需要具有相对高的灵敏度。鉴于此，采用三极板差分电容传感器结构是比较合适的。

（2）极板与支撑框架材料选择。传感器的金属极板材料以选用温度系数低的铁镍合金材料为宜，但该材料难以加工，可以采用在陶瓷或石英表面喷涂铁镍合金，这样会使电极很薄，大大减小了“边缘效应”。紫铜板也是电容传感器设计中常用的材料，而且易于加工成各种形状。本书采用厚 0.1mm 的紫铜板进行极板加工。

采棉机的输送棉管为铁质材料，无法直接粘贴传感器极板，因此，必须另行设计绝缘材质的支撑框架，作为电容传感器的结构基础。另外，由于传感器需安装在采棉机上，为固定和支撑极板，要求该支撑框架必须有足够的机械强度以避免振动损坏。从提高检测灵敏度的角度考虑，由于测量装置在田间应用，环境温差变化较大，要求支撑材料的温度系数低，以及几何尺寸稳定性好，以避免由于环境温度变化引起材料微小变形，从而使传感器输出发生波动。为了减少环境对传感器的干扰，要求支撑材料的绝缘电阻高、吸潮性低和表面电阻小。因此，选择合适的框架材料对于传感器的设计也具有重要影响。

丙烯腈-丁二烯-苯乙烯（Acrylonitrile Butadiene Styrene plastic，ABS）塑料是一种用途广泛的工程塑料，它是丙烯腈、丁二烯和苯乙烯的三元聚合物，将三者的各种性能有机地统一起来，具有韧、硬、刚相均衡的优良力学特性。ABS 工程塑料具有优良的综合性能，有较好的冲击强度、尺寸稳定性好，电性能、耐磨性、成型加工和机械加工较好，是产品设计中常用的也是重要的塑料。这里采用 ABS 工程塑料进行支撑框架的加工。

（3）传感器的加工制作。在确定了传感器的结构及极板与支撑框架的材料后，需进行传感器整体加工。整个传感测量装置采用套筒结构设计，用于替换采棉机输棉管的最顶端部分，以便于安装，且保证传感器部分能够牢固固定。

采棉机的上部输棉管具有一定的弧度，这样便于将籽棉顺利导送至后部棉仓中。所设计的绝缘支撑框架也具有一定的弧度，以保证其能够和输棉管严密贴合，同时又不改变原来籽棉的运行轨迹。为保证加工精度，绝缘支撑框架以 ABS 工程塑料为材料，采用计算机数字控制（Computer Numerical Control，CNC）加工成型技术完成。数控加工机床采用数字控制技术，以数字量作为指令信息，通过计算机控制机床的运动及整个加工过程。其具有很高的加工精度，重复定位精度可达 0.01mm，所加工的同批零件的尺寸一致性强，加工质量稳定。同时对于非规则结构部件也能较好地完成加工。由于 CPX620 采棉机共有 8 路输棉管，且这些输棉管规格并不完全一致，所以，共需设计 4 种规格的输棉管测量套筒，每种规格的测量套筒各需要两只。下面以其中一路为例介绍所设计的测量套筒各部分的具体组成。该测量装置由屏蔽机壳、绝缘支撑框架、传感器极板和检测电路等组成，其结构示意图如图 5-82 所示。

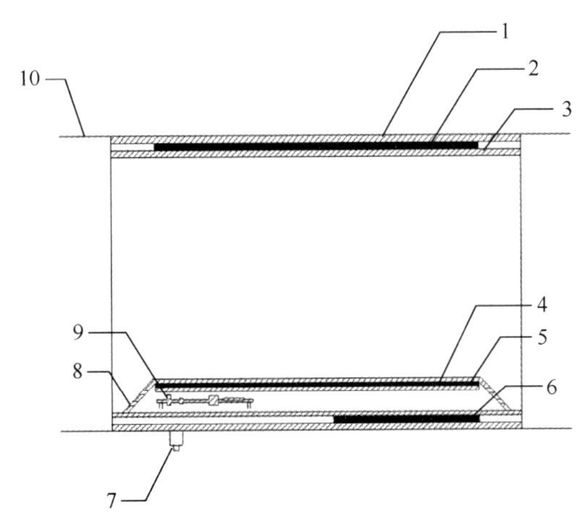

1—绝缘支撑框架外框；2—电容极板 1；3—保护板；4—中间端板；5—电容极板 2；
6—电容极板 3；7—电缆插头；8—通风孔；9—信号调理电路；10—屏蔽机壳

图 5-82 籽棉质量流量测量装置结构示意图

绝缘支撑框架包括外框和中间端板，为传感器敏感元件提供支撑固定。加工完成的支撑框架外框长 450mm、宽 330mm、高 180mm、壁厚 5mm。中间端板高 20mm，壁厚 5mm。传感器极板选择厚 0.1mm 的紫铜带制作，利用 302 胶粘贴于支撑体内侧表面。根据电容感应的原理，极板的尺寸越大，传感器的基础电容越大，感应的区域也会变大，对板间介质的灵敏度增强。因此，为了获取尽可能好的测试效果，极板尺寸应尽可能与框架的上下表面匹配。其中电容极板 1 粘贴于支撑框架内侧上表面，电容极板 2 粘贴于中间端板下表面，电容极板 3 粘贴于外框的内侧下表面，在粘贴电容极板时应保证 302 胶体涂抹均匀，避免空隙产生，以防发生局部形变从而影响传感器精度。所有电容极板均需在其表面另外粘贴一层厚度为 1mm 的 ABS 工程塑料薄板，以保护极板。中间端板将绝缘支撑体分为上下两个区域，在端板首末端分别开有两排各 16 个直径为 2mm 的通风孔。工作时，籽棉穿过端板上部由电容极板 1 和电容极板 2 组成的测量电容传感器，而部分输送气流则由通孔穿过电容极板 2、电容极板 3 组成的参考电容传感器。由此，即构成差分结构的电容传感器。信号调理电路固定在中间端板下部，通过短导线与电容极板相连。

屏蔽机壳采用厚 1mm 的铁板，按照原输棉管结构尺寸加工，支撑体框架通过紧固螺栓固定在屏蔽机壳内部，这样保证整个测量套筒为一体化结构，无移动部件，以便尽可能消除因机器振动造成各部件的微弱偏移而影响测量效果。所设计的籽棉质量流量测量套筒实物图如图 5-83 所示。

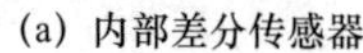
(a) 内部差分传感器

(b) 测量套筒

图 5-83　籽棉质量流量测量套筒实物图

（4）基于 PCAP01 的微电容检测电路设计。PCAP01 微电容检测电路主要完成电容信号的采集和通信功能，包括 PCAP01 检测模块、微控制器模块、CAN 总线通信模块、电平转换模块和供电电源模块。

① PCAP01 检测模块。PCAP01 是德国 ACAM 公司于 2011 年推出的一款带有单片机处理单元的专门用于电容检测的电容数字转换芯片，片上集成了 TDC 转换模块和片上环境补偿功能。其前端转换单元采用基于德国 ACAM 公司的专利 PICOCAP 测量原理。该测量原理提供了对于转换时间范围最小可以到 2μs 的高精度时间转换。测量范围从几飞法（fF）到几百纳法（nF），通过简单配置即可满足不同应用的测试需求。

电容籽棉质量流量传感器采用德国 ACAM 公司生产的 PCAP01 作为系统数据转换模块的核心器件，主要原因如下：第一，PCAP01 芯片基于片上 CDC 转换，拥有较高的分辨率和灵敏度，其精度最高达 6aF；第二，该芯片拥有较高的测量频率，最高测量频率可达 10kHz，能够很好地适用于籽棉高速气流输送场合，功耗低，仅为数十微安（μA）；第三，PCAP01 包含多个电容检测通道并且具有强大的内部和外部寄生电容补偿功能，在接地模式中最多可测量 8 路电容，漂移模式下最多可测量 4 路电容，便于实现差分电容测量；第四，PCAP01 内部集成了具有哈佛结构的数字信号处理器，可进行编程，固件写入后可以以单芯片独立工作的方式运行，便于系统集成，同时另行提供了串行接口，使芯片以从机方式与外部单片机通信。

PCAP01 需要通过串行接口来进行编程和数据输出，其接口兼容 SPI 及 I^2C 协议，可通过 IIC_EN 引脚来确定采用何种接口，接高电平为 I^2C 协议接口，接地为 SPI 接口。SPI 是一种全双工模式下的同步串行数据传输方式，其拥有数据输入引脚（SDI），将数据输入设备芯片，通过数据输出引脚（SDO）从设备芯片中读取反馈数据，并提供同步脉冲信号，保证主、从机通信同步。PCAP01 同样支持标准 I^2C 协议。I^2C 协议接口由两条线组成，一条为时钟线 SCK，另一条为双向数据线 SDA，外部控制器可以通过指令对设备芯片内部寄存器进行读/写。考虑到数据传输速度，这里选择 SPI 接口。

籽棉质量流量传感器接入 PCAP01 时，需采用漂移连接模式，其中 PC0 和 PC1 之间接入与传感器基础电容同一数量级的陶瓷电容作为参考电容，PC2 和 PC3 之间接入差分电容传感器的检测端，PC4 和 PC5 之间接差分电容传感器的参考电容。针对片上温度补偿，采用芯片内部自带的两个片上电阻元件用于环境温度测量。进行温度测量时，外部必须连接一个 33nF 的 COG 电容，这是由于温度测量也是通过放电时间测量来完成的，所连接的 COG 电容作为放电电容。电容检测电路部分原理图如图 5-84 所示。

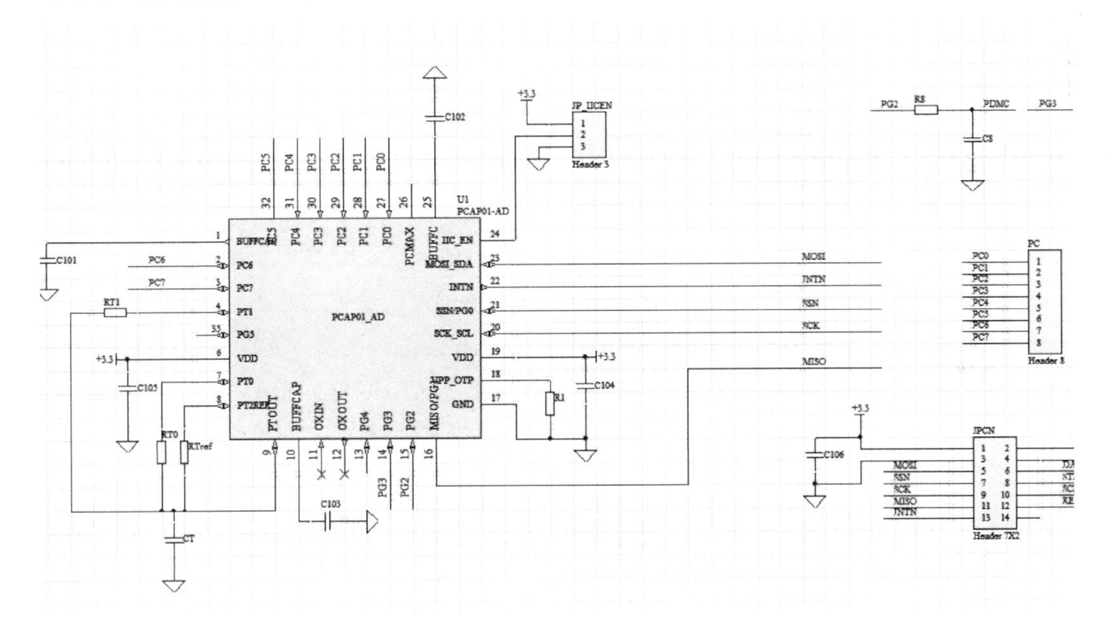

图 5-84 电容检测电路部分原理图

② 微控制器模块。由于对电容检测芯片 PCAP01 进行配置前需事先通过 SPI 总线向芯片下载标准固件，所以，要求微控制器具有 SPI 总线接口、较大的数据存取和程序存储器及尽可能大的 E^2PROM。另外，系统采用 CAN 总线通信，要求微控制器应集成内部 CAN 控制器模块，便于系统设计。基于此，选择使用 Microchip 公司的单片机 PIC18F2685 作为核心控制器，该处理器采用纳瓦技术，功耗低，运行速度快，具有丰富的外设接口，抗干扰能力强。

PIC18F2685 的主要性能如下：

- 96KB 的 Flash ROM、3328B 的 SRAM 和 1024B 的 E^2PROM。

- 内含 3 个 16 位通用定时器、增强型看门狗模块、8 通道 10 位 A/D 转换器和 36 个可单独编程或复用的通用输入/输出引脚。
- 包括增强型 CCP 模块、增强型 EUSART 模块和 CAN 总线通信模块。
- 自带锁相环倍频器，可使系统时钟最高达到 40MHz。

PIC18F2685 通过使能模块 MSSP 的 SPI 模式与 PCAP01 进行数据通信。单片机与电容检测芯片处于主从模式，主控制器初始化并控制与电容模块之间的通信，其与 PCAP01 的通信是同步进行的，单片机通过引脚 SDO 向 PCAP 发送串行数据信息，PCAP01 由引脚 MOSI 接收数据，同时通过引脚 MISO 向单片机发送数据。单片机在完成电容数据采集后通过 CAN 总线向外发送电容信息。单片机外围接线原理如图 5-85 所示。

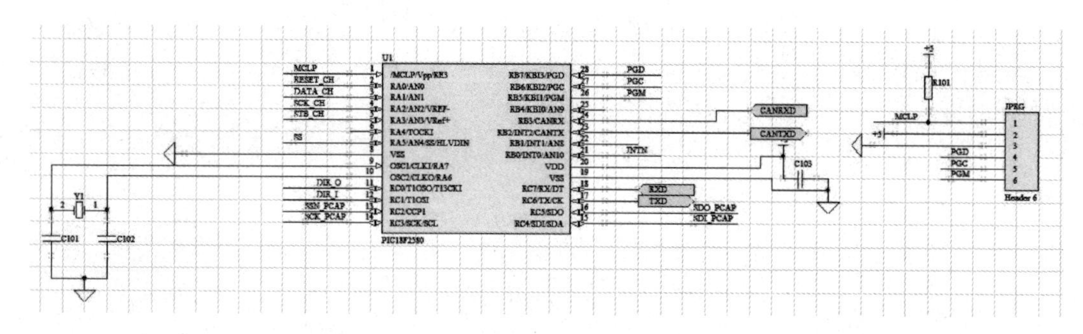

图 5-85　单片机外围接线原理

③ CAN 总线通信模块。考虑到采集系统的可扩展性及快速可靠的数据采样传输，采用 CAN 总线作为系统通信接口。PIC18F2685 集成了 CAN 总线控制器，支持 CAN 2.0 协议，只需外加 CAN 收发器即可实现 CAN 总线通信。选择 TJA1050 作为 CAN 总线收发器，它是一种标准的高速 CAN 收发器，能够为总线提供差动发送性能，并为控制器提供差动接收性能。为进一步提高总线通信的可靠性，采用 TP113 组成光藕收发隔离电路，并由 BS0505 隔离电源模块为总线收发提供电源隔离，从而实现 CAN 节点与外部的完全电气隔离。CAN 总线通信电路原理如图 5-86 所示。

④ 电平转换模块。由于单片机、CAN 总线与 RS-232 串行接口等电路使用 5V 供电，而 PCAP01 工作电压为 3.3V，所以，单片机与 PCAP01 连接需通过电平转换实现匹配。在诸多电平转换方案中，采用专用电平转换芯片是最通用也是最可靠的电平转换方案。考虑到 PIC18F2685 与 PCAP01 连接共有 5 根信号线，SCK、SDO 和 SSN 是从单片机到 PCAP01 的，SDI 和 INT 则是由 PCAP01 到单片机的，基于此选择 TI 公司的 8 位数据接口芯片 SN74LVC4245 完成单片机输出电平转换，选择 2 位接口芯片 SN74LVC2T45 完成单片机输入电平转换。两种芯片均可以实现双向 5V 和 3.3V 之间的电平转换，通过芯片上的方向控制引脚 DIR 确定数据传输方向。方向控制引脚由单片机 I/O 口相连，并受单片机控制，这里设置 SN74LVC4245 的传输方向为数据输出，SN74LVC2T45 的传输方向为数据输入。电平转换电路原理如图 5-87 所示。

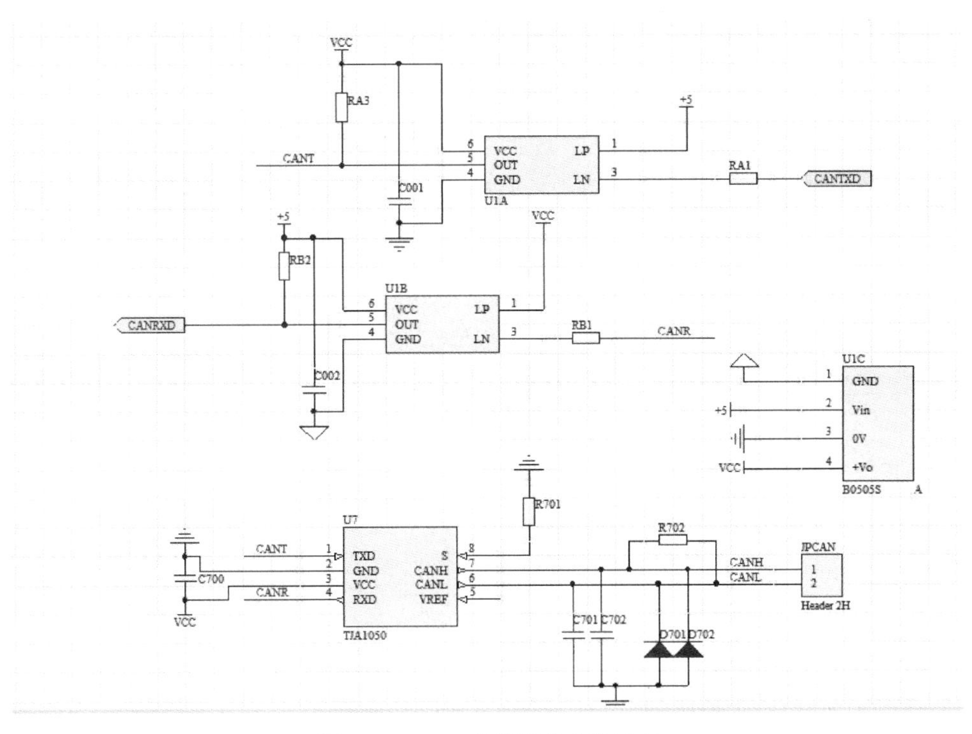

图 5-86　CAN 总线通信电路原理

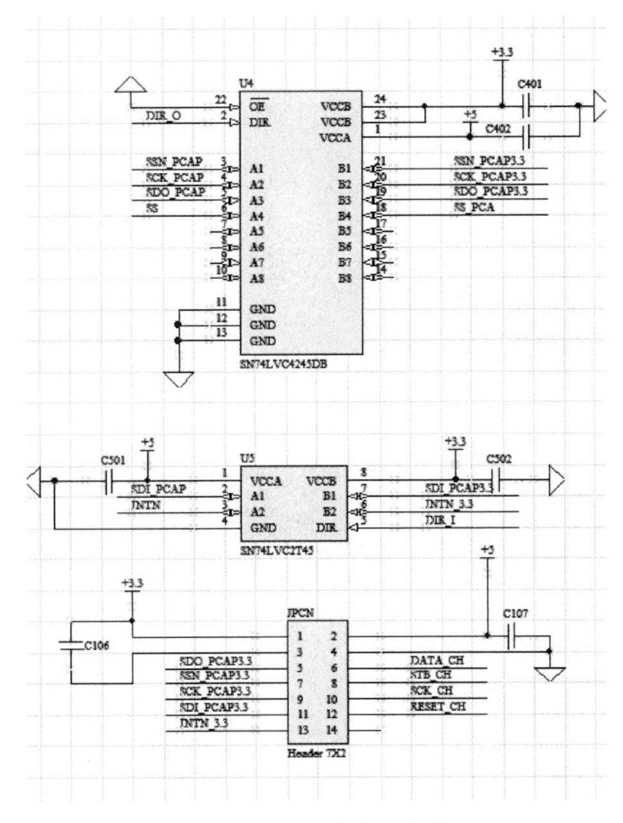

图 5-87　电平转换电路原理

⑤ 供电电源模块。供电电源模块为单片机及各种功能模块电路的正常工作提供适配的电源。由于检测电路最终由采棉机的车载 12V 蓄电池供电，而本系统的相关模块的工作电压包括 5V 和 3.3V 两种规格，根据不同电压对应的负载，需要实现两种电压容量的合理匹配。由于电容采集的精度也受电源纹波影响，所以，选择的电源转换模块应提供尽可能干净的电源电压。这里采用 DC-DC 模块来实现 12V 到 5V 的电压转换，电源模块采用星源丰泰公司的 XZR/12S05，其输入电压范围为 9～18V，标称输出电压为 5.1V，输出纹波噪声不大于 $50mV_{p\text{-}p}$，并带有短路保护功能。3.3V 供电则由 AMS1117-3.3 稳压芯片提供，其输入电压为 5V。另外，为了尽可能消除电源电路中的高低频干扰，在两种电源模块的输入和输出端均需并联大小不同的电容，以增强供电的稳定性。供电电源模块电路原理如图 5-88 所示。

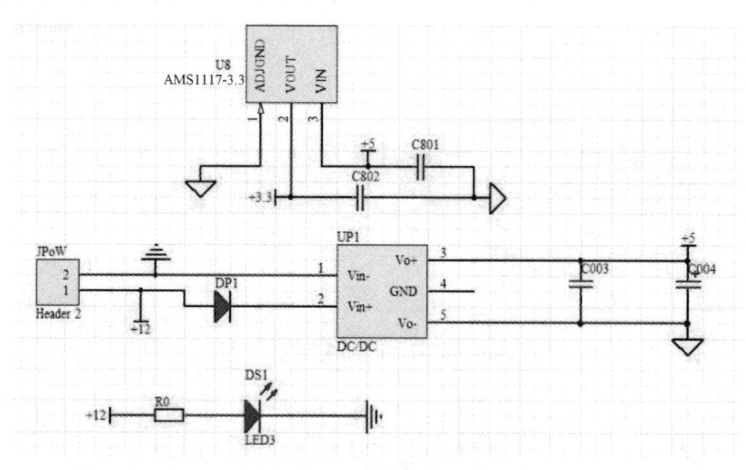

图 5-88 供电电源模块电路原理

PCAP01 电容检测电路 PCB 实物图如图 5-89 所示。

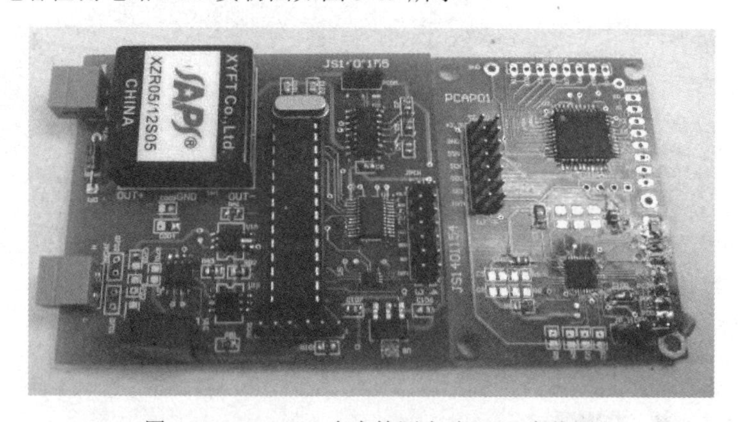

图 5-89 PCAP01 电容检测电路 PCB 实物图

2）籽棉含水率检测系统设计

由于籽棉含水率变化会使其介电常数发生变化，从而影响电容信号输出，所以，在进行籽棉产量检测时，必须同时检测籽棉的含水率信息，以便对产量信息进行补偿。

微波水分检测是利用水对微波能量的吸收、反射等作用，引起微波信号相位、幅值等参数变化的原理进行含水量的检测（孙必成等，2009；林谦等，2010）。由于微波可以深入物料内部测得其中心水分，所以，这种方法检测精度高、测量速度快。另外，微波法能够实现非接触测量，并可以在相对恶劣的环境下进行工作。但在测量过程中容积密度会对测量效果产生重要影响，通过对容积密度补偿（姜宇等，2007）可以提高含水率的检测精度和可靠性。

根据微波测量形式不同，可以分为微波透射法、微波反射法和微波谐振腔法。微波透射法是将电磁波由波导或同轴线引至天线发射，形成空间波，在空间波传输途中放置被测物质，微波穿过物料后由接收天线接收进入波导或同轴线。其基本结构如图 5-90 所示。通常选用喇叭天线作为传感器来发射和接收微波信号，在测量过程中，通过检测收发端微波信号的参量变化，建立微波传输参量与被测物料含水率的函数关系，来得到被测物料的水分信息。该测量方法的检测精度受物料密度和厚度的影响，一旦物料层厚度发生变化，其准确性随之受到影响。

微波反射法是，当电磁波发射后，碰到物料后返回，由原天线接收返回波导或同轴线。在测量时，根据反射信号微波参量如相位因子和衰减因子的变化得到被测物料含水率信息。反射法只使用一个天线，该天线收发一体，装置结构简单，易于安装，便于应用在生产线上，其基本结构如图 5-91 所示。这种方法的分辨力不高，另外，为获得最佳灵敏度，安装时需对物料空间位置进行调整。

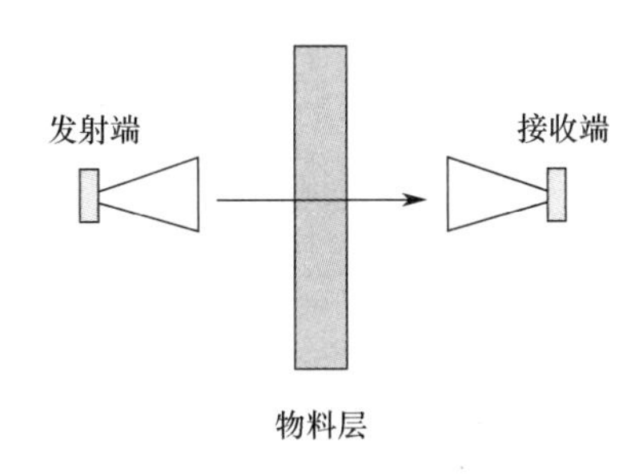

图 5-90　微波透射法基本结构

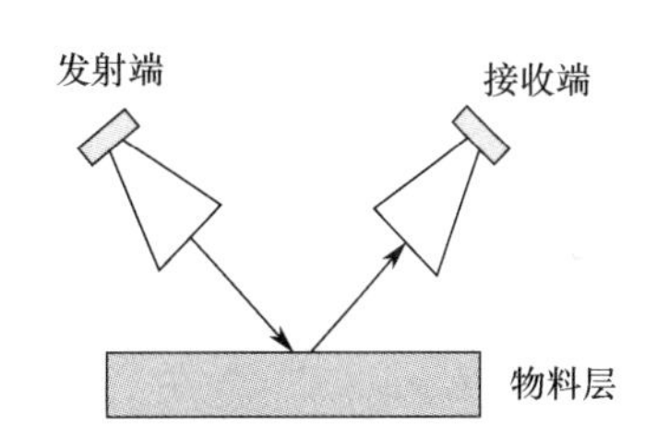

图 5-91　微波反射法基本结构

微波谐振腔法含水率检测的基本原理是，利用谐振腔介质微扰理论，即谐振腔的谐振频率和品质因数随腔内电介质的介电常数变化而发生变化。在相同温度下，由于电介质和水的介电常数不同，电介质中含水量不同，其介电常数也不同，当含有水分的电介质通过微波谐振腔时，其谐振频率和品质因数将发生变化，且变化量随电介质的含水率不同而不同，因此，通过测量谐振频率偏移量和品质因数变化，可以得到物料的含水率。该方法在测量时，可以同时测得水分的介电常数和衰减因子，利用二者的比值可以消除密度变化对测量结果的影响（Trabelsi S，2010）。这种方法在测量时电磁波通过辐射方式透过介质内部，不与被测物料接触，实现了非接触式测量，并且不受物料表面特征及物料形态的影响，是目前发展较快和应用比较广泛的含水率测量方法之一（杨国辉，2006）。

商品化的谐振腔式微波水分传感器大多采用开口式平面谐振腔结构，谐振腔开口的目的是让腔体内外均参与谐振。这类谐振腔在工作时，只需将被测物料放置在腔体之外，部分电磁波会透射到谐振传感器上方的物料内，无须在测量过程中对谐振腔操作，即可实现含水率的在线测量。由于棉花水分传感器最终需安装在输棉管路上，以实现籽棉含水率的在线检测，所以，要求传感器测量形式为非接触式。受安装空间限制，测量装置体积应尽可能小。另外，田间环境温度早晚波动较大，设备应具有较好的环境温度补偿功能。通过文献查阅及市场调研，目前国际市场上生产微波在线水分传感器的厂家众多，有代表性的是德国 Coliy 公司、英国 Hydro 公司及德国 TEWS 公司。Coliy 公司的微波水分传感器采用非接触式反射检测原理，虽然能够实现在线检测，但受反射法自身原理局限，从而影响测量精度；Hydro 公司的微波水分传感器主要用于混凝土、骨粉等物料的检测，在农作物方面的应用未见报道。TEWS 公司在微波水分测量领域处于绝对领先地位，其产品广泛用于烟草、谷物、可可豆等农作物含水率测量中（黄振军等，2014）。该公司能够用于在线物料含水率检测的典型产品是 MW3280 型微波水分测量系统。基于此，选择 MW3280 型微波水分传感器实现籽棉含水率的在线检测。其主要性能参数如表 5-10 所示。微波水分传感器的现场安装图如图 5-92 所示。

表 5-10　MW3280 型微波水分传感器主要性能参数

技术参数	详情
测量范围	0.2%～85%（用户可选）
精度	优于 1%
测量时间	0.1s
数据输出	RS-232 串口，1 个 4～20mA 模拟输出
工作温度	5～55℃
样品温度	5～80℃
电源	交流 220V

图 5-92　微波水分传感器的现场安装图

由于所选择的 MW3280 型微波水分检测系统工作电源电压为交流 220V，而车载电平通常为直流 12V 电压，所以，无法直接满足水分检测需求。可采用小型车载型交流逆变器，实现车载 12V 电压转换为交流 220V，以供给微波水分传感器。由于传感器输出为 RS-232 串口，为便于接入 CAN 总线网络，设计了 RS-232-CAN 总线转换电路。其基本原理是单片机通过 RS-232 串口接收到含水率信息后，对数据进行重新组合，将水分信息写入相应的寄存器，再通过 CAN 总线向上位终端发送。

2. 监测系统软件设计

为便于产量监测系统软件的开发与维护，本系统软件程序采用模块化和结构化设计原则，以 Windows XP 操作系统为系统软件运行平台。系统软件主要负责产量信息的采集与显示、卫星定位信息的实时获取、采棉机工作相关参数（前进速度、采摘头状态）的采集，以及系统数据的实时存储与处理。LabWindows/CVI 作为一种基于 ANSI C 语言的用于测试、测量和信号处理等的集成开发环境，它将 C 语言平台与用于数据采集分析和显示的测控专业工具的有机结合，是用于监测系统、数据采集系统和过程监测系统等应用的理想软件开发平台（王建新，2011）。这里采用 LabWindows/CVI 8.0 开发采棉机产量监测系统软件。

1）监测系统软件结构与功能

系统软件是连接物理设备与用户的桥梁。它既要能顺利地与底层物理设备通话，又要能与用户通过良好的人机界面实现交互沟通。选择一个优异的体系结构，有助于简化软件系统复杂性，并保证软件系统可靠有效地实现设计功能。系统软件按照分层模式进行设计，最上层为用户界面层，主要完成人机交互，通过不同控件的相互配合，完成数据显示，并提示命令操作；中间层为数据层，主要完成试验数据的采集和存储、通信参数配置的初始化与无线传输数据整合；最下层为物理设备层驱动，完成总线数据输入输出模块间的通信和信号传输。监测系统软件层次结构及功能模块设计如图 5-93 所示。

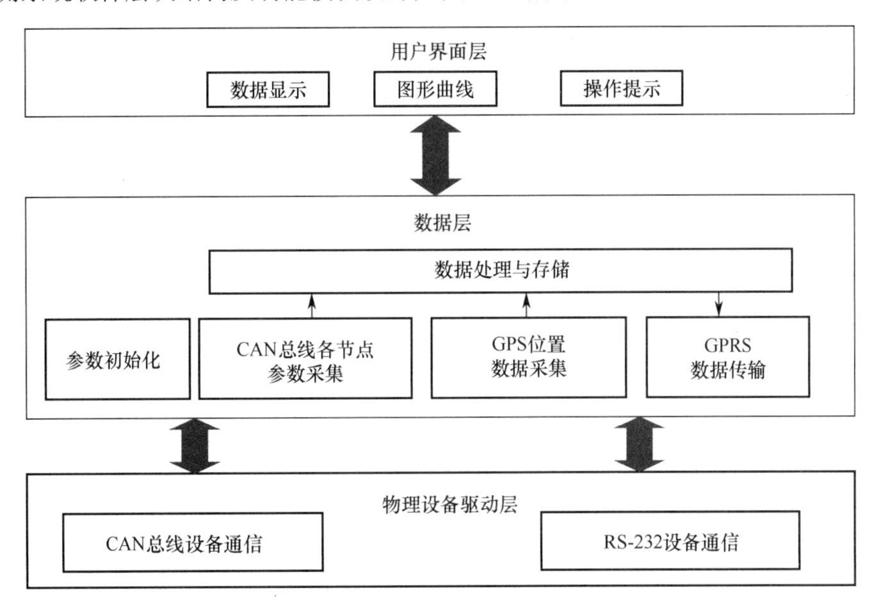

图 5-93　监测系统软件层次结构及功能模块设计

该软件主要包括数据采集模块、数据存储与显示模块、参数配置模块。

（1）数据采集模块。数据采集模块是监测系统软件的关键组成部分，该部分主要完成各路数据信息如质量流量、含水率、北斗卫星等的采集，系统外部设备与交互终端的通信方式主要有 RS-232 串口通信和 CAN 总线通信两种形式。其中北斗模块和无线数据传输模块采用 RS-232 串口与终端互连，质量流量传感信息及车辆工况信息则通过 CAN 总线与交互终端实现通信。

（2）数据存储与显示模块。监测系统采集软件在界面上的显示值包括 8 路籽棉输送管道传感器实时输出值、北斗位置信息、含水率信息和车辆工况参数（割台状态、风机转速），同时系统软件还将完成各路信息的保存，便于后续分析与处理。

（3）参数配置模块。参数设置主要完成各通信 RS-232 串口的参数配置及 CAN 总线参数配置，以便于通信设备能够正常工作。所设计的采棉机产量监测系统主界面如图 5-94 所示。

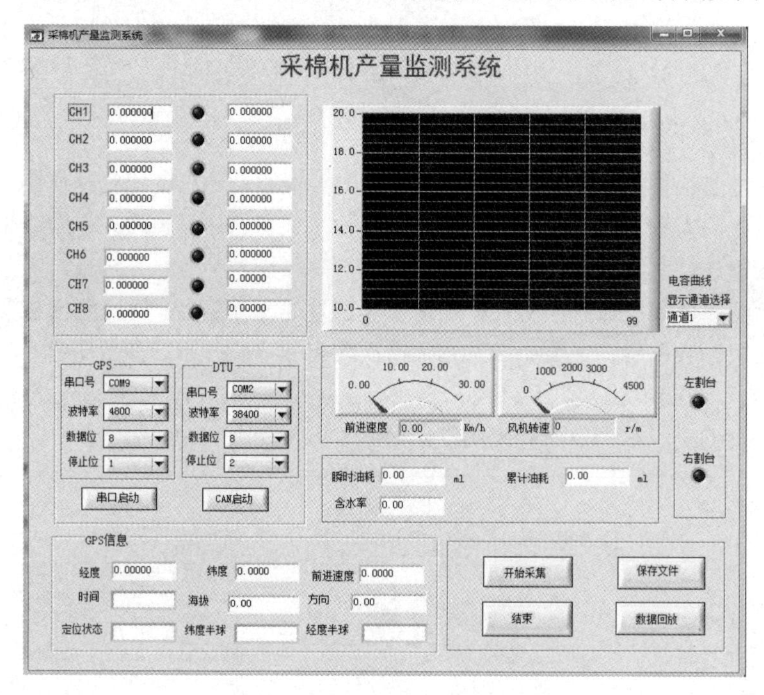

图 5-94　采棉机产量监测系统主界面

LabWindows/CVI 内部提供了功能完善的 RS-232 串行通信函数库，能够便捷地完成数据的接收和发送操作，大大提高了串口通信开发效率。系统软件通过调用串行通信函数库中的相应操作函数，通过北斗卫星完成位置信息的读取和解析、DTU 数据传输模块的配置与数据发送。

2）基于多线程的数据采集显示

籽棉质量流量的信息获取采用 CAN 总线分布式采集，要求具有较快的采样速度。含水率信息也采用 CAN 总线传输，但并不要求过快的采样速度。车辆工况信息（割台状态、风机转速）由采棉机内部 CAN 总线控制器遵循 SAE J1939 协议发送，对采样速度无过高要求。北斗卫星信息获取及 DTU 数据的传输由 RS-232 串口完成，为了保证在数据采集过程中不同采样速度的匹配，这里采用多线程技术完成数据采集、存储与显示。

在采棉机产量监测系统软件设计中，采用主线程来创建、显示和运行界面，使用多个辅助线程来完成不同数据信息的采集、保存、显示。LabWindows/CVI 平台分别提供了线程池和异步定时器两种机制完成辅助线程的代码运行，线程池较适合于执行若干次或一个循环内执行的任务，异步定时器则主要完成在设定时间内需要完成的任务。利用线程池方法设置流量采集子线程用于籽棉质量流量的采集，保存并显示子线程用于籽棉流量信息、含水率信息、定位信息、割台状态和风机转速信息的保存及在主界面进行显示。另外，定义定时器，每间隔一定时间进行含水率信息、定位信息等采集及 DTU 数据信息的发送。数据整体采集流程图如图 5-95 所示。

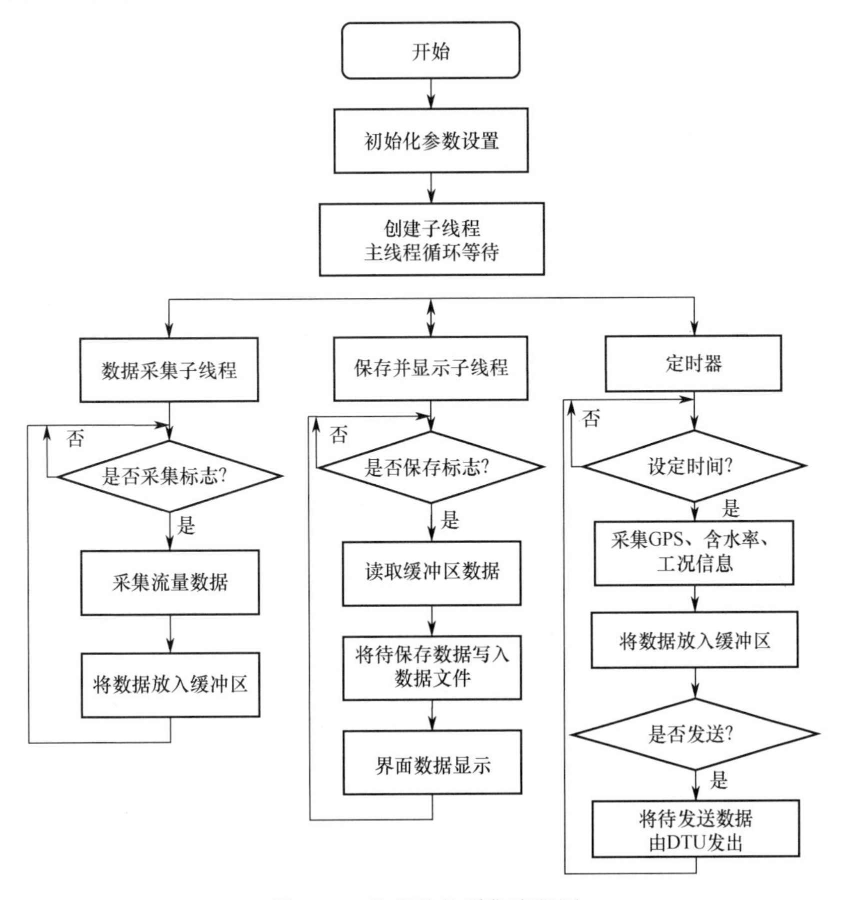

图 5-95　数据整体采集流程图

上位机软件与 CAN 总线适配器的数据交互便利与否关系到数据采集的可靠性。GY8508 USB-CAN200 适配器厂家提供了动态链接库（DLL），使用户在进行软件开发时，无须了解 USB 接口通信协议即可方便地开发出自己的 CAN 总线系统应用软件。厂家提供的开发用库文件包括 VCI_CAN.lib、VCI_CAN.dll、SIUSBXP.dll，以及 C 语言函数声明文件 ControlCAN.h；在进行软件开发时，只需将这几个文件加载到工程中，即可进行 CAN 的开发。本书利用 LabWindows 调用 USBCAN 库文件内的 CAN 操作库函数实现了基于 CAN 总线的数据采集系统开发。其操作流程及主要函数如下。

（1）连接 USB-CAN 设备，其函数原型如下：

```
DWORD __stdcall VCI_OpenDevice（DWORD DevType, DWORD DevIndex, DWORD Reserved）
```

（2）启动 CAN 设备，其函数原型如下：

```
DWORD __stdcall VCI_StartCAN（DWORD DevType, DWORD DevIndex, DWORD CANInd）
```

（3）进行设备参数的初始化操作，其函数原型如下：

```
DWORD __stdcall VCI_InitCan（DWORD DevType, DWORD DevIndex, DWORD CANIndex, PVCI_INIT_CONFIG pInitConfig）;
```

其中，CANIndex 为 CAN 通道，pInitConfig 为初始化参数结构体。其定义如下：

```
Typedef struct _INIT_CONFIG{
        DWORD AccCode;
        DWORD AccMask;
        DWORD Reserved;
        DWORD Filter;
        UCHAR kCanBaud;
        UCHAR Timing0;
    UCHAR Timing1;
    UCHAR Mode;
} VCI_INIT_CONFIG，*PVCI_INIT_CONFIG;
```

这里 kCanBaud 与 Timing0、Timing1 共同用于波特率的设置，本系统中设置数据传输速率为 250kbit/s。

（4）开始数据接收，籽棉质量流量和含水率信息由通道 1 进行接收；割台状态、发动机转速等采棉机车辆工作信息由通道 2 进行接收；其函数原型如下：

```
DWORD __stdcall VCI_Receive（DWORD DevType, DWORD DevIndex, DWORD CANIndex, PVCI_CAN_OBJ pReceive）
```

（5）在完成数据采集后，关闭 CAN 设备。其函数原型如下：

```
DWORD __stdcall VCI_CloseDevice（DWORD DevType, DWORD DevIndex）
```

参考文献

[1] 赵颖, 陈兵旗, 王书茂, 等. 基于机器视觉的耕作机器人行走目标直线检测[J]. 农业机械学报, 2006, 37(4): 83-86.

[2] 高士增. 基于地面三维激光扫描的树木枝干建模与参数提取技术 [D]. 北京: 中国林业科学研究院, 2013.

[3] STRELIOFF WILLIAM P, ELLIOTT, WILLIAM S. JOHNSON, DALE. Grain loss sensor. US Patent 4036065. 1977.

[4] 毛罕平, 倪军. 阵列式压电晶体谷物损失传感器有限元分析与试验[J]. 农业机械学报, 2008, 39(12): 123-126.

[5] 周利明, 张小超, 刘阳春, 等. 联合收获机谷物损失测量 PVDF 阵列传感器设计与试验[J]. 农业机械学报, 2010, 41(6): 167-171.

[6] 毛罕平, 刘伟, 韩绿化, 等. 对称传感结构的谷物清选损失监测装置研制[J]. 农业工程学报, 2012, 28(7): 34-39.

[7] 高建民, 张刚, 喻露, 等. 联合收割机清选损失传感器谷粒冲击信号的混沌检测[J]. 农业工程学报, 2011, 27(9): 22-27.

[8] 郝付平, 韩增德, 韩科立, 等. 国内外采棉机现状研究与发展对策[J]. 农业机械, 2013, (31): 144-147.

[9] 孙必成, 陈美玉, 孙润军. 微波测量纤维含水率的方法[J]. 毛纺科技, 2009, (6): 54-56.

[10] 林谦, 高志宇, 梁漫春, 等. 微波相移法测量煤炭水分的模型[J]. 清华大学学报: 自然科学版, 2010, (11): 1781-1784.

[11] 姜宇, 丁雪梅, 于少鹏, 等. 密度无关的物料含水率微波测量方法[J]. 哈尔滨工业大学学报, 2007, (11): 1829-1832.

[12] TRABELSI S, NELSON S O. Microwave moisture sensor for rapid and nondestructive grading of peanuts[C]. IEEE SoutheastCon , Concord, March, 2010. 18-21, 57-59.

[13] 杨国辉. 基于微波谐振腔的物料水分传感器研制[D]. 哈尔滨: 哈尔滨工业大学, 2006.

[14] 黄振军, 张其龙, 崔焰, 等. 微波水分检测仪在原烟烟包含水率快速检测中的应用[J]. 烟草科技. 2014(1): 45-48.

[15] 王建新, 隋美丽, 杨世凤. LabWindows/CVI 虚拟仪器测试技术及工程应用[J]. 自动化与仪表, 2007, 022(1): 12.

第 6 章　农机云服务平台

农业机械性能发挥程度和使用率高低受许多条件限制，既受农机具的保有量、配置和状态的制约，又受作物生长情况、气候变化等因素的影响。如果在一个农场或区域形成一个高效的农业生产管理网络，并实现农机具的智能化管理，有利于充分发挥各种农业机械的效率与作用。农机具管理智能化包括机具配置、机具状态监控、实时调度和维修保养的智能化。

美国、澳大利亚和欧洲的一些大农场已建立和使用农场办公室计算机与移动作业机械间通过无线通信进行数据交换的管理信息系统，通过该系统不仅能够制订详细的农事操作方案和机械作业计划，驾驶员还能根据作业机械显示的相关数据，调整机械作业的负荷与速度，确保机组能在较佳的工况下运行，与此同时，利用作业过程采集的数据，通过系统控制和处理，能够实现如作业面积、耗油率、产量的计算、统计及友好的人机界面显示等智能化功能。日本洋马株式会社在农机上安装定位天线和通信终端，农机能够自动发送位置、运转及保养方面的信息，每天自动生成作业报告，还可实现监视防盗、运转状况管理、保养服务、突发问题自动通知与迅速应对等方面的功能，不仅能自动支持农机作业，还可与第三方公司提供的农业云应用程序——“Face Farm 生产履历”配合使用，进一步提高效率。

近年来，随着我国农机合作社的快速发展，高性能、高质量的农机装备的保有量逐年增加。随着农机跨区作业需求的不断扩大，对农机作业质量的要求也逐渐提高，因此，需要为农机装上“千里眼”，实现作业质量的实时监测。农业机械化与信息化技术融合是现代农业、现代农机装备发展的必然，随着“互联网+”技术在各行业的应用，运用物联网信息化技术围绕农作物的耕、种、管、收等全作业环节，有效地进行农机作业远程监控与调度，提高农机作业质量和农机装备的智能化水平，是目前现代化大农业发展的迫切需求之一。2017年中央一号文件提出：实施智慧农业工程，推进农业物联网试验示范和农业装备智能化发展。《国务院关于积极推进“互联网+”行动的指导意见》指出，发展精准化生产方式，实施农机定位耕种等精准化作业。“互联网+农机”已成为促进现代农业生产方式转变，实现农机管理工作科学化、信息化、精准化发展，提升农机综合管理水平的必然选择。

国内一些省份的农机管理部门、高校与有关公司合作，利用“互联网+”实现了农机智能化管理。例如，宁波市农机总站与宁波移动合作建设“智慧农机”信息服务平台，该平台整合了无线通信、农机定位、地理信息、计算机控制等先进技术，能实现农机定位、农机调度、农机作业面积统计计算等功能，通过几年试点工作，现已取得较好的成效；中国农机院为全国农业机械化示范省吉林、河南省研发了“农机大数据信息化平台”和“希望田野”手机 App 智能应用系统，为农机作业提供了定位监控、指挥调度、面积统计、信息管理等智能化、精细化管理服务，相关省市农机管理部门使用后，反馈良好，目前已进入加快示范推广阶段。

6.1　云服务平台概况

吉林、黑龙江、河北、山东、湖北、江苏等省陆续建立了农机云服务平台，大幅度提升了农机管理服务精准化、智能化水平。这些平台基本具备农机动态、作业统计、深松监测、调度指挥、安全管理等功能，实现了省、市、县三级全覆盖。山东省青岛市进行了平台基础建设，对农机深松、玉米机收等作业进行了实时监测和远程监管，取得了明显成效。

本章以中国农机院建设的吉林省农业机械化智慧云平台为对象进行介绍。

6.1.1　云服务平台总体架构

云服务平台采用互联网、大数据、移动应用等技术构建，分为用户层、服务层（终端、门户）、业务应用层、支撑服务层、数据存储层、基础设施层。云服务平台总体架构如图 6-1 所示。

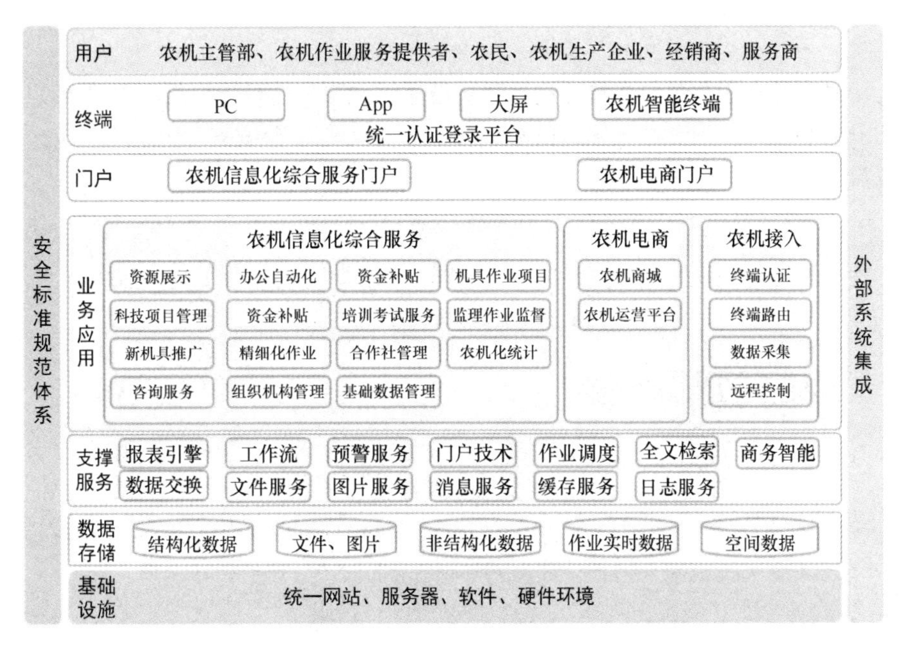

图 6-1　云服务平台总体架构

云服务平台支持 PC、App、大屏、农机智能终端等访问终端，通过外部系统集成，实现互联互通。

用户层包括农机主管部、农机作业服务提供者、农户、农机生产企业、经销商、服务商。

终端层为用户提供 PC、App、大屏、农机智能终端等多种访问终端。

门户层作为农机信息化综合服务门户和农机电商门户，农机信息化综合服务门户实现农机信息化综合服务相关功能的统一访问和信息展示。农机电商门户实现对农机的统一访问。

业务应用层包括农机信息化综合服务应用、农机电商应用和农机接入应用。

支撑服务层包括数据交换、文件服务、图片服务、消息服务、缓存服务、日志服务等，支持上层应用。

数据存储层包括结构化数据、非结构化数据、作业实时数据和空间数据等。

基础设施层包括统一网站、服务器、软件、硬件环境，可以保证平台的稳定性和高效性。

6.1.2 技术架构

1. SOA 软件设计架构和方法

SOA 意为面向服务的体系架构，它不是产品，也不是某种单一技术，而是一种软件设计架构和方法。SOA 要求开发者从服务集成的角度来设计应用软件，它将应用程序的不同功能组件定义为“服务”，通过“服务”之间的良好接口联系起来（也就是“服务”之间的松耦合）。接口是采用中立方式定义的，独立于实现“服务”的硬件平台、操作系统和编程语言，而且这些构建在各种系统中的“服务”可以以一种统一和通用的方式进行交互，保证系统灵活性。另外，还可以保证“服务”的重复利用。

农机信息化综合服务平台在进行构建时，遵循面向服务的设计思想，并对 SOA 进行了实现和细化，SOA 中提到的服务，在本项目中被体现为业务服务（Business Service），如图 6-2 所示。

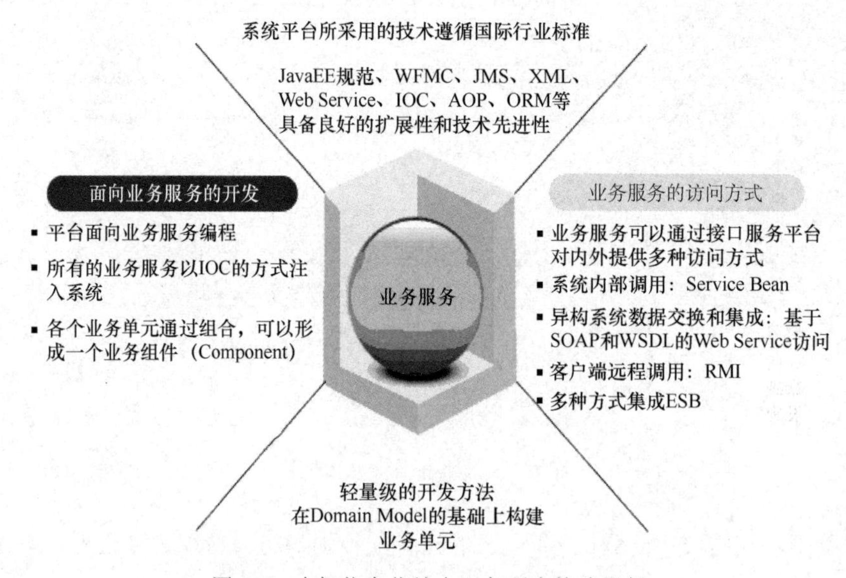

图 6-2 农机信息化综合服务平台构建思想

系统面向业务服务进行构建，整个技术体系中的核心是业务服务，所有的业务服务以 IOC 的方式注入系统，系统的业务逻辑、事务、领域模型、数据仓库都由业务服务单元处理，各个业务单元通过组合，可以形成一个业务组件（Component），为上层体系提供服务。

基于业务服务模式，农机信息化综合服务平台可以提供多种访问方式，包括最普通的本地调用、为异构系统提供基于 SOAP 和 WSDL 的 Web Service 访问、为客户端提供 RMI 远程调用，同时还提供一些轻量级的远程访问方式，如 HttpInvoker、Hessian、Burlap 等分布式远程访问等，可以支撑各种异构系统的集成和数据交换。

2. B/S 架构

基于 J2EE 的应用系统一般包括客户端（浏览器、瘦客户端）、页面和内容管理（Web 服务器和 Servlet 容器）、业务组件（EJB 容器）、业务数据（数据库、LDAP、文件）4 层。在 B/S 架构的应用中，因为页面业务流程非常灵活，一个完整的业务逻辑一般包含前台页面文件处理逻辑、JSP 后台处理逻辑、Servlet 的流程控制逻辑和 EJB 的数据处理逻辑等多个文件，因此，系统的开发和修改变得更为复杂。开发基础技术平台的目标是在底层包装部分 J2EE 的底层细节，向外提供一个功能单一的支撑环境，使程序员在开发应用时不需要了解 J2EE 的运行原理和实现细节。B/S 架构如图 6-3 所示。

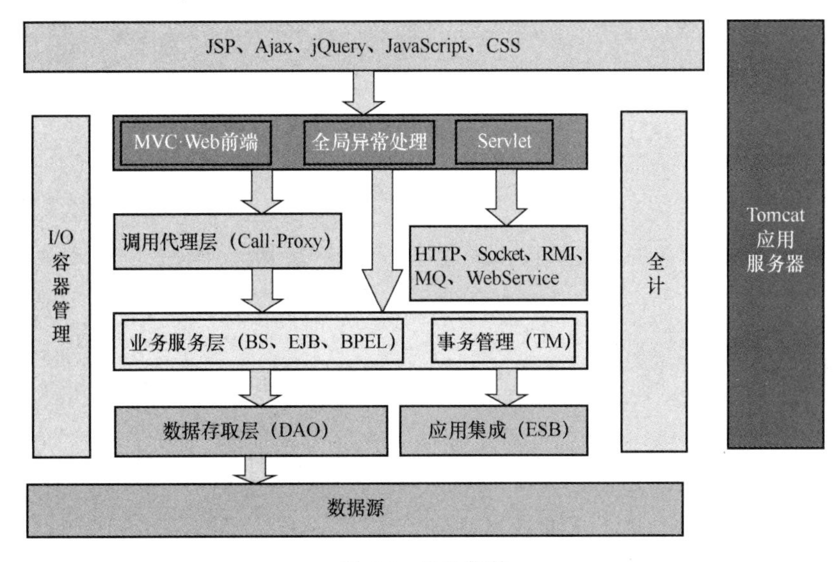

图 6-3　B/S 架构

云服务平台主要用于提供统一的 J2EE 开发和运行环境，降低了 J2EE 系统的开发复杂性，为各种信息系统的快速部署提供基础支持的企业级平台。基础技术平台是基于 Tomcat 开源应用服务器和 WebLogic、WebSphere 等商业 J2EE 应用服务器之上的通用基础平台。

3. 业界常规形式设计模式

“业界常规形式”是一种设计模式，直接指导应用系统的逻辑架构设计。通过采用“业界常规形式”逻辑架构，可以使软件设计的层次更清楚，可复用性更强，从而很好地提高系统的可靠性与可用性。

业界常规形式是指“模型/视图/控制器”（Model/View/Controller）三元组，是由 Smalltalk 的发明者提出的，用来设计应用系统的一种模式。业界常规形式模式定义了一个应用要包括数据、表现和控制 3 部分信息，并且要求这 3 部分被分离在不同的对象中。

模型（Model）代表纯的应用数据的对象，它不包含数据应当如何展现给用户的知识。

视图（View）是将模型的状态可视化的形式，负责将模型数据展现给用户的部分。

控制器（Controller）是提供改变模型的状态的灵活方式。

4. J2EE 开发技术

云服务平台开发遵循 J2EE（Java EE 5 及以上版本）技术标准。

J2EE 是使用 Java 技术开发企业级应用的一种事实上的工业标准，克服传统 Client/Server（C/S）架构的弊病，迎合 B/S 架构的潮流，提供一个平台独立的、可移植的、多用户的、安全的和基于标准的企业级平台，从而简化企业应用的开发、管理和部署。J2EE 是一个标准，而不是一个现成的产品，各个平台开发商按照 J2EE 规范分别开发了不同的 J2EE 应用服务器软件（中间件）。J2EE 应用服务器软件是 J2EE 企业级应用的部署平台，任何遵循 J2EE 规范开发的企业级应用都可以部署在符合 J2EE 的规范的应用服务器软件上。

J2EE 架构下提供的各种组件（Servlet、JSP、EJB、JDBC、JMS、JNDI、JTA、JCA、JMX、JAAS、JACC 等）与 Web 容器、EJB 容器、Applet 容器、Application Client 容器一起，组成了一套完整的 J2EE 应用架构。由于技术上符合 J2EE 标准规范，所以，本系统支持 Linux、Windows 操作系统的跨系统平台部署，支持各种 BEA Weblogic 中间件，支持 IBM Websphere Portal，支持 MySQL、SQL Server、Oracle 10g、DB2 等数据库系统。

6.2 云服务平台网络架构关键技术

云服务平台采用 B/S 架构，它划分为如下 5 层：数据存储层、基础框架层、业务服务层、服务门面层、前端展现层，如图 6-4 所示。

（1）数据存储层负责存储和提供数据。关系数据库选型 MySQL，适应于互联网应用，前期可以考虑使用集群部署的方式来保证数据安全性和数据库性能，随着负载增加，可以采用对数据库进行先垂直后水平分库的方式；空间数据库选型 PostgreSQL；非结构化数据库选型 MongoDB；图片等静态资源以文件方式存储，根据需要考虑是否采用分布式存储方案。

（2）基础框架层提供基本的技术组件，如日志、缓存、异常、DAO、消息等组件，供业务服务层使用。该层需要提供数据源代理组件，确保在垂直或水平分库时对业务服务层的影响最小。

（3）业务服务层是业务逻辑实现的位置，通过规则引擎组件屏蔽业务规则变化；通过流程管理组件屏蔽业务流程变化；通过消息组件实现系统内通信；通过日志组件和预警等组件对系统运行、业务操作情况进行详细记录和监控；通过组织权限对功能菜单、记录和字段等资源进行权限控制；通过 MemCached 保存运行时缓存资源；通过元数据配置为每个租户提供独立的 Profile。

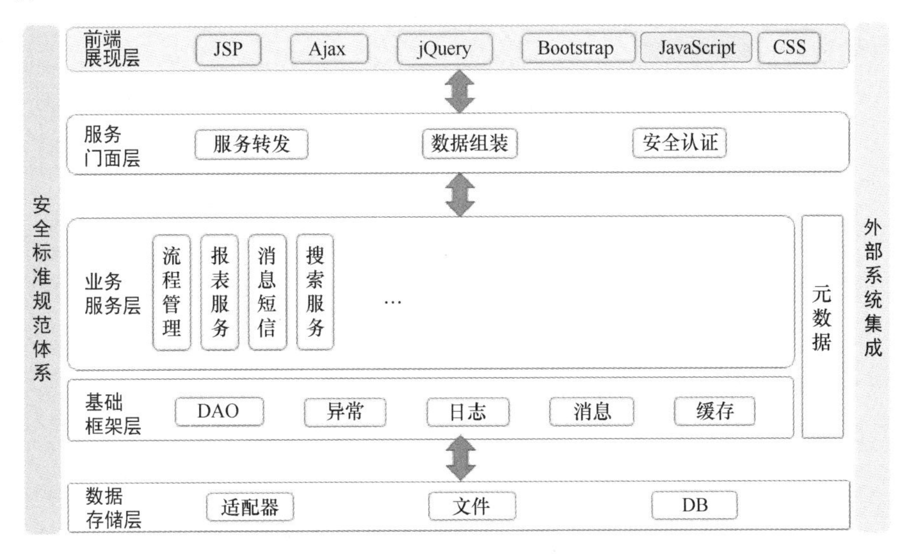

图 6-4　云服务平台架构

（4）服务门面层主要负责对用户进行安全认证，转发页面请求及为前端展现层准备数据。该层还可以监控页面访问情况，为后续优化页面、负载均衡提供依据。该层的主要技术有 Servlet、Filter 等。

（5）前端展现层负责与用户交互，处理用户请求，根据组装好的数据生成 HTML/XHTML 页面，展现给用户。前端展现层设计要遵循简单、易用原则，提高用户体验，主要技术有 JSP、Ajax 等。

为了确保系统支持 SaaS 模式部署，一定要遵循如下设计原则。

（1）确保应用扩展性。保证应用程序的无状态性，无论是用户个性化信息还是共享信息，都不应该保存在应用程序中，而应该保存到应用程序之外的介质中。例如，用户配置信息保存在数据库中，用户运行时信息保存在集中式缓存中。

（2）确保数据扩展性。随着数据量的增加，要逐步采用垂直和水平分库策略，因此，数据库设计要考虑以后的分库情况，并且通过数据源代理组件来屏蔽分库对应用程序带来的影响。

（3）确保数据安全性。不同用户数据严格隔离，保证数据高可用性、高可靠性。

（4）确保可高配置性。区分用户个性化信息和一般信息，对个性化信息提供配置功能。

（5）迭代设计。根据当前和近期用户数和用户特性，设计时可以考虑迭代设计开发，不要一步到位，但要充分考虑到扩展。

6.2.1　并发控制技术

从应用层面可以通过设置连接池最大数值控制事务的最大并发数。从系统底层可以通过配置应用服务器的最大连接数控制并发操作。应用服务器的最大连接数应该大于数据库连接池的最大连接数。

1. 数据缓存容器

当有大量并发的用户同时访问系统服务器，或者有用户访问数据量很大的数据表或者报表模板时，服务器需要消耗大量的内存，如果没有磁盘缓存机制，这样的内存占用会很容易导致服务器内存溢出，从而导致服务器宕机。

在报表工具方面，FineReport 报表服务器创新的数据缓存容器，把从数据库读取的数据、设计的模板、运算后的模板等放到该容器内，该做法使得 FineReport 报表服务器支持无限并发和超大数据的显示。

2. 共享连接池

连接数据库是应用程序中耗费大量资源且相对较慢的操作，但它们又是至关重要的。连接池是已打开的且可重用的数据库连接的一个容器。连接池在所有的数据库连接都关闭时才从内存中释放。使用连接池最基本的好处是提高应用程序的性能及可伸缩性。数据库连接池由应用服务器管理，报表服务器和系统的其他应用可以共享连接池，充分利用数据库连接，可以大大提高数据库读取速度。

3. 负载均衡——集群机制（Cluster）

因为基于本系统在未来发展及长久使用的需要，防止系统运营若干年后出现系统性能的瓶颈问题，所以我们在前期就把系统的性能问题考虑进来，避免给后期维护工作带来不必要的麻烦。关于本系统性能设计主要基于以下 3 方面考虑：一是系统响应多个客户端并发请求的能力，其中含有并发请求的成功率；二是系统在各个层次（如 100 个请求、1000 个请求）的并发数下，响应客户端请求的速度性能；三是大的吞吐量的数据查询、统计时系统查询统计效率。针对以上 3 方面因素的考虑，本系统进行了负载均衡设计，介绍如下。

负载均衡硬件方式是基于硬件服务器的集群技术来实现的。简单来说，就是由一个负载均衡器侦听集群内各个节点的服务器 CPU 及内存的使用情况，按照设计好的均衡策略［最常用的负载均衡算法主要有 3 种：轮循（Round-Robin）、最小连接数（Least Connections）和快速响应优先（Faster Response Precedence）］，把客户端的请求分发给各个服务器进行响应，并返回给客户端相应请求。集群就是一组通过协同工作方式运行同一套应用程序并针对客户端及应用程序提供单一系统映像的独立计算机。负载均衡集群的英文为 Load Balance Cluster，简称 LB Cluster 或者 LB 高扩展集群，它是指以维持可接受性能的前提下处理不断提高的工作负载为目标的服务器集群技术。

负载均衡集群就是带均衡策略（算法）的服务器集群，服务器称作节点。负载均衡集群在多个节点之间按照一定的算法分发网络或计算处理负载。

当并发数据特别大时，一个应用服务器已不能承受压力，这时就需要搭建多个应用服务器的集群来一起处理客户端的请求。

负载均衡建立在现有网络结构之上，提供了一种廉价有效的方法来扩展服务器带宽，增加吞吐量，提高数据处理能力，同时又可以避免单点故障。

以 Web 访问为例，多个 Web 服务器内部署相同的 Web 内容，Internet 客户端的访问请求首先进入负载均衡器，然后由负载均衡器根据负载均衡算法合理地分配给某个 Web 服务器。在 Web 服务器层也采用服务器集群技术对客户端的请求进行分流。在负载均衡的思路下，多台服务器为对称方式，每台服务器都具有同等的地位，可以单独对外提供服务而无须其他服务器的辅助。通过负载分担技术，将外部发送来的请求按一定规则分配到对称结构中的某一台服务器上，而接收到请求的服务器都独立回应客户机的请求。

4. 数据源代理

应用程序与数据库之间通过数据源代理进行交互，目前数据源代理有两种集成方案：一是数据源代理集成到应用程序中，每个 App 包含一个数据源代理组件；二是数据源代理单独进行集群部署。在系统并发量大的情况下，如果负载均衡不能根据用户访问网段分发指定 App 的话，就会造成物理连接膨胀、连接浪费的情况。方案二不存在连接浪费的问题，可以更好地利用资源。

为单独的市县建立单独的数据库账户，可以提高系统的数据访问效率，同时能够实现将数据同步到数据仓库中、中心平台对各租户的数据管理和功能监控，以及统计报表的功能。

应用和数据库之间增加一个专门用于实现读写分离和负载平衡的中间代理层，使得系统的架构拥有更好的扩展性，数据源 Proxy 就是这样一个中间层代理。简单来说，数据源 Proxy 就是一个连接池，负责将前台应用的连接请求转发给后台的数据库，并且通过使用 Lua 脚本，可以实现复杂的连接控制和过滤，从而实现读写分离和负载平衡。对于应用来说，数据源 Proxy 是完全透明的，应用只需要连接到数据源 Proxy 的监听端口即可。当然，数据源 Proxy 机器可能单点失效，但完全可以使用多个 Proxy 机器作为冗余，在应用服务器的连接池配置中配置多个数据源 Proxy 的连接参数即可。

6.2.2　工作流平台技术

工作流平台是指运行在一个或多个被称为工作流机的软件上的，用于定义、实现和管理工作流运行的一套软件系统。它和工作流执行者（人、应用）交互，推进工作流实例的执行，并监控工作流的运行状态。依托系统的工作流平台引擎，构建各业务系统需要工作流程审批的功能，从而为系统适应业务发展要求打下基础。

工作流平台融入了新一代管理软件关注的重点思想，所有功能模块应用将权限体系、工作流引擎体系、表示逻辑体系、管理控制逻辑体系、扩展及个性化接口体系充分结合，从架构的设计上优化企业个性化业务系统实施成本，并通过流程管理工具实施个性化的企业流程管理，通过记录、审批、监督、跟踪、分析企业日常事务，持续改善企业管理流程。工作流平台充分考虑了流程和环节的模型特性，以及行为人的群体特性及中国文化特色，流转过程中基于权限体系提供了人为因素中“主动/被动”异常行动的解决思路，解决快速实施企业业务流程的需求。

工作流平台具有如下特点。

（1）符合工作流管理联盟（Workflow Management Coalition，WfMC）标准，严格遵循JavaEE规范。

（2）Web可视化设计/定义企业流程，无缝适配各种组织结构模型。

（3）基于数据总线的思想，平台将数据定义为“相关数据”和“业务数据”，平台通过维护这两套数据及其载体，可以统一管理工作流运行时产生的所有数据。

（4）基于微内核架构设计思想的工作流应用程序接口（Workflow Application Programming Interface，WAPI）及工作流引擎，允许项目组及客户开发的企业应用程序与工作流管理系统紧密集成，包括启动流程、获取流程状态、获取相关数据、设置相关数据和参与者等，或将工作流功能整合到自行开发的应用中。

（5）灵活的流转控制，强大的自定义行为扩展支持，脚本引擎，方便的表单机制。

（6）易用、友好的用户操作及流程管理：查询流程、发起流程、查询任务、流程监控。

（7）基于Web服务标准对企业已有应用系统的集成（Web Service & EAI）。

系统提供兼容WfMC标准的工作流平台，由8个模块组成：表单设计器、流程设计器、工作流引擎、工作流监控工具、任务管理器、组织模型、电子邮件应用适配器、电子邮件发送组件。其中，只有表单设计器、流程设计器、工作流引擎、工作流监控工具4个模块可见可操作，其他组件模块均为后台组件。

1. 表单设计器

表单设计器支持B/S方式在线所见即所得的绘制模板（基于HTML格式），兼容Word、Excel等Office文档（支持从Office文档中直接复制），支持表格绘制、文本输入项、下拉列表、复选框、动态表格等；支持日期、人员、岗位、部门、局（公司）的参照；将它们与组织数据紧密关联在一起。

2. 流程设计器

流程设计器的主要功能如下：可视化地建立业务流程，用户通过功能菜单，绘制流程的窗口及定义各种属性的对话框，可以方便地进行业务流程的设计。当业务流程发生变化时，用户可以直接进行动态调整。流程设计器还提供了流程管理功能，可以对建好的业务流程进行复制、修改、发布、取消发布、作废等管理。

流程设计器的特点如下：完全基于B/S架构；可视化的图形设计界面；支持各种丰富的组织模型数据源；支持与表单的数据引用；可自定义邮件格式；流程的有效性检查；流程图保存为BMP图片；提供默认的流程模板；支持流程版本控制；支持表单地址的自定义URL。

3. 工作流引擎

工作流引擎是一个基于Java的服务程序，其主要功能是，读取并解释用户在流程设计器中设计好的业务流程，将工作任务项分发给相关人员，根据当前业务流程执行的状况来调度流程中的工作任务，控制下一步流程的流向。能保证长时间运行（数日至数月）的业务流程的安全性和稳定性。

工作流引擎的主要功能如下：解释流程定义；控制流程实例的创建、激活、挂起、终止等操作；在活动间导航，包括控制顺序或并行操作，控制实例生存期；确定工作项正确分配给相应的用户；维护工作流相关数据；给/从应用程序或用户传递工作流相关数据等。可以把工作流引擎当作一个状态转换机，它主要控制进程和流程实例的创建、激活、挂起及终止等状态。在状态转换中，流程实例或节点实例的状态因响应外部事件（如一个节点实例的完成）或指定由工作流引擎采取的控制决策（如导向流程实例的下一步行动）而改变。工作流引擎主要负责 3 种对象的状态转换：流程实例、节点实例、工作项。

4. 工作流监控工具

工作流监控工具的主要功能如下：可以观察流程实例的执行状态，以图形化的方式显示运行中流程实例的各种状态，也可以对发生异常状况需要人工干预的流程进行中止流程等特殊处理。在日常运行过程中，可以使用监控管理工具对业务流程进行统计和分析，便于对业务流程进行优化和重组。

6.2.3　数据交换接口技术

云服务平台与合作伙伴系统等外部异构系统间都有系统集成和数据交换的功能要求。我们依托平台的接口技术，提出数据交换服务的整体技术实现方案。本实现方案能确保云服务平台与其他不同系统在相对独立的情况下（松耦合）进行数据的共享和传递。

1. 接口设计

数据交换接口支持与外部系统交换数据的 3 种方式如下。

（1）数据交换平台接口：外部系统将数据交换请求提交给该平台接口，由平台接口完成和应用系统间的交互；系统间耦合度最低。

（2）直接访问应用系统：外部系统通过 RMI/IIOP 协议调用应用系统提供的数据交换接口中的方法；系统间耦合度中等。

（3）直接访问数据库：外部系统需要了解数据库结构，并具备直接访问数据库的权限；系统间耦合度最高。

一般来说，接口主要处理有以下几种情况。

异构系统间在运行状态下，高度的业务动态集成。在这种情况下，异构系统之间在运行状态下要进行业务通信，为满足这种接口方式，异构系统直接提供标准规范的 API 调用。

异构系统之间的数据（业务单据）级的集成。这种接口方式的实时性要求没有上一种高，异构系统之间没有复杂的业务校验和消息传递关系，往往是前一个异构系统在处理完毕后，将相关单据传递到下一个系统继续处理。对于这种接口方式，可以采用实时处理或者是异步处理的方式。

我们设计的基于 JMS（Java Message Service，Java 消息服务）的接口，支持包括基础数据转换表、数据校验规则、数据文件（XML 格式）定义等，并且支持 Excel 等方式的数据导入导出。这种接口设计可以是实时的，在前一个系统处理单据完毕后，自动调用数据交换平台，将相关数据写入下一个异构系统。

另外，也可以支持异步处理，方式有两种：一是平台启动后台自动扫描程序，分时自动进行相关的数据交换；二是业务人员通过数据交换平台手工进行数据交换处理。

2. 消息中间件

在接口消息通信方面，Web 服务器上的 JavaBean 通过通信中间件（CMW）访问应用服务器上的业务逻辑部件（虽然这两个服务器在物理上是同一台机器）。CMW 分为两种：一种是基于远程过程调用（RPC）技术同步调用中间件，如标准的 RMI（Remote Method Invocation）服务，或者是用友自行开发的 RPC 中间件；另一种是基于消息机制的异步调用中间件，如 IBM 的 MQ，或者是其他支持 JMS 标准的中间件。这种中间件一般采用发布（Publish）和订阅（Subscribe）模式，发布者和订阅者之间是一种松散的耦合方式，提高了系统的柔韧性。

消息中间件（Message-Oriented Middleware，MOM）是非常重要的一种中间件模块。它能利用高效可靠的消息传递机制进行与平台无关的数据交流，并基于数据通信来进行分布式系统的集成。通过提供消息传递和消息排队模型，它可以在分布式环境下扩展进程间的通信。

消息中间件既支持同步方式，又支持异步方式。异步中间件比同步中间件具有更强的容错性，在系统出现故障时可以保证消息的正常传输。异步中间件技术分为两类：广播方式和发布/订阅方式。由于发布/订阅方式可以指定哪种类型的用户可以接收哪种类型的消息，更加有针对性，所以，已成为异步中间件的非正式标准。

消息中间件能在不同平台之间通信，它常被用来屏蔽各种平台及协议之间的特性，实现应用程序之间的协同，其优点在于能够在客户和服务器之间提供同步和异步的连接，并且在任何时刻都可以将消息进行传送或者存储转发。

采用数据中心和数据交换节点的结构来简化各业务系统之间所存在的复杂的相互关系，在代理节点上提供相应的服务来方便应用系统的接入并提供一致的访问行为和接口。数据交换中心总体结构如图 6-5 所示。

整个体系结构为星形结构，数据中心处于中心位置，它是实现数据共享和交换的中心，通过标准化的接口为每个数据交换节点提供服务。每个数据交换节点只需要与数据中心通过标准接口进行交互，并通过 XML 进行数据转换，而不需要连接访问就可以获取所需要的数据。数据中心的整体行为就像一个虚拟的中心数据库，同时又像一个中央交换机。整个数据共享和交换的底层实现和存储机制对各应用节点是透明的。该结构耦合性低，并且很容易扩展为多层次的雪花形结构，构建出多级数据中心结构，以支持更大范围的广域方案。

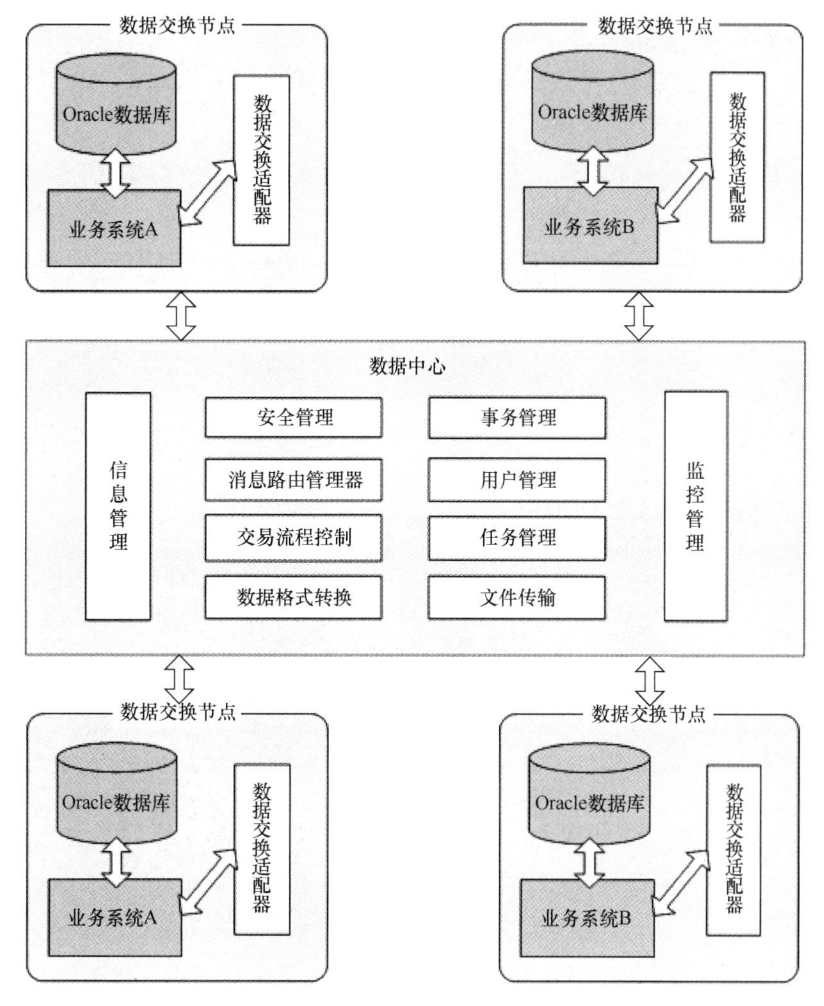

图 6-5　数据交换中心总体结构

3. 批处理

系统的批处理主要包括日常提交的需要批量处理的定时任务或事件触发任务，如资金归集等，也可能包括日终批处理、月终批处理、年终批处理（视具体的业务规划而定）。这些任务一般资源消耗巨大，运行时间较长，系统允许用户指定其运行的开始时间或条件，这样就可以避开业务高峰期，在系统相对较空闲时执行。

对于有些需要定期重复执行的任务，系统允许用户指定其运行的重复频率或开始条件，这样就可以减少操作人员的重复劳动。

系统同时提供一个功能强大的任务监视器。所有由任务调度服务接管的任务，都可以在任务监视器上清晰地看到其提交人、起止时间、当前状态等信息。同时可以在符合业务约束的前提下，随时修改这些任务的状态。

对于日常提交的需要批量处理的任务，一般不会影响系统联机可用性。对于日终、月终、年终这样的批处理，为了提供“7 天 24 小时”服务，满足系统运行不停机的“零间断”要求，系统将批处理期间发生的交易算在下一交易日，并记载交易时间戳，对于这段时间内的交易造成批处理误差的，系统在批处理完成后，将重新开始一个针对这些交易的比较小的批量处理，校准相关数据。

开发平台基于 JavaEE 架构，提供了定时任务、邮件服务、SMS 服务，这些服务为批处理提供了比较好的支撑，我们将系统的批处理方案架构放在开发平台之上，批量任务定义模块会根据用户的批量处理策略来定义各种批处理任务，包括任务的执行时间、触发条件、优先级别等，批量任务调度模块会根据用户定义的批处理任务和策略在适当的时机调度任务执行，批量任务监控模块会为用户提供监视控制功能，用户使用此模块查看批处理任务的执行时间、执行状态，以及暂停批处理任务、取消批处理任务等。批处理任务执行各阶段的信息可以通过开发平台的邮件服务、SMS 服务等功能发送给相关人员。

6.2.4 对数据的挖掘支持能力

数据挖掘是从大量的、不完全的、有噪声的、模糊的、随机的数据集中识别有效的、新颖的、有用的、最终可理解的模式的过程。数据挖掘是一门涉及面很广的交叉学科，包括机器学习、数理统计、神经网络、数据库、模式识别、粗糙集、模糊数学等相关技术。

数据挖掘工具的技术要求具体如下。

（1）支持聚类、分群、预测、关联等多种数据挖掘技术。数据挖掘工具需要提供丰富的数据挖掘模型和灵活算法，包括机器学习、人工智能和统计学等方面，以灵活地解决各种类型的问题。模型具体应包括但不限于 4 类：预测模型、聚类模型、关联模型、探索模型，它提供可在数据库内嵌的数据挖掘算法并支持在数据库中进行数据建模、数据挖掘应用。数据挖掘算法能以存储过程的方式提供，方便开发数据挖掘应用。作为开放架构体系，数据挖掘工具应支持完全的数据库内挖掘，如可在 DB2 或 Oracle 数据库内实现关键的数据挖掘任务，如数据准备、数据建模和模型评估等，从而极大地提高数据挖掘的效率，并获得更大的收益。简言之，数据挖掘工具应提供可以整合 IBM Intelligence Miner、Oracle Data Mining、SQL Server 的数据挖掘算法，通过本地可视化界面，数据仓库中的相应算法和模型可以在工具框架内得到统一管理。

（2）提供模型评估及解释的工具。数据挖掘工具需要提供包括评估图表及统计分析等多种模型评估方式，提供的评估图表包含但不限于收益图表、功效图表、投资回报图表、利润图表、响应图表。评估图表还可以被累积，累积图表通常可以使模型的整体运行状态变得更佳，并利用工具输出面板中的分析、矩阵、统计等节点输出表格、统计量等对模型进行评估。

（3）模型显示提供 B/S 方式，并能容易地嵌入分析应用。数据挖掘工具提供数据挖掘结果，回传到数据仓库中的接口或者功能，并由前端商务智能平台进行展现：把数据挖掘模型导出成 SQL 语句或者格式文件，集成于其他应用系统中；或者通过一些专门的产品或技术，把整个数据挖掘流程导出，供应用系统（C++或 Java 程序）通过 API 进行调用，从而达到数据挖掘结果脱离挖掘系统环境集成到应用系统中的目的，同时，数据挖掘结果可以回到数据库中。

（4）支持 UNIX 和 Windows 平台。数据挖掘工具支持的操作系统平台包括 Windows Server 以上、Red Hat® Enterprise Linux®等多种系统。

（5）支持线性的扩展能力。数据挖掘工具产品提供高度的可扩展性，用户可以随着数据量和业务量的加大选择增加硬件配置、提高运算速度、升级服务器硬件或者选择增加客户端来增加分析终端。

（6）支持并行数据处理。数据挖掘工具支持多实例操作和系统并行优化处理能力。客户端产品既能够作为独立的产品在本地运行，也能与服务器一起以分布式方式运行，从而提高大数据集的执行效率。服务器端能够与一个或多个客户端以分布式方式安装，它在大数据集上提供了更高的性能。

（7）提供友好的用户界面。数据挖掘工具支持图形化界面、菜单驱动、拖拉式的操作，使用可视化界面，支持数据挖掘的全部过程，从业务建模到数据访问，最后到模型的部署，缩短数据挖掘的开发周期，简单建模过程通过鼠标拖拉操作即完成，无须编码。

（8）数据挖掘工具需要适应不同的数据存储格式。数据挖掘数据源除了数据仓库和交易系统，通常还会有其他数据存储格式。数据挖掘工具提供对不同数据存储格式的支持，包括所有主流数据库（如 IBM DB2、Oracle、SQL Server 等），也可以通过第三方提供的开放 ODBC 或 OLE DB 接口与其他数据库连接（如 Teradata 等）；另外，支持文本文件、Excel 文件、XML 文件、SPSS 数据文件、SAS 数据文件和结构化文件。

（9）数据挖掘必须处理海量数据，并具备稳定的性能。数据挖掘通常需要面对海量数据，因此，对海量数据的分析响应速度非常重要，工具提供相关的效率优化器。平台中集成了多种报表工具，如 Birt 报表工具、Finereport 报表工具及 BI 工具等，这些工具都具有数据挖掘的功能，可以根据实际需求对数据灵活呈现和挖掘、分析。报表工具是一套能灵活自定义报表模板及展现数据统计的报表工具软件系统，支持模板定制、数据的导出（生成 Excel 表）、打印、打印预览等功能。报表工具的使用对象是系统管理、维护人员或程序设计人员，他们首先可以使用报表工具灵活地设计简单或者复杂的报表模板，然后将模板发布，最终使用户可以浏览实际报表。

6.3 云服务平台数据处理技术

随着信息时代的来临，我国农业面临“地板”上升、“天花板”下压、资源亮“红灯”的多种困难，传统的粗放型农业生产模式已经成为制约我国现代农业发展的重要因素。面对新形势，农业生产方式应转向数据驱动的智慧化生产方式，通过农业信息化技术引领我国农业向数字化、智能化的方向发展（李道亮等，2018）。

农田信息种类丰富、结构复杂、来源广且缺乏统一的标准，不仅存储困难，而且很难实现平台之间的信息共享。因此，有必要构建传输标准、格式统一的方便对农田信息管理的农田田块的数据模型，它既要满足农田田块的数据特性，也要符合我国国情。针对以上问题，下面将以农田田块为研究对象，以气象环境、卫星、无人机遥感信息、地块属性及智能农机作业信息等为数据源，建立面向海量多源异构的农田田块时空数据模型。通过不同数据源收集的农田田块数据统一格式和编码，打通农田田块的数据通道与数据壁垒，提高农业从业人员的农业信息利用率及农田信息的管理水平与管理效率。

6.3.1 农机作业地块数据模型的构建

1. 采集对象的选取

采集对象是指采集对农业生产有一定的指导意义的农机作业对象，它具备易采集、可量化及广泛适应性的特点。农机作业地块数据结构复杂、维度高、时效性强且难以分析，为了将复杂抽象的数据简单化、具体化，采集对象的选取至关重要（张威等，2019）。农机作业地块采集的数据对象主要包括地块作业信息、地块气象信息、地块位置信息、地块附着物信息，如图 6-6 所示。

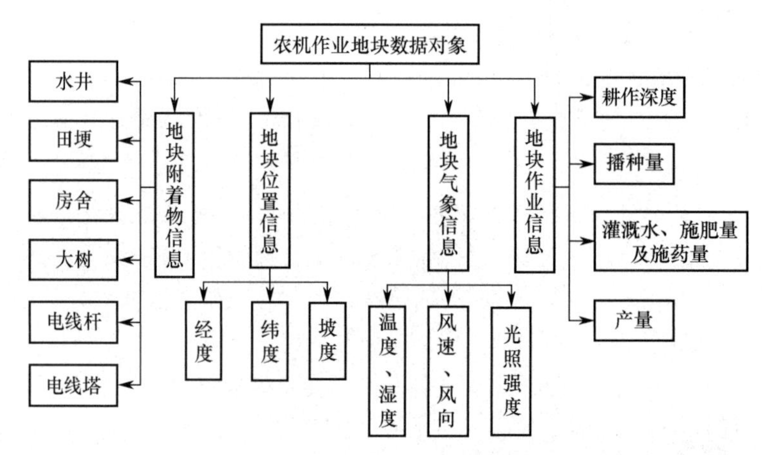

图 6-6 农机作业地块数据对象

1）地块作业信息

地块作业信息是指记录农机在地块进行耕、种、管、收全生产链的各个细节，这些信息可以记录农作物的整个生长作业周期。具体的采集对象依据作业环节进行划分。

（1）地块深松深度：指使用铧式犁、圆盘耙、松土铲等农机具进行疏松土壤，且其深度不小于 25cm，进行土壤深松可以促进土壤蓄水保墒，促进农作物的根系生长，提高农作物的抗倒伏能力，促进农作物生长，提高作物产量。

（2）单位地块播种量：指单位面积播种的种子的质量，单位地块播种量会直接影响地块的粮食产量。如果播种量过少，虽然单株粮食产量高，但是很难高产；如果播种量过多，浪费种子，加重后期间苗工作，而且也难高产。

（3）单位地块灌溉水量：农作物的生长离不开水分，不同农作物在不同时期对水的需求也不同，记录农作物的灌溉水量对研究农作物生长生命周期意义重大。

（4）单位施肥量、施药量：农作物的生长同样离不开营养物质与农药，记录不同时期农作物摄入营养物质，以及施用农药的种类及重量，不仅可以提高肥料及农药的利用率，而且有利于保护环境。

（5）单位地块产量：简称“单产”，指单位面积收获某种农作物的产出质量，它反映了地块的经济效益和工作质量。记录地块的历年产量，对分析总结农业生产经验、制定生产技术及生产措施意义重大。

2）地块气象信息

地块气象信息是指记录农作物外部环境的天气情况。刮风、下雨等天气情况会直接影响农作物的生长状态及产量。记录历年的气象信息可以分析总结不同季节农业生产经验，指导农业生产。具体的气象要素有温度，湿度，风速、风向及光照强度。

（1）温度：温度是影响农作物的生长、发育的重要因素之一，农作物养分的转化及吸收也与温度息息相关。记录农作物生长周期的温度变化对研究不同区域农作物的生长规律有一定的参考意义。

（2）湿度：指单位体积的空气含水量，它直接影响农作物的摄水量及新陈代谢，最后影响农作物的品质及产量。

（3）风速、风向：风速及风向是大气环境的重要指标，它直接影响农作物的倒伏率，记录它可以帮助我们掌握气象规律，避免或者减弱农作物因大风的气象灾害造成的减产。

（4）光照强度：指单位面积上可见光的光通量，它可以直接影响农作物的光合作用和新陈代谢。记录农作物生长过程光照强度的变化对指导非自然环境下农作物的增质、增量意义重大。

3）地块位置信息

地块位置信息是指记录农机作业时地块的具体位置。不同区域农作物的生长环境与营养成分差别很大，而区别地块区域差异的主要手段就是地块位置信息。地块位置信息主要包括地块的经纬度。地块的坡度是判定地块平整度的主要因素之一，地块地理特征可以通过影响农作物的光照、通风等因素来影响农作物的产量和质量。

4）地块附着物信息

地块附着物信息指在地块中目标较小但对农业生产影响较大的对象，如水井、田埂、电线杆、电线塔、大树及房舍等，获取并研究这些对象的信息对未来农业生产的优化、农村的设计及改造具有一定的指导意义。

2. 农用传感器的选择

农用传感器是采集农机作业地块数据的核心部件（姚照胜等，2019），它通常按照一定的规律将外界感受的信息转换为电信号或者其他形式的信号，实现信息的传输、处理、存储、显示及控制。目前，市面上可用的针对不同应用场景的农用传感器较多，因此，如何选择适合自己应用场景的传感器至关重要，选取传感器一般遵循以下 5 条原则（Sen Li 等，2019）。

（1）灵敏度。灵敏度是指传感器的输出量增量与输入量的比值，灵敏度的选择并不是越高越好，当传感器的灵敏度选择过高时，干扰信号的灵敏度也会提高。因此，在满足要求的情况下，应选择灵敏度较低的传感器。

（2）精确度。一般情况用精确度来衡量测量结果的好坏，精确度既要求传感器测量的随机误差小，还要求测量结果与实际数值的偏离程度较小，因此，精确度越高越好。

（3）动态范围。又称线性范围，指在保证传感器灵敏度的前提下，输入量增量与输出量呈线性关系的范围。线性范围直接影响传感器的量程，因此，需要结合自己的需求选择适合自己的动态范围。

（4）响应速度。指传感器在接收外界信号时的反应速度，一般情况下，传感器的动态响应越快，滞后时间越短，数据传输效果就越好。

（5）抗干扰性。农用传感器的工作环境较差，其抗干扰性的好坏直接影响传感器是否可用。因此，应选择在高低温、湿度、高振动、高冲击、高粉尘的环境下仍能正常工作的传感器。

此外，由于农用传感器工作在较差的环境中，并且需要对零件进行维修与更换，因此，应选择互换性较好的传感器。另外，传感器的输出信号的选择要与传输方式相适应。传感器的物理构造也需要考虑，应选择契合农机具的、安装方便的传感器（José A 等，2019）。

在以上 5 条原则的基础上，我们选用的农用传感器如下。

选用的风速传感器型号为 RS-FS-N01，如图 6-7 所示。

选用的风向传感器型号为 RS-FX-N01，如图 6-8 所示。

图 6-7　风速传感器

图 6-8　风向传感器

选用的光照传感器型号为 B-LUX-V30B，如图 6-9 所示。

选用的温湿度传感器型号为 SHT-70，如图 6-10 所示。

选用的播种传感器型号为 BZ-03，如图 6-11 所示。

选用的测产传感器型号为 CS-04，如图 6-12 所示。

选用的流量传感器型号为 LS32-1500，如图 6-13 所示。

图 6-9　光照传感器

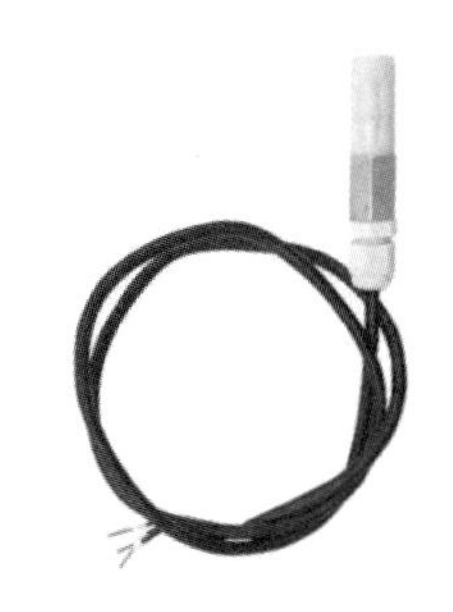

图 6-10　温湿度传感器

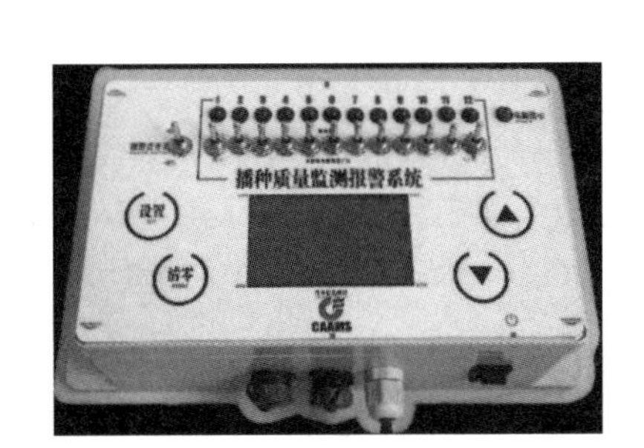

图 6-11　播种传感器

图 6-12　测产传感器

选用的深松传感器型号为 GS-05，如图 6-14 所示。

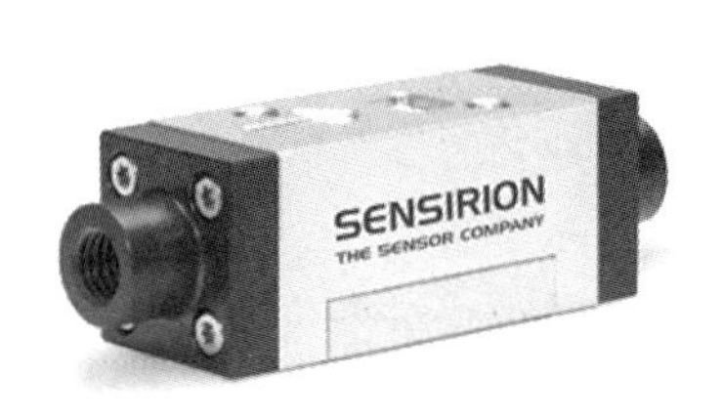

图 6-13　流量传感器

图 6-14　深松传感器

选用的定位传感器型号为 EG12-UC，如图 6-15 所示。

选用的图像传感器型号为 GS3-U3-15S5C-C，如图 6-16 所示。

选用的倾角传感器型号为 SIS428，如图 6-17 所示。

图 6-15　定位传感器

图 6-16　图像传感器

图 6-17　倾角传感器

6.3.2 农机作业地块数据模型的实现

1. 数据获取过程

首先，通过卫星遥感影像来获取包含地块经度、纬度、海拔高度及地块轮廓的地理信息。遥感监测数据既包括地理位置信息，也包括信息获取方法、影像获取传感器的类型、影像获取时间、影像的分辨率、影像数据来源信息（Xu Wang 等，2018）。其次，对该信息进行预处理，剔除冗余信息。最后，以字符类型的数据结构存储在 HBase 数据库中，作为判断地块属性的基本依据。

通过同一地区不同时间遥感影像信息和农机作业时采集的地块真实信息对比，修正地块信息。在修正处理的过程中，对处理过的目标进行标记。与此同时，对相应的目标做出必要的文字说明。在修正前将已有的遥感数据标记为原始数据（记为 Initial）。通过改变 Initial 目标的空间位置信息来达到修正数据的目的，此时数据记为 Newest。实地修正时，修正人需手持北斗卫星接收机实地采集地块及其属性数据（陈宏等，2018），每个数据都有精度验证，精度不符合要求的情况下需进行重新判断，直到符合数据精度要求为止。与此同时，对地块中目标较小但对农业生产影响较大的信息（如水井、田埂、电线杆、电线塔、大树及房舍等）进行标记，并将其信息在数据库中详细地呈现出来。

将农机作业时采集的气象信息与本地采集的气象站信息进行对比，并将气象信息的温度、湿度、光照强度、风速、风向等以数据的形式显示出来，并以一定的数据格式存储起来以备随时调用。

通过在地块作业的农机上安装不同类型的传感器来获取地块的作业信息。例如，在深松机械上安装倾角传感器来获取深松土壤的深度（Zhang Jianfeng 等，2016）；在播种机上安装传感器来记录地块播种的数量；在浇水机、植保机上安装流量传感器来获取浇水、施肥、施药的体积；在收割机上安装谷物压力式传感器来获取地块农作物产量；将这些数据通过传感器的接口发送到 Web 服务器端并存储在数据库中（Zhang Jianfeng 等，2016）。地块作业信息还应包括农作物的种植结构及空间分布特征，这些信息可以通过农作物的种植类别和农作物的种植密度等指标来衡量；地块的产量不仅含有地块的亩产量，还包含单位面积（$1m^2$）地块的产量。数据传输使用 HTTP 协议，向指定的 URL 发送 JSON 数据（魏新华等，2013）。

当所有信息采集处理完成后，检查处理过的地块目标的封闭性、连通性及其周边目标间属性的一致性，包括检查处理目标与周围目标的属性差异性，合并与地块类型相同的相邻目标，分解通过点、线连通或不连通的多边形目标，必要的文字说明标注是否合理。

2. 数据模型的实现

农机作业地块数据模型包括地块的位置信息、气象信息、作业信息及地块附着物信息等。其中，地块附着物信息是指对地块中目标较小但对农业生产影响较大的信息，如水井、电线杆的经纬度、凸凹程度较大的局部地块的轮廓、经纬度及地块坡度等。农机作业地块数据模型如图 6-18 所示。

图 6-18　农机作业地块数据模型

6.3.3　作业面积精准测量技术

随着农业机械化快速发展，农机跨区作业现象促进了农业生产规模化，但是在农机市场化服务背景下供需双方面对费用结算时，由于缺乏可靠的数据支持而容易发生经济纠纷。因此，急需准确的面积计量方法来服务于农机作业费用结算，从而避免雇佣双方产生经济纠纷和确保补贴费用有效发放。

1. 轨迹数据筛选

在农机作业期间，农机作业状态具有多种可能。因此，通过安装在农业机械上的北斗卫星传感器获取的农机位置信息不一定都是农机的作业位置信息。基于此，农机作业轨迹的获取是至关重要的。这就需要在计算农机作业面积之前进行必要的数据预处理。其中农机作业轨迹数据的准确判别是获取农机作业轨迹的关键所在。根据农机在作业过程中的不同状态，如田间作业、道路行驶、转弯掉头、停车检修等，可以将获得的北斗卫星定位数据分为 5 类，分别为轨迹点、漂移点、停车点、移动点及间隔点。下面分别对这 5 类数据进行说明。

（1）轨迹点。轨迹点是农机作业轨迹的有效位置点。当农机在田间作业时，通过安装在农机上的北斗卫星传感器实时获取轨迹数据。结合农机在作业过程中的运行速度及车载传感器获得的作业属性信息，可以在获取的北斗数据中筛选出轨迹点。依据筛选出的轨迹数据再生成完整的农机作业轨迹。轨迹点具体判别方法如下。

① 设定北斗终端接收数据最长时间间隔为$T_{\max}$，接收数据最短时间间隔为$T_{\min}$。

② 假设农机作业过程中最大的运行速度值为$V_{\max}$，最小的运行速度值为$V_{\min}$。

③ 由此可以得到相邻两点间的距离最小值为$D_{\min}$，最大值为$D_{\max}$。

④ 任取数据点P_i，假设此时农机的运行速度值为V_i，信号终端接收相邻两数据点P_i，P_{i-1}的时间间隔为t_i。

⑤ 如果满足$V_{\min} \leqslant V_i \leqslant V_{\max}$，$T_{\min} \leqslant t_i \leqslant T_{\max}$，则计算$P_i$与相邻点$P_{i-1}$之间的距离$d$，即$d = t_i \times V_i$。

⑥ 设定数据点P_i的作业属性值为A。

⑦ 如果满足$D_{\min} \leqslant d \leqslant D_{\max}$，$A \neq \varnothing$，则判定$P_i$为作业轨迹点。

（2）漂移点。漂移点是偏离农机作业轨迹的无效位置点。该数据产生的主要原因是北斗定位误差。由于北斗定位误差的影响，使得接收的北斗数据偏离原有的作业轨迹，从而产生位置偏差。该漂移点干扰了有效作业位置点的排序，增加了农机作业面积计算误差，因此，不能将其记录在农机作业轨迹中。根据北斗接收机获取数据的时间间隔及农机作业过程中的最大速度能够判断出漂移点，进而将其进行剔除。漂移点具体判别方法如下。

① 如果满足$V_{\min} \leqslant V_i \leqslant V_{\max}$，$A \neq \varnothing$，则计算相邻两点$P_{i-1}$、$P_i$之间的距离$d$。

② 如果满足$d > D_{\max}$，则判定P_i为漂移点。

（3）停车点。停车点是农机停止作业时获取的无效位置点。在作业过程中，农机可能会因某种状况而临时停车。这些状况包括农机可能需要进行故障检修、调整休息等。在停车的状态下，农机是不进行作业的，此时通过车载北斗获取的数据也会干扰有效作业位置点的排序，除此之外，更会降低算法的整体计算效率，因此也需要将其剔除，不能记录在农机作业轨迹中。根据预先设定的速度阈值能够判断出停车点，进而将其在数据集中剔除。停车点具体判别方法如下。

如果满足$V_i < V_{\min}$，则判定P_i为停车点。

（4）移动点。移动点是在没有进行作业的状态下农机正常行驶时获取的无效位置点。农机的作业属性信息可以通过相应作业类型所使用的传感器获取。不同的作业类型可以获取不同的作业属性数据。在未进行作业的状态下，正常行驶时的农机是没有作业属性信息的。此时农机所处的状态主要包括在道路上行驶、在地头转弯等情况。因此，根据农机的属性信息可以判断出移动点。移动点具体判别方法如下。

如果满足 $V_{\min} \leqslant V_i \leqslant V_{\max}$， $A = \varnothing$，则判定 P_i 为移动点。

（5）间隔点。间隔点是划分农机作业轨迹的有效位置点，其本质上也是轨迹点。在实际作业过程中，农机作业轨迹不是连续不断的。而间隔点就是能够有效地判定农机进入下一段新的作业路径的关键点，其是要被记录在农机作业轨迹上的轨迹点。在实际作业过程中，农机有可能由于故障问题而需要停车检查并进行维修，又或者需要躲避障碍物而绕行避让等。在这期间，农机处于未作业的状态。当重新开始作业时，则需要以间隔点为依据，判断农机是否进入下一个作业路径，与此同时，需要以间隔点为起始点，重新开始记录一条新的作业轨迹。间隔点的判断依据主要是北斗接收机获取数据的时间间隔及预先设定的速度阈值。间隔点具体判别方法如下。

如果满足 $t_i > T_{\max}$， $V_{\min} \leqslant V_i \leqslant V_{\max}$， $A \neq \varnothing$，则判定 P_i 为间隔点。

基于以上数据类别的划分原则及判别方法，首先按照数据接收的时间顺序依次在获取到的数据集中选取相邻两个数据点进行判别，进而筛选出准确的农机作业轨迹点。然后根据农机作业实际情况，按照时间顺序依次将轨迹点连接成轨迹线，最后获得完整的农机作业轨迹。据此得到的轨迹是能够准确地计算农机作业面积的关键所在。轨迹点筛选的具体流程图如图 6-19 所示。

2. 缓冲区作业面积计量算法

缓冲区作业面积计量算法主要是构造农机运行轨迹的缓冲区，即本质上是针对线实体建立缓冲区。据此可知，统计农机作业面积的关键在于获取准确的作业轨迹。依据上一节阐述的轨迹数据筛选方法能够获得农机作业轨迹。因此，改进基于曲线拓扑的缓冲区方法，然后以此来计算农机作业面积。

结合农机工作的特点，作业轨迹可以视为由若干条轨迹基元线段组成的。此外，当农机作业到农田的地头或地尾时，农机应该需要将作业机具抬起而进行转弯变道。在此行驶过程中，因为农机不进行作业，所以，在耕地的两端进行转弯变道时所产生的行驶面积不能记录在农机作业面积中。因此，结合农机作业具体情况，我们改进了基于曲线拓扑的缓冲区算法。算法改进之处主要在于除轨迹中第一段的起始点和最后一段的终止点外，还对其余各个节点生成相应缓冲区。

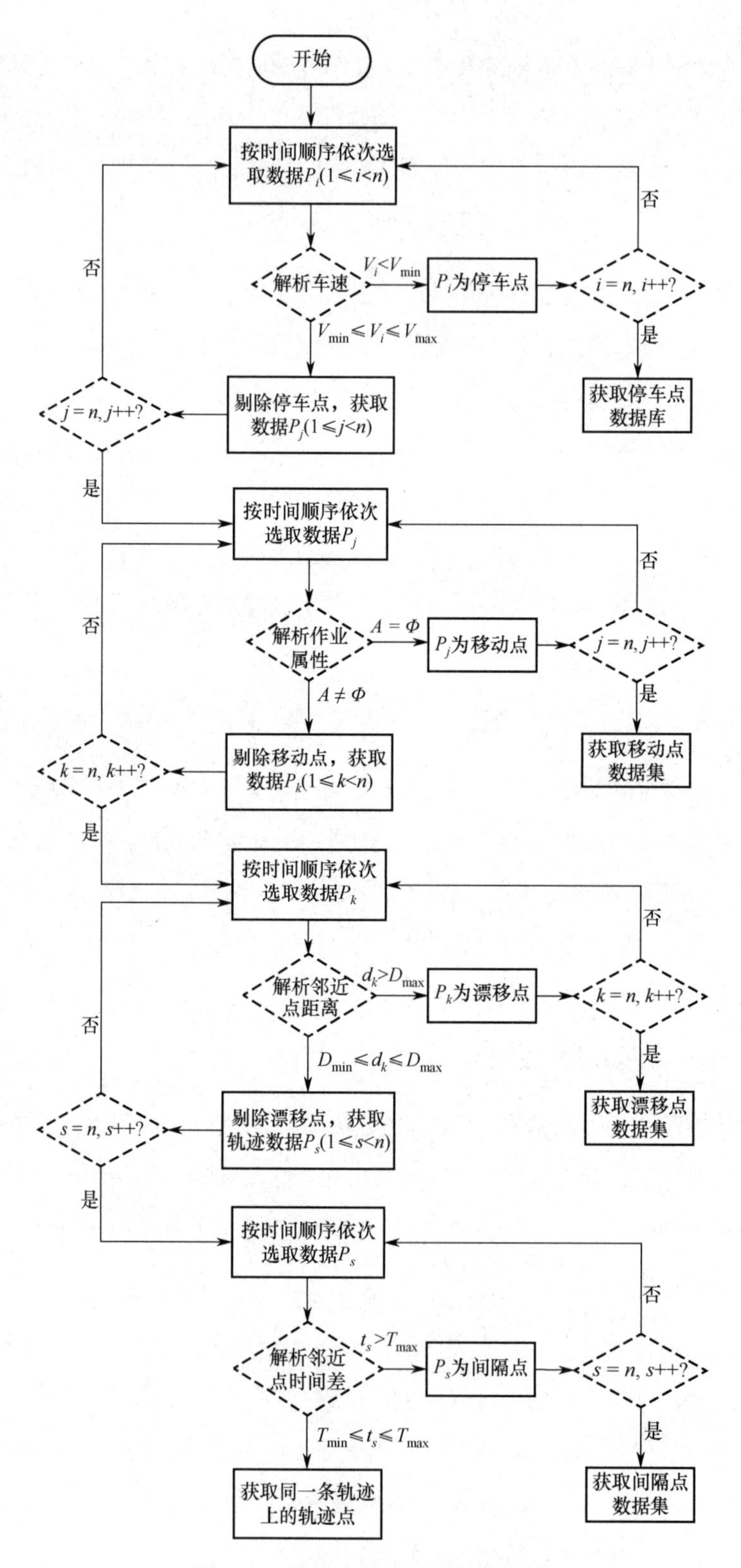

图 6-19　轨迹点筛选的具体流程图

基本算法原理如下：经过数据预处理后，获得完整的农机作业轨迹。在此基础上，根据相邻节点再将轨迹分别分割成若干条基元线段，然后将每条基元线段以农机具的作业幅宽的一半为缓冲距生成外接矩形。与此同时，针对除第一段的起始点和最后一段的终止点外的其余所有节点，以缓冲距为半径生成各个节点的缓冲区。接着把该轨迹上所有的基元线段的外接矩形与各节点缓冲区求交合并，最后得到农机作业轨迹的区域范围。

基于曲线拓扑的缓冲区改进算法如图 6-20 所示，在作业过程中，农机行驶的路径整体趋于直线，即一条农机作业轨迹相当于一组首尾相连的线段集合。假设一条农机作业轨迹包含 n 个作业轨迹点，则分别表示为 $P_1, P_2, \cdots, P_n$。因此，可以得到农机作业轨迹的轨迹点集合 P 为

$$P = \bigcup_{i=1}^{n} P_i \tag{6-1}$$

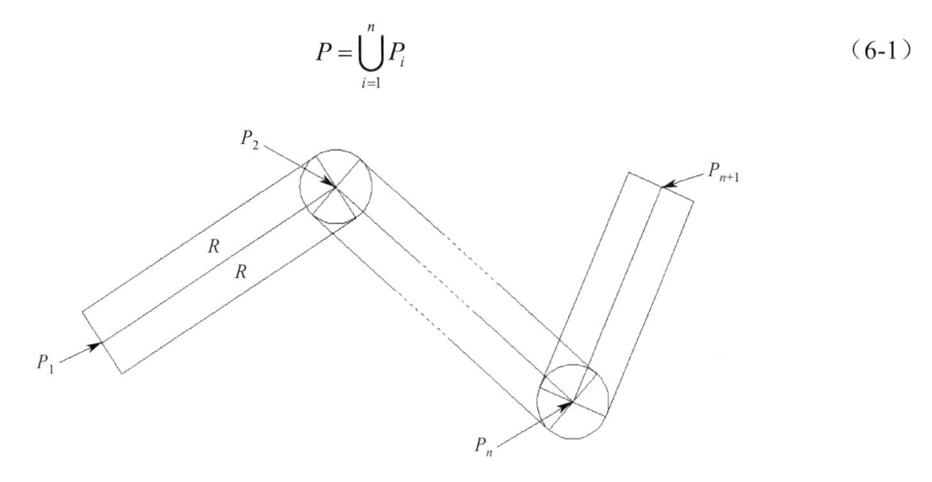

图 6-20　基于曲线拓扑的缓冲区改进算法

在获得轨迹上的所有轨迹点后，需要根据时间顺序依次将相邻轨迹点连接起来，从而获得一条完整的作业轨迹。一条包含 n 个作业轨迹点的轨迹，可以得到 $n-1$ 段基元线段，分别表示为 $L_1, L_2, \cdots, L_{n-1}$，即可以得到农机作业轨迹的基元线段集 L 为

$$L = \bigcup_{i=1}^{n-1} L_i \tag{6-2}$$

接下来构造每条基元线段的外接矩形。首先将每段基元线段 L_i 作为中心轴线，然后沿垂直方向以缓冲距 R 为延伸半径向两侧平移，最后得到各个基元线段的外接矩形。与此同时，构造除第一段的起始点和最后一段的终止点外的其余所有节点的缓冲区。其构造方法为以每个节点 P_i 为圆心，缓冲距 R 为半径，旋转一周得到节点缓冲区。其中缓冲距 R 为

$$R = \frac{1}{2} w \tag{6-3}$$

式中，w 为农机具的幅宽。在此基础上，将得到的基元线段外接矩形和节点缓冲区进行合并求交，从而获得农机作业轨迹的完整缓冲区域，即农机作业面积范围。据此，农机作业轨迹的缓冲区 $B(L,R)$ 可以表示为

$$\begin{cases} B(L,R)=T(L_1,R), & n=1 \\ B(L,R)=\left\{T\left(\bigcup_{i=1}^{n}L_i,R\right)\right\}\cup\left\{B\left(\bigcup_{i=2}^{n}P_i,R\right)\right\}, & n>1 \end{cases} \tag{6-4}$$

式中，n 为一条作业轨迹所包含的基元线段总数；$T(L_i,R)$ 为基元线段 L_i 的外接矩形；$B(P_i,R)$ 为节点 P_i 的缓冲区。

计算该农机作业轨迹的缓冲区面积即计算农机作业的总面积。假设生成的缓冲区为不规则多边形，则可利用辛普森面积公式计算其面积。如图 6-21 所示，依据多边形的顶点顺序依次计算多边形各个边与 x 轴或者 y 轴组成的面积，再计算其代数和。一个具有 n 个顶点的多边形辛普森面积为

$$S=\frac{1}{2}\times\sum_{i=1}^{n}x_i(y_{i+1}-y_{i-1})\Bigg|_{\substack{y_0=y_n \\ y_{n+1}=y_1}} \tag{6-5}$$

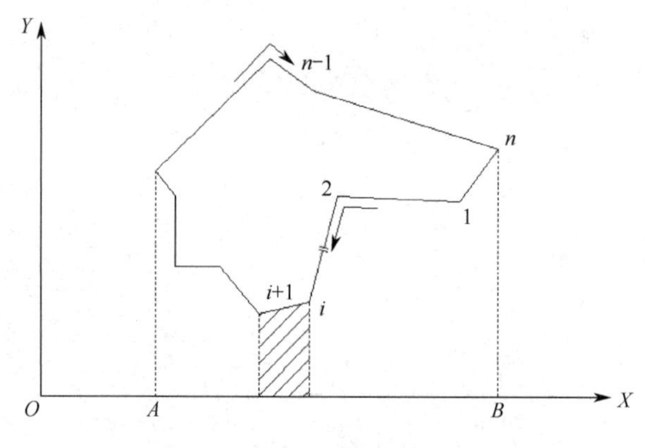

图 6-21　辛普森面积计算原理

当多边形顶点按照顺时针方向排列时，辛普森面积表示正值；按照逆时针方向排列时，辛普森面积表示负值。据此，缓冲区多边形面积 A 为其辛普森面积 S 的绝对值，即

$$A=|S| \tag{6-6}$$

6.3.4 农机调度优化算法

目前，国内外关于农机调度问题的研究，各有其侧重点。国外研究侧重于大面积农田的田间作业调度，往往对大面积农田进行分区，每个小区块作为基本的农田作业单位，再对农机遍历这些小区块的路径进行规划。另外，国外农机作业的复杂程度更高，且研究重点在多机型协同作业、连续作业的调度问题上，这类作业对农机资源、时空资源等因素的分配有更高的要求。国内研究则更侧重于面向以合作社为主导的农机调度和面向作业订单进行农机调度这两种模式。在农机调度模型的建立方面，国内外均以旅行商问题和车辆调度问题的变体模型为基础，国外的研究在模型设计上考虑了更多的约束，如动态农机调度、随机农机调度、带容量约束的农机作业等。在算法设计上，国内外有相当一部分研究使用精确算法求解调度模型，其中线性规划算法居多，元启发式算法如蚁群算法、遗传算法、禁忌搜索算法、

模拟退火算法近几年来在农机调度领域的应用也越来越广泛。

由于国内外农田生产环境有很大的不同，所以，针对我国农机调度的实际特点，国外大部分研究提出的模型都很难直接应用，而国内对农机作业调度模型和算法研究较少，在已有的研究中，大部分文献集中在农机具数字化监控系统和管理信息平台的设计开发上，并没有从本质上提高农机调度效率问题，未能有效解决目前农机调度平台中存在的人工手动分配问题。在现有的农机调度模型研究中，大多是将其转化为带时间窗的 m-TSP 问题或带时间窗的车辆调度问题，并未考虑农机调度问题独有的特点，如农田及道路属性、作业气象环境、农机性能及运行状态等多元信息。

1. 算法问题分析

带时间窗农机调度模型主要针对以农机合作社为代表的面向订单的农机服务模式，该模式可描述如下：有多个分布在不同位置的农机库，每个农机库拥有多种型号的农机，需要为分布在不同位置的一系列农田作业点提供农机作业服务。每个农田作业点的位置、作业面积、所需机型及作业时间窗已知，农田作业时间窗对应一个时间区间，它规定了作业的最早开始时间和最晚开始时间。如果农机在最早开始时间之前到达该农田作业点，则必须等待，这将产生等待成本，不允许农机在最晚开始时间之后到达。农机调度的任务就是为农田作业点分配合适机型、合适数量的农机，为农机规划合适的作业路线以最优化给定的调度目标（如最小化调度成本），同时满足所有作业点的时间窗约束。

在实际情况中，农机调度问题的影响因素很多，包括但不限于农田作业点因素、农机库及农机因素、空间因素、时间因素、路况因素、天气因素等。农机调度模型需要重点考虑前 4 项影响因素。

（1）农田作业点因素：需要明确待作业农田的数量，以及每个农田作业点的相关信息，包括作业点地理位置、作业面积、作业所要求的农机类型。

（2）农机库及农机因素：模型考虑多车库、多任务点调度模式，所以，需要知道各个农机库的地理分布、每个农机库拥有的各个类型农机的数量，对于每台农机，还需要对其详细信息进行汇总，包括农机类型、作业能力、行驶速度、单位成本等。

（3）空间因素：带时间窗农机调度问题虽然与传统 VRPTW 问题具有明显区别，但它们在调度目标中都必须考虑空间转移成本，所以，农田作业点和农机库的空间分布是不可忽略的因素。

（4）时间因素：除了空间因素，带时间窗农机调度问题还需要考虑时间因素。每个农田作业点的作业都有时间窗约束，它规定了作业允许的最早开始时间和最晚开始时间。农机必须在指定的时间窗内开始作业，如果农机在最早开始时间之前到达该农田作业点，则必须等待，这将产生等待成本，不允许农机在最晚开始时间之后到达。

农机调度的最终目标是资源的整合利用，利用有限的农机资源，在满足时间、空间、资源约束的前提下，以较低的成本完成所有农田作业点的任务，同时保证作业的准时性。

农机调度模型需要综合考虑以下 3 方面的调度目标。

（1）调度成本最低。作业收入和成本决定了农机调度的收益，由于作业价格和面积都是确定的，所以，作业总收入是确定的。因此要提高收益，必须降低调度成本。调度成本主要包括农机转移成本、农机作业成本。农机转移成本由调度的距离和单位距离农机的行驶成本决定，农机作业成本由作业的总面积和单位面积农机的作业成本决定。农机的单位距离行驶成本和单位面积作业成本根据农机的类型不同而不同，但都是明确给定的，农田作业点的总面积也是已知的，因此，调度的总距离是影响调度成本的关键因素。

（2）调度农机数量最少。使用更小的农机来完成作业任务，一方面可以提高单台农机的效率，另一方面减少了农机的总使用成本。在传统 VRPTW 问题中，最小化调度车辆的数量是首要的调度目标。

（3）作业准时性最高。农业生产的时效性是非常重要的，所以，需要考虑的是硬时间窗约束，即不允许任何一台农机在任何一个农田作业点出现违反时间窗约束的情况。但是，由于要满足时间窗约束，当农机出现提早到达作业点的情况时，必须等待时间窗开启后才能开始作业，所以会产生等待成本。作业的准时性主要考虑两个方面：其一，所有农田作业点的时间窗约束都得到满足；其二，在满足所有时间窗约束的前提下，尽可能降低农机的总等待成本。

为同时优化多个目标，需要利用综合调度成本函数将多目标问题转化为单目标问题。综合调度成本包括 4 个部分：作业成本、转移成本、等待成本和车辆派发成本。其中作业成本和转移成本的优化可以直接提高作业收益；等待成本的引入保证了作业准时性；车辆派发成本是指每多调度一台农机需要引入的额外固定成本，车辆派发成本的引入可以优先考虑调度农机数量更少的调度方案。

2. 模型建立

根据对农机调度问题的分析，在建立农机调度模型之前，需要对所建模型进行以下假设。

（1）各个订单的农田作业点的地理位置、作业面积、作业时间窗、作业所需农机类型已知；各个农机库的地理位置、拥有的农机数量、农机类型、作业能力已知；作业订单不可分割，一个订单只需要一台农机就能完成作业任务。

（2）农机从农机库出发，完成一系列作业任务后，返回其所属农机库。

（3）调度问题中的农机不满足同质性，但同种类型的农机满足同质性，即同种类型的农机作业能力、使用成本等各方面都是一致的。

（4）每个农田作业点只被一台农机访问一次。

（5）如果农机在最早开始时间之前到达该农田作业点，则必须等待，这将产生等待成本，也不允许农机在最晚开始时间之后到达。

综合调度成本（Cost）主要包括转移成本（Cost_1）、作业成本（Cost_2）、等待成本（Cost_3）、车辆派发成本（Cost_4），设 γ_i 为各个成本所占的权重。这 4 个成本分别在一定程度上表示农机调度的准确性，公式表示如下：

$$
\begin{cases}
\text{Cost} = \gamma_1\text{Cost}_1 + \gamma_2\text{Cost}_2 + \gamma_3\text{Cost}_3 + \gamma_4\text{Cost}_4 \\
\text{Cost}_1 = \sum_{i=1}^{n+m}\sum_{j=1}^{n+m}\sum_{k=1}^{K} x_{ij}^k p_t^k d_{ij} \\
\text{Cost}_2 = \sum_{i=1}^{n}\sum_{k=1}^{K} y_i^k p_s^k S_i \\
\text{Cost}_3 = \sum_{i=1}^{n}\sum_{k=1}^{K} y_i^k p_w^k W_i^k \\
\text{Cost}_4 = \sum_{k=1}^{K} d_c^k
\end{cases}
\tag{6-7}
$$

约束条件如下：

$$
\begin{cases}
S_i = \sum_{k=1}^{K} y_i^k B_k T_i^k \\
\sum_{k=1}^{K} y_i^k = 1, \forall i \in C \\
e_i \leqslant u_i \leqslant l_i, \forall i \in C \\
x_{ij}^k (u_i + T_i^k + t_{ij}^k - e_j) \leqslant 0 \\
\text{其中：} \\
T_i^k = v_i - u_i,\ i \in C, k \in V \\
c_{ij}^k = p_t^k d_{ij} i, j \in C \cup D, k \in V \\
x_{ij}^k = \begin{cases} 1\text{（农机}k\text{从农田}i\text{转移到农田}j\text{）} \\ 0\text{（农机}k\text{未从农田}i\text{转移到农田}j\text{）} \end{cases} \quad i, j \in C \cup D, k \in V \\
y_i^k = \begin{cases} 1\text{（农机}k\text{访问过农田作业点}i\text{）} \\ 0\text{（农机}k\text{未访问过农田作业点}i\text{）} \end{cases} \quad i \in C, k \in V
\end{cases}
\tag{6-8}
$$

对其中的变量进行说明如下。

$C = 1,2,\cdots,n$——农田作业点集合。

$D = 1,2,\cdots,m$——农机库集合。

$V = 1,2,\cdots,K$——农机集合。

B_k——农机 k 的作业能力。

t_{ij}^k——农机 k 在农田 i 和农田 j 之间的转移时间，$t_{ij}^k = t_{ji}^k, i, j \in C \cup D, k \in V$。

d_{ij}——农田 i 到农田 j 的距离，$i, j \in C \cup D$。

p_t^k——农机 k 单位距离转移成本，$k \in V$。

p_s^k——农机 k 单位面积服务成本（即作业成本），$k \in V$。

p_w^k——农机 k 单位时间等待成本，$k \in V$。

d_c^k——农机 k 单次派发成本，$k \in V$。

c_{ij}^k——农机 k 在农田 i 和农田 j 之间的转移成本，$c_{ij}^k = c_{ji}^k, i,j \in C \cup D, k \in V$。

S_i——农田作业点 i 的作业面积，$i \in C$。

$[e_i, l_i]$——农田作业点 i 的时间窗区间，e_i 是作业最早开始时间，l_i 是作业最晚开始时间，$i \in C$。

$[u_i, v_i]$——农田作业点 i 的实际作业时间窗，u_i 是农田作业实际开始的时间，v_i 是农田作业结束的时间，$i \in C$。

T_i^k——农机 k 在农田 i 中实际作业的时间。

W_i^k——农机 k 在农田作业点 i 的等待时长，$i \in C, k \in V$。

3. 模型解算

根据对带时间窗农机调度问题的分析及对传统调度算法的研究，采用基于先聚类后调度的两阶段启发式优化算法。在聚类阶段，对于每个农田作业点，综合考虑作业点的位置、时间窗、农机库资源限制及农机作业匹配等多种因素，将农田作业分配给最佳匹配的农机库。在调度阶段，使用改进的遗传算法进行求解，主要包括初始可行解的产生、种群进化过程、进一步对种群最优个体进行优化，从而获得更优解。

1）聚类阶段

在聚类阶段，聚类方法需要兼顾作业农田的空间分布特征和时间窗分布特征，同时，在每次分配过程中还需要考虑农机作业匹配原则，并且要符合农机库资源限制条件。

使用时空距离 D_{ij}^{ST} 来衡量农田作业 i 点与农田作业 j 点之间的邻近程度。其中，农田 i、j 被服务的时间窗分别为 $[e_i,l_i]$、$[e_j,l_j]$，且 $e_i < e_j$，农机 k 到达农田 i 的时间为 $t \in [e_i,l_i]$，在农田 i 处的作业时间为 T_i^k，从农田 i 到农田 j 转移时间为 t_{ij}^k，则到达农田 j 的时间为 $t' \in [e_i + T_i^k + t_{ij}^k, l_i + T_i^k + t_{ij}^k]$，记 $t_1 = e_i + T_i^k + t_{ij}^k, t_2 = l_i + T_i^k + t_{ij}^k$。

计算公式规定如下：

$$\begin{cases} D_{ij}^{ST} = \alpha_1 D_{ij}^S + \alpha_2 D_{ij}^T \\ \text{其中：} \\ \alpha_1 + \alpha_2 = 1 \\ D_{ij}^S = d_{ij} \\ D_{ij}^T = \begin{cases} e_j - t_2, & t_2 < e_j \\ t' - t, & e_j \leqslant t_1 < l_i, t_1 < e_j < t_2 \\ \infty, & t_1 > l_j \end{cases} \end{cases} \tag{6-9}$$

聚类是根据作业点之间的时空距离来对农田作业进行分组的，使组内的作业点之间的时空距离最小，而组间较大。故需要最小化每类中其他点到该聚类中心点的时空距离之和，公式如下：

$$F=\sum_{k=1}^{k}\sum_{j\in k}D_{kj}^{DT} \tag{6-10}$$

采用一种基于遗传算法聚类的解决方案，具体步骤如下：

Step1　确定聚类数目 k。

Step2　计算农田作业点的时空距离矩阵。

Step3　初始化第一代种群。种群中的每个个体称为染色体，代表一个候选的聚类解决方案。种群规模被设为 N。根据 K-means 算法思想，只要给出每个类的中心点，所有剩下的农田作业点就可以根据就近原则被分配到某个类中。将染色体表示为由 k 个整数组成的字符串，每个整数表示一个聚类中心点。最初的农田作业聚类中心点是从所有农田作业点中随机选取的。通过随机方式初始化种群，能够有效避免单调性，防止算法陷入局部最优。

Step4　以目标函数 F 作为适应度函数，计算每个个体的适应度值，评估各聚类方案。

Step5　选择性复制。选择是在计算适应度的基础上进行的，利用轮盘赌的方法，计算当前种群中个体的选择概率，通过多轮选择来确定部分染色体，并将其复制到下一代。

Step6　染色体交叉。为了产生新的个体，我们以交叉概率随机选择部分个体作为父个体，把它们中的部分结构加以替换重组，产生新的子个体，并替换其父个体。这一步是获取优良个体最重要的手段。种群中被交换个体的比例由交叉概率控制。

Step7　染色体变异。根据变异概率进行变异，得到新一代的个体，形成新的种群，防止算法过早向局部最优解收敛。交叉和变异均可增加种群的多样性。

Step8　继续进行 Step4，直至满足终止条件，算法结束。

将聚类后的农田作业点分配给合适的农机库，在分配过程中，首先考虑农机库是否有农机能够满足任务点的作业要求；然后在农机库为已分配任务点提供资源的情况下，是否还有空闲资源为新分配的任务点提供服务。如果同时满足这两个约束，那么采纳本次分配，否则，继续搜索。

2）调度阶段

通过聚类阶段，算法将一个多车库带时间窗农机问题转化为多个单车库带时间窗农机调度问题。调度阶段的目标便是对这些子问题进行求解。调度阶段流程如图 6-22 所示。

调度阶段的主要过程如下。

（1）染色体编码设计：一个农机调度方案即一个染色体，对于单车库农机调度子问题来说，一个农机调度方案包括选定的作业农机，以及每台选定农机的调度路径，设计如下编码：

```
Solution:
Route1:{2,[4,5,8,7,10]}
Route2:{1,[1,2,6,3,9]}
```

该方案包括两条调度路径，第 1 条表示编号为 2 的农机依次通过 0—4—5—8—7—10—0，且需要根据时间窗可行性、农机作业匹配原则判断解的可行性。

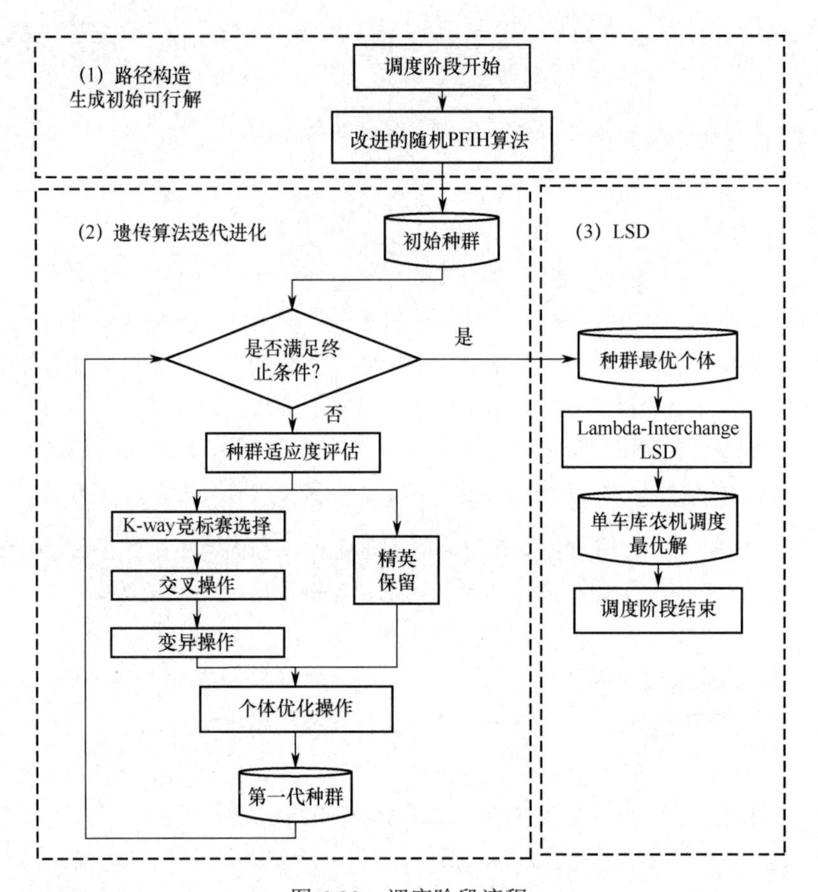

图 6-22 调度阶段流程

（2）评估函数设计：以目标函数——农机调度综合成本 Cost 的倒数作为适应度函数，从而对可行解的优劣进行评估。

（3）初始种群生成：采用改进的 PFIH（Push Forward Insertion Heuristic，前向插入启发式）算法，初始种子点随机选择，种群规模设置为 N。算法步骤如下。

Step1：将车库中的农机按照作业能力由高到低排序。

Step2：对每台农机进行调度路径规划，开始一条空的路径 r_0。

Step3：在所有未规划的任务点中，随机选择以一个任务点作为种子，将它插入路径 r_i。

Step4：如果所有的任务点都已规划好，则跳到 Step7；如果当前路径 r_i 不满足时间窗、农机作业匹配准则，则跳到 Step6，否则，对于每个未规划的任务点，找出该任务点在 r_i 的最佳插入位置。

Step5：如果没有可行的位置用于插入，则跳到 Step6。选择最佳任务点，将其插入路径 r_i，更新车辆状态。跳到 Step4。

Step6：开启一条新路径 r_{i+1}，跳到 Step3。

Step7：返回当前解。

（4）选择机制：初始种群生成之后，通过设计好的适应度函数对每个个体进行适应度评估，然后开始迭代进化，在调度阶段选择 k-way 锦标赛选择法，从初始种群中选择出 k 个个体，选择出具有最高适应度的个体进行后续的交叉操作，不断重复这个过程，直到达到交叉所需要的个数。

（5）交叉机制：设计交叉算子——从父本和母本轮流随机选择路径放入子代个体中，直到不再满足可行性约束；将父本和母本中未插入子代的路径打散，组成未规划任务点集合，对于集合中的每个任务点，尽可能将其插入子代已有路径中；经过第二步操作，如果未规划任务点集合不为空，则对剩余的任务点采用改进的随机 PFIH 算法，将其插入子代个体；使子代个体尽可能均衡继承父本和母本的基因。

（6）变异机制：设计变异算子——随机选择两条路径，将一条路径上的任务点尽可能地插入另一条路径上，若存在遗留的任务点，将剩余的任务点构成一条新的路径，从而避免陷入局部最优。

（7）精英保留机制：在每代中选择出一个最优个体，将其复制保存，直接放入下一代群体，另一个进行正常的进化流程，从而提高遗传算法的性能。

（8）个体优化机制：通过邻域搜索算法实现个体优化算子，在遗传算法到达终止条件后，选择种群的最优个体，通过对个体的染色体进行局部交换调整（即交换路径之间的农田作业点，进行调整从而产生其他解），使用更优的个体取代当前个体，不断迭代，直到无法在邻域内找到更优个体。

6.4　云服务平台功能模块

云服务平台功能模块由办公自动化模块、机具作业项目模块、新机具推广服务模块、精细化作业管理模块、合作社管理模块、农机作业优化调度模块等组成。

6.4.1　办公自动化模块

办公自动化模块可以实现个人办公、信息发布、公文管理（收发文管理）、集团邮箱、综合办公（各种内部审批）、移动办公，这是系统的标准功能。

电子签章基础开发、电子签章管理系统（服务端、客户端）等功能，可采用第三方系统，如江西金格产品。

在移动终端实现个人办公、信息发布、公文管理、统一邮箱、综合办公，统计分析等功能通过二次开发实现。

办公自动化模块具体功能如表 6-1 所示。

表 6-1　办公自动化模块具体功能

序号	类别	功能描述	功能响应	说明
1	工作流转	工作流转与表单定制结合实际自行增加系统功能。支持分支、汇聚、回退、提醒、催办、条件分支、自动执行、委托等功能，能够定制业务流程和公文流转流程	按照 BPMN 2.0 的流程标准新增流程引擎，支持复杂的业务流转模型，包括流程定制工具、网关模型、可视化流程编辑等功能。 工作流转包括分支、汇总和循环等流程，支持回退、会签、加签、自动选择流程办理人员等功能，并且可以随意定义私有流程、部门流程、修改已定义的各种流程。支持用户自行定义流程表单信息内容，以及所需要审批的路径环节；支持单人、多人顺序、多人并行、单个多人等流程模型	系统标准功能
2	短信集成	集成短信通知功能，具有个人提醒、批量通知、流程催办等功能。 同时支持系统和手机两种推送模式	OA 提供了短信收发平台，包括系统级的控制与模块级的控制，系统级的控制包括短信是否启用；模块级的控制包括哪些模块需要开通短信服务、发送信息的格式、哪些人有短信发送权限、发送条数限制，以及哪些流程需要短信提醒等	短信平台为标准功能，短信通过第三方购买（如 1000 元 15000 条短信）
3	表单定制	提供在线设计器，实现可视化表单设计。支持网页设计工具协同工作；支持 Excel 绘制表单；自定义流水号样式；支持自定义下拉列表；提供会签控件；提供内建样式表；支持在线打印	提供表单设计器，可以个性化设计公文单、审批表单、信息报送表单等。表单编辑简洁方便，无须编写代码，支持可视化、引导式模式设计表单。表单内容支持文字、数据、日期、图片、附件、枚举、复选、单选等类型。表单上内容和字段有权限控制，绑定流程后可以设置每个流程节点对表单内容和字段的操作权限。支持以表单内容驱动流程节点及分支走向。对表单内容可以定制统计查询报表，报表可以表现为表格和图片，报表内容可以推送到门户中	系统标准功能
4	电子签章	集成文档控件，支持最新操作系统及 Office、WPS 软件。支持正文模板、套红，在定稿时自动将自定义表单中的数据合并到模板中形成正文文档。支持痕迹保留，全文批注，支持图片签章。支持 Wintab 标准各种手写设备	电子签章专门用来确保 OA 平台中文档的安全性和真实性，可以在 Word/Excel/HTML 文档上进行签名和盖章，可以实现多人会签、签章可验证、可认证，具有防伪造、防拷屏、防拷贝功能。印章有严格的权限控制。加盖电子印章后的电子公文无法修改。支持电子印章、手写签名、手写批注、支持各类手写板	整合江西金格电子签章，支持图片印章

（续表）

序号	类别	功能描述	功能响应	说明
5	协同办公移动应用App	在移动终端实现个人办公、信息发布、公文管理、统一邮箱、综合办公、农机化统计分析、消息推送等功能，实现与政务内网互联互通。同时支持安卓和iOS操作系统	移动办公平台evo产品，工作流程部分可实现消息推送（待办文件、信息、邮件即时提醒）、各类信息管理（通知公告、各类农机信息）、流程审批（流程、公文、信息中的审批等，随时随地通过微信审批）、通信录、个人办公等。针对农机化统计分析，可结合报表系统，对各类数据进行汇总、分类、查询，可形成图形化的报表	移动App自带产品农机化统计分析通过与报表系统结合方式实现
6	公文流转	按照定制的公文流转流程进行公文流转，收件人同时收到短信提醒	公文按照新国标重新完善功能，支持最新公文格式的收文、发文、文件送审、签报等。 电子公文处理系统主要对公文起草、核稿、审批、会签、签发、成文、盖章、发文、归档等过程进行流程化管理，系统主要功能分为发文办理、收文办理、文件送审签和公文交换	系统标准功能
7	视频会议	建立视频会议系统	通过小鱼视频系统、红杉树等系统实现视频会议	小鱼视频系统/红杉树视频
8	考勤管理	通过平台进行考勤签到、考勤管理	通过移动App可实现移动人员考勤（上下班签到/签退、定位轨迹和实时查岗）、消息收发（各类消息通知，如即时消息、个人消息、群发消息等）	系统标准功能
9	网站内容推送	云平台公告通知信息、政策信息等可一键推送至网站，避免在平台录入后还需要在网站录入	在OA系统中，可将系统中的数据直接推送到外部网站系统	在OA中二次开发

手机App平台可针对OA中的标准需求进行展示，如信息管理、工作流程，还可以在OA中搭建各种特殊的业务系统，将业务系统数据在App中展示。

针对农机化情况展示，实现农机购置补贴，更新报废补贴系统的报名；可在OA中搭建业务系统，在App中展示。

实现农机作业需求发布、接单，通知下发功能；农机咨询服务；农机具推广展示；通过OA的信息管理平台实现。

外部组织机构管理是指农机生产企业的信息、工作人员基本信息可通过OA平台进行维护，并可以在地图上查询企业相关信息。

农机直通车系统接口：在云平台上面加入农机直通车系统链接地址，点击可跳转至农机直通车系统登录界面。

6.4.2 机具作业项目模块

机具作业项目模块围绕“耕—种—管—收”核心环节，以任务为导向，以农机为核心来开展作业监管服务，集全球卫星定位技术、地理信息技术和现代移动通信技术为一体，对农机全程作业进行智能监测与管理。重点开展深松整地监控、保护性耕作监控、收获作业监控、植保作业监控等工作，确保农机作业有序、规范、可量化、可追溯。其功能主要包括以下四方面。

1. 农机作业监控

安装在农机具上的数据传感器每间隔不到1分钟，就会自动获取农机具的地理位置、行驶状态、速度、方向等作业信息，并通过移动数据传输至后台服务器。后台服务器通过信息收集处理，排除干扰信息，最终准确计算出农机的实时位置，并在平台的地图当中将农机具以小图标的形式直观地显示出来。单击图标，可在弹出的窗口中查看机主信息、联系方式、地理位置、行驶速度、作业面积、作业时间、作业状态等。

在指定区域内可查询该区域的所有农机具情况，并以小图标的形式将这些农机具最新的轨迹点的相对位置在地图上显示出来。在地图上可以直观地查询到该区域内的地理位置、农机具数量、作业时间，以及农机具的具体位置。通过图标颜色的不同可以区分出在线农机具和离线农机具，在线农机具和离线农机具均可单独或一并查看相关信息。

当农机具不断移动时，数据传感器采集到的信息也随之发生变更，并在不到5s的间隔内将新的信息上报给后台服务器，服务器经过重新计算并校准后产生新的位置信息，并在地图上重新标注轨迹点，地图上的小图标也随之移动到新的轨迹点上，从而在视觉上达到农机具随着时间线不断移动的效果。

农机作业监控具备的功能如下。

（1）农机信息：车牌号牌、驾驶员、联系电话、农机信息图片等。

（2）作业工况信息：农机具状态、作业质量、有效面积、总面积。

（3）定位跟踪信息：位置、车速、时间、是否跨界作业等。

（4）作业现场监控信息：作业图像定时采集、抓拍，轨迹回放快捷推送。

2. 面积管理

面积管理功能当中的“面积”是指农机手按照既定的面积数值，对某一指定的作业区块进行的指定类型作业，所产生的已经作业完成的土地面积的数值。面积管理可以呈现出开始时间、结束时间、作业区域、作业面积、关联用户、作业类型、联系方式等信息。

3. 作业调度

远程智能调度功能是利用主粮作物作业周期、农田空间特征、作业环境等对农机作业的约束关系，结合地头服务与田间服务模式，采用农机调度最优路径规划方法，建立路程短、时间少及效率高的多目标优化的农机智能调度动态模型，构建区域农机智能调度系统，开发北斗兼容的卫星信号接收车载智能终端设备，实现信号标准接入、多机数据交互、作业任务信息精准推送，达到区域农机资源合理配置和高效利用，提升农机机群智能作业管理水平。

作业调度模块可以在指定区域新建任务面积，并通过指定农机户的方式将调度面积分配下去。在新建的调度面积信息中可以查看农机分组及农机完成时间、农机户姓名、农机户电话、调度面积、作业地点。

新建调度面积后，如果完成时间、农户姓名、农户电话、调度面积、作业地点等信息与实际不相符，那么可进行相应的修改或直接删除整个新建的调度面积。

已建的调度面积可以通过多种不同的路径进行信息查询和排序，包括时间顺序、农机分组、车辆查询等方式。查询的内容包括监测设备编号、档案编号、农机分组名称、拖拉机或其他动力机械的车牌号码、机主姓名、作业地点、农户姓名、农户联系电话、计划完成时间、实际完成时间、新建总调度面积、已完成的调度面积等。

轨迹是由轨迹点组成的。轨迹点是由指定的农机具在作业时，某个时间节点产生的作业的时间和地理位置等信息，通过图像绘制的方法在地图上直观地以带颜色的圆点标注出来，当农机具连续移动时，即可在地图上呈现出圆点连续排列的形态，视觉上看起来像一个线条，这样的线条就是农机具的轨迹。由于所包含的传感器信息不同，轨迹点分为作业轨迹点和非作业轨迹点。农机具作业的轨迹点可以通过作业轨迹查询功能进行调取查看，具体的可以查询指定作业地区内的所有农机具的信息，再单独查看指定的农机具在指定时间的作业轨迹信息，平台接收查询申请后可将指定农机具在指定时间段内的所有轨迹点在地图上绘制出来。

4. 跨区作业调度

跨区作业调度涉及收获对象、收割机的位置与信息获取，以及调度模型与系统研发。鉴于作物种植种类和区域分散、种植面积难以准确统计、收割机价格昂贵与数量较多、故障发生后损失较大等实际问题，项目的总体技术路线如下：应用移动智能监控终端，获取收割机工况与位置、作物即时产量等信息；通过移动通信网络向中心平台实时报送收割机获取的相关信息；中心服务平台根据收获任务和作业进度，编制收割机跨区综合调度计划，对收割机的工作状态进行远程监测与故障预警；通过统计分析，进行驾驶员、收割机等绩效分析，根据作业面积与种植作物种类等进行费用结算。系统向主管部门和第三方提供跨区调度与信息服务接口，并接入其他农机和农用车辆。

在跨区作业调度功能中，对作业中标地块和未中标地块进行不同标注，用以区分特定地块有资金或没有资金的任务，保证补贴资金可以有的放矢，切实、足额发放到中标地块上，同时这些信息可以供管理部门向上级部门进行任务情况和资金使用情况的上报。

6.4.3 新机具推广服务模块

新机具推广服务模块通过 OA 的标准功能实现。农机化新技术网上信息管理可通过 OA 的信息管理平台实现，也可针对单独的外部门户网站进行管理。

1. 通过 OA 实现

OA 的信息管理平台可进行严格的权限管理。

（1）信息权限。主要实现农机化相关文档的共享管理。对信息发布、分类查询、需求登录、新技术管理、新机具发布、新机具管理、在线视频教学、推广机构注册等进行管理。系统支持按照文档目录树（或者其他更直观）的形式进行文档的管理；需支持文档的上传、浏览及下载的权限控制功能。

（2）农机推广情况统计管理。可按组织、发布人、作者、栏目、信息建设趋势图、组织建设趋势图多角度统计知识建设情况，促进知识建设。例如，设置计分，统计每类信息的发布数量、查看数量，哪些信息发布量最大，每个月信息的新建数量、修改、评论、邮件转发、查看、打印、收藏的数量，以及信息统计图。

2. 通过 CMS 实现

用户通过 CMS（Content Management System，内容管理系统）后台程序设置即可自定义出集新闻管理、图库管理、视频管理、产品发布、供求信息等功能于一体的个性化门户网站。

推广机构可在网上注册并上传资质，注册完成后需要工作人员进行审核。推广机构需要将销售情况记录下来，进行销售情况维护。地方需要将各个推广机构的数据汇总并生成报表，提交给市局。

6.4.4 精细化作业管理模块

农业的精细化作业管理是根据田间生产环境差异来确定最合适的农业生产管理决策的，目标是在降低消耗、保护环境的前提下，获得最佳的收成。精细农业本身是一种可持续发展的理念，是一种管理方式，这种管理方式需要有田间数据作为决策依据和支撑。

下面以农机深松为例对本模块进行说明。

精细化作业管理模块依托智能终端，依托先进的传感检测技术、北斗卫星导航技术、通信技术和物联网技术，通过将深松机具、作业质量监测硬件设备及多种形态的管理软件相结合的方式，实时掌握农机深松作业实况和作业数据，解决农机深松作业动态监测难、人为干预情况多，以及宏观决策等方面缺少科学、真实高效的数据等问题，实现农机深松作业的规范化管理，实现现代监管技术与先进监管措施的有机融合，有效提升深松作业质量和监管水平，推动我国现代农业的快速发展。

该系统依托深松在线监测装置，实时获取农机的实时作业数据和位置信息，基于智能手机，为机手和深松质检员提供农机的作业实况，并进行报警，便于质检员及时发现、及时处理深松过程中的质量问题；同时，通过数据的汇总和分析，为农机服务组织及各级农机主管部门的深松作业监督管理、补贴发放等提供数据支撑。其基本功能如下。

（1）监测实况。该功能面向县级农机管理机构、合作社/机手、深松质检员，基于智能手机，实时获取农机具在作业中的行进速度、作业深度、行进轨迹等，准确掌握农机作业区域的位置、耕深、面积等信息，以动态、实时、直观的方式监测农机作业状态和作业质量变化。

（2）监测报警。面向县级农机管理机构/合作社、机手和质检员，以深松作业实时监测数据为基础，通过设定深松监测的阈值，当监测数据超过阈值时进行报警，提示操作人员及时进行调整，控制深松作业质量；提示基层管理者（机构）及时调度、纠正；辅助县级农机管理部门进行作业质量的监测与评价。

（3）数据统计与分析。面向农机主管部门及农机服务组织，基于农机作业质量监测数据和预警信息，从多个角度对农机作业监测、报警等作业过程中产生的数据进行统计与分析，从不同角度反映农机实际作业状况，分析结果，以图表的形式进行展示，并提供综合查询功能，为农机管理宏观决策提供基础数据支持。

（4）质量评价。面向农机作业主管部门和农机服务组织，基于深松作业实时监测的耕深数据、定位信息及预警信息，计算作业合格率和不合格率，对深松作业质量进行评价。对作业深度及重复耕作等情况进行分析评测，将评价结果分为若干等级，针对不同等级，采取对应的措施加强管理和监督。通过综合评价掌握辖区内作业质量的变化趋势，为制订计划、调整政策等提供依据。

（5）任务发布。实现农机补贴作业全过程的信息化和网络化监管，大幅降低政府机构与合作社管理人员的工作强度，做到有序作业。平台根据作业任务需求，提供了省—市—县—乡—社 5 级政府监管权限，以及面向合作社与机手的应用管理权限。

（6）财务结算。结合政府作业监管实际需要，针对深松、播种、植保、收获等作业环节，满足乡、县、市各级农机管理部门和财政部门的流程需要，对每天的作业情况进行评价分析，统计其合格率、不合格率、作业质量等信息，自动生成系列套表，补贴结算方便快捷，为管理部门、合作社、农户提供无障碍服务。

（7）地块档案管理。农机土地作业记录档案化管理，数据保存 10 年。具有强大的地块识别功能，自动识别编号，可直观看到多年轮作情况，不重复深松作业；可实现单车自身重耕、多车重耕及轮作重耕等作业重漏的监测识别，杜绝作弊行为发生。通过多年地块档案数据，可以针对本区域种植模式、种植面积、产量等开展大数据分析研究。

6.4.5　合作社管理模块

1. 政府对合作社的管理

政府对合作社的管理是通过标准功能和二次开发的方式实现的，可以在地图上实现合作社位置的功能显示。

政府对合作社的管理可通过如下 4 种方式进行。

一是由工作人员将要登录 OA 的用户在系统中进行录入，并分配权限。

二是搭建单独的自定义平台，将名称、负责人、联系方式、业务范围、简要说明、地址、地图位置、机械数量、账号等基本信息导入系统中，并按各种方式进行查询、统计。

三是在地图上显示合作社的具体位置，点击后显示基本信息，通过二次开发实现。

四是合作社安全管理，上传技术推广资料和安全生产指导材料，农业综合服务组织可以在平台上查看技术推广资料及安全生产指导材料，这可以通过系统的权限管理及信息管理平台实现。

2. 合作社自身管理

针对合作社发展中存在的管理水平低、信息化落后等主要问题，围绕人、财、物等核心资源，采用大数据、云计算、智能控制技术，建立高效的合作社信息化管理模块，为农机合作社量身定制，提供解决管理难题的农业企业级完整解决方案。全面整合合作社业务管理流程，结合手机、互联网平台，创新合作社经营管理模式，有效解决了合作社监测缺手段、管理业务缺平台、财务管理不规范、运维服务缺载体的难题，真正做到“人尽其才，财尽其能，物尽其用”。

模块涵盖了农机合作社经营管理中涉及的人员管理、农机管理、财务管理、网站建设各个环节，将低效率、不及时、缺少追踪操作痕迹的粗放纸面管理方式转变为电子化业务管理流程，各级用户均可通过手机和计算机随时查看通知、提交数据、追踪进度、从而提高管理效率。特别是通过手机 App，实现机手、农民、合作社、管理部门互联互通，方便农机管理、作业管理、信息沟通及作业进度查询，覆盖农机运维全过程，成为合作社离不开的全能助手。

6.4.6 农机作业优化调度模块

联合收割机远程优化调度系统的主要任务是解决各地联合收割机作业情况的数据采集和监控，主要功能包括保障农业机械的资产安全、保障机手安全、合理规划路径、农机具远程优化调度、远程故障诊断、故障预警通信与作业统计、应急维修信息传输、辅助导航等。该系统由终端模块、无线通信网络和管理中心计算机 3 部分构成。终端模块，即安装于联合收割机上的机载作业终端，将联合收割机的现场作业情况通过无线通信网络发送到管理中心的计算机，技术人员可通过 Internet 访问该管理中心的计算机，实现远程数据监控、故障诊断和远程调度。农机具远程优化调度系统如图 6-23 所示。

在调度中心的服务器上运行 Web 服务软件，提供一个 Web 站点，使用户只通过 Web 浏览器就可以登录查看所有联合收割机的实时数据和存储的任何时间段的历史数据。Web 站点通过用户身份认证授权的方式控制该用户可访问哪些联合收割机的实时数据和存储的任何时间段的历史数据。调度中心系统管理员能增加、删除可访问用户，并对用户进行不同权限的授权。通过车载计算机将试验数据实时传送到后台服务器，远程数据实时接收系统会实时监听服务端口，监听到数据后会通过解析通信数据报文，经过对接收到的数据进行校验和数据解析处理，将数据实时存入无线数据接收服务器数据库中。

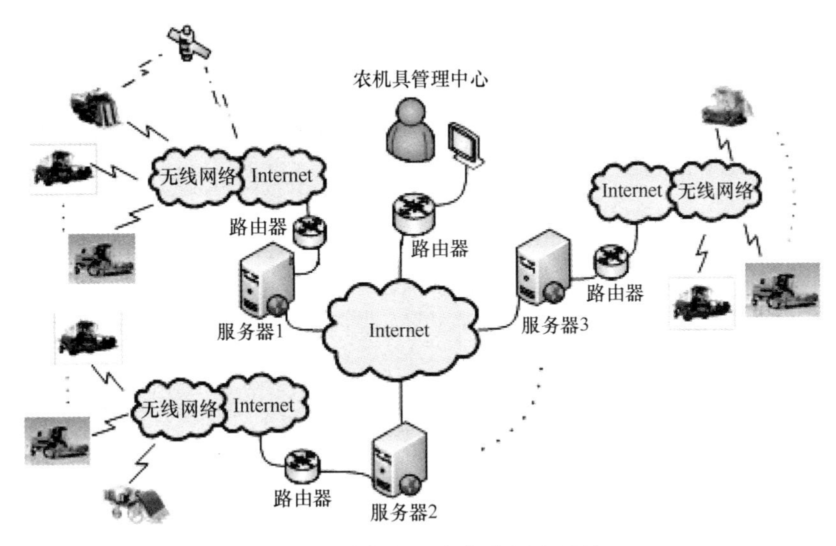

图 6-23　农机具远程优化调度系统

联合收割机远程优化调度系统主要包含以下 6 个功能：信息管理、报表查询、定位跟踪、工况监测、远程调度、故障诊断。

（1）信息管理：可实现数据的新增、查询、删除、修改等功能，以及对用户进行管理，可以依据管理人员的权限，增减、删除、修改用户，并指定权限。

（2）报表查询：为用户提供详细报表功能的系统。通过系统，可以对收割机状态、工况信息、故障警情等相关数据按需进行各种条件下的统计和明细查询，并形成清晰的报表以供查阅和打印，且提供数据记录导出 Excel 文档功能。

（3）定位跟踪：在 GPRS 网络覆盖范围内，能对联合收割机进行定位，在电子地图上同时显示多辆联合收割机的地理位置及是否正在工作等信息。

（4）工况监测：能够接收联合收割机车载监控设备发送的工况信息，在主界面显示该车辆所在的地理位置，可查看车速、油耗、滚筒转速、发动机扭矩等信息。

（5）远程调度：可根据联合收割机的作业情况，以及周边联合收割机的数量、离目的地的距离、工作量等进行优化调度。

（6）故障诊断：通过监测联合收割机的作业参数，根据故障判断标准，对联合收割机进行故障诊断。

参考文献

[1] 李道亮, 杨昊. 农业物联网技术研究进展与发展趋势分析[J]. 农业机械学报, 2018, 49(1): 1-20.

[2] GEMTOS T, FOUNTAS S, BLACKMORE B S, 等. 欧洲精细农业的发展[J]. 世界农业, 2006(10): 21-24.

[3] FORSSMAN N , ROOT-BERNSTEIN M . Landscapes of anticipation of the other: Ethno-Ethology in a Deer hunting landscape[J]. Journal of Ethnobiology, 2018, 38(1): 71-87.
[4] FERRÁNDEZ-PASTOR FRANCISCO, GARCÍA-CHAMIZO JUAN, MARIO N H, et al. Precision Agriculture Design Method Using a Distributed Computing Architecture on Internet of Things Context [J]. Sensors, 2018, 18(6): 1731.
[5] WEST, JASON. A prediction model framework for cyber-Attacks to precision agriculture technologies[J]. Journal of Agricultural & Food Information, 2018: 1-24.
[6] FOUGHALI K, FATHALLAH K, FRIHIDA A. Using Cloud IOT for disease prevention in precision agriculture[J]. Procedia Computer Science, 2018, 130: 575-582.
[7] WEST, JASON. A prediction model framework for cyber-Attacks to precision agriculture technologies[J]. Journal of Agricultural & Food Information, 2018: 1-24.
[8] 苑严伟, 冀福华, 赵博, 等. 基于 Solr 的农田数据索引方法与大数据平台构建[J]. 农业机械学报, 2019, 50(11): 186-192.
[9] 马新民, 许鑫, 席磊, 等. 基于元数据的农田信息存储、管理和共享[J]. 农业工程学报, 2010, 26(11): 209-214.
[10] 杨博宁, 杨林楠. 基于图的时空数据模型在田块信息上的应用[J]. 农机化研究, 2008, (5): 142-146.
[11] 赵辉辉. 基于 GDAL 的农田信息系统研究[D]. 哈尔滨: 哈尔滨东北农业大学, 2011.
[12] 乔家君, 毛磊. 基于 RS、GIS 村域农田数据库设计研究——以河南省吴沟村为例[J]. 农业系统科学与综合研究, 2009, 25(3): 312-316, 321.
[13] 邹金秋, 周清波, 杨鹏, 等. 无线传感网获取的农田数据管理系统集成与实例分析[J]. 农业工程学报, 2012, 28(2): 142-147.
[14] 张威, 刘毅, 邵景安. 基于面向对象分类法的农田识别提取[J]. 灌溉排水学报, 2019, 38(12): 121-128.
[15] 姚照胜, 刘涛, 刘升平, 等. 农田信息采集车设计与试验[J]. 农业机械学报, 2019, 50(10): 236-242.
[16] LI Sen, YAN Changzhen, WANG Tao, DU Heqiang. Monitoring grassland reclamation in the Mu Us Desert using remote sensing from 2010 to 2015[J]. Environmental Earth Sciences, 2019, 78(10): 311. 1-311. 9.
[17] JOSÉ A. GÓMEZ - LIMÓN, CARLOS GUTIÉRREZ - MARTÍN, ANASTASIO J. Villanueva. Optimal Design of Agri - environmental Schemes under Asymmetric Information for Improving Farmland Biodiversity[J]. Journal of Agricultural Economics, 2019, 70(1): 153-177.
[18] WANG Xu, SUN Hong, LONG Yaowei, et al. Development of Visualization System for Agricultural UAV Crop Growth Information Collection[J]. IFAC PapersOnLine, 2018, 51(17): 631-636.
[19] 陈宏, 王维洲, 廖志军, 等. 基于 GPS 的农田信息采集系统研究[J]. 国外电子测量技术, 2018, 37(3): 97-102.
[20] ZHANG Jianfeng, HU Jinyang, HUANG Lvwen, et al. A Portable Farmland Information Collection System with Multiple Sensors[J]. Sensors, 2016, 16(10): 1762.
[21] 魏新华, 但志敏, 孙宏伟, 等. 处方农作车载嵌入式信息处理系统的研制[J]. 农业工程学报, 2013, 29(6): 142-149.
[22] 祝青园. 谷物联合收割机测产技术研究[D]. 中国农业机械学会学术年会. 济南: 中国农业机械学会, 2008-09.

[23] 黄继生. GPS 技术在土地面积测绘中的应用研究[J]. 科技资讯, 2014, 12(8): 45-45.

[24] XIANG M, WEI S, ZHANG M, et al. Real-time Monitoring System of Agricultural Machinery Operation Information Based on ARM11 and GNSS[J]. IFAC PapersOnLine, 2016, 49(16): 121-126.

[25] 闵俊杰, 介战, 贺俊林. 基于 SPCE061A 和 GPS 的多功能农田面积测量仪[J]. 农机化研究, 2012, 34(11): 64-68.

[26] 张林林, 陈树人, 胡均万, 等. 基于 ARM7 和 GPS 的农田作业面积测量系统开发[J]. 农业工程学报, 2009, 25(S2): 83-86.

[27] 李娜娜. 基于 GPS 便携式农田面积测量仪研究与开发[D]. 咸阳: 西北农林科技大学, 2009.

[28] 王陈陈, 马明建, 马娜, 等. 基于 GPS 的土地面积测量算法[J]. 山东理工大学学报: 自然科学版, 2013, 27(4): 64-68.

[29] PETUKHOV, D. A. , NAZAROV, A. N. , VORONKOV, I. V. Measurements of Field Areas using Modern Specialized Instrumentation and Software[J]. Tekhnika i oborudovanie dlya sela , 2016(4): 14-17.

[30] 曹旻罡, 梁静娴, 张漫. 低成本农用 GPS 接收系统的研制及在面积测量中的应用[J]. 中国农业大学学报, 2009, 14(5): 130-134.

[31] DONG Jinquan, CHEN Jin, HUANG Zhigen, et al. Multifunctional field area measurement and experimental research based on GPS module[C]. Kobe: World Automation Congress, 2010.

[32] WEI Zhuo, YANG Fang, ZHANG Li. The research of dynamic agricultural machinery working area measure system[J]. International Conference on Remote Sensing, 2011, 895-897.

[33] 季彬彬, 李俊, 杨玉萍, 等. 基于 GPS 的联合收割机收割面积实时统计方法[J]. 中国农机化学报, 2012, (6): 89-92.

[34] SU Bingling . Research and development of agricultural machinery operating area measuring system based on single chip computer[J]. Advanced Materials Research, 2014, 912-914.

[35] 刘阳春, 苑严伟, 张俊宁, 等. 深松作业远程管理系统设计与试验[J]. 农业机械学报, 2016, 47(S1): 43-48 .

[36] FUJIMOTO A, SATOW T, KISHIMOTO T. Development of a mobile field computer to record tractor operations for cloud computing analysis[J]. Agricultural Information Research, 2015, 24(2): 15-22.

[37] Zhixiong L, Wenjun Z, Xiuyong D, et al. Measurement of field area based on tractor operation trajectory[J]. Transactions of the Chinese Society of Agricultural Engineering, 2015, 31: 169-176.

[38] WANG M, TANG Y, HAO H, et al. The design of agricultural machinery autonomous navigation system based on Linux-ARM[J]. Advanced Information Management, Communicates, Electronic & Automation Control Conference. IEEE, 2017.

[39] 韩宇. 基于农机空间运行轨迹的作业计量算法研究[D]. 泰安: 山东农业大学, 2014.

[40] 刘卉, 孟志军, 王培, 等. 基于农机空间轨迹的作业面积的缓冲区算法[J]. 农业工程学报, 2015, 31(7): 180-184.

[41] 许允波, 张建兵, 谭宁生. 基于平面扫描的线状缓冲区生成的改进算法[J]. 计算机应用研究, 2011, 29(11): 4363-4364.

[42] 彭认灿, 董箭, 郑义东. 基于分段解算模型的线要素缓冲区生成算法[J]. 海洋测绘, 2012, 32(6): 20-23.

[43] 刘秀芳, 杨永平, 罗吉, 等. 基于内侧缓冲区算法的多边形骨架线提取模型[J]. 海洋测绘, 2010, 30(5): 46-48.

[44] 陈亚婷, 严泰来, 朱德海. 基于辛普森面积的多边形凹凸性识别算法[J]. 地理与地理信息科学, 2010, 26(6): 28-30.

[45] BOCHTIS D, SØRENSEN C G J B E. The vehicle routing problem in field logistics part I[J], Biosystems Engineering, 2009, 104(4): 447-457.

[46] BOCHTIS D, SØRENSEN C G J B E. The vehicle routing problem in field logistics: Part II[J]. Biosystems Engineering, 2010, 105(2): 180-188.

[47] ORFANOU A, BUSATO P, BOCHTIS D, et al. Scheduling for machinery fleets in biomass multiple-field operations[J]. Computers and Electronics in Agriculture, 2013, 94: 12-19.

[48] BASNET C B, FOULDS L R, WILSON J M J I T I O R. Scheduling contractors' farm - to - farm crop harvesting operations[J]. International transactions in operational research: A journal of The International Federation of Operational Research Societies, 2006, 13(1): 1-15.

[49] BOCHTIS D, VOUGIOUKAS S, TSATSARELIS C, et al. Field operation planning for agricultural vehicles: a hierarchical modeling framework[J]. Agricultural Engineering International: the CIGR Ejournal, 2007, 1-11.

[50] GUAN S, NAKAMURA M, SHIKANAI T, et al. Resource assignment and scheduling based on a two-phase metaheuristic for cropping system[J]. Computers and Electronics in Agriculture, 2009, 66(2): 181-190.

[51] CONESA-MUÑOZ J, BENGOCHEA-GUEVARA J M, ANDUJAR D, et al. Route planning for agricultural tasks: A general approach for fleets of autonomous vehicles in site-specific herbicide applications[J]. Computers and Electronics in Agriculture, 2016, 127: 204-220.

[52] CERDEIRA-PENA A, CARPENTE L, AMIAMA C. Optimised forage harvester routes as solutions to a traveling salesman problem with clusters and time windows[J]. Biosystems Engineering, 2017, 164: 110-123.

[53] 李洪, 姚光强, 陈立平. 基于 GPS, GPRS 和 GIS 的农机监控调度系统[J], 农业工程学报, 2008, (S2): 119-122.

[54] 张璠. 农机调配策略研究[D]. 保定: 河北农业大学, 2012.

[55] 吴才聪, 蔡亚平, 罗梦佳, 等. 基于时间窗的农机资源时空调度模型[J]. 2013, 44(5): 237-241.

[56] 谢婷婷. 基于 GA 的农机作业调度研究与应用[D]. 湖北: 武汉理工大学, 2015.

[57] 王雪阳. 轮循式搜索算法求解农机调度问题[J]. 信息系统工程, 2015(8): 134-134.

[58] 马梅琼. 联合收割机跨区作业调度研究[D]. 黑龙江: 东北农业大学, 2017.

第7章　农机智能技术的应用与展望

7.1　农机智能技术应用条件

农田自然条件恶劣，灰尘、风吹日晒雨淋、高温潮湿等给传感器、电控系统、液压系统的防护工作带来巨大的挑战，严重影响智能农机的使用寿命。农田作业工况复杂多变，土壤物理性能、作业类型、突变载荷、变量作业等对控制系统提出了更高的要求。

7.1.1　防护性

农业机械通常需要长时间在高温、强光、高尘及振动等复杂工况下作业。这种复杂的田间环境对所搭载的智能化设备（如各类传感器、控制装置及线缆等部件）的防护提出了较高的要求。一般情况下，在温度、湿度、压力等综合影响下，传感器可能会发生零点漂移和灵敏度变化，从而影响其正常使用甚至可能带来严重问题，因此，要求在农业机械上所应用的传感器需采取良好的温度补偿及密封防潮防尘等措施，进而消除因环境因素可能带来的影响。机械振动也是车载电子装备面临的严重干扰源，农业机械在作业时由于田间地形及自身部件工作影响，长时间处于低频振动状态，容易使车载设备材料发生疲劳损坏，这就要求所搭载的电子设备应具有良好的抗振性，通常可以通过材料选用和合理的结构设计，增强设备及元器件的耐振动、耐冲击能力。另外，在安装时也可以加装减振装置，通过隔离振动和冲击，有效减少振动对车载电子装置的影响。

7.1.2　可靠性

农业机械的自动控制是农机智能化的关键组成，车载电子设备的测控精度直接影响作业质量。在智能农机装备的应用中，需要保证各类车载电子装备的工作可靠性，尤其是在复杂、开放的田间工况环境下，各类设备仍需具有良好的稳定性、测控精度等，能够长时间稳定工作。同时，应具备故障自检测功能，实现设备故障自诊断与提醒。一旦出现意外情况（如线缆断裂、传感器失灵等），车载控制装置应能保证数据的完整性和准确性，并具备紧急安全防护程序，保证驾驶员、设备及车辆的安全。

7.1.3　经济性

智能农机装备的价格是影响其推广应用的关键因素之一。在应用过程中，功能的配置应以为用户提供安全、方便和快捷操作为准则，设备的可操作性和实用性应充分考虑市场实际需求和技术发展趋势，不必追求过高的检测精度，以适用为原则，注重提高设备的性价比，在保证系统功能的同时，达到经济适用的目的。

7.1.4 开放性

农机智能技术与装置应遵循开放性原则，系统应提供符合国家标准的软件、硬件、通信、网络、操作系统和数据库管理系统等，使系统具备良好的灵活性、兼容性、扩展性和可移植性。随着农业机械向智能化方向发展，其搭载的电子装置也越来越多。通过数据交互，可以实现各部件之间的信息共享，并达到分布式控制的目的。国际标准化组织根据精准农业领域未来发展的趋势，制定了农林机械、拖拉机串行控制和数据通信的网络总线协议标准，即 ISO 11783 标准。该标准为拖拉机与农机具之间统一交换数据和控制执行提供了技术规范，能够使不同原始设备制造商所开发的设备达到互通互联。目前，国内外农机装备制造企业均开始在产品中配置 ISOBUS 总线系统，这就要求农业机械所搭载的各类智能传感器及车载电子设备完全兼容 ISO 11783 总线协议，以便实现各类产品的交互。

7.2 农机智能技术展望

智能农机的特点主要体现在精准智能、自动高效、安全可靠 3 个方面。智能农机装备作为智慧农业的实现主体，将现代信息与通信技术、计算机网络技术、智能控制与检测技术、机械技术汇集于农业生产应用中，推动并形成了以物联网、移动互联网、大数据、云计算、人工智能等为支撑和手段的现代农业装备，实现了对农业生产环境的智能感知、智能预警、智能分析、在线指导，为农业提供了精准化生产、可视化管理、智能化决策等。随着工业化和信息化技术的不断融合和快速发展，国际智能农机装备技术在向着高度自动化和智能化方向发展的同时，更加注重资源节约和环境友好，并因此逐步占据了全球农业装备产业价值链的高端。

智能农机是融合生物和农艺技术，集成先进制造与智能控制、新一代信息通信、新材料等高新技术的自动化、信息化、智能化的先进装备，发展重点是粮、棉、油、糖等大宗粮食和战略性经济作物育、耕、种、管、收、运、储等主要生产过程使用的装备。农业装备是不断提高土地产出率、劳动生产率、资源利用率，实现农业现代化最基本的物质保证和核心支撑。智能农业装备将进一步与信息技术、互联网技术、控制技术相结合，向着无人化、协同作业、多功能、虚拟化、绿色高效的方向发展。

7.2.1 智能传感技术

我国耕地自然地理条件复杂、农艺与环境复杂多样，农机作业状态参数测试方法和技术需要满足低成本、高可靠性、多对象适应性等要求，农机专用传感测试系统要经受强光照、变温差、高尘高湿、随机强振动等开放工况环境的考验。需要突破田间复杂工况下农机作业状态参数测试方法与技术，优化运动参数、测控机器状态，做到测得准、控得精、管得细，提升作业效率，保障质量效果。

智能农机作业环境数据采集与处理能够为农业生产提供有效的数据支持，利用电子光谱、遥感、传感等现代化控制技术快速并精准地收集当地的农业种植地理信息，如气候条件、空气湿度、土壤湿度、土壤养分成分等。通过传感器对作物生长环境与生长信息实时采集，人们可以利用控制器对环境因素与作物营养供给等进行及时调整，得到精准的作业反馈信息，提高大棚种植的生产效率。通过农业种植数据的收集，对作物进行系统性灌溉、科学施肥等，可以有效地节约资源，减少种植成本，提高作物产量。

7.2.2　电动拖拉机与电动农机具

随着我国城市化进程的加快，大量农村劳动力发生转移，发展以现代化农业生产机械为主体的智能化、规模化的生产模式成为当务之急；同时，能源紧缺、环境污染形势严峻，导致现代农业生产对低/零排放、少/无污染、低噪声的绿色动力农机的需求越来越迫切。拖拉机作为主要的农业机械，配合农机具可完成犁耕、旋耕、植保和打捆等多种形式的农业作业。温室大棚等特殊作业环境对低噪声、无污染农用机械的需求越来越迫切。与传统拖拉机相比，电动拖拉机具有低能耗、零污染和传动效率高的特点，是农业机械发展的重要方向之一。

拖拉机驾驶室内的噪声已经接近小轿车，极大地提高了使用的舒适性。基于“精准农业”技术思想的多种定位变量作业智能型农业机械已经进入国际市场，成为国际 21 世纪合理利用农业资源、提高作物产量、降低生产成本、保护环境和提高农产品国际市场竞争力的前沿性领域之一。电动农机具包括电驱动的施肥播种机、全电动的自走式喷雾机及电磁喷嘴、电动联合收割机等，耕深和播深的自动调节主要采用的仍然是电控液压装置。随着电驱动传动系统、电池容量及其管理技术、电动机控制技术的发展，以及整机结构的改进，拖拉机会朝着全电动、超大功率、长续航、全工况的方向发展。其关键技术在于突破关键部件及整机数字化建模、虚拟设计、动态仿真验证等技术，构建参数模型库、设计知识库与专家系统、虚拟仿真与实验系统等，发展众包设计、协同设计等新型模式，解决创新设计与先进制造融合发展问题。突破关键零部件及整机的作业载荷、工况环境、失效特征、作业质量等参数检测控制技术及整机可靠性试验方法，制造过程质量检测、再制造等技术，构建重点产品质量数据库，实现服役环境主动可靠性设计技术应用。突破机械和液压混合双动力、静液压闭式回路调速、电控液压换挡换向、重载大传动比行星传动及润滑冷却、静液压传动装置可靠性等技术，推进自走式农机高效节能发展。

为应对农业机械化规模的不断扩大可能造成的石油短缺、环境污染问题，国家对柴油机排放法规的要求必将越来越严格，因而，各种机内净化、机外尾气处理技术及其组合方案会在拖拉机上得到更广泛的应用，最大限度地降低整机排放；同时，以高比能量动力蓄电池、生物甲烷等新型替代能源为动力的新能源技术将与传统动力并行发展，以求在新的能源领域获得技术突破，实现机组作业时的零排放、无污染、低噪声和高效率，从根本上解决农业机械化过程中面临的节能减排问题。

7.2.3 大数据、人工智能技术

大数据背景下的智能农机涵盖了北斗导航技术、物联网技术和云计算技术的应用，构建基于网络的智能农机服务平台，实现了农机运行信息自动采集与分析、作业状况反馈、远程在线工作等智能化工作模式。以智能拖拉机为例，对拖拉机的作业模式与运行轨迹进行预先设定后，便可以应用智能化操控手段实现设备的转向、停车、变速、避障等，利用农机对外发送数据并接收信息。智能化的收获机械在监测系统的帮助下可以在线测量作物产量与作物质量，搭建自动清选系统与自动分离系统后，降低作物收获的损失率，将农机发动机的负荷调整为最优。智能农机还可以用于粮食作物的烘干作业。智能农机搭载各类传感器后，可以通过数据监测实现精细的烘干作业、远程控制设备、设定作业系数和智能化完成作物烘干。

在农业领域，人工智能技术大有可为。在农作物成长过程中根据人工智能技术的判断所做的决策大多都起到了举足轻重的作用。除此之外，植保无人机可以有效地提高喷洒农药的效率，操作安全、雾化效果好，可做到精准施药；自动分拣农产品的装置降低了人工成本，提高了劳动效率。随着农村劳动力大量外流和农业科技水平的不断提高，人工智能将强有力地推动现代农业的发展。

农业人工智能技术的应用主要依托于科技公司的技术驱动，通过采用人工智能算法、模型及农机智能装备等实现农业信息的智能采集、加工和处理，并最终用于指导农业生产、提升农业生产效率及保障农产品质量。农业人工智能应用从技术分类来看，主要包括农业计算机视觉、农业语音识别、农业机器人和专家系统等。从应用阶段来看，包括生产前的土壤墒情分析、灌溉用水分析和品种选育鉴别等，生产中的精细化管理、生产作业管理（如灌溉、插秧、除草、采收、病虫害防治和产量预测）等，生产后的农产品品质鉴定、等级分级分类和仓储物流等。

可以预见，未来一段时间，国内外智能农机装备都将瞄准市场需求，推动关键技术突破创新，加快重点零部件和产品的研发熟化，带来农业生产信息化、智能化浪潮。随着全程、全面机械化发展，智能农机装备将广泛深入农业生产的各领域。

7.2.4 大型智能农机协同作业技术

随着中国农业集约化、规模化、产业化的发展，以及导航作业需求的提高，多机协同导航成为农机导航研究的热点。多机协同导航控制方法旨在协调控制多机协作过程中相互之间的位置关系，或根据任务需求，协调从机配合主机共同完成作业。要实现高精度的田间协同导航作业，需要高性能的通信网络和协同控制方法。多机协同作业远程管理调度需要在多台农机和多个作业地块间建立一种映射关系，综合考虑地块位置、任务数量、作业能力、路径代价和时间期限等因素，在满足实际作业约束条件的前提下，以最小化调度成本和损失为目标，生成最优的调度方案，使农机有序地为农田作业地块服务，从而实现区域内多机协同作业的调度管理。

随着中国土地流转政策的不断推进，农田集中规模经营，使得农艺、农机、农作物、工

程等各种措施得到进一步优化配置，极大地提高了农业生产的科技含量。目前，现代化农业机械已广泛应用于农业生产的各个环节，提高农业机械的利用率和作业效率是农业可持续发展的必要途径之一。单机作业若出现故障，将会影响农作物收获作业进度，而多机协同作业可以更快地完成农田的作业任务，便于辅助联合收割机和人员的集中安排与管理。多机作业时要确保为每台作业机械分配合理的作业路径，且在作业过程中不出现碰撞冲突。如何有效组织多台联合收割机协同作业、节省作业成本、缩短作业时间，已成为亟待解决的问题。

7.2.5　智慧农业云服务平台

随着互联网技术与农业的融合发展，大数据和云计算等技术将在农业信息化、智能化发展中得到深入应用，依托互联网技术研发的农业云服务平台将农业地理信息、作业环境信息、农机作业参数、智能农机决策信息等数据进行集成，形成统一的信息管理平台，实现农业与智能农机数据的远程采集与传输、数据的分析与决策、数据的共享与应用。

智慧农业云服务平台是一个多功能集成的综合性平台，其可以实现土壤、耕种、作物长势、气象、产量分布等信息的监测、存储管理、价值挖掘，指导农业生产管理；作物种类和种植面积等的统计便于政府进行宏观调控和补贴发放；监测农业装备及其作业的各种信息，指导农机调度，提供农机维修养护服务；专家在线指导农业生产；农资信息发布检索及农产品和农业装备的买卖服务。

随着信息技术的发展与计算机网络的应用，农机远程监控技术被引入农机设计，并开发了无人驾驶农机设备，从而有效提高了农机的自动化程度。农机作业过程中，通过远程监测系统可以实现农机的定位及作业情况监测等功能。当农机作业过程中发生故障时，还可以通过报警方式通知远程端，远程端确认故障后做出响应。借助信息化技术实现农业机械的智能化管理是提高农场现代化管理水平的关键环节。通过构建农场管理中心和农业机械的无线通信网络，能够与作业机械实现数据完全交互，使管理中心可以直接获取各个作业机械车载终端的作业数据，并存储于数据库中。管理中心借助于大数据分析、专家决策系统及云计算等对各类数据进行深度融合处理，制订合理的作业方案与调度策略，保证最佳的生产效率。在农业信息网络建设、农业信息技术开发、农业信息资源利用等方面，全方位推进农业网络信息化的步伐，对农作物生产进行精细化管理和农业机械的调控，有力促进了农业整体水平的提高。

7.2.6　无人化农业

近年来，数字化、自动化、智能化技术在农业领域的应用步伐加快，机械化生产与信息化技术深度融合，初步形成了无人化农业的概念，引发了社会的广泛关注。这一生产方式包括生产信息采集设施、生产作业装备和生产管理平台三大部分，以全过程智能化管理、精准化作业为核心，通过大数据指导生产运行，能够实现节本、高效、精准、绿色，形成类似于无人工厂的农业生产方式，是现代农业的一个重要发展方向。

无人农场通过对农业生产资源、环境、种养对象、装备等各要素的在线化、数据化，实现对种植养殖对象的精准化管理、生产过程的智能化决策和无人化作业。其中，物联网、大数据与云计算、人工智能与机器人三大技术起关键性作用。物联网技术可以确保动植物生长在最佳的环境下；能动态感知动植物的生长状态，为生长调控提供关键参数；能为装备的导航、作业的技术参数获取提供可靠保证；确保装备间的实时通信。大数据技术提供农场多源异构数据的处理技术，进行去粗存精、去伪存真、分类等处理方法；能在众多数据中进行挖掘分析和知识发现，形成有规律性的农场管理知识库；能对各类数据进行有效的存储，形成历史数据，以备农场管控进行学习与调用；能与云计算技术和边缘计算技术结合，形成高效的计算能力，确保农场作业，特别是机具作业的迅速反应。人工智能技术一方面给装备端以识别、学习、导航和作业的能力；另一方面为农场云管控平台提供基于大数据的搜索、学习、挖掘、推理与决策技术，复杂的计算与推理都交由云平台解决，给装备以智能的“大脑”。随着三大技术的不断进步、完善与成熟，机器换人不断成为可能，无人农场未来可期。

从发展趋势看，无人化农业将主要应用在大田作物、设施栽培、设施养殖领域，解决水田植保、育苗嫁接、病死畜禽处理等作业环境差、劳动强度大、精准度要求高、安全风险防范难的场所，市场需求潜力很大。无人农场是对农业劳动力的彻底解放，代表着最先进的农业生产力，它必将大幅度提高农业生产率、资源利用率、土地产出率，确保农产品品质及农业绿色发展，支撑我国农业走向现代化。

参考文献

[1] 顾冰洁. 大数据背景下智能农机应用及发展趋势探究[J]. 现代化农业, 2020, (3): 63-64.
[2] 谢斌, 武仲斌, 毛恩荣. 农业拖拉机关键技术发展现状与展望[J]. 农业机械学报, 2018, 49(8): 1-17.
[3] 徐立友, 赵一荣, 赵学平, 等. 电动拖拉机综合台架试验系统设计与试验[J]. 农业机械学报, 2020, 51(1): 353-363.
[4] 李继春. 现代农业装备的发展特点[J]. 农业机械, 2016(9): 113-115.
[5] 孙树霖, 马欣璐. 人工智能在农业生产中的应用[J]. 计算机与网络, 2020, 46(8): 46.
[6] 张国锋, 肖宛昂. 大力推进人工智能在农业生产中的应用[J]. 中国国情国力, 2020, (4): 6-8.
[7] 张漫, 季宇寒, 李世超, 等. 农业机械导航技术研究进展[J]. 农业机械学报, 2020, 51(4): 1-18.
[8] 姚竟发, 滕桂法, 霍利民, 等. 联合收割机多机协同作业路径优化[J]. 农业工程学报, 2019, 35(17): 12-18.
[9] 吴东林, 张玉华. 收割机远程监测系统的设计——基于云平台数据挖掘并行算法[J]. 农机化研究, 2020, 42(6): 235-239.